草地农业基础

周道玮　田　雨　胡　娟等　编著

科学出版社

北　京

内 容 简 介

本书阐述了饲草及草地农业基本概念、理论体系和实践措施。草地农业主体是饲草作物种植及饲草场利用的科学与技艺，类似农田种庄稼等作物。草地农业的特别之处是其中间产品为饲草，连续的终端产品为牲畜肉、奶或毛纤维，其重要内容是饲草产量、饲草质量、饲草场持久性及其牲畜生长需要和饲草供给的匹配结合。草地农业涉及气候及小气候管理、土壤及施肥、播种及杂草控制、病虫害管理等农艺，本书在阐述气候、土壤基础上，介绍了饲草作物资源及其改良和种子生产、饲草场建植，论述了中国饲草生产体系及牲畜生产体系，进一步论述了饲草场管理及其放牧饲养和收获给喂饲养原理与技术。最后，概述了天然草地放牧饲养利用的基本原理和实践。

本书适宜农学及畜牧学等相关专业本科生、研究生及教学和研究人员阅读。一些原理对于籽粒作物种植及管理有参考意义。

审图号：GS（2020）4053 号

图书在版编目（CIP）数据

草地农业基础/周道玮等编著. —北京：科学出版社, 2021.3

ISBN 978-7-03-067361-9

Ⅰ. ①草… Ⅱ. ①周… Ⅲ. ①牧草–栽培技术 Ⅳ. ①S54

中国版本图书馆 CIP 数据核字(2020)第 254233 号

责任编辑：李秀伟 / 责任校对：郑金红

责任印制：赵 博 / 封面设计：刘新新

科学出版社 出版

北京东黄城根北街 16 号

邮政编码: 100717

http://www.sciencep.com

涿州市般润文化传播有限公司印刷

科学出版社发行　各地新华书店经销

*

2021 年 3 月第 一 版　开本：787×1092 1/16

2025 年 1 月第三次印刷　印张：22 1/4

字数：528 000

定价：268.00 元

(如有印装质量问题, 我社负责调换)

目　　录

引　言

地球表面积为 5.1 亿 km^2，其中，71%为海洋，29%为陆地。

陆地表面 11%为农田，24%为 5 年以上的永久草地，34%为森林及灌丛，31%为冰川、沙漠、高山秃岭、建设用地及淡水水域。农田中有收获青贮及籽粒的一年生饲料作物用地，部分林地、灌丛也被用于放牧。总体上，50%以上的陆地被用作放牧场和饲草场，20%的土地可潜在用于放牧（Barnes et al.，2013）。

草原和草地是世界主要植被类型；饲草场和放牧场是世界主要土地利用类型。

饲草场和放牧场提供了全世界 16%的食物，农田提供了 77%，剩余 7%来自海洋和淡水。饲草场和放牧场提供了全世界家养草食动物 70%的饲料（Holechek and Pieper，2011）。

饲草（forage），也称为牧草、饲用植物，可以作为饲料的植物及其部分，用于饲养牛、羊等，生产食物及纤维。饲草具有极高的经济价值，还有如下不能用经济计算的效益（Collins et al.，2018）：

（1）单作或轮作，固持水土，改良土壤结构，提升土壤肥力；

（2）与农田作物相比，为野生植物、野生动物提供多样化生境；

（3）清新环境，提供旅游、观赏及休憩的场所；

（4）与利用籽粒养猪相比，利用饲草养牛、羊生产肉，具有节约籽粒粮的意义；

（5）具有生物质能源潜力；

（6）可作为一些工业饲料的基料。

饲草作物（forage crop），是指经过培育，具有某一方面独特特征及功能，并广泛种植的品种饲草。广义的饲草作物指所有经过培育的、在种植的品种饲草，包括饲料作物、饲枝作物及狭义的饲草作物；狭义的饲草作物指经过培育的、广泛种植的，主要用于建植饲草场并放牧的品种饲草。饲料作物（fodder crop）为经过培育的、广泛种植的，主要用于建植饲料地并收获给喂的品种饲草；饲枝作物（browse crop）为供牲畜采食嫩枝叶的木本品种植物。由于培育的一些饲草作物大多源自大田轮回选育，近于野生饲草，饲草作物有时专指饲料作物。

饲草生产系统（forage system），是指基于气候，包括地下水和灌溉等水分条件及温度条件，确定形成的饲草种类及其组合的生产过程和生产模式。世界范围内，自然生长的饲草及种植的饲草作物发展形成了 3 类饲草生产系统。

（1）天然草地的饲草生产系统，是指天然草原及苔原、荒漠、灌丛或森林（泛称为牧场，rangeland）所形成的饲草生产系统。主要用于放牧，形成放牧场（range），并管理为自然生态系统，可补播或应用其他改良措施，维持稳定的地力和产量，一般产量为 1～3 t/hm^2。干旱、半干旱区草原为此类生产系统的代表。

（2）饲草作物的饲草生产系统，是指通过种植饲草作物，并进行系列的农艺管理所建植的饲草生产系统，形成饲草场（pasture）。周期性耕作，管理为人工生态系统，多采用划区轮牧的牲畜生产模式，也用于收获干草或青贮给喂牲畜，一般产量为 4～9 t/hm^2。世界上最成功的饲草作物的饲草生产系统为黑麦草+白三叶混播草地。这类似于农作物生产中的小麦生产模式，或水稻生产模式，或玉米生产模式，为世界范围内栽培草地的典型模式。

（3）饲料作物的饲草生产系统，是指通过种植高大饲料作物，并进行系列的农艺管理所建植的饲草生产系统。周期性耕作，管理为人工生态系统，多用于收获干草或青贮给喂牲畜，也用于放牧，一般产量为 10～40 t/hm^2。美国东部地区的青贮玉米及大规模高效饲养模式为典型代表。

饲草场由饲草作物构成，类似于我们的农田管理，有一项农艺是除杂草，以维持单一或少数几种饲草作物高产量、高质量及持久存在（Mercer，2011）。放牧场由天然植物构成，或有改良或补播，但管理为天然生态系统。

饲草及草地农业的研究对象多针对饲草场，即人工草地或栽培草地。有放牧饲养，但其放牧体系基于饲草场放牧理论和技术，加之收获利用，形成了草地农业的科学研究及管理体系。天然草地植被主要用于放牧饲养，形成了放牧场科学及管理体系，其放牧体系基于草地生态保护及草地健康管理（包括草原、灌丛及稀疏林下）。无论是饲草场还是放牧场，本初管理目标是饲养牲畜，收获牲畜产品。饲草场和放牧场发展的研究及管理体系并不相同，尽管都有放牧，并收获干草或青贮，但从业人员所受训的知识体系及经验有些差异。

饲草生产系统用于放牧饲养或收获给喂饲养，目标是生产反刍动物或草食动物，反刍动物或草食动物具有如下价值：

（1）提供富含氨基酸、脂肪、维生素及矿物质的肉、奶等食物；

（2）提供皮毛、装饰品或器具；

（3）提供运输或耕作动力；

（4）收获、管理植被的手段，其头嘴犹如割草机，节约机械收获及加工籽粒的成本；

（5）提供燃料或用作肥料的粪，其臀后犹如造粪机，没有籽粒生产后的秸秆处理问题；

（6）减少养猪的籽粒加工及饲喂等生产环节，减少机械能投入；

（7）作为宠物、猎物及观赏动物。

饲草生产系统用于生产反刍动物或草食动物，实现上述价值及意义基于如下科学基础和经验判断：

（1）绿色饲草植物固定太阳能，只有牧食和草食动物可以从这些植物中获得太阳能，并实现能量转移；

（2）反刍动物消化系统的微生物可以有效地消化饲草植物富含的纤维，而人类不能，反刍动物能够并最适宜利用饲草场或放牧场的植物；

（3）饲草场或放牧场是可更新资源，依据降水和土壤，每年可收获其年产量的 50%，即吃一半、留一半，而不对其土壤、植被及野生动物资源产生伤害；

（4）放牧采食，控制在取走 35%或更少干物质水平时，有利于适应放牧的饲草，但不利于不适应放牧的饲草；

（5）相比农田种植，饲草场或放牧场提供给人类食物或衣物纤维所需要的成本非常低；

（6）饲草场或放牧场的生产力取决于土壤、气候及地形，地形因素甚至更有决定性；

（7）广义的放牧场可以产出多样的产品，如食物、纤维、水、林木、矿物质及游憩资源等。

不同于耕作农田的土壤-作物-籽粒-动物、人类系统，更不同于土壤-树木、森林-采伐系统，也不同于水-草-水产系统，土壤-饲草-放牧场、饲草场-利用、牧食-牲畜、人类构成的放牧场和饲草场生产体系链条长、环节多，系统复杂、功能多样，是唯一密切联系土壤、植被、次级生产者及人类的生产系统。因为系统复杂，常被分散于不同的研究领域和管理领域。事实上，放牧场和饲草场-人类是一个统一体，因此，放牧场和饲草场管理需要更体系化的知识，也需要更全面的驾驭能力。就某一块饲草场或放牧场需要从气候、土壤、饲草种类及其种植、饲草利用及牲畜生产等诸方面来决定管理方案。毕竟个体人的能力有限，因此，综合的模型模拟途径是未来的发展方向，也因为环节多、链条长，放牧场和饲草场研究及管理被各有所侧重地分成了几个部分相互重叠的独立学科门类：饲草及草地农业、放牧场理论及实践、草地畜牧及草地生态系统管理等。

饲草及草地农业，关注饲草作物培育、农艺、产量、质量及其利用的系列问题；放牧场原理与实践，凝聚于天然植被保护、生态系统服务，核心是草地放牧生态效益与经济收入的双赢过程；草地畜牧，围绕动物生长需要，关注饲草饲料生产及质量、营养供给过程，重点是牲畜生长生产。

草地农业科学与技艺，是培育饲草作物、饲草场及放牧场，生产食物及纤维的科学与技艺（Barnes，1982；Collins et al.，2018），也称草地牧业（库柏和莫里斯，1982）、草业（郎业广，1982；任继周，2004，2012），相似于草牧业（方精云等，2018）。研究及管理的核心是饲草培育及其适应性、饲草场农艺及饲草场利用，包括干草调制、青贮及放牧，饲草场农艺凝聚于饲草产量、营养及可持续性（Nicol，1987）。选择适宜饲草作物建植饲草场是基础，饲草再生及其储存在根茎或根颈部的碳水化合物转化是其利用的理论关键（Hopkins，2000）。产量过程耦合营养动态，结合动物营养需要决定利用方法和目标，包括如下基本研究内容：

（1）饲草培育及其适应性评价；

（2）草地农艺，饲草场建植与更新、施肥及病虫害防治；

（3）饲草生产及其质量调控、干草调制、青贮制作；

（4）牲畜采食利用及生产。

放牧场原理及实践，是基于可持续、可永久利用，最优化商品产出和社会服务，对放牧场组分进行操作的科学与技艺（Holechek and Pieper，2011）。放牧场管理有两个基本组分，保护和强化土壤-植被复合体；维护或改良放牧场商业产品产出。饲草场也有放牧，但不同于放牧场的管理目标，实践操作也有所不同。

放牧场管理是一个独特的农业行业，它针对的是放牧场植物-动物相互作用、植物-动物所构成的界面，而不是单一的植物或动物，其基本作用为牛、羊的放牧行为，核心关注植物和动物二者的双赢生产。放牧场管理实践的重点在于调控放牧要素，以减少放牧对土壤、植被产生的负效应，兼顾野生动物保护和游憩地保护。放牧场管理原理及实践包括如下主题内容：

（1）饲草生理、群落功能、土壤对放牧的反应；

（2）放牧场调查、监测，放牧方法设计及改进，放牧后植被改良、复壮；

（3）植物营养成分动态、牲畜采食及营养需要、放牧补饲，放牧场牲畜生产；

（4）放牧场野生动物保护、水文循环、休闲游憩等的多功能利用；

（5）放牧场管理规划及放牧场经济学。

放牧场管理是实践性非常强的学科门类，实践中需要将如下几个理论抽象问题经验化、通俗化、具体化理解。

一是世界上没有两片草地或放牧场是相同的，任何一片草地都由其土壤和地形决定，这要求管理者整合信息，总体判断某一片放牧场的管理对策和组合技术。经验与研究信息结合才构成放牧场管理的知识体系。美国《放牧场管理学》（*Range Management*）作者Stoddart说："对草地资源的感受是牧人的固有印记，具有实践性，当今有实践性，100年后可能还有实践性。"

二是放牧场可持续、可永久利用的标准，近2～3年比较，优势种群密度在放牧干扰后没有明显变化。这可以通过停止放牧后的恢复程度判断，若优势种群密度减少，但多年生伴生种密度增加，并且适口性相当，产量相当，同样属于可持续范畴。若多年生植物密度降低，一年生种类及密度增加，并且产量占优势，应该是一个临界点信号，表明顶极植被繁殖体开始减少或消失。

三是国有草地的公益研究目标淡化了草原放牧场管理效益（profitability，prograzing）。草地作为牧民基本生产生活资料，无论如何，生产牲畜和畜产品都是管理饲草场和放牧场的切入点。为了保护环境和发展游憩资源可以追求最大化产出，但其生产作用强度不能突破可持续利用临界点。

四是相同放牧作用强度下，放牧要素间有很大的调整组合空间。放牧要素调整是一门技术活，具有艺术性，适宜的放牧要素调整可以优化生产，最大化牲畜生产，最小化牲畜生产负效应。最大化牲畜生产、最小化负效应，并维持可持续，是衡量管理成功的标志。

五是最大化牲畜生产可以用累积饲草产量与饲草质量之积最大化衡量，最小化负效应可以根据翌年返青状况判断。不同于森林，作为放牧场的草地群落种类和产量具有受气候影响的较大波动性，经验衡量很重要。

六是衡量草地放牧场生态系统服务的两个基本标准：地面覆盖程度和单位面积有效光合叶面积，二者可以统一为盖度，而盖度多是估算的，因此，经验感受估算生态系统服务非常重要。

饲草生产系统的管理目标是饲养牲畜，除在放牧场放牧饲养外，非生长季节或饲草产量不足时，需要提供其他饲草料饲喂，基于草地放牧饲养及饲料供给饲养形成了草地畜牧系统。无论是放牧场的放牧饲养，还是饲草场的放牧或收获给喂饲养，都涉及牲畜放牧后的饲草料供给饲养。放牧场或饲草场管理的核心是提供高质量饲草料，草地畜牧的核心是维持牲畜高效生产。除基本的饲草料营养和能量外，还有饮水保障、病虫害控制、微量元素补充及冷热应激解除等福利管理。

草地畜牧理论与实践，是利用饲草资源，结合设计饲养，进行牲畜生产的科学与技术（周道玮等，2013，2016，2019）。不同于单纯的笼内饲养或圈养，草地畜牧针对牲畜，基于放牧饲养，实行牲畜全过程饲养管理、全过程福利管理，其饲草料数量和质量受季节时间影响而变动，这是草地畜牧的巨大挑战。区别于依赖放牧场饲草数量和质量的单纯放牧饲养，草地畜牧是基于牲畜生长需要，结合饲养目标的设计饲养，主要考虑在放牧饲养的基础上补饲粮食及微量元素等。草地畜牧既包括放牧场的牲畜饲养，也包括草场的放牧饲养，核心为如下内容：

（1）草地土壤培肥，以维持放牧场或草场土壤可持续利用，稳定饲草生产；

（2）草地改良、饲草培育及饲草资源生产，维持经济有效、稳定的牲畜生产；

（3）饲草供应途径、数量和质量评估及改良，维持全年高质量饲草供给；

（4）畜群全过程营养优化、福利控制；

（5）设计饲养及草地畜牧经济学。

任何一个食物自给的地区或国家，首先是基于植物产品，然后是基于动物产品。放牧场及饲草场是动物产品生产的经济有效资源，对于维持全世界人类食物保障供给具有重要意义。

干旱、半干旱区放牧场及其管理系统不同于半湿润区、湿润区饲草场及其管理系统，但是，所有这些都是饲养牲畜、生产动物产品的基础资源，并且是人类的生存环境。因此，必须维持其可持续的发展方式，以持续稳定产品产出，并保护环境。

美国饲草价值为 278 亿美元，高于任何一种作物，其中，干草价值为 117 亿美元，仅次于玉米 191 亿美元、大豆 147 亿美元（USDA，1999）。饲草价值占总饲料价值的 63%，精饲料价值仅占总饲料价值的 36%，总饲料价值估算为 440 亿～450 亿美元。

中国产籽粒粮的 50%用作饲料，加上粮食副产品，合计 5 亿～6 亿 t 用作饲料，主要用于养猪，加重了土地负担，增加了投入产出比。未来，如何调整饲草生产与籽粒粮食生产比例，如何调整养猪、养牛、养羊，甚至养鸡的比例，是我们保障食物数量安全、降低食物成本面临的挑战。

中国饲草种类丰富，天然牧场广大，可用于发展饲草场的边际土地多样，并有丰富的农田秸秆，具有大量生产牲畜的潜力。这对保障中国食物的数量安全、质量安全、价格低廉具有重要意义。需要我们在研究和管理方面付出更多努力，以维护食物供给安全，特别是动物性食物供给安全，并维护我们的生存环境。

参 考 文 献

方精云, 景海春, 张文浩, 等. 2018. 论草牧业的理论体系及其实践[J]. 科学通报, 63: 1619-1631.

郎业广. 1982. 论中国草业科学[C]. 中国草原学会第二次学术讨论会文集.

库柏, 莫里斯. 1982. 草地牧业[M]. 傅永康, 邢谷桂, 来可伟译. 北京: 农业出版社.

任继周. 2004. 草地农业生态系统通论[M]. 合肥: 安徽教育出版社.

任继周. 2012. 草业科学论纲[M]. 南京: 江苏科学技术出版社.

周道玮, 孙海霞, 钟荣珍, 等. 2016. 草地畜牧理论与实践[J]. 草地学报, 4(24): 718-725.

周道玮, 王婷, 赵成振, 等. 2019. 放牧场和饲草场管理的原理与实践[J]. 土壤与作物, (3): 221-234.
周道玮, 钟荣珍, 孙海霞, 等. 2013. 草地畜牧业系统: 要素、结构和功能[J]. 草地学报, (2): 207-213.
Barnes R F. 1982. Grassland agriculture-serving mankind[J]. Rangelands, 4(2): 61-62.
Barnes R F, Nelson C J, Colins M, et al. 2013. Forages: An Introduction to Grassland Agriculture[M]. 6th ed. Vol.1-2. Ames: Blackwell Publishing.
Collins M, Nelson C J, Moor K, et al. 2018. Forages: An Introduction to Grassland Agriculture[M]. 7th ed. Vol.1. Hoboken: John Wiley &Sons, Inc.
Holechek J L, Pieper R D. 2011. Range Management, Principles and Practices[M]. 6th ed. Upper Saddle River: Prentice Hall.
Hopkins A. 2000. Grass, it's Production and Utilization[M]. 3rd ed. Oxford: Blackwell Science.
Mercer C F. 2011. Pasture Persistence Symposium[M]. Hamilton: New Zealand Grassland Association.
Nicol A M. 1987. Livestock Feeding on Pasture[M]. Hamilton: New Zealand Society of Animal Production, Occasional Publication No.10.
USDA. 1999. Agricultural Statistics[M]. Washington DC: US Government Printing Office.

第一章　饲草及草地农业概论

饲草种植、管理及其利用，放牧饲养或收获饲养，是为草地农业，其理论为草地农业科学。种草饲养牲畜源于天然草地放牧饲养，经历了800多年的历史，第一种饲草作物培育成功也经历了近500年的历史。在土地资源丰富、人力资源有限的条件下，种植多年生饲草作物放牧饲养牲畜为牧民生活方式的适应性选择；在光照不足或土壤肥力障碍条件下，种植饲草作物饲养牲畜为土地利用的适应性选择；在饲养牲畜有比较效益的情况下，尽管种植饲草效益不高，但是前后权衡有经济效益，因此选择种植饲草饲养牲畜是市场驱动的效益选择。多途径多模式发展草地农业具有保护生态、保障食物安全的意义。

第一节　饲草、草地农业定义

饲草（forage），用于饲喂动物或收获作为饲料的植物或其可食部位，包括草本植物（herbage）、嫩枝叶（browse）及木本植物的芽、叶、嫩枝及果实，既包括一年生、二年生和多年生草本植物，又包括多年生木本植物。饲草是一个包括植物及植物各部位的广泛概念，并可被家畜、狩猎动物及其他动物或昆虫多途径消费。英文forage，有时也包括农田作物残茬及其他可用的植物副产品，对译中文为“饲草料”较为贴切。英文类似的另一个词为feed（饲料），但forage不包括单独的矿物质、微量元素、维生素及饲喂用动物性产品。

饲草生产及利用涉及其他几个密切相关的国内外都采用的概念，下面依据相关文献（Barnes et al.，2003；Holechek and Pieper，2011）对其欧美用法进行解释。需要说明的是，对这些术语进行严格定义和规范有助于遵守严格相同的边界进行学术交流，有利于科学研究与生产实践之间进行准确的信息传递。例如，国内多使用“牧草”和“饲用植物”这两个术语，缺少概念边界；又如“草畜平衡”和“以草定畜”，饲草及草地产量是动态的，以什么季节时间的草产量或质量平衡牲畜？在连续放牧基础上，牲畜每天在采食，以什么季节时间的草产量或质量决定牲畜数量或饲养效益？怎样在放牧基础上实践执行？若实现了“草畜平衡”，草地就不退化？牲畜就可以高效饲养？

放牧场（range），用于放牧的天然植被区块，包括可放牧的森林（grazeable forest）和森林放牧场（forest range），这些区块至少一年之内阶段性的有下层草本植物可用于放牧，或有灌木可用于放牧，不是种植的饲草场或饲草作物地，管理为自然生态系统。相应地，有林农复合场（agroforestry），结合森林生产，在森林树木间发展作物，包括饲草作物；还有林草复合场（silvopasture），为林农复合场的一种类型，在森林中，树木生产、放牧场或草场管理同时进行。

牧场（rangeland），禾草、拟禾草、阔叶草或木本植物占优势的自然植被区域，在用或潜在可用于放牧，可发展成为放牧场，管理为自然生态系统，即使不定期补播改良的饲草，也将其管理为自然生态系统。包括所有的天然草地、灌丛、森林、长草的荒漠、苔原及沼泽，基本包括除不毛之地以外的所有地方。此术语不同于行政管理概念的农场（farm）或牧场（ranch）。

牧场和放牧场经常通用，并多用于放牧，少用于收获，与草原和草地的名称不相冲突，也不是包含或被包含关系，为土地利用类型方面的概念术语。

饲草场（pasture），周期性耕作，种植饲草作物，为放牧采食或收获饲料饲喂而种植的地块，管理为人工生态系统而不是自然生态系统。一般用于表述有边界的牲畜放牧或收获管理单元，并有放牧区（pasturage）的含义，我国一般称之为人工草地或栽培草地。

草场（pastureland），由本地或引入植物构成，在用或潜在用为放牧采食或收获饲料饲喂而种植的土地，管理为人工生态系统而不是自然生态系统。

饲草场和草场经常通用，美国、新西兰及欧洲多用于放牧，但也是收获饲草料的主要场所。牧场和放牧场主要用于放牧，少用于收获饲草。

放牧地（grazing land），用于放牧的地方，包括上述草场和牧场。

作物（crop），大面积栽培种植经培育的植物品种。品种是经过人工培育，具有某一特别有价值的特征，并区别于野生种的植物群体。一般，品种需要审定认可。

饲草作物（forage crop），大面积栽培种植，且用作饲草的植物品种，欧美等地区多用于种植后牲畜自主觅食采食，也用于收获饲喂。相对应的为籽粒作物（grains crop）或蔬菜作物（vegetable crop）。

饲料作物（fodder crop），大面积栽培种植，且用作饲料的植物品种，多用于人工收获提供给牲畜，也用于牲畜自主觅食。除饲草场生产的饲草作物外，有时还有农田谷物、豆类及根茎类产出的产品，包括干草、青贮、青刈及籽粒等，强调人工收获后提供给动物而不是动物自主觅食。

饲枝作物（browse crop），大面积栽培种植，供采食嫩枝叶的木本植物品种，此类作物多在干旱区采用，另外，富含单宁及蛋白质的一些特殊功能群植物多被采用。

饲料（feed，fodder），也称刍秣或粮草（provender），饲喂牛、羊、猪、鸡等家畜、家禽的任何农业原料，包括干草、黄贮、青贮、青刈、颗粒料、籽粒、油脂及混合料、催芽的籽粒等。饲料强调的是给动物提供饲喂，而不是动物自主觅食。

作物地（cropland），生产培育作物的土地，包括生产籽粒作物、蔬菜作物及饲料作物的土地。北美、欧洲及大洋洲一些国家，将培育的饲草也称为作物（crop），因此，其作物不仅限于我们一般说的籽粒或蔬菜作物，作物地也有别于我们所说的“农田”。

作物地饲草场（cropland pasture），一年中部分时间用于放牧的作物地，如玉米地籽粒收获后放牧剩余的秸秆，放牧冬小麦田冬季或早春的地上部分。

为了确切理解相关概念，参考美国土地分类统计（USDA，1999），或有助于我们理解完整的概念关系（图 1-1）。

草地（grassland），是指草本植物占优势的任何植物群落，也是指可用于放牧的草场和牧场。一般，除一年生农田，可用于采食饲养的所有植物群落，都被称为草地，包括灌丛、苔原、沼泽及森林，也通指牧场（Suttie et al.，2005）。

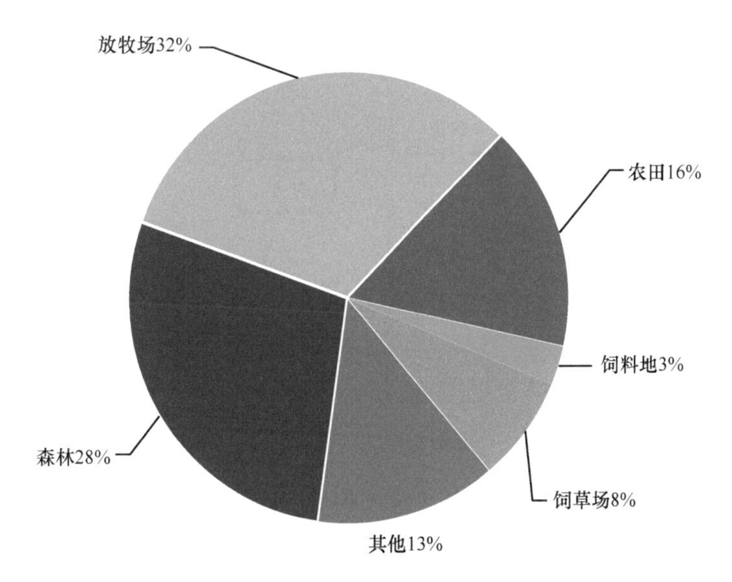

图 1-1　美国土地分类统计，指示放牧场、草场和作物地类型及比例（USDA，1999）
其他包括保护区、建设用地、河流及道路等

草地农业（grassland agriculture），是培育饲草作物、饲草场及放牧场，生产食物及纤维的科学与技艺（Barnes，1982）。草地农业始于饲草培育和种植，建立饲草场，经过放牧采食饲养或收获饲喂，进行草食动物生产，满足人类需要（图 1-2）。强调高产量、高质量饲草料产出，并维持饲草场持久性利用。生产实践中，草地农业表述为草地作物种植、耕作、收获及其饲喂体系（grassland farming system）（Barnes et al.，2003），重点针对饲草场的经营管理。

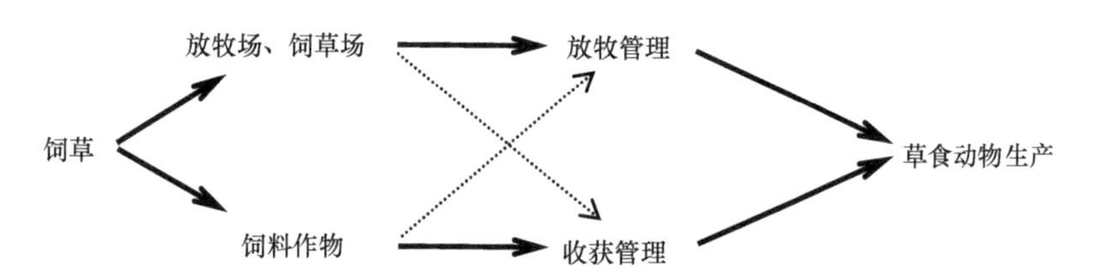

图 1-2　饲草生产、收获及利用的二元体系（Vallentine，2001）

草地农业取决于土壤-饲草-动物之间的关系，土地及特定的土壤是饲草生产及后续所有生命的基础。简言之，饲草从土壤中吸收牲畜和人类所需要的矿物元素，结合光能、CO_2、水等自然资源形成各类碳水化合物，然后，植物协调氮与特定碳链形成氨基酸及蛋白质。草食动物利用饲草或其部分维持生命、生长并生产，转化饲草产品为高质量肉、奶以满足人类需要。这种需求绝不仅仅是美味，而是基本的物质和能量。

草地畜牧（grassland farming），是利用饲草资源，结合设计饲养，进行牲畜生产的科学与技术（周道玮等，2016）。草地畜牧业，是利用天然放牧场的放牧饲养或收获饲草场饲养，结合开发其他粗饲料和精饲料，供应草食动物生长需求，按设计目标和过程，生产动物产品的生产体系（图 1-3）。同时，保护牧场或草场土壤免遭流失，保证牲畜粪尿循环。不同于笼内饲养或圈养，草地畜牧是基于草地放牧，整合其他粗饲料和精饲料而进行的牲畜生产。

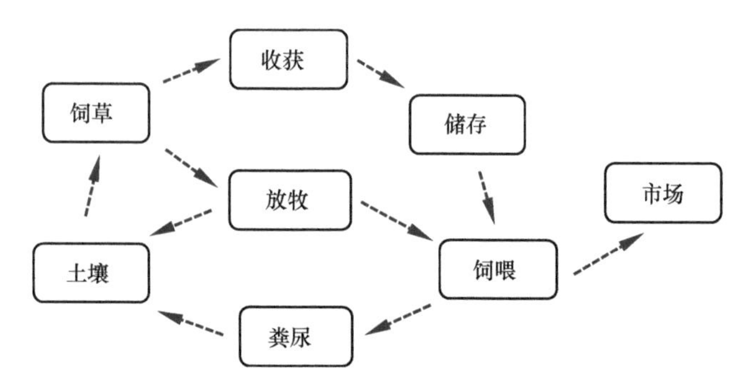

图 1-3　草地畜牧系统（周道玮等，2016）

牛、羊等草食动物可以消化富含纤维的植物，以饲草为主要日粮而维持生长生活。因此，饲养牛、羊可以更广泛地利用植物资源，生产人类所需要的肉品食物，而不局限于饲养以籽粒为主要食物的杂食动物（猪、鸡等）提供人类所需要的肉品食物（图 1-4）。

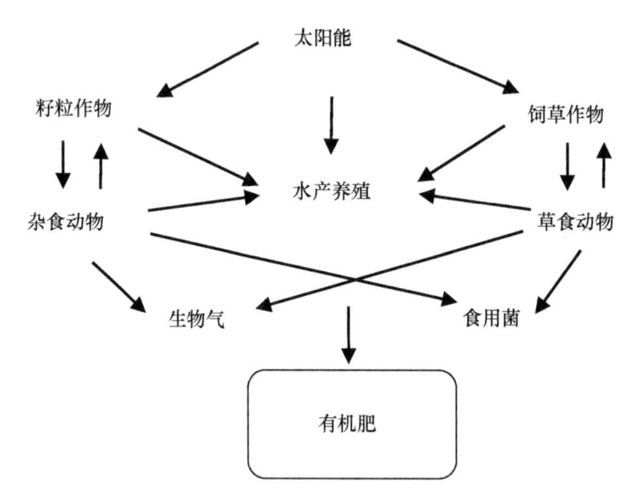

图 1-4　整合的现代农业系统，指示饲草及草食动物的位置

饲草场生产子系统和草食动物生产子系统的耦合构成了草地农业生产系统。

猪是以籽粒粮为主要食物的杂食动物，每生产 1 kg 胴体需要 6 kg 籽粒粮。牛、羊是以饲草为主要食物的草食动物，在牧食或饲喂基础上，每生产 1 kg 牛、羊胴体需要 2～3 kg 籽粒粮及相应的饲草。饲养牛、羊产肉是粮食节约型肉品生产途径，对于保障粮食数量安全有重要意义，其前提是需要有足够的饲草，或者说需要有足够多的土地生产足够多的饲草。这一点对农田短缺或光照不足国家及地区具有特别重要的意义。一方面，节约籽粒粮食或不用籽粒粮食生产足够多的肉品，维持食物供给安全；另一方面，对脆弱土地少耕作，维持土壤稳定且可持续利用，特别是种植多年生饲草作物，防止水土流失，保护生态环境起到重要作用。

第二节 饲草、草地农业的意义

中国是一个人口大国，按现行人口政策，至2040年，人口将达到16亿，在未来25～50年内，人口数量或将回落到12亿左右（表1-1）。中国农田及可开发的潜在农田短缺，口粮、肉品、蔬菜及果品等食物保障问题将是中国未来很长一段时间的关注重点。

科学规划及权衡中国种植和养殖比例及草食动物牛、羊和食用籽实动物猪、鸡的比例、空间分异，对于保证中国未来粮食安全、肉品需要、市场供应及价格稳定，特别是获得低成本、低价格食物具有重要意义。同时，还可以指导中国口粮、饲料粮及动物性食物生产的方向和程度，或还可以让出更多的空间进行土地休耕养生，完善生态建设。

表1-1 1对夫妇2个孩子，我国2015年及其后25年及后50年潜在人口数量 （单位：亿人）

年龄结构	2015年	2040年	2065年
<25岁	4.0	4.0	4.0
25～49岁	5.7	4.0	4.0
>50岁	4.0	5.7+1.4	4.0
合计	13.7	13.7+1.4	12.0

注：以25岁以前为生育年龄，期望寿命为75岁。若25岁以下人口1对夫妇2个孩子，实现程度100%；现25～49岁生育第2个孩子的比例设为25%，即又生育1.4亿人口

口粮安全保障是首位，其次为肉食品等动物性食物及蔬菜水果生产保障，各部分的需求及其生产途径需更清晰、理性的认知，特别是动物性食物生产。

一、中国口粮、饲料粮、动物性食物的需求

现阶段，中国生产粮食原粮6.2亿t（2015年），其中，口粮消费原粮1.8亿t，食品工业消费原粮1.3亿t（含种子量），饲料粮消费原粮3.1亿t（图1-5）。另外，粮食加工、油料加工的副产品所形成饲料粮2.2亿t，糖渣、果渣等0.1亿t，合计生产消费饲料粮5.4亿t（周道玮等，2017）。

5.4亿t的饲料粮用于生产猪肉消费3.3亿t，相当于饲料粮中的原粮数量；生产禽肉、禽蛋消费饲料粮1.2亿t、生产牛羊肉及奶品消费饲料粮0.5亿t、水产养殖消费饲料粮0.4亿t，合计2.1亿t，相当于粮食、油料加工副产品的数量（图1-6）。

据联合国粮食及农业组织（FAO）标准：平均每人每天获得12 MJ食物热值为生活的舒适水平。每人每天12 MJ热值相当于全年需300 kg粮食（水稻、小麦、玉米籽粒的热值为18 MJ/kg，加工成食物的利用率平均为80%），这300 kg粮食仅仅为所需热值的满足量。

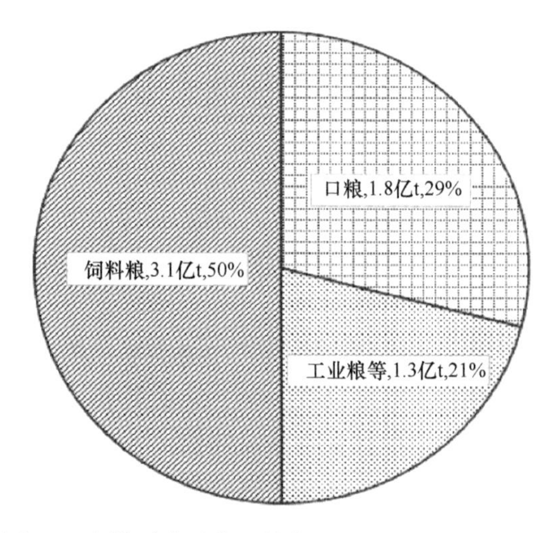

图 1-5 原粮消费结构及其数量（亿 t）与比例（%）
工业粮包括种子粮和餐饮用粮

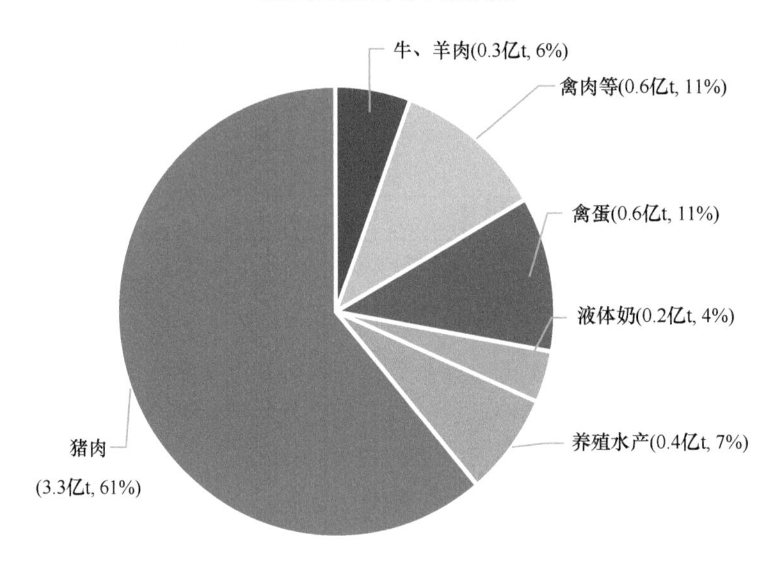

图 1-6 饲料粮的主要消费组分及其数量（亿 t）和所占比例（%）

我国香港、日本及新加坡的食物消费历史证明，社会发达后期，当人们的经济水平和社会供给有能力“按意愿”吃后，籽粒粮提供的热值为 45%，相当于年人均 135 kg 粮食（含购买的食品等）；动物肉品提供的热值为 25%，相当于年人均 110 kg 肉及水产品（用猪肉计算为 550 kg 粮食；用鸡肉计算为 330 kg 粮食；用牛羊肉计算为 200～300 kg 粮食）；蔬菜、果品、糖、油脂、蛋及奶等提供的热值为 30%（蛋、奶、水产品合计年人均需 110 kg 粮食）。

肉品是人们有能力购买后所青睐的食物选择，消费量与经济收入密切相关。未来 15～20 年，按时间自然过程预测的肉品增长数与按国内生产总值及人均可支配收入预测的肉品增长数相似（周道玮等，2013a，2017），肉类消费最少需要达到 1.2 亿 t（表 1-2）。

表 1-2　2015 年动物性食物生产需要及其饲料粮消费、2030 年的相关预测及占比

动物性食物	2015 年产量（亿 t）	粮肉系数	2015 年饲料粮消费（亿 t）	占比（%）	2030 年需求（亿 t）	2030 年饲料粮消费（亿 t）	占比（%）
猪肉	0.55	6	3.3	61	0.73	4.4	59
牛羊肉	0.1	3	0.3	6	0.16	0.5	7
禽肉等	0.2	3	0.6	11	0.29	0.9	12
禽蛋	0.3	2	0.6	11	0.40	0.8	11
奶品	0.4	0.5	0.2	4	0.60	0.3	4
养殖水产	0.4	1	0.4	7	0.60	0.6	8
合计	—	—	5.4	100	—	7.5	100

注：2030 年，蛋以增加 33%计；养殖水产品及奶以增加 50%计

肉品按现在生产及消费模式，猪肉需要生产 0.73 亿 t，消费饲料粮 4.4 亿 t；禽类肉需要生产 0.29 亿 t，消费饲料粮 0.9 亿 t；牛羊肉需要生产 0.16 亿 t，消费饲料粮 0.5 亿 t；奶、蛋需求增加所带动的粮食增加微弱，消费饲料粮 1.1 亿 t，合计消费饲料粮 7.5 亿 t（表 1-2）。

近一段时期内，得益于肉品消费增多，口粮消费稳定（Stokstad，2010）。8 亿亩[①]蔬菜、瓜果用地保障了蔬菜、瓜果等植物性食物供应。中国人口在增加，但由于肉品消费量增加而人均口粮消费量在减少。人口粮的需求近为常数 3.1 亿 t，口粮、工业粮加工副产品所形成的饲料粮亦稳定为常数 2.2 亿 t（饲料粮生产中加入了进口的 1.2 亿 t 谷物和大豆加工副产品），所需要的饲料粮差额部分都需要用粮食原粮生产。

那么，生产 7.5 亿 t 饲料粮需要用粮食原粮 5.3 亿 t，加之口粮及工业粮 3.1 亿 t，需要国内生产及国外进口原粮总计达 8.4 亿 t。

届时，若进口粮与现阶段的进口数量维持相当，即进口谷物及大豆 1.2 亿 t，尚需生产粮食原粮 7.2 亿 t，才能保证国家口粮、工业粮、饲料粮及肉奶蛋供需平衡，维持市场价格稳定。

2015 年中国生产粮食 6.2 亿 t，若按 2014～2015 年 0.9%的速度增产，连续增加 15 年后产量可达 7.1 亿 t（$6.2 \times 1.009^{15}=7.1$ 亿 t），近于满足需要。但继续连续增加 15 年，依靠减少大豆播种面积而增加玉米播种面积的产量增加已没有空间，粮食增产面临巨大挑战。

二、中国植物性食物、动物性食物的区域格局

食物安全包括数量充足和供应稳定两个主要指标。世界粮食及农业组织（FAO）讨论食物安全的供应稳定性时，确定的是食物储备（food stock）标准，不是我们所说的全年所产粮食的储备率或饲料粮的储备标准。中国口粮年消费量为 1.8 亿 t，口粮作为食物的储备应该为多少，这是一个需要再研究的问题。同时，现阶段，中国肉品食物消费为 0.9 亿 t（包括进口），肉品食物储备需要为多少？同样需要再研究。除基本

① 1 亩≈666.67m^2。

的生产数量要素外，合理的食物储备数量是保障食物数量安全并稳定供给、维持市场价格稳定的重要因素。供应稳定除需要有合理的储备以外，还需要有空间分布的可供给性，即所谓的可及性。为了进一步说明中国粮食生产的保障问题，下面通过探讨粮食生产、饲料粮生产及动物性食物生产的空间格局，论述饲草生产及牛、羊饲养所面临的选择。

自南方向北方、自沿海向内陆，根据地域临近和气候相似原则，参考中国农业综合区划（全国农业区划委员会，1981）将 31 个省（自治区、直辖市）归纳为 7 个粮食生产毗邻区，分别为京津冀鲁区、沪苏浙皖区、粤桂琼闽赣湘区、云贵川渝区、鄂豫陕晋区、藏青新甘宁区及蒙辽吉黑区。根据国家统计资料及计算的肉品生产与消费数量，计算各粮食生产毗邻区内的各项指标，并进行比较，探究粮食生产与消费的区域差异及未来粮食与肉品生产对策。

根据粮食需要优先保证的顺序，即需要优先保障口粮、工业粮及低耗粮动物性食物，最后考虑生产猪肉的顺序，将食物按保障程度分为三级。第一级，口粮、种子粮、工业粮及餐饮粮；第二级，奶品、水产品、禽蛋、禽肉及牛羊肉；第三级，猪肉。本节分别论述其生产与消费的盈缺关系。将第一级粮食统称为人口粮或植物性食物，其中，将日常所说的主食部分称为口粮，生产转化肉、奶、蛋的粮食原粮及人口粮加工的副产品称为饲料粮，其产品称为动物性食物；第二级为低耗粮转化的动物性食物，称为基本动物性食物（鸡肉、鱼肉、牛羊肉、奶及蛋）；第三级为高耗粮转化的动物性食物，称为奢侈动物性食物（猪肉）。

1. 植物性食物的区域生产与消费

全国，即 7 个粮食生产毗邻区，小麦和水稻产量 3.4 亿 t，口粮消费量（含餐饮用粮 0.1 亿 t）1.9 亿 t（图 1-7）。各区以小麦和水稻为主的口粮产量高于口粮消费量，表明各毗邻区内以小麦和水稻为主的口粮消费都可以在本区域内解决，无需外部输入。

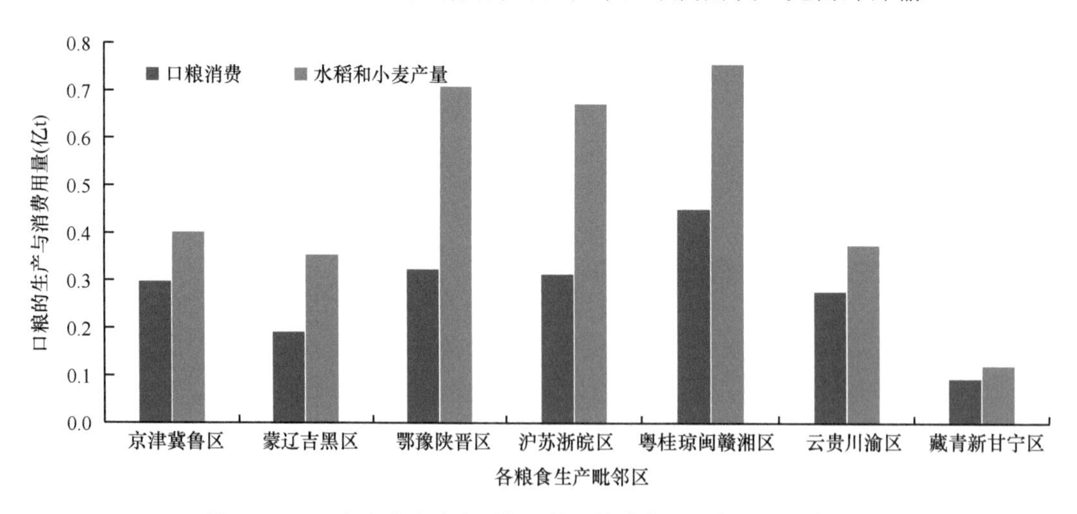

图 1-7　2015 年各粮食生产毗邻区的口粮消费量及水稻和小麦产量

各毗邻区内，必需的人口粮消费量均小于谷物或粮食产量（图 1-8），表明各毗邻区内谷物及粮食产量分别可以满足本毗邻区内人口粮的消费需要，同样，无需外部输入。但个别省份和区域需要外源补充。

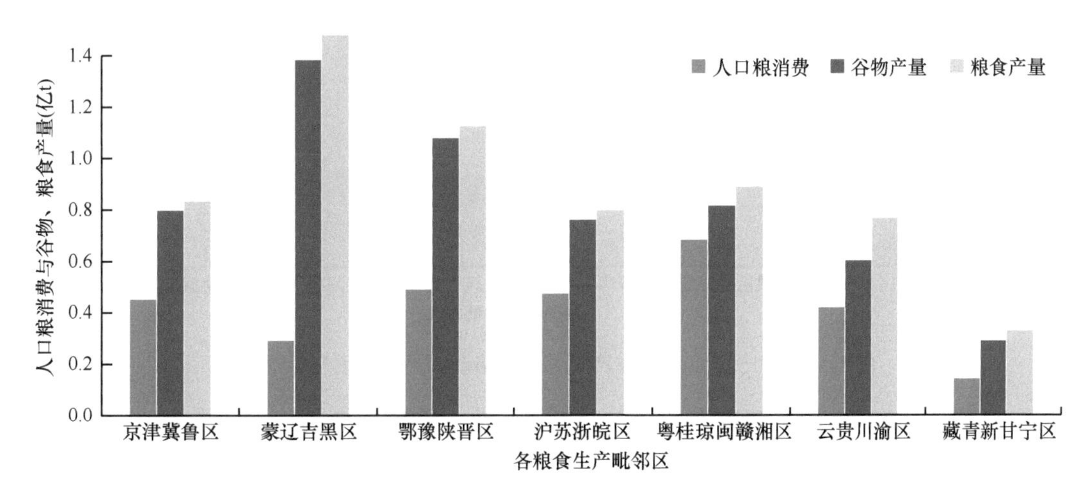

图 1-8　2015 年各粮食生产毗邻区的人口粮消费、谷物产量及粮食产量

2. 动物性食物的区域生产与消费

各毗邻区内，生产基本动物性食物所消费的粮食量均小于所生产的饲料粮量，即基本动物性食物实际生产及平均消费用粮都可以自产自足（图 1-9）。本区内所生产的饲料粮可以满足本区内基本动物性食物的生产及消费需要。

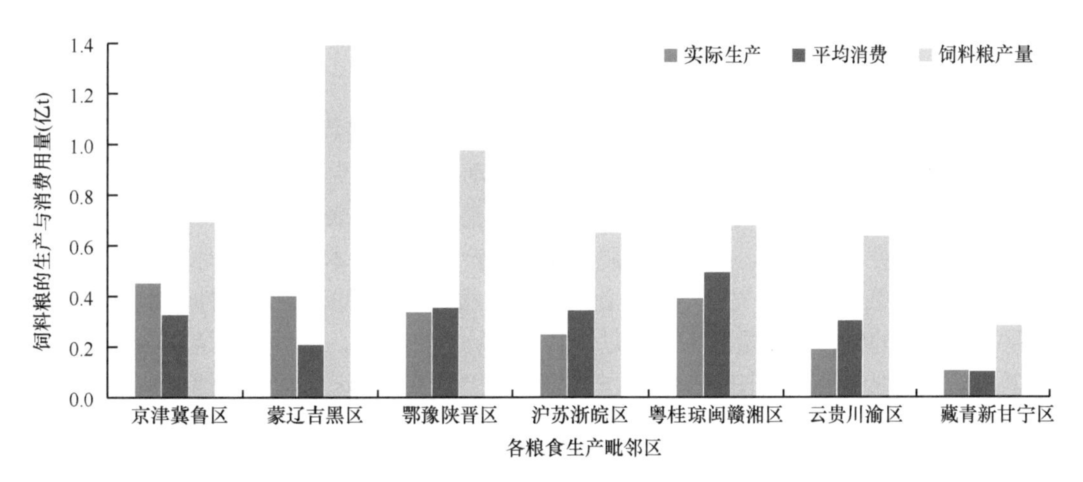

图 1-9　2015 年基本动物性食物实际生产用饲料粮、平均消费用饲料粮及饲料粮产量

各毗邻区内，除去实际生产基本动物性食物用饲料粮外，剩余饲料粮若用于生产奢侈动物性食物，其可生产量（称为潜在生产）、实际生产量及平均消费量所消费饲料粮的统计结果表明（图 1-10）：

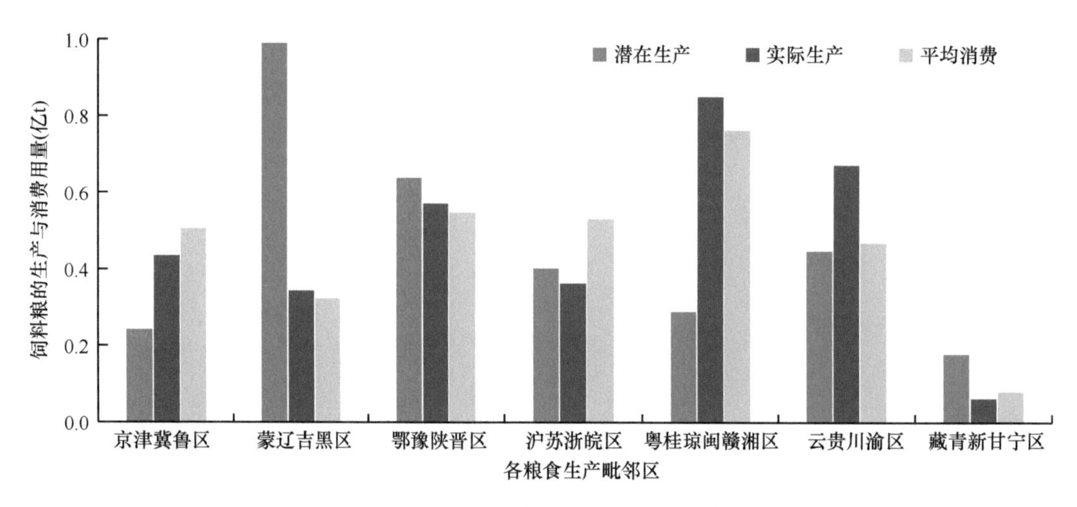

图 1-10 2015 年各粮食生产毗邻区奢侈动物性食物生产用饲料粮

（1）京津冀鲁区平均消费>实际生产>潜在生产，表示有猪肉输入，并有饲料粮输入；

（2）蒙辽吉黑区潜在生产>实际生产>平均消费，表示有饲料粮输出，并有猪肉输出；

（3）鄂豫陕晋区潜在生产>实际生产>平均消费，表示有饲料粮输出，并有猪肉输出；

（4）沪苏浙皖区平均消费>潜在生产>实际生产，表示有饲料粮输出，并有猪肉输入；

（5）粤桂琼闽赣湘区实际生产>平均消费>潜在生产，表示有饲料粮输入，并有猪肉输出；

（6）云贵川渝区实际生产>平均消费>潜在生产，表示有饲料粮输入，并有猪肉输出；

（7）藏青新甘宁区潜在生产>平均消费≈实际生产，表示仅有饲料粮输出（猪肉消费按 50%计）。

3. 动物性食物生产与消费空间分布平衡

京津冀鲁区、云贵川渝区实际生产动物性食物用饲料粮数量>平均消费动物性食物用饲料粮数量。所生产的饲料粮数量既不能满足动物性食物生产需求，也不能满足动物性食物消费需求，但生产的动物性食物数量多于消费需求，表明有饲料粮输入，同时，有生产的动物性产品输出。该区应该限制猪肉生产至仅满足本区需求的水平（表 1-3）。

粤桂琼闽赣湘区实际生产动物性食物用饲料粮数量=平均消费动物性食物用饲料粮数量。所生产的饲料粮数量既不能满足动物性食物生产需求，也不能满足动物性食物消费需求，有饲料粮输入，但输入量+生产量=消费需要量。该区面临输入饲料粮还是输入猪肉的问题，亦或是本区生产更多的牛羊肉以满足本区肉品需求。

沪苏浙皖区实际生产动物性食物用饲料粮数量=所生产饲料粮数量，但没有满足消费需求的动物性食物数量，表明有猪肉输入。该区面临输入猪肉还是本地生产牛羊肉的问题。

鄂豫陕晋区生产动物性食物所消费饲料粮数量=平均消费动物性食物所生产的饲料粮数量<所生产的饲料粮数量。表明，生产的动物性食物数量与消费的动物性食物数量一致，但饲料粮有盈余。

表 1-3　2015 年动物性食物区域间生产与消费用粮　　（单位：亿 t）

毗邻区	粮食产量	人口粮	饲料原粮	饲料粮生产	动物性食物生产用粮	动物性食物消费用粮	饲料粮生产盈缺	饲料粮消费盈缺
蒙辽吉黑区	1.5	0.3	1.2	1.4	0.9	0.8	0.5	0.6
京津冀鲁区	0.8	0.5	0.4	0.7	0.7	0.5	0	0.2
粤桂琼闽赣湘区	0.9	0.7	0.2	0.7	0.9	0.9	–0.2	–0.2
沪苏浙皖区	0.8	0.5	0.3	0.6	0.6	0.9	0	–0.3
鄂豫陕晋区	1.1	0.5	0.6	1.0	1.2	1.3	–0.2	–0.3
云贵川渝区	0.8	0.4	0.3	0.6	0.9	0.8	–0.3	–0.2
藏青新甘宁区	0.3	0.2	0.1	0.3	0.2	0.2	0.1	0.1
合计	6.2	3.1	3.1	5.3	5.4	5.4	–0.1	–0.1

注：饲料粮生产盈缺=饲料粮生产–动物性食物生产用粮；饲料粮消费盈缺=饲料粮生产–动物性食物消费用粮

蒙辽吉黑区实际生产动物性食物所消费饲料粮数量<平均消费动物性食物所消费的饲料粮数量<所生产饲料粮数量。表明，生产的饲料粮数量和生产的动物性食物数量有盈余。限制更多的饲料粮生产、促进动物性食物生产，即生产更多的猪肉或牛羊肉是该区食物生产选项。

蒙辽吉黑区粮食产量 1.5 亿 t，除去本地消费人口粮 0.3 亿 t，本地消费动物性食物转化的粮食 0.6 亿 t，向外输出动物性食物生产转化的饲料粮 0.2 亿 t，每年还向外输出粮食 0.5 亿 t，包括水稻和小麦 0.2 亿 t，饲料粮 0.3 亿 t。向外输出粮食，耗费运输能值，并每年从东北部调运大量 N（1.2%）、P（0.3%）、K（0.2%）等营养物质，将导致东部区土壤营养贫瘠化，南部区土壤富营养化。向外输出粮食的实质是输出资源、输出生态美景，并浪费能值。

综上，藏青新甘宁区、云贵川渝区及内蒙古中西部空间邻近，两个毗邻区间饲料粮生产与消费基本平衡，可以统筹作为一个区域考虑植物性食物及动物性食物的战略发展。蒙辽吉黑区、京津冀鲁区空间临近，可以统筹协调，优先充分保障北京、天津食物供给安全。粤桂琼闽赣湘区、沪苏浙皖区植物性食物及动物性食物均亏缺较多，特别是动物性食物，需要有完善的保障机制，通过进口保障是一个选项。鄂豫陕晋区自给自足程度非常好，可以考虑食物生产独立循环。

现阶段，东北部区是我国饲料粮生产供应区，东南部区是我国饲料粮需求消费区，两个区域间人口粮及饲料粮的生产与消费基本平衡，西部各区人口粮及饲料粮生产与消费平衡（图 1-11，周道玮等，2017）。

现阶段，饲料粮的东部区生产供应加之部分进口粮，维持了南部区所需饲料粮的平衡，并维持了东部区粮食生产与消费的平衡。但是，当我国南部区粮食增加或饲料粮及肉奶蛋进口数较多时，对东部区饲料粮需求将减少，东部区将面临粮食生产过剩，甚至再次出现历史上发生的“卖粮难”问题。东部区草食牲畜生产及草地畜牧业发展将极大地缓解这一潜在问题（周道玮和孙海霞，2010；周道玮等，2010，2013b）。

东南部各省需要深化研究粮食安全供给和肉品生产保障，特别是草地农业的发展途径。

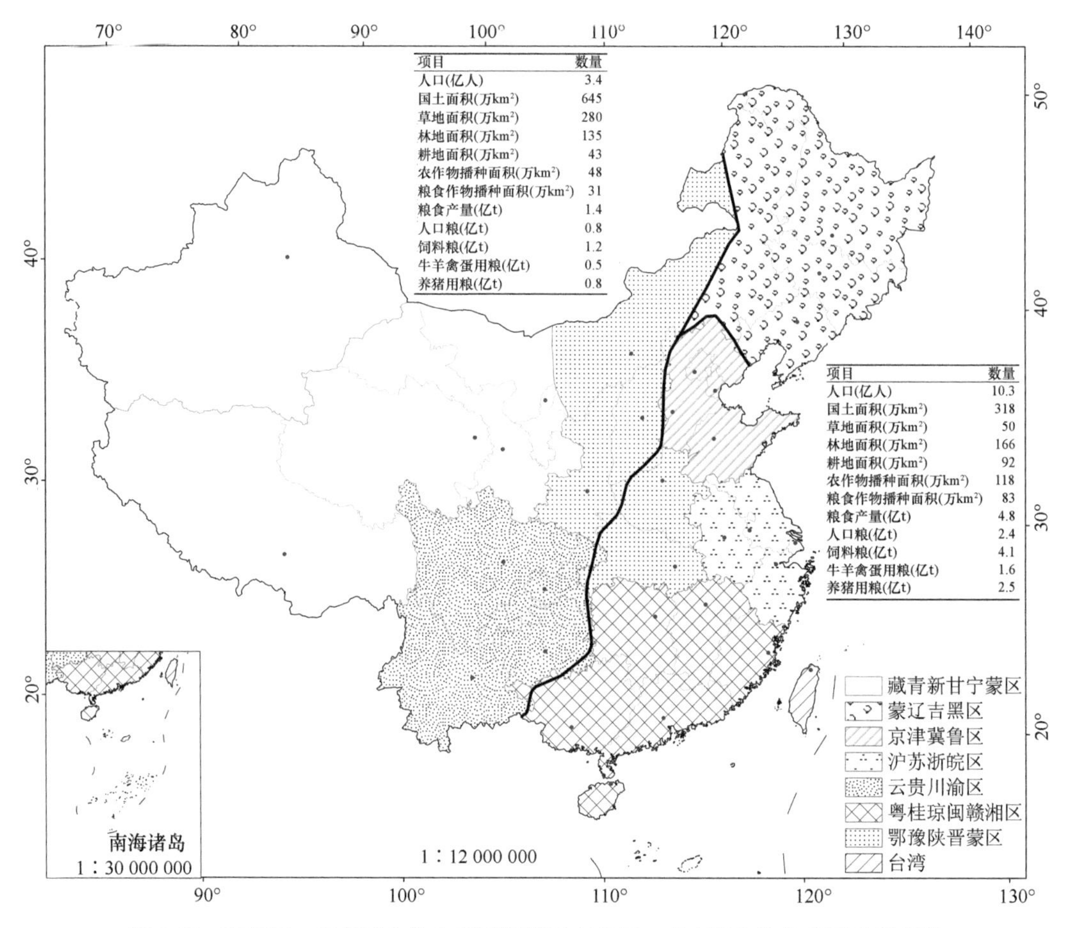

图 1-11　西部区、东部区食物生产平衡线及东北区、东南区食物生产互补平衡线

西部各省无论是植物性食物还是动物性食物生产与消费基本平衡，区域之内总体平衡；东北各省与东南各省的植物性食物与动物性食物生产与消费互补平衡，东部区域内总体平衡

三、食物供应保障所面临的选择

现阶段，全国粮食生产及消费达 6.2 亿 t，其中，口粮消费 1.8 亿 t，工业粮和餐饮粮消费 1.2 亿 t，种子粮稳定在 0.1 亿 t，利用原粮作饲料 3.1 亿 t。

工业粮及餐饮粮加工产生的副产品及国产油料、进口大豆和谷物加工形成的副产品作饲料粮，总计籽粒型副产品饲料粮生产达 2.2 亿 t，加之作饲料的原粮，我国现阶段生产饲料粮 5.4 亿 t。

生产的饲料粮消费于两部分：基本动物性食物，消费饲料粮 2.1 亿 t；奢侈动物性食物，消费饲料粮 3.3 亿 t。

全世界生产谷物 25.3 亿 t（FAO，2014），除中国外，用作饲料粮的比例为 30%，中国饲料粮占比近于国际平均数量的 2 倍，我国消费了过多的粮食原粮作饲料。

全世界肉产量 2.9 亿 t（FAO，2014），除中国外，猪肉占比为 22%，中国猪肉占比近于国际平均数量的 3 倍，消费了太多的饲料粮。

未来，我国口粮及餐饮粮将稳定在 1.9 亿 t，甚至略有下降，工业粮稳中有升，达到

1.1 亿 t 以上，种子粮稳定维持为 0.1 亿 t，三者合计为 3.1 亿 t 以上。但是，基本动物性食物需求增长缓慢，奢侈动物性食物需求增长旺盛。动物性食物生产合计需要饲料粮 7.5 亿 t 以上，除去口粮、工业粮及进口大豆和谷物等加工形成的副产品 2.2 亿 t，尚需要作饲料的原粮 5.3 亿 t，加之人口粮，合计需要生产及进口粮食原粮 8.4 亿 t。若进口数与现在数保持相当，国内粮食生产需要达到 7.2 亿 t，这是一个非常保守的预测。15 年间，国内粮食生产需要增加 1.0 亿 t，挑战严峻。

各粮食生产毗邻区以小麦和水稻为主的口粮需要都可以自给自足，不需要毗邻区间调拨运输，工业粮的需要亦都可以自给自足。这表明，我国的口粮和工业粮区域内生产与供给平衡。

现阶段，中国生产饲料粮 5.4 亿 t，基本满足了动物性食物生产需要的饲料粮，并满足了动物性食物的市场供应。

藏青新甘宁区、云贵川渝区、鄂豫陕晋区及内蒙古西部区的饲料粮生产与消费基本平衡。无论是从生态条件还是从调运距离方面考虑，这些地区极不应该追求粮食增产，对于本区内的肉品增长需求适宜通过发展牛羊等草食动物生产提供，促进草地农业发展。

蒙辽吉黑区需要促进粮食转化为动物性食物的政策与行动。一方面，可以减少粮食运输压力，另一方面可以降低东部区土地营养贫瘠化，同时，防止东部区发生“卖粮难”及保障东部区粮食价格安全。东北部区发展草食动物生产肉具有更为节约粮食、保护生态的积极作用。由于东北粮食产量多，秸秆产量多，用粮食生产肉需重要关注，而用秸秆饲养草食动物产肉还没有纳入关注的重点。

东南部 3 个毗邻区的饲料粮生产供给与消费需求间有亏缺，在增加粮食生产的同时，需要限制猪肉生产，促进牛羊等草食动物生产，深化发展草地农业。

保障粮食及动物性食物数量供给安全有 3 条基本途径：持续促进粮食增产并进行肉品转化；增加粮食及肉、奶、蛋进口；充分利用饲草、饲料、秸秆及林下草发展草食动物肉生产。

我们的基本判断是：未来一段时期，中国粮食增产数量有限，不能满足肉品消费快速增加所需要的饲料粮生产，每年按 0.9%的速度增产，连续增加 15 年，产量仅能达到 7.1 亿 t。

进口粮及肉、奶、蛋极大依赖于变化中的国际政治经济环境，具有不确定性。但是，国际可交易谷物现在每年有 3 亿～4 亿 t，可交易大豆每年有 1.0 亿～1.2 亿 t，现阶段我们仅采购了 10%的谷物和 70%的大豆。若采购谷物 1 亿 t，并采购大豆 1 亿 t，或许会促进国际市场粮食价格上涨，但也会激发耕地富有国更多地生产粮食，逐渐增加国际粮食可贸易数量。我国大豆进口增多促进国际大豆种植增多的实例，证明了这个判断。若维持现阶段大豆及谷物采购量，采购 0.3 亿 t 动物性食物，中国国内粮食生产压力锐减，可稳定维持 6.0 亿 t 左右的粮食产量，食物数供给稳定，并极有利于生态建设。

生产草食动物为粮食节约型肉品生产方式，国内大力促进草食动物饲养产肉是保障我国粮食及肉品供给安全的自给自足途径。逐渐增加牛羊肉生产至 0.4 亿 t 并替代猪肉供给，可稳定维持 6.0 亿 t 左右的粮食产量，食物数量供给无忧，并有利于生态恢复。

“粮改饲”压减粮食生产，若不能刺激牛羊肉快速发展生产，尤其是不能压减猪肉生产，饲料粮供应紧张局面势必产生，因此需要完善动物性食物生产政策和措施。

四、中国草地农业发展面临的选择

我国人口多，有效耕地及草地面积不充裕，食物生产面临供应不足或物价波动或物价高位运行的局面。为了充分保障食物供给，特别是人民群众能够获得价格便宜的食物，降低恩格尔指数，维持生活更舒适。基于上述数据，提出我国动物性食物生产的如下基本可能途径。

根据粮食需求顺序及用粮节约程度，提出如下植物性食物、动物性食物生产及消费的优先级判断标准。

准则 1：食物生产优先级，口粮>基本动物性食物>奢侈动物性食物。有多余的口粮，才生产禽肉、蛋、鱼、奶及牛羊肉，生产这些基本动物性食物的粮食还有剩余，才生产猪肉。

准则 2：饲料粮利用优先级，饲料粮首先用于白肉、奶、蛋生产，然后用于草食动物生产。有饲料粮，才生产禽肉、鱼、蛋、奶，生产这些粮食节约型动物性食物的饲料粮还有剩余，才生产既消费饲草又消费粮食的牛羊肉。

准则 3：动物性食物生产优先级，饲料粮首先用于白肉、奶、蛋生产，然后用于草食动物生产>粮食动物生产。生产基本动物性食物后有多余的饲料粮，才生产高耗粮的奢侈动物性食物。

利用这 3 条准则，可以衡量评估某地区、某省份的粮食生产优先顺序及发展政策。假定各区域的食物生产封闭循环，并将保护生态环境作为最优先级，在土地及粮食生产能力有限的情况下，我们可以更好地理解这 3 条准则。

随着生活水平提高，口粮、工业粮、禽肉、禽蛋、鱼肉及奶品等高效转化粮食的动物性食物已成为人们的基本生活食物，需要优先保证。牛羊肉生产既消耗饲草又消耗粮食，尽管其属于粮食节约型肉品生产方式，但也属于消费生态型肉品生产方式，除非有多余的饲草饲料可以利用，并不对生态环境造成胁迫，否则，也需要限制发展。这对草地农业发展提出了更高的要求，发展草地农业不能与粮争地，又要求高产高质量。

猪肉生产为粮食型肉品生产方式，高耗粮，生产籽粒饲料伴随副产物秸秆，随后产生一系列环境问题，需要斟酌生产。

社会发展的标志之一是人们“按意愿吃”，牛羊肉逐渐成为人们的基本动物性食物。中国需要生产更多的牛羊肉，特别是我们的猪肉人均消费为世界的 3 倍，需要用粮食节约型的牛羊肉生产替代耗粮型猪肉生产，以供应人们对美味“红肉”的需求。

牛羊肉生产可以不用籽粒粮，仅利用纤维含量很高的饲草，也只有反刍动物牛、羊才可以消化高纤维含量的饲草。牛、羊转化优质饲草为肉的效率为 5%～7%，草地自然放牧饲养转化为肉的效率仅为 2%～3%。牛、羊养殖是“技术密集型”肉品生产方式，因此，若牛、羊饲养经营不善，达不到高效率科学饲养水平，发展牛、羊饲养将成为“生态消耗型”肉品生产方式。这是一把双刃剑，需要谨慎利用，也需要草地农业的饲养系统更为高效。

中国牛、羊生产，或说草食动物生产，或说草地农业及草地畜牧业面临如下情况。

（1）干旱、半干旱区西部及部分中部区、西南部区典型草原面积 280 万 km^2，仅有 0.02 亿～0.03 亿 t 牛羊肉生产潜力。其中，有 5%～7%的隐域生境，饲草生产潜力大于地带性植被地区的 20 倍，若进行开发种植利用，其饲养能力可翻一番，增加牛羊肉生产 0.02 亿～0.03 亿 t。西部粮食播种面积 31 万 km^2，粮食产量 1.4 亿 t，生产与消费平衡，但秸秆产量 2 亿～3 亿 t，具有一定的牛、羊生产能力，可增加牛羊肉生产 0.01 亿～0.02 亿 t。西部区林地面积 150 多万 km^2，保留 50%以上的原始植被适度放牧，可增加牛羊肉生产 0.02 亿～0.03 亿 t，并保障其生态系统服务。西部区总体生产牛羊肉的潜力不足 0.1 亿 t（除西南部地区），需要严格以保护生态优先。干旱、半干旱区热量资源丰富，降水资源不足，部分地区地下水资源丰富。发掘开采地下水资源，包括西部高山水资源，为干旱、半干旱区增加植物性食物生产及动物性食物生产的重要资源，也是西部脱贫致富的有效途径，具可行性。

（2）半湿润、湿润的东北部区粮食产量 1.5 亿 t，饲料粮盈余 0.7 亿 t，秸秆产量 2 亿～3 亿 t，具有年产 0.2 亿 t 牛羊肉的生产潜力。此区还具有草地 20 万 km^2，具有发展高产人工草地的基本条件，动物性食物产量可以翻 2～3 番，林地 80 万 km^2，保留 50%以上的原始植被，生产潜力巨大。东部区有基础成为我国动物性食物生产基地，需要优先通过发展草食动物实现。

（3）湿润的南部及部分中部区，饲料粮产量严重不满足于消费，红肉生产面临挑战，但是此区粮食产量 3.3 亿 t，秸秆产量 3 亿～4 亿 t，具有深度开发利用价值。此区林地面积 80 万 km^2（含草地），并且近乎全年为生长季，保留 50%林地原始植被，具有巨大的牲畜饲养潜力。

（4）中国牛羊肉生产潜力在生产籽粒粮后的秸秆，在草原区隐域生境、在地下水资源开发、在林区开放养殖发展“森林牧场”。发展林区牧场是中国动物性食物生产保障的最后基地。林区发展牧场是国际通行做法，要求保留 50%以上的原始植被，以发挥林区的生态系统服务功能。新西兰将原来占 90%以上国土面积的森林几乎全部“刀耕火种”，发展为人工草地，用于发展草地畜牧业，是一个发展森林牧场的典型代表。

（5）中国耕地 135 万 km^2（20 亿亩），农作物播种面积 166 万 km^2（25 亿亩，复种面积为 5 亿亩），其中，粮食作物播种面积 113 万 km^2（17.0 亿亩）；油料、糖料及蔬菜合计 38 万 km^2（5.7 亿亩）；棉花、麻类及烟草合计 5 万 km^2（0.8 亿亩）；饲料作物、瓜类及药材等合计 10 万 km^2（1.5 亿亩）（中华人民共和国统计局，2016）。播种粮食作物 17.0 亿亩，油料、糖料及蔬菜合计 5.7 亿亩，瓜类 0.3 亿亩，果园 1.9 亿亩，合计生产植物性食物用地 25 亿亩，数值与农作物播种面积相同。

播种粮食作物 17.0 亿亩，产粮食 6.2 亿 t。其中，3.1 亿 t 为人口粮，3.1 亿 t 为饲料粮，即 8.5 亿亩用于生产人口粮，8.5 亿亩用于生产饲料粮，以生产动物性食物。

我国每年生产饲料粮 5.4 亿 t，其中，生产禽肉、禽蛋、奶、鱼及牛羊肉用饲料粮 2.1 亿 t，生产猪肉用饲料粮 3.3 亿 t，即 8.5 亿亩饲料粮生产用地所产饲料粮数量尚不能达到每年生产猪肉所用饲料粮数量。

“粮改饲养殖”与生产籽粒养猪相比，即使单位面积具有提高产肉 20%～30%的潜力，现在的 8.5 亿亩用于生产籽粒养猪的农田若用于生产牛羊肉，可以多产肉 0.1 亿～0.2 亿 t。然而，这并不能满足未来肉品的增长需求，且都用于生产牛羊肉也不现实，各区人口粮所用播种面积、基本动物性食物生产所具有的面积也并不相同，不能都用于粮改饲。

事实上，粮改饲利用全株玉米饲养牛、羊产肉比用籽粒养猪产肉单位面积产肉减少20%。

未来，用多少耕地生产养猪用饲料粮？用多少耕地生产养牛、羊的全株饲料？需要权衡。牛、羊作为草食动物，可以全株利用饲草，但是，转换籽粒田为饲草田，单位面积的有效营养不是在籽粒成熟季节（图 1-12），一般是在籽粒成熟前的 3～4 个节气，即抽穗期或开花前期。因此，农作物田可用于种植饲草作物或饲料作物进行全株利用，这也需要重新全面权衡饲草作物产量和质量、权衡播种与收获时间、优化饲草产量及饲草质量、优化牛羊肉品生产，这是我们发展饲草作物及动物生产所面临的新挑战。

农田发展饲草和饲料作物，在促进草食动物生产的同时，将有利于充分发挥土地资源及气候资源潜力，减少对农田的超负荷利用，有利于农田生态保护。这是农田生态环境保护的大战略，其产肉效率还需要进一步评估。

未来，中国的牛羊肉生产需要翻 2～3 番，天然草地生产牛羊肉需要更多的科技贡献率，在保护生态的基础上，需要提高饲草转化率，提高饲养效率。

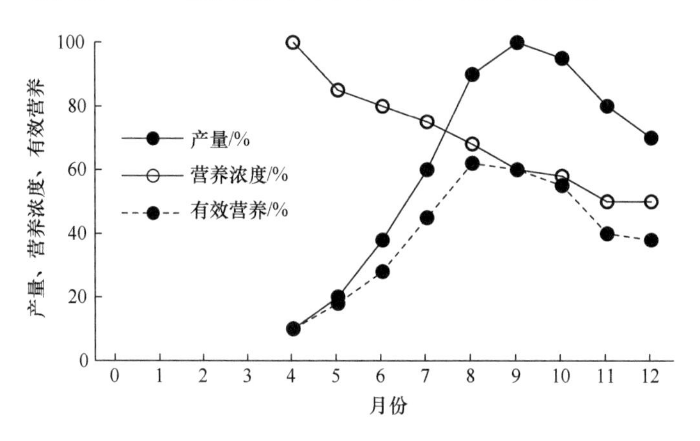

图 1-12　温带饲草产量与质量的相对过程

农作物田地发展种植饲草、饲料作物生产牛羊肉，需要有根本的思想观念转变、政策结构性调整、科学理论支持和技术贡献。农田种植饲草作物，发展草地农业与草地畜牧业，除可以广泛利用植物资源节约粮食外，还有如下意义：①节约劳动力，减轻农业发展对劳动力的依赖；②脆弱土地发展草地畜牧业，具有积极的生态意义；③边际土地发展草地畜牧业，具有良好的经济效益；④拉动牧机制造、皮毛加工等上下游产业发展，形成新的生产方式；⑤提供生存、生活的健康物质资源，构成现代农业的重要组成部分。总之，具有良好的经济效益、社会效益和生态效益。

发展草地农业与草地畜牧业，需要转变农业生产观念，特别是转变食物即粮食的观念。在此基础上，需要宏观政策调控及管理行动，并需要科学指导及技术支持，增加产肉率是核心关键。

（1）调整粮食作物、饲草作物、油料作物及水果作物等种植业结构。

（2）调整猪、牛、羊等养殖业结构，降低猪肉生产比重，增加牛羊肉生产比重。

（3）培肥地力，提高饲草的产量及生长率。

（4）提高饲草转化率，即提高单位质量饲草的肉品生产率。

（5）提高草食动物的饲养率，即提高单位时间的牲畜生长率。

（6）整合土地管理，开放一定比例林地发展草地畜牧业。世界各国通行的方法是利用林地作牧场，开放林地作牧场发展牲畜养殖，是中国未来草地畜牧业的发展方向。

第三节　饲草、草地农业研究简史

史前文明及文字记录都表明，在人类发展早期，经历了“采集–狩猎”而获取食物的阶段，并且这一阶段持续了很长时间。公元前7000～公元前8000年，人类驯化了水稻、小麦等谷物及牛、羊等家畜，开始了原始的种植业和养殖业，食物获取方式逐渐发生了变化。后来，相继发展出“逐水草而居”、“游牧”及“转场”等畜牧生产方式，即发展出以获取食物为主导的新生活方式。

“土壤–草–畜–人、土壤–籽粒·果蔬–人”这两个食物获取系统自“狩猎–采集”阶段就一直伴随着人类。土壤–植物–动物连续体（soil-plant-animal continum）概念源于游牧民族的经典著作《圣经》(Psalm 104：14，公元前400年)，并认为草及植物是人类自地球获得的源泉食物。人类延续至今，正是由于草、草地及其他植物的存在，人类得以从土壤中获得食物，延续并发展。

公元前800年，大不列颠人开始用石头或带刺的灌木作围栏围封草甸；公元前750年，大不列颠人开始用大镰刀收获制作干草，并储存干草用于冬季饲喂而不是游牧；公元后50年，罗马人详细记录了干草作物种植及干草制作方法。

早在公元1165年，苏格兰僧侣认识到定期更新草地有利于牛、羊健康。公元1400年，僧侣通过种植2年小麦，然后种5年牧草的方式进行粮草轮作，后来发展为草粮轮作种植体系(ley farming)。公元1550年，意大利人培育了红三叶，后来分别在英格兰（1645年）和马萨诸塞（1747年）得以应用发展。牧民不知道原因，但知道引入红三叶后的价值区别。红三叶对欧洲农业文明的影响大于任何一种其他饲草植物(Collins et al.，2018)。这是草地农业发展的起步阶段。

中国地理位置及气候与美国地理位置及气候具有极高的相似度，即都跨越热带、温带和寒带，并有湿润区、干旱区和沙漠区，为地球上有这些温度带及水分区的两个国家，因此，这两个国家间的草地经营原理和实践可以相互参照。同时，美国的土地大面积开发时间晚、历史简单、记载清楚、人少地多、草场及放牧场管理所采用的政策及行动调整及时，对我们的饲草、草地及放牧场管理有参考意义。

美国东部为广袤的高草草原，包括很多灌丛，早期到达的欧洲人称之为牧场或放牧场（rangeland or range)，后来，英国人称其为草甸（meadow)，法国人称其为高草草原(prairie)。

烧荒是土著美国人管理草原的最古老办法，延续了几千年，建立了“土壤–草–火–野牛–人”系统。烧荒即清理了枯草丛生的草场，春季萌发后的青嫩草吸引了更多的野牛和其他野生动物，有利于狩猎。野牛及其他野生动物是美洲的本土草食动物，美洲原本没有我们现在所说的奶牛、肉牛、绵羊及山羊，这些都是 16～19 世纪欧洲人带去繁育发展而来的。

早期移民到美国东海岸的英伦三岛人利用林间空地放牧饲养牛、羊，并开始自英伦引进种植禾草及白三叶饲草作物。1780～1820 年，欧洲的英伦人进行了很多粗放的人工草地种植及混播实验，对比研究草地产量及营养价值。这些出版的成果被带入美国后，指导美国进行草地生产及管理，持续了 50 多年。草地农业起始于欧洲，此阶段在美洲开始扩展。

1865 年，美国内战结束，美国政府连续颁布法案促进西部大开发，草地放牧业得到了极大发展，并且，草地被大面积开垦为农田。30 年后，草地发生严重退化、土地遭到广泛严重破坏，当时土地遭殃的新闻报道诸多，相似于我们前几年间的情形。1898 年，美国政府开始通过发放执照、限制放牧牲畜数量，通过干预国有土地的超载放牧，情形有所好转，但私有土地超载放牧问题依然严重。

1899 年，Smith 发表“放牧产生的问题及怎样弥补”论述，总结了无度放牧产生的放牧场破坏：载畜率下降；不适口植物取代理想植物；牲畜践踏导致土壤紧实；植物盖度减少，土壤肥力下降；土壤对降雨的吸收减少，急降雨导致土壤流失；草原鼠、兔增加。

Smith 首次建议，控制牲畜数量、建立草场休牧期、开发水源、控制灌木及补播等作为放牧场改良手段。美国人认为这些建议是其现今放牧场管理的基石。

20 世纪初，美国开始了放牧场研究（Bentley，1902），Sampson 于 1910～1915 年，首先开始了北美的放牧系统试验。他认为，延迟放牧至种子成熟期将保证后续幼苗建植，并补充地下根茎碳水化合物的储存，有利于放牧场改良。

20 世纪 20 年代，美国放牧场管理学教育遍地开花，到 1925 年，15 个学院开设放牧场管理课程。这期间，Clements 和 Weaver 发展出许多基础生态学概念。Clements 发展了演替理论；Weaver 系统研究了草地植被及草地植物根的生长发育，并在美国出版了第一本《生态学》教科书。Clements 强调了草地滥用问题，建议休牧、控制放牧季节、减少放牧数量、清除有毒植物及补播，以控制草地破坏，并改良草地。1923 年，Sampson 出版了第一本《放牧场管理学》，包括其前期研究。

现在，美国放牧场管理教科书认为，由于世界其他国家 1900 年之前没有论述放牧产生的问题记载，也没有放牧场的科学研究，因此，“放牧场管理科学”是美国人建立的，Sampson 被尊为“放牧场管理之父”（The father of range management）。这一标榜实为美洲人与欧洲人间的第一和第二之争，欧洲人建立了饲草场学科体系（Cooper and Morris，1975；Hopkins，2000），美国人建立了放牧场学科体系。他们同时承认，亚洲及非洲游牧部落有几千年的放牧场放牧历史，游牧采取轮流放牧制度，相似于美国现今采用的更精致的放牧系统，维持了一个“草畜平衡”体系。许多美国现今采用的放牧场管理实践在世界其他地区已被采用了几个世纪（Holechek and Pieper，2011）。

20 世纪 30 年代，美国中西部遭受了 60 多年的超载过牧、大面积开垦农田后果，暴发了大面积沙尘暴，甚至波及纽约、华盛顿等东海岸地区。1934 年，美国联邦法律《泰勒放牧法案》(*The Taylor Grazing Act*)颁布，根据饲养所需要的全年饲草配置需求，特别是冬季所能提供饲草的能力及水源，规定了国有土地放牧点和放牧权问题，抑制了事态发展。由于需要准确配置全年饲草，推动了草地生产力、植被组成的相关研究。

1948年，美国放牧场管理学会(Society for Range Management)成立，此学会聚焦牧场研究和管理，完善出了一套规则、一门学科，并于1949年创办《放牧场管理杂志》[*Journal of Range Management*，2005年改名为《牧场生态与管理》(*Rangeland Ecology & Management*)]，用于发表牧场研究的科学发现。Dyksterhuis(1949)在其上发表《基于数量生态学的放牧场状况和管理》一文，提议"用顶极群落残留量评估放牧场状况"，并引入了增加者(increaser)、减少者(decreaser)和入侵者(invader)评估植物对放牧的反应。

20世纪40年代早期，生长素被发现，开发了2,4-D农药，广泛用于放牧场控制灌木和有害植物。Cook和Harris于20世纪40年代后期，首次研究放牧场动物营养(nutrition of range animal)，开始了放牧场饲草产量和质量耦合管理时代。1943年，美国首次出版《放牧场管理》(*Range Management*)，后被陆续修订(1955年，1975年)，形成了现今此行业知识框架。

20世纪50年代，美国公有土地放牧场获得巨大改良，包括供水系统、灌木控制、补播、载畜率及放牧期调整，同时，集水区问题、放牧场营养问题引起广泛重视。此10年的研究多于以前各年研究的总和。

20世纪60年代，美国放牧场管理哲学发生变化，改变以前单一聚焦于生产饲草饲养牲畜观念，开始考虑多途径利用，包括野生动物保护、林木生产、休憩，并相继颁布《多途径利用法案》(1960年)、《联邦土地政策和管理法案》(1976年)，促进了公众环境保护意识的觉醒。这期间，Van Dyne和Meyer(1964)研究了放牧场营养、植被，发展了取样技术和模型模拟方法，载入放牧场管理研究史。

20世纪70年代，公共放牧场"非消费性利用"(non-consumptive use)观念形成，至20世纪90年代，联邦土地放牧率减少25%。由于信息宣传及教育普及，牧场主受教育程度提高，私有土地在20世纪80～90年代得到广泛改良。20世纪90年代后，集水区管理越来越受到重视，拒绝放牧场使用农药的潮流形成，火烧作为管理工具被接受。

尽管研究人员及政府做出了巨大努力，但美国放牧场改良进展缓慢，原因如下所述：

(1)美国西部降水少(<300 mm)，放牧场自放牧滥用后恢复缓慢，降水是放牧后自然恢复的驱动力；

(2)放牧生态系统高度复杂，并多变动，需要很长的时间段各项研究才能获得结论；

(3)自20世纪70年代，政府机构花费大量人力物力，用于发展环境影响的信息发布，有人争辩这些信息主要来自公有土地改良，并浪费了时间，浪费了资源；

(4)直到近20年，放牧场管理原理也没广泛应用到私有土地；

(5)无论是公有土地还是私有土地，政府政策、项目及补贴常常是创造阻碍，而不是激励进步，减缓了可持续放牧实践。

始于1985年的美国水土保持项目(retired erodible marginal farmland to permanent perennial grassland)，退耕还草近1500万 hm^2。20世纪90年代及21世纪初，土壤稳固、

水土流失控制、河岸修复、放牧场恢复取得成效，无论是国有土地还是私有土地，超载放牧面积减少。调查系统、监测系统的完善及国有土地调节机制的集约对此起到了保障作用。现在公有放牧场及私有放牧场管理良好率都达85%以上。

2007年，美国政府支出3万亿，其中，草场管理支出仅40亿，仅占1‰。美国科学家呼吁政府多投入牧场管理，毕竟牧场占美国陆地面积的一半，1998年饲草产出278亿（USDA，1999）。

1998年，美国饲草价值占总饲料价值的60%多，精饲料所占不足40%，草食动物消耗总饲料约80%（图1-13）。草食动物除消耗了几乎所有饲草外，按成本价值计算，消耗了45%的精饲料（图1-14）。数据虽有些过时，但基本比例及其重要性具有参考意义。

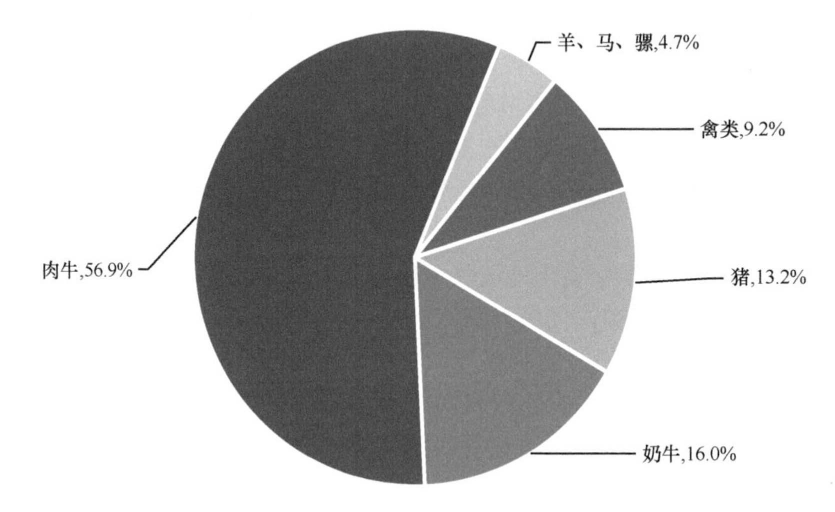

图1-13 美国养殖业总饲料价值消耗比例

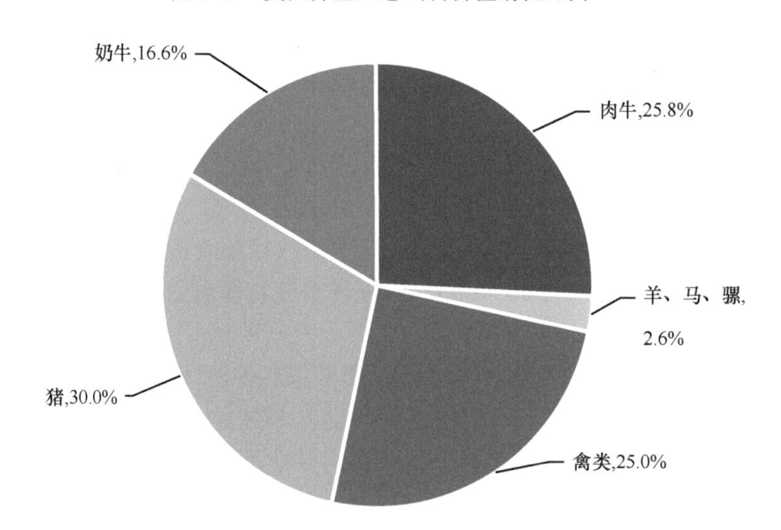

图1-14 美国养殖业精饲料消耗比例

现在，美国的东部及中部大部分被开垦为饲草作物生产，建设成了多年生饲草场，西部多为天然放牧场。东部山区和西南区畜牧生产不被重视，西部又多被分成小牧场

（<20 hm^2），很少生产牲畜。中部有饲草生产潜力，东部可增加量很少，公有土地被呼吁多作为野生动物保护区和休憩区。生物燃料项目开垦了中部大平原的草地，挤压牲畜生产向西部转移。

随着人口增加及城市化发展，美国期待完善的牧场管理政策及放牧场管理科技。

特别需要说明的是，除了上述美国放牧场政策及科技发展过程外，美国饲草及草地农业发展伴随着机械改造及进步，从镰刀、搂钯到各种叉子及现代大型割草机、方捆机、圆捆机，还有电围栏及牲畜饮水系统（图 1-15）。

在放牧场学科体系发展的同时，饲草改良及饲草场建设同步进行，草地农业实践及研究也得到了放牧场研究结果的支持，并逐渐发展成专门的实践和研究领域。侧重饲草作物培育、饲草场建植及管理、牲畜放牧饲养或收获给喂饲养。

中国内蒙古高原草原的人类活动历史悠久。公元前 3000 年前的青铜器时代，人类生活方式从“采集–狩猎”发展到“农耕–畜牧”混合，进而发展出“逐水草而居–游牧”生活方式，实现了社会第一次大分工。逐水草而居–游牧体现了“水、土决定”“气候驱动”“草畜平衡”“以草定居”“以草定养”的原初草地农业、草地畜牧业实践，对现代草地农业、草地畜牧业生产同样具有实践意义。

公元前 700 年，《吕氏春秋·举难》有“宁戚饭牛”故事，说明有“养牛”这一职业。公元前 200 年，《周礼·地官司徒·草人羽人》有“草人，掌土化之法以物地，相其宜而为之种”之说，要求“草人”这一岗位的管理者需要有土壤知识及耕作知识。公元前 50 年，《汉书·食货志》载有“劈土殖谷曰农”，表明黄河流域有种植业发展（朱晓琴，2016）。

我国现有农书古籍 300 多种（高宏，2010），记载有丰富的土壤、农田、耕作、气候、水利、作物、园艺、蔬菜、桑蚕、畜牧、农政及农经等诸方面经验知识，关于二十四节气时令的知识尤为我们所自豪。但是，关于饲草经营、草地经营、草场经营及放牧场经营的知识无从寻觅。

公元前 100 年，我国开始引入苜蓿种植，这有明确记载（孙启忠等，2016）。另外，我国古文献中，大量记载有紫云英、蚕豆、豌豆及泥黄豆等豆类作物与其他农作物相伴种植的方法及其正效应（周晴等，2016）。但这些并不意味着是对饲草或草场的科学研究及经营。

饲草、饲草场、草地农业及草地畜牧业的现代科学研究在中国起步很晚，并纳入在草地生态和植物资源研究的相关领域。

1830～1950 年的 120 年间，西方学者对我国植物、植被资源进行了多次考察，包括草原植物及草原植被，并有各种著述（朱宗元，1985；陈德懋和曾令波，1988；苏大学，2013），是我国草原科学研究的前奏。

1913 年，日本为了攫取中国东北的农业资源，在东北公主岭设立农事试验场，开展综合农业研究。1926 年开展了饲草饲料栽培试验，先后引进猫尾草、鸭茅、饲料燕麦、饲料黑麦等禾本科植物 28 种，紫花苜蓿等豆科植物 12 种。因干旱、严寒等因素限制，各材料生长不良被淘汰，唯有紫花苜蓿适应气候条件，生长良好，被保留选育，后来发展出了紫花苜蓿品种‘公农 1 号’‘公农 2 号’。中国土地上开始了饲草培育及耕作研究，并锻炼培养了人才。

图 1-15　农牧业机械

李继侗（1930）研究了气候决定的中国植被分布格局，首次对中国植被进行了区划，论述了气候决定的中国草原分布范围、决定因素，具有划时代意义（李继侗，1986），并使“草原”成为我们科学研究的一部分，奠定了草原科学的发展基础。后来，各地陆续开展了草地、草地畜牧研究（张松荫，1942；曲仲湘，1945），建立了草地资源利用的研究基础。

1950 年，王栋出版《牧草学通论》，论述了牧草生产各环节的理论与实践。

依据 1948 年苏联的“草田轮作”政策，1952 年，全国畜牧兽医工作会议决定：在牧区半牧区应将保护草原这一工作提高到首要地位、农区要提倡栽培牧草和青贮饲料、农业合作社可试行牧草轮作制，并进一步要求：国营农场必须施行“草田轮作制”“草田耕作法”。

1954 年，李继侗在北京西山举办植物学研究培训班，1957 年在北京举办草原研究培训班，后续各地相继开展了现代草地生态学研究，并产生了系列成果（祝廷成，1955，1958），开创并促进了中国“草地生态学”、“草地资源学”及“草原管理”的现代研究。

贾慎修（1955a，1955b）系统论述了草原管理系列问题及建议，包括轮流放牧、分区轮牧、延迟放牧、放牧开始时间、干草调制时间、青贮、水源及培植人工草地等现代草牧场所用的管理概念，其问题及建议现今尚有意义，也或没研究解决，或没形成理论，或没系统落实。

王栋（1956）定义“牧草”为可供饲养牲畜用的草类，无论是栽培的草类或野生的草类，只要能用于饲养牲畜，皆属于牧草的范围。他进而论述到，在农业生产中，“牧草”这个名词有时并用以包括水草及株本较低、茎枝较细，可作饲料用的灌木。

20 世纪 50 年代，中国东北、西北、北方、华中陆续开始了牧草资源调查及栽培研究，并有人工种草实验（申葆龢，1950；王德，1953；周淑华，1953；孙醒东，1953，1956；孙凤午和余肇福，1957）。干草调制、青贮制作饲料工作相继展开（张子仪，1954；王端民和曹宗淮，1959）。

刘钟龄（1960）发表《内蒙古草原区植被概貌》，论述了内蒙古草原气候、土壤、生物区系综合因子作用决定的植被类型及其分类体系，并进行了科学的草原植被区划。同时，论述了各草原区的利用方向及改良措施，提出“补播豆科牧草”提高草原饲草料质量及改良草原的指导思想，开创了北方草原区划及分区利用的理论研究。豆草混播或补播现今已成为全世界草地可持续利用的主要实践措施，也是可持续农业发展的重要手段。

至 20 世纪 60 年代中期，中国草地生态、草地利用、资源普查、饲草栽培诸项研究持续发展，草原科学研究呈现繁荣景象（李博，1962；赵一之，1962）。

20 世纪 60 年代中期至 70 年代末期，饲草培育、饲草农艺、草地利用等一些领域的研究进展缓慢，一些学术思想停止没有发展，并与国际研究进展脱离，形成了严重间断。饲草及草地农业、草地畜牧业的理论研究及技术创新发展停滞。

20 世纪 80 年代初，中国草原学会成立，标志着中国草原科学研究进入了一个“有组织、可广泛交流”的新发展阶段，在承接先前研究工作基础上，相关各领域研究全面展开。其间，中国科学院、内蒙古大学草原系统定位研究站的建立，开始了草原科学定位系统研究，并快速接轨了当时国际热点研究主题。但是，20 世纪 50～70 年代及后续国际上发展的“放牧场管理”“草地农业”“草地牲畜生产”“草地牧业”等理论及技术研究较少，后续此领域研究一直处于零打碎敲状态，这是一个对草地认识及利用的“灰暗阶段”，一直是中国草地、饲草场、农业利用研究的间断层。

郎业广（1982）、钱学森（1984）提出基于草原发展草产业倡议，得到学者及政府积极响应，后续相继开展了全面系统的研究及总结（任继周，2012）。草地资源被重视到历史最高水平，平行于林业、农田农业。作为一个产业体系，意义无比重要，基础理论及技术研究有待发展。

1979 年开始的全国草地普查工作，1996 年出版的《中国草地资源》，标志着我国对草地资源基本数据有了一个相对清楚的认知。草地科学管理更基于单位面积的定量，基于对集水区范围内的认识，即气候、土壤及地形决定的饲草生产体系。同时，草地管理原理及系统思想需要进一步建立。

2018 年，方精云等倡议发展生态草牧业，进一步推动了我国草业、草地农业、草地畜牧业发展，并有助于北方草原生态保护。

过去几年间，中国饲草、草地农业、草地畜牧业、草畜一体化、草牧业及种养一体化研究概念频出，意义及构思百花齐放，草地生态研究群星灿烂，呈现出欣欣向荣的景象。

草地农业侧重饲草作物的种植、生产及饲喂利用，需要再次被强调。天然草地放牧及其管理在草地农业中占据很小的位置，那是属于专门的放牧场研究。草地农业的饲草场也有放牧饲养，但其与天然草地的放牧管理目标、管理技术不尽相同，草地放牧场的放牧饲养研究结果支持了饲草及饲草场的利用原理和技术。

温故而知新、温故而创新，追溯历史可以总结经验并指示未来。方向路线很重要，与其方向不正确而做，不如不做。方向路线决定的目标实现程度是衡量各项工作进展的准绳。

我国近 80 年的草原现代研究，历史不能算短，成绩不能说少。但是，北方草原 60 年前存在的问题现在似乎依然存在：

（1）草地依然大面积、不同程度退化，草地生态服务质量下降，草地景色欠好；

（2）草地牲畜饲养依旧靠天吃草，“夏肥、秋瘦”现象普遍存在，饲养效益不稳定；

（3）草地改良技术似有若无，不见有科技含量、政策含量的草场、牧场管理案例；

（4）饲草育成品种几百个，当家品种不闻传颂，种植比较效益不足；

（5）现代草场、牧场建设气派，不见系统体现集约的饲草技术、草场技术、饲养技术；

（6）全国牛羊肉产量仅占肉品总产量的 10%，草地畜牧业比重徘徊不长。

为什么呢？是我们没产出有针对性的理论？还是我们没产出有效的技术？或是我们的草地政策有待完善？或是我们的管理实践不到位？我们的工作重点、方向在哪里？

中国草原、草地面积广大、生态多样（周伟等，2014），管理环节多、链条长。相比较于农田农业及森林业，从业人员少、科研力量不足，或是人力资源和人才资源问题，亦或是管理问题。

由于上述人力资源、人才资源、管理资源问题，很可能导致中国草原生态、资源利用及管理依然面临诸多挑战。

（1）政策是现行及未来工作的管理准则，有成功、有失败，超越现行政策的研究信息有助于制定成功的政策。政策制定者的知识与实践经验决定政策的抽象空洞程度、可操作性和有效性。抽象空洞的无效政策等于没有。美国先后出台 14 部关于西部土地管理的国会法案（Act of Congress），对其西部草原破坏及恢复都起到了积极作用。

（2）理论研究信息是制定政策、创造技术的基础，由于人才资源问题，研究不充分，存在诸多研究盲点。例如，割草频次及其再生、根茎及根颈储存的碳水化合物“源–汇”过程、饲草营养过程，这些基本问题没有系统的研究信息，很难制定出确定的草地管理政策及放牧场管理技术。

（3）谁是草地实践管理者？牧民。牧民有经验，但缺乏知识，对牧民普及草地管理知识，特别是推行草地改良技术、草地放牧技术是草地生态恢复、草地改良、草地可持续存在的重要保障。划线式的行政命令不足以称为可持续管理。

（4）草地管理是一门实践性很强的学科门类，以草地为“模板”的生态学基础研究为草地管理奠定了基础信息，现实问题及草地管理目标驱动的研究需要系统开拓。草地管理目标为草地最大产出及草地可持续存在，这里面有理念和基准问题，也有基础理论和技术问题，甚至艺术性技术更是管理所需要的。

（5）春季适宜放牧开始时间、采食强度、载畜率、放牧时段、放牧间隔、饲草再生速率、地下地上营养转化、饲草营养、匹配的放牧牲畜营养需要是一系列公开问题，针对不同的草原类型、不同的草场或放牧场都需要回答，现在尚缺答案。

（6）干旱、半干旱区的地带性草地适宜以放牧管理为主，但需要改良，补播豆科饲草是唯一可行途径。目前没有建植高产草场的基础，其中 5%～7%的隐域生境有饲草生产潜力，这需要管理体现。

（7）湿润、半湿润区，多为现行的粮食主产区，建植人工草场、原饲料地的利用途径及经济效益有待系统研究，产业模式还有待发展形成。

（8）全国的草食牲畜畜产品生产格局有待优化，包括奶产品，几千千米的“北草南调”状态浪费能值。

重要核心问题之一是我们忽略了草地保护与草地生产需要“双赢”的目标，而片面单一追求保护，并不能实现草地保护与生产利用的有机统一及可持续发展。

政策需要发展、知识需要深化、技术需要创新，未来的饲草、草地农业、放牧场管理、草地畜牧业发展需要更新的理念、创新的技术及优化的管理实践。

第四节　草地农业实践及效益

人类经历了“采集–狩猎”获取食物时代、“镐头刨地–散养”种植养殖时代、“牛马犁–圈养”种植养殖时代、“小四轮–小规模”种植养殖时代及“大机械–大规模”种植养殖时代，将上述农业阶段分别定义为农业的 V1.0 版本、V2.0 版本、V3.0 版本、

V4.0 版本及 V5.0 版本。可以预见，中国草地农业正在迈入 V5.0 版本时代，小四轮拖拉机将逐渐被淘汰，被大型拖拉机所取代。农田将逐渐取消以家庭为单元的小户规模经营，逐渐被合作社、规模化企业经营所取代。散养、小规模饲养将逐渐被大规模饲养所取代。

1980 年以前的几十年间，中国农业，包括草地农业耕作长期处于 V2.0 和 V3.0 版本时代。在 V3.0 版本时代，一个家庭的 1 对夫妇单独或有时合作经营 1 hm^2 土地，一个生长收获季内（140 天）需要 70 个工作日。而在 1980 年以后的 V4.0 版本时代，一个生长收获季内（140 天）仅需 4～5 个工作日（表 1-4）。

表 1-4　草地农业耕作 V3.0 和 V4.0 版本时代 1 hm^2 农田的用工

20 世纪 80 年代 V3.0 版本时代	用工	20 世纪 80 年代后 V4.0 版本时代	用工
积粪 20 t	3 天	灭茬子	3 h+1 小四轮
送粪	2 天+1 牛车	开沟	4 h+1 小四轮
刨茬子	5 天	下肥合垄	8 h+1 小四轮
打茬子	4 天	种地（含浇水）	2 天+1 小四轮
搂拉茬子	2 天+1 牛车	打药	2 h
拉沟	1 天+1 牛犁	一趟 6 月初	3 h
捋上粪	2 天	二趟 6 月中	3 h
起垄 4 月下旬	1 天+1 牛犁	三趟追肥 7 月初	3 h
刨坑点种浇水埋	16 天（2 人×8 天）	机械收玉米，机械粉碎还田	3 h（600 元/hm^2），与收玉米同步
一铲 6 月初	5 天		
一趟	1 天+1 牛犁	脱粒	2 h
二铲 6 月中	3 天		
二趟	1 天+1 牛犁		
三趟追肥 7 月初	2 天+1 牛犁		
掰玉米	6 天（2 人×3 天）+1 牛车		
割玉米秆	2 天		
拉玉米秆	6 天（2 人×3 天）+1 牛车		
扒玉米皮	6 天		
手工脱粒	14 天（非生长季内完成）		
卖粮	2 天		
合计	70 人工、21 天牛	合计	4 人工、4 天小四轮

注：1 人工 1 天按 10 h 计算。20 世纪 80 年代以前基肥为积粪 20 t/hm^2，追肥为硝铵 200 kg/hm^2。株距 40 cm，种植密度 3 万～4 万株/hm^2，产量 3 t/hm^2。20 世纪 80 年代以后基肥为复合肥 400 kg/hm^2，1200 元（8 袋，50 kg/袋，150 元/袋，N∶P∶K=17∶17∶17）。追肥为尿素 300 kg/hm^2（6 袋，50 kg/袋，100 元/袋，含 N 46%）。灭草农药费 50 元/hm^2，种子费 800 元/hm^2（6000 粒/袋，10 袋，80 元/袋）。小四轮耕地油费 25 元/（hm^2·次），全年油费 200 元/hm^2

北方春季播种季节仅为 4 月中下旬至 5 月中下旬约 30 天有效时间。在 V3.0 版本时代，播种 1 hm^2 农田需要 2 人合作工作 8 天，即在 1 个播种季内，1 对夫妇最多仅可以种植 4 hm^2 农田。若耕作 4 hm^2 农田，整个生长收获季节需要 280 个工作日，每人为 140 天，即整个收获季节都在不间断地劳作。在 V4.0 版本时代，春季播种 1 hm^2 农田仅需要单人工作 2 天，整个播种季节每人可以播种 15 hm^2，1 对夫妇可以播种 30 hm^2 农田。若每人耕作 15 hm^2，全年也仅需要 60～70 个工作日。

在 V3.0 版本时代，1 对夫妇最多可以有 225 天的冬季空闲时间；在 V4.0 版本时代，1 对夫妇最多可以有 300 天的夏、秋、冬空闲时间。

同样，耕种 1 hm^2 土地，在 V3.0 版本时代，需要劳作 70 天；在 V4.0 版本时代，仅需要劳作 4～5 天。这就涉及一个收入期望，在现在 V4.0 版本时代，耕作 1 hm^2 土地的投入为 0.3 万～0.4 万元，收入 0.5 万～0.6 万元，用时 4 天，平均每天收入 1000 元以上，其余时间还可以“短平快”打工赚钱。这是农业经营模式需要改变的基础。

当然，对于土地数量而言，也就仅仅有这些土地，没有其他多余的土地可以经营，尽管每对夫妇最多可以经营 30 hm^2 土地，潜在收益 15 万元以上，但平均没有这么多的土地。

若养 1 头牛也需要全年付出，人们放弃饲养，宁愿闲着也不养。那么，养 2 头、3 头、4 头……，人们的期望是多少呢？

在东北农区及农牧交错区走访调查表明，人们期望饲养多于 10 头母牛。现阶段，年出栏 10 头牛的收入为 5 万～6 万元，即两人年工资为 5 万～6 万元。1 对夫妇饲喂及管理，收益满足期望。

但是，饲养 10 头基础母牛，产犊 10 头，相当于全年饲养了 20 头牛。全年饲养 20 头牛（10 头小牛），需要 60～70 t 干饲草，相当于 3～5 hm^2 农田的生物产量。也就是说，在饲养条件限制下，在农区发展饲养业，需要有 3～5 hm^2 饲草饲料地。这样，发展饲养业可比农田农业的收入翻一番。

在这种情况下，发展饲养业还面临两个问题。

问题一：在农田改饲草饲料地的第一年，至少有大半年没有饲草料，同时，基础母牛怀孕近 1 年，产出犊到市售还约需 1 年，因此，在养殖业发展初期的 1～2 年内，养殖者没有收益，起步难。另外，养殖 10 头基础母牛需要投资 10 万元以上，限制了养殖业的启动发展。

问题二：养殖 20 头牛需要饲草料干物质 60～70 t，这些饲草料储存在什么地方呢？为了村屯防火，农村村屯内严格控制易燃的薪柴堆放，每家每户狭小的庭院内堆放一个很大的饲草料垛，类似于可燃薪柴垛，有巨大的火灾风险，也受到管制。若将收获的越冬饲草料青贮或干储，需要建设一个长×宽×高为 5 m×5 m×4 m 的青贮或干储设施，并需要配备相应的机械设备，而在狭小的庭院空间内，包括房舍、生活场所及牛舍，很难运转。因此，在农区及农牧交错区，发展饲养业，除需要调整农田地的配置外，还需要调整宅基地庭院的面积配置，这也是限制养殖业不能广泛发展的原因。

即使不调整农田地配置，利用农田秸秆发展养殖业，宅基地庭院面积及村内部庭院布局也需要调整。合理的方法是在村屯周边外围发展养殖，村屯内不养殖，避免环境污染。养殖户给予充分的庭院面积保障，修改现行的宅基地面积限制（图 1-16）。另外，为了完善解决养殖污染问题，实行“分散式农田间”养殖，即一定数量农田配置一定规模养殖场的发展模式，基本可实现“百公顷百牛”的匹配模式。

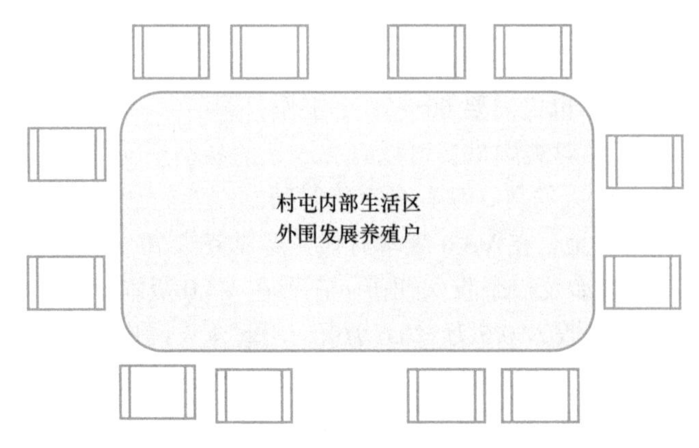

图 1-16 新型村屯轮廓及可能的养殖户布局

总之，发展饲草业、草地农业、草地畜牧业有效益，但是从农田经营模式转换到草地畜牧业模式，存在一系列问题，需要一整套全新的思路、政策、理论体系和技术体系。

美国农田、草场及放牧场等农业用地占其国土面积的 60%，包括部分森林。农用地面积近 6 亿 hm^2，美国农业人口不足 1%，即 300 万人占 6 亿 hm^2 的农业用地，人均 200 hm^2，三口之家有 600 hm^2。中国农业人口占 50%，农田、草地等农业生产用地面积不足 5 亿 hm^2，即人均 0.7 hm^2，三口之家仅 2.1 hm^2 农业用地。人均农用地数量决定了农田经营模式，决定了草地畜牧业发展模式。中国不能照搬美国发展人工草地进行自由放牧或划区轮牧的经营模式。

美国、澳大利亚和新西兰的一个牧场主可以拥有 600 hm^2 良好条件的牧场（降雨量>400 mm），即使在大型机械充分满足需要的情况下（相当于上述的农业 V5.0 版本时代），1 对夫妇也仅能种植有限的农田数量（<300 hm^2）用于生产粮食作物或经济作物。其余部分田地最好的选择是种植多年生饲草，用于自由放牧或划区轮牧，任由牲畜在围栏内草地上“自然”生长。中国没有这样的农田条件发展像美国、新西兰和澳大利亚的草场式草地畜牧业。

如果将美国、澳大利亚和新西兰的草地畜牧业发展选择定义为“人力资源有限、土地空间无限”的草地畜牧业模式，中国面临“人力资源无限、土地资源有限”的草地畜牧业发展挑战。这就要求我们深入探究中国的草地畜牧业发展模式和道路。

相似于美国、澳大利亚及其他国家，中国干旱区、半干旱区草地同样需要严格限制实行低密度饲养，为了生态安全，每年牲畜采食取走的生物量数量不能超 50%。放弃利用而维护生态或许是一个选择，毕竟其产出产品的数量所能维持的人口数量非常有限。

除干旱、半干旱区草地，中国农用地数量有限，在这些地区发展多年生人工草地放牧效益低，总生产数量也不能实现动物性食物的高比例自给，不能作为中国草地畜牧业发展的选择模式。中国良好农田区发展草地畜牧业的必然选择是“高产、规模化、工业化饲喂”模式，此模式是美国东部的成功范例，并且是美国大批量牛肉生产的主要途径。

（本章作者：周道玮，胡　娟，孙海霞）

参 考 文 献

陈德懋, 曾令波. 1988. 植物分类学发展简史(续)[J]. 华中师范大学学报(自然科学版), 22(4): 477-486.

方精云, 白永飞, 李凌浩, 等. 2018. 我国草原牧区可持续发展的科学基础与实践[J]. 科学通报, 61: 155-164.

高宏. 2010. 中国古代农业文献述论[J]. 中国农学通报, 26(9): 391-394.

贾慎修. 1955a. 中国草原的现况及改进[J]. 中国畜牧兽医杂志(上), 5: 197-203.

贾慎修. 1955b. 中国草原的现况及改进[J]. 中国畜牧兽医杂志(下), 6: 248-257.

郎业广. 1982. 论中国草业科学[C]. 中国草原学会第二次学术讨论会文集.

李博. 1962. 内蒙古地带性植被的基本类型及其生态地理规律[J]. 内蒙古大学学报(自然科学版), 2: 41-74.

李继侗. 1930. 植物气候组合论[J]. 清华周刊, (12、13 合刊): 1-13.

李继侗. 1986. 李继侗文集[M]. 北京: 科学出版社.

刘钟龄. 1960. 内蒙古草原区植被概貌[J]. 内蒙古大学学报(自然科学版), 2: 47-74.

钱学森. 1984. 草原、草业和新技术革命[N]. 内蒙古日报, 6 月 28 日, 4 版.

曲仲湘. 1945. 西康泰宁附近草地之初步研究[J]. 复旦学报, (2): 281-320.

全国农业区划委员会. 1981. 中国综合农业区划[M]. 北京: 农业出版社.

任继周. 2012. 草业科学论纲[M]. 南京: 江苏科学技术出版社.

申葆穌. 1950. 宁夏省贺兰山麓之牧草目录[J]. 畜牧与兽医, 1: 32-34.

苏大学. 2013. 中国草地资源调查与地图编制[M]. 北京: 中国农业大学出版社.

孙凤午, 余肇福. 1958. 多年生牧草混播组合及播种期的研究[J]. 东北农学院学报, 1: 23-30.

孙启忠, 柳茜, 陶雅, 等. 2016. 张骞与汉代苜蓿引入考述[J]. 草业学报, 25(10): 180-190.

孙醒东. 1956. 我国重要的饲料作物[J]. 生物学通报, 7: 5-8.

孙醒东. 1953. 中国的牧草[J]. 生物学通报, 10: 358-365.

王德. 1953. 栽培多年生牧草的农业技术[J]. 中国农垦, 7: 17-19.

王栋. 1956. 牧草学各论[M]. 南京: 畜牧兽医图书出版社.

王栋. 1950. 牧草学通论[M]. 南京: 畜牧兽医图书出版社.

王端民, 曹宗淮. 1959. 玉米之整株青贮[J]. 中国畜牧兽医杂志, 6: 181.

张松荫. 1942. 甘肃西南之畜牧[J]. 地理学报, 9: 67-89.

张子仪. 1954. 利用收获后玉米秸制造青贮试验工作总结[J]. 中国畜牧兽医杂志, 3: 84-90.

赵一之. 1962. 羊草草原产量形成因素的探讨[J]. 内蒙古大学学报(自然科学版), 2: 113-123.

中华人民共和国农业部畜牧兽医司. 1996. 中国草地资源[M]. 北京: 中国科学技术出版社.

中华人民共和国统计局. 2016. 中国统计年鉴[M]. 北京: 中国统计出版社.

周道玮, 刘华伟, 孙海霞, 等. 2013a. 中国肉品供给安全及其生产保障途径[J]. 中国科学院院刊, 28(6): 733-739.

周道玮, 孙海霞, 钟荣珍, 等. 2016. 草地畜牧理论与实践[J]. 草地学报, 24(4): 718-725.

周道玮, 孙海霞. 2010. 中国草食牲畜发展战略[J]. 中国生态农业学报, 18(2): 393-398.

周道玮, 王学志, 孙海霞, 等. 2010. 东北草食畜牧业发展途经研究[J]. 家畜生态学报, 5: 76-82.
周道玮, 张平宇, 孙海霞, 等. 2017. 中国粮食生产与消费的区域平衡研究——基于饲料粮生产及动物性食物生产的分析[J]. 土壤与作物, 6(3): 161-173.
周道玮, 钟荣珍, 孙海霞, 等. 2013b. 草地畜牧业系统: 结构、要素、功能[J]. 草地学报, 21(2): 208-213.
周晴, 孙中宇, 杨龙, 等. 2016. 我国生态农业历史中利用植物辅助效应的实践[J]. 中国生态农业学报, 24(12): 1585-1597.
周淑华. 1953. 几种豆科牧草种子及幼苗形态上的区别[J]. 中国农业科学, 9: 395-396.
周伟, 刚成诚, 李建龙, 等. 2014. 1982—2010 年中国草地覆盖度的时空动态[J]. 地理学报, 69(1): 15-28.
朱晓琴. 2016. 论中国古代农民职业教育的特点和途径[J]. 中国农学通报, 32(8): 201-204.
朱宗元. 1985. 内蒙古植物区系研究历史[A]. 见: 马毓泉, 富象乾, 陈山等. 内蒙古植物志[M]. 第 2 版 第 1 卷. 呼和浩特: 内蒙古人民出版社: 11-64.
祝廷成. 1958. 概论我国东北主要的草原[J]. 东北师大学报(自然科学版), 1: 98-116.
祝廷成. 1955. 黑龙江萨尔图附近植被初步分析[J]. 植物学报, 4(2): 117-135.
Barnes R F. 1982. Grassland agriculture-serving mankind[J]. Rangelands, 4(2): 61-62.
Barnes R F, Nelson C J, Collins M, et al. 2003. Forages, An Introduction to Grassland Agriculture[M]. Ames: Blackwell Publishing.
Bentley H. 1902. Experiment in Range Improvement in Central Texas[M]. United States: U.S. Bur. Plant Ind. Bull.
Clements R. 1916. Plant Succession, an Analysis of the Development of Vegetation[M]. Frederic: Carnegie Inst. Wash. Pub.
Collins M, Nelson C, Moor K, et al. 2018. Forages: An Introduction to Grassland Agriculture[M]. 7th ed. Vol.1. Hoboken John Wiley &Sons, Inc.
Cook C W, Harris L E. 1951. A comparison of the lignin ratio technique and the chromogen method of determining digestibility and forage consumption of desert range plants by sheep[J]. Journal of Animal Science, 10: 365-373.
Cook C W, Harris L E. 1950. The nutritive content of the grazing sheep's diet on summer and winter ranges of Utah[J]. UAES Bulletins no.342.
Cooper M, Morris D. 1975. Grass Farming[M]. 4th ed. London: Farming Press.
Dyksterhuis E. 1949. Condition and management of range land based on quantitative ecology[J]. Journal of Range Management, 2(3): 104-115.
FAO. 2014. FAO Statistical Yearbook. World Food and Agriculture[M]. Rome: Food and Agriculture Organization of the United Nations.
Holechek J, Pieper R. 2011. Range Management, Principles and Practices[M]. 6th ed. Upper Saddle River: Prentice Hall.
Hopkins A. 2000. Grass, it's Production and Utilization[M]. 3rd ed. Oxford: Blackwell Science.
Sampson A W. 1913. Range Improvement by Deferred and Rotation Grazing[M]. USDA Bull 34.
Smith J. 1899. Grazing Problem in the Southwest and How to Meet Them. No. 16[M]. US Department of Agriculture, Division of Agrostology.
Stokstad E. 2010. Could less meat mean more food?[J]. Science, 327(5967): 810-811.
Suttie J M, Reynolds S G, Batello C. 2005.Grasslands of the World[R]. Rome: Food and Agriculture Organization of the United Nations.
USDA. 1999. Agriculture Statistics[M]. Washington DC: US Government Publishing Office.
Vallentine J F. 2001. Grazing Management[M]. 2nd ed. San Diego: Academic Press.
Van Dyne G M, Meyer J H. 1964. A method for measurement of forage intake of grazing living stocks using microdigestion techniques[J]. Journal of Range Management, 177: 204-208.
Van Dyne G M, Heady H F. 1965. Botanical composition of sheep and cattle diets on a mature annual range[J]. Hilgardia, 36: 465-492.
Weaver J.1954.North American Prairie[M]. Chicago: Johnson Publishing Company.

第二章　饲草环境及其生态适应

气候决定某一区域的植物分布、组成及其植被类型，进而决定以植物生产为主的农业生产方式、决定以饲草生产为基础的草地农业生产方式。土壤为植物生长提供营养、水分、空气及支持固着作用，决定植物的生长状态。气候和土壤构成饲草生长环境，无论是气候还是土壤都具有区域性，某一区域内特定的气候和土壤决定了其适宜的饲草种类及生长状态，以至影响饲草及饲草场生产农艺和利用。

特定地区的气候类型和土壤类型是稳定的，特别是土壤物理结构及其化学成分更为稳定，气候相对多变化。草层范围内的小气候及土壤速效养分受生产方式影响，并反作用于饲草及饲草场生产，奠定了特定区域饲草及饲草场生产实践，包括后续的饲草种类选择、生产农艺及利用。

第一节　世界气候类型

古希腊哲学家亚里士多德（Aristotle，公元前364～公元前322年）就认识到，根据距离赤道的远近，地球表面气候可以分为三带，寒带（frigid zone）、温带（temperate zone）和热带（torrid zone）。后来，发现存在南半球，并发现了南极，又增加了南温带和南寒带，形成了五带气候系统。

北寒带（the north frigid zone，the north polar region，the arctic region）：北极圈（66°34′N）以北的区域。北寒带在夏天会出现极昼，而在冬天会出现极夜。

北温带（the north temperate region）：北回归线（23°26′N）与北极圈之间的区域。气候变化多样，从温暖到冷凉，一年分春、夏、秋、冬四季。

热带（the torrid zone，the tropical zone，the tropics）：北回归线与南回归线（23°26′S）之间的区域。一年之内，除赤道之外，太阳两次垂直照射地面。

南温带（the south temperate zone）：位于南回归线与南极圈（66°34′S）之间的区域。气候变化多样，从温暖到冷凉，一年分春、夏、秋、冬四季。

南寒带（the south frigid zone，the south polar region，the antarctic region）：南极圈以南的区域。南寒带在夏天会出现极昼，而在冬天会出现极夜。

五带气候系统为地球–太阳位置关系的反映，主要划分依据为太阳运动所决定的热量及温度分布。由于陆地–海洋位置关系的差异、地球表面高原及低平原不同，形成了多种多样的气候样式，导致地球表面“五带”之内分别有迥然不同的气候类型。

北温带为地球表面分布区域最广大的一类气候类型，气候相对温和，地形地貌多样，植被类型多样，生物种类繁多，并最适宜人类居住，且北温带陆地多，有更多的人类居住。

依据南北纬度范围，主要依据降水及温度，北温带一般分为亚热带气候、海洋性气候、大陆性气候及地中海气候。

亚热带气候，位于南北回归线 23.5°～35.0°，夏季炎热、冬季温和，降水集中在炎热的夏季。南亚、美国东南部、澳大利亚东部、南美东海岸属此类气候类型。

海洋性气候，南北回归线 45.0°～60.0°的区域，受高纬度冷凉海洋西风吹向西侧陆地影响，夏季冷凉，冬季温暖，降水全年分布均匀。欧洲西部、北美西北部、新西兰部分地区属此气候类型。

大陆性气候，位于南北回归线 35.0°～55.0°，陆地内部或山地背风面，夏季温暖，冬季冷凉至寒冷，季节间温度变化大。受海洋季风影响，降水多发生于夏季。由于距离海洋位置不同，空间变化差异极大。亚洲北部、美国北部、加拿大南部、欧洲东北属此气候类型。

地中海气候，位于南北回归线 30.0°～40.0°，夏季炎热漫长，冬季短促温和，降水集中于冬季。西亚的地中海周边区域、澳大利亚西部、美国的加利福尼亚、南非南部属此气候类型。

经过长期的探索发展，地球表面的五带气候系统逐渐发展形成 Koppen-Geiger 气候分类系统（Koppen，1900；Peel et al.，2007）。

20 世纪初，俄裔德国气象学家 Wladimir Koppen 依据法国–瑞士植物学家 De Canddele 所确定的 5 种世界植被类型（Koppen，1936），确定了 5 种气候类型，并将其作为第一级气候分类。在第一级分类区内，采用温度和降水进行了第二级、第三级分类，建立了世界上第一个数量型气候分类系统。后经不断完善发展为 Koppen-Geiger 气候分类系统，广泛应用于教学及专门科学研究（Sanderson，1999；Kottek et al.，2006；Alvares et al.，2013），并为世界各国所参照的地区气候分类基础。最新数字型版本细化了各个气候类型的边界及其温度和降水的标准（表 2-1）。

表 2-1　Koppen 气候分类系统标准

一级	二级	三级	标准
热湿气候（A）			最冷月温度≥18℃
	热湿雨林气候（Af）		最干旱月的降水≥60 mm
	热湿季雨林气候（Am）		非（Af）且最干旱月的降水≥（100–年降雨量/25）mm
	热湿干草原气候（Aw）		非（Af）且最干旱月的降水<（100–年降雨量/25）mm
干旱气候（B）			年降水量<10×Pthreshold
	干旱荒漠气候（BW）		年降水量<5×Pthreshold
	干旱草原气候（BS）		年降水量≥5×Pthreshold
		热性（h）	年平均温度≥18℃
		冷性（k）	年平均温度<18℃
温湿气候（C）			最热月温度>10℃且 0<最冷月温度<18℃
	温湿干夏气候（Cs）		夏半年（北半球 4～9 月）最干旱月的降水<40 mm 且夏半年（北半球 4～9 月）最干旱月的降水<冬半年（北半球 10 月至翌年 3 月）最湿润月的降水/3
	温湿干冬气候（Cw）		冬半年（北半球 10 月至翌年 3 月）最干旱月的降水<夏半年（北半球 4～9 月）最湿润月的降水/10
	温湿无干季气候（Cf）		非（Cs）或（Cw）
		热夏（a）	最热月温度≥22℃

续表

一级	二级	三级	标准
		温夏（b）	非（a）且温度高于 10℃的月数≥4
		冷夏（c）	非（a 或 b）且 1≤温度高于 10℃的月数<4
冷湿气候（D）			最热月温度>10℃且最冷月温度≤0℃
	冷湿干夏气候（Ds）		夏半年（北半球 4～9 月）最干旱月的降水<40 mm 且夏半年（北半球 4～9 月）最干旱月的降水<冬半年（北半球 10 月至翌年 3 月）最湿润月的降水/3
	冷湿干冬气候（Dw）		冬半年（北半球 10 月至翌年 3 月）最干旱月的降水<夏半年（北半球 4～9 月）最湿润月的降水/10
	冷湿无干季气候（Df）		非（Ds）或（Dw）
		热夏（a）	最热月温度≥22℃
		温夏（b）	非（a）且温度高于 10℃的月数≥4
		冷夏（c）	非（a，b 或 d）
		寒冬（d）	非（a 或 b）且最冷月温度<–38℃
极地气候（E）			最热月温度<10℃
	极地苔原气候（ET）		最热月温度>0℃
	极地冰原气候（EF）		最热月温度≤0℃

注：当 70%以上的全年降水发生在冬半年（北半球 10 月至翌年 3 月）时，Pthreshold=2×年平均温度；当 70%以上的降水发生在夏半年（北半球 4～9 月）时，Pthreshold=2×年平均温度+28；其他情况，Pthreshold=2×年平均温度+14

资料来源：Peel et al., 2007

据此，全世界一级气候类型分为 5 类：热湿气候（A）、干旱气候（B）、温湿气候（C）、冷湿气候（D）和极地气候（E）。

二级气候类型分为 13 类：热湿雨林气候（Af）、热湿季雨林气候（Am）、热湿干草原气候（Aw）、干旱荒漠气候（BW）、干旱草原气候（BS）、温湿干夏气候（Cs）、温湿干冬气候（Cw）、温湿无干季气候（Cf）、冷湿干夏气候（Ds）、冷湿干冬气候（Dw）、冷湿无干季气候（Df）、极地苔原气候（ET）和极地冰原气候（EF）。

三级气候类型分为 29 类（热湿雨林气候、热湿季雨林气候、热湿干草原气候、干旱荒漠热性气候、干旱荒漠冷性气候、干旱草原热性气候、干旱草原冷性气候、温湿干夏热夏气候、温湿干夏温夏气候、温湿干冬热夏气候、温湿干冬温夏气候、温湿干冬冷夏气候、温湿无干季热夏气候、温湿无干季温夏气候、温湿无干季冷夏气候、冷湿干夏热夏气候、冷湿干夏温夏气候、冷湿干夏冷夏气候、冷湿干夏寒冬气候、冷湿干冬热夏气候、冷湿干冬温夏气候、冷湿干冬冷夏气候、冷湿干冬寒冬气候、冷湿无干季热夏气候、冷湿无干季温夏气候、冷湿无干季冷夏气候、冷湿无干季寒冬气候、极地苔原气候、极地冰原气候）（Peel et al.，2007）。每类都有不同的温湿组合样式，同一区内基本相似，不同区间有较大差异，这是我们需要重点理解和考虑的内容。

第二节　中国草地农业气候

我国现代气候研究始于 20 世纪 20 年代（竺可桢，1979），后续发展了几种方案（陈咸吉，1982；中国科学院《中国自然地理》编辑委员会，1985）。进一步研究表明，中国自然气候区可分为 4 个干湿区，12 个温度带，组合形成 56 个气候区域（郑景云等，2010）。

我国农业气候研究始于 20 世纪 80 年代，依据我国自然气候区划，并特别重视积温和降水，参考作物种植界限和生产方式，建立了农业气候区划及农作物种植制度区划（丘宝剑和卢其尧，1980；李世奎和侯光良，1988；中国农林作物气候区划协作组，1987）。我国还先后依据自然气候区划及农业气候区划进行了畜牧业区划、饲料区划、牧草栽培区划等（中国牧区畜牧气候区划科研协作组，1988；辛晓平等，2015）。

一、中国草地农业气候类型

根据 Koppen 气候分类方法（表 2-1），研究了中国气候类型和草地农业气候类型。Koppen 气候分类的基础是植被类型，特别考虑温度与降水，而这是植物生长，包括饲草生长的决定因素，本章的草地农业气候类型与气候类型为同义语。

中国气候及草地农业气候有 5 种一级类型：热湿气候（A）、温湿气候（C）、冷湿气候（D）、干旱气候（B）、极地气候（E）（图 2-1）。

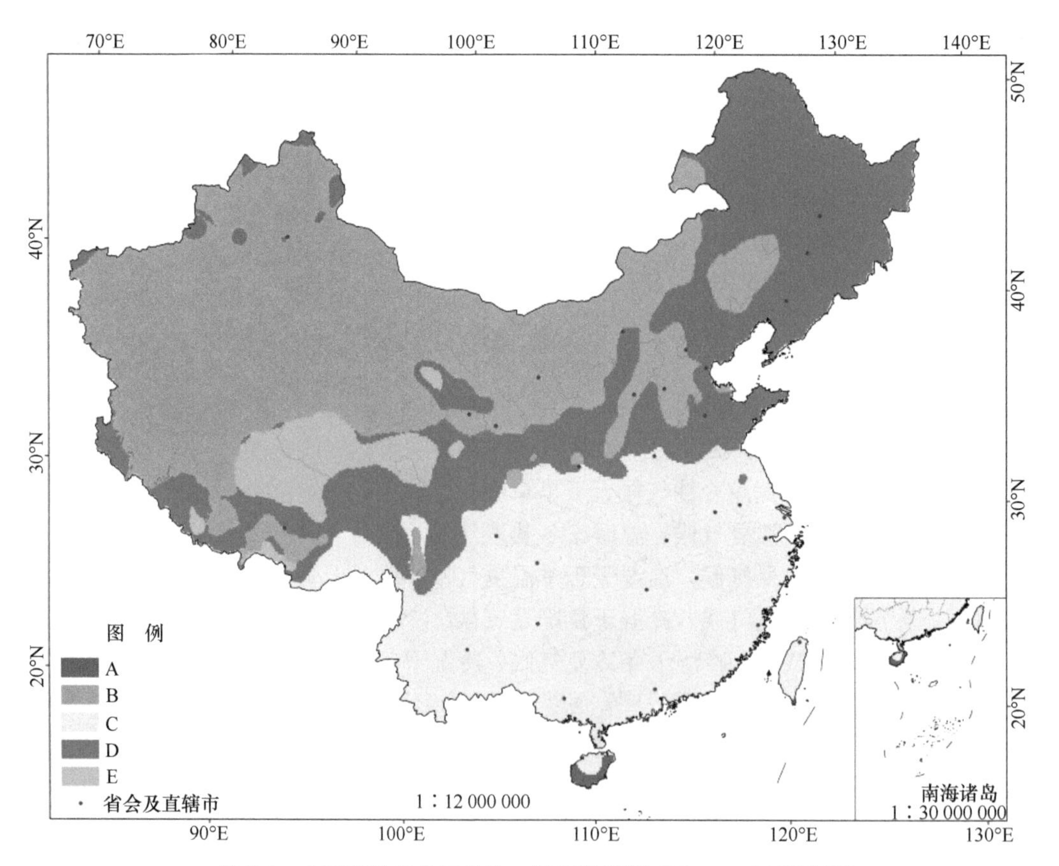

图 2-1 中国草地农业气候的一级气候类型（Koppen 气候系统）

A. 热湿气候；B. 干旱气候；C. 温湿气候；D. 冷湿气候；E. 极地气候

在一级气候分类基础上，二级气候分类侧重降水，有 10 种类型（图 2-2）：热湿气候分为热湿季雨林气候（Am）和热湿干草原气候（Aw）；温湿气候分为温湿干冬气候（Cw）和温湿无干季气候（Cf）；冷湿气候分为冷湿干夏气候（Ds）、冷湿干冬气候（Dw）和冷湿无干季气候（Df）；干旱气候分为干旱荒漠气候（BW）和干旱草原气候（BS）；极地气候定性为极地苔原气候（ET）。

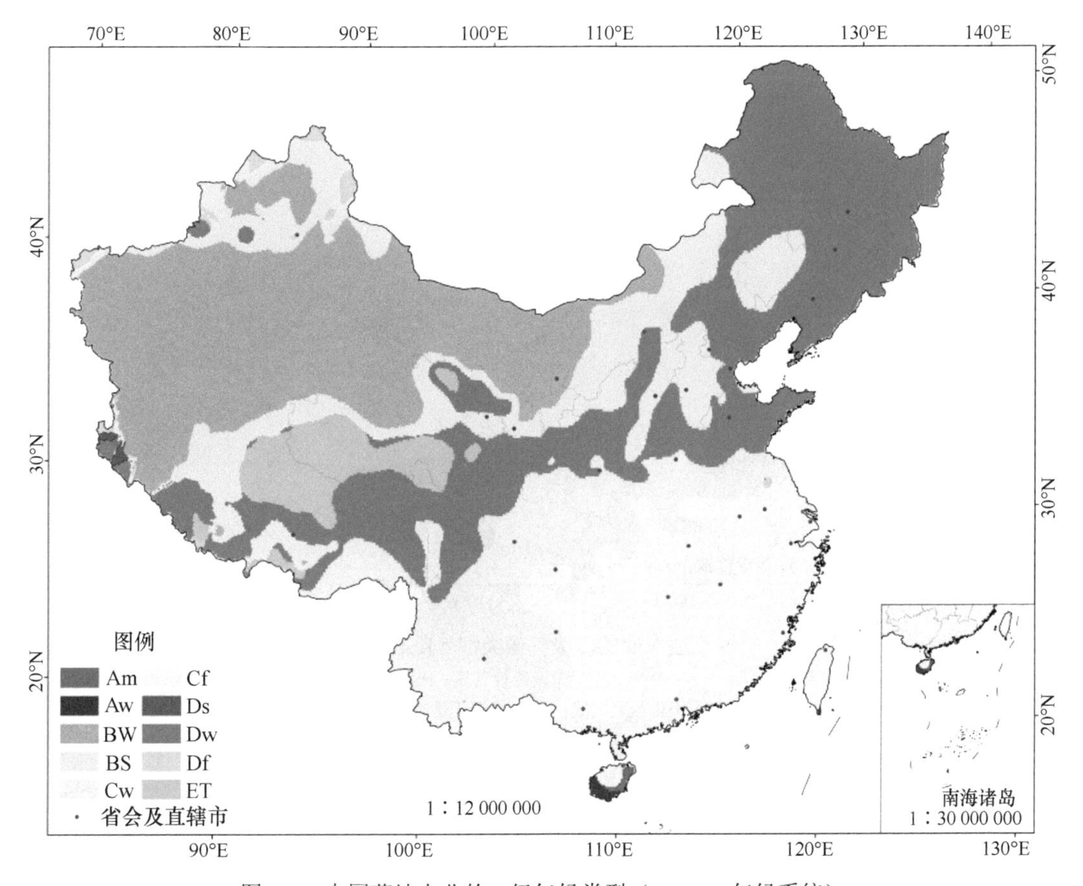

图 2-2　中国草地农业的二级气候类型（Koppen 气候系统）

Am. 热湿季雨林气候；Aw. 热湿干草原气候；BW. 干旱荒漠气候；BS. 干旱草原气候；Cw. 温湿干冬气候；Cf. 温湿无干季气候；Ds. 冷湿干夏气候；Dw. 冷湿干冬气候；Df. 冷湿无干季气候；ET. 极地苔原气候

在二级气候分类基础上，三级气候分类侧重温度，有 17 个类型（图 2-3）：热湿季雨林气候（Am）、热湿干草原气候（Aw）和极地苔原气候（ET）维持二级分类样式；温湿干冬气候（Cw）分温湿干冬热夏气候（Cwa）和温湿干冬温夏气候（Cwb）；温湿无干季气候（Cf）分温湿无干季热夏气候（Cfa）和温湿无干季温夏气候（Cfb）；冷湿干夏气候（Ds）分冷湿干夏温夏气候（Dsb）和冷湿干夏冷夏气候（Dsc）；冷湿干冬气候（Dw）分冷湿干冬热夏气候（Dwa）、冷湿干冬温夏气候（Dwb）和冷湿干冬冷夏气候（Dwc）；冷湿无干季气候（Df）分冷湿无干季热夏气候（Dfa）、冷湿无干季温夏气候（Dfb）和冷湿无干季冷夏气候（Dfc）；干旱荒漠气候（BW）定性为干旱荒漠冷性气候（BWk）；干旱草原气候（BS）定性为干旱草原冷性气候（BSk）。

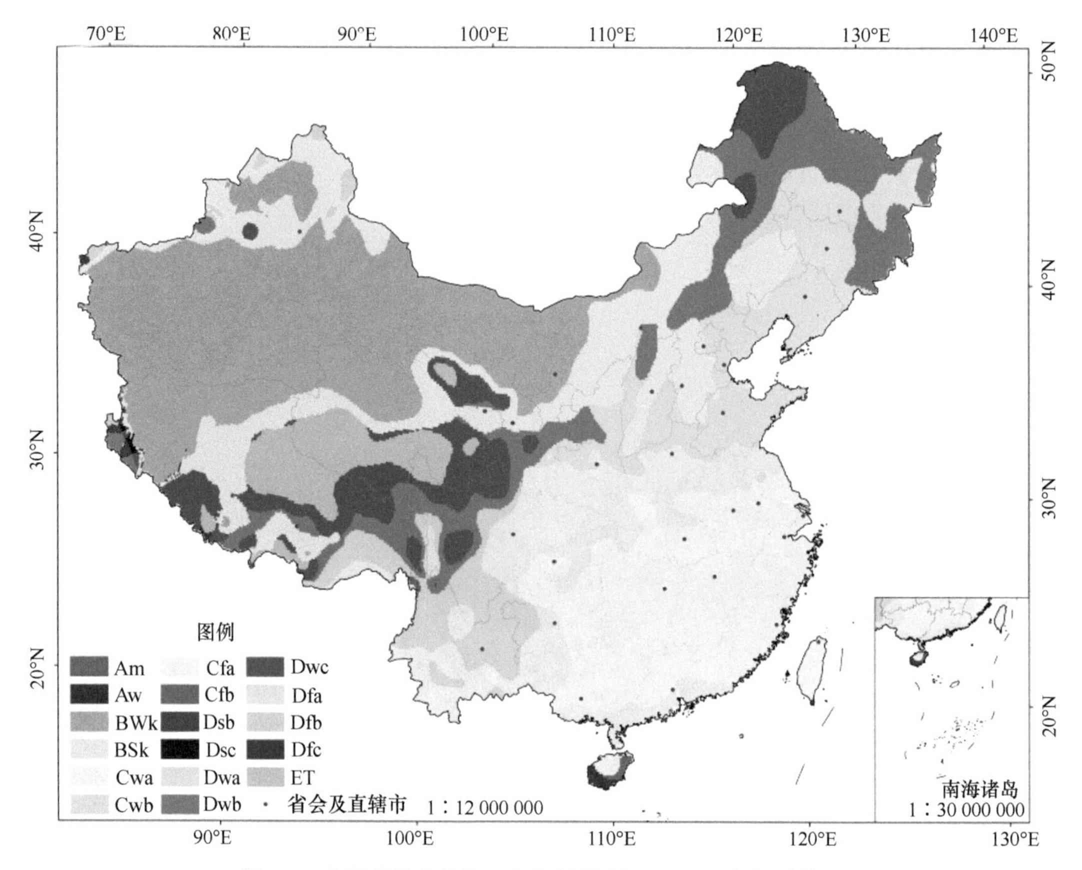

图 2-3 中国草地农业的三级气候类型（Koppen 气候系统）

Am. 热湿季雨林气候；Aw. 热湿干草原气候；BWk. 干旱荒漠冷性气候；BSk. 干旱草原冷性气候；Cwa. 温湿干冬热夏气候；Cwb. 温湿干冬温夏气候；Cfa. 温湿无干季热夏气候；Cfb. 温湿无干季温夏气候；Dsb. 冷湿干夏温夏气候；Dsc. 冷湿干夏冷夏气候；Dwa. 冷湿干冬热夏气候；Dwb. 冷湿干冬温夏气候；Dwc. 冷湿干冬冷夏气候；Dfa. 冷湿无干季热夏气候；Dfb. 冷湿无干季温夏气候；Dfc. 冷湿无干季冷夏气候；ET. 极地苔原气候

中国草地农业气候分类分布结果，特别是一、二级分类结果，分别对应特定的植被分区，决定特定的饲草种类和产量，对于理解草地农业发展模式及管理具有约束意义。各气候类型所占面积及比例（表 2-2）指示了其潜在生产力和管理意义。

表 2-2 中国草地农业气候类型所占比例及其面积

一级类型	比例（%）	面积（万 km²）	二级类型	比例（%）	面积（万 km²）	三级类型	比例（%）	面积（万 km²）
热湿气候（A）	0.17	1.64	热湿季雨林气候（Am）	0.07	0.63	热湿季雨林气候（Am）	0.07	0.63
			热湿干草原气候（Aw）	0.11	1.01	热湿干草原气候（Aw）	0.11	1.01
温湿气候（C）	26.04	249.97	温湿干冬气候（Cw）	13.12	125.91	温湿干冬热夏气候（Cwa）	9.19	88.22
						温湿干冬温夏气候（Cwb）	3.93	37.68
			温湿无干季气候（Cf）	12.92	124.07	温湿无干季热夏气候（Cfa）	12.89	123.73
						温湿无干季温夏气候（Cfb）	0.04	0.34
冷湿气候（D）	28.59	274.51	冷湿干夏气候（Ds）	0.10	0.96	冷湿干夏温夏气候（Dsb）	0.06	0.62
						冷湿干夏冷夏气候（Dsc）	0.04	0.34

续表

一级类型	比例（%）	面积（万 km^2）	二级类型	比例（%）	面积（万 km^2）	三级类型	比例（%）	面积（万 km^2）
冷湿气候（D）	28.59	274.51	冷湿干冬气候（Dw）	27.81	266.96	冷湿干冬热夏气候（Dwa）	9.90	95.06
						冷湿干冬温夏气候（Dwb）	10.49	100.72
						冷湿干冬冷夏气候（Dwc）	7.41	71.18
			冷湿无干季气候（Df）	0.69	6.58	冷湿无干季热夏气候（Dfa）	0.10	0.99
						冷湿无干季温夏气候（Dfb）	0.49	4.72
						冷湿无干季冷夏气候（Dfc）	0.09	0.87
干旱气候（B）	41.02	393.80	干旱荒漠气候（BW）	25.30	242.84	干旱荒漠冷性气候（BWk）	25.30	242.84
			干旱草原气候（BS）	15.73	150.96	干旱草原冷性气候（BSk）	15.73	150.96
极地气候（E）	4.17	40.07	极地苔原气候（ET）	4.17	40.07	极地苔原气候（ET）	4.17	40.07

二、中国草地农业气候区划

为了进一步反映气候–植被关系和植被–饲草关系，对草地农业气候进行分区区划。根据三级气候分类结果，将相似的气候类型合并，特别是一些小的气候分布斑块并入相连的大气候分布斑块，并使其空间连续，然后在其外围划线，形成中国草地农业气候系统分区（表 2-3），称之为饲草气候系统（forage climate system，FCS），共分 6 个系统（区）（图 2-4）。

表 2-3　中国各草地饲草气候系统基本特征

名称	面积（万 km^2）	最高温～最低温（℃）	>0℃生长日（天）	>0℃积温（℃）	降水（mm）
冷湿饲草气候系统（cold wet FCS）	165.5	30.6～–26.9	237	2716.7	522.1
温湿饲草气候系统（temperate wet FCS）	121.6	35.3～–19.5	279	4204.5	581.6
暖湿饲草气候系统（warm wet FCS）	273.9	36.5～–2.7	360	6415.1	1341.7
草原饲草气候系统（steppe FCS）	128.2	32.8～–26.5	237	3059.8	297.7
荒漠饲草气候系统（desert FCS）	231.7	37.0～–21.8	262	4087.2	92.5
寒旱饲草气候系统（cold dry FCS）	39.2	20.7～–29.4	174	1035.4	447.5

注：最高温表示 1987～2016 年最高温平均值；最低温表示 1987～2016 年最低温平均值

分区的基本做法：一级气候类型的热湿气候（A）面积较小，与温湿气候（C）合并，区划为暖湿饲草气候系统。一级气候类型的干旱气候分为干旱荒漠气候（BW）和干旱草原气候（BS）分别区划为荒漠饲草气候系统和草原饲草气候系统，为了保持空间连续，二者分别归并了相邻的冷湿气候小斑块，冷湿干夏气候和冷湿无干季气候。一级气候类型的极地气候（E）独立区划为寒旱饲草气候系统，但其南部，即青藏高原南部存在一片极地气候，但面积较小，为了保持区域连续，将其区划到草原饲草气候系统。一级气候类型冷湿气候（D）中的冷湿干夏气候（Ds）和冷湿无干季气候（Df）分别归入荒漠饲草气候系统和草原饲草气候系统，其主体部分冷湿干冬气候（Dw）中的冷湿干冬温夏气候（Dwb）和冷湿干冬冷夏气候（Dwc）区划为冷湿饲草气候系统，冷湿干冬热夏气候（Dwa）区划为温湿饲草气候系统。其中，松嫩平原地区及太行山区分类为干草原冷性气候区，但考虑其地下水丰富及山地特点，并考虑区划的连续性，归并为温湿饲草气候系统。考虑到青藏高原东南侧暖湿气候类型到冷湿气候类型之间存在温湿气候过渡带，区划为一条窄带，以充分显示气候系统的南北东西连续的地带性规律。

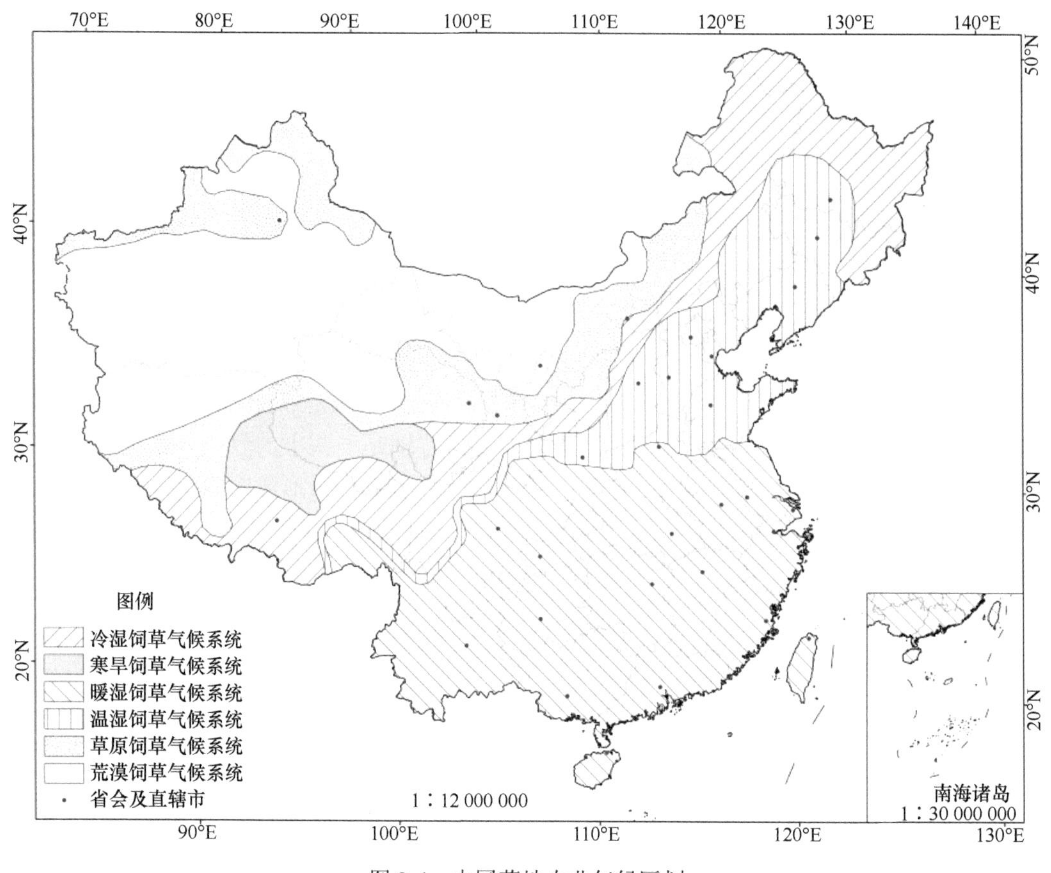

图 2-4　中国草地农业气候区划

每一个饲草气候系统具有相似的特定水热关系。优势的天然饲草种类及其潜在生产力，决定可引进利用的饲草作物种类和草地畜牧生产方式。

三、中国饲草寒冷度分区

依据美国农业部植物寒冷度分区图（plant hardiness zone map）制作途径（USDA，1960；Widrlechner，1997；Mckenney et al.，2014），即选取气温年极端最低温历年平均值，以 5.6℃为标准，制作了中国饲草寒冷度分区图。

中国有 11 个饲草寒冷度分区，依次标注为 1～11（图 2-5）。在饲草作物引种和饲草作物培育时，需考虑饲草作物所适应的寒冷度区。特别是多年生饲草，必须考虑其越冬能力及其存活潜力和生长状况，即使在同一分区内也需考虑温度的南北差异。

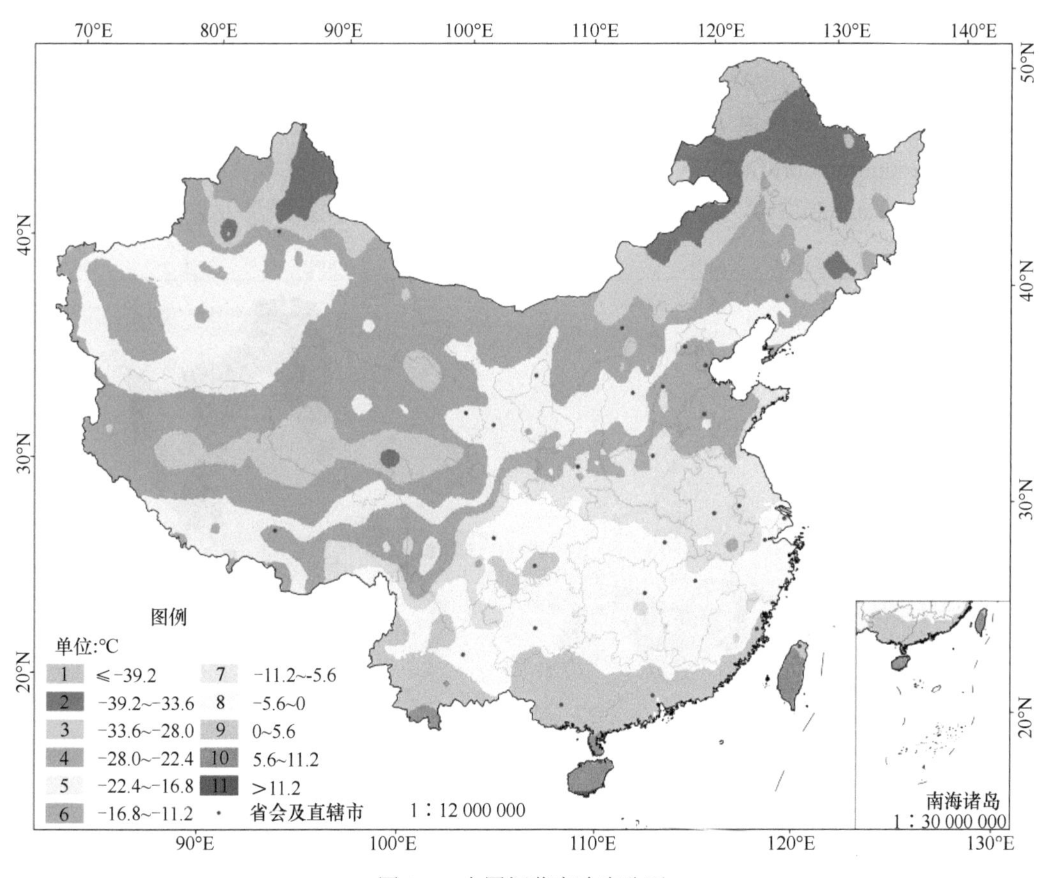

图 2-5　中国饲草寒冷度分区

四、中国饲草炎热度分区

依据美国园艺科学学会［ASHS（American Society for Horticultural Science），1997］植物炎热度分区图（plant heat zone map）制作途径（Giddings and Soto-Esparza，2005），即选取气温日最高温>30℃日数的历年平均值进行分区，分区天数在各间隔区间各不相同，制作了中国饲草炎热度分区图。

中国有 8 个饲草炎热度分区，分别标注为 1～8（图 2-6）。美国饲草及草坪生产实践中，根据饲草炎热度分区，将温度>30℃的天数>120 天区域划为暖季区（warm season region），其适应饲草称为暖季禾草/饲草（warm season grass/forage）；将温度>30℃的天数<60 天区域划为冷季区（cool season region），其适应饲草称为冷季禾草/饲草（cool season grass/forage）；二者之间的区域为过渡区（transition season region），一些冷季饲草、暖季饲草都可以在这一地区生长并发挥正常生长潜力。据此，可以判定中国暖季饲草气候区和冷季饲草气候区及其过渡区的基本界线。

五、饲草适宜性分析

天然饲草系统利用方式、管理对策直接取决于气候影响的饲草种类组成及产量。人工草地和饲草作物地建设、利用及管理包括两个最基本的要素：所栽培饲草能够越冬存活并/或正常发挥遗传生产潜力，称之为生态适应性（ecological adaptability）；所栽培饲草在正常发挥遗传生产潜力的前提下，其产量及市场价格决定其有效收益，称之为经济效益性（economic profitability）。生态适应性和经济效益性构成本节所谓的栽培饲草适宜性（forage suitability），即某种饲草在某区域的生态适应性及经济效益性。

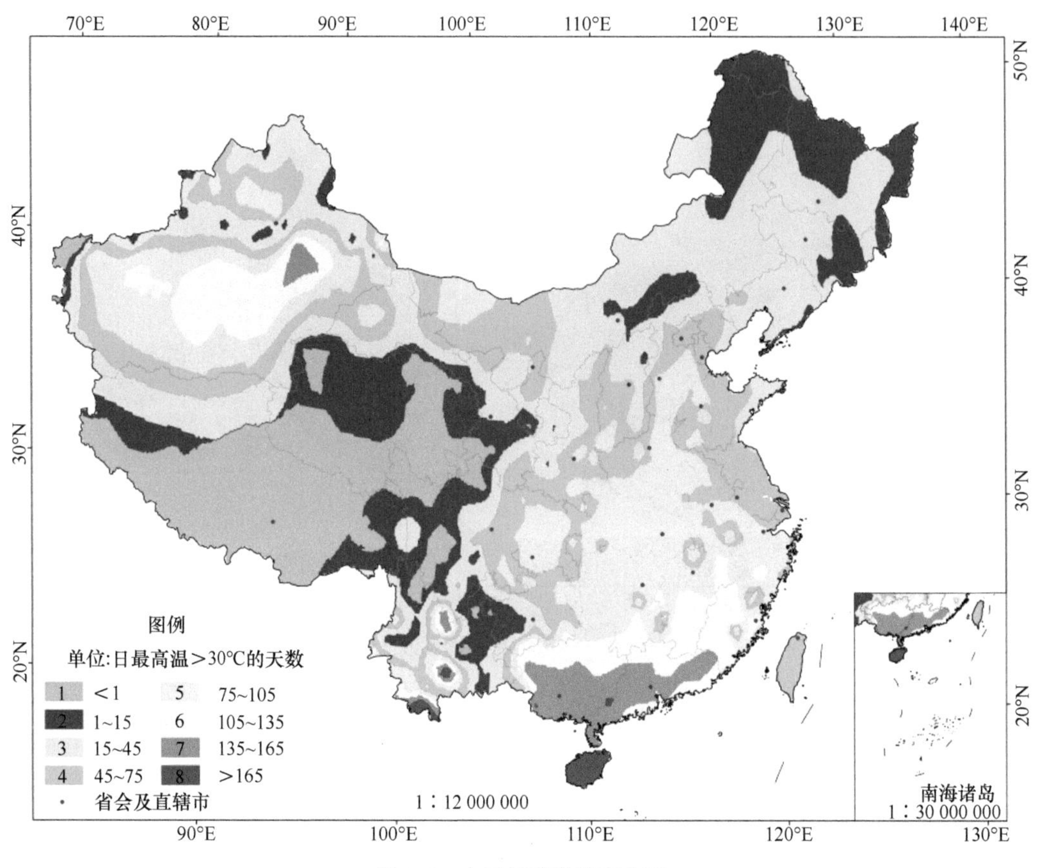

图 2-6　中国饲草炎热度分区

荒漠饲草气候系统区、草原饲草气候系统区、寒旱饲草气候系统区，相当于美国大平原高草草地、矮草草地及其西南荒漠草地区所构成的美国中西部区（Collins et al.，2018）。自然植被为各式草原、荒漠草原、灌丛、苔原，甚至裸地，有部分山地。我国此区域自然生态适应的饲草有羊草（*Leymus chinensis*）、针茅（*Stipa* spp.）、羊茅（*Festuca ovina*）、白草（*Pennisetum centrasiaticum*）、白羊草（*Bothriochloa ischaemum*）、冰草（*Agropyron cristatum*）、小花碱茅（*Puccinellia tenuiflora*）、嵩草（*Kobresia* spp.）、花苜蓿（*Medicago ruthenica*）、沙打旺（*Astragalus adsurgens*）、胡枝子（*Lespedeza* spp.）、野火球（*Trifolium lupinaster*）及豆科木本饲草作物锦鸡儿（*Caragana* spp.）和岩黄芪（*Hedysarum* spp.）等。

降水量 320 mm 为草原分布界线（沃尔特，1984），上述区域的降水量<320 mm（图 2-7），水分为三个气候系统饲草生长制约因子。寒旱饲草气候系统，水分、温度都对饲草生长

构成限制。此区典型羊草草原在降水丰年最大产量仅 2.7 t/hm^2（周道玮等，2015），没有河流或地下水灌溉条件下，此区没有提高生产力的潜力。维持此区天然草地生产力稳定、土壤肥力稳定、生态系统健康，为此区天然草地农业经营目标。此区隐域生境丰富，具有发展高产栽培草地的可能，另外，此区隐域生境及灌溉生产的农田作物秸秆为良好的反刍动物饲料。

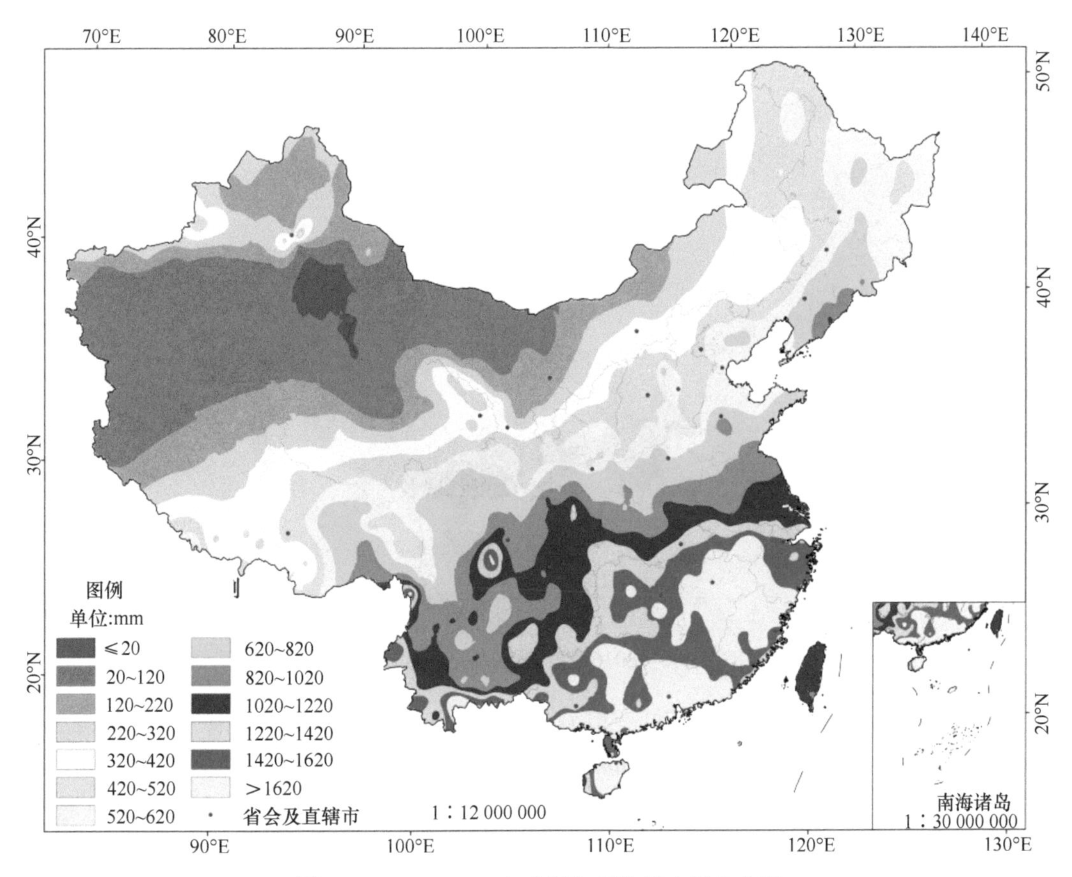

图 2-7 1987～2016 年中国年平均降水量分布图

冷湿饲草气候系统区，相当于美国东北部冷季饲草区（Collins et al.，2018）。自然植被为木本植物占优势的森林群落，林下草地饲草种类多样，但多低质量杂类草，部分地区被开垦为农田。我国此区降水相对丰富，但气温>0℃的积温不足 3000℃（图 2-8），温度为此区饲草作物生长的限制因子。生态适应此区的饲草作物起源于寒冷区，多为 C_3 植物，生长最适温度为 20～25℃，适应的饲草作物主要有以下几种。

适应冷季的一年生禾草：多花黑麦草（*Lolium multiflorum*）、燕麦草（*Avena sativa*）、大麦草（*Hordeum vulgare*），饲用油菜、饲用小麦在一些地区可种植。

适应冷季的多年生禾草：苇状羊茅（*Festuca arundinacea*）、草地早熟禾（*Poa pratensis*）、黑麦草（*Lolium perenne*）、猫尾草（*Phleum pratense*）、鸭茅（*Dactylis glomerata*）、无芒雀麦（*Bromus inermis*）、扁穗雀麦（*Bromus catharticus*）、虉草（*Phalaris arundinacea*）等。

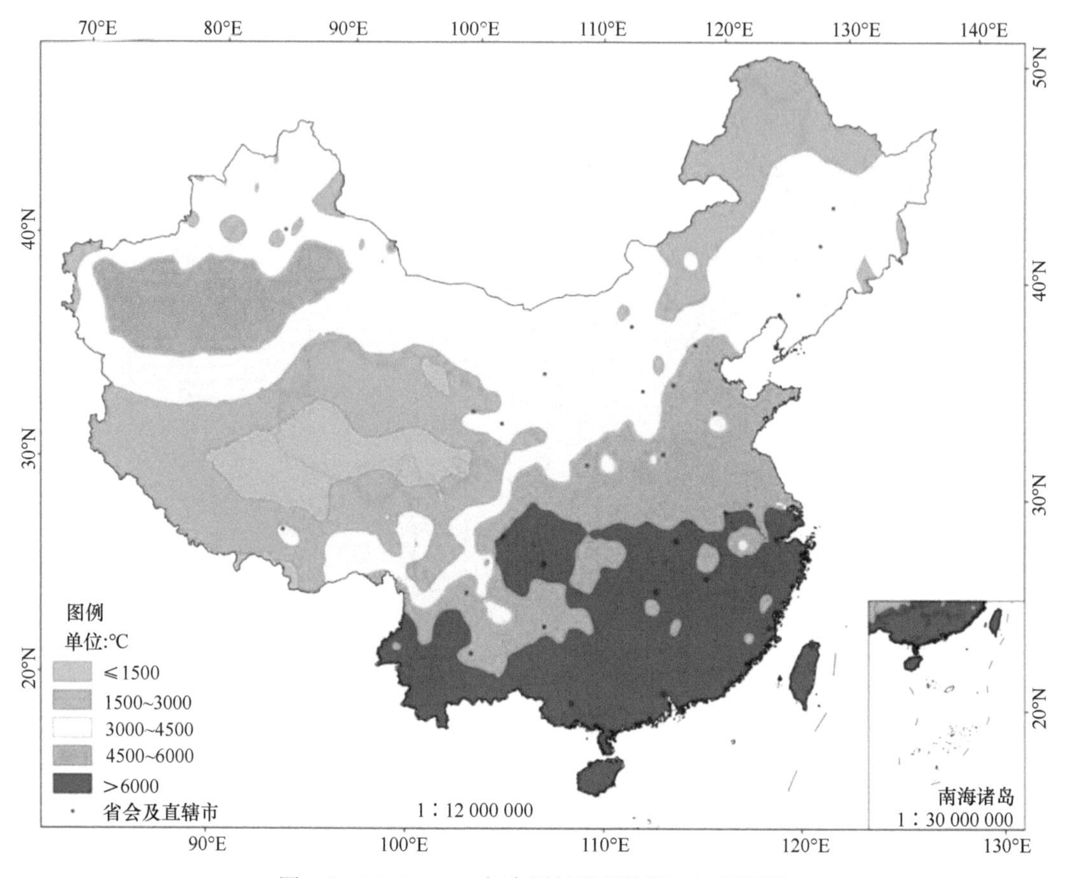

图 2-8 1986～2016 年中国气温日均温>0℃积温图

适应冷季的一年生豆草：箭叶三叶草（*Trifolium vesiculosum*）、地三叶（*Trifolium subterraneum*）、波斯三叶草（*Trifolium resupinatum*）、海滨苜蓿（*Medicago littoralis*）、圆盘苜蓿（*Medicago tornata*）、长柔毛野豌豆（*Vicia villosa*）、大花野豌豆（*Vicia grandiflora*）、箭筈豌豆（*Vicia sativa*）、豌豆（*Pisum sativum*）、羽扇豆（*Lupinus* spp.）、草木樨（*Melilotus* spp.）等。

适应冷季的多年生豆草：杂交苜蓿（*Medicago varia*）、沙打旺（*Astragalus adsurgens*）、巫师黄芪（*Astragalus cicer*）、白三叶（*Trifolium repens*）、红三叶（*Trifolium pratense*）、瑞士三叶草（*Trifolium hybridum*）、高加索三叶草（*Trifolium ambiguum*）、小冠花（*Coronilla varia*）等。

低休眠级数紫花苜蓿品种在此区一些地域可以种植，一年生热带饲草作物，如饲用玉米、饲用高粱（*Sorghum bicolo*r）、苏丹草（*Sorghum sudanense*）、甜高粱（*Sorghum bicolor* cv. Dochna）及高丹草（高粱与苏丹草的杂交种）的部分品种在此区的部分地区可以良好生长。

温湿饲草气候系统区，相当于美国东中部冷季饲草区至东南部暖季饲草区之间的过渡区（Collins et al.，2018）。该区自然植被为木本植物占优势的森林，现在多开垦为农田，农田作物秸秆数量丰富，积温多，降水相对丰富。若无土壤障碍，饲料玉米可以在此区完全生长，达到生产收获的程度。

暖季饲草作物和冷季饲草作物的多数种类都可以在此区种植。此区类似气候条件下，国际上栽培草地的经典模式为黑麦草+白三叶组合。在我国，此区由于人口密度高，并是粮食主产区，不可能有更多的土地用于种植多年生饲草作物收获青贮、干草或放牧。此区适宜生产如墨西哥玉米草、大力士高丹草、饲料玉米等高大饲草作物，用于青绿或青贮饲喂，实行储料式规模化集约饲养。

暖湿饲草气候系统区，相当于美国东南部暖季饲草区（Collins et al.，2018）。自然植被为木本植物占优势的森林，多低山，林间林下饲草资源丰富，平坦区多被开垦为农田，秸秆产量丰富。积温多，降水丰沛，水分及温度都不会成为此区饲草生产的限制因子。由于高温，此区暖季饲草有夏季休眠现象，冷季饲草作物在此区冬季种植生长良好，世界各地多花黑麦草多种植在暖季饲草气候区的秋冬季。生态适应此区的饲草作物起源于热带地区，多为 C_4 类植物，生长最适温度为 25～30℃，主要有以下几种。

适应暖季的一年生禾草：美洲狼尾草（*Pennisetum glaucum*，*P. americanum*）、饲料玉米（*Zea mays*）、高粱（*Sorghum bicolor*）、苏丹草（*Sorghum sudanense*）、高丹草、多枝臂形草（*Brachiaria ramosa*）、马唐（*Digitaria sanguinalis*）、粟（粱、谷子）（*Setaria italica*）及苔麸画眉草（*Eragrostis teff*）等。

适应暖季的多年生禾草：狼尾草（*Pennisetum clandestinum*）、柳枝稷（*Panicum virgatum*）、象草（*Pennisetum purpureum*）、狗牙根（*Cynodon dactylon*）、狗尾草（*Setaria* spp.）、大须芒草（*Andropogon gerardii*）、毛梗双花草（*Dichanthium aristatum*）、马氏黍（*Panicum coloratum* var. *makarikariense*）、雀稗（*Paspalum* spp.）、大黍（*Panicum maximum*）、石茅（*Sorghum halepense*）、蓝冰麦（*Sorghastrum nutans*）、裂稃草（*Schizachyrium scoparium*）及鸭足状摩擦草（*Tripsacum dactyloides*）等。

适应暖季的一年生豆草：鸡眼草（*Kummerowia striata*）、长萼鸡眼草（*Kummerowia stipulacea*）、大豆（*Glycine max*）、花生（*Arachis hypogaea*）、豇豆（*Vigna unguiculata*）、扁豆（*Lablab purpureus*）及刺毛藜豆（*Mucuna pruriens*）等。

适应暖季的多年生豆草：大翼豆（*Macroptilium* spp.）、柱花草（*Stylosanthes* spp.）、多年生花生（*Arachis glabrata*）、截叶胡枝子（*Lespedeza cuneata*）、山蚂蝗（*Desmodium* spp.）、罗顿豆（*Lotononis bainesii*）、肯尼亚三叶草（*Trifolium semipilosum*）、爪哇大豆（*Neonotonia wightii*）、多年生花生（*Arachis pintoi*）、合萌（*Aeschynomene indica*）、伊利诺合欢草（*Desmanthus illinoensis*）、圆叶决明（*Chamaecrista rotundifolia*）、葛根（*Pueraria* spp.）及豇豆（*Vigna* spp.）等。

上述各气候系统区，除具有各自的天然饲草资源及秸秆等饲料资源外，包括荒漠气候系统及草原气候系统的隐域生境，还分别具有相应的生态适应的饲草作物。现代机械化生产条件下，各区播种、管理、收获栽培草地的投入成本基本相同，东北至西南的农牧交错带区土地承租价+直接投入成本≥5000 元/hm^2；饲草价格相对稳定≈800 元/t；经济收益=产量×饲草价格–投入成本。据此可知，若全年饲草产量<6 t/hm^2，雨养条件下发展人工草地没有经济效益。除生态适应性外，产量是决定饲草作物栽培适宜性的基本评价标准。

荒漠饲草气候系统区、草原饲草气候系统区、寒旱饲草气候系统区、冷湿饲草气候系统区，降水及温度决定的饲草自然产量远不足 6 t/hm^2，不具备发展雨养人工草地的条件，现阶段也没有一种适宜的高产饲草作物产量在雨养条件下可以超过 6 t/hm^2。温湿饲草气候系统区和暖湿饲草气候系统区，温度、水分条件良好，潜在饲草产量>6 t/hm^2，具有发展人工草地的基础，适宜的作物种类也很多，如饲料玉米（包括墨西哥玉米草）、高丹草、象草和美洲狼尾草等。饲料玉米由于产量高、质量好，为饲草生产的首选作物，试验栽培其他作物种类没有生产意义，但比较粮食作物或经济作物的经济效益及其后续饲养效益是权衡选择标准。荒漠饲草气候系统区和草原饲草气候系统区发展木本饲草作物有探索的空间。冷湿饲草气候系统区发展多年生人工草地，年份间分摊成本，有潜在经济效益及发展可能。

依据气候分类、分区及草地农业及其气候区划管理天然草地或建设饲草场，目标之一是利用饲草资源发展草地农业及草地畜牧业，即培育饲草、利用饲草、饲养牲畜（周道玮等，2016，2019）。气候系统及其决定的土地质量及面积对草食牲畜饲养模式的影响，为我国需要积极探究的草地农业问题。

美国农田、草场、放牧场等农业用地面积近 6.0 亿 hm^2，农业人口人均农业用地面积>2.0 万 hm^2；中国农田、草地等农业用地面积不足 5.0 亿 hm^2，农业人口人均农业用地面积<0.7 hm^2。美国、澳大利亚和新西兰的牧场多拥有>600 hm^2 良好条件的土地，即使在大型机械充分满足需要的情况下，也仅能种植有限的籽粒田数量，其余部分田地最好的选择是种植多年生饲草用于自由放牧饲养或划区轮牧饲养，任由牲畜在围栏内生长，省时省力并且平衡粮食产能。如果将美国、澳大利亚及新西兰草地畜牧业的发展选择定义为“人力资源有限、土地空间无限”的草地畜业模式，而中国面临“人力资源无限、土地资源有限”的草地农业及草地畜牧业发展模式挑战。

参考美国东部、中部及西部不同气候区的草地农业发展模式，中国干旱气候区同样需要严格实行低密度饲养。东部湿润气候区，包括温湿饲草气候系统区及热湿饲草气候系统区需要发展“高产、规模化、集约化”饲养模式。然而，中国没有美国东部那样能发展一年生或多年生人工草地实行自由放养或划区轮牧饲养的基本气候条件及其决定的土地条件。

自然界，无论是气象要素还是植被分布都是逐渐过渡的，没有断然界限，两个气候区之间是一个过渡带。图示的界限具有理论参考意义，具体的立地条件及其生产潜力需要现实评估判断。

甘蓝型饲用油菜为典型的低积温饲草作物，玉米为典型的高积温饲草作物，燕麦草为中间类型，并且这三类作物有大量的积温、降水及灌溉条件下生长的研究资料（李凤霞和宋理明，1996；刘锋等，2007；邢江会，2014）。因此，选择饲用油菜、燕麦、玉米作为冷季饲草气候区及暖季饲草气候区的栽培饲草模式作物（model crop for forage cultivating）作为模板，可以对比其他类别饲草所需的积温、降水条件及潜在种植区域，然后可以对各类一年生饲草作物潜在种植区域进行理论评估（表 2-4），判断其在某一地区栽培的适宜程度。

表 2-4 气温≥0℃积温及降水所决定的饲草作物种植

降水	有效积温			
	<2500℃	2500～3000℃	3000～3500℃	>3500℃
>420 mm	天然草地	燕麦	早熟玉米	中熟玉米
330～420 mm	天然草地	饲用油菜	燕麦	早熟玉米
<330 mm	天然草地	天然草地	天然草地	天然草地

各区域种植一年生饲草作物时可依据表 2-4 进行权衡评估，并坚持充分利用水热条件原则，在有限的积温及水分条件下，尽可能选择高于此条件的饲草作物。在高于中熟玉米生产条件的地区，可以栽培种植各种高产饲草作物，或一年种植 2～3 次，或多次刈割及放牧利用。一般，饲草作物在开花初期即可获得最大的有效产量，因此，栽培饲草作物一般在开花初期收获，所需积温也相对低一些。某地区引种多年生饲草作物，需要分析其原始分布区及成功种植区的各项气候及土壤条件，并进行越冬性及生长实验。

总之，温度及降水决定了饲草作物的种植品种及范围，甚至决定后续生产方式及生产效益，因此，某区经营天然草原亦或种植饲草作物首先应进行科学判断。在这一科学判断过程中，需要遵守如下原则：

（1）充分利用降水和温度条件，高产条件区首先选择高产饲料作物；

（2）高产饲料玉米为能量类饲料作物，为第一选择；

（3）紫花苜蓿为蛋白质类饲料作物，在能量饲料作物充裕的前提下，为其次选择；

（4）饲用油菜、麦类、秣食豆为低温类模式饲草作物；

（5）苏丹草、甜高粱、青贮玉米为中温类模式饲草作物；

（6）籽粒用饲料玉米为高温类模式饲料作物；

（7）高产 C_4 植物每 100 mm 降水生产干物质 3～5 t/hm^2，一般 C_3 植物生产 1～3 t/hm^2，优选 C_4 植物。

第三节 中国草地农业土壤

土壤为饲草提供各种生长所需的营养元素及水分，并起支持固着作用。各种土壤分别支持生长各种不同的饲草，差异就是各自有适宜的种类及其生产力。除极端缺水的荒漠和特别严重的盐碱地，中国各种土壤类型都适宜发展草地农业。有的适宜维持天然饲草生产系统，有的适宜发展多年生中产饲草生产系统，有的适宜发展一年生高产饲草作物生产系统。

一、中国土壤类型及其区划

中国土壤类型多样。2009 年发布的《中国土壤分类与代码》显示，中国土壤有 12 个土纲 60 个土类 663 个土属 3246 个土种（张维理等，2014）。高级分类单位土纲级的土壤在中国的空间分布有明显的地带性，即与气候类型及植被类型的分布基本相对应。

土类、土属及土种的分布受发生母岩、水热状况、地形地势等影响，分布多呈斑块化，也有一定的空间分布规律（熊毅和李庆逵，1986）。根据土壤的分布规律及其相似性，中国土壤区划结果表明，中国土壤分4个区域15个土带61个土区（图2-9）。

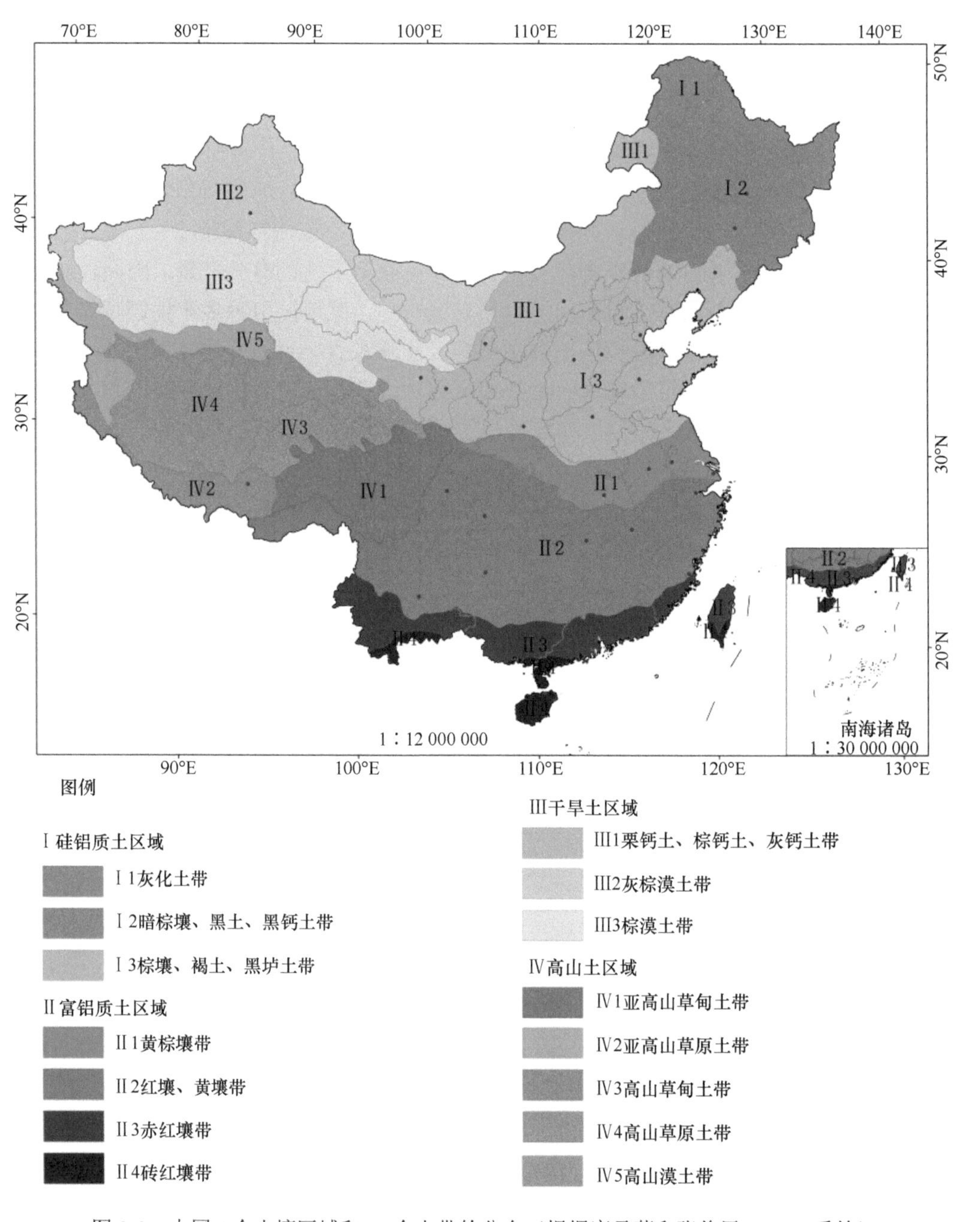

图2-9　中国4个土壤区域和15个土带的分布（根据席承藩和张俊民，1982重绘）

土带，一定程度代表了各地的主要土类。15个土带所代表的各土类上植物生长状况表明，除高山、亚高山土带外，各地区土壤基本适合饲草作物生长（表2-5），可以种植相应的饲草作物，特定区域潜在的问题各不一样。

表 2-5　中国主要土类及其植物生长状况

土带、土类	植物生长状况
灰化土或灰漠土	一年一熟区，可种油菜、春小麦，生长落叶松、白桦等针阔叶树。土壤质量优良，温度有制约
暗棕壤、黑土、黑钙土	一年一熟区，玉米、粳稻、春麦、马铃薯生长良好。土壤质量优良，温度有制约
栗钙土、棕钙土、灰钙土	干草原植被，东部多牛羊，向西山羊、骆驼增多。土壤质量良好，水分制约
灰棕漠土	生长荒漠植物、沙地植物，干旱、贫瘠。山前有绿洲及灌区。水分制约
棕漠土	沙漠区，干旱、贫瘠，山前有绿洲及灌区。水分制约
棕壤、褐土、黑垆土	一年二熟或两年三熟，产棉、麦、杂粮，干鲜果主产区。土壤质量优良
砖红壤	一年二至三熟，生长龙眼、荔枝，亦多香蕉等。土壤质量良好
赤红壤	一年二至三熟，生长亚热带树木，产菠萝、杨梅等水果。土壤质量良好
红壤、黄壤	一年一至二熟，产水稻、竹木，亦多柑橘、茶树、油茶等。土壤质量良好
黄棕壤	稻麦两熟为主，局部小气候区种植柑橘、茶树等。土壤质量良好
亚高山草甸土	高山草甸植被，农牧区。局部有潜力发展高大饲草作物。土壤质量良好
亚高山草原土	高山草原植被，农牧区。局部有潜力发展高大饲草作物。土壤质量良好
高山漠土	高山苔原植被，寒冷、贫瘠
高山草甸土	高山草甸植被，寒冷、贫瘠
高山草原土	高山草原植被，寒冷、贫瘠

二、中国主要土壤类型特征

中国有 61 个土区，表 2-5 中 15 个土带包括 30 多种主要的地带性土壤类型，另外还有 3 种分布较广的非地带性土壤类型（席承藩和张俊民，1982；熊毅和李庆逵，1986）。地带性土壤为受大气候决定的土壤类型，分布呈空间连续的地带状，其上的植被也呈地带性。非地带性土壤为受地下水决定的土壤类型，空间分布呈局域状，其上的植被也呈隐域性。

1. 砖红壤

地带性土壤，分布于海南、广东雷州半岛、云南西双版纳、台湾南部等地。

原生植被为热带雨林或季雨林。夏季高温多雨、冬季少雨多雾、干湿季节明显，年均温 21.0～26.0℃，≥10℃积温 7500～9000℃，年降水量 1800～2000 mm，大部分终年无霜。

富铝脱硅是其主要成土过程。玄武岩发育的铁质砖红壤，黏粒硅铝率为 1.5，黏粒的矿物以高岭石、三水铝矿和赤铁矿为主。浅海沉积物发育的硅质砖红壤，黏粒硅铝率为 1.7，土壤 pH 为 4.3～5.5，阳离子交换量为 2～3 cmol（+）/kg 土，保水保肥性差。酸性岩发育的砖红壤，黏粒硅铝率为 1.7～2.2，盐基高度不饱和，土壤呈强酸性反应。

草地类型为热性草丛和灌草丛，优势种有鹧鸪草、竹节草及地毯草等。

2. 红壤

地带性土壤，分布于长江以南低山丘陵区，包括江西、湖南大部、云南、广东、广西、江西北部及四川、重庆、浙江、安徽南部等。

原生植被为亚热带常绿阔叶林，部分荒地自然植被以耐旱的禾草为主。年均温 16.0～26.0℃，≥10℃积温 4500～6000℃，年降水量 1000～2000 mm，无霜期 240～280 天。

典型红壤黏粒硅铝率为 1.8～2.2，富铝化作用也较明显，黏土矿物以高岭土为主。

草地类型为热性草丛和灌草丛，优势种有五节芒、鸭嘴草、刺芒野古草及白茅等。

3. 黄壤

地带性土壤，分布于四川、贵州，云南、广西、广东、福建、湖南、湖北、江西、浙江、安徽等省也有分布。

原生植被为亚热带常绿阔叶林、常绿–落叶阔叶混交林、热带山地湿性常绿阔叶林。年均温 15.0℃，≥10℃积温 4500～6000℃，年降水量 1000～2000 mm，无霜期 240～260 天。

黄壤形成过程中有明显的螯合淋溶作用，因此 pH 比红壤低，交换性铝比红壤高，黏粒部分的硅铝率变幅比红壤大。

草地类型为热性草丛和灌草丛，优势种有芒、白茅、金茅及硬秆子草等。

4. 黄棕壤

地带性土壤，分布于江苏、安徽长江两岸及湖北北部，陕西西南的丘陵低山地区。

原生植被为常绿–落叶阔叶混交林。年均温 14.5～16.5℃，≥10℃积温 4500～5500℃，年降水量 800～1300 mm，无霜期 220～250 天。

弱富铝化土壤，黏粒硅铝率多为 2.2～2.8。

草地类型为热性灌草丛，优势种有野谷草、野青茅、芒、白茅及金茅。

5. 棕壤

地带性土壤，分布于辽东、山东半岛，河北、山西、河南、陕西山地垂直带上也有广泛分布，一般出现在 1000～2500 m，但六盘山上出现在 2300～3400 m。

原生植被山地棕壤多为阔叶林或针阔混交林，草甸棕壤的原生植被为草甸。年均温 8.0～12.0℃，≥10℃积温 3200～4500℃，年降水量 500～1200 mm，无霜期 180～250 天。

土壤剖面有鲜棕色心土层，厚 30～40 cm，黏粒含量高，聚积作用明显，质地黏重，多呈棱块结构，结构面常覆被铁锰胶膜。pH 为 5.8～6.8，盐基饱和度达 80%以上，铁、铝有积累趋势，黏土矿物主要为水云母和蛭石。

草地类型为暖性灌草丛，优势种有绣线菊、白羊草、野古草及大油芒等。

6. 褐土

地带性土壤，分布于燕山、太行山、吕梁山、秦岭等山地和关中、晋南、豫西等盆地，其中，分布在汾、渭谷地的耕种褐土，因长期耕作熟化形成䓘土。

原生植被多为针阔混交林。年均温 11.0～14.0℃，≥10℃积温 3200～4500℃，年降水量 500～700 mm，无霜期 180～250 天。

石灰淋溶与淀积是褐土形成的重要过程，石灰淋溶与淀积有 3 种类型：钙积型，表层石灰显著下淋，但未完全淋失，积钙作用明显；淋溶–钙积型，表层与黏化层已无石灰，土壤呈中性至微碱性反应，但下部钙积明显；淋溶型，1m 土层内无钙积层，盐基饱和，底层可有微量游离石灰，土壤表层呈中性，底层呈碱性。

草地类型为暖性灌草丛，优势种有白羊草、荻草及黄背草等。

7. 暗棕壤

地带性土壤，分布于黑龙江、吉林山地，青藏高原边缘的高山带亦有分布。

原生植被为疏林草甸。年均温–1.0～5.0℃，≥10℃积温 2000～3000℃，年降水量 600～1100 mm，无霜期 120～135 天。

腐殖质积累明显，质地壤质居多，保水保肥性好，还原淋溶作用强，但黏粒移动弱。

草地类型为灌草丛和草甸，常见的草本植物有木贼、轮叶百合、银线草及薹草等。

8. 黑土

地带性土壤，分布于吉林和黑龙江中部、小兴安岭和长白山西侧的山前波状台地。

原生植被为草甸，无明显优势种，多为中生植物，也有少量旱生植物。年均温 0.5～5.0℃，≥10℃积温 2100～2700℃，年降水量 450～550 mm，无霜期 110～140 天。

腐殖质层厚度为 30～70（100）cm，在受侵蚀的坡地，多数不足 30 cm，甚至露出黄土状母质。物理性状良好，团粒结构发达，土层疏松多孔，剖面中无钙积层和石灰反应，但有铁锰结核。有机质含量高，一般为 3.0%～7.0%，盐基饱和度大于 80%，土壤 pH 为 6.0～6.5。

草地类型为温性草甸，优势种有拂子茅、大油芒、野古草、细叶地榆及黄花菜等。

9. 黑钙土

地带性土壤，分布于吉林和黑龙江西部，延伸到燕山北麓和阴山山地的垂直带，新疆昭苏盆地、天山北坡、阿尔泰山南坡及甘肃祁连山北坡亦有零星分布。

原生植被为草甸草原。优势种有贝加尔针茅和兔毛蒿等。年均温–0.5～5.0℃，≥10℃积温 1600～3000℃，年降水量 350～450 mm，无霜期 120～160 天。

以腐殖质积累和石灰淋溶淀积为主要成土过程，剖面层次清晰，包括腐殖质层、腐殖质舌状淋溶层、钙积层和母质层。腐殖质层较厚，一般为 30～50 cm，或有铁锰结核。

草地类型为草甸草原和典型草原，优势种有贝加尔针茅、羊草、线叶菊及裂叶蒿等。

10. 白浆土

地带性土壤，分布于黑龙江东部与北部、吉林东部的河谷阶地及山间盆地。

原生植被有森林、疏林草甸及草甸沼泽等，以喜湿植物为主。年均温 1.0～6.0℃，≥10℃积温 2000～2500℃，年降水量 500～600 mm，无霜期 110～130 天。

土壤质地黏，透水不良，表层周期性滞水，成土物质还原淋洗、腐殖质层下出现白色土层，为白浆土的标志。剖面中有铁锰结核、灰斑、锈斑及白色粉末等新生体，荒地表层有机质含量高（8.0%～12.0%），开垦后急剧下降，土壤 pH 为 5～6，盐基饱和度为 60%～80%。

草地类型为低地草甸，优势种有小叶樟及薹草等。

11. 黑垆土

地带性土壤，分布于陕西北部、甘肃东部、山西西北部和甘肃中部地区，内蒙古、宁夏南部也有分布。

原生植被为草原，有铁杆蒿、冷蒿、黄蒿、地椒、本氏羽茅、黄白草及达乌里胡枝子等，还有酸枣、虎榛子、黄刺玫、丁香及扁核木等灌丛。年均温 8.0～10.0℃，≥10℃积温 3000℃左右，年降水量 300～500 mm，无霜期 150～180 天。

有深厚的腐殖质层，但有机质含量低，通常仅为 1.0%～1.5%。土壤黏化作用微弱，钙化作用强，可溶盐大部分淋失，无盐化现象。黏粒硅铁铝率为 2.6～2.8，阳离子交换量为 9～14 cmol（+）/kg 土。

草地类型为草原和温性疏灌草丛，优势种有本氏针茅、铁杆蒿、百里香、星毛委陵菜、冷蒿、茵陈蒿、猪毛蒿、阿尔泰狗娃花及二裂委陵菜等。

12. 黄绵土

地带性土壤，分布于陕西北部、甘肃东部、甘肃中部、山西西南部，青海、宁夏、内蒙古亦有分布，常与黑垆土交错出现。

植被、气候特征与黑垆土类似。发育程度低，有机质含量低，黏粒硅铁铝率为 3.5～3.7。

草地类型为草原和温性稀疏灌草丛，优势种有铁杆蒿、猪毛蒿、茵陈蒿及白叶蒿等。

13. 栗钙土

地带性土壤，分布于内蒙古高原东部和南部、鄂尔多斯高原东部、呼伦贝尔高原西部、大兴安岭东南丘陵平原，阴山、贺兰山、祁连山、阿尔泰山、准噶尔界山、天山及昆仑山的山间盆地亦有分布。

原生植被为典型草原，大针茅为代表种。年均温 3.0～5.0℃，≥10℃积温 1700～3000℃，年降水量 250～450 mm，无霜期 120～140 天。

季节性淋溶使可溶盐从剖面上中部或整个剖面淋失，石灰在剖面中部沉积而形成钙积层，部分地区的栗钙土有碱化现象。风化程度低，黏粒硅铝率为 2.5～3.7，黏土矿物以蒙脱石为主，阳离子交换量为 10～25 cmol（+）/kg 土。

草地类型为典型草原，优势种有大针茅、克氏针茅、长芒草、糙隐子草、冷蒿、褐沙蒿、小叶锦鸡儿及百里香等。

14. 棕钙土

地带性土壤，广泛分布于内蒙古高原和鄂尔多斯高原的中西部、新疆准噶尔盆地的两河流域及天山北坡山前洪积扇上部，贺兰山、祁连山、天山、准噶尔山及昆仑山垂直带谱上亦有分布。

原生植被有荒漠草原和草原化荒漠。荒漠草原以沙生针茅、旱生及超旱生的小半灌木为主。草原化荒漠在东部主要由西藏锦鸡儿和红砂等小半灌木及沙生针茅、冷蒿等组成；在西部则由无叶假木贼及蒿属为主的小半灌木及东方针茅等短命、类短命植物组成。年均温 4.0～6.0℃，≥10℃积温 2600～3100℃，年降水量 150～250 mm，无霜期 130～160 天。

地表常见砂砾，淋溶程度弱，浅位即可出现钙积层，较紧实，石膏与盐分积累及碱化现象普遍，土壤结构性差。

草地类型为温性荒漠草原，优势种有小针茅、短花针茅、无芒隐子草、沙生冰草、碱韭、亚菊、高山绢蒿及黑沙蒿等。

15. 灰钙土

地带性土壤，分布于黄土高原西部，河西走廊东段、祁连山、贺兰山、新疆伊犁谷地两侧的山前平原，甘肃屈吴山、宁夏香山及米钵山垂直带谱上亦有分布。

原生植被为荒漠草原。由旱生丛生禾草、灌木及小半灌木组成，东北部建群种为长芒草、短花针茅、戈壁针茅及沙生针茅等；东南部由于雨量稍多，丛生禾草占优势，灌木与小半灌木较少；北疆地区以蒿属为优势种。年均温 5.0～8.0℃，≥10℃积温 2200～3000℃，年降水量 150～250 mm，无霜期 130～150 天。

有弱季节性淋溶，可溶盐、碳酸钙和石膏的淋溶较弱，钙积层位高，剖面下部有石膏和盐分累积。土壤呈强碱性反应，pH 为 8.5～9.5，表层阳离子交换量为 5～11 cmol（+）/kg 土。

草地类型为温性草原化荒漠，优势种有沙生针茅、纤细绢蒿、驼绒藜及珍珠柴。

16. 灰漠土

地带性土壤，分布于新疆准噶尔盆地南部、天山北麓山前倾斜平原与冲积平原及北部乌伦古河南岸的第三纪剥蚀高原上，河西走廊中西段的祁连山山前平原及贺兰山以西、三道梁以北至乌力吉山以南的阿拉善高原东部，内蒙古河套平原最西部、鄂尔多斯高原的西北部也有分布。分布地带长达 2000 km，西同灰棕漠土接壤，东与灰钙土相邻。

原生植被为荒漠。以琵琶柴、梭梭、假木贼及蒿属为主，东部还有珍珠柴、包大宁、猪毛菜及四合木；准噶尔盆地有短命、类短命植物四齿芥、假紫草及离蕊芥等。年均温 6.0～8.0℃，≥10℃积温 2700～3600℃，年降水量 100～200 mm，无霜期 140～160 天。

地面有不规则狭窄裂纹，呈多角形龟裂。裂缝边缘常着生地衣和藻类，形成粗糙不平的黑结皮。碱化现象普遍，大多与盐化并存。黏粒硅铁铝率为 3.0～3.4。

草地类型为温性荒漠，优势种有红砂、梭梭、假木贼、珍珠柴、白刺、猪毛菜等。

17. 灰棕漠土

地带性土壤，分布于宁夏西北部、甘肃北部的阿拉善-额济纳高平原、河西走廊中西段、北山山前平原、新疆准噶尔盆地西部山前平原、东部戈壁及青海柴达木盆地怀头他拉至都兰附近一线以西的砾质戈壁。新疆准噶尔界山东南坡、西北部天山和天山东部北坡的低山带、甘肃马鬃山东北坡，合黎山、龙首山及雅布赖大山等山地亦有分布。

原生植被为荒漠，由耐旱、深根和肉质的灌木和小灌木组成，覆盖度 5%～10%。年均温 7.0～9.0℃，≥10℃积温 3300～4100℃，年降水量<100 mm，无霜期 160～180 天。

地表常有砾幕，上有黑色漠境漆皮。石灰表聚，可溶盐与聚积层一致，土壤呈碱性至强碱性反应，硅铁铝率为 3.0～3.9。

草地类型为温性荒漠，优势种有假木贼、膜果麻黄、梭梭、霸王、木本猪毛菜及泡泡刺等。

18. 棕漠土

地带性土壤，分布于河西赤金盆地以西、天山–马鬃山以南、昆仑山以北至河西走廊最西端、新疆东部哈密盆地、吐鲁番盆地和噶顺戈壁及塔里木盆地的广大戈壁滩，延伸到盆地边缘的中低山带，与上部的棕钙土接壤。

原生植被为半灌木–灌木荒漠。常见有膜果麻黄、伊林藜、合头草、泡果白刺、霸王及琵琶柴等，覆盖度小于 5%。年均温 10.0～12.0℃，≥10℃积温 3600～4500℃，年降水量<50 mm，无霜期 150～170 天。

地表常为成片黑色砾幕，剖面由砾石或碎石组成，石灰表聚、石膏和可溶盐聚积明显，黏粒硅铁铝率为 3.6～4.0，硅铝率为 4.1～4.6，风化程度很低。

草地类型为温性荒漠，优势种有膜果麻黄、泡泡刺、霸王及红砂等。

19. 亚高山草甸土

地带性土壤，分布于青藏高原东部和东南部及西北高山区的亚高山带。分布的海拔在横断山脉中部为 4300～4600 m，在喜马拉雅山中段和东段为 3900（4100）～4500 m、在阿尔泰山东南部为 1800（2100）～2900 m、在准噶尔盆地以西山地为 2300～2900 m、在天山为 2500（2700）～3000（3300）m。

原生植被为蒿属为主的高寒草原。在青藏高原以小蒿草、圆穗蓼、多种薹草及杂类草为主，其在阿尔泰山东南和准噶尔盆地以西山地覆盖度可达 70%～90%。年均温–2.0～4.0℃，年降水量 400～700 mm，土壤冻结期 3～4 个月，无霜期<90 天。

土壤剖面分化明显，表层草根交织似毛毡，软韧而富弹性。表层有机质含量为 10.0%～15.0%，甚至可达 20.0%～30.0%，腐殖质层以下草根剧减，同时有机质含量随剖面深度增加而迅速减少，颜色变淡。层次间过渡明显，砾石含量显著增多，常出现锈斑。土体中碳酸钙尽被淋失。

草地类型为高寒草甸，常见植物有垂穗披碱草、糙野青茅、早熟禾、蒿草、马先蒿、银莲花、珠芽蓼及杜鹃等。

20. 高山草甸土

地带性土壤，分布于青藏高原东部和东南部、西北高山区的高山带。海拔在喜马拉雅山区为 4500～5500 m、在横断山区为 4600～5200 m、在西藏东北为 4400～5200 m、在阿尔泰山东南部为 2500～3300 m、在准噶尔盆地以西山地为 2800～3000 m、在天山为 2800 m。

植被为高寒草甸。与亚高山草甸土类似，组成有所差别，以矮蒿草、线叶蒿草、短轴蒿草及喜马拉雅蒿草为多见，伴杂草类。一年生植物和灌木减少，垫状植物增加，草层低矮，结构简单，难见层次分化。年均温 0～3.0℃，年降水量 230～350 mm，无霜期 80～110 天。

草皮层比亚高山草甸土密实而松脆，植物残体分解程度低。含砾石比亚高山草甸土多。

草地类型为高寒草甸，优势种有高寒蒿草、矮生蒿草、紫羊茅、黑褐薹草及圆穗蓼等。

21. 亚高山草原土

地带性土壤，主要分布在喜马拉雅山中、西段北翼雨影区内，于海拔 4200～4700 m 与 4100～4400 m 之间。在帕米尔高原分布于 3500～4300 m、在昆仑山分布于 3300～4000 m、在阿尔金山分布于 3800～4200 m、在天山南坡分布于 2400～3000 m、在天山北坡分布于 2600～2900 m、在阿尔泰山东南部 2100～2800 m 海拔上亦有分布。

原生植被为高寒草原，覆盖度 15%～40%。年均温–2.0～6.0℃，年降水量 350～450 mm，土壤冻结期>6 个月，无霜期<90 天。

地表有粗砂和小石砾。剖面分化清晰，生草层厚 3～5 cm，较疏松，未形成草皮。表层即有石灰反应，剖面中、下部有碳酸钙聚积，底土不见石膏。

草地类型为高寒草甸草原和高寒草原，优势种有紫花针茅、丝颖针茅、白草、扇穗茅及羊茅等。

22. 高山草原土

地带性土壤，分布于羌塘高原和长江河源的高原面，海拔 4300～5300 m，在帕里以西喜马拉雅山中段和西段北翼海拔 4700～5300 m 的高山带亦有分布。

原生植被为高山草原植被，覆盖度 5%～20%。年均温 0～6.0℃，年降水量 200～300 mm，土壤冻结期 5.5 个月，无霜期 90～110 天。

地表有大量的碎石和小石砾。剖面分化不清晰，表层有时见地衣、藻类的干卷结皮，通常含石砾，淋溶弱，钙积层不明显，少见石膏聚积。

草地类型为高寒草原和高寒荒漠草原，优势种有紫花针茅、沙生针茅、火绒草、藏沙蒿、青藏薹草、点地梅及蚤缀等。

23. 亚高山漠土

地带性土壤，分布于西藏阿里地区西部的噶尔藏布、狮泉河下游及班公湖、斯潘古尔湖流域，海拔 4200（4300）～4500（4700）m。

原生植被为高山荒漠。以亚菊、匙叶芥、垫状驼绒藜为主，覆盖度通常小于 10%。

年均温 0～3.0℃，最冷月均温–13.0～–10℃，年降水量 50～170 mm，土壤冻结期 5～6 个月，无霜期 80～110 天。

地面覆盖石砾或沙子，表层有多孔性结皮层和层状结构，剖面总厚度 70～80 cm，甚至 40～50 cm，剖面下部质地粗并有大量砾石。

草地类型为高寒荒漠草原，优势种有驼绒藜、亚菊、高原芥及麻黄等。

24. 高山漠土

地带性土壤，分布于青藏高原西北部，海拔在西昆仑山外缘山地为 3800～4200 m、在帕米尔高原为 4300～4500 m、在阿克赛钦高原为 4500～5200 m、在阿尔金山为 4200～5400 m、在阿里地区北部为 4900～5500 m。

原生植被为高寒荒漠。以垫状驼绒藜为主，覆盖度不到 5%。年均温<–8.0℃，最冷月均温–20.0℃，年降水量 100～150 mm，土壤冻结期 5.5 个月，无霜期 80～110 天。

地表有细砂砾。剖面分化较明显，厚度一般不到 80 cm。表层有孔状荒漠结皮和白色盐霜。碳酸钙在剖面中分布是上层少下层多，但可溶盐和石膏富集在荒漠结皮层。

草地类型为高寒荒漠，优势种有垫状驼绒藜、高原芥、燥原荠、青藏薹草及辣豆等。

25. 草甸土

地带性土壤，分布于东北平原、内蒙古及西北地区河谷平原的沿河两岸。在东北主要分布在三江平原、松嫩平原及辽河平原的河流岸边泛滥地和低阶地；在内蒙古高原主要分布在呼伦贝尔高原的河谷及湖盆；在乌拉盖河盆地、乌尔逊河谷地、西拉木伦河谷地、毛乌素沙地及小腾格里沙地亦有分布。新疆塔里木河和叶尔羌河河滩地、阶地、三角洲和扇缘地下水溢出带亦有分布。许多山地顶部，发育有山地草甸土。

原生植被有中生、多年生草本植物为主组成的各种草甸，或有灌丛、树木。不同成土条件下发育成不同类型草甸草地。气候各地不同，总体降水量 500～600 mm，或有河流补充，年平均气温 4～9℃，无霜期 120～160 天。

高山草甸土上，树木稀疏矮小或仅生长草本植物和灌丛植被。草甸水分增加时演变为沼泽，水分减少时演变成草原，土壤盐分增多时演变为盐生草甸。湖滨、山间盆地及高山冰川的前缘等地段发育成沼泽化草甸，伴生较多的湿生植物，多为喜湿的莎草科和杂类草占优势，是草甸向沼泽过渡的类型。森林向草原的过渡区发育成草原化草甸，以旱中生型多年生植物为主。低地及河滨的盐碱化土壤发育成盐生草甸，植被以耐盐的中生型草本植物为主。河流沿岸和湖边发育成水泛地草甸，植被为中生型多年生草本占优势的群落。

剖面中有两个标志性发生层次：腐殖质层和锈色斑纹层，锈色斑纹明显，有铁、锰结核。有机质含量较高、水分含量较高。

草地类型为各种草甸，优势种为各种中生杂类草。

26. 风沙土

非地带性土壤，分布于我国北部半干旱、干旱地区，滨海滩地及大河的冲积沙地。集中在呼伦贝尔、科尔沁、小腾格里、毛乌素、库布齐、乌兰布和、腾格里、巴丹吉林、柴达木、库姆达格、古尔班通古特、塔克拉玛干等沙漠及沙地。

植被稀疏、覆盖度低。在相对较湿润的东部地区，多见沙竹、差巴嘎蒿、黄柳、羊柴、冰草、碱草、胡枝子、锦鸡儿、臭柏、山杏、榆树及樟子松等植物；在干旱的西部，则以沙米、沙蒿、油蒿、三芒草、沙拐枣、花棒、红柳、橐草、黑梭梭、白梭梭及胡杨等常见。各地气候不同，总体是干旱，无霜期 130～170 天。

风沙土经常遭受风蚀，成土过程不稳定，很难形成成熟的土壤和完整的剖面，为以沙化–风蚀–流沙过程为主形成的幼年土。风沙土颗粒组成均一，但质地粗，渗水快，漏肥漏水，养分水平低，且颗粒团聚差，易被风吹蚀，流动。

草地类型多样，以草地为主。

27. 沼泽土

非地带性土壤，分布于东北和四川西北高原地区。东北主要分布在大、小兴安岭及长白山等山区的沟谷和熔岩台地及平原的河滩、湖滨低洼地；四川西北主要分布在若尔盖和白河、黑河流域的河谷地区。

原生植被为多年生湿生或沼生植物占优势种的隐域性草地类型。各地气候不同。总体是土壤湿润。

形成于积水或过湿的条件，表层泥炭化或腐殖质化、下部潜育化，有机质分解不充分，常形成泥炭。

以湿生草本植物为主形成草甸，伴随灌木，疏生乔木。

28. 盐渍土

非地带性土壤，有现代过程形成的次生盐渍土和历史过程形成的残余盐渍土。分布在淮河–秦岭–巴颜喀拉山–唐古拉山–喜马拉雅山一线以北，广阔的半干旱、干旱漠境地区；滨海区有各种滨海盐渍土，各沿海省份、台湾岛及南海诸岛的沿海均有分布。

盐渍土分为盐化土和碱化土，分别由盐化过程和碱化过程形成。

盐化过程：母质中的可溶盐被水搬运至排水不畅的低平地段，由于蒸发作用，盐分在地表累积，土壤发生了盐化。

碱化过程：母质的可溶盐中富含钠离子，大量钠离子被土壤胶体吸附（占交换性阳离子 5%以上），土壤胶体上吸附的钠离子可被交换水解，导致土壤溶液呈碱性，土壤发生碱化。

某些钠质盐化土的土壤胶体表面，虽然吸附有显著数量的可交换性钠（如滨海盐土），但土壤中含有较多可溶盐，土壤溶液浓度较高，抑制可交换性钠水解，土壤不发生碱化，其物理性质也不变差。只有这些钠质盐化土脱盐到一定程度，土壤可交换性钠发生水解，土壤才发生碱化，演变成碱化土。

半干旱、干旱区，由于降水不足以淋溶去除灌溉等现代过程导致的地表盐分积累，形成许多次生盐渍土（地）。

松嫩平原，由于历史过程、地形地貌原因，形成有大面积的残余盐渍土（地），深度达 1～2 m，并且松嫩平原盐渍土中含有高浓度可交换性钠离子，且易被水解，固为碱化残余盐渍土。

松嫩平原的碱化残余盐渍土，未受干扰情况下，其地表盐分含量一般比下层低，可以维持羊草等植物生长，形成草甸植被。然而，当表层土壤被破坏消失，下部高盐分含量层裸露，羊草等植物难以生长；或者由于割草及放牧等导致地上植被盖度降低，土壤蒸发作用大于蒸腾作用，使下层的盐分在表层聚集，导致表层含盐量增多，进一步制约羊草等植物生长。

滨海地区，受海潮浸渍影响，海水中的盐沉积于海岸带土壤，形成了滨海盐渍土。土壤表层含盐量为 0.4%～0.6%属强度滨海盐化土，0.2%～0.4%属中度滨海盐化土，0.1%～0.2%属轻度滨海盐化土。

主要分布于东南沿海平原低地，多与海岸线平行，呈条带状分布；在渤海湾和黄海一带的滨海平原分布广泛，而长江口以南的滨海分布较少。

土壤盐分组成以氯化钠为主，盐分在土壤剖面中一般是上轻下重。滨海盐土的含盐量通常与陆地距海远近相关，距海远者，耕种历史较久，基本脱离海水浸渍，土壤脱盐趋势明显；距海近者，仍受海水浸渍，盐分含量较高。

植物群落以草本植物为主，多阔叶草本植物，水分丰富，由于含盐量高限制了木本植物生长。

第四节 饲草的生态适应

气候决定特定地区分布着特定的植物类群，特定的植物分布在特定的气候区；气象决定某一地区年与年之间有相似的生物节律及各气象要素间的稳定关系。

某一饲草种类或品种广泛分布在自然界，但不同地区，由于气候及土壤的差异，其生产力及经济性状表现各不相同。为了高效管理，针对特定地区，除了需要确定适宜的饲草作物种类或品种外，局域的小气候、光照、温度及土壤水分是影响草丛发育及饲草繁殖最重要的 4 个环境因子，饲草对其表现为适应或受胁迫，影响饲草生产力及草地可持续性，具有管理意义。

一、小气候

小气候为土壤–冠丛范围内各气象要素的分布及变化。气候、气象及小气候构成饲草生长及存活的生态环境。理解饲草类群对气候的适应，以及饲草生长随气象及小气候条件变化的变化，即生态环境的变化，是成功种植饲草及对其进行良好管理的基础。

小气候可以被一定程度地调控，而气候及气象只能一定程度地顺应，因此，小气候是调控饲草生长、发育的主要因子。植物群落冠丛影响光照、温度、辐射、湿度、CO_2及风速，在冠丛内，这些因子的数值明显不同于 1.5 m 标准下垫面以上的数值（图 2-10）；冠丛范围小气候区域内，这些因子的昼夜变化也非常大。

管理，特别是草丛管理，可以显著改变小气候，如割草后，土壤温度快速上升 6.0～7.0℃（图 2-11），这有利于或不利于枝条或分蘖芽的再生，取决于是在寒冷地区还是在热带地区，是在冷季还是在热季。

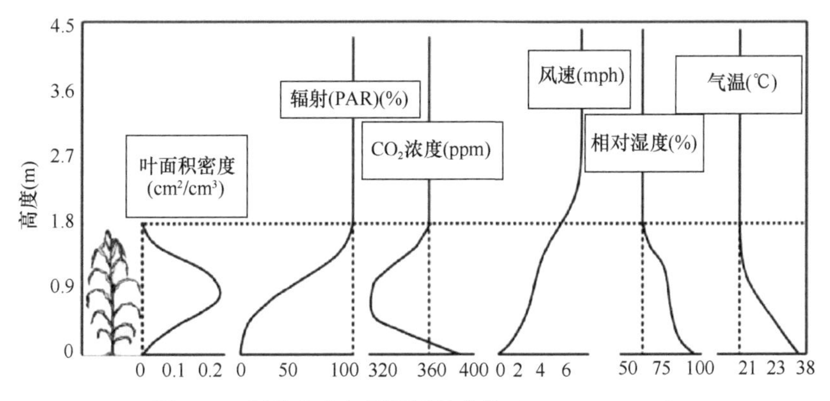

图 2-10 冠丛内小气候因子的变化（Lemon，1969）

注：1ppm=1×10⁻⁶；mph. 英里每小时

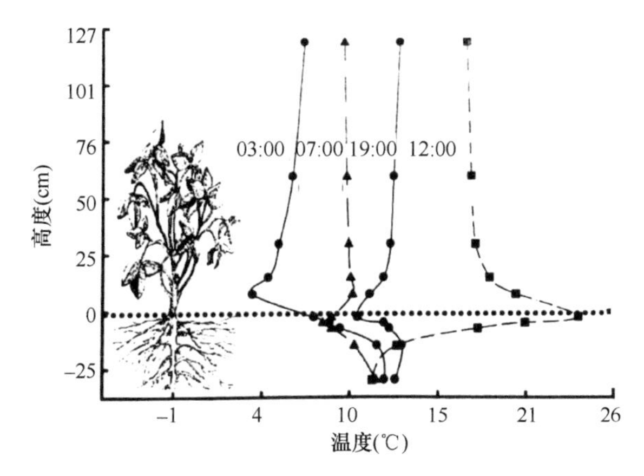

图 2-11 冠丛内温度随时间变化的变化（Geiger，1965）

二、太阳辐射

光包括光质（波长）、光强度和光周期。这三者密切相关，如最长光周期季节，光强度也最大。

波长，射线在辐射谱中的位置和比例。太阳全光谱照射下，植物生长最好；可见光谱（400～700 nm）照射下生长最活跃，称为光合有效辐射（PAR）；红外光谱（>700 nm）照射下生长的植物细、高、脆；紫外光谱（<400 nm）照射下生长的植物矮矬，受伤害，甚至致死。冬季红外线比例多，高山紫外线比例多。植物的光周期反应由红光（660 nm）和远红光（730 nm）比例控制。

大气中的水蒸气过滤掉很多 700 nm 波，大气中的 CO_2 吸收 700 nm 波，水蒸气及 CO_2 吸收的波反向加热地表面，这可能引起全球变暖。臭氧吸收许多 320 nm 以下的波，臭氧层破坏使许多紫外线穿过大气，对植物产生伤害，并使动物和人类产生疾病。

依据光对植物的影响，可见光和近可见光可以分为 8 个波段（图 2-12）。

>800 nm 波，主要效应是产热，增加水的损失。在大气中被 CO_2、甲烷及水蒸气吸收产生热，使全球变暖；

800～700 nm 波，促进伸长生长，促进光敏素系统的远红光效应；

700～610 nm 波，叶绿素吸收达到峰值，最大化光合效应，产生光敏素系统的红光效应；

610～510 nm 波，光合效应最小，植物叶片大量反射此波，表现为绿色；

510～400 nm 波，被叶黄素和叶绿素吸收进行光合，产生向光性反应；

400～320 nm（UV-A）波，影响叶片形状，植物变矮，叶片变厚；

320～280 nm（UV-B）波，对多数植物有破坏性影响，伤害 DNA，产生突变；

<280 nm（UV-C）波，极其有害，可使植物快速死亡。

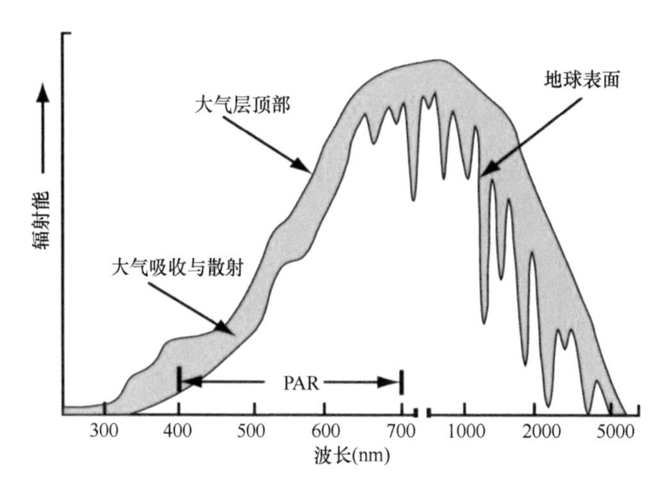

图 2-12　大气顶部和地球表面的辐射能（横轴刻度从线性到对数）

大气层可以屏蔽波长小于 400 nm 的大部分紫外线辐射。光合有效辐射（PAR）为 400～700 nm 的波。水蒸气和 CO_2 是长波的主要吸收体

光强度，单位面积的辐射能值。夏季晴天，光强度可达 2000 μmol/（m^2·s）。当营养与水充足时，植物生长率是光强度的函数。割草或放牧后，植物生长率与冠丛截获的光照密切相关，而与光强度不相关。为了冠丛截获最多的辐射数量，需要最大的叶面积指数，而叶面积指数取决于叶倾角。

不同植物对光强度的反应有差别，如在低光强度情况下，红三叶产生较多的顶层生长，适宜与禾草混播，保证幼苗期可以获得更多的光。管理混播草地冠丛或混作作物冠丛，对于调节光竞争有重要作用。光强度受云量影响，最多可减少 90%。光强度的季节变化影响气温并影响地温。

光周期，白天光照长短随季节和纬度改变的变化。光周期随纬度变化而改变，赤道地区变化最小，昼夜近于各 12 h，越向赤道南北，白天时间越短。某一固定地点，夏季的白天时间长于冬季的白天时间。一年中，叶片光合作用在夏季光周期最长、光强度最大的时段最强（图 2-13）。

光周期除影响光合作用外，还影响植物生长、发育。多数温带禾草及豆草在长光照下开花，但这同时也需要秋季低温及短日照诱导。花芽形成需要秋季低温和短日照诱导，春季升温和日照延长诱导开花，晚春营养顶芽完成分化，花芽发育成花序及繁殖结构（图 2-14），营养顶芽生长发育成叶片。因为热带地区光周期变化小，植物进化很少受光周期影响，热带植物开花也很少受光周期影响。

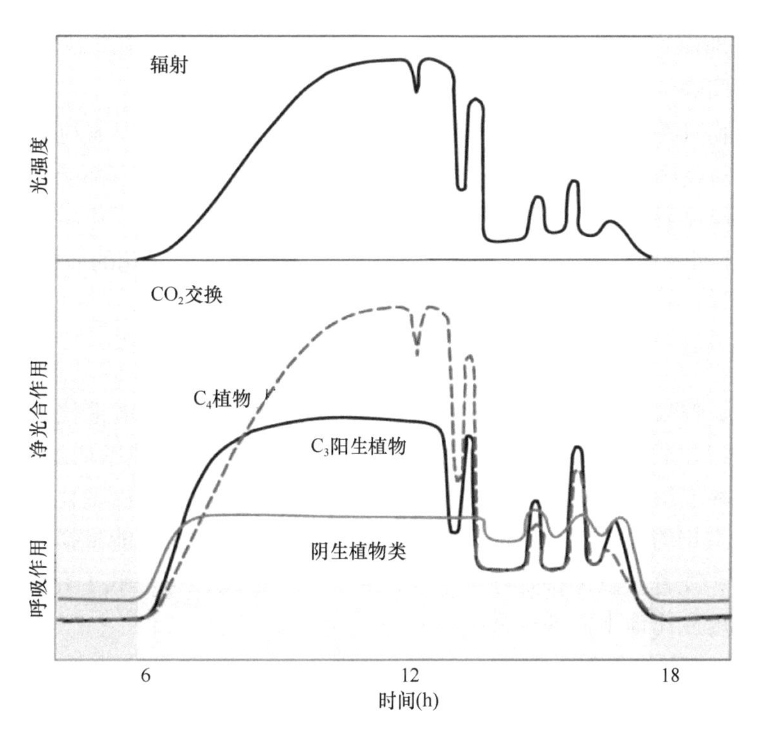

图 2-13　光强度的日变化及饲草光合和呼吸变化（Larcher，1995）

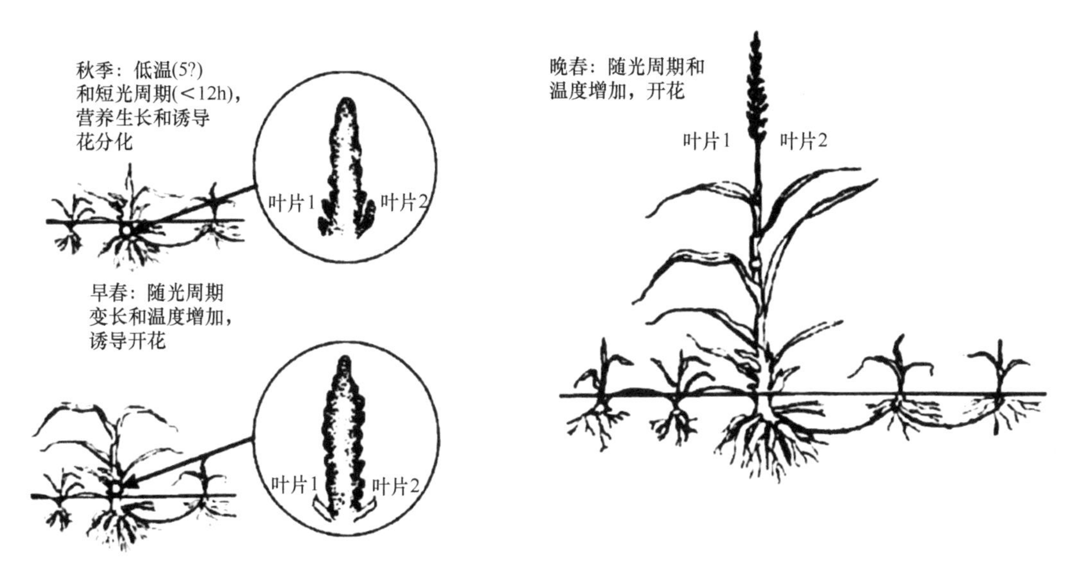

图 2-14　饲草花的分化发育（Gardner and Loomis，1953）

同时，光周期影响营养生长。叶和茎在春季生长，在长日照的夏季保持直立，在短日照的秋季多匍匐生长并多分枝，但是，苇状羊茅在初秋日照变短时产生长叶片，形成更多饲草积累。

品种培育可以改变饲草对光周期反应，如适应冷气候区的秋眠型苜蓿品种在秋季枝条生长减慢，相反，非秋眠型苜蓿品种的枝条在秋季和冬季生长非常快。

在设计草地混播种类及干草生产时，需要考虑光周期对繁殖开花及营养生长的影响，以匹配不同的气候区。

短日照植物只在相对日照短（相对夜间长）范围内开花，长日照植物只在相对日照长范围内（相对夜间短）开花。中性日照植物在长、短日照范围内都能开花。除光周期制约外，开花现象表现复杂。在发生光周期现象之前，许多饲草开花需要暴露在低温下（<4℃）超过 4 周，这也是为什么许多多年生饲草一年只开一次花的原因。

三、温度

植物光合、呼吸、细胞分裂、细胞扩展及细胞壁形成等都受酶催化，温度控制酶反应过程。一般，在适宜温度范围内，温度每上升 10℃，酶反应速率增加 1 倍。

饲草生长率取决于所暴露的温度格局，包括白天及夜间的温度变化。白天的温度应优化于光合及生长的最佳值，而夜间低温应实现降低呼吸、减少能量损失。最佳温度取决于饲草种类、发育阶段及特定植物组织。营养生长的最佳值应低于开花及结实阶段，根系生长的温度应比地上低 5～6℃。

冷季禾草（C_3）最佳生长温度为 22℃，在低于 2℃左右时仍能生长；暖季禾草（C_4）最佳生长温度为 32℃，低于 15℃就很少生长（图 2-15）。

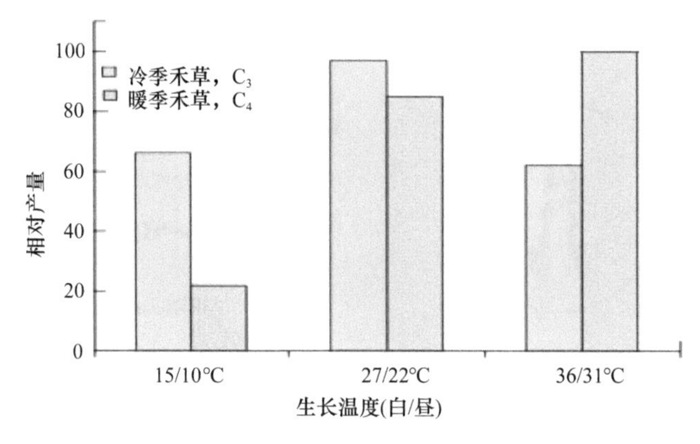

图 2-15　3 种温度下冷季禾草（C_3）和暖季禾草（C_4）的相对产量（Kawanabe，1968）

生长是细胞分裂和扩展的结果。细胞分裂速度与代谢温度密切相关，特别是有丝分裂周期的长短取决于温度。细胞扩展速率取决于温度，并因物种而异。冠丛上部枝条的生长与大气温度密切相关；营养体阶段的枝条，特别是近地面的枝条，生长速度与地面温度密切相关。

对于一个物种而言，生长和光合对温度反应的关联指示了源、汇关系。相对于光合作用，生长对低温更敏感，因此，低温阶段生长缓慢时，多余光合产物将积累于储藏器官。高温期的高呼吸降低碳水化合物积累、生长速率及饲草种类的存活。这限制了许多多年生冷季禾草对更北方地区的适应扩展。

高温增加植物发育速率，缩短幼苗至开花的时间。相比于冷环境，在暖环境条件下，植物营养发育加速，生长粗短，开花早，这是冷季多年生饲草在炎热夏季产量低的原因之一。频繁早开花，意味着需要不断收获，以获得稳定的饲草质量。热带种类更适应高温、潮湿环境，且生产更旺盛。

高温环境下生长的冷季禾草，产生的细胞小，细胞壁厚，叶茎比低，非结构性碳水化合物储存少，所生产的饲草消化率低。这样，冷季禾草在春夏季高温阶段所生产的草质量低，在秋季温度逐渐降低阶段所生产的草质量高。

日温变化剧烈，当变化值超越特定种类最佳范围时，发生温度胁迫，胁迫程度取决于生长发育阶段及胁迫的强度和持续时间。高温胁迫常伴随湿度胁迫，二者的效应难以区分。有限的水分供应减少了植物组织的蒸腾和蒸发冷却，从而加剧了高温胁迫。

高温导致诸多代谢失衡，花败育、花粉畸形，种子质量下降。种子发育后期的高温减少种子后续发芽及降低幼苗活力。

微冷胁迫，低温（稍高于结冰温度）引起一些植物受微冷伤害（chilling injury），主要影响细胞膜或代谢。光合产物自叶绿素及叶肉细胞运转到分生组织需要韧皮部具有代谢能，夜间低温降低运输，致使淀粉在叶绿体中集聚，即使翌日白天温度适宜，光合速率亦降低。

热季饲草易发生寒冷胁迫，冷季禾草对寒冷胁迫不敏感。一方面，冷季禾草能快速改变膜结构以适应功能需要；另一方面，多数冷季禾草在液泡中积累果糖，而不同于热季禾草在叶绿体中积累淀粉。同时，在低温条件下，果糖的合成与分解较淀粉容易。

过度的寒冷低温、霜冻可引起寒冷伤害（freezing injury，Bowley and McKersie，1990），主要是产生冰晶（ice sheets）或霜冻（frost）。一些能忍受寒冷伤害的新品种逐渐向寒冷地区扩展，但减少微冷、寒冷伤害的育种进展缓慢，管理仍是解决这一问题的主要途径。

细壤土、排水不良地区，若温度围绕0℃波动，会发生冻拔现象（frost heaving），水结为冰，体积增加10%。结冻、融冻交替发生时，土壤表层垂向扩张，并变得松散。结冻时，植物地面部分被表层土壤挤紧，并向上拔起，融冻发生时，具主根的植物，如紫花苜蓿、红三叶，在土壤解冻时可能不会回落（Portz，1967）。反复发生结冻、融冻，根将被拔出得越来越高，甚至被拔断。由于根颈的分生组织部位被拔出地面，不再受地面保护，暴露于寒冷温度条件下将发生冻干死亡。

多分枝饲草较主根明显饲草发生冻拔的危害小，因为其分枝根随土壤胀缩而动。匍匐植物地面生长的覆盖层缓解温度波动，会减少冻融发生；枯枝落叶层及积雪缓解温度变化，也会减少冻融发生。

北方寒冷多雨且排水不畅的地区，秋冬季时，根颈常被封埋于冰中，对饲草造成严重伤害。根颈冠被封埋于水或冰中几天或几周后，O_2及CO_2交换不畅，细胞积累乙醇及CO_2，对植物产生伤害直至死亡。冬季耐寒种呼吸缓慢，较冬季不耐寒种忍耐封埋的时间长一些。

植物种类不同，耐寒冷程度不同，同一种的不同品种，耐寒冷程度也有差别。

饲草越冬存活率取决于其秋冬季来临时代谢能力的变化，秋冬季来临时，随着日照变短及温度降低，饲草逐渐发展出冬季寒冷阻抗（winter hardness），若夏季发生冻结，即使最耐寒冷的饲草也不能存活。一般，北方温带及寒带饲草在9月开始发展耐寒性，持续到 12 月土壤冻结。土壤冻结后，寒冷阻抗达到最大，且维持较高阻抗至翌年 2 月。春季，随日照变长及温度升高，寒冷阻抗逐渐消失。寒冷阻抗消失速度快于形成速度，早春耐寒冷阻抗很快消失，若温度围绕冻结点剧烈波动，植物不能再快速形成耐寒阻抗力，极易遭受冻害（图 2-16）。

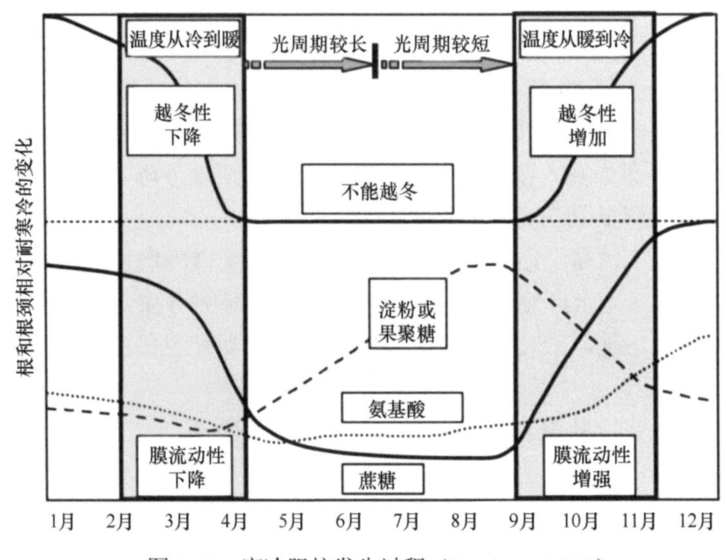

图 2-16　寒冷阻抗发生过程（Larcher，1995）

在 0～15℃的温度波动及 7～8 h 的光照组合条件下，寒冷阻抗开始形成。长日照但更低温度情况下，寒冷阻抗也发展形成，但二者的组合效应是关键。

在秋季，寒冷阻抗力开始形成，包括几个过程。根及根颈细胞逐渐脱水，减少结冰形成所需要的水，围绕细胞内含物的束缚水相对增多，结冰所需要的有效自由水减少，细胞中调节渗透作用的溶解物，如钾离子、氨基酸、果糖、淀粉及蔗糖减少，结冰点降低至 4℃。冷驯化过程中，膜脂结构发生变化，保证膜具有流动性，以稳定膜束缚蛋白（图 2-17）。

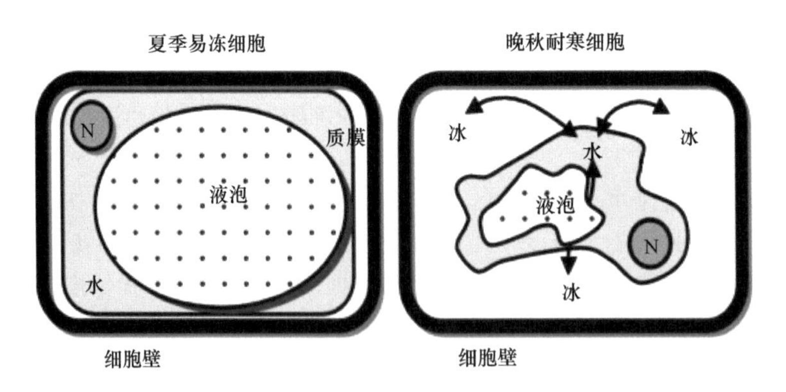

图 2-17　冬季冷驯化过程的细胞变化

自由水从液泡通过脂膜传递到质膜和细胞壁的细胞质之间，细胞核（N）和细胞质中的酶受到保护适宜的土壤肥力对于越冬非常重要，K、N 是两个最主要的营养元素。越冬寒冷阻抗形成过程中，施氮肥降低寒冷阻抗，伴随施钾肥，可以缓解寒冷阻抗的下降（图 2-18）。

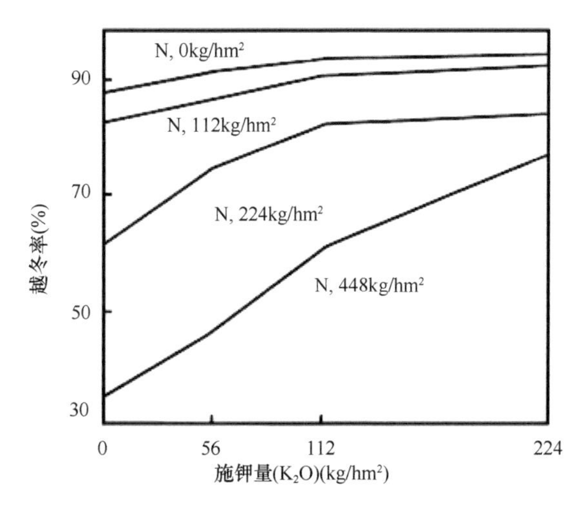

图 2-18　施氮、钾肥对狗牙根越冬率的影响（Adams and Twersky，1960）

狗牙根冬季存活率随施氮肥（N）水平的增加而降低，随施用钾肥（K_2O）水平的增加而增加，但随着施用钾肥（K_2O）水平的提高，越冬存活率提高，尤其是在高氮肥（N）水平下

第一次霜冻发生前，饲草需要足够的叶面积，以保证光合累积储存足够多的碳水化合物及 N，用于发展寒冷阻抗及翌年生长。钾肥是寒冷阻抗形成的基本要素，适宜的 K∶N 有利于寒冷阻抗形成。

秋季寒冷阻抗形成过程中，对生长有利的条件妨碍寒冷阻抗形成，秋季割草或放牧，寒冷阻抗下降或发育受阻。北方地区，一般建议最后一次割草或放牧不能晚于第一次霜冻前 4～5 周。地形、秋季延长期及冬天寒冷程度对此也有作用。

越冬受害的草丛，特别是豆草丛，变得细弱稀疏泛黄，需要加强管理。春季进行杂草控制非常重要，一方面免除弱苗对光的竞争，另一方面减少对营养的竞争，特别是对 K 元素的竞争。在弱苗发育的未成熟期，对弱苗进行割除会使弱苗更虚弱，延迟割草会提供给弱苗充足时间以储存更多营养，有利于恢复。尽管第一次收获的质量可能差，产量少，杂草多，但后续再生长及产量可恢复到正常水平。

四、土壤水分

降水量、蒸散及其季节分布格局影响水分有效性及物种的适应性。土壤水分有效性取决于土壤质地及根系深度。

叶表面的水分蒸腾由太阳辐射驱动。叶片表面的气孔白天开放，允许 CO_2 弥散进入叶片进行光合作用，但是，水分同时也从气孔蒸腾而出，气孔夜间关闭，防止水分蒸腾散失。

植物蒸腾及水分直接从土壤蒸发导致土壤水分损失，这取决于土壤有效水的数量及入射的辐射。这就是阴天干土中的植物也可能不发生萎蔫，而大晴天湿土中的植物也可能发生萎蔫的原因。相对于辐射，空气温度、相对湿度及风速对植物的水分利用影响较小。

充足的土壤水分可以维持细胞膨压，驱动正常生长。细胞膨压程度与植物组织内的水分状态相关，细胞维持水分的能力称为水势（MPa），土壤湿度有效性与蒸腾速率间的平衡影响植物水势及膨压。

水势轻微减小即可影响细胞分裂及细胞增大，并都直接减少枝条生长（图 2-19）。干旱严重引起气孔关闭、光合作用降低之前，枝条生长已经明显缓慢下来。自轻微干旱开始，枝条生长就变得缓慢，植物开始积累糖。植物通过积累包括糖在内的可溶物（糖、氨基酸、离子）调节渗透活动而获得耐旱性（drought tolerance）。可溶物储藏到储藏器官或维持分生组织区细胞膨压，增加植物的抗旱性（drought resistance），维持植物在干旱条件下生长或干旱解除后生长。夏季遭受干旱胁迫的冷季饲草在秋季或翌年生长旺盛，这是由于干旱期所分裂出的细胞迅速增大，或干旱期所累积的分蘖迅速长大，干旱期延长。

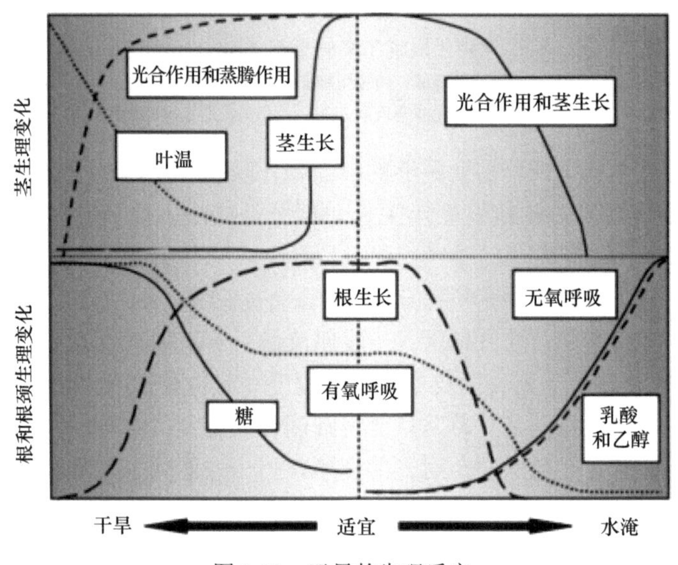

图 2-19　干旱的生理反应

严重干旱条件下，叶片生长停止、叶片卷曲、气孔关闭，光合作用及呼吸作用降低，植物的蒸腾降温作用停止，植物组织温度上升，增加枝条暗呼吸，消耗用于后续生长的碳水化合物储备。

饲草种类不同，对干旱的胁迫反应不同。许多植物地上枝条生长停止，但维持地下根生长。一些直根或深根植物通过吸收深层土壤水分维持生长（Carter and Sheaffer，1983），这种现象被称为避旱性（drought avoidance）。

夏季晴朗的白天，即使土壤湿润，蒸发及蒸腾足够强时，枝条水势降低，细胞膨压减小，抑制白天快速生长，细胞夜间扩展迅速。

饲草很少遭受水淹胁迫，也很少有饲草适应水淹。水淹若又遇高温，则会加重水淹胁迫。春季低温时段，水淹往往不会造成大的危害。豆草比禾草不耐水淹。温暖条件下苜蓿只能忍耐水淹 14 天，而冷季禾草在春季能忍耐水淹长达 35 天。

（本章作者：周道玮，王其存，王　婷）

参考文献

陈咸吉. 1982. 中国气候区划新探[J]. 气象学报, 40(1): 35-48.
李凤霞, 宋理明. 1996. 青海高寒牧区燕麦适宜播种期研究[J]. 草业科学, 13(3): 32-34.
李世奎, 侯光良. 1988. 中国农业气候资源和农业气候区划[M]. 北京: 科学出版社.
刘锋, 孙本普, 李秀云. 2007. 春小麦四季播种对其生长发育的影响及高产途径[J]. 湖北农业科学, 46(4): 552-536.
丘宝剑, 卢其尧. 1980. 中国农业气候区划试论[J]. 地理学报, 35(2): 116-125.
沃尔特. 1984. 世界植被: 陆地生物圈的生态系统[M]. 中国科学院植物研究所生态室译. 北京: 科学出版社,
席承藩, 张俊民. 1982. 中国土壤区划的依据与分区[J]. 土壤学报, 19(2): 97-110.
辛晓平, 徐丽君, 徐大伟. 2015. 中国主要栽培牧草适宜性区划[M]. 北京: 科学出版社.
邢江会. 2014. 山西省 227 种不同熟性玉米品种积温需求研究[D]. 山西农业大学博士学位论文,
熊毅, 李庆逵. 1986. 中国土壤[M]. 第二版. 北京: 科学出版社.
张维理, 徐爱国, 张认连, 等. 2014. 土壤分类研究回顾与中国土壤分类系统的修编[J]. 中国农业科学, 47(16): 3214-3230.
郑景云, 卞娟娟, 葛全胜, 等. 2013. 1981～2010 年中国气候区划[J]. 科学通报, 58(30): 3088-3099.
郑景云, 尹云鹤, 李炳元. 2010. 中国气候区划新方案[J]. 地理学报, 65(1): 3-12.
中国科学院《中国自然地理》编辑委员会. 1985. 中国自然地理: 气候[M]. 北京: 科学出版社.
中国牧区畜牧气候区划科研协作组. 1988. 中国牧区畜牧气候[M]. 北京: 气象出版社.
中国农林作物气候区划协作组. 1987. 中国农林作物气候区划[M]. 北京: 气象出版社.
周道玮, 孙海霞, 钟荣珍, 等. 2015. 典型草原载畜率及放牧饲养设计[J]. 土壤与作物, 4(3): 97-103.
周道玮, 孙海霞, 钟荣珍, 等. 2016. 草地畜牧理论与实践[J]. 草地学报, 24(4): 718-725.
周道玮, 王婷, 赵成振, 等. 2019. 放牧场和饲草场管理的理论与实践[J]. 土壤与作物, 8(3): 221-234.
竺可桢. 1979. 中国气候区域论[A]. 见:《竺可桢文集》编辑小组. 竺可桢文集[M]. 北京: 科学出版社.
Adams W E, Twersky M. 1960. Effect of soil fertility on winter-killing of Coastal Bermudagrass[J]. Agronomy Journal, 52(6): 325-326.
Alvares C A, Stape J L, Sentelhas P C, et al. 2013. Köppen's climate classification map for Brazil[J]. Meteorologische Zeitschrift, 22(6): 711-728.
ASHS. 1997. Plant Heat-Zone Map[M]. Virginia, USA: American Society for Horticultural Science.
Bowley S R, McKersie B D. 1990. Relationships among freezing, low temperature flooding, and ice encasement tolerance in alfalfa[J]. Canadian Journal of Plant Science, 70(1): 227-235.
Carter P R, Sheaffer C C. 1983. Alfalfa response to soil water deficits. I. Growth, forage quality, yield, water use, and water-use efficiency[J]. Crop Science, 23(4): 669-675.
Collins M, Nelson C J, Moore K J, et al. 2018. Forages, Volume 1: An Introduction to Grassland Agriculture[M]. 7th Edition. Hoboken: John Wiley &Sons, Inc.
Gardner F P, Loomis W E. 1953. Floral induction and development in Ochard Grass[J]. Plant Physiology, 28(2): 201-217.
Geiger R. 1965. The Climate Near the Ground[M]. Cambridge: Harvard University Press.
Giddings L E, Soto-Esparza M. 2005. Plant hear zones of Mexico[J]. Revista Chapingo Serie Horticultura,

11(2): 365-369.
Kawanabe S. 1968. Temperature responses and systematics of the Gramineae[J]. Proceeding Japanese Social Plant Taxon, 2: 17-20.
Koppen W. 1900. Versuch einer klassifikation der klimate, vorzugsweise nach ihren beziehungen zur pflanzenwelt[J]. Geographische Zeitschrift, 6(11): 593-611.
Koppen W. 1936. Das geographische system der klimate[A]. *In*: Köppen W, Geiger R. Handbuch der klimatologie[M]. Berlin: Gebrüder Borntraeger.
Kottek M, Grieser C, Beck B, et al. 2006. World map of the Koppen-Geiger climate classification updated[J]. Meteorologische Zeitschrift, 15(3): 259-263.
Larcher W. 1995. Carbon utilization and dry matter production[A]. *In*: Physiological Plant Ecology[M]. 3rd ed. Berlin: Springer: 57-166.
Lemon E. 1969. Gaseous exchange in crop stands[A]. *In*: Eastin J D, Haskins F A, Sullivan C Y, et al. Physiological Aspects of Crop Yield[M]. Madison: American Society of Agronomy: 117-140.
Mckenney D W, Pedlar J H, Lawrence K, et al. 2014. Change and evolution in the plant hardiness zones of Canada[J]. BioScience, 64(4): 341-350.
Peel M C, Finlayson B L, Mcmahon T A. 2007. Updated world map of the Köppen-Geiger climate classification[J]. Hydrology & Earth System Sciences, 11(3): 1633-1644.
Portz H L. 1967. Frost heaving of soil and plants. I. Influence of frost heaving of forage plants and meteorological relationships[J]. Agronomy Journal, 59(4): 341-344.
Sanderson M. 1999. The classification of climates from Pythagoras to Koeppen[J]. Bulletin of the American Meteorological Society, 80(4): 669-673.
USDA. 1960. Plant hardiness zone map for the United States[J]. USDA Miscellaneous Publications, (814): 1.
Widrlechner M P. 1997. Hardiness zones in China[EB/OL]. https://www.ars.usda.gov/ARSUser- Files/50301000/Graphics/Climate_china.[2019-8-5].

第三章　饲草及饲草作物

饲草，可以被牲畜自主采食或收获饲喂的植物，包括一年生草本植物、二年生及多年生草本植物、多年生木本植物。按所在科属及叶片形态分为禾草、豆草、阔叶草（豆草也属于阔叶草，但由于其功能特殊，独立分为一类）；按光合作用途径分为 C_3 植物、C_4 植物；按对寒冷的适应程度分为冷季饲草、暖季饲草；按水分适应能力分为旱生型、中生型及湿生型等。放牧场主要由天然饲草构成，种类多，一般至少 5 种以上，自然条件决定其分布及产量，有改良或补播，管理为自然生态系统；饲草场由饲草作物建植而成，有施肥、除草及病虫害防治，甚至灌溉等强烈的人为管理，种类单一，一般为 1～3 种，管理为人工生态系统。

第一节　饲草及饲草作物资源

自然界中，很多植物可以被牲畜采食利用，所以饲草种类资源十分丰富。但是，这些种类的产量及质量未必能获得良好的饲喂效益，因此，人们从自然界牲畜所喜食的类型中，挑选培育了产量高、再生好及质量优的品种饲草作物，并进行专门经营管理，形成了草地农业的重要研究及管理对象。

农田籽粒作物种类相对单一，主要是玉米、水稻、小麦及大豆等十几种。常用的饲草作物有几十种，一些局域性种类更是各不相同，农田籽粒作物也多被用于生产饲草。

一、饲草资源

草本植物、木本植物，甚至一些水中生长的水生植物，绝大多数都可以被牲畜采食，称为饲草，一些农田作物的秸秆有时也称为饲草，全世界各地的饲草种类多样。

法国国家农业科学研究院（INRA）、法国国际发展农业研究中心（CIRAD）、法国动物生产联合会（AFZ）及世界粮食及农业组织（FAO）联合建立的动物饲料资源信息系统（https://www.feedipedia.org）发布了热带、亚热带和地中海地区及部分温带地区所利用的动物饲料，总计 1400 多种，其中，饲用植物有 90 科 350 属 700 种，为世界主要草地植物及各种放牧场常见的植物，并包括常见的玉米、水稻等作物及一些木本植物，如柳树及栎树等。

禾本科（Poaceae）所利用的种类数最多，为 80 属 190 多种；其次为豆科（Fabaceae），有 81 属 160 多种，豆科所利用的属的数量最多（表 3-1）。

种类利用数量多于 10 种的还有菊科（Asteraceae）18 种、大戟科（Euphorbiaceae）15 种、棕榈科（Arecaceae）13 种、锦葵科（Malvaceae）13 种、桑科（Moraceae）12 种、苋科（Amaranthaceae）11 种、葫芦科（Cucurbitaceae）11 种及芸香科（Rutaceae）10 种（表 3-1）。

表 3-1　饲用植物科属种的利用数量统计（前 20 个科）

科名	利用属数（属）	利用种数（种）
禾本科（Poaceae）	80	191
豆科（Fabaceae）	81	166
菊科（Asteraceae）	16	18
大戟科（Euphorbiaceae）	8	15
棕榈科（Arecaceae）	11	13
锦葵科（Malvaceae）	5	13
桑科（Moraceae）	4	12
苋科（Amaranthaceae）	8	11
葫芦科（Cucurbitaceae）	7	11
芸香科（Rutaceae）	2	10
使君子科（Combretaceae）	5	9
天南星科（Araceae）	7	8
茄科（Solanaceae）	3	6
爵床科（Acanthaceae）	5	5
漆树科（Anacardiaceae）	4	5
十字花科（Brassicaceae）	3	5
山柑科（Capparaceae）	4	5
藜科（Chenopodiaceae）	2	5
紫葳科（Bignoniaceae）	4	4
薯蓣科（Dioscoreaceae）	1	4

作为饲草利用的其他科植物还有：紫葳科（Bignoniaceae）、薯蓣科（Dioscoreaceae）、山毛榉科（Fagaceae）、龙舌兰科（Agavaceae）、木棉科（Bombacaceae）、大麻科（Cannabaceae）、藤黄科（Clusiaceae）、旋花科（Convolvulaceae）、桃金娘科（Myrtaceae）、鼠李科（Rhamnaceae）、山榄科（Sapotaceae）、葡萄科（Vitaceae）、番杏科（Aizoaceae）、伞形科（Apiaceae）、夹竹桃科（Apocynaceae）、紫草科（Boraginaceae）、龙脑香科（Dipterocarpaceae）、楝科（Meliaceae）、车前科（Plantaginaceae）、马齿苋科（Portulacaceae）、蔷薇科（Rosaceae）、茜草科（Rubiaceae）、无患子科（Sapindaceae）、马鞭草科（Verbenaceae）、伞菌科（Agaricaceae）、卤刺树科（Balanitaceae）、红木科（Bixaceae）、凤梨科（Bromeliaceae）、仙人掌科（Cactaceae）、美人蕉科（Cannaceae）、番木瓜科（Caricaceae）、金壳果科（Chrysobalanaceae）、莎草科（Cyperaceae）、牻牛儿苗科（Geraniaceae）、胡桃科（Juglandaceae）、唇形科（Lamiaceae）、樟科（Lauraceae）、异蕊草科（Laxmanniaceae）、玉蕊科（Lecythidaceae）、亚麻科（Linaceae）、马钱科（Loganiaceae）、千屈菜科（Lythraceae）、竹芋科（Marantaceae）、辣木科（Moringaceae）、芭蕉科（Musaceae）、木犀科（Oleaceae）、罂粟科（Papaveraceae）、叶下珠科（Phyllanthaceae）、侧耳科（Pleurotaceae）、雨久花科（Pontederiaceae）、山龙眼科（Proteaceae）、杨柳科（Salicaceae）、刺茉莉科（Salvadoraceae）、檀香科（Santalaceae）、油蜡树科（Simmondsiaceae）、梧桐科（Sterculiaceae）、荨麻科（Urticaceae）及胡麻科（Pedaliaceae）等。

草地及任何草食动物放牧场，几乎所有种类的植物都可以被用作饲草及饲枝，很少有有毒有害不能被牛、羊所利用的植物。一些有毒有害植物甚至可以在其生长的某一阶段，如营养阶段早期或果后枯黄期或收获加工后被利用。因此，草原及其他放牧场的所有植物都可以被称为饲用植物，即饲草，只是一些种类的占比数量较少，价值非常低。饲用植物几乎是放牧场植物的总称，饲用植物的科、属、种数量远多于上述的基本统计。

《中国饲用植物志》收载了我国全部可饲用、潜在可饲用野生种和栽培种及部分有毒有害植物（贾慎修，1987），包括禾草、阔叶草、灌木及部分乔木。该志书序言写道：研究饲用植物的主要意义在于，第一，弄清饲用植物资源、其利用现状和存在的问题；第二，揭示各种植物的饲用价值和特性，以便经济有效地利用；第三，为牧草栽培，改良和饲料生产不断提供种源；第四，有利于草地资源调查以及为从事草地畜牧业生产的科研工作者提供参考；第五，促进饲用植物科学研究事业的发展。该说明似将“植物”、“牧草”、“饲用植物”视为一类，或将三者作为同义词对待，并都可以用于饲喂动物。

《中国草地资源》认定我国有草地饲用植物 246 科 1545 属 6352 种，并分为 11 类群 34 亚类群。该书总结了中国草地饲用植物种质资源，对于各地区饲草作物培育具有极好的参考价值。我国在引进各种饲草作物的基础上，需要充分利用这些优质的饲草种质资源，培育出适宜我国区域利用的饲草作物。需要重点考虑的是经济效益标准，即所培育饲草栽培地区（段）及其效益，解决往哪种及产业效益问题。

二、饲草作物资源

在土壤及气候条件不足以支撑高生产力的地区，即种植投入与产出没有经济效益的地区，维持天然草地自然存在，适当利用，发挥草地的基本生态系统服务，并发扬光大草原文化是草地管理目标选项之一。

在气候和土壤条件可以支撑高生产力的地区，即种植投入可以获得收益的地区，天然草地或森林可以改造为栽培草地，即饲草场，进行产量或质量提高，实行牛、羊放牧或收获饲喂。为了改造天然草地，首先需要有基本的生产资料，即饲草作物。世界各地通过大田选育、杂交、物理化学手段等培育了大量的饲草作物品种，并在适应地区进行栽培种植，替代天然植物发展了人工草地。世界各地所培育并栽培利用的饲草作物品种很多，相对集中在禾本科、豆科，菊科、十字花科也有几种。

欧洲是培育饲草作物最早的地区。欧洲的部分地区属于地中海气候、部分地区为湿润的海洋性气候，无干夏，特别是西欧、北欧部分地区，天然植被为森林占优势。欧洲的地中海或海洋性气候区生长积温不充足，玉米、水稻等粮食作物生产受到限制，而此气候适宜发展饲草、草地农业及草地畜牧业（Hopkins et al.，2000）。部分地区砍伐掉森林建立草场，发展草地畜牧业，成为欧洲人的一种生活方式。饲草作物为欧洲草地畜牧业发展的基础生产资料，草地牧业是欧洲农业的最重要组成部分。欧洲种植的饲草作物种类也相对少，但优势种类研究深入，并依据不同土壤及其小气候生境，培育了相应的饲草作物。

欧洲种子协会（ESA）管理着 40 种饲草作物，其中，广泛种植的饲草作物有黑麦草（*Lolium* spp.）、鸭茅（*Dactylis glomerata*）、猫尾草（*Phleum pratense*），各种类羊茅（*Festuca* spp.）也在适宜的地区种植。

多年生黑麦草（*Lolium perenne*）、多花黑麦草（*Lolium multiflorum*，Italian ryegrass）曾占据欧洲大多数人工草地，现在这两种都在逐渐减少，二者的杂交种因其生长持续性长久，种植量在逐渐增多。

欧洲相伴禾草饲草作物种植或单独种植的豆草作物主要有白三叶、红三叶，紫花苜蓿在一些地区有少量种植。欧洲禾草与豆草研究集中在如下属的相关种类：冰草属（*Agropyron*）、剪股颖属（*Agrostis*）、看麦娘属（*Alopecurus*）、燕麦草属（*Arrhenatherum*）、雀麦属（*Bromus*）、虉草属（*Phalaris*）、三毛草属（*Trisetum*）、鸭茅属（*Dactylis*）、羊茅属（*Festuca*）、黑麦草属（*Lolium*）、梯牧草属（*Phleum*）、早熟禾属（*Poa*）、岩豆属（*Anthyllis*）、黄芪属（*Astragalus*）、小冠花属（*Coronilla*）、山蚂蝗属（*Desmodium*）、岩黄芪属（*Hedysarum*）、草木樨属（*Melilotus*）、百脉根属（*Lotus*）、红豆草属（*Onobrychis*）、料豆属（*Ornithopus*）、野豌豆属（*Vicia*）、苜蓿属（*Medicago*）、三叶草属（*Trifolium*）及豇豆属（*Vigna*）。

欧盟委员会发布22种常用豆草作物供人们选择使用（European Commission，2012），利用最多的为三叶草属培育的饲草作物，其他一些局域栽培，包括籽粒豆类作物及用于混播的攀缘类饲草作物。

- 天蓝苜蓿（*Medicago lupulina*，black medic，一年生）。
- 紫花苜蓿（*Medicago sativa*，lucerne，多年生）。
- 杂交苜蓿（*Medicago varia*，martyn sand lucerne，多年生）。
- 埃及三叶草（*Trifolium alexandrinum*，berseem clover，一年生）。
- 瑞士三叶草（*Trifolium hybridum*，alsike clover，多年生）。
- 绛三叶（*Trifolium incarnatum*，crimson clover，一年生）。
- 红三叶（*Trifolium pratense*，red clover，多年生）。
- 白三叶（*Trifolium repens*，white clover，多年生）。
- 波斯三叶草（*Trifolium resupinatum*，persian clover，一年生）。
- 东方山羊豆（*Galega orientalis*，galega，多年生）。
- 冠状岩黄芪（*Hedysarum coronarium*，sulla，多年生）。
- 百脉根（*Lotus corniculatus*，birdsfoot trefoil，多年生）。
- 白花羽扇豆（*Lupinus albus*，white lupin，一年生）。
- 狭叶羽扇豆（*Lupinus angustifolius*，narrow leaved lupin，一年生）。
- 黄花羽扇豆（*Lupinus luteus*，yellow lupin，一年生）。
- 红豆草（*Onobrychis viciifolia*，sainfoin，多年生）。
- 豌豆（*Pisum sativum*，field pea，一年生）。
- 胡卢巴（*Trigonella foenum-graecum*，fenugreek，一年生）。
- 蚕豆（*Vicia faba*，field bean，一年生）。
- 褐毛野豌豆（*Vicia pannonica*，hungarian vetch，一年生）。
- 箭筈豌豆（巢菜，苕子）（*Vicia sativa*，common vetch，一年生）。

➢ 长柔毛野豌豆（*Vicia villosa*，hairy vetch，一年生）。

北美洲加拿大的气候类型多样，总体是温冷、寒冷，中南部有北美大平原草原的北端部分，相对干旱。加拿大土地资源广泛，北部积温不足，燕麦、油菜等短生长季饲草作物研究深入，种植广泛。

加拿大所有优良禾草作物均引自欧洲培育的品种，现在栽培种植的饲草作物主要有，猫尾草（*Phleum pratense*），为干旱草原气候区以外最广泛栽培种植的饲草作物，并在东部占优势；鸭茅（*Dactylis glomerata*）和新麦草（*Elymus junceus*），为西南部地区主要种植的饲草作物；冰草（*Agropyron cristatum*），为西部主要栽培种植的饲草作物；草地早熟禾（*Poa pratensis*），广泛种植于许多地区；无芒雀麦（*Bromus inermis*），种植于东部和草原区。加拿大干旱草原气候区栽培种植的禾草作物常有 21 种。

➢ 冰草（*Agropyron cristatum*，crested wheatgrass，多年生）。
➢ 大看麦娘（*Alopecurus pratensis*，meadow foxtail，多年生）。
➢ 苇状看麦娘（*Alopecurus arundinaceus*，creeping foxtail，多年生）。
➢ 无芒雀麦（*Bromus inermis*，smooth bromegrass，多年生）。
➢ 山丹雀麦（*Bromus riparius*，meadow bromegrass，多年生）。
➢ 鸭茅（*Dactylis glomerata*，orchardgrass，多年生）。
➢ 披碱草（*Elymus dahuricus*，dahurian wildrye grass，多年生）。
➢ 北方披碱草（*Elymus lanceolatus*，northern wheatgrass，多年生）。
➢ 细茎披碱草（*Elymus trachycaulus*，slender wheatgrass，多年生）。
➢ 紫羊茅（*Festuca rubra*，creeping red fescue，多年生）。
➢ 窄颖赖草（*Leymus angustus*，altai wildrye grass，多年生）。
➢ 西部拟冰草（*Pascopyrum smithii*，western wheatgrass，多年生）。
➢ 虉草（*Phalaris arundinacea*，reed canary grass，多年生）。
➢ 猫尾草（*Phleum pratense*，timothy，多年生）。
➢ 草地早熟禾（*Poa pratensis*，kentucky bluegrass，多年生）。
➢ 新麦草（*Elymus junceus*，russian wildrye grass，多年生）。
➢ 中间偃麦草（*Elytrigia intermedia*，intermediate wheatgrass，多年生）。
➢ 长穗薄冰草（*Thinopyrum ponticum*，tall wheatgrass，多年生）。
➢ 饲料玉米（*Zea mays*，forage corn，一年生）。
➢ 燕麦（*Avena sativa*，oat，一年生）。
➢ 苏丹草（*Sorghum sudanense*，sudan grass，一年生）。

加拿大的豆草多引自地中海地区。紫花苜蓿（*Medicago sativa*）种植广泛；红三叶（*Trifolium pratense*）种植于排水不良生境；瑞士三叶草（*Trifolium hybridum*）、白三叶（*Trifolium repens*）各地多种植。草原区还种植红豆草（*Onobrychis viciifolia*）、百脉根（*Lotus corniculatus*）、草木樨（*Melilotus suaveolens*）、巫师黄芪（*Astragalus cicer*）及野豌豆（*Vicia* sp.）等饲草作物。其他还有 27 种豆草，种植面积数量有限，其中，矮地豆类饲料作物种植普遍。

➢ 巫师黄芪（*Astragalus cicer*，cicer milkvetch，多年生）。

- 小冠花（*Coronilla varia*，crownvetch，多年生）。
- 冠状岩黄芪（*Hedysarum coronarium*，sulla，多年生）。
- 细叶百脉根（*Lotus tenuis*，narrow leaf birdsfoot trefoil，多年生）。
- 百脉根（*Lotus corniculatus*，birdsfoot trefoil，多年生）。
- 红豆草（*Onobrychis viciifolia*，sainfoin，多年生）。
- 红三叶（*Trifolium pratense*，red clover，多年生）。
- 玫瑰三叶草（*Trifolium hirtum*，rose clover，多年生）。
- 黄花草木樨（*Melilotus officinalis*，sweet clover，一、二年生）。
- 南苜蓿（*Medicago polymorpha*，burr clover，含海滨苜蓿和天蓝苜蓿，一年生）。
- 箭叶三叶草（*Trifolium vesiculosum*，arrowleaf clover，一年生）。
- 米氏三叶草（*Trifolium michelianum*，balansa clover，一年生）
- 埃及三叶草（*Trifolium alexandrinum*，berseem clover，一年生）。
- 绛三叶（*Trifolium incarnatum*，crimson clover，一年生）。
- 波斯三叶草（*Trifolium resupinatum*，persian clover，一年生）。
- 地三叶（*Trifolium subterraneum*，subclover，一年生）。
- 胡卢巴（*Trigonella foenum-graecum*，fenugreek，一年生）。
- 法国鸡爪豆（*Ornithopus sativus*，French serradella，一年生）。
- 兵豆（*Lens culinaris*，black lentil，一年生）。
- 长柔毛野豌豆（*Vicia villosa*，hairy vetch，woolly pod vetch，一年生）。
- 蚕豆（*Vicia faba*，faba bean，一年生）。
- 豌豆（*Pisum sativum* var. *arvense*，field pea，一年生）。
- 大豆（*Glycine max*，soybean，一年生）。
- 家山黧豆（*Lathyrus sativus*，grasspea，chickling vetch，一年生）。
- 丹吉尔山黧豆（*Lathyrus tingitamus*，tangier flat pea，一年生）。
- 多叶羽扇豆（*Lupinus polyphyllus*，perennial lupin，一年生）。
- 白花羽扇豆（*Lupinus albus*，white lupin，一年生）。

美国大陆有 26 种气候类型，基本格局是东北部为寒冷湿润区，东南部为温暖湿润区，南部为炎热湿润区，大平原及其以西为干旱区。美国的气候类型决定了其草地农业发展基础，中西部多发展为放牧场，东中部多发展为饲草场。

美国饲草作物研究始于欧洲的工作基础，起步较早，现在发展得也较为系统，因为与我国的气候分布相似，对于我国其饲草培育、农艺及利用有借鉴参考意义。首先，根据热量适应，其饲草种类分为暖季禾草、冷季禾草及暖季豆草、冷季豆草。然后，根据水分适应又分为湿润类型、干旱和半干旱类型，并独立分出阔叶草和嫩枝叶类。

美国本土全境适宜地区普遍种植一年生禾草作物，多用于青贮或调制干草，作为冬季饲草料，主要有以下几种。

- 御谷（美洲狼尾草，珍珠粟）（*Pennisetum americanum*，pearl millet，一年生）。
- 饲料玉米（*Zea mays*，forage corn，一年生）。

- 燕麦（*Avena sativa*，oat，一年生）。
- 黑麦（*Secale cereale*，rye，一年生）。
- 普通小麦（*Triticum aestivum*，wheat，一年生）。
- 小黑麦（*Triticum* × *Secale*，triticale，一年生）。
- 高粱（*Sorghum bicolor*，sorghum，一年生）。

东北部气候寒冷、湿润，种植的饲草作物主要为冷季多年生禾草，热带一年生饲草作物，如玉米、高丹草等，在此区也普遍种植。此区种植的冷季多年生禾草饲草作物有以下几种。

- 无芒雀麦（*Bromus inermis*，smooth bromegrass，多年生）。
- 鸭茅（*Dactylis glomerata*，orchardgrass，多年生）。
- 苇状羊茅（*Festuca arundinacea*，tall fescue，多年生）。
- 草地早熟禾（*Poa pratensis*，kentucky bluegrass，多年生）。
- 猫尾草（*Phleum pratense*，timothy，多年生）。
- 多年生黑麦草（*Lolium perenne*，perennial ryegrass，多年生）。
- 草原雀麦（*Bromus willdenowii*，prairie grass，多年生）。
- 虉草（*Phalaris arundinacea*，reed canarygrass，多年生）。

东南部区温暖，甚至炎热，气候多降水湿润，冬季多种植冷季一年生禾草，此区暖季禾草饲草作物有以下几种。

- 大须芒草（*Andropogon gerardii*，big bluestem，多年生）。
- 高加索孔颖草（*Bothriochloa bladhii*，caucasian bluestem，多年生）。
- 垂穗草（*Bouteloua curtipendula*，sideoats grama，多年生）。
- 野牛草（*Buchloe dactyloides*，buffalograss，多年生）。
- 狼尾草（*Pennisetum alopecuroides*，多年生）。
- 蓝冰麦（*Sorghastrum nutans*，indiangrass，多年生）。
- 柳枝稷（*Panicum virgatum*，switchgrass，多年生）。

东北部寒冷湿润区、东南部温暖湿润区之间的交错过渡地区、西部及西北部山地湿润区，黑麦草、鸭茅及苇状羊茅等几种主要饲草作物大面积种植，为主要栽培饲草作物。

美国大平原及西南部半干旱、干旱气候区饲草种类非常多，但是优势的饲草作物品种相对少，一定程度上属于改良草原种类，并多属于耐干旱类型，多年生。局域地区种植高产的热带饲草作物，如青贮玉米、高产优质紫花苜蓿等。主要种植的禾草饲草作物有以下几种。

- 冰草（*Agropyron cristatum*，crested wheatgrass，多年生）。
- 高冰草（*Agropyron elongatum*，tall wheatgrass，多年生）。
- 中间冰草（*Agropyron intermedium*，pubescent wheatgrass，多年生）。
- 大须芒草（*Andropogon gerardii*，big bluestem，多年生）。
- 沙地须芒草（*Andropogon hallii*，sand bluestem，多年生）。
- 偃麦草（*Elytrigia repens*，quackgrass，多年生）。
- 中间偃麦草（*Elytrigia intermedia*，intermediate wheatgrass，多年生）。

- 假地胆草（*Pseudelephantopus spicatus*，bluebunch wheatgrass，多年生）。
- 北方披碱草（*Elymus lanceolatus*，northern wheatgrass，多年生）。
- 细茎披碱草（*Elymus trachycaulus*，slender wheatgrass，多年生）。
- 阿尔泰披碱草（*Elymus pseudocaninus*，Altai wildrye，多年生）。
- 绿针草（*Nassella viridula*，green needle grass，多年生）。
- 西部拟冰草（*Pascopyrum smithii*，western wheatgrass，多年生）。

美国中部温带湿润区及干旱、半干旱矮草草原区隐域生境或有灌溉条件下，所利用的豆草作物较多，大面积栽培有紫花苜蓿、红三叶及白三叶，局域地区种植许多小粒豆类作物，生产用作饲料。主要的豆草作物有以下几种。

- 紫花苜蓿（*Medicago sativa*，alfalfa，lucerne，多年生）。
- 红三叶（*Trifolium pratense*，red clover，多年生）。
- 白三叶（*Trifolium repens*，white clover，多年生）。
- 百脉根（*Lotus corniculatus*，birdsfoot trefoil，多年生）。
- 高加索三叶草（*Trifolium ambiguum*，kura clover，多年生）。
- 巫师黄芪（*Astragalus cicer*，cicer milkvetch，多年生）。
- 小冠花（*Coronilla varia*，crownvetch，多年生）。
- 截叶胡枝子（*Lespedeza cuneata*，sericea lespedeza，多年生）。
- 红豆草（*Onobrychis viciifolia*，sainfoin，多年生）。
- 木豆（*Cajanus cajun/ C. indicus*，pigeon pea，多年生）。
- 绛三叶（*Trifolium incarnatum*，crimson clover，一年生）。
- 黄花草木樨（*Melilotus officinalis*，yellow sweetclover，二年生）。
- 长萼鸡眼草（*Kummerowia stipulacea*，Korean lespedeza，一年生）。
- 瑞士三叶草（*Trifolium hybridum*，alsike clover，一年生）。
- 箭叶三叶草（*Trifolium vesiculosum*，arrowleaf clover，一年生）。
- 波斯三叶草（*Trifolium resupinatum*，persian clover，一年生）。
- 埃及三叶草（*Trifolium alexandrinum*，berseem clover，一年生） 。
- 蒺藜苜蓿（*Medicago truncatula*，barrel medic，一年生）。
- 坚硬苜蓿（*Medicago rigidula*，rigid medic，一年生）。
- 南苜蓿（*Medicago polymorpha*，burr clover，一年生）。
- 地三叶（*Trifolium subterraneum*，subterranean clover，一年生）。
- 长柔毛野豌豆（*Vicia villosa*，hairy vetch，woolly pod vetch，一年生）。
- 箭筈豌豆（巢菜，苕子）（*Vicia sativa*，common vetch，一年生）。
- 天蓝苜蓿（*Medicago lupulina*，black medic，一年生）。
- 蜗牛苜蓿（*Medicago scutellata*，snail medic，一年生）。
- 米氏三叶草（*Trifolium michelianum*，balansa clover，一年生）。
- 紫花野豌豆（*Vicia benghalensis*，purple vetch，一年生）。
- 胡卢巴（*Trigonella foenum-graecum*，fenugreek，一年生）。
- 绒毛山黧豆（*Lathyrus hirsutus*，caley pea，一年生）。

- 羽扇豆（*Lupinus* spp.，lupine，多种，一年生）。
- 豇豆（*Vigna unguiculata*，cowpea，一年生）。
- 家山黧豆（*Lathyrus sativus*，grasspea，chickling vetch，一年生）。
- 蚕豆（*Vicia faba*，faba bean，一年生）。
- 赤豆（*Vigna angularis*，adzuki bean，一年生）。
- 绿豆（*Vigna radiata*，mung bean，green gram，一年生）。
- 菜豆（*Phaseolus vulgaris*，common bean，field bean，一年生）。
- 豌豆（*Pisum sativum*，field pea，austrian winter pea，一年生）。
- 兵豆（*Lens culinaris*，lentil，一年生）。
- 鹰嘴豆（*Cicer arietinum*，chickpea，一年生）。

美国南部热带地区的禾草作物多为暖季禾草，并多为多年生，热带饲草产量高，但质量不如温带禾草。冷季禾草多花黑麦草（*Lolium multiflorum*，annual ryegrass）在此区秋冬季节种植较多，一年生饲草作物，如玉米、高粱、苏丹草及高丹草等种植广泛。

- 百喜草（*Paspalum notatum*，bahia grass，多年生）。
- 狗牙根（*Cynodon dactylon*，bermuda grass，多年生）。
- 沙地须芒草（*Andropogon hallii*，sand bluestem，多年生）。
- 大须芒草（*Andropogon gerardii*，big bluestem，多年生）。
- 沙拂子茅（*Calamovilfa longifolia*，prairie sandreed，多年生）。
- 垂穗草（*Bouteloua curtipendula*，sideoats grama，多年生）。
- 格兰马草（*Bouteloua gracilis*，blue grama，多年生）。
- 野牛草（*Buchloe dactyloides*，buffalo grass，多年生）。
- 臭根子草（*Bothriochloa bladhii*，caucasian bluestem，多年生）。
- 毛花雀稗（*Paspalum dilatatum*，dallis grass，多年生）。
- 马唐（*Digitaria sanguinalis*，crab grass，多年生）。
- 柳枝稷（*Panicum virgatum*，switch grass，多年生）。
- 帚状裂稃草（*Schizachyrium scoparium*，little bluestem，多年生）。
- 象草（*Pennisetum purpureum*，elephant grass，uganda grass，多年生）。
- 蓝冰麦（*Sorghastrum nutans*，indiangrass，yellow indiangrass，多年生）。
- 牛鞭草（*Hemarthria altissima*，limpograss，多年生）。
- 白羊草（*Bothriochloa ischaemum*，yellow bluestem，多年生）。
- 美洲狼尾草（*Pennisetum glaucum*，pearl millet，多年生）。
- 石茅（*Sorghum halepense*，johnsongrass，多年生）。
- 多枝臂形草（*Brachiaria ramosa*，browntop millet，多年生）。
- 三囊草（*Tripsacum dactyloides*，eastern gamagrass，多年生，禾草皇后）。
- 光头黍（*Panicum coloratum*，kleingrass，一年生、多年生）。
- 苔麸画眉草（*Eragrostis tef*，teff，一年生）。

美国南部炎热地区豆草作物一些为木本，甚至为乔木，一些为灌木，一些为多年生草本或一年生草本。在热带地区，没有如冷季禾草区那样优良的豆草作物，所以饲草质量提高面临挑战。一般，有如下豆草作物。

- 美洲合萌（*Aeschynomene americana*，American jointvetch，一年生）。
- 合萌（*Aeschynomene indica*，jointvetch，多年生）。
- 绿叶山蚂蝗（*Desmodium intortum*，greenleaf desmodium，多年生）。
- 银叶山蚂蝗（*Desmodium uncinatum*，silver-leaf desmodium，多年生）。
- 玉红合欢草（*Desmanthus bicornutus*，ruby bundleflower，多年生）。
- 伊利诺合欢草（*Desmanthus illinoensis*，sabine Illinois bundleflower，多年生）。
- 链荚豆属（*Alysicarpus* spp.，alyceclover，一年生、多年生），若干品种。
- 落花生（*Arachis hypogaea*，annual peanut，一年生），若干品种。
- 多年生花生（*Arachis glabrata*，rhizoma perennial peanut，多年生），多品种。
- 爪哇大豆（*Neonotonia wightii*，glycine，perennial soybean，多年生）。
- 毛蔓豆（*Calopogonium mucunoides*，calopo，一年生或短命多年生）。
- 距瓣豆（*Centrosema* spp.，centrocema，centurion，一年生、多年生）。
- 圆叶决明（*Chamaecrista rotundifolia*，roundleaf cassia，一年生）。
- 蝶豆（*Clitoria* spp.，butterfly pea，多年生）。
- 南洋樱（*Gliricidia sepium*，gliricidia，多年生）。
- 条状大翼豆（*Macroptilium lathyroides*，phasey bean，一年生）。
- 紫花大翼豆（*Macroptilium atropurpureum*，atro，siratro，多年生）。
- 腋花大翼豆（*Macrotyloma axillare*，axillaris，多年生）。
- 鸡眼草（*Kummerowia striata*，striate lespedeza，一年生）。
- 长萼鸡眼草（*Kummerowia stipulacea*，Korean lespedeza，一年生）。
- 截叶胡枝子（*Lespedeza cuneata*，sericea lespedeza，一年生）。
- 扁豆（*Lablab pupureus*，lablab，一年生）。
- 豇豆（*Vigna unguiculata*，cowpea，一年生）。
- 腺乐豇豆（*Vigna adenantha*，marechal，stainer，多年生）。
- 匍匐豇豆（*Vigna parker*，shaw creeping vigna，多年生）。
- 毛槐蓝（*Indigofera astragalina*，hairy indigo，一年生）。
- 刺毛藜豆（*Mucuna pruriens*，velvet bean，一年生）。
- 银合欢（*Leucaena* spp.，leucaena，多年生）。
- 罗顿豆（*Lotononis* spp.，lotononis，一年生、多年生）。
- 丁癸草（*Zornia gibbosa*，zornia，一年生）。
- 多毛金丝豆（*Dorycnium hirsutum*，hairy canary clover，多年生）。
- 乳白沥青豆（*Bituminaria bituminosa* var. *albo-marginata*，tedera，多年生）。
- 西卡柱花草（*Stylosanthes scabra*，shrubby stylo，多年生）。
- 有钩柱花草（*Stylosanthes hamata*，caribbean stylo，多年生）。
- 圆叶决明（*Chamaecrista rotundifolia*，round-leafed cassia，多年生）。
- 毛蔓豆（*Calopogonium mucunoides*，calopo，多年生）。
- 三野葛（*Pueraria montana*，kudzu vine，多年生）。

➢ 三裂叶野葛（*Pueraria phaseoloides*，puero，kuzdu，多年生）。

澳大利亚北部为炎热湿润气候、东部为温暖湿润气候、内陆及西部地区为广大的干旱气候。澳大利亚沿海相对湿润区，特别是东南部，发展了饲草作物种植的饲草场，内陆及广大的西部地区为天然饲草构成的放牧场。

澳大利亚温暖湿润区广泛栽培利用的禾草作物多引自北半球，历史上在各地区的野外考察及合作研究，为他们提供了种子收集机会，主要有如下种类。

➢ 多花黑麦草（*Lolium multiflorum*，Italian ryegrass，annual ryegrass，一年生）。
➢ 多年生黑麦草（*Lolium perenne*，perennial ryegrass，多年生）。
➢ 鸭茅（*Dactylis glomerata*，cocksfoot，orchardgrass，多年生）。
➢ 水生虉草（*Phalaris aquatic*，phalaris，多年生）。
➢ 草原雀麦（*Bromus willdenowii*，prairie grass，多年生）。
➢ 澳洲碱茅（*Puccinellia ciliata*，puccinellia，sweet grass，多年生）。
➢ 苇状羊茅（*Festuca arundinacea*，tall fescue，多年生）。
➢ 高麦草（*Thinopyrum ponticum*，tall wheatgrass，多年生）。
➢ 猫尾草（*Phleum pratense*，timothy，多年生）。
➢ 放牧雀麦（*Bromus stamineus*，grazing brome，多年生）。
➢ 草地雀麦（*Bromus valdivianus*，pasture brome，多年生）。
➢ 五彩雀麦（*Bromus coloratus*，coloured brome，多年生）。

澳大利亚没有本土豆草作物，目前温带地区利用的 60 多种豆草作物都源于早期居民带入、偶然传入或在地中海及东亚、非洲采集的野生种进一步培育形成的众多品种。主要有苜蓿属、三叶草属、百脉根属及红豆草属，特别是双荚豆属（*Biserrula*）种植较多。澳大利亚温带及热带豆草作物有以下几种。

➢ 蒺藜苜蓿（*Medicago truncatula*，barrel medic，一年生）。
➢ 海滨苜蓿（*Medicago littoralis*，strand medic，一年生）。
➢ 圆盘苜蓿（*Medicago tornata*，disc medic，一年生）。
➢ 蜗牛苜蓿（*Medicago scutellata*，snail medic，一年生）。
➢ 伽马苜蓿（*Medicago rugosa*，gama medic，一年生）。
➢ 扣形苜蓿（*Medicago orbicularis*，button medic，一年生）。
➢ 螺状苜蓿（*Medicago murex*，murex medic，一年生）。
➢ 球状苜蓿（*Medicago sphaerocarpus*，sphere medic，一年生）。
➢ 杂交苜蓿（*Medicago tornata* × *M. littoralis*，hybrid disc medic，一年生）。
➢ 埃及三叶草（*Trifolium alexandrinum*，berseem clover，一年生）。
➢ 地三叶（*Trifolium subterraneum*，subterranean clover，subclover，一年生）。
➢ 米氏三叶草（*Trifolium michelianum*，balansa clover，一年生）。
➢ 波斯三叶草（*Trifolium resupinatum*，persian clover，一年生）。
➢ 绛三叶（*Trifolium incarnatum*，crimson clover，一年生）。
➢ 箭叶三叶草（*Trifolium vesiculosum*，arrowleaf clover，一年生）。
➢ 格兰氏三叶草（*Trifolium glanduliferum*，gland clover，一年生）。

- 东星三叶草（*Trifolium dasyurum*，eastern star clover，一年生）。
- 囊状三叶草（*Trifolium spumosum*，bladder clover，一年生）。
- 玫瑰三叶草（*Trifolium hirtum*，rose clover，一年生）。
- 杯状三叶草（*Trifolium cheleri*，cupped clover，一年生）。
- 黄花鸡爪豆（*Ornithopus compressus*，yellow serradella，birds-foot，一年生）。
- 法国鸡爪豆（*Ornithopus sativus*，french serradella，一年生）。
- 细弱鸡爪豆（*Ornithopus pinnatus*，slender serradella，一年生）。
- 双齿豆（*Biserrula pelecinus*，biserrula，一年生）。
- 超大百脉根（*Lotus uliginosus*，greater lotus，一年生）。
- 紫花野豌豆（*Vicia benghalensis*，purple vetch，一年生）。
- 长柔毛野豌豆（*Vicia villosa*，woolly pod vetch，一年生）。
- 箭筈豌豆（*Vicia sativa*，vetch，common vetch，一年生）。
- 哈莫黄芪（*Astragalus hamosus*，milk vetch，一年生）。
- 矮山黧豆（*Lathyrus humilis*，dwarf chickling，一年生）。
- 家山黧豆（*Lathyrus sativus*，grasspea，chickling vetch，一年生）。
- 白花草木樨（*Melilotus alba*，white melilot，一年生）。
- 紫花苜蓿（*Medicago sativa*，lucerne，多年生）。
- 白三叶（*Trifolium repens*，white clover，多年生）。
- 红三叶（*Trifolium pratense*，red clover，多年生）。
- 高加索三叶草（*Trifolium ambiguum*，kura clover，caucasian clover，多年生）。
- 草莓三叶草（*Trifolium fragiferum*，strawberry clover，多年生）。
- 肯尼亚三叶草（*Trifolium semipilosum*，Kenya clover，多年生）。
- 土门三叶草（*Trifolium tumens*，talish clover，多年生）。
- 百脉根（*Lotus corniculatus*，birdsfoot trefoil，多年生）。
- 大百脉根（*Lotus pedunculatus*，big trefoil，多年生）。
- 冠状岩黄芪（*Hedysarum coronarium*，sulla，多年生）。
- 饲用花生（*Arachis pintoi*，forage peanut，多年生）。
- 红豆草（*Onobrychis viciifolia*，sainfoin，多年生）。
- 多毛金丝豆（*Dorycnium hirsutum*，hairy canary clover，多年生）。
- 乳白沥青豆（*Bituminaria bituminosa* var. *albo-marginata*，tedera，多年生）。
- 玉红合欢草（*Desmanthus bicornutus*，ruby desmanthus，多年生）。
- 爪哇大豆（*Neonotonia wightii*，glycine，多年生）。
- 匍匐豇豆（*Vigna parker*，shaw creeping vigna，多年生）。
- 西卡柱花草（*Stylosanthes scabra*，shrubby stylo，多年生）。
- 有钩柱花草（*Stylosanthes hamata*，caribbean stylo，多年生）。
- 合萌（*Aeschynomene indica*，jointvetch，多年生）。
- 美洲合萌（*Aeschynomene americana*，American jointvetch，一年生）。
- 绿叶山蚂蝗（*Desmodium intortum*，greenleaf desmodium，多年生）。

- 银叶山蚂蝗（*Desmodium uncinatum*，silver-leaf desmodium，多年生）。
- 圆叶决明（*Chamaecrista rotundifolia*，round-leafed cassia，多年生）。
- 凯隆坡毛蔓豆（*Calopogonium mucunoides*，calopo，多年生）。
- 罗顿豆（*Lotononis bainesii*，lotononis，多年生）。
- 紫花大翼豆（*Macroptilium atropurpureum*，atro，siratro，多年生）。
- 腋花大翼豆（*Macrotyloma axillare*，axillaris，多年生）。
- 三裂叶野葛（*Pueraria phaseoloides*，puero，kuzdu，多年生）。

新西兰全国为温湿无干季温夏气候，各地降水量多在 600 mm 以上，所栽培的饲草作物以引自欧洲为主，并多为中生、湿生类型，主要栽培的饲草作物有以下几种。

- 多花黑麦草（*Lolium multiflorum*，Italian ryegrass，annual ryegrass，一年生）。
- 多年生黑麦草（*Lolium perenne*，perennial ryegrass，多年生）。
- 苇状羊茅（*Festuca arundinacea*，tall fescue，多年生）。
- 鸭茅（*Dactylis glomerata*，orchardgrass，多年生）。
- 球茎虉草（*Phalaris aquatica*，bulbous canary grass，多年生）。
- 剪股颖（*Agrostis* spp.，bentgrass，多年生）。
- 草原雀麦（*Bromus willdenowii*，prairie bromegrass，多年生）。
- 放牧雀麦（*Bromus stamineus*，spikey brome，grazing brome，多年生）。
- 猫尾草（*Phleum pratense*，timothy grass，多年生）。
- 毛花雀稗（*Paspalum dilatatum*，dallis grass，多年生）。
- 御谷（*Pennisetum americanum*，pearl millet，多年生）。
- 绒毛草（*Holcus lanatus*，velvetgrass，多年生）。
- 黄花茅（*Anthoxanthum odoratum*，sweet vernal grass，多年生）。
- 洋狗尾草（*Cynosurus cristatus*，crested dog's-tail，多年生）。
- 红三叶（*Trifolium pratense*，red clover，多年生）。
- 白三叶（*Trifolium repens*，white clover，多年生）。
- 百脉根（*Lotus corniculatus*，birdsfoot trefoi，多年生）。
- 紫花苜蓿（*Medicago sativa*，alfalfa，lucerne，多年生）。
- 钝叶三叶草（*Trifolium dubium*，lesser trefoil，suckling clover，多年生）。
- 草莓三叶草（*Trifolium fragiferum*，strawberry clover，多年生）。
- 瑞士三叶草（*Trifolium hybridum*，alsike clover，多年生）。
- 地三叶（*Trifolium subterraneum*，subterranean clover，sub clover，一年生）。
- 兔脚三叶草（*Trifolium arvense*，rabbitfoot clover，一年生）。
- 法国鸡爪豆（*Ornithopus sativus*，French serradella，一年生、多年生）。
- 冠状岩黄芪（*Hydesarum coronarium*，sulla，italian sainfoin，多年生）。
- 木本苜蓿（*Medicago arborea*，tree medics，多年生）。
- 木地肤（*Kochia prostrata*，bluebush，多年生）。
- 多叶羽扇豆（*Lupinus polyphyllus*，perennial lupin，一年生）。
- 菊苣（*Cichorium intybus*，chichory，一年生）。

- 长叶车前（*Plantago lanceolata*，plantain，一年生）。
- 油菜（*Brassica* spp.，rape，canola，一年生）。

蒙古国曾在北方相对湿润区试验了 8 种本地及引进的豆草，最后确认推荐 *Medicago varia* 作为湿润区或干旱区有灌溉条件下适应的种类。受试的 8 种豆草作物如下。

- 杂交苜蓿（*Medicago varia*，martyn sand lucerne，多年生）。
- 紫花苜蓿（*Medicago sativa*，alfalfa，lucernce，多年生）。
- 沙打旺（*Astragalus adsurgens*，erect milkvetch，多年生）。
- 草木樨状黄芪（*Astragalus melilotoides*，pulse milkvetch，多年生）。
- 巫师黄芪（*Astragalus cicer*，cicer milkvetch，多年生）。
- 东方山羊豆（*Galega orientalis*，fodder galega，eastern galaga，多年生）。
- 西伯利亚红豆草（*Onobrychus sibirica*，sibiria sainfoin，多年生）。
- 北岩黄芪（*Hedysarum boreale*，boreal sulla，多年生）。

联合国粮食及农业组织（FAO）向世界温带地区推广介绍 35 种豆草作物（Frame，2005），其中包括三叶草属 15 种，我国广泛种植，甚至是在我国栽培起源的有 7 种。

- 沙打旺（*Astragalus adsurgens*，standing milkvelch，erect milkvetch，多年生）。
- 巫师黄芪（*Astragalus cicer*，cicer milkvetch，chickpea milkvetch，多年生）。
- 紫花苜蓿（*Medicago sativa*，alfalfa，lucernce，多年生）。
- 双齿豆（*Biserrula pelecinus*，biserrula，多年生）。
- 树苜蓿（*Chamaecytisus palmensis*，tree lucerne，false tree lucerne，多年生）。
- 东方山羊豆（*Galega orientalis*，fodder galega，eastern galaga，多年生）。
- 冠状岩黄芪（*Hydesarum coronarium*，sulla，italian sainfoin，多年生）。
- 百脉根（*Lotus corniculatus*，birdfoot trefoil，common lotus，多年生）。
- 小冠花（*Securigera varia=Coronilla varia*，crownvetch，多年生）。
- 红豆草（*Onobrychis viciifolia*，sainfoin，holy grass，多年生）。
- 细叶百脉根（*Lotus glaber*，lotus tenuis，narrow-leaf trefoil，creeping trefoil，prostrate trefoil，多年生）。
- 大百脉根（*Lotus pedunculatus*，big trefoil，多年生）。
- 红三叶（*Trifolium pratense*，red clover，多年生）。
- 白三叶（*Trifolium repens*，white clover，多年生）。
- 高加索三叶草（*Trifolium ambiguum*，caucasian clover，kura clover，多年生）。
- 瑞士三叶草（*Trifolium hybridum*，alsike clover，多年生）。
- 草莓三叶草（*Trifolium fragiferum*，strawberry clover，多年生）。
- 蒺藜苜蓿（*Medicago truncatula*，barrel medic，一年生）。
- 白花草木樨（*Melilotus albus*，white sweetclover，一、二年生）。
- 紫云英（*Astragalus sinicus*，chinese milkvetch，一年生）。
- 黄花鸡爪豆（*Ornithopus compressus*，yellow serradella，一年生）。
- 粉花鸡爪豆（*Ornithopus sativus*，pink serradella，French serradella，一年生）。
- 草豌豆（*Pisum sativum*，forage pea，field pea，一年生）。

- 箭筈豌豆（*Vicia sativa*，common vetch，spring vetch，garden vetch，一年生）。
- 长柔毛野豌豆（*Vicia villosa*，hairy vetch，fodder vetch，sand vetch，一年生）。
- 埃及三叶草（*Trifolium alexandrinum*，berseem，egyptian clover，一年生）。
- 钝叶三叶草（*Trifolium dubium*，yellow suckling clover，一年生）。
- 格兰氏三叶草（*Trifolium glanduliferum*，gland clover，一年生）。
- 玫瑰三叶草（*Trifolium hirtum*，rose clover，一年生）。
- 绛三叶（*Trifolium incarnatum*，crimson clover，Italian clover，一年生）。
- 米氏三叶草（*Trifolium michelianum*，ballansa clover，bigflower，一年生）。
- 波斯三叶草（*Trifolium resupinatum*，persian clover，birdeye clover，一年生）。
- 地三叶（*Trifolium subterraneum*，subterranean clover，subclover，一年生）。
- 箭三叶草（*Trifolium vesiculosum*，arrowleaf clover，一年生）。

综上，根据欧洲、北美洲所栽培种植的饲草作物统计，温带地区栽培种植的禾草作物有 23 属 41 种（表 3-2）。这不是一个完全清单，但包括了现在各个地区主要栽培种植的禾草作物，未列入种类基本都是在局域地形或土壤决定的特定生境区栽培种植。

表 3-2　温带地区禾草作物

序号	中文普通名	拉丁学名	英文名	生活型
1	冰草	*Agropyron cristatum*	crested wheatgrass	多年生
2	高冰草	*Agropyron elongatum*	tall wheatgrass	多年生
3	中间冰草	*Agropyron intermedium*	pubescent wheatgrass	多年生
4	苇状看麦娘	*Alopecurus arundinaceus*	creeping foxtail	多年生
5	大看麦娘	*Alopecurus pratensis*	meadow foxtail	多年生
6	大须芒草	*Andropogon gerardii*	big bluestem	多年生
7	沙地须芒草	*Andropogon hallii*	sand bluestem	多年生
8	饲用燕麦	*Avena sativa*	forage oat	一年生
9	草甸雀麦	*Bromus biebersteinii*	meadow bromegrass	多年生
10	五彩雀麦	*Bromus coloratus*	coloured bromegrass	多年生
11	无芒雀麦	*Bromus inermis*	smooth bromegrass	多年生
12	山丹雀麦	*Bromus riparius*	meadow bromegrass	多年生
13	放牧雀麦	*Bromus stamineus*	grazing bromegrass	多年生
14	雀麦草	*Bromus cebadilla*	bromegrass	多年生
15	草原雀麦	*Bromus willdenowii*	Prairie grass	多年生
16	鸭茅	*Dactylis glomerata*	orchard grass	多年生
17	紫穗稗	*Echinochloa esculenta*	Japanese millet	多年生
18	披碱草	*Elymus dahuricus*	dahurian wildrye grass	多年生
19	新麦草	*Elymus junceus*	Russian wildrye	多年生
20	北方披碱草	*Elymus lanceolatus*	northern wheatgrass	多年生
21	细茎披碱草	*Elymus trachycaulus*	slender wheatgrass	多年生
22	中间偃麦草	*Elytrigia intermedia*	intermediate wheatgrass	多年生
23	苇状羊茅	*Festuca arundinacea*	tall fescue	多年生

续表

序号	中文普通名	拉丁学名	英文名	生活型
24	草甸羊茅	*Festuca pratensis*	meadow fescue	多年生
25	紫羊茅	*Festuca rubra*	creeping red fescue	多年生
26	窄颖赖草	*Leymus angustus*	altai wildrye grass	多年生
27	大平原新麦草	*Leymus cinereus*	great basin wild rye	多年生
28	多花黑麦草	*Lolium multiflorum*	annual ryegrass	一年生
29	多年生黑麦草	*Lolium perenne*	perennial ryegrass	多年生
30	绿针草	*Nassella viridula*	green needle grass	多年生
31	西部拟冰草	*Pascopyrum smithii*	western wheatgrass	多年生
32	水生虉草	*Phalaris aquatic*	bulbous canary grass	多年生
33	金丝雀虉草	*Phalaris canariensis*	reed canary grass	多年生
34	猫尾草	*Phleum pratense*	Timothy	多年生
35	草地早熟禾	*Poa pratensis*	kentucky bluegrass	多年生
36	假地胆草	*Pseudoroegneria spicata*	bluebunch wheatgrass	多年生
37	澳洲碱茅	*Puccinellia ciliata*	puccinellia	多年生
38	中间偃麦草	*Elytrigia intermedia*	intermediate wheatgrass	多年生
39	高麦草	*Thinopyrum ponticum*	tall wheatgrass	多年生
40	苏丹草	*Sorghum sudanense*	sudan grass	一年生
41	高丹草	*Sorghum hybrid sudangrass*	gaodan grass	一年生

注：根据各种资料整理，未包括我国培育的种类

同样，根据欧洲、北美洲所栽培种植的豆草作物统计，温带地区栽培种植的豆草作物有 20 属 61 种，其中，苜蓿属 15 种，三叶草属 19 种（表 3-3）。这也不是一个完全清单，但包括了现在各地区主要栽培种植的豆草作物种类，未列入种类基本都是在局域地形或土壤决定的特定生境区栽培种植。

表 3-3　温带地区豆草作物

序号	中文名	拉丁名	英文名	生活型
1	巫师黄芪	*Astragalus cicer*	cicer milkvetch	多年生
2	哈莫黄芪	*Astragalus hamosus*	milk vetch	一年生
3	双齿豆	*Biserrula pelecinus*	biserrula	一年生
4	木豆	*Cajanus cajun*/*C. indicus*	pigeon pea	多年生
5	小冠花	*Coronilla varia*	crownvetch	多年生
6	东方山羊豆	*Galega orientalis*	galega	多年生
7	冠状岩黄芪	*Hedysarum coronarium*	sulla	多年生
8	长萼鸡眼草（朝鲜胡枝子）	*Kummerowia stipulacea*	Korean lespedeza	一年生
9	矮山黧豆	*Lathyrus humilis*	dwarf chuckling	一年生
10	绒毛山黧豆	*Lathyrus hirsutus*	caley pea	一年生
11	家山黧豆	*Lathyrus sativus*	grasspea，chickling vetch	一年生
12	丹吉尔山黧豆	*Lathyrus tingitamus*	tangier flat pea	一年生
13	兵豆	*Lens culinaris*	lentil	一年生

续表

序号	中文名	拉丁名	英文名	生活型
14	截叶胡枝子	*Lespedeza cuneata*	sericea lespedeza	多年生
15	百脉根	*Lotus corniculatus*	birdsfoot trefoil	多年生
16	大百脉根	*Lotus pedunculatus*	big trefoil	多年生
17	超大百脉根	*Lotus uliginosus*	greater lotus	一年生
18	黄花苜蓿	*Medicago falcata*	yellow alfalfa	多年生
19	海滨苜蓿	*Medicago littoralis*	strand medic	一年生
20	天蓝苜蓿	*Medicago lupulina*	black medic	一年生
21	螺状苜蓿	*Medicago murex*	murex medic	一年生
22	扣形苜蓿	*Medicago orbicularis*	button medic	一年生
23	南苜蓿	*Medicago polymorpha*	burr clover（含海滨苜蓿和天蓝苜蓿）	一年生
24	坚硬苜蓿	*Medicago rigidula*	rigid medic	一年生
25	伽马苜蓿	*Medicago rugosa*	gama medic	一年生
26	紫花苜蓿	*Medicago sativa*	alfalfa，lucerne	多年生
27	蜗牛苜蓿	*Medicago scutellata*	snail medic	一年生
28	球状苜蓿	*Medicago sphaerocarpus*	sphere medic	一年生
29	杂交苜蓿	*Medicago tornata* × *M. littorali*	hybrid disc medic	一年生
30	圆盘苜蓿	*Medicago tornata*	disc medic	一年生
31	蒺藜苜蓿	*Medicago truncatula*	barrel medic	一年生
32	杂交苜蓿	*Medicago varia*	martyn sand lucerne	多年生
33	白花草木樨	*Melilotus alba*	white melilot	一年生
34	黄花草木樨	*Melilotus officinalis*	sweetclover，yellow sweetclover	二年生
35	红豆草	*Onobrychis viciifolia*	sainfoin	多年生
36	纤弱鸡爪豆	*Ornithopus pinnatus*	slender serradella	一年生
37	法国鸡爪豆	*Ornithopus sativus*	French serradella	一年生
38	埃及三叶草	*Trifolium alexandrinum*	berseem clover	一年生
39	高加索三叶草	*Trifolium ambiguum*	kura clover	多年生
40	杯状三叶草	*Trifolium cheleri*	cupped clover	一年生
41	东星三叶草	*Trifolium dasyurum*	eastern star clover	一年生
42	草莓三叶草	*Trifolium fragiferum*	strawberry clover	多年生
43	格兰氏三叶草	*Trifolium glanduliferum*	gland clover	一年生
44	玫瑰三叶草	*Trifolium hirtum*	rose clover	一年生
45	瑞士三叶草	*Trifolium hybridum*	alsike clover	一年生
46	绛三叶	*Trifolium incarnatum*	crimson clover	一年生
47	米氏三叶草	*Trifolium michelianum*	balansa clover	一年生
48	红三叶	*Trifolium pratense*	red clover	多年生
49	白三叶	*Trifolium repens*	white clover	多年生
50	波斯三叶草	*Trifolium resupinatum*	persian clover	一年生
51	肯尼亚三叶草	*Trifolium semipilosum*	Kenya clover	多年生
52	囊状三叶草	*Trifolium spumosum*	bladder clover	一年生
53	地三叶	*Trifolium subterraneum*	subterranean clover，subclover	一年生

续表

序号	中文名	拉丁名	英文名	生活型
54	土门三叶草	*Trifolium tumens*	talish clover	多年生
55	箭叶三叶草	*Trifolium vesiculosum*	arrowleaf clover	一年生
56	胡卢巴	*Trigonella foenum-graecum*	fenugreek	一年生
57	紫花野豌豆	*Vicia benghalensis*	purple vetch	一年生
58	匈牙利野豌豆	*Vicia pannonica*	Hungarian vetch	一年生
59	箭筈豌豆	*Vicia sativa*	common vetch	一年生
60	长柔毛野豌豆	*Vicia villosa*	hairy vetch	一年生
61	豇豆	*Vigna unguiculata*	cowpea	一年生

注：根据各种资料整理，未包括我国培育的种类

世界范围内，豆科籽粒类作物广泛种植，收获全株青贮或籽粒，用于干旱季节或冬季的蛋白质饲料及补充料。温带地区栽培种植的豆科籽粒类饲料作物有 7 属 12 种，全部为一年生（表 3-4）。

表 3-4 温带地区豆科籽粒饲料作物

序号	中文名	拉丁名	英文名
1	鹰嘴豆	*Cicer arietinum*	chickpea
2	大豆	*Glycine max*	soybean
3	白花羽扇豆	*Lupinus albus*	white lupin
4	狭叶羽扇豆	*Lupinus angustifolius*	narrow leaved lupin
5	黄花羽扇豆	*Lupinus luteus*	yellow lupin
6	多叶羽扇豆	*Lupinus polyphyllus*	perennial lupin
7	普通芸豆	*Phaseolus vulgaris*	common bean，field bean
8	豌豆	*Pisum sativum* subsp. *arvense*	field peas
9	豌豆	*Pisum sativum*	field pea，austrian winter pea
10	蚕豆	*Vicia faba*	broad bean，field bean，faba bean
11	绿豆	*Vigna radiata*	mung bean，green gram
12	赤豆	*Vigna angularis*	adzuki bean

除上述禾草和豆草作物外，世界一些国家和地区还选择培育了一些双子叶饲草作物或饲料作物。

- 饲用芸苔（*Brassica* spp.，rape，canola，一年生或二年生，十字花科）。
  - 叶状油菜（*Brassica napus*，forage rape）。
  - 球茎油菜（*Brassica napus*，swede）。
  - 叶状芜菁（蔓菁、苤蓝）（*Brassica rapa*，leafy turnips）。
  - 球茎芜菁（蔓菁、苤蓝）（*Brassica rapa*，bulb turnips）。
  - 高秆甘蓝（*Brassica oleracea*，kale，chou moellier）。
  - 萝卜（*Raphanus sativus*，forage radish）。
- 菊苣（*Cichorium intybus*，chichory，多年生，菊科）。

- 莴苣（*Lactuca sativa*，lettuce，一年生，菊科）。
- 车前（*Plantago lanceolata*，plantain，多年生，车前科）。
- 籽粒苋（*Amaranthus hypochondriacus*，grain amaranth，一年生，苋科）。
- 甜菜（*Beta vulgaris*，beet，sugar beet，一年生，藜科）。
- 胡萝卜（*Daucus carota* van. *sativa*，carrot，一年生，伞形科）。

同时，世界范围内，各地广泛种植禾本科一年生籽粒作物作为饲草作物或饲料作物，用于干旱或寒冷季节的补充饲草或饲料。如下种类有时被全株利用作为饲草作物，如青贮玉米；有时主要收获籽粒或干草作为饲料作物，如籽粒玉米。

- 玉米（*Zea mays*，corn，一年生）。
- 高粱（*Sorghum bicolor*，sorghum，一年生）。
- 黍（稷）（*Panicum miliaceum*，proso millet，一年生）。
- 粟（谷子）（*Setaria italica*，foxtail millet，一年生）。
- 普通小麦（*Triticum aestivum*，wheat，一年生）。
- 黑麦（*Secale cereale*，rye，一年生）。
- 小黑麦（*Triticum*×*Secale*，triticale，一年生）。
- 燕麦（*Avena sativa*，oat，一年生）。
- 大麦（*Hordeum vulgare*，forage barley，一年生）。

第二节　饲草的形态结构、生态生理

形态结构是理解饲草产量、质量及其可持续性对环境及管理反应的基础。相似的形态结构往往具有相似的生理生态功能及表现，特定的形态结构具有特定的生理生态功能，并对管理及环境做出不同的反应。

草地植物一般被分为 5 个功能群组，禾草、拟禾草、阔叶草、灌木及多汁植物。禾草是天然草地中最主要的类群，阔叶草中的豆草在湿润地区广泛受到重视。阔叶草中的一些其他类群普遍种植用于生产饲草料，其他阔叶草、拟禾草、灌木及多汁植物多为天然草地伴生种，或仅在一些特定地区出现并使用。

一、禾草的形态结构

禾草一般分为温带夏季一年生、暖温带冬季一年生和多年生；C_3 光合类型、C_4 光合类型；直根型、根茎型、丛生型、匍匐茎型。生长型、开花时间、种子产量是讨论禾草生长适应及草丛持续存在的重要形态结构特征。形态结构及生理特征可以为探讨禾草能否混合利用、混播比例及是否适应管理等提供机理解释。

禾草种子的籽粒实际为颖果，外部为果皮，果皮外有紧密包裹的稃片，或稃片松散包裹，有的颖果成熟后与稃片分离。种子千粒重、休眠性及储存寿命是饲草作物种植栽培所关注的内容。

种子吸水后，主根伸长，并快速长出须根，形成根系，上面长出子叶及真叶，形成幼苗。冷季禾草的幼苗顶芽多保留在播种时的深度，暖季禾草幼苗的顶芽被推至近地面

（Hoshikawa，1969，图 3-1），这一特性有利于冷季禾草的建植成功率。种子外部包裹的稃片有调节水分吸收的作用。

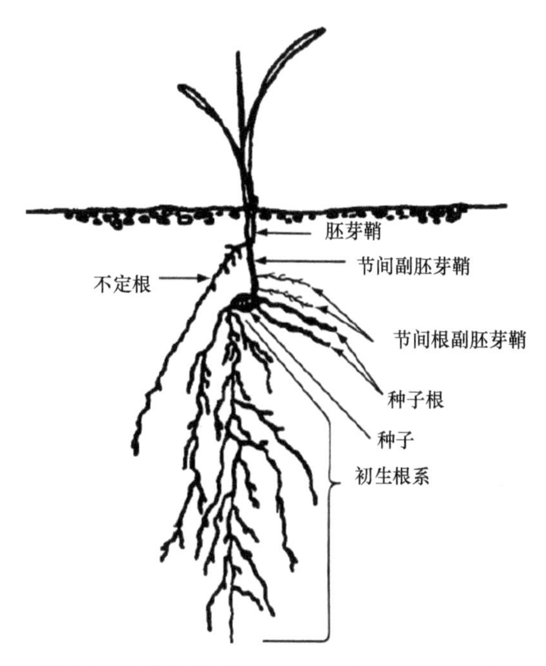

图 3-1　禾草幼苗（Newman and Moser，1988）

禾草的叶主要由叶舌、叶片组成，多长条形、带形。C_4 禾草多为暖季禾草，其叶片维管束鞘发达，维管束鞘外侧紧密毗连着一圈叶肉细胞，组成“花环”结构；C_3 禾草多为冷季禾草，其叶片维管束鞘仅有两层细胞，细胞较小，无“花环”结构。C_4 植物的 CO_2 补偿点低，C_3 禾草的 CO_2 补偿点高。C_4 禾草叶片消化慢，C_3 禾草叶片消化快（Akin，1989）。C_4 禾草叶片消化慢，有利于保护蛋白酶，增加过瘤胃蛋白数量，使牲畜生长表现良好（Capone et al.，1996）。

禾草的枝明显分为两类，营养枝和繁殖枝。营养枝短，节间不伸长，枝的顶芽保存于近地面。这一特性有利于保护枝的顶芽不被放牧或割草伤害，并在割草或放牧后快速生长成新的营养枝。当温度或日照长短变化刺激，引起营养枝节间伸长，顶芽分化为花芽，形成繁殖枝。无论是营养枝条或繁殖枝，特别是繁殖枝，一旦顶芽被放牧或割草移除，这些枝条将死亡，引起新的分蘖产生。若新分蘖不能产生，草地发生退化，特别是当新分蘖遭频繁放牧或割草，不能产生足够完整的根系系统时，草地退化严重。

一株禾草发育完整后，包括主茎秆、节及节间、叶片、花序及下面的旗叶（图 3-2）。C_3 禾草的节间茎秆多空芯，而 C_4 植物的节间茎秆多实芯，内部充满髓。成熟茎秆多木质化，多茎禾草比多叶禾草质量差。即使成熟分蘖的叶片营养高，由于其在伸长的茎秆上分散，牲畜采食量并不高。当禾草冠丛密集且营养枝较多时，牲畜每口采食量及总进食量达到最大化；但如果冠丛较低，即使采食速率增加，牲畜也不能最大化总进食量（Mcginniss et al.，1992；Smart et al.，2001）。许多多年生禾草的直立茎基部节间缩短并增大，形成根颈冠储存积累碳水化合物和蛋白质，根颈冠处的腋芽可以发育成新分蘖或根茎或匍匐茎。根颈处积累的能量及腋芽保证禾草在度过不良时期后能持续生长，一年生禾草通过产生种子度过不良时期。

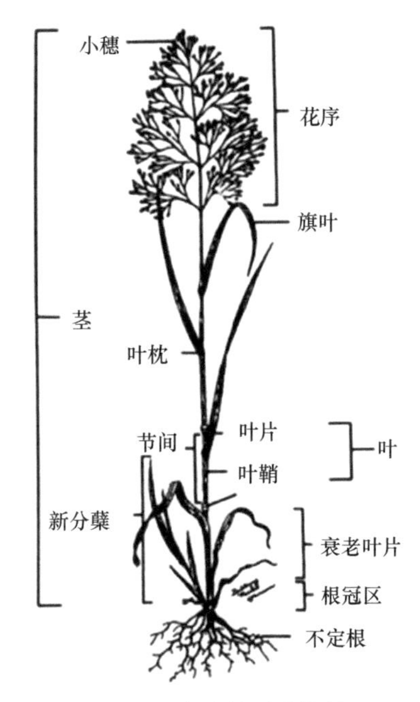

图 3-2 完整的禾草植株

多年生根茎禾草根颈处的腋芽可以发育成根茎，即生长于地下的茎，往往富含营养，通过根茎度过不良阶段，并由其上鳞状叶处的腋芽形成新分蘖。具有长根茎的禾草能使稀疏草地变得浓密，而短根茎禾草形成稀疏的丛，无根茎禾草很少有横向扩展，多形成密丛。匍匐茎由根颈的腋芽产生，生长于地面，其上的腋芽同样可以产生新枝条或匍匐茎，往往在地面形成草皮层（图 3-3）。

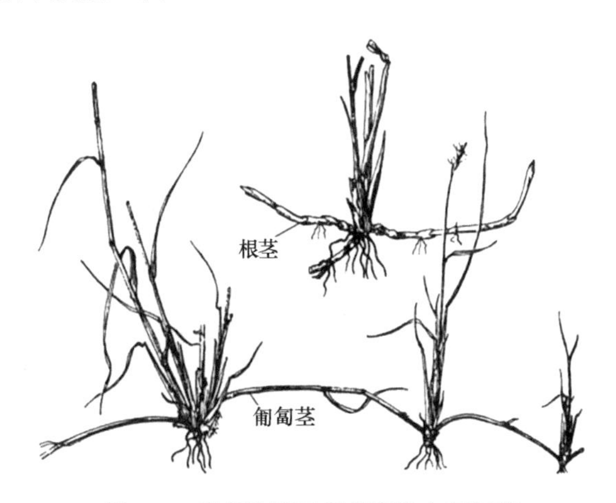

图 3-3 禾草的地下根茎和地上匍匐茎

草丛由植物的分蘖组成，草丛生产力取决于分蘖密度和重量。禾草分蘖的基本重复生长单位称为节单元（phytomer），由一个下部节、一个节间、一个叶鞘、一个叶片及一个腋芽组成（图 3-4）。禾草生长时，节单元自下而上顺序发生。

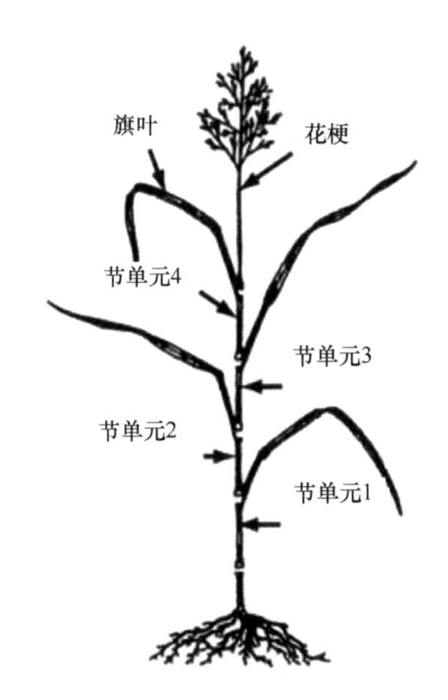

图 3-4 禾草植株及其节单元（Moore and Moser，1995）

禾草地上节处也能产生分蘖，所产生分蘖自叶舌处长出，称为鞘内分蘖（intravaginal tiller），所产生分蘖自叶鞘底部斜向长出，称为鞘外分蘖（extravaginal tiller）（图 3-5）。鞘内分蘖是丛生禾草的基本特征，能使每个个体都呈丛状。鞘外分蘖禾草能充分利用空间，形成草皮层，短根茎鞘外分蘖禾草往往形成稀疏草丛。低矮具根茎或匍匐茎，并具不伸长节间蘖的禾草耐频繁放牧或割草。丛生禾草适宜与豆草混播利用。禾草叶片与主茎呈锐角，即更直立，叶片单位面积吸收的光少，向下传递的光更多，单位土地面积光合速率更高。

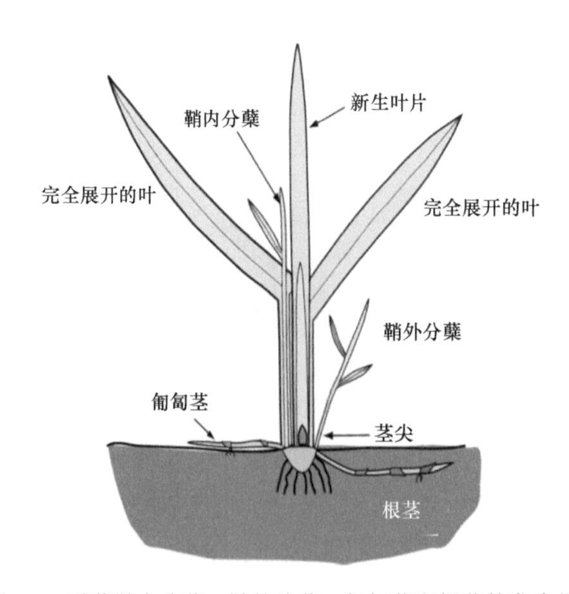

图 3-5 禾草鞘内分蘖、鞘外分蘖、匍匐茎和根茎的发生位置

禾草根的发育依赖于叶面积产生的光合产物，叶面积依赖于根从土壤中吸收的水分和养分（特别是 N）（图 3-6）。

图 3-6　禾草根系的发育（Walton，1983）
（A）无去叶；（B）轻度去叶；（C）连续重度去叶

禾草的繁殖器官总体称为花序，花序由小穗组成，小穗由小花组成。小穗是组成花序的基本单位，由颖片及 1 个或若干个小花组成。每个小花由稃片及雄蕊、雌蕊组成，有的稃片顶端或背部有芒。多数温带禾草一年开花一次，因为其营养枝需经光照阶段（秋、春季）和春化阶段（冬季）才能诱导开花。春夏生成的分蘖，需经冬季低温春化翌年开花。热带或部分温带禾草需要长日照但对春化作用需求低或无需求，并且一个生长季内多次开花。繁殖蘖在种子成熟后死亡，因此，每年产生的新蘖经当年或翌年冬季春化开花后死亡，一般存活期为 12～18 个月（图 3-7）。

一般，群丛中繁殖蘖占 40%，营养蘖占 60%，二者共同构成了群丛产量。一旦繁殖蘖死亡，其根系系统也死亡，并在土壤中形成孔洞，构造土壤结构。群丛由分蘖组成，根颈处长出的分蘖直立生长，根茎或匍匐茎长出分蘖水平生长，草丛通过新蘖不断死亡及产生而繁衍生息。

为了除杂草、预测产量及质量，需要划分禾草发育过程阶段。禾草发育过程一般分为如下 6 个阶段，其他各种精确的阶段划分方案也在研究和生产中采用（Moore et al.，1991）。

（1）营养期（vegetative），分蘖的茎秆未伸长，仅逐渐不断产生叶。

（2）拔节期（elongation），节间开始伸长，茎尖升高。

（3）孕穗期（boot stage），花苞大量出现，幼小的花序包裹在旗叶的叶鞘内。

（4）抽穗期（heading），花序露出，并逐渐展开。

（5）扬粉期（anthesis），小花成熟，花粉开始散出。

（6）成熟期（mature seed），花序完全发育，种子成熟。

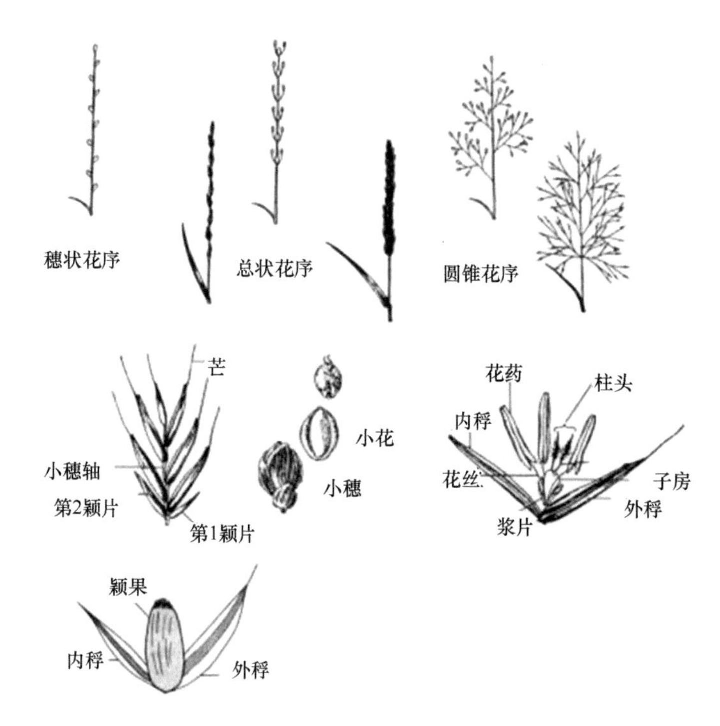

图 3-7　禾草的繁殖器官结构（Stubbendieck et al.，1997；Dayton，1948）

二、阔叶草的形态结构

豆草为阔叶草，其他阔叶草具有与豆草相似的根、茎、叶等形态结构，但不具有固氮功能。豆草的典型特征为蝶形花冠。作为饲草利用的其他阔叶草有菊苣、芸苔。

豆草以其固氮且饲草质量优异发展成为一类重要的阔叶草，但是，因为其适应幅度窄，生产中需要加强管理以维持其产量和可持续性。豆草分一年生、二年生和多年生3 类生活型。

多数豆草能与固氮菌共生固氮，并于根上形成根瘤菌，增加土壤 N 含量，减少禾草或籽粒作物对氮肥的依赖。同时，豆草植株蛋白质含量高，消化率高，牲畜采食量高，有利于牲畜生长。

豆草的叶片分单叶、三出复叶及羽状复叶，有的羽状复叶再由三出复叶构成（图 3-8）。紫花苜蓿等豆草的生长点位于枝条顶端，当割草或放牧移除顶芽后，下面的腋芽或地面处的腋芽再生，形成新枝条。豆草的腋芽都有发展成新枝条的潜力。

红三叶等豆草具有长长的叶柄，支持叶片在群丛上部形成冠丛，而枝条的顶芽位于冠丛下部，繁殖生长阶段顶芽才伸出冠丛。在营养生长阶段，动物只能采食掉上部的叶片和叶柄，而保留下部的顶芽继续生长，这就是红三叶广泛与多年生禾草混播在一起利用的原因。白三叶具有长长的匍匐茎，顶芽贴近地面，放牧和割草只能移除上面的叶片和叶柄，很少伤害顶芽。

二年生及多年生豆草的根储藏碳水化合物及含氮化合物，以供翌年割草或放牧后再生用。紫花苜蓿等多年生草本豆草主根明显。红三叶等短命多年生豆草根多分枝，但

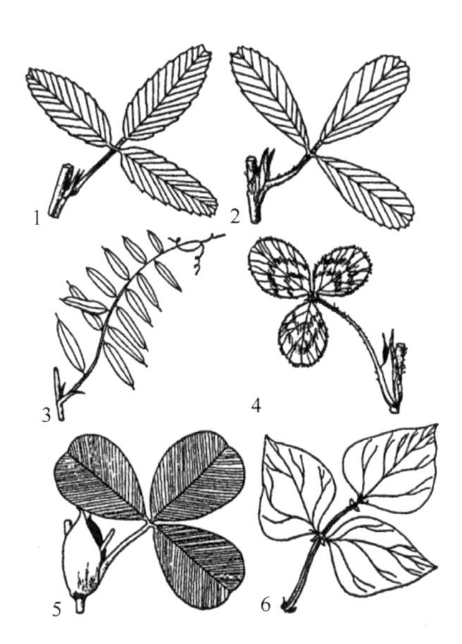

图 3-8　豆草的叶柄和叶片（Collins et al.，2018）

1. 草木樨；2. 紫花苜蓿；3. 长柔毛野豌豆；4. 红三叶；5. 鸡眼草；6. 豇豆

主根仅能存活 2～3 年，植株也相伴死亡。白三叶主根细小，2～3 年内染病死亡，但是在主根死亡之前，匍匐茎节处生根形成新的分株，所形成的新植株不断长出匍匐茎，不断形成新植株，老的植株不断死亡。种子产生的植株主根入土深，较为耐寒耐旱，而后匍匐茎产生的根仅生长在表土层，不耐寒也不耐旱。

豆草的花多呈蝶形，组成总状、穗状、伞状花序。不同种类，每花序分别由不同数量的小花组成，每朵小花成熟后产生 1 个荚果。不同种类的荚果形态各异（图 3-9）。荚果的果皮称为果荚，果荚内包含种子，荚果成熟后果荚开裂或不开裂，开裂的果荚不利于

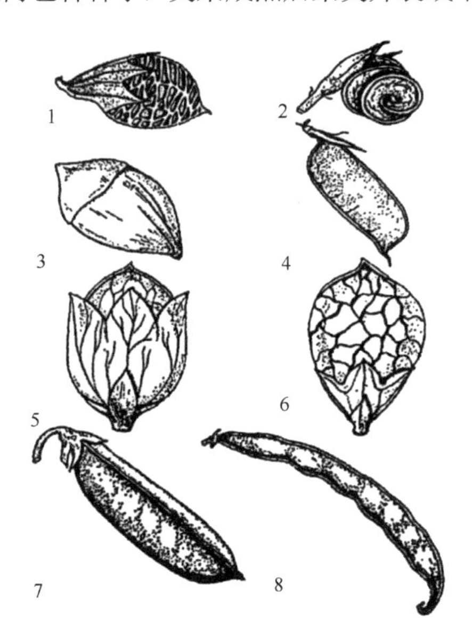

图 3-9　豆草植物荚果类型（显示残存的柱头和残留的萼片）（Collins et al.，2018）

1. 草木樨；2. 紫花苜蓿；3. 红三叶；4. 长柔毛野豌豆；5. 胡枝子；6. 鸡眼草；7. 豌豆；8. 豇豆

种子生产收获。豆草种子多有硬实现象，即种皮不透水，限制了种子发芽。在土壤中，硬实种子由于微生物作用、干湿交替作用及冻融作用，种皮逐渐软化，可以吸水发芽。

储藏、刻划种皮、酸处理可以降低种子硬实率。某一年产生的硬实种子在后续年份里可以陆续发芽生长，有利于草地生产。但是，紫花苜蓿有自毒现象，所建植的群丛产生毒性，对其后续所生产的种子在当地的发芽、根生长及幼苗发育均有抑制作用。

多数豆草幼苗生长都为子叶出土型，即下胚轴伸长将子叶顶出土壤表面。一些豆草幼苗生长为子叶留土型，下胚轴不伸长，保留在种子播种深度，上胚轴伸长，形成茎和真叶。所有类型的幼苗生长都是种子吸水后胚根先突破种皮伸长，子叶出土类型为下胚轴伸长形成一个弯弓，弯弓顶出土壤表面，在光的作用下，弯弓变直，子叶平展开，开始进行光合作用，完成出土。光合作用开始之前，幼苗利用子叶中储藏的营养进行呼吸和生长。幼苗的前 1～2 片真叶往往为单叶或三出复叶，后面出现的叶才与成年植株的叶相似。子叶留土型幼苗类型有适应优势，当幼小的幼苗被折断或冻伤，地下留存子叶之上的茎节处可以再生芽，维持继续生长。子叶出土型幼苗的优点是子叶可以保护顶芽生长点和幼叶，并且子叶早期可以进行光合作用，助力幼苗生长。子叶展开面积可以达到原来面积的 10 倍以上，并且光合作用持续 2～3 周。子叶出土后，上胚轴靠近子叶处的几个节发展成根颈，产生许多分枝。

许多多年生子叶出土型豆草幼苗出土6～8周以后，开始收缩生长(contractile growth)，即子叶着生并且根颈形成的第 1 个茎节逐渐被拉向土壤表面以下，原因可能是下胚轴及主根上部横向扩展生长，导致上部变粗变短，被拉向下方。白三叶可以被拉下 0.6 cm；红三叶可以被拉下 1.3 cm；紫花苜蓿可以被拉下 2.0 cm；草木樨可以被拉下 3.8 cm，这些植物的越冬性直接取决于根颈所在的深度。春季严冬过后，豆草再生始自近地面根颈处的腋芽，夏季割草或放牧后，豆草再生始自地面以上部分解除休眠的腋芽。

表述成熟程度、预测产量和质量、讨论管理实践，都需要根据主枝条生长高度、开花阶段描述豆草田的生长发育阶段等。一般用营养期、花苞期、早花期、中花期、果熟期、果后期进行描述。Fick 和 Mueller（1989）发展了一套利用枝条数量和重量进行计算的数量化方法，分 4 阶 10 段（表 3-5）。

表 3-5 紫花苜蓿各发育阶段指示指标及描述

阶段		描述
营养阶段		
0	早营养阶段	枝条长<15 cm，花芽、花、果荚不可见
1	中营养阶段	枝条长 15～30 cm，花芽、花、果荚不可见
2	晚营养阶段	枝条长>30 cm，花芽、花、果荚不可见
花芽阶段		
3	早花芽阶段	1～2 个茎节可见花芽，花、果荚不可见
4	晚花芽阶段	≥3 个茎节可见花芽，花、果荚不可见
开花阶段		
5	早花阶段	1 个茎节可见开放的花，没有果荚
6	晚花阶段	≥2 个茎节可见开放的花，没有果荚

续表

阶段		描述
种子阶段		
7	早果荚阶段	1～3 个茎节具绿色的果荚
8	晚果荚阶段	≥4 个茎节可见绿色的果荚
9	熟果荚阶段	多数茎节可见褐色成熟的果荚

资料来源：Fick and Mueller，1989

三、饲草的生态生理

饲草植物由 80%的碳水化合物、10%～15%的蛋白质及核酸、2%～5%的脂类、5%～7%的矿物质及一定量的有机酸、某些维生素及次生代谢产物（苯丙素类、醌类、黄酮类、单宁类、萜类、甾体、苷类及生物碱）构成。碳元素（C）占碳水化合物的 40%以上，氮元素（N）占蛋白质的 16%、占核酸的 14%。初级代谢产物是动物所需的能量基础，次级代谢产物对动物生长有特殊意义，对一些饲草资源的开发有重要价值。

饲草植物通过 C_3 途径或 C_4 途径进行光合作用，转化太阳能及 CO_2 成为单糖，这些单糖能直接储存于种子或用于饲草再生。植物通过呼吸，并从土壤中吸收矿物质，转化单糖成为脂类和蛋白质，形成新组织并维持老组织。酶是一种特殊蛋白质，决定植物光合与呼吸，所以，N 缺乏影响植物光合及呼吸，最终影响植物生长。磷（P）、硫（S）是氨基酸的组分，镁（Mg）、钾（K）影响酶代谢，根从土壤中吸收这些矿物质转移到维管组织，需要呼吸分解的能量。C、N 代谢及矿物质营养吸收相互作用，影响饲草生产、饲草质量及其可持续性。由于夜间呼吸消耗白天光合的产物，一般，下午植物体营养高于早晨植物体的营养，牛、羊更喜食下午收获的干草（Fisher et al.，1999）。

种植耕作农田引起风蚀、水土流失的土地宜于种植多年生饲草进行放牧利用。多年生饲草覆盖地面严密，可以获取更多的太阳能，并降低风速、增加土壤渗透、增加土壤有机质和 N 而培肥土壤。动物采食饲草，经过消化后，部分营养通过粪尿再循环回到土壤，饲草可以保护并改善不良土地，并通过饲养牲畜生产优质食物。

C_4 植物的光合速率高于 C_3 植物，并且 C_4 植物的水分利用效率高于 C_3 植物。但是，在 CO_2 倍增情景下，C_3 植物的光合效率和生产将增加 30%，而 C_4 植物增加很少。

C_3 和 C_4 物种的净光合作用（光合作用减去呼吸和光呼吸）在低辐照度下同样增加。然而，在高辐照度下，C_3 植物的净光合作用受到限制，因为 CO_2 向羧化酶的输送较慢。温度高于 30℃，光呼吸显著降低了 C_3 植物的净光合作用。紫花苜蓿具有 C_3 光合作用，但反应居 C_3 和 C_4 之中。

光合产物的 10%～50%用于光呼吸，30%～80%用于暗呼吸。暗呼吸可以概念性分为生长呼吸和维持呼吸，呼吸后的结果表现为生长（图 3-10）。光合产物（总光合－光呼吸）超过维持呼吸和生长呼吸，表现为生长，并以淀粉或果糖的形式保存起来，主要的储存器官为根茎、匍匐茎及根基部。植物休眠呼吸、花及种子形成、抵抗冷热胁迫都用到储存的有机物。春季植物幼小，或割草或放牧后，储存的物质被转化为果糖或氨基酸，运输到代谢组织用于呼吸和生长。

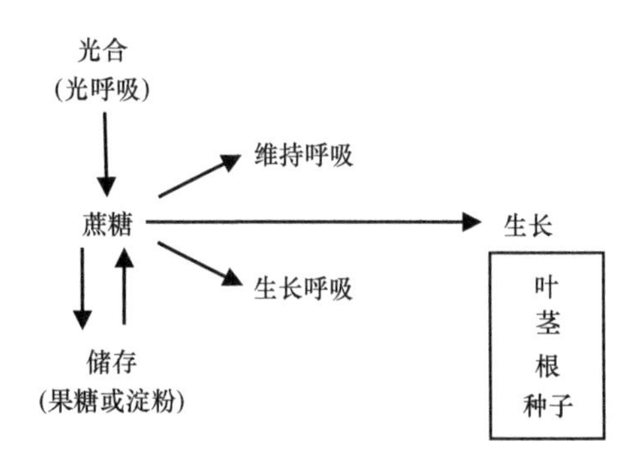

图 3-10　光合、呼吸、生长概念图

叶片通过净光合作用形成的碳水化合物被蔗糖转运到植物维持呼吸的其他部位，如叶、茎、根及种子，优先利用蔗糖，随植物成熟而增加。生长呼吸主要发生在细胞分裂或扩张的区域（如新叶和新根）。当光合作用超过生长和呼吸的需要时，多余的碳水化合物被储存为淀粉或果糖。维持呼吸发生于各组织，随植物成熟而增加；生长呼吸发生于分裂和扩展的生长组织

温度适宜、土壤通气性良好情况下，铵态氮（NH_4^+）快速转化为硝态氮（NO_3^-），植物易于吸收硝态氮，并将多余部分储藏于细胞的液泡中。植物利用硝态氮之前，必须降解硝态氮为铵态氮（图 3-11）。当施肥后土壤中硝态氮过量时，多余的硝态氮转移到枝条或叶片中，并降解为亚硝酸根（NO_2^-），这些物质被动物采食后对其有毒害作用。

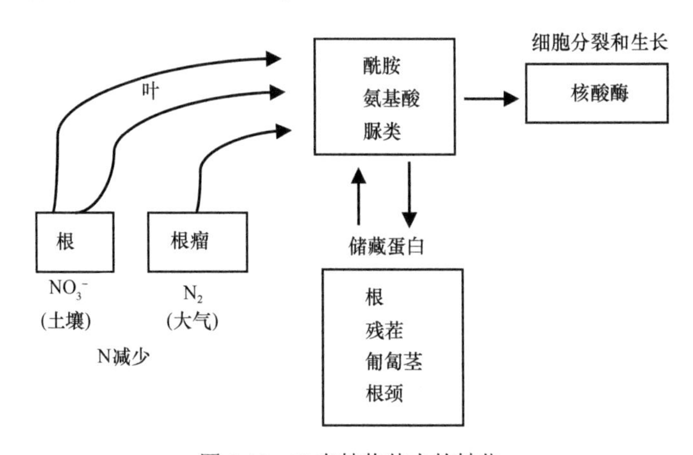

图 3-11　N 在植物体内的转化

大气中的氮（N_2）可以被根瘤菌固定形成有机氮（$-NH_2$），硝态氮（NO_3^-）可以直接从土壤中吸收。一些种类中，根中的 NO_3^-利用光合能量转化为有机氮；一些种类中，NO_3^-转移到叶片中临时储存，或利用光合能量转化为有机氮。当有机氮超过生长需要时，多余部分被储存起来。

豆草、C_4 禾草的根茎、匍匐茎、根中储藏淀粉（葡萄糖聚合物）；冷季禾草在各营养组织中储藏果聚糖（果糖聚合物）；所有饲草的叶绿体和种子都储藏淀粉。淀粉不溶于水，存在于非绿色组织的淀粉体，其内不含光合作用酶；果聚糖溶于水，存在于细胞的液泡中。果聚糖代谢酶在低温下即可发生代谢作用，这或许是 C_3 植物比 C_4 植物更适于低温生长的原因。

植物秋季储存剩余的光合产物，春季用这些产物进行生长。春季光合产物多于生长和呼吸需要后，多余产物返回储藏器官。割草或放牧后，叶面积减少，光合不能满足呼吸和生长需要，储存产物再被用于呼吸和生长。

一般，当苜蓿生长到 15～20 cm 时，光合产物多于呼吸和生长需要，多余的光合产物被转移到根部储存，至盛花期，随着叶片衰老，根中储存的光合产物被用于开花和种子生长。随种子发育，根颈处形成新枝条，此时植物的呼吸作用最大（图 3-12）。

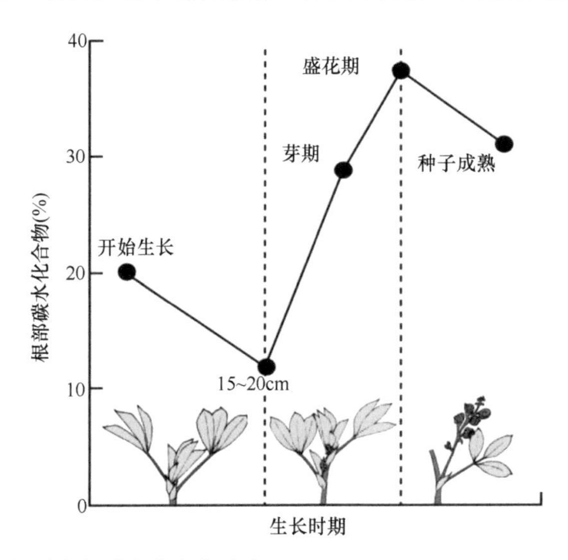

图 3-12　紫花苜蓿根储存的碳水化合物动态（Graber et al.，1927；Fick and Mueller，1989）

根储存的碳水化合物被分解，到顶端生长和叶面积发育到足以产生多余的碳水化合物为止。根颈开始萌发新芽通常会减少储存，因为消耗的碳水化合物比老叶片产生的碳水化合物多

禾草根部很少储存碳水化合物，营养阶段的叶鞘及茎基部、繁殖阶段的茎下部，碳水化合物浓度最高。如果放牧只移除草丛上部叶片，对再生速率和根生物量影响很小；如果放牧啃食掉大部分叶鞘，储存的碳水化合物及蛋白质被移走，剩余量不足以支撑根的维持和枝条再生。

轻度去叶保存更多的下部营养用于后续生长，后续生长滞后时间少。高强度去叶导致更多的下部营养被清除，致使牧草再生缓慢，降低草丛的季节性生产力（图 3-13）。

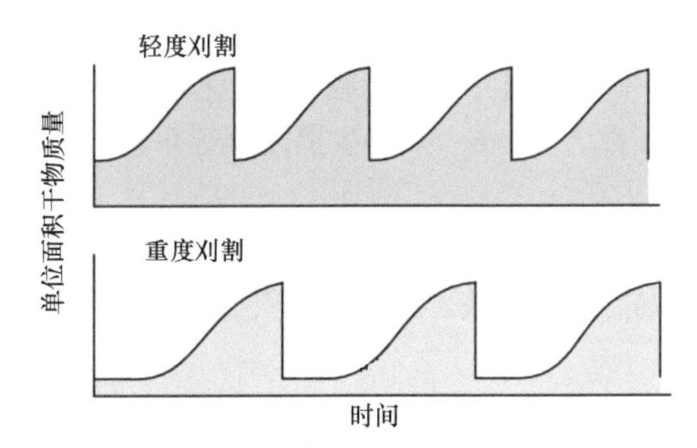

图 3-13　不同强度放牧或刈割去叶的生长反应（Walton，1983）

轻度刈割再生快；重度刈割消耗更多的储存营养，延长再生时间。每次刈割的时间点为光截获达到 95%时

高温加速生长及成熟，夏季积累碳水化合物相对较少。在低温、少 N、中度干旱情况下，光合作用减少量高于生长和呼吸的减少量，碳水化合物的储存增加。储存碳水化合物的数量取决于饲草的割草利用方式如高茬频繁刈割或放牧、低茬限定刈割或放牧（图 3-14）。割草或放牧降低碳水化合物储存，影响再生。混合草地密集连续放牧降低喜食种类竞争力，其数量减少。草地中的豆草被选择采食后，有利于禾草竞争光，并且禾草可以利用微生物降解豆草的根瘤氮，表现为生长优势明显。

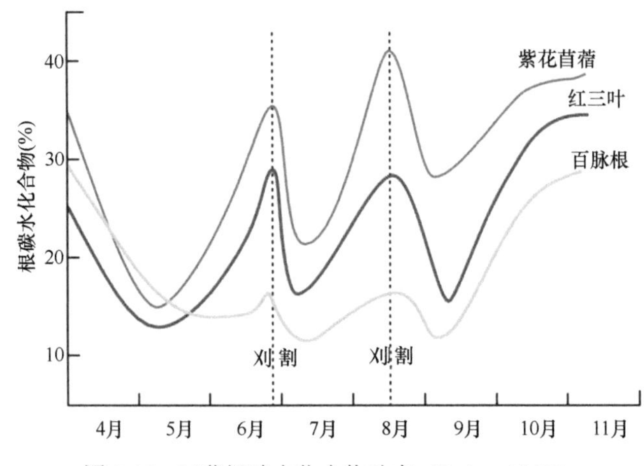

图 3-14　豆草根碳水化合物动态（Dale，1962）

春季各物种的碳水化合物含量都很高，根系储存对刈割的反应很明显。红三叶根碳水化合物在整个夏季都保持较低水平，但在秋季上升到较高水平，因为，秋季生长缓慢。无论割与否，百脉根根碳水化合物在生长季一直较低，而紫花苜蓿变化显著

紫花苜蓿收割或放牧后，枝条再生，新生枝条 N 含量非常高，根瘤菌固氮能力急剧下降，所固定 N 量不能满足新枝条生长需要，若此时土壤中没有足够的无机氮，储存的蛋白氮将被转移利用（图 3-15）。

收割或放牧禾草后，枝条再生需要大量的 N，N 决定细胞分裂数量和速度，而储存的碳水化合物决定细胞长大速度及最终体积（MacAdam et al.，1989）。多年生黑麦草再生所需要的 N 40%来源于储存的 N，紫花苜蓿为 75%（图 3-15）。储存的 N 及碳水化合物对于再生都非常重要。

为了最大化净光合及生产，需要对冠丛进行管理。割草或放牧后，植株再生开始，草丛净生产持续增加，直到冠丛密实到截获 95%光照，此时叶面积指数被称为临界叶面积指数。红三叶及白三叶等具平展叶植物的临界叶面积指数为 3～5；紫花苜蓿等直立茎小叶植物的临界叶面积指数为 5～6；多年生黑麦草等垂直叶植物的临界叶面积指数为 7～10。

冠丛截获光线超过 95%以后，下部叶被遮阴，随上部叶面积增加，下部叶陆续死亡，因此，截获光线超过 95%需及时收获。剩余叶面积量及储存有机物量决定草丛后续再生长速度。

叶片直立角度对光线穿透冠丛有影响。直立叶片穿过冠丛的光线多，平展叶片穿过冠丛的光线少。穿过的光线少对于抑制杂草有利，但也会引起下部叶片枯萎凋亡（图 3-16）。生长状态及储存的有机物决定饲草对密集连续放牧的适应程度。

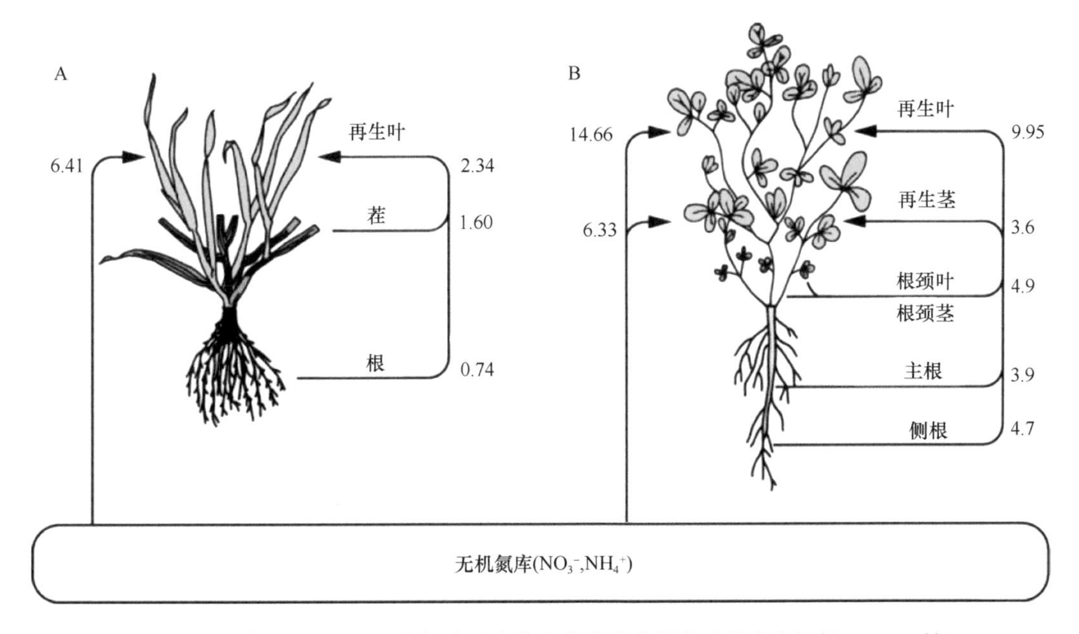

图 3-15 再生 20～24 天，多年生黑麦草和紫花苜蓿根和残茬中有机氮（mg N/株）的再分配（Volenec et al.，1996）

A. 多年生黑麦草前 6 天输出的 N 完全来源于储存；B. 紫花苜蓿前 10 天输出的 N 主要来源于储存。（其余的黑麦草 73%和紫花苜蓿 61%来源于土壤无机氮）

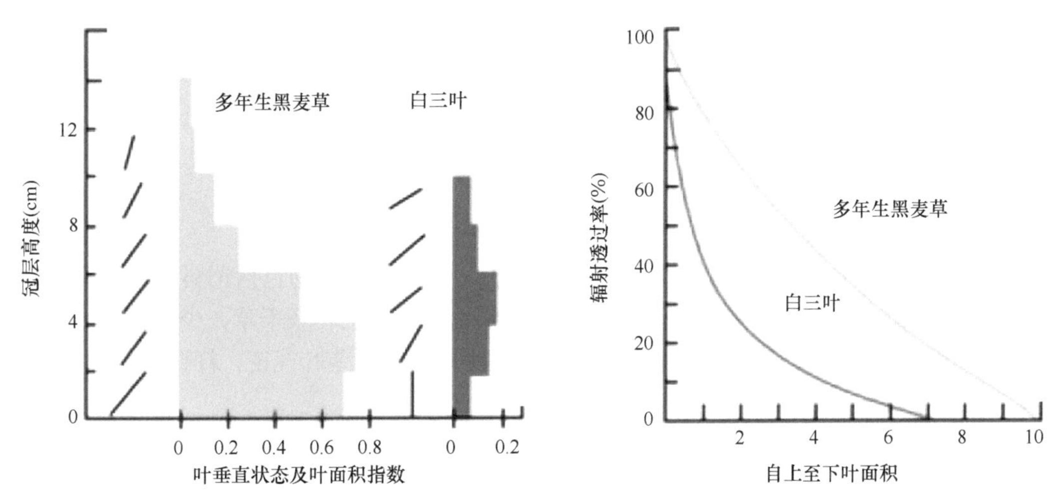

图 3-16 多年生黑麦草和白三叶的叶片数量垂直分布（左）及对应的辐射透过率（右）（Loomis and Williams，1969）

多数禾草的营养蘖在开花之前并不伸长生长。管理禾草冠丛的临界时期为繁殖生长开始，花穗上升期。此时期，下部叶片及分蘖遭受遮阴，枝条的延长生长引起瞬间营养资源反向流动，抑制营养蘖生长。在猫尾草–紫花苜蓿人工草地，在苜蓿早花期割草可以获得高质量干草，但此时禾草繁殖枝伸长生长，此时割草抑制分蘖。尽管晚割草降低产量，但为了禾草在混合群落中持续良好生存，割草应该推迟至扬粉期。在猫尾草的孕穗期，茎基部储存的碳水化合物最少，分蘖芽此时也很少，扬粉期分蘖芽开始增多

（图 3-17）。孕穗期割草推迟再生 2 周以上，由于所割枝条死亡，再加上有其他相伴种类遮阴营养蘖储存的有机物少。在枝茎伸长生长之前割草或放牧，可以保留顶端生长点不被破坏，保存继续生产种子的潜力。扬粉后割草能保持腋生分蘖具有良好的恢复状态。一些禾草可以在任何阶段收割，不影响其分蘖再生。

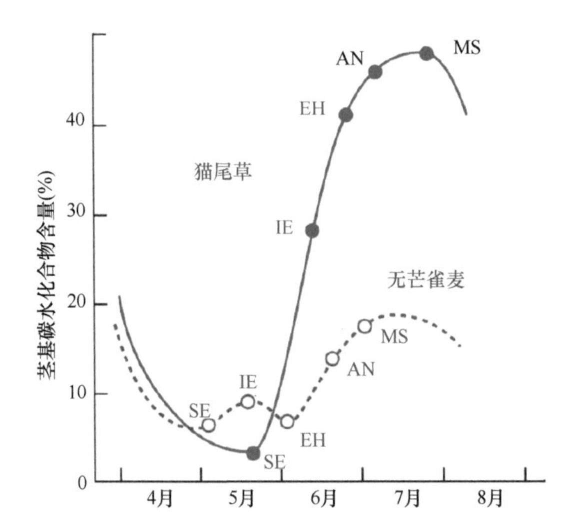

图 3-17　猫尾草和无芒雀麦茎基非结构性碳水化合物的变化（Smith et al.，1986a）

SE. 茎伸长开始期；IE. 花序出现期；EH. 抽穗早期；AN. 扬粉期；MS. 种子成熟期

营养蘖少的禾草比营养蘖多的禾草对割草或放牧的伤害敏感。种子产量取决于繁殖蘖的数量，再生取决于营养蘖的数量。

第三节　饲 草 作 物

饲草作物（forage crop），有广义和狭义之分，广义饲草作物包括饲料作物及饲枝作物。狭义饲草作物是指以放牧利用为主的饲用作物，有时也收获干草，少用于青贮。狭义饲草作物一般低矮，产量 4～9 t/hm^2，分蘖再生能力强，茎叶茂密，籽粒产量相对少，黄花草木樨等例外。

一、多年生黑麦草、猫尾草、鸭茅、苇状羊茅

多年生黑麦草、猫尾草、鸭茅及苇状羊茅为一类中生到湿生的饲草类群，种植要求降水在 500 mm 以上，并且土壤质地肥沃，这样才能取得相应的潜在产量。此类群还有多花黑麦草（*Lolium multiflorum*）、苇状看麦娘（*Alopecurus arundinaceus*）及加那利虉草（*Phalaris canariensis*）等种类及品种。此类群饲草建植的饲草场多用于放牧，也用于收获干草，少部分用于青贮，这完全取决于放牧饲养、收获出售或饲养的经济效益。

多年生黑麦草

中文别名：黑麦草。

英 文 名：perennial ryegrass。

拉丁学名：*Lolium perenne* L.。

分类地位：禾本科（Gramineae）黑麦草属（*Lolium*）。

全世界黑麦草属约 10 种，我国产 5 种，分别为多花黑麦草（*Lolium multiflorum*）、多年生黑麦草（*Lolium perenne*）、欧黑麦草（*Lolium persicum*）、疏花黑麦草（*Lolium remotum*）及硬直黑麦草（*Lolium rigidum*）。多年生黑麦草、多花黑麦草为全世界优良饲草，无论在热带还是温带都广泛栽培，但需要降水充分的湿润地区。多年生黑麦草或多花黑麦草在人口少、土地多、气候湿润地区有重要饲用栽培价值。多年生黑麦草+白三叶组合已发展成为世界典型栽培草地。

植物形态特征：多年生，纤维状根系，主根粗，侧根细，通常有丛枝菌根，有成群（或分蘖）生长特性。秆丛生，高 30～90 cm，具 3～4 节，柔软，基部节上生根。叶片线形，长 5～20 cm，宽 3～6 mm，下表面深绿色，光滑，上表面有凸出的平行脉。穗状花序直立或稍弯，长 10～20 cm，宽 5～8 mm。外稃长圆形，草质，长 5～9 mm，具 5 脉，平滑，基盘明显，顶端无芒或上部小穗具短芒。颖果长约为宽的 3 倍。花果期 5～7 月（刘亮，2002）。

地理分布及生长适应：分布于欧洲南部、亚洲暖温带、非洲北部。生于草甸，路旁湿地常见。由于结籽能力强，发芽容易、活力强，多年生黑麦草可以从被种植的田地传播到路边、人行道、废弃地、河岸及沙丘（刘亮，2002）。

南非、北美、南美、新西兰及澳大利亚广泛种植为饲草作物（Lamp et al.，1990）。1860 年，澳大利亚引入和评价，维多利亚政府在墨尔本动物园附近建立野外实验场，1928 年开始筛选评价驯化品种（Cunningham et al.，1994）。

湿润-中生的水分生态类型。适应广泛的土壤，适宜 pH 6～7。多年生黑麦草对重金属具有很强的抗性和较强的富集能力（Bidar et al.，2007），尤其对重金属锌，即使在 Zn^{2+} 浓度达到 16 mmol/kg 时，多年生黑麦草生长也不受抑制（徐卫红等，2006）。适合温暖、湿润的温带气候，适宜在夏季凉爽，无严寒，年降水量 800～1000 mm 的地区生长。生长最适温度为 20～25℃，耐热性差，35℃以上生长不良，并且分蘖枯萎，存在越夏困难问题（李鹏等，2013）。

生长过程及营养成分：多年生黑麦草单次产量达 3 t/hm^2，1 年可以刈割 5 次，即每 40 天刈割 1 次，刈割累积产量可达 9 t/hm^2（图 3-18）。

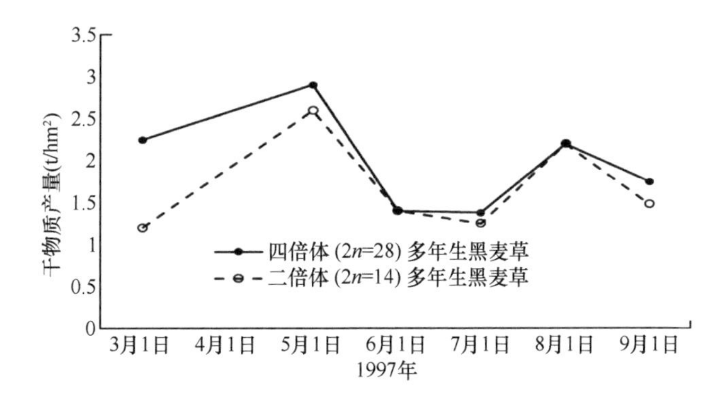

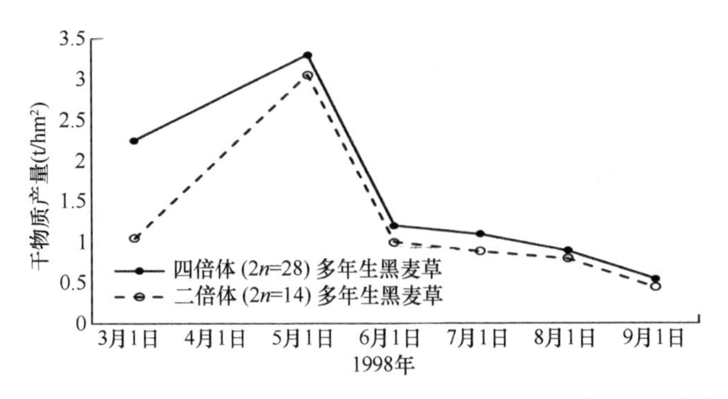

图 3-18　多年生黑麦草（5 个四倍体，2 个二倍体）不同收获期的干物质产量（改绘自 Jensen et al.，2001）

多年生黑麦草营养价值高，富含蛋白质、矿物质和维生素，其中，干草粗蛋白含量高达 25%以上，且叶多质嫩，适口性好（表 3-6～表 3-8），可直接喂养牛、羊、马、兔、鹿、猪、鹅、鸵鸟及鱼等。各地多用多年生黑麦草与豆草混播以改良土壤肥力。生长快、分蘖多、耐牧，为优质的放牧用饲草，也是禾草中可消化物质产量最高的饲草之一。

表 3-6　多年生黑麦草不同收获期营养成分

营养成分	收获期（年.月.日）						
	2005.11.1	2005.11.29	2005.12.28	2006.1.23	2006.2.16	2006.3.14	2006.4.19
干物质产量 DMY（t/hm^2）	0.92～1.90	0.97～1.40	2.63～3.57	1.03～1.44	1.91～2.56	1.30～1.98	1.30～2.30
体外干物质消化率 IVDMD（g/kg DM）	752～773	813～826	796～811	790～825	796～836	800～818	789～840
代谢能 ME（MJ/kg DM）	11.3～11.7	12.4～12.6	12.1～12.3	12.0～12.6	12.1～12.8	12.1～12.4	11.9～12.8
代谢能 ME（MJ/hm^2）	10.67～21.47	11.98～17.66	31.60～43.55	12.38～17.75	20.91～30.29	16.12～23.98	16.23～29.00
粗蛋白 CP(g/kg DM）	214～243	166～203	155～182	176～203	205～234	203～220	216～228
中性洗涤纤维 NDF（g/kg DM）	452～489	420～462	466～485	434～480	441～477	489～500	452～487
酸性洗涤纤维 ADF（g/kg DM）	178～224	173～188	222～235	184～213	178～204	209～222	178～204

资料来源：Lee et al.，2008

表 3-7　12 个品种多年生黑麦草 3 个收获期营养成分平均值

营养成分	收获期（月.日）		
	5.21	6.11	6.29
干物质 DM（g/kg）	229	246	219
体外干物质消化率 IVDMD（g/kg DM）	804	785	795
总能量 GE（MJ/kg DM）	17.96	17.99	18.51
粗蛋白 CP（g/kg DM）	160	138	176
中性洗涤纤维 NDF（g/kg DM）	384	416	398
酸性洗涤纤维 ADF（g/kg DM）	208	203	199
水溶性碳水化合物 WSC（g/kg DM）	236	205	198
粗灰分 CA（g/kg DM）	98	86	83

续表

营养成分	收获期（月.日）		
	5.21	6.11	6.29
总脂肪酸 FA（g/kg DM）	38.3	31.6	44.0
豆蔻酸 MA（g/kg DM）	0.4	0.5	0.4
棕榈酸 PA（g/kg DM）	7.4	7.1	9.4
棕榈油酸 POA（g/kg DM）	1.2	1.0	1.8
硬脂酸 SA（g/kg DM）	0.3	0.3	0.4
油酸 OA（g/kg DM）	0.9	0.7	0.9
亚油酸 LA（g/kg DM）	5.2	4.2	5.5
亚麻酸 LNA（g/kg DM）	22.8	17.8	25.6

资料来源：Palladino et al.，2009

表 3-8 多年生黑麦草蜡熟初期收获时不同部位干物质和矿物质含量

干物质和矿物质	1997 年				1998 年			
	茎	叶	花	根	茎	叶	花	根
干物质 DM（g/m^2）	486	142	67	63	637	106	78	113
氮 N（g/kg DM）	12.0	22.7	25.6	10.1	9.2	19.7	27.3	10.0
磷 P（g/kg DM）	2.68	2.72	3.11	1.35	2.45	2.15	4.35	1.25
钾 K（g/kg DM）	13.6	7.9	29.2	2.5	13.6	9.1	13.1	2.4
N/P	4.5	8.4	8.2	7.5	3.8	9.2	6.3	8.0
铜 Cu（mg/kg DM）	3.9	5.2	9.0	21.9	2.0	5.9	6.0	21.8
锌 Zn（mg/kg DM）	51.2	14.4	18.6	79.1	33.6	38.1	37.8	92.0

资料来源：Pederson et al.，2002

猫尾草

中文别名：梯牧草、长穗狸尾草、猫公树。

英 文 名：Timothy-grass，timothy，cat’s tail。

拉丁学名：*Phleum pratense* L.。

分类地位：禾本科（Gramineae）梯牧草属（*Phleum*）。

全世界梯牧草属有 18 种，我国产 4 种，分别为猫尾草、鬼蜡烛（*Phleum paniculatum*）、高山猫尾草（*Phleum alpinum*）及假梯牧草（*Phleum phleoides*）。猫尾草为世界性优质饲草作物，在我国一些地区有潜在饲用栽培价值。

植物形态特征：多年生，须根稠密，有短根茎。秆直立，基部常球状膨大并宿存枯萎叶鞘，高 40～120 cm，具 5～6 节。叶鞘松弛，叶片扁平，两面及边缘粗糙，长 10～30 cm，宽 3～8 mm。圆锥花序圆柱状，灰绿色，长 4～15 cm，宽 5～6 mm。颖脊上具硬纤毛，外稃薄膜质，脉上具微毛，顶端钝圆，内稃略短于外稃。颖果长圆形，长 1 mm。花果期 6～8 月（郭本兆，1987）。

地理分布及生长适应：原产于欧洲和亚洲西部，湿润-中生类型。在欧亚两洲之温带地区有分布，野生者多见于海拔 1800 m 之草原及林缘。我国新疆昭苏有野生种，一些省份为引种栽培（郭本兆，1987）。18 世纪早期从新英格兰引入美国南部各州，18 世纪中期成为英国干草的主要来源之一。

湿润-中生的水分生态类型。适应各种土壤类型，在黏土及壤土上生长最好，耐微酸及微碱性土壤（赵变荣，2016）。耐湿性较差，土壤过于潮湿或低洼内涝均不利于生长。根系入土较浅，抗旱差，适宜生长地区的年降水量为 750～1000 mm（赵变荣，2016）。在有灌溉条件的地区也可茂盛生长，产量高，品质好。不耐热，在 35℃以上的持续高温且干燥条件下，一般不能安全越夏（耿立格等，2004）。对干旱和高温敏感，不适应干旱（有灌溉条件的地区除外）和夏季高温。

生长过程及营养成分：北方于 4～5 月返青，7～8 月开花，8～9 月种子成熟。猫尾草为长寿命植物，一次种植可利用 5～6 年，管理条件好，可利用 10～15 年（赵变荣，2016）。第 2 年以后产草量增加，第 5 年后产草量下降。第一次刈割的时间越早，再生的时间就越晚，导致生物量恢复的速度越慢，可通过分蘖和叶面积恢复植株生长（图 3-19）。

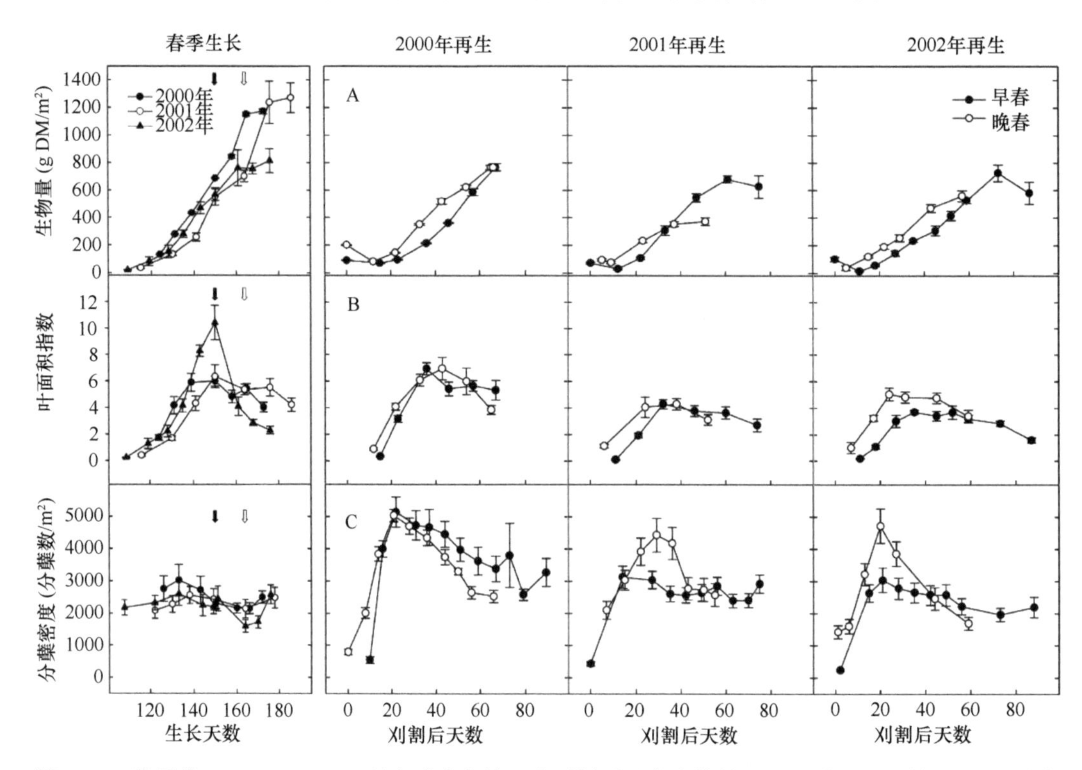

图 3-19　猫尾草（cv. Grindstad）早春或晚春第一次刈割后再生生物量（A）、叶面积指数（B）及分蘖密度（C）（Höglind et al.，2005）

箭头表示早春第一次刈割的时间，实心箭头为 2000 年和 2002 年刈割时间，空心箭头为 2001 年刈割时间。左图中每条曲线的最后一个数据点的当天进行晚春的第一次刈割

猫尾草营养价值高、适口性好、栽培简单、饲喂方便，是发展畜牧业的优良饲草（表 3-9）。可与三叶草、紫花苜蓿等多种饲草混播，有利于抑制其他杂草，提高产草量。与豆草混播，也有利于养分供应和改良土壤。混播时猫尾草播种量 80%，其他草种占 20%较适宜（多保永等，1998）。

表 3-9　猫尾草（cv. Champ）不同生长阶段的营养成分

营养成分	春季生长		夏季再生	
	上午	下午	上午	下午
干物质产量 DMY（t/hm^2）	3.88	4.22	3.49	4.10
体外干物质消化率 IVDMD（g/kg DM）	861	872	794	787
中性洗涤纤维 NDF（g/kg DM）	619	613	611	597
酸性洗涤纤维 ADF（g/kg DM）	337	337	383	376
无氮浸出物 NFE（g/kg DM）	48.6	67.7	90.5	100.8
水溶性碳水化合物 WSC（g/kg DM）	5.8	6.0	5.2	6.1
淀粉 starch（g/kg DM）	19.6	29.2	28.8	42.7
蔗糖 sucrose（g/kg DM）	17.0	21.2	19.1	18.8
葡萄糖 glucose（g/kg DM）	9.4	12.7	11.3	11.5
氮 N（g/kg DM）	22.9	21.6	15.8	15.2

注：上午刈割时段为 8:00～10:00，下午刈割时段为 15:00～16:15

资料来源：Pelletier et al.，2010

鸭茅

中文别名：鸡脚草、猫草。

英 文 名：cocksfoot，orchard grass，cat grass。

拉丁学名：*Dactylis glomerata* L.。

分类地位：禾本科（Gramineae）鸭茅属（*Dactylis*）。

全世界鸭茅属有两种，狭叶鸭茅（*Dactylis stenophylla*）和鸭茅（*Dactylis glomerata*），鸭茅有 7 个亚种，我国产鸭茅 1 种。在我国一些地区有潜在饲用栽培价值。

植物形态特征：多年生，秆直立或基部膝曲，茎基部扁平，单生或少数丛生，高 40～120 cm。叶鞘无毛，通常闭合达中部以上。叶片扁平，灰绿色，边缘或背部中脉均粗糙，长 6（10）～30 cm，宽 4～8 mm。圆锥花序开展，呈显著的簇状三角形，伸展或斜向上升。小穗多聚集于分枝上部，绿色或稍带紫色。外稃背部粗糙或被微毛，脊具细刺毛或具稍长的纤毛，顶端具长约 1 mm 的芒。花果期 5～8 月（刘亮，2002）。种子成熟时变成浅灰棕色。

地理分布及生长适应：鸭茅原产欧洲、北非和亚洲温带，后引入全世界温带地区。北非、北美有驯化。我国西南、西北有分布，散见于大兴安岭东南坡地。华北地区有栽培及其逸生种（刘亮，2002），栽培种除驯化自当地野生种外，多引自丹麦、美国及澳大利亚等国。

湿润-中生的水分生态类型。生于海拔 1500～3600 m 的山坡、草地及林下（刘亮，2002），对土壤的适应性较广，但在潮湿、排水良好的肥沃土壤或有灌溉的条件下生长最好，比较耐酸，不耐盐渍化，最适土壤 pH 为 6.0～7.0。喜温暖、湿润气候，早春和晚秋生长最好，最适生长温度为 21℃，22℃以上生长降低（Hidari，2002；Alizadeh and Jafari，2011）。耐热性优于多年生黑麦草、猫尾草和无芒雀麦，抗寒性高于多年生黑麦草，但低于猫尾草和无芒雀麦。耐阴性较强，在遮阴条件下能正常生长。春季发芽早，生长繁茂，至晚秋尚青绿。

生长过程及营养成分：鸭茅开花期产量高达 3.64 t/hm^2（表 3-10）。但是，饲草利用需要结合产量与营养，一般在抽穗期刈割利用，并可以多次刈割利用。

表 3-10　鸭茅不同生长阶段的特征

生长特征	营养期	抽穗期	开花期	乳熟期	蜡熟期
干物质产量（t/hm^2）	2.57	3.54	3.64	3.48	3.61
株高（cm）	37.91	56.40	62.87	73.38	79.69
茎数（个/5 株）	47.0	111.3	127.7	110.0	112.8

资料来源：Rezaeifard et al.，2010

草质柔软，牛、马、羊及兔均喜食，幼嫩时尚可用于喂猪。可放牧或制作干草，也可作青贮料。再生草叶多茎少，基本处于营养生长，其成分与第一次刈割前的孕穗期相近（表 3-11）。一种优良的饲草，但适于抽穗前收割，花后质量降低（表 3-12）。

表 3-11　澳大利亚种植的鸭茅（cv. Kara）4 个生长时期的营养成分

营养成分	生长阶段（月.日）			
	夏季（12.1～2.28）	秋季（3.1～5.30）	冬季（6.1～8.30）	春季（9.1～11.30）
代谢能 ME（MJ/kg）	9.7	9.3	10.5	10.2
粗蛋白 CP（g/kg DM）	228	227	319	267
粗脂肪 EE（g/kg DM）	34	—	34	—
中性洗涤纤维 NDF（g/kg DM）	594	556	485	586
酸性洗涤纤维 ADF（g/kg DM）	323	299	257	279
水溶性碳水化合物 WSC（g/kg DM）	49	21	21	63
非蛋白氮 NPN（g/kg DM）	17.6	8.0	21.5	9.5
硝态氮 NO_3^--N（g/kg DM）	3.1	3.2	1.1	1.4
酸性洗涤可溶性氮 ADIN（g/kg DM）	2.8	—	1.1	2.2

资料来源：Fulkerson et al.，2007

表 3-12　伊朗种植的鸭茅不同生长阶段的营养成分（%）

营养成分	营养期	抽穗期	开花期	乳熟期	蜡熟期
体外干物质消化率 IVDMD	64.85	61.41	56.04	50.01	41.77
粗蛋白 CP	22.86	21.29	16.23	12.77	9.72
粗灰分 CA	7.44	7.31	6.81	5.12	4.19
水溶性碳水化合物 WSC	7.76	6.81	9.90	8.50	11.37
酸性洗涤纤维 ADF	39.23	41.01	45.32	47.51	54.30

资料来源：Rezaeifard et al.，2010

苇状羊茅

中文别名：高羊茅。

英 文 名：tall fescue。

拉丁学名：*Festuca arundinacea* Schreb.。

分类地位：禾本科（Gramineae）羊茅属（*Festuca*）。

世界羊茅属（*Festuca*）约有400种，与黑麦草属的关系密切，一些种类被归到黑麦草属。苇状羊茅（*Festuca arundinacea*）和紫羊茅（*Festuca rubra*）培育有很多优良饲草作物品种，其中一些在草坪中应用广泛，我国一些地区有潜在饲用栽培价值。

植物形态特征：多年生，秆疏丛或单生，直立，高90～120 cm，具3～4节，光滑，上部伸出鞘外的部分长达30 cm。叶片线状披针形，先端长渐尖，通常扁平，下面光滑无毛，上面及边缘粗糙，长10～20 cm，宽3～7 mm。圆锥花序疏松开展，长20～28 cm，小穗长7～10 mm，含2～3花。颖片背部光滑无毛，外稃椭圆状披针形，先端膜质2裂，裂齿间生芒。花果期4～8月（刘亮，2002）。生长季较长，通过分蘖和种子扩散，有大量的不育枝叶。

地理分布及生长适应：欧洲本地种，欧亚大陆分布。我国产于广西、四川及贵州（刘亮，2002）。不列颠地区最早对其进行了培育，19世纪晚期引入美国，1940年后作为多年生饲草广泛应用。

湿润-中生的水分生态类型。生于路旁、山坡和林下（刘亮，2002）。一般适合于pH为6～7的土壤中生长，不同品种耐酸碱盐的能力也不一样（徐胜等，2004）。耐践踏、抗病能力强、耐干旱、耐涝、喜光又耐阴，不耐低剪（余高镜等，2005）。适应性与抗逆性均强，最适生长区为年降水量450 mm 以上，温度低于4℃时停止生长。不同品种抗旱耐热的能力有差异，具深而繁茂根系的品种耐干旱和热胁迫能力强。

苇状羊茅的一个近缘种紫羊茅（*Festuca rubra*），相对耐干旱，生于山区草山草坡，耐阴。喜肥又耐瘠薄，在肥沃的土壤中能很快建植成稠密的草地，在土壤pH 为4.5时能够生长，pH 6.0～7.5最适宜。耐寒性较强，返青初期能忍受–6～–5℃的霜寒，秋季在持续–8～–7℃低温时才逐渐枯死（秦运宏和王弘舫，2011）。在–30℃的寒冷地区能安全越冬。不耐炎热，当气温达30℃时，出现轻度蔫萎，在38～40℃时，植株枯萎。生长发育缓慢，长寿命，播种当年不能形成生殖枝，在第3、第4年才能充分发育，生长6年尚旺盛（曲宪军和朝鲁，2003）。根系发达，入土深可达125 cm，耐刈割或修剪，利用年限长，7年以上仍可保持其稠密草丛（曲宪军和朝鲁，2003），产量不及苇状羊茅。

生长过程及营养成分：苇状羊茅生长速度快，每天生长可达2 cm（表3-13），产量高，可达5 t/hm^2（图3-20），具有较好的发展利用潜力。

表3-13　苇状羊茅的生长特征

生长特征	收获时间（月.日）										
	3.15	3.30	4.15	4.30	5.15	5.30	6.15	6.30	8.30	9.30	11.15
生长天数	10	25	40	55	70	85	100	115	175	205	250
单株分蘖（个/d）			1.41		0.06			0.99	0.03	0.37	0.02
青干比	6.8	5.9	4.8	3.8	3.5	3.0	2.8	2.4	1.5		
茎叶比	5.2	4.2	3.8	3.6	3.2	3.5	4.2	5.7			
叶面积指数	0.71	0.92	1.20	1.41	1.80	1.60	1.25	1.04	0.75		
株高（cm）	28.2	37.8	44.8	61.7	91.2	102.4	105.3		103.8		
生长速度（cm/d）		0.64	0.46	1.13	2.00	0.75	0.20		0.02		

资料来源：郭孝，2005

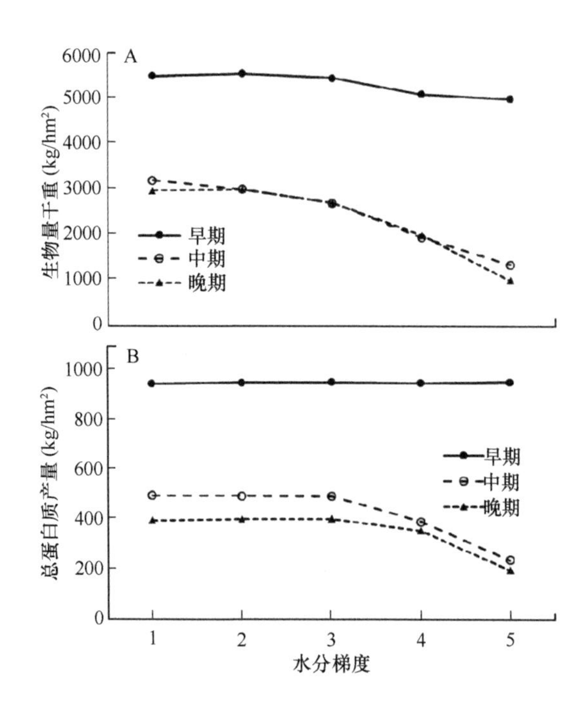

图 3-20 1996～1998 年苇状羊茅生长季不同水分条件下的干物质（A）和总蛋白质产量（B）
（改绘自 Asay et al.，2002）

苇状羊茅营养价值高，代谢能含量高，特别是消化率高（表 3-14 和表 3-15），为优质饲草作物。其近源种紫羊茅产量相对低，但营养成分与其类似（表 3-16 和表 3-17）。

表 3-14 澳大利亚种植的苇状羊茅（cv. Quantum）4 个生长时期的营养成分

营养成分	生长时期（月.日）			
	夏季（12.1～2.28）	秋季（3.1～5.30）	冬季（6.1～8.30）	春季（9.1～11.30）
代谢能 ME（MJ/kg）	9.9	9.5	10.6	9.7
粗蛋白 CP（g/kg DM）	216	269	253	284
粗脂肪 EE（g/kg DM）	24	—	24	—
中性洗涤纤维 NDF（g/kg DM）	554	508	488	542
酸性洗涤纤维 ADF（g/kg DM）	305	263	233	284
水溶性碳水化合物 WSC（g/kg DM）	77	10	53	56
非蛋白氮 NPN（g/kg DM）	17.0	10.5	18.9	16.5
硝态氮 NO_3^--N（g/kg DM）	3.8	3.5	1.7	1.4
酸性洗涤可溶性氮 ADIN（g/kg DM）	2.2	1.8	1.2	2.4

资料来源：Fulkerson et al.，2007

表 3-15 苇状羊茅（cv. Kokanee）不同生长阶段的营养成分

营养成分	春季生长		夏季再生	
	上午	下午	上午	下午
干物质产量 DMY（t/hm^2）	4.94	4.62	2.86	3.66
体外干物质消化率 IVDMD(g/kg DM)	836	859	856	853
中性洗涤纤维 NDF（g/kg DM）	609	590	575	561

续表

营养成分	春季生长		夏季再生	
	上午	下午	上午	下午
酸性洗涤纤维 ADF（g/kg DM）	337	327	358	348
无氮浸出物 NFE（g/kg DM）	85.6	91.6	57.4	109.9
淀粉 starch（g/kg DM）	6.6	7.7	4.6	6.0
蔗糖 sucrose（g/kg DM）	26.6	35.5	20.5	37.0
葡萄糖 glucose（g/kg DM）	12.3	14.7	7.0	10.2
果糖 fructose（g/kg DM）	19.3	18.9	9.8	14.4
氮 N（g/kg DM）	23.9	23.4	20.5	20.6

注：上午刈割时段为 8:00～10:00，下午刈割时段为 15:00～16:15

资料来源：Pelletier et al.，2010

表 3-16　5 个品种紫羊茅不同生长阶段的营养成分

营养成分	2001 年营养期	2003 年营养期	2004 年营养期	2001 年繁殖期
有机质消化率 OMD（%）	79.05	81.80	74.90	40.16
中性洗涤纤维 NDF（%）	55.08	48.83	50.39	79.37
酸性洗涤纤维 ADF（%）	31.07	24.70	26.12	44.90
木质素 lignin（%）	1.83	1.43	1.65	6.86
大量元素（g/kg）				
氮 N	21.47	22.73	15.96	4.84
磷 P	2.76	2.66	2.57	0.32
钾 K	24.24	14.21	12.74	10.53
钙 Ca	3.66	9.28	6.45	0.97
镁 Mg	0.84	1.35	1.52	0.38
钠 Na	—	0.069	0.070	0.104
微量元素（ppm）				
铁 Fe	—	177.72	162.37	23.14
锰 Mn	78.5	124.76	129.88	11.41
锌 Zn	19.86	19.26	15.16	3.70
铜 Cu	3.95	4.22	3.90	1.31

注：1ppm=10^{-6}

资料来源：Zabalgogeazcoa et al.，2006

表 3-17　郑州地区紫羊茅不同生长阶段的营养成分（%）

营养成分	分蘖期	拔节期	开花期	成熟期
干物质 DM	91.77	91.66	93.26	93.33
粗蛋白 CP	16.45	14.53	12.92	7.91
中性洗涤纤维 NDF	51.19	55.59	65.76	67.36
酸性洗涤纤维 ADF	27.78	30.96	38.23	40.09
钙 Ca	0.38	0.34	0.31	0.30
磷 P	0.10	0.09	0.11	0.07
总氨基酸/粗蛋白 AA/CP	92.95	86.37	82.04	88.75
总氨基酸 AA	12.29	12.55	10.60	7.02

续表

营养成分	分蘖期	拔节期	开花期	成熟期
苏氨酸 Thr	0.72	0.63	0.47	0.28
异亮氨酸 Ile	0.65	0.57	0.50	0.25
亮氨酸 Leu	1.27	0.73	0.88	0.48
赖氨酸 Lys	0.87	0.55	0.68	0.34
甲硫氨酸 Met	0.17	0.11	0.09	0.05
苯丙氨酸 Phe	0.84	0.63	0.58	0.38
缬氨酸 Val	1.35	1.07	0.93	0.66
精氨酸 Arg	0.81	0.61	0.62	0.33
组氨酸 His	0.43	0.31	0.36	0.24
半胱氨酸 Cys	0.09	0.05	0.04	0.04
酪氨酸 Tyr	0.47	0.34	0.33	0.18
丙氨酸 Ala	1.20	1.03	1.02	0.44
天冬氨酸 Asp	1.69	1.60	1.15	0.59
谷氨酸 Glu	1.91	1.70	1.25	1.34
甘氨酸 Gly	0.84	0.53	0.62	0.37
脯氨酸 Pro	1.29	1.57	0.65	0.77
丝氨酸 Ser	0.69	0.52	0.43	0.28

资料来源：刘太宇等，2013

二、无芒雀麦、扁穗冰草、披碱草、羊草

无芒雀麦、扁穗冰草、披碱草、羊草为适应中生到旱生的一类饲草作物，多适应于降水量 400 mm 左右的区域，适应的土壤范围广泛，甚至轻中度盐碱地也能生长。此类群还有草地早熟禾（*Poa pratensis*）、大须芒草（*Andropogon gerardii*）等种类及品种。此类群所建植的饲草场多用于放牧，少用于收获干草，几乎不用于青贮。最多的是用于改造天然草地（natural/native grassland），形成改良天然草地（naturalized grassland），也称永久饲草场（permanent pasture），作为放牧场（range）用于放牧。利用此类饲草的可行性同样取决于补播或种植收获出售收益或饲养产出收益。

无芒雀麦

中文别名：光稃雀麦。

英 文 名：smooth bromegrass。

拉丁学名：*Bromus inermis* Leyss.。

分类地位：禾本科（Gramineae）雀麦属（*Bromus*）。

全世界雀麦属 180 种，其中无芒雀麦被培育为饲草作物，多种植栽培于半干旱、半湿润地区。在我国一些地区有潜在饲用栽培价值。

植物形态特征：多年生，长寿命，具横走根状茎。秆直立，丛生，高 50～120 cm，无毛或节下具倒毛。叶鞘闭合，无毛或有短毛。圆锥花序长 10～20 cm，较密集，花后

开展。分枝长达 10 cm，微粗糙，着生 2～6 枚小穗，3～5 枚轮生于主轴各节。小穗含 6～12 花，长 15～25 mm，生小刺毛。颖果长圆形，褐色，长 7～9 mm（刘亮，2002）。水分充足时，秋季再次生长开花。

地理分布及生长适应：分布于亚洲、欧洲温带地区。我国东北、华北及西北等地都有野生种（刘亮，2002），多生长于山坡、道旁及河岸。世界各地均有驯化栽培，为欧洲、美洲及亚洲一些干旱、寒冷地区的栽培饲草。1884 年引入北美，1930 年后干旱时期被广泛接受（Casler et al.，2000）。我国东北 1923 年开始引种栽种实验。

中生-旱生水分生态类型。生于林缘草甸、山坡、谷地、河边及路旁，为山地草甸草场优势种。对土壤要求不高，耐瘠、耐碱性很强。在微酸性至微碱性（pH 6.5～7.5）的土壤都能正常生长（徐安凯和孙神龙，2010）。适应性广，适宜冷凉、干燥的气候条件。在年降水量 400～500 mm 的地区生长良好。抗寒性强，在–30℃低温下可安全越冬。耐阴性强，在郁闭度高的密林树下能够良好生长。

生长过程及营养成分：无芒雀麦生物量可达 3.5 t/hm^2（图 3-21～图 3-22），茎叶比达 35∶65，为多年生禾草中少有的优质饲草，各种草食家畜皆喜食，既可建立单播割草地，更适合建立与苜蓿组合的混播放牧地。

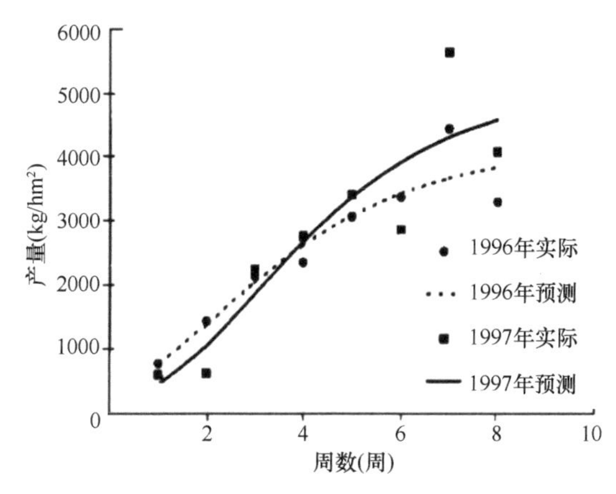

图 3-21　无刈割对照的实际产量和拟合产量（Brueland et al.，2003）

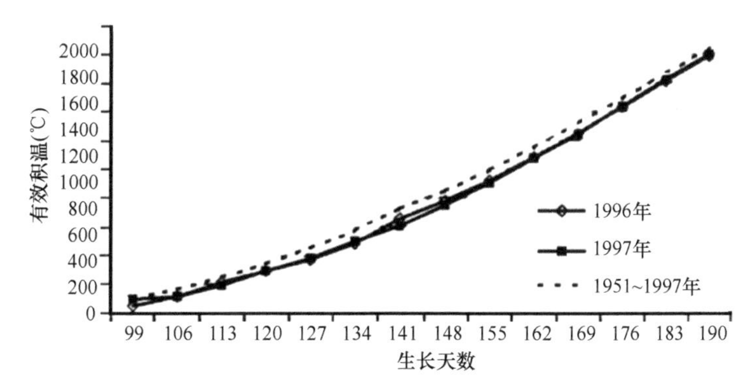

图 3-22　无芒雀麦生长期的有效积温（Brueland et al.，2003）

3 条曲线分别代表 1996 年、1997 年、1951～1997 年的平均有效积温。1996 年和 1997 年是实验年份无芒雀麦是优良饲草，营养价值高，适口性好，利用季节长（表 3-18）。耐寒、耐旱、耐放牧，适应性强，为建立人工草场的主要草种。尽管品种间营养成分有显著差异（表 3-19），但大多数差异来自成熟阶段。

表 3-18　无芒雀麦（cv. Radisson）不同生长阶段的营养成分

营养成分	春季生长		夏季再生	
	上午	下午	上午	下午
干物质产量 DMY（t/hm^2）	4.27	4.37	4.47	4.94
体外干物质消化率 IVDMD（g/kg DM）	826	847	791	787
中性洗涤纤维 NDF（g/kg DM）	640	627	629	608
酸性洗涤纤维 ADF（g/kg DM）	361	356	408	393
无氮浸出物 NFE（g/kg DM）	46.4	57.2	71.7	66.3
淀粉 starch（g/kg DM）	6.2	9.1	6.0	9.9
蔗糖 sucrose（g/kg DM）	16.3	23.4	17.9	27.1
葡萄糖 glucose（g/kg DM）	10.5	13.0	11.7	11.3
果糖 fructose（g/kg DM）	6.4	7.3	8.8	9.3
氮 N（g/kg DM）	24.7	24.8	19.2	18.9

注：上午刈割时段为 8:00～10:00，下午刈割时段为 15:00～16:15

资料来源：Pelletier et al.，2010

表 3-19　无芒雀麦（cv. Signal）不同生长阶段的营养成分　（单位：g/kg DM）

营养成分		1996 年			1997 年		
		营养期	抽穗期	开花期	营养期	抽穗期	开花期
叶片	粗蛋白 CP	—	250	286	256	242	226
	中性洗涤纤维 NDF	—	500	481	492	486	587
	酸性洗涤纤维 ADF	—	253	254	219	250	264
茎	粗蛋白 CP	—	136	96	222	140	72
	中性洗涤纤维 NDF	—	673	655	560	590	661
	酸性洗涤纤维 ADF	—	344	353	253	295	331
全株	粗蛋白 CP	264	198	152	258	180	128
	中性洗涤纤维 NDF	393	602	614	512	567	602
	酸性洗涤纤维 ADF	204	304	328	243	268	290

资料来源：Ferdinandez and Coulman，2001

扁穗冰草

中文别名：冰草、野麦子、羽状小麦草。

英 文 名：crested wheatgrass。

拉丁学名：*Agropyron cristatum*（L.）Gaertn.。

分类地位：禾本科（Gramineae）冰草属（*Agropyron*）。

冰草植物约 15 种，分布于欧亚大陆寒带、温带地区，我国有 5 种。广为利用的还有高冰草（*Agropyron elongatum*）和中间冰草（*Agropyron intermedium*），对天然草地改良有利用价值。

植物形态特征：多年生草本，疏丛状，高 20～75 cm，通常分为直立型和根茎型两类。叶片长 5～15（20）cm，宽 2～5 mm，质地较硬而粗糙，上面叶脉强烈隆起，脉上密被微小短硬毛。穗状花序较粗壮，矩圆形或两端微窄，长 2～6 cm，宽 8～15 mm。小穗紧密平行排列成两行，整齐呈篦齿状，颖舟形，脊上连同背部脉间被长柔毛，具略短于颖体的芒。外稃被有稠密的长柔毛或显著被稀疏柔毛，顶端具短芒长 2～4mm。内稃脊上具短小刺毛（郭本兆，1987）。扁穗冰草的结实性好，种子产量和质量高，因此也利用得较为广泛。

地理分布及生态适应：分布于欧洲和亚洲，北美也有分布（郭本兆，1987）。我国东北、华北及西北有分布。20 世纪上半叶从俄罗斯和西伯利亚引入北美，广泛种植于风蚀区及弃耕地。

中生-旱生水分生态类型。适应半湿润、半干旱的气候。天然生扁穗冰草很少形成单纯的植被，常与其他禾草、薹草、非禾本科植物及灌木混生。适宜的土壤类型广泛（Hafenrichter et al.，1968）。耐受 5～15 mS/cm 的盐度（Laidlaw，1977），不耐受长期水淹，特别耐旱（Laidlaw，1977）。偏好 230～380 mm 年降水量（Thornburg，1982），耐湿润，从苔原到针叶林带及高山地区（Moss，1983；Plummer et al.，1968）均有生长。耐阴，在开阔条件下生长最好（Elliott and Hiltz，1974）。具有返青早、枯黄晚、青绿期长、抗逆性强、适应性强、抗旱耐寒及发达根系，并且具有很强的分枝扩展能力。适宜于干燥寒冷地区生长。

生长过程及营养成分：在干旱草原区，它是一种优良天然牧草。分蘖能力很强，播种当年分蘖可达 25～55 个，并很快形成丛状。种子自然落地，可以自生。扁穗冰草返青早，在我国北方 4 月中旬开始返青，5 月末抽穗，6 月中下旬开花，7 月中下旬种子成熟，9 月下旬至 10 月上旬植株枯黄（表 3-20）。生育期为 110～120 天。种子产量高，易于收集，发芽力颇强。可放牧又可收获干草，单作或与豆草混作，产量 1500～2000 kg/hm^2。

表 3-20　美国怀俄明州扁穗冰草物候期（月.日）

年份	营养早期	营养晚期	孕穗期	抽穗期	开花早期—盛花期
1965	4.29	5.13	5.27	6.11	6.28
1967	4.27	5.8	5.22	6.6	6.22
1969	4.22	5.7	5.22	6.5	6.18

资料来源：Rauzi，1975

扁穗冰草品质好，营养丰富，适口性好，各种家畜均喜食（表 3-21 和表 3-22）。又因返青早，能较早地为放牧家畜提供青饲料。在干旱草原区作为催肥饲草，幼嫩时马和羊最喜食，牛和骆驼喜食，但开花后适口性和营养成分均有降低（表 3-23）。

表 3-21　扁穗冰草和无芒雀麦叶、茎及全株营养成分对比（单位：g/kg DM）

营养成分	扁穗冰草			无芒雀麦		
	叶	茎	全株	叶	茎	全株
体外干物质消化率 IVDMD	762	609	638	798	599	671
粗蛋白 CP	127	58	—	158	61	—
中性洗涤纤维 NDF	608	690	673	571	696	644

资料来源：Karn et al.，2006

表 3-22　不同刈割强度处理扁穗冰草的营养成分　　（单位：g/kg DM）

营养成分	第一年刈割强度				第二年刈割强度			
	频繁（每 4 周）	中度（每 6 周）	不频繁（每 10 周）	对照（最后收获）	频繁（每 4 周）	中度（每 6 周）	不频繁（每 10 周）	对照（最后收获）
粗蛋白 CP	240	240	230	180	215	195	170	165
中性洗涤纤维 NDF	433	528	571	577	473	574	612	616
酸性洗涤纤维 ADF	229	249	264	263	242	254	271	273
酸性洗涤木质素 ADL	25	25	26	28	31	33	35	36

资料来源：Abraham et al.，2010

表 3-23　扁穗冰草不同生长阶段的营养成分　　（单位：%）

营养成分	营养早期	营养晚期	孕穗期	抽穗期	开花早期—盛花期
粗蛋白 CP	23.3	19.8	16.0	12.7	10.4
钙 Ca	0.37	0.35	0.31	0.29	0.23
磷 P	0.26	0.22	0.23	0.22	0.19
钾 K	2.07	1.95	1.76	1.79	1.35

资料来源：Rauzi，1975

羊草

中文别名：碱草。

英 文 名：sheep grass，chinese wildrye。

拉丁学名：*Leymus chinensis*（Trin.）Tzvel.。

分类地位：禾本科（Gramineae）赖草属（*Leymus*）。

全世界赖草属约有 70 种，羊草为草甸草原区有潜力的饲草作物。因其根茎发达，羊草也被分成独立的羊草属（*Aneurolepidium*），并命名为 *Aneurolepidium chinense*。天然羊草草原在我国分布广泛，具有非常好的放牧利用价值，因其所处环境相对湿润具改造潜力，在我国一些地区有潜在饲用栽培价值。

植物形态特征：多年生，具下伸或横走根茎，须根具沙套。秆散生，直立，高 40～90 cm，具 4～5 节。叶鞘光滑，基部残留叶鞘呈纤维状，枯黄色。叶片长 7～18 cm，宽 3～6 mm，扁平或内卷，上面及边缘粗糙，下面较平滑。穗状花序直立，长 7～15 cm，穗轴边缘具细小睫毛，小穗长 10～22 mm，粉绿色，成熟时变黄。颖锥状，外稃披针形，顶端渐尖或形成芒状小尖头，花果期 6～8 月（郭本兆，1987）。颖果长椭圆形，深褐色，长 5～7 mm。种子（带稃颖果）细小，千粒重 2～3 g。

地理分布及生长适应：欧亚大陆草原区东部草甸草原及典型草原上的重要建群种，分布于 36°～62°N，120°～132°E，包括俄罗斯、日本、朝鲜和我国的黑龙江、吉林、辽宁、内蒙古、河北、山西、陕西及新疆北疆地区（郭本兆，1987；祝廷成，2004）。在我国分布的中心为东北平原、内蒙古高原的东部和华北山区、平原、黄土高原。

中生-旱生水分生态类型。喜湿润的沙壤质栗钙土和黑钙土，具有较高的耐盐碱性，是非盐生植物中耐盐碱性较高的植物之一，能生长在总盐度 0.1%～0.3%的土壤中。在 pH 5.5～9.4 时皆可生长，最适 pH 为 6～8。在排水不良的草甸土或盐化土、碱化土中亦生长良好，但不耐水淹，长期积水会大量死亡。冬季寒冷干燥，最冷月平均温度–22℃，极端最低温为–47℃条件下，越冬良好。羊草幼苗对 NaCl 和 Na_2CO_3 反应差异显著，对 NaCl 可耐受的最大强度为 600 mmol/L，对 Na_2CO_3 可耐受的最大强度为 175 mmol/L，其耐盐性显著高于小麦和大麦（颜宏等，2000；Munns and Tester，2008）。

生长过程及营养成分：羊草产量一般为 2～3 t/hm^2，栽培条件下可达 4～5 t/hm^2，为优良的放牧人工草地饲草作物。但因其再生慢，发展利用受到限制，多利用为天然草地生产系统（表 3-24）。

表 3-24　天然羊草草地产量　（单位：g/m^2）

年份	5 月	6 月	7 月	8 月
1991 年	182.0	253.4	386.6	26.9
1992 年	181.2	291.6	413.5	41.7
1993 年	170.4	251.3	498.4	37.4
1994 年	165.2	269.3	381.1	15.4
1995 年	180.8	229.1	387.2	27.1
1996 年	101.0	171.2	296.4	21.1
1997 年	129.6	206.7	336.4	30.4
1998 年	88.0	158.4	273.8	19.9

资料来源：彭玉梅等，2000

羊草春季返青早、绿期长、叶量多，是一种优质高产的饲草（刘公社和李晓峰，2011），返青期矿物质丰富（表 3-25）。7 月种子成熟，种子成熟后植物一直处于营养生长，质量相对稳定（表 3-26），饲用价值高。但是由于叶片老化，牛、羊多不愿意采食，刈割有助于维持叶片柔软，改善适口性（表 3-27）。

表 3-25　我国天然羊草草地 5～9 月营养成分（1991～1998 年平均值）（单位：%）

营养成分	5 月	6 月	7 月	8 月	9 月
水分	8.06	8.15	8.13	8.05	7.96
粗蛋白 CP	7.45	9.33	11.35	8.22	6.14
粗脂肪 EE	2.90	3.02	3.12	3.01	2.90
粗纤维 CF	23.33	25.80	26.12	29.08	31.02
无氮浸出物 NFE	52.38	47.65	45.06	45.41	46.08
粗灰分 CA	5.86	6.05	6.22	6.23	5.90
钙 Ca	0.53	0.58	0.61	0.59	0.52
磷 P	0.22	0.24	0.25	0.22	0.10
氨基酸 AA	1.21	1.59	1.98	1.85	1.49

资料来源：彭玉梅等，2000

表 3-26 不同时期羊草干草的采食量和消化率

采食量和消化率	春季	夏季	秋季	冬季
干物质采食量（g）	924.45	940.20	782.70	355.50
代谢体重采食量(g/kg)	68.29	69.86	57.09	32.53
排粪量（g）	454.25	460.63	420.02	213.63
干物质消化率（%）	50.75	50.94	46.74	36.91
有机物质消化率（%）	54.24	54.44	48.53	38.55
NDF 消化率（%）	50.60	47.81	41.52	35.64
ADF 消化率（%）	45.54	41.76	40.89	41.16

资料来源：孙海霞等，2016

表 3-27 不同季节羊草草地放牧绵羊的采食量和消化率

采食量和消化率	春季	夏季	秋季	冬季	均数标准误（SEM）
消化率					
干物质 DM（%）	73	77	54	50	2.4
能量 E（%）	74	78	54	59	2.5
有机物 OM（%）	74	80	54	54	2.2
粗蛋白 CP（%）	78	82	33	–32	5.1
中性洗涤纤维 NDF（%）	76	77	63	54	3.4
酸性洗涤纤维 ADF（%）	69	72	53	47	2.7
采食量					
干物质 DM（g/d）	1267	1868	1051	911	129.9
有机物 OM（g/d）	1203	1773	998	865	123.3
中性洗涤纤维 NDF（g/d）	910	1340	820	643	93.9
酸性洗涤纤维 ADF（g/d）	417	614	405	396	136.1
可消化蛋白 DCP（g/d）	95.8	170.9	17.4	–6.2	35.2
代谢能 ME（MJ/d）	15.3	22.7	9.3	9.6	1.8
每千克代谢体重（$LW^{0.75}$）采食量					
干物质 DM（g/d）	91.4	119.2	59.0	57.7	9.44
有机物 OM（g/d）	86.7	113.2	56.0	54.8	8.96
中性洗涤纤维 NDF（g/d）	65.6	85.6	46.0	40.7	6.81
酸性洗涤纤维 ADF（g/d）	30.1	39.2	22.7	25.1	3.22
可消化蛋白 DCP（g/d）	6.91	10.93	0.97	–0.40	2.66
代谢能 ME（MJ/d）	1.10	1.45	0.52	0.61	0.13

资料来源：Sun and Zhou，2007

三、红三叶、埃及三叶草

世界上三叶草属约有 250 种，我国产两种，大花车轴草（*Trifolium eximium*）分布于新疆北部山地，野火球（*Trifolium lupinaster*）分布于呼伦贝尔草地，引入若干种，包括红三叶和白三叶。全世界培育利用的三叶草种类多于 20 种，包括多年生种类和一年生种类，我国自然分布的两种有潜在培育利用价值。三叶草混播改良半湿润区天然草地具有很高的价值。

红三叶

中文别名：红三叶草、红车轴草。

英 文 名：red clover。

拉丁学名：*Trifolium pratense* L.。

分类地位：豆科（Leguminosae）车轴草属（*Trifolium*）。

植物形态特征：短命多年生草本，茎直立，有软毛、中空，高 60～80 cm。主根长 1 m 或更深，在土壤表面形成由植物基部芽组成的根冠，可产生多数不定根，开花晚期比开花早期类型有更多基部的芽。三出复叶，有软毛，互生，小叶中上部表面有白色、反向的新月形斑点。花果期 5～9 月（崔鸿宾，1998），花序由很多卵形的、复合总状花序组成，有大量粉色或紫色的小花。种荚包含 1～2 个肾形的种子，长 1.0～1.5 mm，黄色、棕色或紫色，紫色种子一般最重。成熟的种子中有硬实现象，取决于结实期间的高温。种子千粒重 1.8 g（二倍体）、3.4 g（四倍体）（Frame，2005）。

地理分布及生长适应：起源于地中海地区，为欧洲、近东、北非和中亚的广布种（Maxted and Bennett，2001），在其他大陆，如北美和南美，为引种驯化。广泛种植于热带、亚热带及温带地区（Frame，2005）。我国南北各省均有种植（崔鸿宾，1998），多作为绿化植物。

红三叶为最早驯化的豆草，自古希腊和古罗马文明时期就作为饲草作物在欧洲种植，现代红三叶品种被认为来源于西班牙或阿拉伯-西班牙（Maxted and Bennett，2001）。有研究认为，意大利最早开始驯化种植红三叶。100 多年前红三叶被带到南美洲的阿根廷和智利（Rosso and Pagano，2005）。

生于林缘、路边、草地等湿润处（崔鸿宾，1998）。土壤不能过于潮湿，土壤 pH 6～7、排水良好、土质肥沃的黏壤土上生长最佳，耐旱能力弱。与其他豆草相比，红三叶主根入土较深更能有效利用土壤水分，不耐受长期水涝（Frame，2005）。喜凉爽湿润气候，夏天不过于炎热、冬天不十分寒冷的地区最适宜生长，具有良好的冬季耐寒性。高光下发育的叶片比低光下发育的叶片有更高的光合速率和更长的寿命。遮阴导致叶面积、叶柄长度和叶茎比率增大（Bowley et al.，1987）。茎伸长、开花和繁殖阶段要求至少 14 h 的昼长，晚抽穗型比早抽穗型需要更长的光周期。

红三叶的一个近缘种白三叶（*Trifolium repens*）起源于欧洲及地中海地区，广泛驯化并种植于世界温带年降水量大于 750 mm 的地区（Mathison，1983；Maxted and Bennett，2001），在亚热带一些凉爽地区亦有栽培（Frame，2005）。白三叶相对不耐寒、不耐旱，种子收获管理不如红三叶。一些地区正在利用的多年生三叶草还有高加索三叶草（*Trifolium ambiguum*，kura clover，caucasian clover）、草莓三叶草（*Trifolium fragiferum*，strawberry clover）、肯尼亚三叶草（*Trifolium semipilosum*，Kenya clover）和土门三叶草（*Trifolium tumens*，talish clover）。

生长过程及营养成分：红三叶刈割累积生物量可达 5 t/hm^2，产量低于埃及三叶草，高于白三叶和地三叶（图 3-23）。因其种子产量高，并易于收获，被重新重视起来。

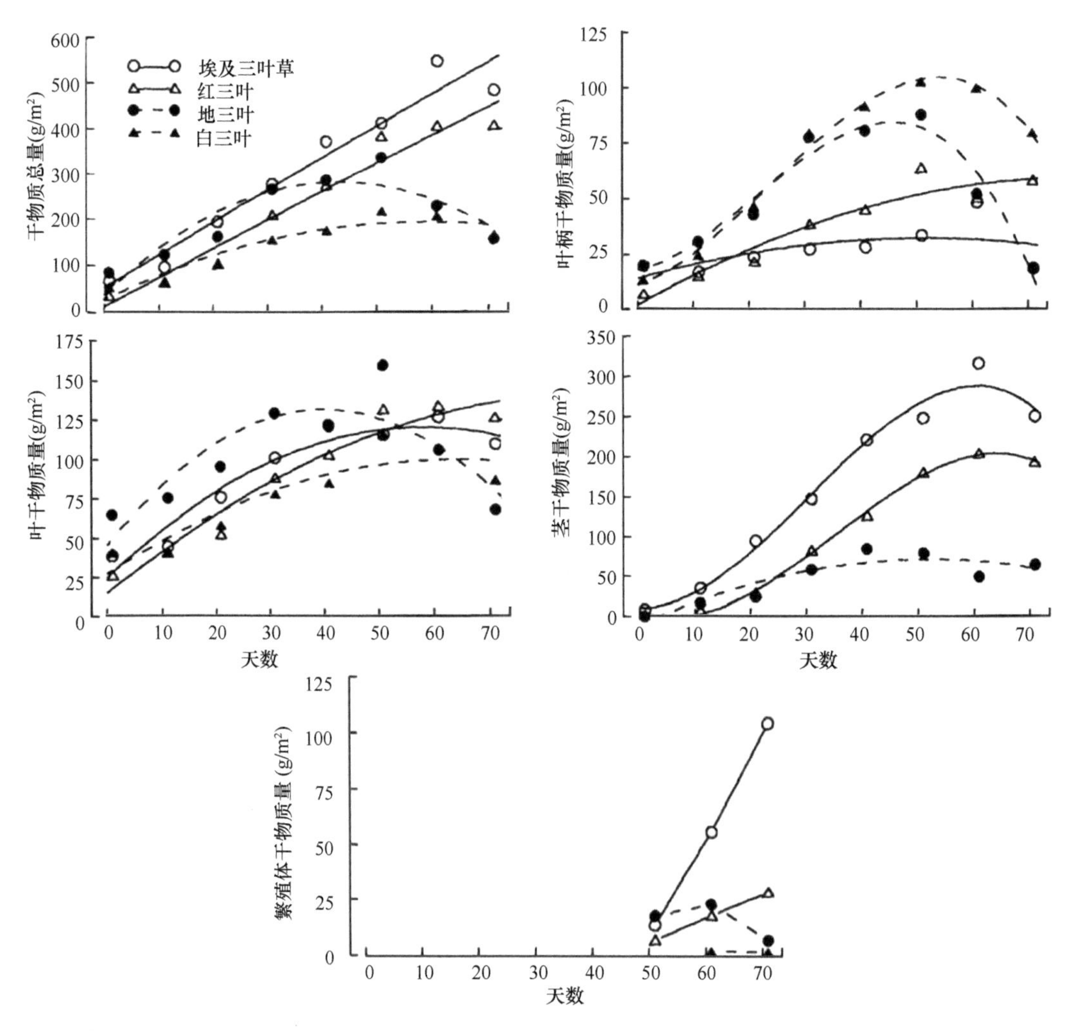

图 3-23 红三叶、白三叶、埃及三叶草及地三叶产量组成（Brink and Fairbrother，1992）

红三叶茎叶柔嫩，适口性好，鲜草和干草各种家畜均喜食。营养价值很大程度上取决于利用时的生长阶段（表 3-28～表 3-30），各生长阶段矿物质丰富（表 3-31），随成熟度和茎叶比增大，营养下降（表 3-29，Frame，2005）。四倍体比二倍体有更高的消化率、粗蛋白和水溶性碳水化合物（Mousset-Declas et al.，1993）。生长早期收割可以增加一次收获，提高饲草的可消化性和蛋白质含量，但是以产量为代价。作青饲料以盛蕾期或初花期收获为好，红三叶可与禾草混播以调制青贮饲料。

表 3-28 红三叶（cv. Marathon）不同时期的营养成分（%）

营养成分	现蕾期收割日期（月.日）		20%开花期收割日期（月.日）		40%开花期收割日期（月.日）	
	6.10	7.10	6.20	7.30	6.25	8.10
粗蛋白 CP	19.1	22.0	17.7	18.9	16.4	18.6
中性洗涤纤维 NDF	38.9	32.8	40.5	37.4	42.7	37.3
酸性洗涤纤维 ADF	30.6	25.4	33.0	28.9	35.1	28.9

资料来源：Wiersma et al.，1998

表 3-29　澳大利亚种植的红三叶（cv. Astred）不同时期（月.日）的营养成分

营养成分	夏季（12.1～2.28）	冬季（6.1～8.30）	春季（9.1～11.30）
代谢能 ME（MJ/kg）	9.2	9.3	9.5
粗蛋白 CP（g/kg DM）	242	303	289
粗脂肪 EE（g/kg DM）	18	—	—
中性洗涤纤维 NDF（g/kg DM）	395	353	412
酸性洗涤纤维 ADF（g/kg DM）	262	254	375
水溶性碳水化合物 WSC（g/kg DM）	59	54	44
非蛋白氮 NPN（g/kg DM）	22.2	15.7	8.4
硝酸氮 NO_3^--N（g/kg DM）	0.8	0.4	0.6
酸性洗涤可溶性氮 ADIN（g/kg DM）	3.5	—	2.7

资料来源：Fulkerson et al.，2007

表 3-30　红三叶（cv. AC Charlie）不同时期的营养成分

营养成分	春季生长		夏季再生	
	上午	下午	上午	下午
干物质产量 DMY（t/hm^2）	3.28	3.23	3.42	3.85
体外干物质消化率 IVDMD（g/kg DM）	854	866	859	851
中性洗涤纤维 NDF（g/kg DM）	559	581	580	552
酸性洗涤纤维 ADF（g/kg DM）	265	254	280	287
无氮浸出物 NFE（g/kg DM）	71.4	60.8	70.5	71.2
淀粉 starch（g/kg DM）	12.3	32.1	12.8	28.9
蔗糖 sucrose（g/kg DM）	12.1	14.7	17.3	21.4
葡萄糖 glucose（g/kg DM）	13.9	13.2	22.1	7.3
果糖 fructose（g/kg DM）	5.7	5.3	8.6	6.1
氮 N（g/kg DM）	32.4	32.0	33.0	30.8

注：上午刈割时段为 8:00～10:00，下午刈割时段为 15:00～16:15。

资料来源：Pelletier et al.，2010

表 3-31　美国密西西比州种植的红三叶在盛花期收获时不同部位干物质和矿物质含量

干物质和矿物质	1997 年				1998 年			
	茎	叶	花	根	茎	叶	花	根
干物质 DM（g/m^2）	293	249	15	114	204	112	19	69
氮 N（g/kg DM）	17.3	37.2	35.4	25.0	16.5	39.2	36.5	25.3
磷 P（g/kg DM）	1.99	2.56	3.85	2.92	2.05	3.38	3.77	4.26
钾 K（g/kg DM）	8.5	14.4	14.5	7.0	9.1	18.9	14.6	9.3
N/P	8.7	14.5	9.2	8.6	8.0	11.6	9.7	5.9
铜 Cu（mg/kg DM）	8.6	16.1	20.2	24.2	3.8	14.0	20.2	16.5
锌 Zn（mg/kg DM）	17.0	37.5	44.3	26.4	19.2	47.0	55.8	30.6

资料来源：Pederson et al.，2002

埃及三叶草

中文别名：亚历山大三叶草。

英 文 名：egyptian clover，berseem clover，alexandria clover。

拉丁学名：*Trifolium alexandrinum* L.。

分类地位：豆科（Leguminosae）车轴草属（*Trifolium*）。

植物形态特征：一年生，有软毛至稀疏软毛，直立或斜上升，高 80 cm，从基部或以上分枝，茎呈压扁状，有沟痕。主根较浅。三叶复叶，小叶椭圆形，长 1～5 cm。托叶膜状，披针形。花序短茎，卵形总状花序，末端和叶腋着生，带奶油色小花，长 1.5 cm，具蜜腺，自花传粉。荚果长 22～25 mm，囊部膜质，顶盖部近革质，无柄，通常含 1 个卵形种子，黄色到紫色。种子千粒重 2.5 g（Frame，2005）。花期 4～5 月，果期 5～6 月（崔鸿宾，1998）。

地理分布及生长适应：原产北非、欧洲东南部及西南亚，为地中海东部地区如叙利亚、埃及的本地种，引入亚洲西南部，如印度北部和巴基斯坦。一般作为秋季种植的冬季饲草，也作为夏季作物在欧洲南部地区和喜马拉雅山地带的高海拔地区种植（Suttie，2000）。现在作为冬季作物在世界其他地区如澳大利亚东部、南非和美国东南部栽培，大多在灌溉的亚热带地区栽培。

栽培种的野生祖先被认为起源于小亚细亚（Zohary and Heller，1984），后来向南迁移到叙利亚、巴勒斯坦和埃及（Singh，1993）。在古埃及是重要的冬季作物，在 19 世纪早期引入印度北部，后来扩展到美国及欧洲（Suttie，2000）。

适应于有较高持水能力的中到重壤质土，在半干旱到干旱地区受灌溉条件制约。耐受短期的水涝，适于土壤 pH 6～8（Hoveland and Evers，1995）。喜温暖湿润气候，埃及三叶草比其他三叶草抗干旱。一些地区正在利用的一年生三叶草还有地三叶（*Trifolium subterraneum*，subterranean clover，subclover）、米氏三叶草（*Trifolium michelianum* balansa clover）、波斯三叶草（*Trifolium resupinatum*，persian clover）、绛三叶（*Trifolium incarnatum*，crimson clover）、箭叶三叶草（*Trifolium vesiculosum*，arrowleaf clover）、格兰氏三叶草（*Trifolium glanduliferum*，gland clover）、东星三叶草（*Trifolium dasyurum*，eastern star clover）、囊状三叶草（*Trifolium spumosum*，bladder clover）、玫瑰三叶草（*Trifolium hirtum*，rose clover）及杯状三叶草（*Trifolium cheleri*，cupped clover）。

生长过程及营养成分：生长速度快，生物量高达 15 t/hm^2，刈割累积产量不及总生物量，但是刈割后饲草质量好（图 3-24），弥补了产量下降的饲草利用价值。

营养价值受生长阶段的强烈影响，因为粗蛋白含量和饲草可消化性随时间推进和总纤维含量增加而降低（图 3-25）。初始生长阶段由于茎比例高，叶比例低，可消化干物质和粗蛋白含量都低于地三叶、红三叶和白三叶（Stout et al.，1997），矿物质丰富，且各部位差异较大（表 3-32）。

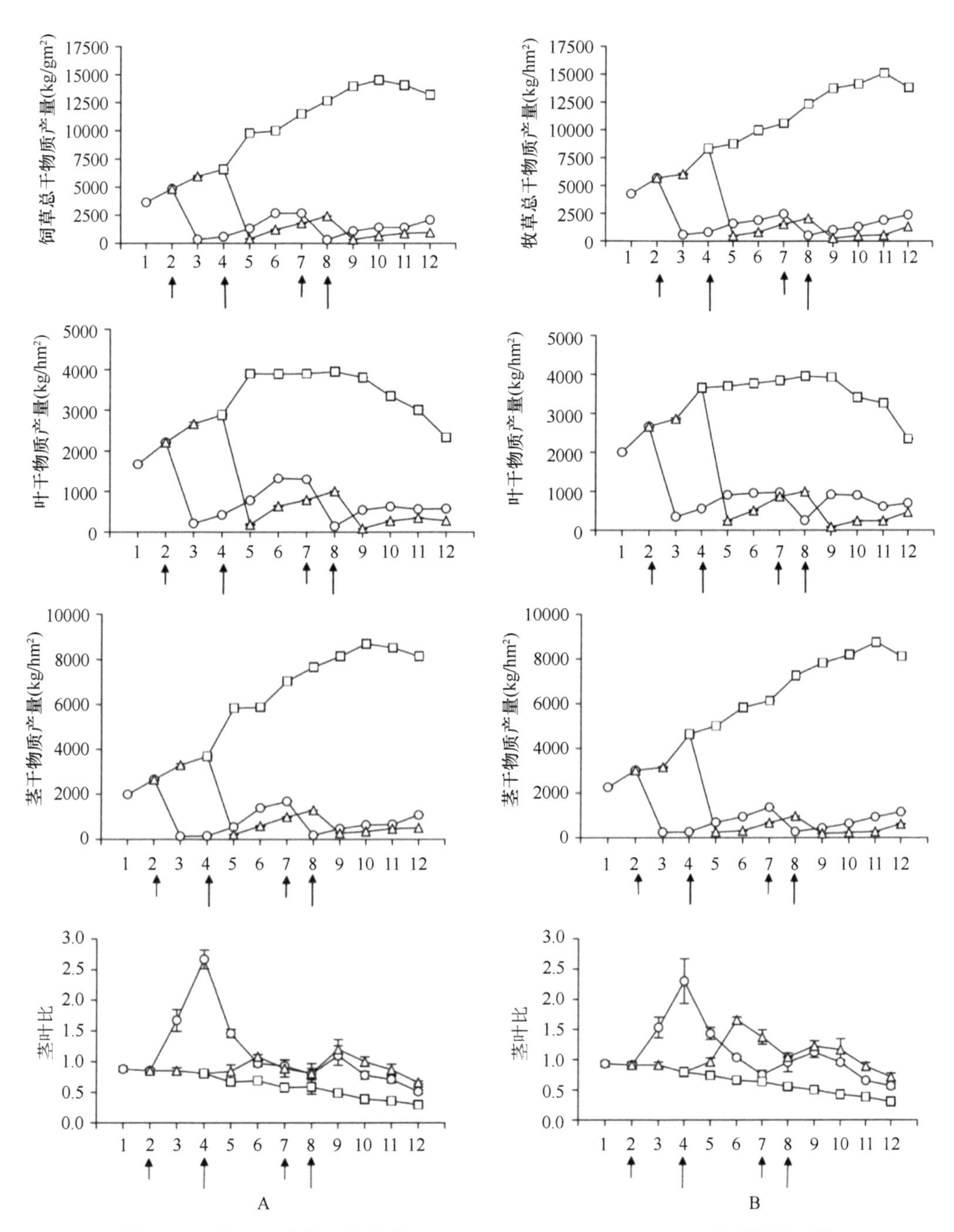

图 3-24　埃及三叶草 2 个品种（A. Giza 10；B. Sacromonte）3 种刈割处理的生长过程（Santis et al.，2004）

短、长箭头分别表示两个刈割日期；○. 第 6 节伸长时刈割；△. 开花早期刈割；□. 未刈割。横坐标代表第 1～第 12 次刈割

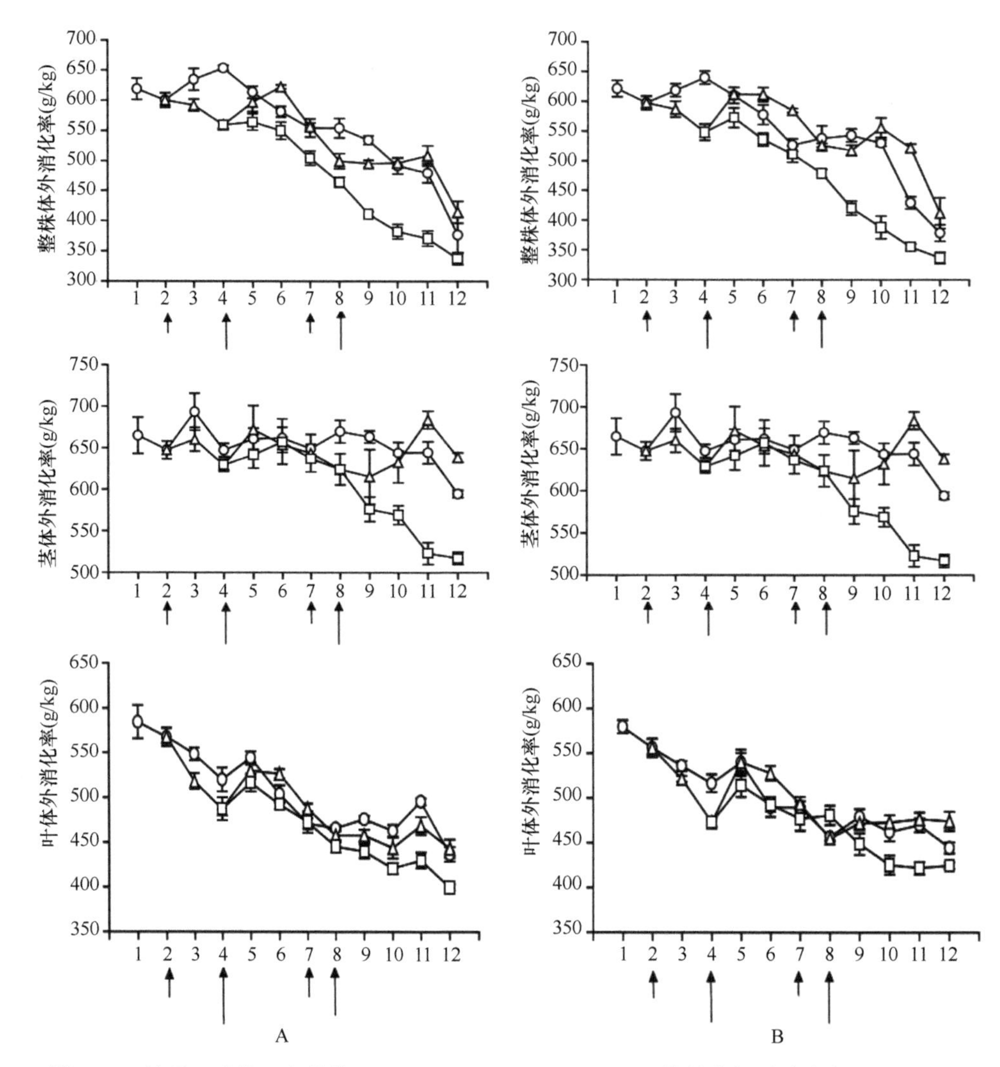

图 3-25 埃及三叶草 2 个品种（A. Giza 10；B. Sacromonte）体外有机质消化率（IVOMD）动态变化（Santis et al.，2004）

短、长箭头分别表示刈割日期；○. 第 6 节伸长时刈割；△. 开花早期刈割；□. 未刈割。横坐标代表第 1～第 12 次刈割

表 3-32 埃及三叶草盛花期收获时不同部位干物质和矿物质含量

干物质和矿物质	1997 年				1998 年			
	茎	叶	花	根	茎	叶	花	根
干物质 DM（g/m^2）	380	114	33	30	81	5	1	5
氮 N（g/kg DM）	19.5	40.9	42.1	30.5	19.7	32.2	—	27.3
磷 P（g/kg DM）	2.12	2.66	5.08	1.79	3.45	5.00	5.90	3.38
钾 K（g/kg DM）	4.1	4.9	26.9	4.9	5.0	7.6	—	6.4
N/P	9.2	15.4	8.3	17.0	5.7	6.4	8.0	8.1
铜 Cu（mg/kg DM）	10.6	21.9	24.1	31.8	9.1	34.5	—	52.5
锌 Zn（mg/kg DM）	38.0	44.4	53.1	81.9	60.6	118.5	—	159.5

资料来源：Pederson et al.，2002

四、百脉根、小冠花、红豆草、东方山羊豆

百脉根、小冠花、红豆草、东方山羊豆为中生到湿生的豆草类群，要求年降水量 500 mm 以上地区，并要求土壤肥沃。此类群还有大百脉根（*Lotus pedunculatus*）、双齿豆（*Biserrula pelecinus*）及冠状岩黄芪（*Hedysarum coronarium*）等。土地充足时，单播可以获得很好的效益，混播价值更高，需要权衡收益。

百脉根

中文别名：五叶草、四叶草、鸟足豆、牛角花。

英 文 名：birdsfoot trefoil，commom lotus，upright trefoil。

拉丁学名：*Lotus corniculatus*（L.）。

分类地位：豆科（Leguminosae）百脉根属（*Lotus*）。

全世界百脉根属约有 140 种，分布在地中海区域、欧亚大陆、南北美洲和大洋洲温带。我国有 8 种，分布于西北和西南等地。百脉根在世界多地作为优质豆草作物。

植物形态特征：多年生，草本，植株被毛或无毛，生长从平卧到直立，近丛生，生存期 2～4 年，再生源于刈割后留茬上的芽，次生根侧向扩展良好，茎基部腋芽处可产生根茎（Beuselinck，1999）。三出复叶，互生于短茎，花序多达 8 个小花，聚伞花序。花冠黄色，旗瓣具明显紫红色脉纹，花期长，夏季结实期长。种荚长 2～5 cm，包含 15～20 粒种子，成熟 1～2 周后，种荚由绿色变棕色，荚果开裂，种子脱落。种子圆形到卵圆形，从带绿色的黄色到深棕色，硬实率高达 50%（Hampton et al.，1987），平均千粒重 1.3 g（Frame，2005）。

地理分布及生长适应：欧亚大陆温带和北非草原的本地种，分布于欧洲和克里米亚、高加索、伊朗、印度及亚洲中部，世界各地引入驯化（Maxted and Bennett，2001；Frame，2005）。我国南北各地有栽培，云南、贵州、四川、甘肃及新疆等地有野生种分布（崔鸿宾，1998）。

生于湿润而呈弱碱性的山坡、草地、田野或河滩地（崔鸿宾，1998）。适应土壤广泛，从黏土到沙壤土，适于土壤 pH 4.5～8.2，喜肥沃、排水良好的黏壤土（James，1981）。耐旱力强于白三叶和红三叶，弱于苜蓿（Peterson et al.，1992），耐酸能力为苜蓿和红三叶所不及，但酸度过大会影响根瘤的形成和固氮作用。适于年降水 500～900 mm、年平均温度 5.7～23.7℃的地区。固土防冲刷能力强，为良好的水土保持植物。适于放牧，耐践踏，再生性强。幼苗耐寒力较差。

生长过程及营养成分：生长期长，为暖温带地区开花较早的豆草，到秋季仍能生长。茎叶丰盛，年割草可达 4 次，单次产量达 1.6 t/hm^2，累积产量达 4.6 t/hm^2（表 3-33）。百脉根分根茎型（RBFT）和非根茎型（BFT），地上生物量及其刈割后再生明显不同（图 3-26 和图 3-27）。

百脉根营养含量居豆草首位，特别是茎叶保存养分的能力很强，在成熟收获种子后，蛋白质含量仍可达 17.4%（表 3-34）。茎增加前的冬季和早春的多叶阶段（Pinto et al.，

表 3-33　百脉根（cv. Norcen）不同刈割次数下的饲草总干物质产量（单位：t/hm²）

年收割次数	1985 年	1986 年	1987 年
2 次（开花晚期收获）	4.5	4.6	0.8
3 次（开花早期收获）	4.1	4.1	1.6
4 次（现蕾期收获）	3.4	4.0	0.1

注：2 次刈割分别在 6 月 28 日和 8 月 27 日；3 次刈割分别在 6 月 3 日、7 月 15 日和 8 月 27 日；4 次刈割分别在 5 月 24 日、6 月 28 日、8 月 1 日和 9 月 5 日

资料来源：Kallenbach et al.，2001

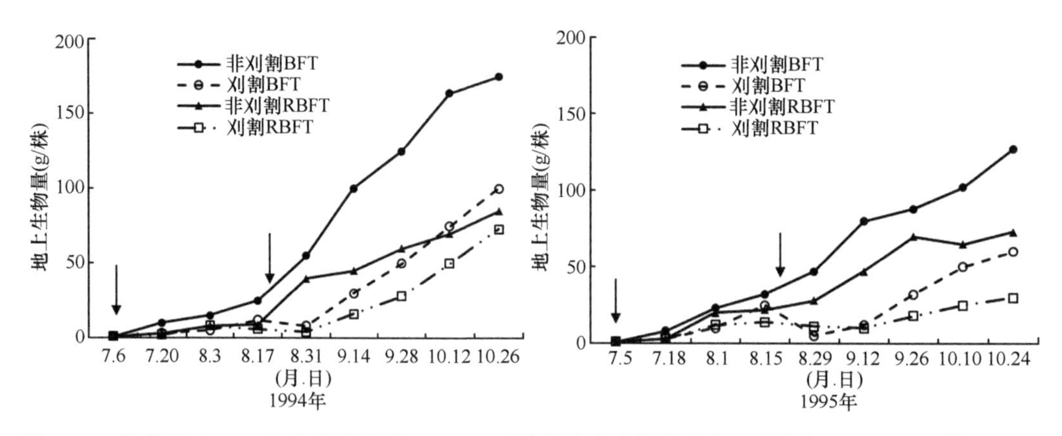

图 3-26　根茎型（RBFT）和非根茎型（BFT）百脉根地上生物量动态（改绘自 Kallenbach 等，2001）
箭头表示刈割

1993）及秋季叶片再生长时营养最佳（Molle et al.，1998）。干燥后，叶片保存量好于苜蓿。含缩合单宁，能提高小肠的蛋白质吸收（表 3-35）。茎叶柔软细嫩多汁，适口性好，各类家畜均喜食，比三叶草和苜蓿有更柔软的茎和更高的碳水化合物含量。

百脉根质量优于苜蓿和三叶草，对于牛和绵羊，无论用于放牧，收割为青饲料，还是保存为干草或青贮，都是高度可接受的饲草（Frame，2005）。刈割利用时期对营养成分影响不大（表 3-36），因而饲用价值更高。由于花中含有苦味苷和氢氰酸，故盛花期时牲畜不愿采食，但干草或经青贮处理后，毒性消失（表 3-37）。新鲜饲草含有生氰糖苷，浸渍时释放少量的氰化氢，正常情况下对人类无毒，因为含量很低，氰化物的分解代谢相对较快。

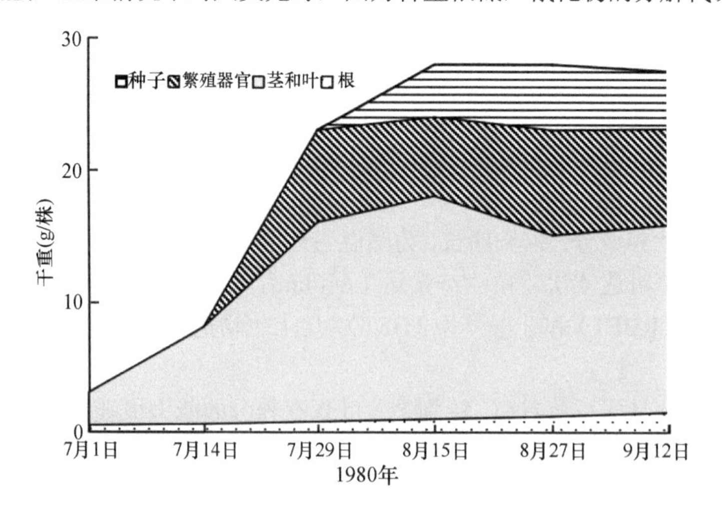

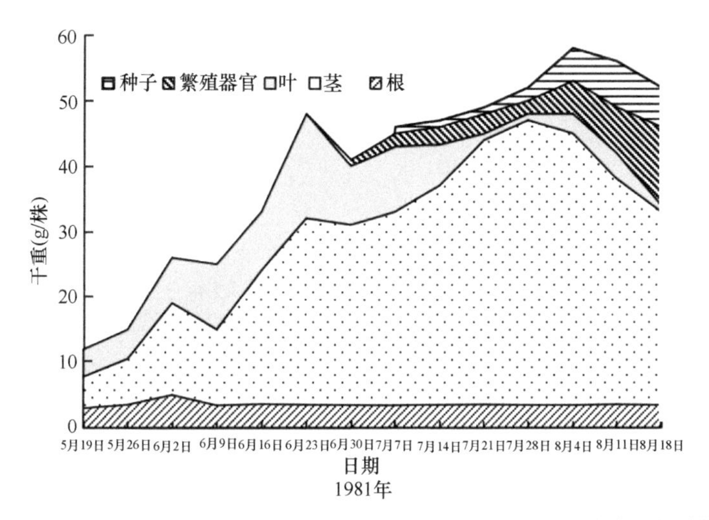

图 3-27　3 个品种百脉根（cv. Viking，cv. Norcen，cv. Empire）不同成熟阶段的单株各部位干重（改绘自 McGraw 和 Beuselinck，1983）

表 3-34　百脉根（cv. Norcen）营养生长晚期的营养成分

营养成分	日期（年.月.日）							
	1995.6.12	1995.7.12	1995.8.18	1995.11.6	1996.5.29	1996.7.2	1996.8.14	1996.10.4
干物质产量 DMY（t/hm^2）	5.39	2.33	2.68	0.20	0.87	1.07	1.42	0.41
体外干物质消化率 IVDMD（g/kg DM）	621	671	648	556	732	717	706	681
粗蛋白 CP（g/kg DM）	183	210	149	163	228	194	182	164
中性洗涤纤维 NDF（g/kg DM）	472	419	534	523	365	379	417	426

资料来源：Sleugh et al.，2000

表 3-35　澳大利亚新南威尔士（Nowra）源自不同国家的百脉根品种开花前的营养成分

（单位：g/kg DM）

营养成分	西班牙	南美	欧洲	北美	意大利	新西兰	俄罗斯	平均
体外干物质消化率 IVDMD	74.0	81.8	79.9	80.9	81.2	81.9	80.5	80.1
中性洗涤纤维 NDF	21.5	19.3	20.3	20.8	19.5	19.8	19.2	20.1
酸性洗涤纤维 ADF	21.8	14.1	15.8	15.2	15.0	14.2	17.3	16.2
缩合单宁 CT	3.6	2.0	1.6	1.6	1.5	1.5	1.5	1.9
氮 N	3.2	3.7	3.5	3.8	3.8	3.8	3.9	3.7

资料来源：Kelman，2006

表 3-36　百脉根（cv. Grasslands Goldie）不同收获时间萎蔫和青贮后营养成分（单位：g/kg DM）

营养成分	萎蔫 24 h		青贮 110 天	
	6 月 24 日	8 月 10 日	6 月 24 日	8 月 10 日
干物质 DM	247	353	248	342
粗蛋白 CP	193	187	201	204
中性洗涤纤维 NDF	277	41.3	298	398
水溶性碳水化合物 WSC	133	61	19	18

资料来源：Marley et al.，2006

表 3-37 百脉根（cv. Viking）的营养成分

营养成分	1980 年营养期	1981 年营养期	1981 年初花期
体外干物质消化率 IVDMD（%）	68.0	66.9	62.6
粗蛋白 CP（%）	21.2	20.3	17.7
钙 Ca（%）	1.14	0.98	0.86
镁 Mg（%）	0.46	0.36	0.33
钾 K（%）	3.00	2.48	1.99
磷 P（%）	0.36	0.32	0.24
铁 Fe（μg/g）	125	94	78
锰 Mn（μg/g）	30	18	18
铜 Cu（μg/g）	5	6	8
锌 Zn（μg/g）	35	25	20

资料来源：Allinson et al.，1985

小冠花

中文别名：多变小冠花，绣球小冠花。

英 文 名：crownvetch。

拉丁学名：*Securigera varia*（L.）Lassen（异名，*Coronilla varia* L.）。

分类地位：豆科（Leguminosae）小冠花属（*Coronilla*）。

全世界小冠花属（*Coronilla*）有 10 种，分布于欧洲、北非。我国引入小冠花（*Coronilla varia*）1 种，但这种小冠花后被归入 *Securigera* 属，此属有 12 种，我国没有野生种分布。

植物形态特征：多年生草本，匍匐生长，匍匐茎长达 1 m 以上，自然株丛高 25～50 cm。根系粗壮、侧根发达、密生根瘤，根上具不定芽，不定芽再生能力强，能使根系向水平方向蔓延。茎中空，有棱，质地柔软匍匐向上伸，最长可达 180 cm，分枝能力强。节上叶芽易萌发形成很多侧枝。奇数羽状复叶，互生，小叶互生，11～27 对，长椭圆形或倒卵形。伞形花序腋生，花朵众多，粉红色或淡红色。荚果细长如指状，具节易断，每节含 1 粒种子，种子细长、肾状，黑褐色。因花序似冠，并且花色多变（由粉红色变为后期的紫红色），故得别名多变小冠花。

地理分布及生长适应：原产欧洲，分布于欧洲地中海区、西亚、北非。美国、德国、加拿大、俄罗斯及波兰等国家均有引种种植（崔鸿宾，1998）。我国 20 世纪六七十年代引进，华北、华东、华中、西北及东北有种植。

1890 年以前，美国就作为绿化装饰植物，以后应用于覆盖作物、绿肥作物和饲草作物。作为饲草利用始于 1935 年，在美国宾夕法尼亚州田地里被偶然发现后开发利用（Sheaffer et al.，2003）。

对土壤要求不高，耐瘠薄，在 pH 5.0～8.2 的土壤中均能良好生长，其中以在排水良好、中性的肥沃土壤上生长最好。喜温暖湿润气候，喜光照充足，适宜温度为 15～30℃，但其耐寒性极强，–34℃低温下仍能安全越冬。抗旱性好，在半干旱地区生长良好，一般在年降水 400～450 mm 无灌溉条件下也能正常生长。不太耐涝，若积水 3～4 天，则根部腐烂，植株死亡。极少发生病虫害。因其根蘖芽潜伏于地表下 20 cm 处，抗寒越冬能力较强，在西安绿草期约为 220 天，在武汉达 300 天以上，基本长绿。根系发达，在西北地区用于公路护坡，一年生长达 1.4 m，每平方米侧根可达百余条。

生长过程及营养成分：小冠花产草量较高、适应性强，适宜在高寒山区种植，可在退牧草地改良和人工草地中使用，生长期末产量 1.5 t/hm^2（表 3-38）。

表 3-38　小冠花及相关饲草在高寒山区的生长特征

名称	株高（cm）	分蘖（枝）数（个）	单株鲜重（g/株）	鲜干比	干重（kg/hm^2）
小冠花	24.1	2.8	3.3	3.8	1541.5
甘肃红豆草	29.3	1.4	3 .1	3.5	3357.8
‘公农 1 号’苜蓿	29.2	1.9	1.4	3.1	1650.2
红三叶	15.2	2.7	1.3	3.3	1153.6
垂穗披碱草	24.6	3.5	0.6	2.7	840.4
猫尾草	22.9	3.9	1.0	3.2	1638.5

资料来源：李建伟等，2011

小冠花粗蛋白含量高于紫花苜蓿，消化率略微低于苜蓿（表 3-39 和表 3-40）。由于 *N*-糖苷的存在，对马和其他非反刍动物有毒。大量食用会导致生长缓慢、瘫痪，甚至死亡。但对于反刍动物如牛、山羊和绵羊并非如此，这些脂肪族的含 N 化合物会在反刍动物消化中降解，不影响生长（Burns and Cope，1974）。

表 3-39　小冠花（cv. Emerald，cv. Chemung，cv. Penngift）不同收获期营养成分（单位：%）

营养成分	1969 年收获期（月.日）					1970 年收获期（月.日）				
	5.29	6.6	6.13	6.20	6.27	5.29	6.6	6.13	6.20	6.27
干物质 DM	—	14.6	15.2	16.1	16.9	13.8	13.7	14.1	15.3	17.9
干物质消化率 DMD	—	72.8	65.8	63.6	59.8	69.5	63.7	62.8	60.3	58.9
粗蛋白 CP	—	30.6	24.7	22.3	21.7	29.5	25.4	23.2	20.9	18.2
纤维素 cellulose	—	17.2	25.8	28.9	30.6	20.2	25.7	28.0	30.7	31.3
半纤维素 hemicellulose	—	4.8	8.0	8.0	7.1	6.2	5.4	5.2	5.8	6.7
酸性洗涤木质素 ADL	—	5.3	6.8	7.4	7.8	7.0	6.5	8.7	9.6	9.9

注：第 1 朵花开日期分别为 1969 年 6 月 17 日和 1970 年 6 月 19 日
资料来源：Shenk and Risius，1974

表 3-40　小冠花（cv. Penngift）不同收获期的营养成分

营养成分	1980 年收获期（月.日）			1981 年收获期（月.日）	
	6.6	7.22	9.9	6.9	7.28
干物质消化率 DMD（%）	68.1	61.1	71.5	65.0	62.0
粗蛋白 CP（%）	23.6	24.1	28.6	23.0	22.9
钙 Ca（%）	1.02	0.89	1.05	0.88	0.90
镁 Mg（%）	0.36	0.35	0.38	0.31	0.33
钾 K（%）	3.11	2.39	3.00	2.46	1.94

续表

营养成分	1980 年收获期（月.日）			1981 年收获期（月.日）	
	6.6	7.22	9.9	6.9	7.28
磷 P（%）	0.37	0.32	0.38	0.33	0.28
铁 Fe（μg/g）	173	91	124	118	69
锰 Mn（μg/g）	37	33	45	24	24
铜 Cu（μg/g）	6	7	7	7	7
锌 Zn（μg/g）	38	33	35	29	22

资料来源：Allinson et al.，1985

红豆草

中文别名：驴食草、红羊草。

英 文 名：sainfoin，common sainfoin。

拉丁学名：*Onobrychis viciifolia* Scop.。

分类地位：豆科（Leguminosae）驴食草属（*Onobrychis*）。

全世界驴食草属约 150 种，分布于欧洲、地中海地区。我国产 2 种，分布于新疆地区。我国引进 1 种，一些地区有试验栽培。

植物形态特征：多年生草本，有长柔毛，有很多直立或半直立中空的茎，高 60～80 cm，主根粗壮，侧根很多，播种当年主根生长很快，第 2 年入土深 50～70 cm，侧根重量占总根重量的 80%以上，有大量根瘤菌结节。刈割后，留茬上的腋芽长出分枝再生。羽状复叶，小叶 5～14 对，卵形、长圆状披针形或披针形。托叶宽且尖端很细。小花略粉色、红色，圆锥形花序。扁平不开裂的种荚包含 1 个肾形的种子，长 4～6 mm，深橄榄色到棕色或黑色，节荚半圆形，上部边缘具或尖或钝的刺。硬实率 15%～20%，种子千粒重 20.0 g（带壳） 和 14.9 g（去壳）（Frame，2005）。

地理分布及生长适应：起源于中东，分布于欧洲和亚洲的暖温带部分地区。我国华北、西北地区有栽培（崔鸿宾，1998）。世界上很多地方包括亚洲、欧洲和北美栽培了几百年。15 世纪引入欧洲中部，最先于 1582 年在法国南部种植，后来扩散到整个欧洲（Piper，1924），1786 年引入北美（Carbonero et al.，2011）。

对土壤要求不高，可在干燥瘠薄，土粒粗大的砂砾、沙壤土和白垩土上栽培生长。适应于温带气候，因为根深，所以具有出色的抗旱性，不耐持续很久的水涝（Frame，2005）。旱季灌溉有助于产量和植物持久生存（Gervais，2000）。没有灌溉时，需要年降水至少 330 mm（Miller and Hoveland，1995）。紫花苜蓿水分利用率为 18.3 kg 干物质/（hm^2·mm），红豆草水分利用率为 11～17 kg 干物质/（hm^2·mm），蒸散损失量春季高，与苜蓿相等（Bolger and Matches，1990），但晚期低于苜蓿。

生长过程及营养成分：红豆草刈割后再生能力强，但生物量仅为 1.7～1.9 t/hm^2，产量低（表 3-41），多分枝，叶片含量相对高，为优良的蜜源植物及绿肥植物。

红豆草营养价值高，但营养价值很大程度上取决于利用时的生长阶段，因为，营养值随植物成熟和茎秆增加而下降（表 3-42），氨基酸含量与紫花苜蓿相当（表 3-43）。

表 3-41 3 个品种红豆草种子成熟期生长特征

生长特征	2002 年			2003 年			2004 年		
	M	EG	S	M	EG	S	M	EG	S
茎数（个/m^2）	380.4	384.7	336.0	312.6	328.7	249.3	225.8	219.6	165.3
种子产量（kg/hm^2）	200.7	191.0	148.0	635.0	625.0	516.0	630.7	642.5	465.0
千粒重（g）	23.1	25.9	17.9	21.3	25.6	17.3	22.5	28.4	19.2
再生茎数（个/m^2）				309.7	303.3	221.7	242.7	229.0	178.0
叶比例（%）				48.0	47.3	54.9	48.7	47.9	56.6
干物质产量（t/hm^2）				1.66	1.73	1.37	1.80	1.83	1.48
粗蛋白产量（t/hm^2）				0.31	0.32	0.27	0.34	0.34	0.30

注：M、EG 和 S 分别代表 Makedonka，EG Norm 和 Sokobanja 品种

资料来源：Stevovic et al.，2012

表 3-42 红豆草 3 个生长阶段的营养和矿物质组成

营养成分和矿物质	花蕾期	10%花期	盛花期
可消化干物质 DDM（g/kg DM）	636	591	557
粗蛋白 CP（g/kg DM）	146.1	114.4	102.0
细胞内含物 CC（g/kg DM）	582.4	524.7	491.9
中性洗涤纤维 NDF（g/kg DM）	417.6	475.3	508.1
酸性洗涤纤维 ADF（g/kg DM）	296.0	344.7	369.6
钙 Ca（g/kg DM）	13.8	15.3	15.7
磷 P（g/kg DM）	2.5	2.8	2.8
钾 K（g/kg DM）	21.2	19.5	19.7
镁 Mg（g/kg DM）	1.8	2.0	2.0
钠 Na（g/kg DM）	0.18	0.19	0.18
硫 S（g/kg DM）	2.4	2.5	2.4
锰 Mn（mg/kg DM）	53	58	56
锌 Zn（mg/kg DM）	38	42	38
铜 Cu（mg/kg DM）	11.9	12.6	11.6
铁 Fe（mg/kg DM）	189	222	174

资料来源：Gervais，2000

表 3-43 红豆草和苜蓿干物质产量、粗蛋白含量及氨基酸成分比较

营养成分	红豆草开花早期	紫花苜蓿开花晚期
干物质（g/kg）	191	179
粗蛋白 CP（g/kg DM）	145	204
	氨基酸（g/16g 总氮）	
赖氨酸 Lys	6.9	6.1
组氨酸 His	2.4	2.3
精氨酸 Arg	4.9	4.9

续表

营养成分	红豆草开花早期	紫花苜蓿开花晚期
天冬氨酸 Asp	13.6	17.1
苏氨酸 Thr	4.7	4.7
丝氨酸 Ser	4.6	4.6
脯氨酸 Pro	5.3	5.0
半胱氨酸 Cys	1.7	1.6
甘氨酸 Gly	4.7	4.5
丙氨酸 Ala	5.8	5.6
缬氨酸 Val	6.0	5.9
甲硫氨酸 Met	1.7	1.8
异亮氨酸 Ile	4.6	4.7
亮氨酸 Leu	8.5	8.3
酪氨酸 Tyr	4.1	3.3
苯丙氨酸 Phe	5.8	5.6
色氨酸 Trp	2.8	2.0

资料来源：Kaldy et al.，1979

东方山羊豆

英 文 名：galega，fodder galega，eastern galega。

拉丁学名：*Galega orientalis* Lam.。

分类地位：豆科（Leguminosae）山羊豆属（*Galega*）。

全世界山羊豆属有 5 种，分布于欧洲南部、西非及热带亚洲，多用作绿化及饲草。我国引入 1 种。

植物形态特征：多年生草本，茎中空直立，丛生，株高 140～175 cm。根系发达，主根深 60 cm 左右。第一年生长主要发育根系，形成 2～18 个根蘖，水平生长 30 cm，形成根茎，根茎产生新枝条，最终生根成为独立植株。奇数羽状复叶，小叶卵形，托叶小而圆。侧枝茎生长于主茎中部以上。总状花序，由 25～70 个小花构成，浅紫色。完全开花在建植后的第 2 年。果荚长 2～4 cm，包含 5～8 个肾形的种子，黄色带绿色，后为浅棕色。种子长 2.5～4.0 mm，宽 1.7～2.0 mm。硬实率达 40%，种子千粒重 6.1～7.4 g（Frame，2005）。

地理分布及生长适应：高加索亚高山地区的本地种，包括俄罗斯、阿尔巴尼亚和阿塞拜疆的部分地区，后被引入波罗的海、斯堪的纳维亚及俄罗斯西北。40°～60°N 地区栽培可行，并可以生产种子（Raig，1994），很多亚洲国家和加拿大也在引入评估。

1908 年开始建议作为饲草作物，20 世纪 20 年代在莫斯科附近开始试验（Raig et al.，2001）。1932 年全苏养羊业饲料研究所将高加索山区野生东方山羊豆经栽培驯化，逐渐发展为高加索地区森林草原带的一种新型优质饲草。1987 年由爱沙尼亚和俄罗斯育种者发布了栽培种 Gale（Raig et al.，2001）。目前，俄罗斯已有多个东方山羊豆育成品种，并被引入到中欧一些国家。

东方山羊豆适应于广泛的土壤类型，不适应酸性土壤。幼苗活力差，在排水良好、持水力高的轻质土上生长最好（Møller et al.，1997）。适宜在降水量为 400～450 mm 的地区种植。春季易受晚霜影响，能在–40～–25℃的低温下安全越冬。耐水渍 14 天以上。抗旱能力强，但低于苜蓿，在早春干旱条件下，产量比其他饲草高。抗病性强，抗真菌、病毒和细菌性病害，抗昆虫、线虫等侵害能力强。

生长过程及营养成分： 东方山羊豆 1 年可以刈割 3 次，累积鲜草产量达 13.83 t/hm^2，干草产量达 2.64 t/hm^2，在适宜地区具有较好的利用潜力（表 3-44）。

表 3-44　东方山羊豆（cv. Speranta）的生长特征

生长特征	第一次收割		第二次收割	第三次收割
	现蕾期	初花期	营养期	营养期
鲜草产量（kg/m^2）	4.50	5.85	2.00	1.48
干草产量（kg/m^2）	0.67	1.02	0.58	0.37
叶片量（%）	56	54	63	66
株高（cm）	114	155	109	84

注：样品取自建植后 3 年，每年 3 月中旬开始生长，5 月上旬花蕾开始形成，14 天后达到开花早期。第一次收割后，东方山羊豆从根颈的腋芽再生，通常形成较细的枝条。第一次收割后 50 天，7 月末进行了第二次收割，8 月中旬第三次收割时，只收获了侧芽发育成的枝条

资料来源：Teleuţă et al.，2015

开花前的阶段营养价值最高（表 3-45），随着成熟和叶茎比的降低及粗纤维含量增加，蛋白质和水溶性碳水化合物降低（Nommsalu and Meripold，1996）。建植当年干物质产量、粗蛋白含量与苜蓿相当（表 3-46），但可消化有机物（DOM）含量和牛饲料单位（FUC）比苜蓿低。100 kg 鲜草含 22～28 个饲料单位，1 个饲料单位含可消化蛋白质 120～190 g。东方山羊豆植株含有丰富的氨基酸（表 3-47），营养生长阶段植株体内必需氨基酸的含量达 98 g/kg 干物质。维生素 C 含量高（Baležentienė and Spruogis，2011），有毒的生物碱含量低（Raig et al.，2001）。盛花期收获的东方山羊豆和苜蓿的干物质消化率（DMD）和总的可消化营养（TDM）相近。

表 3-45　东方山羊豆（cv. Nesterka）和红三叶（cv. Mereya）发育不同阶段绿色部分的营养成分

（单位：%）

营养成分	东方山羊豆			红三叶		
	营养期	现蕾期	开花期	营养期	现蕾期	开花期
粗蛋白 CP	27.6	19.5	18.5	21.4	18.5	16.2
粗脂肪 EE	3.0	2.8	2.6	2.9	2.7	2.5
粗纤维 CF	25.5	26.4	33.1	22.2	29.4	30.2
粗灰分 CA	10.6	7.9	7.2	10.4	8.3	7.4
无氮浸出物 NFE	33.0	43.2	38.5	32.4	41.2	36.0

资料来源：Bushuyeva，2014

表 3-46　东方山羊豆营养成分与其他豆草对比

营养成分	生长期（月.日）			东方山羊豆（年平均）	苜蓿（6.6）	红三叶（年平均）	白三叶（年平均）
	5.22	6.5	6.14				
可消化有机物 DOM（g/kg OM）	709	613	581	649	680	764	820
总能量 GE（MJ/kg OM）				21.6		20.1	21.4
消化能 DE（MJ/kg OM）	14.6	12.6	12.0	13.4	13.4	14.6	16.7
粗蛋白 CP（g/kg OM）	277	222	201	225	212	213	276
粗纤维 CF（g/kg OM）	244	325	376	271	305	232	191
粗灰分 CA（g/kg OM）	101	89	83	100	96	106	122
中性洗涤纤维 NDF（g/kg OM）				523		483	398
酸性洗涤纤维 ADF（g/kg OM）				310		309	274

资料来源：Møller and Hostrup，1996；Møller et al.，1997

表 3-47　东方山羊豆品种（SEG-1，SEG-2，SEG-4）开花早期氨基酸组成（单位：%）

氨基酸	SEG-1	SEG-2	SEG-4
天冬氨酸 Asp	13.88	12.72	15.13
苏氨酸 Thr	4.03	4.14	4.06
丝氨酸 Ser	4.87	5.28	5.13
谷氨酸 Glu	10.59	11.22	10.29
脯氨酸 Pro	12.89	12.58	13.78
半胱氨酸 Cys	0.28	0.09	0.11
甘氨酸 Gly	4.12	4.38	4.11
丙氨酸 Ala	5.10	5.31	5.10
缬氨酸 Val	4.98	4.90	4.69
甲硫氨酸 Met	0.61	0.59	0.49
异亮氨酸 Ile	3.43	3.41	3.29
亮氨酸 Leu	6.86	7.18	6.77
酪氨酸 Tyr	3.82	3.79	3.35
苯丙氨酸 Phe	4.59	4.65	4.40
组氨酸 His	4.57	4.46	4.60
赖氨酸 Lys	5.61	5.81	5.52
精氨酸 Arg	4.74	4.57	4.23
色氨酸 Trp	1.20	1.20	1.15

资料来源：Bushuyeva，2014

五、直立黄芪、巫师黄芪、黄花草木樨

直立黄芪、巫师黄芪、黄花草木樨为一类中生到旱生的豆草类群，适宜降水 400 mm 左右的地区，适宜的土壤也广泛。此类群还有黄花苜蓿（*Medicago falcata*）、杂交苜蓿（*Medicago varia*）及草木樨状黄芪（*Astragalus melilotoides*）等。用于补播改良草地具有极高的价值，单播效益不足。

直立黄芪

中文别名：沙打旺、斜茎黄芪。

英 文 名：standing milkvetch，erect milkvetch。

拉丁学名：*Astragalus adsurgens*（Pall.）。

分类地位：豆科（Leguminosae）黄芪属（*Astragalus*）。

全世界黄芪属有 2000 种以上，北半球广泛分布。我国近 300 种，全国分布。膜荚黄芪（*Astragalus propinquus*，异名 *Astragalus membranaceus*）为传统中药植物。紫云英（*Astragalus sinicus*）为我国传统绿肥作物及温暖区饲草作物；沙打旺（*Astragalus adsurgens*）为我国培育的优良饲草作物，在半干旱、半湿润地区有发展价值；巫师黄芪（*Astragalus cicer*）为欧洲培育的优良饲草作物，并多用于绿化，性状表现优良。

植物形态特征：多年生，深根，直立，多茎，多枝条，高 90～110 cm。叶片狭窄，羽状复叶，9～19 个小叶片。花序为腋生总状花序，有大量小花，淡紫的蓝色或蓝紫色（Frame，2005）。荚果长圆形，长 7～18 mm，两侧稍扁，背缝凹入成沟槽，顶端具下弯的短喙，被黑色、褐色或和白色混生毛，横截面方形，两室，每室有 10 个光滑的深棕色种子（Lumpkin et al.，1993），千粒重 1.8 g（Frame，2005）。花期 6～8 月，果期 8～10 月（傅坤俊，1993）。

地理分布及生长适应：亚洲大陆广布种，我国东北、西北、华北及西南等地均有野生种，常作绿肥和水土保持兼用植物。我国河北、山西及内蒙古等地栽培较多，并已成为风沙区、黄土沟壑区飞播种草、改善生态环境的首选草种。

栽培种起源于我国华北与西北地区的野生种。杂交实验表明沙打旺栽培种与野生种杂交亲和性好，F_1 代可育性正常，结实性能良好（吴永敷和杨明，1980；吴永敷和薇玲，1985）。

生于向阳草地、山坡、灌丛、林缘及草原轻碱地（傅坤俊，1993）。适于沙壤土上生长，以土壤 pH 6.0～8.0 最适宜，也适应于盐碱土（Frame，2005）。半干旱、半湿润区都可以种植。根系发达，能吸收土壤深层水分，抗盐、抗旱。是我国半干旱区最有发展潜力的一种高产优质豆草。

生长过程及营养成分：在风沙地区，特别是在黄河古道上种植，生长迅速，一年后即可成为草场，产量达近 2 t/hm^2，可持续利用年限短（表 3-48）。

表 3-48　直立黄芪生长动态

生长年限	收获时间(年.月.日)	物候期	株高（cm）	鲜重（kg/m^2）	干重（kg/m^2）	鲜干比
一年生	2005.8.11	现蕾期	89.4	1.10	0.37	2.97
	2005.9.1	开花期	96.6	1.20	0.43	2.79
	2005.9.20	结荚期	99.0	1.25	0.58	2.16
	2005.11.10	乳熟前期	102.0	0.88	0.48	1.83
二年生	2006.8.4	现蕾期	44.1	0.65	0.22	2.95
	2006.8.25	开花期	72.0	1.05	0.38	2.76
	2006.9.5	开花期	73.2	0.85	0.33	2.58
	2006.9.26	结荚期	75.1	0.75	0.35	2.14
	2006.10.13	乳熟前期	78.2	0.65	0.38	1.73

资料来源：郭建平等，2009

半干旱地区可生长的优良豆草，初花期粗蛋白和粗纤维分别为 120～140 g/kg 和 270～300 g/kg（Lumpkin et al.，1993），营养好（表 3-49）。在美国北部，一些生态型对牛、羊，特别是马，有微毒，所以这种植物有时也作为毒黄芪被提及，但可作为优良饲草推广应用。

表 3-49　野生和栽培直立黄芪不同物候期的营养成分

	营养成分	营养早期	营养中期	营养晚期	现蕾期	开花期	结荚期	成熟期	平均
野生	叶茎比	2.14	2.00	1.35	1.33	1.44	0.72	0.56	1.36
	干物质消化率 DMD（%）	72.13	68.14	67.98	63.89	63.91	56.06	48.89	63.00
	粗蛋白 CP（%）	31.83	29.69	25.93	23.24	17.93	18.69	16.95	23.46
	中性洗涤纤维 NDF（%）	18.22	21.87	25.33	28.84	41.62	43.56	46.61	32.29
	酸性洗涤纤维 ADF（%）	14.06	17.19	20.70	21.50	30.40	33.21	36.66	24.82
	酸性洗涤木质素 ADL（%）	2.01	3.18	4.27	5.66	6.78	6.05	7.99	5.13
栽培	叶茎比	3.31	3.35	2.32	0.76	0.59	0.52	0.51	1.62
	干物质消化率 DMD（%）	65.98	58.09	57.22	55.71	53.27	44.13	39.73	53.45
	粗蛋白 CP（%）	23.90	21.93	19.56	15.48	14.53	14.00	13.27	17.52
	中性洗涤纤维 NDF（%）	33.76	28.77	33.03	45.64	47.51	48.87	49.96	41.08
	酸性洗涤纤维 ADF（%）	20.37	21.86	25.09	35.25	37.20	39.44	41.08	31.47
	酸性洗涤木质素 ADL（%）	4.92	5.05	6.05	7.49	8.14	8.17	8.89	6.96

资料来源：王兆卿等，2001

巫师黄芪

中文别名：鹰嘴紫云英、鹰嘴黄芪。

英 文 名：chickpea milkvetch，chick-pea milk-vetch，cicer milkvetch。

拉丁学名：*Astragalus cicer*（L.）。

分类地位：豆科（Leguminosae）黄芪属（*Astragalus*）。

植物形态特征：多年生，匍匐至斜向上生长，茎中空多汁，高 0.6～1.0 m，有短根茎，随植物成熟持续生长，因此植物活力随时间增加而增加。除了通过种子繁殖外，还利用根茎扩散、繁殖。叶片奇数羽状复叶，具 8～17 对披针形小叶。小叶下表面略有柔毛。花序生于叶腋，总状花序紧凑，有多至 60 个白色到浅黄色的小花。扁平的黑色种荚包含 9～15 个卵形的黄色种子。硬实比例高，种皮厚，需要外力促进发芽。千粒重 3.8 g（Frame，2005）。

地理分布及生长适应：欧洲中北部、俄罗斯中部和南部、克里米亚半岛和高加索地区的本地种（Maxted and Bennett，2001），欧洲南部、北美和南美为引入种（Frame，2005）。我国 1973 年从加拿大引进，2016 年从丹麦和美国引进。

生长于森林边缘、河流沿岸、干旱和潮湿的草甸。适宜土壤类型和质地包括黏土、沙土、粗质土、钙质土，但是也能生长于中度酸性和碱性土壤（Davis，1981）。对酸性土壤耐受性很低（Townsend，1993），但耐旱和耐刈割特性表明其在中性、碱性土壤中值得考虑应用（Hill et al.，1996）。超过土壤 pH 8.1 时不适于生长（Frame，2005）。

在潮湿微酸性及中性砂土和沙壤土上最能表现其根茎扩展生长的习性。适应于广泛的气候条件，从年降水量 400 mm 的地区到灌溉区均可生长（Miller and Hoveland，1995）。耐寒，有适度的耐旱性和耐霜性（Duke，1981），为冷季牧场及易侵蚀区有价值豆草（Maxted and Bennett，2001）。长日照物种，实现开花最高值需要一段时期的春化处理（Townsand，1981），不耐阴。发芽、幼苗出土和幼苗发育都较慢（Smoliak et al.，1972；Townsand and McGinnies，1972），与苜蓿和红豆草相比，春季生长慢（Smoliak et al.，1972）。

生长过程及营养成分：根茎发达，地上茎也生根，扩繁能力强，耐践踏。产量较高，但不及紫花苜蓿、百脉根和红豆草（图 3-28）。

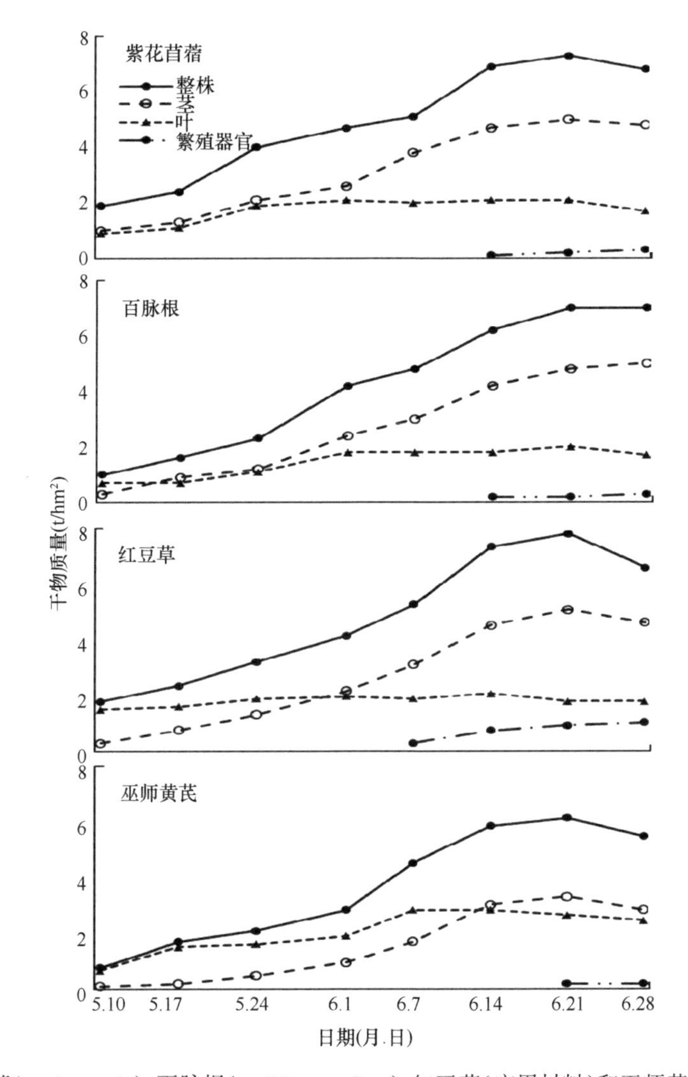

图 3-28　紫花苜蓿（cv. Iroquois）、百脉根（cv. Norcen，Leo）、红豆草（广用材料）和巫师黄芪（cv. Monarch）干物质动态（改绘自 McGraw 和 Marten，1986）

巫师黄芪营养丰富（表 3-50），产量高和适口性好，与苜蓿、白三叶和红豆草有较好的可比性（图 3-29 和图 3-30）。茎叶比高于苜蓿，特别是在干旱条件下（Peterson et al., 1992），晚秋季保留绿叶时间更长，有更高的体外可消化干物质含量（Loeppky et al., 1996）。由于其根茎发达，耐践踏，适口性好，家畜喜采食，不积聚硒，无毒害，含皂素低，不会引起反刍家畜膨胀病。宜于放牧，亦可作为水土保持植物。

表 3-50 巫师黄芪不同生长阶段的营养成分

营养成分	花蕾期	10%开花	完全开花
体外干物质消化率 IVDMD（g/kg DM）	673	650	642
粗蛋白 CP（g/kg DM）	181.6	169.9	154.1
细胞内容物 CC（g/kg DM）	619.9	587.8	569.4
酸性洗涤纤维 ADF（g/kg DM）	295.8	307.0	328.4
中性洗涤纤维 NDF（g/kg DM）	380.1	412.2	430.6
钙 Ca（g/kg DM）	14.2	15.0	15.9
磷 P（g/kg DM）	3.2	3.0	2.8
钾 K（g/kg DM）	33.0	30.0	27.0
镁 Mg（g/kg DM）	1.6	1.7	1.8
钠 Na（g/kg DM）	0.19	0.18	0.18
硫 S（g/kg DM）	1.8	1.8	1.6
锰 Mn（mg/kg DM）	44	50	67
锌 Zn（mg/kg DM）	27	24	24
铜 Cu（mg/kg DM）	9.2	9.2	10.2
铁 Fe（mg/kg DM）	258	300	462

资料来源：Gervais，2000

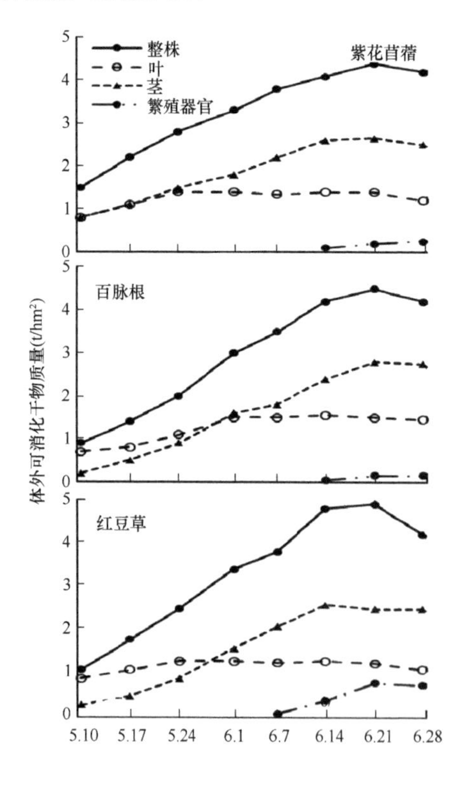

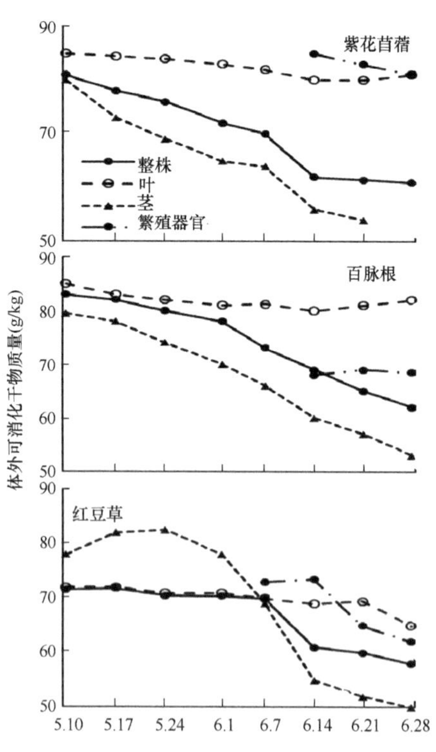

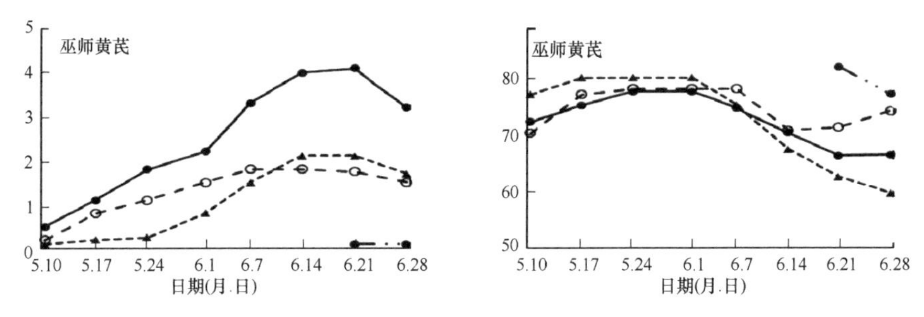

图 3-29　紫花苜蓿(cv. Iroquois)、百脉根(cv. Norcen，leo)、红豆草(广用材料)和巫师黄芪(cv. Monarch)体外干物质累积消化量动态（改绘自 McGraw 和 Marten，1986）

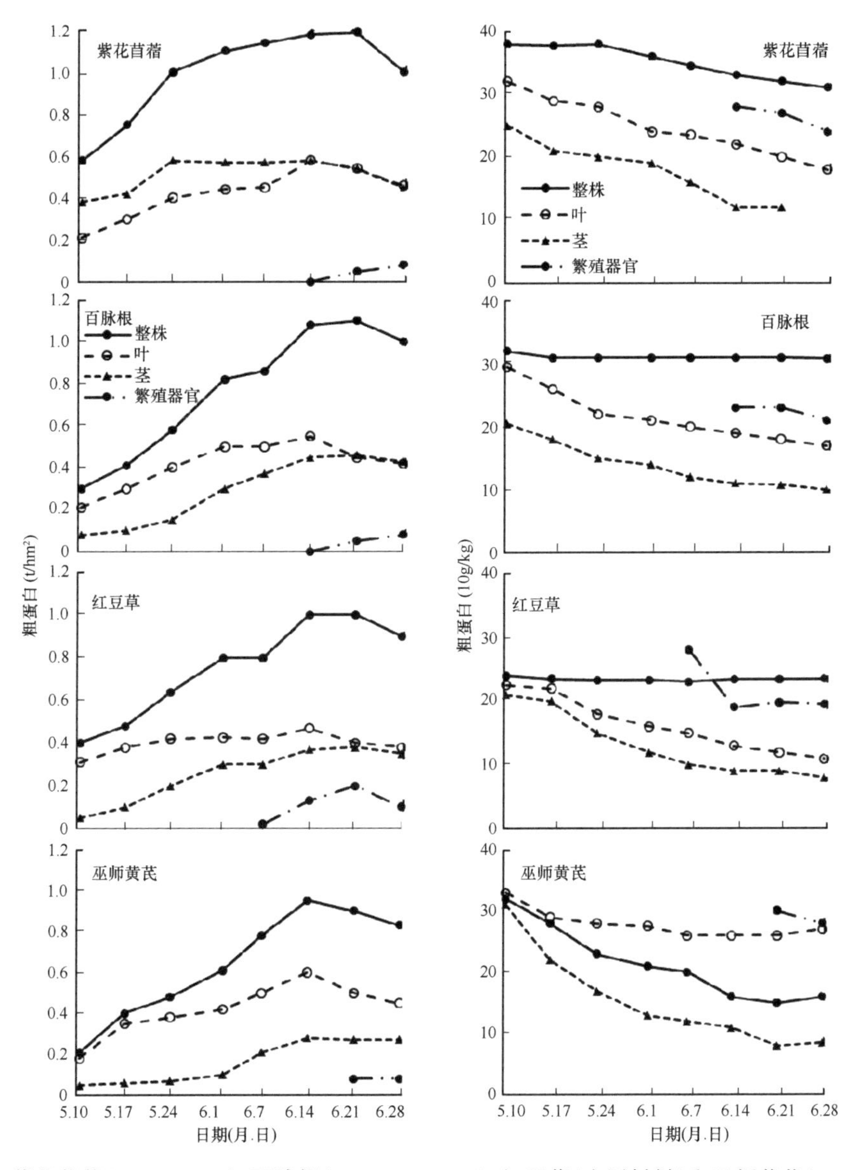

图 3-30　紫花苜蓿(cv. Iroquois)、百脉根(cv. Norcen，leo)、红豆草(广用材料)和巫师黄芪(cv. Monarch)粗蛋白累积动态（改绘自 McGraw 和 Marten，1986）

氨基酸含量总体高于紫花苜蓿（表 3-51），放牧的青年母牛及绵羊对其可接受性不如苜蓿、百脉根或红豆草（Marten et al.，1987，1990）。美国中北部一个地点的试验中，单播巫师黄芪草地上放牧的奶牛和绵羊有光敏感性响应（Marten et al.，1987，1990），但这种响应未发生于其他任何地方。

表 3-51　巫师黄芪（cv. Oxley）与紫花苜蓿（cv. Beaver）现蕾中后期氨基酸组成对比

氨基酸	巫师黄芪	紫花苜蓿
粗蛋白 CP（g/kg DM）	22.7	20.3
氨基酸（g/16g 总氮）		
色氨酸 Trp	1.5	2.0
苏氨酸 Thr	4.7	4.7
异亮氨酸 Ile	5.0	4.7
亮氨酸 Leu	8.8	8.2
赖氨酸 Lys	6.5	6.1
甲硫氨酸 Met	1.7	1.8
苯丙氨酸 Phe	5.7	5.6
缬氨酸 Val	6.3	5.9
精氨酸 Arg	5.4	4.8
组氨酸 His	2.4	2.2
半胱氨酸 Cys	1.6	1.5
酪氨酸 Tyr	3.8	3.3
丙氨酸 Ala	5.7	5.6
天冬氨酸 Asp	14.0	17.6
谷氨酸 Glu	12.9	11.9
甘氨酸 Gly	4.7	4.4
脯氨酸 Pro	4.9	5.0
丝氨酸 Ser	4.5	4.7

资料来源：Kaldy et al.，1978

黄花草木樨

中文别名：草木樨、黄香草木樨。

英 文 名：sweetclover，yellow sweet clover，yellow melilot，common melilot。

拉丁学名：*Melilotus officinalis*（L.）Pall.。

分类地位：豆科（Leguminosae）草木樨属（*Melilotus*）。

全世界草木樨属约 20 种，欧亚大陆分布。我国有 4 种，东北、华北、西北及西南各地有分布。黄花草木樨（*Melilotus officinalis*）、白花草木樨（*Melilotus albus*）各地培育有很多饲草作物品种，为半干旱区广泛利用的饲草作物，对于草地培肥有特殊价值。黄花草木樨、白花草木樨为优良的草地改良补播种类。

植物形态特征：二年生草本，高 40～100（250）cm。茎直立，粗壮，多分枝，具纵棱，微被柔毛。羽状三出复叶，小叶倒卵形、阔卵形、倒披针形至线形，长 15～25（30）mm，宽5～15 mm，上面无毛，粗糙，下面散生短柔毛。总状花序长6～15（20）cm，腋生，具花30～70朵，黄色，初时稠密，花开后渐疏松，花序轴在花期中显著伸展。荚果卵形，长3～5 mm，宽约2 mm，先端具宿存花柱，表面具凹凸不平的横向细网纹，棕黑色。有种子1～2粒。种子卵形，长2.5 mm，黄褐色，平滑。花期5～9月，果期6～10月（崔鸿宾，1998）。种子可以很多年保持活力。

地理分布及生长适应：草木樨属（*Melilotus*）起源于欧亚大陆，包括白花草木樨和黄花草木樨，为欧洲到地中海地区到亚洲的本地种（Smith，1965），覆盖欧洲大部分地区（Maxted and Bennett，2001）。黄花草木樨从爱尔兰穿过整个欧洲、亚洲西部、亚洲中部，一直分布到我国东北部（Clapham et al.，1962）。还被引入到其他大陆，但是不如白花草木樨分布广泛（Turkington et al.，1978）。北美最早关于草木樨的引进记载是在1664年（Stevenson，1969）。黄花草木樨1850年以前就在加拿大爱德华王子岛被作为饲料作物栽培，白花草木樨1888年以前被栽培（Erskine，1960）。

黄花草木樨生于山坡、河岸、路旁、砂质草地及林缘及碱性土壤（崔鸿宾，1998）。一般生长于钙质的沃土和黏土，可以耐受低温和干旱，不耐受积水。在开阔的受扰动土地，全光或部分光照下，排水较好的土壤上生长良好，土壤pH 4.8～9.0都可生长，在中性条件下生长最好。海拔4000 m以下，年降水量310～1600 mm，年平均温度4.9～21.8℃都适宜生长（Maxted and Bennett，2001）。

黄花草木樨与白花草木樨都适应于广泛的气候条件，耐干旱（Butovssi，1971），只需要足够的水分用于建植，以后干旱条件下也会生长（Turkington et al.，1978）。耐严寒，可以扩散到高纬度地区，包括加拿大的育空（Yukon）和西北部疆域。植株高度随日照长度（9～17 h）增加而增高，日照长度的增加限制根颈芽的形成，低温阻碍开花。两种草木樨都对高浓度的硼有较强耐受性。两种草木樨都有强大而较深的主根，可以在肥力稍微低的土壤中生长良好（Smith，1965）。

可作为放牧用饲草，调制干草或青贮用。第一年重霜后收割也有利于降低香豆素含量。储藏或调制时如有霉烂，植株内含的香豆素就转变为双香豆素或出血素，牲畜食后会中毒。但香豆素含量因品种不同而异，如二年生白花草木樨香豆素的含量高于细齿草木樨。直接在草木樨地放牧，牲畜摄食过多易发生臌胀病。

生长过程及营养成分：黄花草木樨产量低，但营养成分含量高（表3-52）。耐干旱、耐贫瘠，在干旱、盐碱地区具有补播改良草地、提高饲草品种的优良作用。

表3-52　黄花草木樨及其他饲草干物质产量和营养成分对比（4次收获的平均值）

营养成分	黄花草木樨	菊苣	苜蓿	百脉根
干物质产量DMY[t/（hm^2·a）]	3.90	9.96	14.41	9.46
干物质含量 DMC（g/kg）	169	116	184	143
有机质消化率OMD(g/kg OM)	703	715	660	676
粗蛋白CP（%）	198	102	200	206
中性洗涤纤维NDF（%）	334	329	383	328
酸性洗涤纤维ADF（%）	271	275	321	272
木质素lignin（%）	13	13	17	19

续表

营养成分	黄花草木樨	菊苣	苜蓿	百脉根
酸性洗涤木质素 ADL（%）	45	42	67	62
粗灰分 CA（%）	108	143	95	91
纤维素 cellulose（%）	68	70	66	63
半纤维素 hemicellulose（%）	18	17	17	18

注：4 次收获日期为 5 月 29 日、7 月 9 日、8 月 21 日及 10 月 23 日，收获时间按照丹麦标准的饲草收获日期

资料来源：Elgersma et al.，2014

第四节 饲 料 作 物

饲料作物（fodder crop），主要以收获给喂为主的饲用作物，包括收获全株饲喂或收获籽粒饲喂，一些也用于立地放牧，包括玉米、高粱、燕麦、粟草、稷草、稗草、秣食豆、矮地豆、缠绕豆、攀缘豆及紫花苜蓿。阔叶草类主要用于放牧育肥，在此归为饲料作物。一般，此类作物高大，集约经营产量高，达 9～30 t/hm^2。籽粒所占比例相对多，籽粒产量 2～15 t/hm^2。再生能力不如饲草作物，高粱类例外。其中，紫花苜蓿既属于饲草作物又属于饲料作物。

在南方暖季饲草气候区，百喜草（*Paspalum notatum*）、大须芒草（*Andropogon gerardii*）、柳枝稷（*Panicum virgatum*，switch grass）、象草（*Pennisetum purpureum*）、蓝冰麦（*Sorghastrum nutans*）、美洲狼尾草（*Pennisetum glaucum*）及三囊草（*Tripsacum dactyloides*）有产量优势。三囊草被称为“禾草皇后”，饲用玉米就是“禾草之王”。

一、玉米、高粱

玉米、高粱及苏丹草、高丹草为高大饲料作物，可以收获籽粒作饲料，也可以全株收获利用作饲草。玉米、高粱作饲草基本就是用于青贮；苏丹草、高丹草可以用于放牧，也可以收获作青贮饲料。由于玉米、高粱是 C_4 植物类型，产量高，营养价值高，是我国发展草地农业最有价值的一类饲料作物，并且南北方都适宜种植。青贮时，维持良好的青贮质量，对于发挥青贮玉米的优势至关重要，在高粱类饲料作物地放牧时，要保证作物高度至少在 60 cm 以上，以防氢氰酸中毒。

玉米

中文别名：玉蜀黍、苞米、棒子、苞谷、玉茭。

英 文 名：maize，corn。

拉丁学名：*Zea mays* L. ssp. *mays*。

分类地位：禾本科（Gramineae）蜀黍属（*Zea*）。

全世界玉米属有 5 种、3 亚种。我国引进一玉米原亚种（玉米，*Zea mays* L. ssp. *mays*），并引进玉米的另一亚种（墨西哥玉米草，*Zea mays* L. ssp. *mexicana*）。种类及其亚种如下：

（1）*Zea perennis*(Hitchc.) Reeves & Mangelsdorf, American Journal of Botany, 29: 817, 1942.

（2）*Zea luxurians*(Durieu & Ascherson)Bird, Taxon, 27(4): 363, 1978.

（3）*Zea diploperennis* Iltis, Doebley & Guzman, Science, 203: 186, 1979.

（4）*Zea nicaraguensis* Iltis & Benz, Novon, 10: 382-390, 2000.

（5）*Zea mays* L. Species Plantarum, 971, 1753.

Zea mays L. ssp. *mays*.

Zea mays L. ssp. *mexicana* Iltis, Annual Review of Genetics, 4: 450, 1971.

Zea mays L. ssp. *parviglumis* Iltis & Doebley, Amer. J. Bot., 67(6): 994-1004, 1980.

玉米为世界广泛栽培的作物，有若干培育品种，包括籽粒用玉米、全株饲用玉米及高油玉米等特用类型。籽粒用玉米多用于收获籽粒，其中部分用于人类的食物，部分用于牲畜饲料，籽粒玉米有时也用于青贮饲料生产。全株饲用玉米多用于全株收获进行青贮，少量用于调制干草。同时，籽粒用玉米收获后的剩余物秸秆，经处理或不处理，国内外都广泛用作牛、羊饲料。

墨西哥玉米草易与玉米杂交，并且杂交后代可育，被认为是玉米的一个亚种。墨西哥玉米草分蘖旺盛，生长快速，在热带、亚热带及暖温带为优良的饲草作物。同时，墨西哥玉米草与玉米杂交的后代分化强烈，其部分后代可以在温带地区繁殖。后代保持了墨西哥玉米草的高分蘖能力，并且生长旺盛，是温带地区饲用玉米改良的优良种质资源。

过去，玉米的发现和传播，为人类提供了足够多的植物性食物，使人类得以大规模繁衍进化；现代，玉米的高产及普遍栽培，为家畜（禽）提供了足够多的饲料，人类可以饲养更多的家畜，获得足够多的动物性食物，促进了人类生存发展。玉米是人类生存、发展第一重要的作物。

植物形态特征：一年生，须根系，秆直立，通常不分枝，基部多分蘖，并具气生支持根，高 1.0～2.5 m。全株一般有叶 15～22 片，叶片扁平宽大，长 80～150 cm，宽 6～15 cm，互生。雌雄同株异花，雄穗开花一般比雌穗吐丝早 3～5 天，雄花生于植株的顶端，圆锥花序；雌花着生于茎秆中部叶腋间，果穗中心有穗轴。颖果球形或扁球形，成熟后露出颖片和稃片之外，长 5～10 mm。玉米雌花小穗纵向排列发育成并排籽粒，外有苞叶（陈守良，1990）。

青贮玉米与籽粒玉米不同，主要区别是：青贮玉米植株高大，在 2.5～3.5 m，最高可达 4 m，以全株生产为目标；籽粒玉米则以生产玉米籽实为主，其副产物秸秆也用作草食动物饲料。收获期不同，青贮玉米的最佳收获期为籽粒乳熟末期至蜡熟前期（1/2 乳线阶段），此时产量最高，营养价值也最好；籽粒玉米的收获期在完熟期以后。青贮玉米主要用于反刍动物、草食动物饲料；籽粒玉米主要为鸡、猪饲料，也是重要的粮食和工业原料。

地理分布及生长适应：玉米起源于中美洲墨西哥，墨西哥人发现并培育了玉米，后传遍美洲大部分地区。通过欧洲探险家，由美洲传到西班牙，再扩展到欧洲和非洲，16 世纪 30 年代又由陆路从土耳其、伊朗和阿富汗传入东亚。另外，又经非洲好望角传到马达加斯加岛、印度和东南亚各国（Filya，2004；Pordesimo et al.，2005）。后经印度或中亚传入我国。

目前，全世界热带和温带地区广泛种植，栽培面积最多的是美国、中国、巴西、墨西哥、南非、印度和罗马尼亚。我国的玉米主要产区是东北、华北和西南山区。

玉米是墨西哥一年生类蜀黍（*Zea mays* ssp. *parviglumis*，英文称为 teosinte）驯化后的变种。现代玉米有一个单生、较高的茎秆，并带很多叶片，而类蜀黍是一种较矮的丛生植物。类蜀黍是墨西哥东南部 Balsas 河谷的本地种，驯化过程中获得了墨西哥玉米草（*Z. mays* ssp. *mexicana*）12%的遗传基因，逐渐发展成为现代玉米。考古发现认为，玉米的驯化始于 7500 年前。

玉米在土质疏松，土质深厚，有机质丰富的黑钙土、栗钙土和砂质壤土中均能良好生长。适宜湿润、温暖或炎热气候区种植。短日照植物，在短日照（8～10 h）条件下可以开花结实，C_4 光合途径，光饱和点高。喜温，生物学有效温度为 10℃，发芽最适温度为 28～35℃，苗期能耐短期–2～–3℃的低温，拔节期要求 15～27℃，开花期要求 25～26℃，灌浆期要求 20～24℃（路海东，2006）。水分效率显著高于 C_3 植物，蒸腾耗水系数为 400～500 kg/kg。

生长过程及营养成分：玉米全生育期分为播种期、出苗期、三叶期、七叶期、拔节期、大喇叭口期、抽雄期、开花期、灌浆期、乳熟期、蜡熟期及完熟期等各个发育时期，蜡熟期后进一步细分为蜡熟初期、凹陷早期、1/2 乳线期、3/4 乳线期和无乳线期。温带地区可以种植生长期 80～120 天的品种，80 天成熟品种的产量达到 275 g/单株（表 3-53）；晚熟（>180 天）青贮玉米品种在长春市干物质产量可达到 40 t/hm^2（图 3-31），中熟籽粒品种产量达到 14 t/hm^2（表 3-53）。

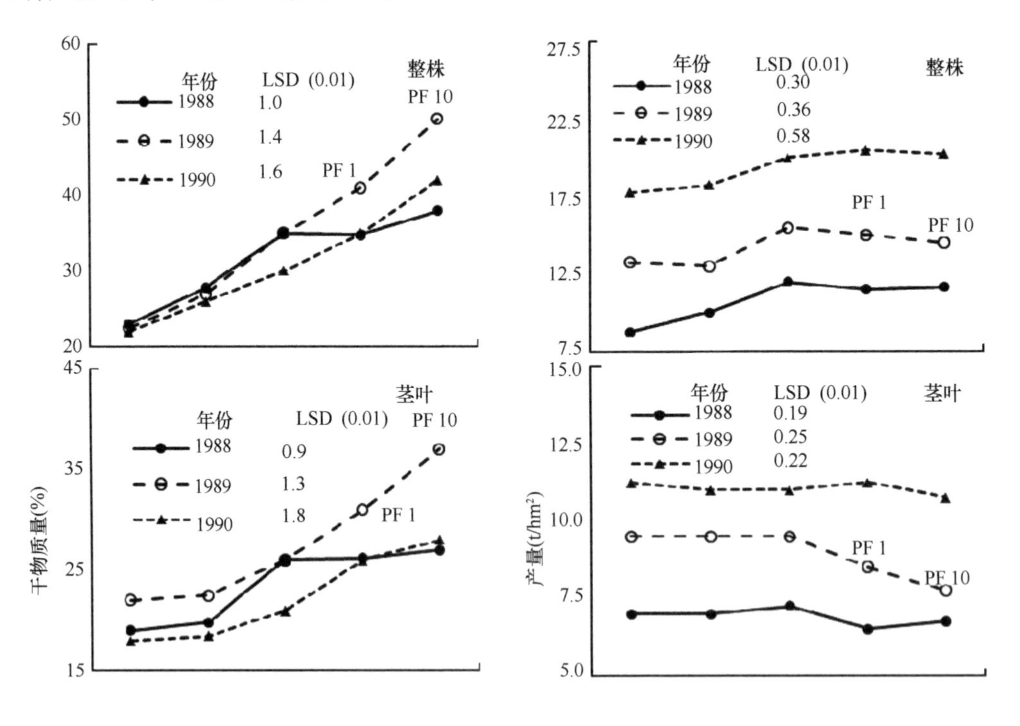

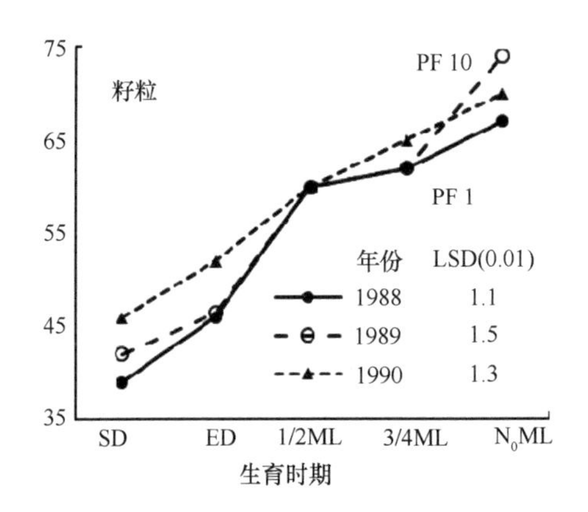

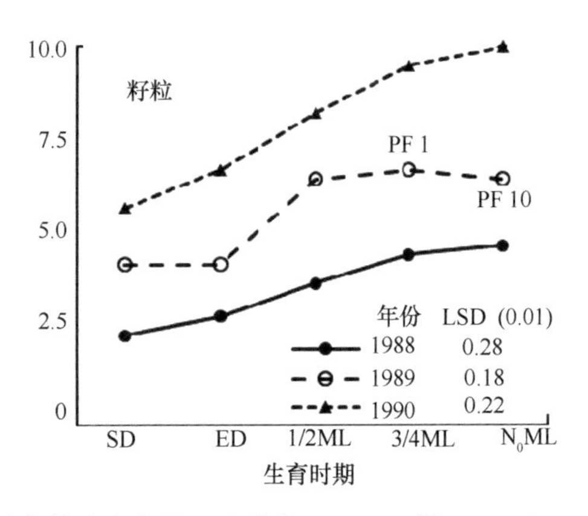

图 3-31　青贮玉米不同年份不同生长时期干物质及产量动态变化（改绘自 Wiersma 等，1993）

SD. 蜡熟初期；ED. 凹陷早期；1/2ML. 1/2 乳线期；3/4ML. 3/4 乳线期；N_0ML. 无乳线期；

PF1. 霜冻后 1 天收获；PF10. 霜冻后 10 天收获；LSD（0.01）. 在 0.01 水平差异显著

表 3-53　青贮玉米（科多 8 号）和粮饲兼用型玉米（陕单 310）生长特征

	生长特征	三叶期	拔节期	大喇叭口期	吐丝期	吐丝 25 天	成熟期
陕单 310	出苗后天数	9	26	40	51	76	81
	叶面积指数 LAI	0.05～0.08	0.79～0.90	5.67～7.16	6.48～7.59	4.23～4.82	3.73～4.39
	生长速率 GR[kg/(hm²·d)]		31～34	235～309	310～425	114～216	36～149
	单株干重（g）	0.50	13.48	68.08	128.76	193.07	275.38
	单株鲜重（g）	3.30	107.27	701.64	856.34	949.89	818.48
科多 8 号	出苗后天数	9	26	40	63	88	88
	叶面积指数 LAI	0.04～0.07	0.83～1.30	3.63～.28	4.39～7.16	3.48～5.26	2.74～4.16
	生长速率 GR[kg/(hm²·d)]		21～35	201～302	288～342	209～242	42～68
	单株干重（g）	0.56	12.21	78.91	146.04	210.47	244.00
	单株鲜重（g）	3.74	99.65	860.65	948.70	1132.25	1032.29

资料来源：马国胜等，2006；路海东，2006

玉米是高产饲料作物，其质量取决于生长成熟阶段（表 3-53 和表 3-54）。不同品种，叶茎比例不同，饲草质量有变化（图 3-32）。晚熟品种（>130 天）产量高，但消化率低。早熟品种产量低，但籽粒含量高，质量也更高，因此早熟、中熟品种较晚熟品种质量往往更好一些。乳浆线在籽粒一半处时（1/2 乳线期）为玉米青贮收获的最佳阶段，因为产量、质量和青贮特征之间恰好平衡，饲草干物质含量为 33%～38%（凯泽等，2008）。

表 3-54　饲用玉米不同成熟阶段全株鲜草和青贮 90 天后的营养成分（单位：g/kg DM）

营养成分	鲜草				青贮			
	凹陷早期	1/3 乳浆线	2/3 乳浆线	黑线	凹陷早期	1/3 乳浆线	2/3 乳浆线	黑线
粗蛋白 CP	77	69	62	56	80	72	65	58
粗灰分 CA	54	48	41	35	44	42	41	38
中性洗涤纤维 NDF	556	523	484	435	527	496	462	421
酸性洗涤纤维 ADF	354	323	288	244	337	303	279	239
酸性洗涤木质素 ADL	29	34	38	43	21	27	34	40
纤维素 cellulose	325	289	250	201	316	281	245	199
半纤维素 hemicellulose	202	200	196	191	190	188	183	182

资料来源：Filya，2004

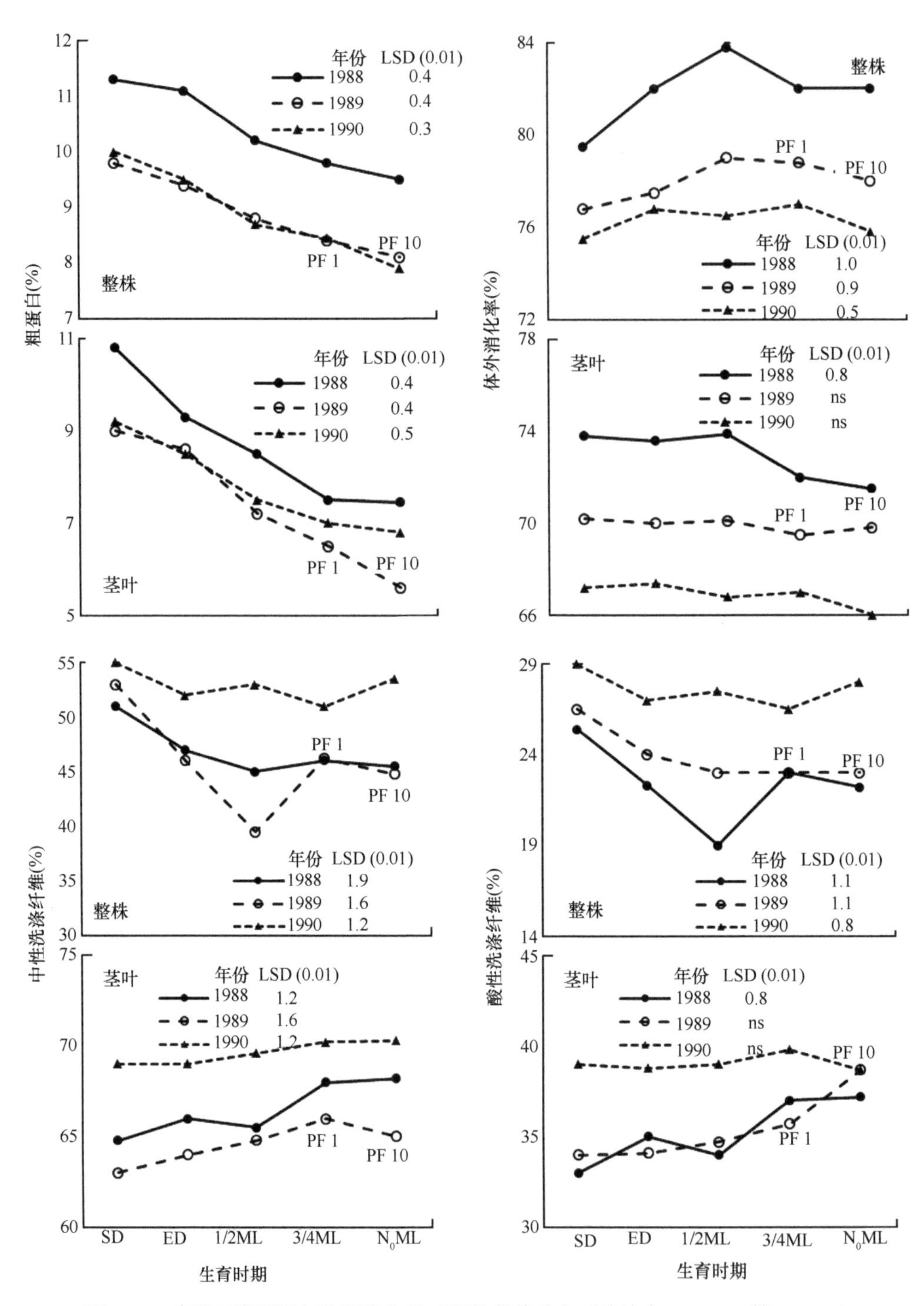

图 3-32 青贮玉米不同年份不同生长时期的营养动态（改绘自 Wiersma 等，1993）

SD. 蜡熟初期；ED. 凹陷早期；1/2ML. 1/2 乳线期；3/4ML. 3/4 乳线期；N_0ML. 无乳线期；PF1. 霜冻后 1 天收获；PF10. 霜冻后 10 天收获；LSD（0.01）. 在 0.01 水平上差异显著；ns. 无显著性差异

高粱

中文别名：蜀黍、木稷、卢穄。

英 文 名：sorghum，great millet。

拉丁学名：*Sorghum bicolor*（L.）Moench。

分类地位：禾本科（Gramineae）高粱属（*Sorghum*）。

高粱属有29～31种，分3个基本类群，染色体数分别为2*n*=10、2*n*=20和2*n*=40。我国产5种，其中，拟高粱（*S. propinquum*）和光高粱（*S. nitidum*）为本地种；高粱（*S. bicolor*）、杂高粱（*Sorghum*×*almum*）和石茅（*S. halepense*）为引进种。我国记载的其他种类均被认为是高粱的亚种或变种或异名。本属植物具有重要饲草、饲料价值。

我国产高粱属植物分类检索：

1. 一年生……………………………………………………………………高粱
1. 多年生……………………………………………………………………2
  2. 秆节生环状髯毛，圆锥花序的分枝单纯不再分枝…………………………光高粱
  2. 秆节光滑无毛或微具柔毛，但不为环状；圆锥花序的分枝再分枝………………3
    3. 有柄小穗成熟时不脱落或连同部分小穗柄一起脱落…………………………杂高粱
    3. 有柄小穗成熟时脱落……………………………………………………4
      4. 叶片狭，秆细瘦，圆锥花序狭窄，无柄小穗椭圆形，具3小齿……………石茅
      4. 叶片宽，秆粗壮，圆锥花序开展，无柄小穗多少卵形，顶端尖…………拟高粱

植物形态特征：一年生，草本，茎秆粗壮，直立，高2～3 m，直径2～5 cm，基部节上具支撑根。叶片线形至线状披针形，长40～70 cm，宽3～8 cm，表面暗绿色，背面淡绿色或有白粉。圆锥花序，主轴裸露，总梗直立或微弯曲，小穗倒卵形或倒卵状椭圆形，红色至红棕色、黄色（陈守良，1990）。

由于其抗旱、耐盐碱、耐高温，可以种植在玉米适宜生长区的外围，产量略低于玉米。世界各地广泛种植为饲草、饲料作物。生产中，根据利用目标及方式不同，一般分为3类。

籽粒高粱（*Sorghum bicolor*，grain sorghums）：用于生产籽粒的一类高粱，籽粒供人类食用或作牲畜饲料。多用于干旱、半干旱区生产粮食，一般高1～2 m。由于总干物质产量低，通常不考虑用于饲草生产。种子千粒重往往30 g以上。籽粒收获后，秸秆用作饲料或立地放牧。

饲用高粱：由籽粒高粱培育而成，高2～3 m，相似于籽粒高粱，籽粒产量较高，但比籽粒高粱更高大，叶片更多，成熟晚，与玉米相似，主要用于青贮。种子千粒重20～30 g。

饲草高粱：一类专门生产饲草的高粱类型，种子小，籽粒产量低，茎叶生物量更高，用于立地放牧、调制干草或青贮。饲草高粱包括甜高粱、苏丹草和高丹草及BMR饲草高粱。

甜高粱（*Sorghum bicolor* cv. Dochna，sweet sorghums，sugar sorghums）：茎秆富含糖分的一类高粱，多用于青贮。因茎秆粗壮，并且外皮坚硬，限制了其广泛利用。

苏丹草（*Sorghum sudanense*，sudan grass，sudangrass）：籽粒高粱与德氏高粱的杂交种，多分蘖，再生性好。植株高 0.8～1.1 m 时放牧利用，或收获青贮或调制干草。可用作覆盖作物（Clark，2007），即适宜时期刈割后的再生株对地面产生覆盖作用。

高丹草（*Sorghum bicolor* × *S. sudanensis*，sorghum-sudangrass hybrid，sudex，sudax）：苏丹草与籽粒高粱的杂交种，具有苏丹草再生性好可以多次刈割的特点，又具有籽粒高粱高产的潜力。与玉米相比，高丹草叶面积小，有更多次生根，叶表面蜡质化，有助于耐受干旱。与玉米相似，需要较好的肥力。与苏丹草相比，高丹草更高大，更粗糙，产量更高（Clark，2007）。另外，具有茎秆细、再生性好、产量高、抗性好，且氢氰酸含量低的特点。

BMR 饲草高粱（褐色中脉饲草高粱）：由于基因突变降低了茎和叶中的木质素含量，作为青贮作物受到欢迎（Porter et al.，1978；Lusk et al.，1984）。褐色中脉为叶片的中脉（正常情况下是绿色或黄色–白色）因褐色色素沉淀而呈褐色。

地理分布及生长适应：高粱（*S. bicolor* subsp. *bicolor*）野生种和半野生种自然分布于非洲北部，栽培种世界各地广泛种植。在热带地区多作为粮食和饲草作物种植，在温带地区多作为粮食作物种植，在发展中国家主要作为粮食种植，在发达国家几乎都用于动物饲料。籽粒高粱来自野生类群 *S. bicolor* subsp. *arundianaceum*。高粱驯化始于 5000 年前的非洲东北部，可能在现代的埃塞俄比亚和苏丹地区。从其起源中心传到西非、印度和中国，并被培育出几种差异显著的品种，19 世纪中期引入美国。

苏丹草原产于非洲的苏丹高原，现在欧洲、北美洲及亚洲栽培广泛。我国 1949 年前已经引进，现南北各省均有较大面积栽培。苏丹草具有广泛的适应性，我国南至海南岛，北至内蒙古均能栽培。苏丹草 19 世纪早期引入美国得克萨斯，很快变成重要的饲草作物。引进后，培育出很多改良品种。

甜高粱原产印度和缅甸，现世界各大洲都有栽培，我国各省均生产，本种在我国栽培历史悠久。目前，随着城乡人民生活水平提高，多不再作为主食，栽培面积逐渐减少。

高丹草是 20 世纪初通过高粱与苏丹草杂交而培育出的类群，具有产量高、抗逆性强、氰化物含量降低、刈割后再生快等特点（Armah-Agyeman et al.，2002）。

BMR 饲草高粱（褐色中脉饲用高粱），包括褐色中脉高丹草及褐色中脉甜高粱，为高粱产生的褐色中脉基因突变体及其杂交类群。20 世纪 20 年代在美国明尼苏达大学被发现，其重要特点是消化率高，但高产、少倒伏的杂交种在近期才得到发展。

生长过程及营养成分：暖季饲草，通常在温带地区作为一年生作物种植，但在热带、亚热带气候区是短命多年生作物。短日照作物，长日照下延迟成熟。生长的最佳温度为 27～30℃。尽管适应于广泛的气候区，最经常生长于相对温暖和干燥的气候区，不耐低温，温度低于 21℃时不生长。种子发芽的最低温度为 8～10℃，最适温度为 24～28℃；出苗的最低温度为 10～12℃，超过 20℃出苗率显著增高；3～4 叶期气温低于 0℃时 3～4 h 即受冻害；出苗至拔节期间温度在 20～25℃较适宜；拔节至抽穗期间要求 25～30℃；开花授粉期间要求温度在 26～30℃；灌浆和成熟期间，需要温度稍低（不低于 20℃）和较大的昼夜温差，利于干物质积累和籽粒灌浆成熟。

高粱适应性强，在壤质、砂质、酸碱性土壤上均能生长，并具有较强的抗旱、耐涝、耐瘠薄和耐盐碱特性。在干旱少雨、夏季干热风严重或盐渍化地带及易涝地、高干燥地或低洼地，不适于种植其他饲草作物的地区，其为主要选择材料。适应于广泛的水分条件，在干旱气候区，高粱对灌溉响应良好，比其他普遍种植的谷物作物要求更低的水分。一些品种可以在没有灌溉的半干旱气候区种植，其他品种可以生长于非常潮湿的条件下。整个生育期需要400～500 mm降水，而且需要分布适当。

高粱拔节前，需水不足全生育期总需水量的10%；拔节至孕穗期需水量约占总需水量的50%，为需水最多的时期；花期需水量占总需水量的15%；开花至灌浆期间需水量为总需水量的20%。

甜高粱，有“高能作物”之称，因其具有抗旱、耐涝、耐贫瘠及耐盐碱等特性，而享有作物中的“骆驼”之美誉。对土壤的适应能力强，特别是对盐碱的忍耐力比玉米强，土壤pH 5.0～8.5长势良好，光合转化率高达18%～28%（张福耀等，2006）。

苏丹草，喜温暖、耐旱，适宜气候温暖干旱地区种植，在夏季炎热、雨量中等地区均能生长。根系发达，大部分根系分布在地表0.5 m 以下，能充分利用土壤深层水分和养分。在年降水量250 mm 地区种植仍可获得较高产量（徐玉鹏等，2003）。

高丹草，对土壤要求不高，无论沙壤土、微酸性土或轻度盐碱地均可种植，耐受土壤pH 5.0～9.0，常用于与大麦轮作改良碱土（Clark，2007）。喜温、不耐寒。种子发芽要求最低土壤温度>12℃，最适生长温度24～33℃，幼苗期对低温敏感，已长成的植株具有一定的抗寒能力。根系发达，抗旱力强，在年降水量仅 250 mm 地区种植，仍可获得较高产量，但最适合种植于降水 500～800 mm 的地区。在干旱季节如地上部分因刈割或放牧而停止生长，雨后很快恢复再生。

饲草高粱，在江淮流域1年可刈割4次，北方地区1年可刈割1～3次，刈割后植株再生力强，生长速度快（表3-55和表3-56）。

表3-55 3种饲草高粱抽穗期两次刈割和蜡熟期刈割的生长特征

生长特征	青贮高粱			苏丹草			高丹草		
	抽穗期		蜡熟期	抽穗期		蜡熟期	抽穗期		蜡熟期
	第一茬	第二茬		第一茬	第二茬		第一茬	第二茬	
鲜草产量（t/hm^2）	48.8～71.2	36.4～59.1	28.9～68.3	29.90～47.85	42.3～51.2	24.4～38.0	43.8～75.7	39.8～62.3	36.1～75.3
干草产量（t/hm^2）	9.4～11.6	3.6～6.8	8.01～18.1	8.75～10.54	6.6～7.4	7.9～10.7	10.4～13.6	5.6～8.0	8.9～22.4
株高（m）	1.4～2.2	1.2～1.9	2.11～3.5	2.18～2.42	2.0～2.5	2.4～2.8	1.8～2.3	1.8～2.3	2.5～3.5
直径（mm）	14.9～17.8	10.8～16.3	15.8～33.1	9.37～11.35	6.4～8.3	9.95～17.4	12.0～15.2	8.7～11.0	12.4～17.8
分蘖（万/hm^2）	0.1～1.1	60～70	0.1～1.4	3.6～11.0	111～149	4.0～32.0	0.2～1.2	84～103	0.4～1.8

资料来源：李源，2015

表 3-56 苏丹草不同刈割处理的生长特征

生长特征	1 年刈割 3 次（月.日）			1 年刈割 2 次（月.日）		1 年刈割 1 次（月.日）
	7.5	8.14	9.23	7.19	9.23	9.23
叶干重（g）	16.30	8.91	2.75	13.25	8.33	17.41
茎干重（g）	26.69	17.31	3.45	38.99	32.23	70.03
单株干重（g）	42.99	26.23	6.20	52.24	40.56	89.43
叶面积指数	10.63	9.41	2.97	13.88	14.01	17.54
鲜干比	4.81	3.55	4.82	3.02	3.69	2.63

资料来源：刘景辉等，2005

籽粒高粱、饲用高粱青贮品质好，与玉米相比，整株干物质产量有竞争力，受到奶牛和肉牛生产的欢迎。饲用高粱品种的表型特征变化很大，季节长度、植株高度、干物质含量、整株干物质、籽粒产量的较宽范围导致品种之间营养价值差异较大。籽粒高粱和饲用高粱的营养价值还受收获时的成熟阶段影响（表 3-57）。

表 3-57 不同成熟阶段籽粒高粱和饲用高粱的营养成分

营养成分			成熟阶段（Smith et al.，1984）			成熟阶段（Kirch，1989）		
			乳线晚期	蜡熟晚期	硬实期	乳线晚期	蜡熟晚期	硬实期
籽粒高粱	整株	干物质 DM（g/kg）	329	418	513	280	324	412
		干物质产量 DMY（mg/hm^2）	11.4	12.7	11.4	11.0	12.1	11.6
		籽粒产量 GY（mg/hm^2）	3.7	5.5	5.0	3.8	5.0	5.4
	青贮	粗蛋白 CP（g/kg DM）	105	97	95	109	100	95
		中性洗涤纤维 NDF（g/kg DM）	488	471	493	436	442	437
		酸性洗涤纤维 ADF（g/kg DM）	278	262	255	268	252	244
饲用高粱	整株	干物质 DM（g/kg）	256	308	347	254	300	380
		干物质产量 DMY（mg/hm^2）	13.0	16.1	13.7	11.2	12.3	13.5
		籽粒产量 GY（mg/hm^2）	2.3	4.8	5.5	1.3	3.5	4.1
	青贮	粗蛋白 CP（g/kg DM）	88	77	76	102	96	93
		中性洗涤纤维 NDF（g/kg DM）	—	—	—	602	541	539
		酸性洗涤纤维 ADF（g/kg DM）	360	338	340	337	312	316

资料来源：Bolsen et al.，2003

甜高粱抗旱性强，适口性好，饲料转化率高，青贮后甜酸适宜，牲畜普遍喜欢采食。饲用型甜高粱是一种新的饲料作物，生物产量高，各种养分含量均优于玉米，含糖量比青饲玉米高 2 倍，适口性也好，能有效提高肉、奶的产量和质量（秦学平，2015）。

苏丹草产量高而稳定，草质好、营养丰富。用于调制干草，青贮、青饲或放牧，马、牛、羊都喜采食，也是养鱼的好饲料。作为夏季利用的青饲料有价值，中夏生产鲜草最多，可作为此时乳牛的青饲料，苏丹草的茎叶比玉米、高粱柔软，晒制干草也比较容易（表 3-58）。

高丹草含糖量较高，适宜青贮。生产表现为优质高产，效益明显，可用于青饲或青贮，也可以调制成干草。

表 3-58　高粱、高丹草、苏丹草及玉米不同利用方式的营养成分比较（单位：%）

营养成分	籽粒高粱	甜高粱	苏丹草				高丹草	玉米
	青贮	青贮	营养早期（鲜草）	开花中期（鲜草）	日晒处理（干草）	青贮	营养期	青贮
干物质 DM	30	27	18	23	91	28		33
可消化养分总量 TDN	60	58	70	63	56	55	70	70
生长净能 NEg	1.31	1.24	1.63	1.41	1.18	1.14	1.03	1.63
维持净能 NEm	0.74	0.68	1.03	0.83	0.61	0.58	1.63	1.03
粗蛋白 CP	7.5	6.2	16.8	8.8	8.0	10.8	17	8.1
乙醚提取物 EE	3.0	2.6	3.9	1.8	1.8	2.8		3.1
酸性洗涤纤维 ADF	—	—	55	65	68	—	29	51
中性洗涤纤维 NDF	38	NA	29	40	42	42	55	28
钙 Ca	0.35	0.34	0.43	0.43	0.55	0.46		0.23
磷 P	0.21	0.17	0.41	0.36	0.30	0.21		0.22
钾 K	1.37	1.12	2.14	2.14	1.87	2.25		0.96

资料来源：Undersander and Lane，2001

BMR 高丹草可显著提升奶牛产奶量或肉用家畜日增重，因此单位种植面积的收益明显比普通高丹草高。在高粱–苏丹草杂交种中，褐色中脉与传统的白色中脉品种相比，其可消化的纤维素和半纤维素含量增加，而难以消化的木质素含量降低 40%～60%（李杰勤等，2010），这一特性在普遍消化率不高的暖季型饲草中意义重大。BMR 饲用高粱比普通饲用高粱品种的粗蛋白含量和消化率都高。美国得克萨斯州的 Bushland 试验站，测试了 10 家公司的饲用高粱品种，BMR 品种的粗蛋白和木质素含量平均为 9.21%和 3.1%，非 BMR 品种平均为 6.55%和 4.6%，体外消化率 BMR 品种比对照高 13%（Miller and Stroup，2003）。

高粱、苏丹草能产生抑制某些植物和线虫的化合物（Clark，2007）。

二、燕麦草、粟草、稷草、稗草

燕麦草、粟草、稷草、稗草为一类低矮禾草，除稗草外，适应降水 400 mm 的半干旱条件，对土壤要求宽泛。相对短的生长期，以及要求低温冷凉的生长特点，在我国主要农作物种植区的外围具有发展潜力，并具有较好经济效益，特别是在半干旱区。稷草适应干旱，生长期短，在干旱区少灌溉情况下具有发展潜力。

燕麦草

中文别名：铃铛麦、香麦、燕麦。

英 文 名：forage oat，forage common oat。

拉丁学名：*Avena sativa* L.。

分类地位：禾本科（Gramineae）燕麦属（*Avena*）。

全世界燕麦属植物有 29 种，分 7 类，染色体数 $2n$=14、$2n$=28、$2n$=42 为分组的基本依据，外稃顶端分裂形态为分类重要依据（图 3-33）。我国分布有 7 种，栽培种植 3 种，分别为燕麦（*A. sativa*）、裸燕麦（*A. nuda*）及野燕麦（*A. fatua*），南美和欧洲还广泛种植砂燕麦（*A. strigosa*）和红燕麦（*A. sterilis*）。本属一些种类在寒冷、生长期短的地区，湿润、半湿润或灌溉条件下，具有重要的饲草、饲料价值。

5 种栽培燕麦检索表：

1. 颖片等长，成熟小穗完整不脱落。
 2. 外稃二浅裂，2*n*=42……………………………………………………燕麦 *Avena sativa*
 2. 外稃二深裂
  3. 外稃二深裂并二叉裂，2*n*=14……………………………………砂燕麦 *Avena strigosa*
  3. 外稃二深裂至二叉裂，颖果裸被，不被颖片包围，2*n*=14…裸燕麦 *Avena nuda*
1. 颖片等长，成熟小穗自关节处脱落。
  4. 小穗为脱落扩散单位，2*n*=42……………………………………红燕麦 *Avena sterilis*
  4. 小花为脱落扩散单位，2*n*=42……………………………………野燕麦 *Avena fatua*

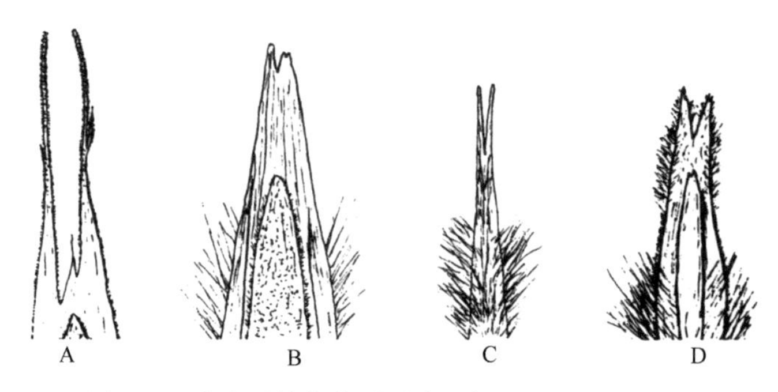

图 3-33　燕麦属植物外稃顶端形态（Leggett，1992）

A. 外稃顶端二深裂–二叉裂；B. 外稃顶端二浅裂，近二叉裂；C. 外稃先端披针形；D. 外稃顶端二叉裂

植物形态特征：一年生，须根系，秆直立，光滑无毛，高 80～160 cm。叶片扁平，长 15～35 cm，宽 5～15 mm，上面和边缘疏生柔毛。圆锥花序顶生，常开展，分枝多纤细。小穗含 2 至数小花，柄常弯曲。小穗轴节间被毛或光滑，脱节于颖之上与各小花之间。颖草质，具 9 脉，外稃质地多坚硬，顶端软纸质，齿裂，芒自稃体中部稍下处伸出，长 2～4 cm，膝曲。

燕麦和野燕麦的颖果成熟后被稃片紧密包围，但野燕麦稃片黑棕色，而燕麦稃片浅黄灰色，二者易于区别。裸燕麦的颖果成熟后稃片与颖果分离。

地理分布及生长适应：燕麦具有耐寒、耐旱、耐瘠、耐适度盐碱、生长期短及农业风险系数低等特点。燕麦能更好地适应于多变的土壤类型，可在黏土、草甸土和沼泽土等多种土壤中栽种，富含腐殖质湿润的土壤中栽培为宜（郭文场等，2012）。燕麦喜凉爽气候和湿润环境，温带北部最适宜于燕麦的种植。喜湿性作物，从分蘖到抽穗阶段对干旱敏感（郭文场等，2012），开花、灌浆期是决定籽粒饱满与否的关键。日照充足的条件下，利于灌浆和早熟，若多雨或阴雨连绵，对燕麦成熟不利，往往造成贪青晚熟。

41°～43°N 是世界公认的燕麦黄金生长带。海拔 1000 m 以上高原地区，年均气温 2.5℃，生长季日照平均 16 h，为燕麦生长的最佳自然环境。

世界上燕麦产量大多来自春播品种，秋播品种多在炎热地区高海拔范围应用。在温带气候地区，取决于地区气候条件，燕麦可以在各季节种植。在更温暖的地区，春季型燕麦在秋季种植，可避免夏季高温和干燥（郭本兆，1987）。

燕麦与裸燕麦的果实广为人类用作食物，也用于饲喂牲畜；收获果实后的秸秆可作为牲畜的饲草。同时，在干旱或寒冷地区，燕麦广泛种植作为饲草作物，于抽穗期收获调制干草作为牲畜的饲草料。饲草燕麦混种一年生豆类饲草可以获得改善地力、提高饲草质量的优良效果。

生长过程及营养成分：在寒冷、干旱地区，燕麦在春季或雨季播种；在温暖地区可以秋播，越冬后在夏季高温来临之前成熟收获。相对于其他谷物，如小麦、黑麦或大麦，燕麦夏季热量需求较低，耐雨性较强，所以在夏天凉爽、潮湿的地区，如欧洲西北部、冰岛及加拿大北部为主要饲草作物。饲用燕麦草生长阶段，一般在抽穗扬粉前收获，春季播种自出苗到收获仅需要60～70天，并获得8～9 t/hm^{2}产量（表3-59）。

表3-59　饲用燕麦（坝莜8号）不同生育期干草产量（单位：kg/hm^2）

产量	拔节期（月.日）	抽穗期（月.日）				开花期（月.日）		乳熟期（月.日）
	7.17	7.22	7.25	7.29	8.3	8.8	8.15	8.23
干草	4389	5435	6330	7182	7915	8513	8798	8906

资料来源：吴亚楠和李志强，2015

燕麦草干草质地柔软，适口性好，适宜收获的抽穗期营养含量高（表3-60和表3-61），为优质干草，特别适宜饲喂奶牛及育肥牛（表3-62）。

表3-60　燕麦草秋季和初夏营养成分　　（单位：g/kg DM）

营养成分	2001年秋季			2002年初夏		
	全株	茎	叶	全株	茎	叶
粗蛋白CP	180	115	243	135	90	220
中性洗涤纤维 NDF	521	565	426	596	707	468
酸性洗涤纤维 ADF	297	326	236	350	447	276
体内消化率IVTD	796	793	918	671	567	908

资料来源：Contreras-Govea and Albrecht，2006

表3-61　饲用燕麦（坝莜8号）不同生育时期营养成分　（单位：%）

营养成分	拔节期(月.日)	抽穗期（月.日）				开花期（月.日）		乳熟期（月.日）
	7.17	7.22	7.25	7.29	8.3	8.8	8.15	8.23
粗蛋白CP	16.82	15.02	12.98	11.83	11.39	10.01	9.01	8.37
乙醚提取物EE	8.27	8.08	8.44	7.31	6.73	6.87	7.43	7.95
酸性洗涤纤维 ADF	23.22	27.18	29.6	31.02	32.66	32.82	30.35	27.67
中性洗涤纤维 NDF	45.09	46.86	50.31	51.86	52.09	52.94	51.69	49.11
水溶性碳水化合物WSC	16.83	16.98	15.52	17.02	16.38	15.78	14.61	13.91
粗灰分CA	9.76	9.61	9.42	8.86	9.06	9.11	9.89	9.68

资料来源：吴亚楠和李志强，2015

表 3-62 燕麦草蜡熟初期不同部位矿物质含量

矿物质	1997 年				1998 年			
	茎	叶	花	根	茎	叶	花	根
干物质产量 DMY（g/m^2）	426	202	74	45	578	287	52	119
氮 N（g/kg DM）	7.8	14.1	17.8	7.7	8.6	13.7	19.2	7.5
磷 P（g/kg DM）	2.86	2.21	2.50	0.85	3.60	2.39	3.48	2.10
钾 K（g/kg DM）	6.7	12.4	9.8	1.7	16.3	13.0	15.3	6.1
N/P	2.7	6.4	7.1	9.1	2.4	5.7	5.5	3.6
铜 Cu（mg/kg DM）	3.9	5.5	7.9	11.5	1.0	2.1	8.4	7.4
锌 Zn（mg/kg DM）	20.9	12.5	25.8	56.2	33.4	27.0	40.6	50.1

资料来源：Pederson et al.，2002

稷草

中文别名：黍草、稷、黍。

英 文 名：proso millet，common millet，broomtail millet，hog millet，brown corn mille。

拉丁学名：*Panicum miliaceum* L.。

分类地位：禾本科（Gramineae）黍属（*Panicum*）。

全世界黍属约有 450 种，一年生或多年生，广泛分布于热带，扩展到温带，特别是温带干旱地区。所培育的品种较多，主要用作粮食，并分籼、糯两种类型，黏者为黍，不黏者为稷（包括粟）。一些为专用饲料作物，如暖季饲料作物柳枝稷（*Panicum virgatum*），也有潜在能量作物价值。适应干旱区的诸多籽粒品种可以用作饲料作物。

植物形态特征： 一年生，草本，秆粗壮，直立，高 40～120 cm，单生或少数丛生，有时有分枝，节密被髭毛。叶鞘松弛。叶片线形或线状披针形，长 10～30 cm，宽 5～20 mm。圆锥花序开展或较紧密，成熟时下垂，长 10～30 cm，分枝粗或纤细，具棱槽，上部密生小枝与小穗。小穗卵状椭圆形，长 4～5 mm。胚乳长为谷粒的 1/2，种脐点状，黑色。花果期 7～10 月（陈守良，1990）。大多数种子留在内壳或外壳（内稃或外稃）中，外壳有白色、奶油色、黄色、红色、棕色、灰色和黑色（Martin and Leonard，1976）。稷草植株高大，穗疏松，介于野生类型与籽粒类型之间。

地理分布及生长适应： 稷野生祖先和最初驯化不清晰，7000 年前作为作物出现于外高加索和中国，意味着其可能在这两个地区分别独立驯化。其野草形式被发现于中亚，覆盖从里海东部到新疆和内蒙古的广阔地区，这些半干旱地区可能有“真正野生黍的形式”。20 世纪 70 年代，我国北部新石器时代早期遗址发现距今 8200 年前的小米残留物，说明小米起源于新石器时代的中国，这些残留物来自粟还是糜并不清楚。

目前广泛栽培于印度、俄罗斯、乌克兰、中东、土耳其及罗马尼亚。我国西北、华北、西南、东北、华南及华东等地山区都有栽培，新疆偶见野生状的黍（陈守良，1990）。

适应多类型土壤和气候条件，不耐遮阴环境，黍不耐土壤潮湿。对低于 13℃的低温敏感。生长需要全光照，开花需要短日照。生长季短，需水少，水分需求为谷类中最低。高度抗旱，因此，对于水分可用性低且长期无雨的地区很有意义。由于根系多平展，需避免土壤被压紧实，黍对土壤中 Na_2CO_3 有高度耐受性。

生长过程及营养成分：生产粮食的糜子（稷草）近乎为最耐干旱的作物，也就是最耐干旱的一年生饲草。由于水分利用率高，总生物量高达 14～15 t/hm^2。在半干旱区具有发展优势（表 3-63）。

表 3-63　稷草不同生育时期的饲草产量及营养成分

营养成分	抽穗期	乳熟期	籽粒成熟期
鲜物质产量 FMY（t/hm^2）	31.35	36.26	31.46
干物质产量 DMY（t/hm^2）	12.44	14.36	13.61
体外干物质消化率 IVDMD（%）	64.95	65.48	62.28
粗蛋白 CP（%）	8.70	9.63	8.29
粗纤维 CF（%）	42.10	44.30	43.73
粗灰分 CA（%）	7.37	7.28	7.41
水溶性碳水化合物 WSC（%）	8.09	6.62	5.71
酸性洗涤纤维 ADF（%）	28.95	28.44	30.97

资料来源：Mohajer et al.，2012

稗草

中文别名：紫穗稗、日本稷子。

英 文 名：barnyard millet，Japanese millet，shirohie。

拉丁学名：*Echinochloa esculenta*（A. Braun）H. Scholz（异名：*Echinochloa utilis* Ohwi & Yabuno）。

分类地位：禾本科（Gramineae）稗属（*Echinochloa*）。

全世界稗属 35 种，统称为稗草。普通稗（*Echinochloa crus-galli*）为水田杂草，紫穗稗和湖南稗子（*Echinochloa frumentacea*，又称印度稗子）为栽培粮食作物或饲草作物。紫穗稗在温冷湿润地区有良好发展潜力。

植物形态特征：一年生，根系较大，纤维状，秆粗壮，高 90～150 cm。叶鞘光滑无毛。叶片扁平，线形，长 20～50 cm，宽 1.2～2.5 cm，两面无毛，有横向条纹，边缘增厚而呈皱波纹。圆锥花序直立，紧密。主轴粗壮，花序分枝粗壮，紧密，长 2～6 cm。小穗紫色。第 1 外稃草质，顶端尖或具长 0.5～2 cm 的芒。花果期 8～10 月（陈守良，1990）。千粒重 1.5～4 g。有带刚毛的叶脉（Tilley and John，2014），须根系可达 46 cm 深。

地理分布及生长适应：祖先为野生稗草（*E. crus-galli*（L.）Beauv），约 4000 年前在日本自然驯化而成。考古学证据表明，紫穗稗早在日本的弥生时代就有种植。另有研究认为，最早的驯化记录可追溯到公元前 2000 年日本的绳文时代，日本旧石器时代后期。日本的稗小米（barnyard millet）亦被认为驯化自野生粟稗（*Echinochloa crus-galli*，barnyard grass millet）（Tilley and John，2014）。

全世界温带地区皆有栽培，适宜寒冷气候地区种植。美国普遍种植，范围延伸至加拿大、北墨西哥。大多在日本、韩国、中国、俄罗斯及德国的温带地区栽培，作为粮食作物（陈守良，1990）。

生长于湿地，河流、池塘边，为水稻田杂草，沙地生长不好。适应酸性土壤，在土壤 pH 4.6～7.4 的砂质黏壤土生长最好。可在中低纬度生长，比其他一年生夏季禾草，如高粱、玉米，更适合寒冷气候、湿润土地，不耐霜。适宜发芽温度为 10～12℃，需要多水和维护较好的田地，特别在发育初期，只要植株的一部分保持在水面之上，就可以在水涝土壤中生长。

湖南稗子（*Echinochloa frumentacea*）培育栽培于热带，祖先为热带种（*Echinochloa colona*），我国引种栽培于河南、安徽、台湾、四川、广西及云南等地（陈守良，1990）。宁夏湖南稗子（*Echinochloa frumentacea*）超越了湖南稗子的正常适宜栽培范围。

生长过程及营养成分：稗草喜温冷湿润，在呼伦贝尔牙克石栽培的产量达到 8～9 t/hm^2，在长春地区仅 5～6 t/hm^2，适宜地区高达 12 t/hm^2（表 3-64）。稗草可用于放牧、调制干草或青贮，营养价值很好，适宜收获期消化率为 70%（表 3-64 和表 3-65）。

表 3-64　紫穗稗（cv. Shirohie）的干草营养成分

营养成分	生长天数					
	49	53	70	81	86	平均值
干物质产量 DMY（t/hm^2）	1.77	2.47	5.45	7.38	8.26	
体外干物质消化率 IVDMD（%）	65.0	70.3	62.5	58.1	57.8	62.7
体外有机质消化率 IVOMD（%）	67.2	72.2	64.4	61.7	61.5	65.4
代谢能 ME（MJ/kg）						8.5～9.5
粗蛋白 CP（%）						6～25
氮 N（%）	1.94	1.36	0.91	0.76	0.81	1.16
硫 S（%）	0.353	0.413	0.336	0.313	0.334	0.350

资料来源：Hedges et al.，1989

表 3-65　高粱、紫穗稗混播生长特征

混播密度（株/m^2）	高粱	4.5	6.0	7.5	平均
	紫穗稗	50	46	41	
生物量（g/m^2）	2003～2004 年	1228	1098	958	912
	2004～2005 年	354	295	280	310
株高（cm）		113	111	114	112
小穗数（个/m^2）		82	71	72	75
种子产量（粒/m^2）		62835	53672	53503	56670

资料来源：Wu et al.，2010

三、紫花苜蓿

世界苜蓿属约有 70 种，其中灌木 1 种（*Medicago arborea*），一年生草本 40 多种、多年生草本 30 多种。我国产 11 种，包括引进的紫花苜蓿和树苜蓿。这 3 种类型苜蓿属植物都有培育成的饲草作物，紫花苜蓿（*Medicago sativa*）栽培广泛，其他多年生草本饲草作物有黄花苜蓿（*M. falcata*）、杂交苜蓿（*M. varia*，也称杂花苜蓿、沙地苜蓿）、花苜蓿（*M. ruthenica*）。一年生的草本饲草作物有蒺藜苜蓿（*M. truncatula*）、海滨苜蓿（*M. littoralis*）、圆盘苜蓿（*M. tornata*）、蜗牛苜蓿（*M. scutellata*）、伽马苜蓿（*M. rugosa*）、扣形苜蓿（*M. orbicularis*）、螺状苜蓿（*M. murex*）及球状苜蓿（*M. sphaerocarpus*）等。紫花苜蓿蒸腾耗水系数高于玉米，优于种植玉米气候条件的地区才能充分发挥紫花苜蓿的潜在遗传产量，即仅在我国东中部湿润区降水量>600 mm 的地区，才能在雨养条件下发展紫花苜蓿栽培产业。其他地区若无灌溉条件，没有发展紫花苜蓿产业的水分基础，其效益还需要根据苜蓿饲草的市场价格判断。

紫花苜蓿既属于饲草作物，也属于饲料作物，也就是可以以放牧为主进行利用，也可以以收获干草或青贮为主进行利用。

紫花苜蓿

中文别名：紫苜蓿、苜蓿。

英 文 名：alfalfa，lucerne，common lucerne，purple alfalfa，purple medick。

拉丁学名：*Medicago sativa* L.。

分类地位：豆科（Leguminosae）苜蓿属（*Medicago*）。

植物形态特征：多年生，草本，正常存活 4～8 年，个别长达 20 年以上。植株可高达 1 m，深根系，有时长达 15 m，到达地下水深度。典型的根系长 2～3 m，取决于底土的限制。叶互生，三叶复叶，小叶长 30 mm，狭窄卵形，上部 1/3 有锯齿。大量茎产生于根颈芽，随着茎发育，形成于较低叶腋处的腋芽进一步产生茎。刈割后，根颈芽为新枝条的主要来源，地面以上腋芽发育成侧枝。总状花序，长 40 mm，着生于上部叶片的叶腋处，小花紫色，长 8 mm。种荚螺旋状盘绕，无毛或有柔毛。种荚成熟后从绿色变成棕色，含 2～5 个肾形黄色或棕色种子，少有硬实。种子千粒重 2.0～3.0 g（Frame，2005）。

地理分布及生长适应：最先驯化于古伊朗。公元前 490 年，波斯人入侵希腊时被引入希腊。公元 4 世纪 Palladius 的农业作品（*Opus Agriculturae*）中有讨论苜蓿栽培的记载。现广泛分布于世界温带地区，如美国、加拿大南部、欧洲、中国、拉丁美洲南部和南非（Frame，2005）。我国各地都有栽培或呈半野生状态（崔鸿宾，1998）。

需要较深的、排水良好的肥沃土壤，适宜土壤 pH 6.0～7.5。由于根系深，利用土壤水的层次深，比其他豆草如红三叶或百脉根更耐旱（Peterson et al.，1992）。严重干旱期间，植物休眠，水分可用时恢复生长（Hall et al.，1988）。不耐持续水涝。相对于很多其他饲草作物，对盐渍土壤有更高的耐受性，根深的特点在利用深处土壤水分上有优势，可降低地下水位及其相关的盐渍化（Kemp et al.，1999；Russelle et al.，2001）。

长日照植物，开始开花所要求的最低光周期在品种之间有变化（Major et al.，1991）。较高气温（27℃）有利于幼苗生长，随地上部分发育，所需求的最适温度降为 22℃（Fick et al.，1988）。根生长的最适温度是 21～25℃（Kendall et al.，1994）。高温导致非结构碳水化合物减少，饲草可消化性降低。抗寒性较强，能耐冬季–30℃的严寒，在有雪覆盖的情况下，气温达–40℃也能安全越冬，各品种抗寒性有差异。

为了草地土壤培肥及草地改良，在草原中撒播、补播紫花苜蓿，利用土壤的多样性及土壤分布的不均匀性，形成苜蓿斑块群落，即使 1 m^2 存活保留 1 株紫花苜蓿，也非常有利于草地生态建设，这也是最佳的草地改良途径。

紫花苜蓿是世界上最早驯化栽培的牧草之一。在紫花苜蓿漫长的传播和进化发展过程中，黄花苜蓿（*M. falcata*）起到了非常重要的作用。黄花苜蓿在自然状态下能够与紫花苜蓿杂交，产生许多抗逆性强的杂交苜蓿类型。紫花苜蓿传播到世界各地后，与当地野生黄花苜蓿杂交使得杂交类型苜蓿具有更广泛的适应性，并能够在世界各地得到存活和发展。无论是 16 世纪紫花苜蓿引种到德国和法国北部，还是紫花苜蓿在美国北部和加拿大的成功栽培，以及世界苜蓿种植区域的扩大，黄花苜蓿与紫花苜蓿间存在的异花授粉和互交可孕性所产生的遗传变异对其扩展发挥了极为重要的作用（武祎等，2016）。

杂交苜蓿（*Medicago varia*）为紫花苜蓿和黄花苜蓿（野苜蓿）自然杂交产生的类型，性状变化较大，分布地区与二者相同（崔鸿宾，1998）。野外调查表明，在有黄花苜蓿分布的地区，由于近几年紫花苜蓿种植广泛，沿路边或紫花苜蓿种植区边缘，频繁可以发现杂花苜蓿，这或是散落的紫花苜蓿种子成株后与当地黄花苜蓿杂交产生的新植株的结果，并进一步指示本种为紫花苜蓿与黄花苜蓿的杂交种。黄花苜蓿生长区的草原补播抗寒能越冬的紫花苜蓿有助于杂交苜蓿自然产生，产生的杂交苜蓿高度分化，有助于形成优于父母本黄花苜蓿和紫花苜蓿的类群，有利于草地改良。

花苜蓿（*Medicago ruthenica*）被很多地方植物志分类在扁蓿豆属（*Melissitus*），忽略了其在苜蓿属的潜在价值。花苜蓿广泛分布于我国东北、华北、西北、西南等地，生于草原、沙地、河岸及砂砾质土壤的山坡旷野，耐干旱、耐寒冷、耐贫瘠，适应性强，具有优异的改良紫花苜蓿的种植资源潜力。据报道，我国黑龙江省的‘龙牧’紫花苜蓿系列为利用花苜蓿与紫花苜蓿杂交所培育的品种。

生长过程及营养成分：在良好的气候及土壤条件下，紫花苜蓿才能实现高产量，达到遗传潜在产量，即一般每年割草 3～4 茬，产量达 9～12 t/hm^2。一般每茬需要生长期 45～55 天，每茬产量 3～4 t/hm^2。

紫花苜蓿蒸腾耗水系数为 700～800 kg/kg 干物质，即每生产 1 kg 干物质需要 700～800 kg 水，这个参数高于水稻，为玉米的 2 倍。若蒸腾耗水系数为 800 kg/kg 干物质，意味着 1 hm^2 生产 10 t 干物质，即 1 m^2 生产 1 kg 干物质，需要 800 mm 降水或相应的灌溉量。干旱、半干旱、半湿润地区降水量<400 mm，生长季降水量 200～300 mm，自然条件下仅可以维持 1 m^2 生产 300～400 g 产量，即最多 1 hm^2 生产 3～4 t 产量，干旱、半干旱及半湿润地区，在没有灌溉条件下，不适宜种植紫花苜蓿。

紫花苜蓿根系发达，0～75 cm 土层中的根量约占总根量的 60%。如果土壤肥力高，水分供应充足（无论是雨养还是灌溉），配合合理的刈割管理，能旺盛生长。多年生和直立生长习性使其成为特别适宜于干草、青贮等形式储存的饲草作物。

紫花苜蓿总体产量高，营养价值丰富（表 3-66～表 3-68），播种后可利用的持续年限长，再生能力强，世界各地适宜地区广泛栽培。

表 3-66　紫花苜蓿（cv. Iroquois）不同收获期叶、茎和全株粗蛋白和体外干物质消化率

收获日期（月.日）	平均生长阶段 MSW	叶比例（%）	粗蛋白 CP（%）			体外干物质消化率 IVDMD（%）		
			叶	茎	全株	叶	茎	全株
6.8	0.26	86	39.8	32.3	38.6	93.6	88.1	92.7
8.3	1.23	72	38.0	20.0	32.5	94.6	79.0	89.9
9.28	0.14	95	40.2	40.4	40.3	91.2	91.4	91.2
5.28	2.77	52	36.2	14.5	25.8	93.0	68.7	81.3
7.6	4.25	58	25.3	9.5	18.3	91.5	56.1	76.1
8.3	5.58	47	23.3	9.3	17.3	90.8	54.4	71.5
8.31	4.50	52	28.7	10.7	20.0	91.0	56.7	74.4
9.28	2.89	59	31.4	14.2	24.2	92.0	65.3	80.8
6.25	6.10	40	27.3	9.8	16.8	90.2	55.7	69.5
8.3	6.83	45	26.6	9.4	17.1	86.8	50.6	66.8
9.28	5.50	42	26.3	11.4	17.7	87.1	55.2	68.8

资料来源：Kalu and Fick，1981

表 3-67　紫花苜蓿（cv. Iroquois）不同收获期营养成分

营养成分	1980 年（月.日）			1981 年（月.日）	
	6.6	7.22	9.9	6.8	7.28
体外干物质消化率 IVDMD（%）	62.2	63.2	64.0	63.0	64.1
粗蛋白 CP（%）	17.6	19.5	16.6	18.1	19.3
磷 P（%）	0.32	0.30	0.33	0.34	0.31
钾 K（%）	2.75	2.49	2.74	2.25	2.19
钙 Ca（%）	1.26	1.20	0.92	1.26	1.08
镁 Mg（%）	0.36	0.36	0.34	0.33	0.36
铁 Fe（mg/kg）	136	88	166	91	115
锰 Mn（mg/kg）	25	29	30	20	22
锌 Zn（mg/kg）	28	27	19	25	19
铜 Cu（mg/kg）	6	6	6	4	6

资料来源：Allinson et al.，1985

表 3-68　黄花苜蓿与其他豆草营养成分比较　　（单位：%）

豆草	粗蛋白 CP	粗脂肪 EE	中性洗涤纤维 NDF	酸性洗涤纤维 ADF	酸性洗涤木质素 ADL	非纤维性碳水化合物 NFC	粗灰分 CA
直立黄花苜蓿	13.45	2.61	49.61	27.35	6.44	31.11	5.33
‘草原 1 号’苜蓿	11.91	3.14	41.11	30.83	7.52	40.47	5.22
野生大豆（蔓生）	19.32	3.77	49.13	37.43	11.18	23.07	5.91
野生大豆（无蔓）	21.72	2.48	39.55	28.76	5.69	34.09	4.58
白花草木樨	5.82	3.68	62.95	37.42	7.76	23.59	5.65
黄花草木樨	7.88	3.71	56.17	38.97	10.36	28.39	5.36
沙打旺	11.37	2.75	45.97	37.34	7.68	35.55	6.27

资料来源：张永根等，2006

四、饲用大豆、胡卢巴、白花羽扇豆

一类直立生长，不缠绕不攀缘或微缠绕的豆草，统称为矮豆草。要求降水 500 mm 以上的地区，并要求土壤肥沃。矮豆草茎叶生物量丰富、籽粒产量也丰富，具有与其他作物轮作或单作的潜力。此类群还有豇豆属（*Vigna*）、菜豆属（*Phaseolus*）及豌豆属（*Pisum*）等种类或品种。此类作物多用于收获籽粒，收获籽粒后的秸秆质量也非常良好，国内外普遍用作干草饲养牲畜。

饲用大豆

中文别名：黑豆、黑黄豆、秣食豆。

英 文 名：forage soybean，soya bean。

拉丁学名：*Glycine max*（L.）Merr.。

分类地位：豆科（Leguminosae）大豆属（*Glycine*）。

大豆属用作饲草料的一些类群。世界大豆属现有 17 种，我国产 5 种，3 种为一年生草本，2 种为多年生草本。常见的有黄豆（*Glycine max*）、野大豆（*Glycine soja*，包括宽叶蔓豆）、秣食豆。1977 年，大豆属分出去两个种成立了新属，即爪哇大豆属（*Neonotonia*），包括多年生大豆（*Perennial glycine*）。大豆主要用作油料、榨油后饼粕作饲料，爪哇大豆在热带作为饲草作物栽培种植广泛。大豆起源于我国，并在我国有多地点起源之说，分化类型也特别多，常见的为茎秆直立种皮黄色类型，生产中还有茎秆直立或略缠绕种皮黑色或褐色类型，也有茎秆缠绕种皮黑色类型。后者在一些地区培育为饲草作物，称为秣食豆，有与玉米或苏丹草、高丹草混作生产饲草料的潜力。

植物形态特征：一年生草本，高 90～200 cm，茎粗壮，下部直立，基部多分枝，上部缠绕，密被褐色长硬毛。三出复叶，小叶纸质，宽卵形，近圆形或椭圆状披针形，顶生 1 枚较大，侧生小叶较小。总状花序，小花 5～8 朵，紫色、淡紫色或白色。荚果肥大，长圆形，稍弯，下垂，黄绿色，密被褐黄色长毛。种子 2～5 粒，近球形，种皮光滑，褐色、黑色。花期 6～8 月，果期 7～9 月。秣食豆有的品种高达 3 m，种皮多黑色，具有野大豆的性状，生长期差异很大。

地理分布及生长适应：原产我国，已有 5000 年栽培历史，通常认为是由野大豆（*Glycine soja*）驯化而来，起源于河北省东北部至东北中南部地区可能性较大，然后从这里逐渐向外传播（李福山，1994）。有学者认为原产地是云贵高原一带，也有植物学家认为是由乌苏里大豆衍生而来。史前时期，大豆就已经是东亚的关键作物，公元前 9000～公元前 8600 年在中国、公元前 7000～公元前 5000 年和公元前 3000 年分别在日本和韩国驯化（Lee et al.，2011）。全国普遍种植，全世界各地都有栽培。

大豆对土壤适应性强，但需水较多（常耀中和宋英淑，1983），大豆是典型的短日照植物（Garner and Allard，1920），从播种至成熟整个生命过程均存在光周期反应（韩天富和王金陵，1995）。我国南北地区大豆品种开花期及成熟期光照反应存在明显差异（王金陵等，1956）。

大豆喜温、喜光，在充足的光照和温暖的环境下生长良好，按其播种季节的不同，可分为春大豆、夏大豆、秋大豆和冬大豆 4 类（欧阳主才等，2008）。大豆发芽出苗的最适温度为 25～30℃；幼苗生长的最适温度为 20～22℃；开花结荚期最适温度为 22～25℃；鼓粒成熟期最适温度为 18～20℃；低温下结荚延迟，低于 11℃不能开花（李殿祥等，2006）。

生长过程及营养成分：饲用大豆干物质生物量基本为 6～7 t/hm^2，野大豆为 3～4 t/hm^2（图 3-34 和表 3-69）。由于饲用大豆及野生大豆都具有固氮作用，因此，用于种植培肥土壤有价值。籽粒大豆的种子产量高，除用于油料作物外，也用于收获籽粒饲喂牲畜。

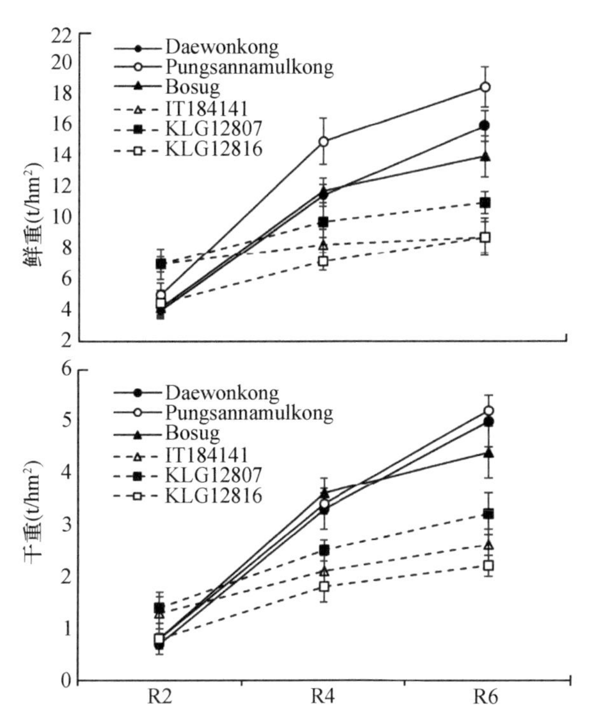

图 3-34　3 种大豆（*Glysine max*，Daewonkong，Pungsannamulkong，Bosug）和 3 份野大豆材料（*Glysine soja*，IT184141，KLG12807，KLG12816）不同生长阶段产量（Lee et al.，2014）

R2. 盛花期；R4. 盛荚期；R6. 鼓粒期

表 3-69　不同品种大豆不同收获期的生物量

年份	品种	收获日期（月.日）	生长天数	生长阶段	饲草产量（t/hm^2）
2001 年	Donegal（MGV）	9.26～10.2	117～123	R6	6.27～10.14
2004 年	Donegal（MGV）	9.30	125	R6 早期	2.72～8.71
2004 年	Dekalb H7242RR（MG VII）	9.30	118	R1	3.94～6.80
2008 年	97NYCZ33（MG III）	8.13	82	R2	2.63～4.76
		8.27	96	R3	4.85～7.51
		9.3	103	R4	6.54～8.74
		9.10	110	R5	6.50～8.65
		9.17	117	R6	7.97～10.50
		9.30	130	R7	6.46～8.65

注：R1. 初花期；R2. 盛花期；R3. 初荚期；R4. 盛荚期；R5. 鼓粒始期；R6. 鼓粒期；R7. 初熟期

资料来源：Nielsen，2011

饲用大豆粗蛋白含量高（表 3-70），具有较好的饲草利用价值。但由于种植大豆需要土壤肥力较好的地区，产量低，发展受局限。

表 3-70 饲用大豆不同生长阶段的营养成分 （单位：g/kg DM）

行距（cm）	营养成分	2000 年			2001 年		
		结荚初期	结荚晚期	结实初期	结荚初期	结荚晚期	结实初期
18	粗蛋白 CP	168	169	179	137	140	155
	中性洗涤纤维 NDF	400	406	487	351	368	421
	酸性洗涤纤维 ADF	301	319	364	292	307	324
76	粗蛋白 CP	115	170	179	125	130	139
	中性洗涤纤维 NDF	405	412	478	417	421	487
	酸性洗涤纤维 ADF	307	325	373	314	334	368

资料来源：Seiter et al.，2004

胡卢巴

中文别名：香草、香豆、香囊草。

英 文 名：common fenugreek，fenugreek。

拉丁学名：*Trigonella foenum-graecum* L.。

分类地位：豆科（Leguminosae）胡卢巴属（*Trigonella*）。

世界有胡卢巴属植物 96 种，分布于地中海沿岸。我国产 5 种，主要分布于新疆山地，引进 1 种。本属与苜蓿属（*Medicago*）亲缘关系非常近，一些种类甚至被归为苜蓿属。胡卢巴广为利用做香料，特别是咖喱粉的主要成分。欧洲、大洋洲及美洲一些地区发展为饲料作物。

植物形态特征：一年生草本，高 30～80 cm。主根深 80 cm，根系发达。茎直立，多分枝，微被柔毛。羽状三出复叶。叶柄长 6～12 mm，叶片由 3 个小叶组成，小叶倒卵形、卵形至长圆状披针形，长 15～40 mm，宽 4～15 mm，上面无毛，下面疏被柔毛。顶生小叶具较长的小叶柄。花无梗，1～2 朵着生叶腋，长 13～18 mm。萼长 7～8 mm，被长柔毛。花冠黄白色或淡黄色，基部稍呈堇青色。荚果圆筒状，长 7～12 cm，径 4～5 mm，先端具细长喙，表面有明显的纵长网纹，有种子 10～20 粒。种子长圆状卵形，长 3～5 mm，宽 2～3 mm，棕褐色，表面凹凸不平。花期 4～7 月，果期 7～9 月（崔鸿宾，1998）。

地理分布及生长适应：地中海东海岸地区的本地种，分布于中东、伊朗高原以至喜马拉雅地区，栽培于印度、埃及及摩洛哥。在地中海地区被自然驯化（Maxted and Bennett，2001）。我国南北各地均有栽培，在西南、西北各地呈半野生状态（崔鸿宾，1998）。

胡卢巴利用的最早记录是公元前 1500 年的古埃及（Snehlata and Payal，2012）。伊拉克青铜器时代（公元前 400 年）古墓中发现有烧焦的胡卢巴种子，还有干燥的胡卢种子。公元 1 世纪，巴勒斯坦北部地区，胡卢巴作为粮食作物种植。

对土壤要求不高，适宜土层深厚、疏松肥沃富含有机质的壤土，不喜黏质土，不耐涝，适宜土壤 pH 5.5～8.2。喜温暖干燥气候、阳光充足环境，耐旱耐寒、不适宜高温潮湿气候（Maxted and Bennett，2001）。年降水>380 mm、年平均温度 7.8～27.5℃都可生长。

生长过程及营养成分：胡卢巴单株茎叶生物量可达 2.7 g/株，单株种子产量 16 g/株，种子产量为茎叶产量的 6～7 倍，单株总生物量 19 g/株，是非常好的收获籽粒的饲草作物（表 3-71）。

表 3-71　不同生物肥处理胡卢巴在 10%开花时生长特征

生长特征	固氮菌	枯草杆菌	苜蓿根瘤菌	假单胞菌
单株叶干物质（g/株）	1.45	1.43	1.37	1.38
单株茎干物质（g/株）	1.23	1.19	1.26	1.20
整株干物质（g/株）	2.68	2.62	2.63	2.58
单株种子产量（g/株）	15.87	12.50	10.92	11.12
株高（cm）	18.62	19.12	20.00	17.07
每株荚数（荚/株）	6.75	6.00	3.25	3.00
每荚粒数（粒/株）	8.25	11.75	8.25	12.00
千粒重（g）	8.93	6.84	6.52	6.37

资料来源：Dadresan et al.，2015

胡卢巴青贮营养价值可与开花中期的苜蓿青贮媲美（表 3-72 和表 3-73），而且有较高的干物质产量（Mir et al.，1998）。胡卢巴秸秆的营养含量低劣，不如大麦秸秆（表 3-74）。

表 3-72　胡卢巴（cv. Amber）不同生长阶段及苜蓿开花早期营养成分（单位：%）

营养成分	胡卢巴生长阶段			苜蓿初花期
	9 周	15 周	19 周	
体外干物质消化率 IVDMD	59.5	52.8	53.9	47.7～47.8
粗蛋白 CP	21.7	13.5	12.9	17.8～18.7
中性洗涤纤维 NDF	32.6	42.0	47.3	40.4～43.9
酸性洗涤纤维 ADF	29.4	34.8	36.7	28.8～35.9
木质素 lignin	6.4	11.0	10.4	8.0～8.7

资料来源：Mir et al.，1997

表 3-73　胡卢巴与苜蓿干草营养成分

营养成分	胡卢巴 50%鼓粒期	苜蓿开花晚期
体外干物质消化率 IVDMD（%）	73.1	52.1
粗蛋白 CP（%）	14.0	11.9
中性洗涤纤维 NDF（%）	43.6	70.0
酸性洗涤纤维 ADF（%）	31.4	49.6
木质素 lignin（%）	5.7	9.4
粗灰分 CA（%）	7.0	5.9
磷 P（%）	0.3	0.2
钙 Ca（%）	1.5	1.1
镁 Mg（%）	0.4	0.2
钾 K（%）	1.4	1.3
铜 Cu（mg/kg DM）	7.4	7.3
锰 Mn（mg/kg DM）	31.5	20.6
锌 Zn（mg/kg DM）	46.0	20.0

资料来源：Mir et al.，1993

表 3-74 胡卢巴干草及其秸秆、紫花苜蓿干草、大麦秸秆营养成分 （单位：g/kg DM）

营养成分	胡卢巴 开花晚期干草	胡卢巴 果荚期秸秆	紫花苜蓿 盛花期干草	大麦 籽粒收后秸秆
体外干物质消化率 IVDMD	619	424	604	519
粗灰分 CA	87	58	77	84
粗蛋白 CP	130	52	124	60
中性洗涤纤维 NDF	510	737	551	729
酸性洗涤纤维 ADF	371	571	366	428
酸性洗涤木质素 ADL	62	106	64	69

资料来源：Mustafa and Christensen，1996

白花羽扇豆

中文别名：鲁冰花。

英 文 名：white lupin，albus lupin，sweet lupine，sweet white lupine，field lupine。

拉丁学名：*Lupinus albus* L.。

分类地位：豆科（Leguminosae）羽扇豆属（*Lupinus*）。

世界有羽扇豆属植物 200 多种，主要分布于北美、南美及北非、地中海地区。地中海地区利用其种子做食物有 3000 年的历史，南美洲利用其种子做食物有 6000 年的历史。我国没有野生种，引进多种栽培作为花卉。世界一些地区将白花羽扇豆（*Lupinus albus*）、狭叶羽扇豆（*Lupinus angustifolius*）培育为饲料作物。

植物形态特征：一年生草本，高 20～120 cm。茎直立，粗壮，被贴伏或伸展的绢状长柔毛。掌状复叶，小叶 5～9 枚，长圆状披针形至倒卵形，长 25～40 mm，宽 12～18 mm，上面无毛，下面被贴伏柔毛，中脉细，上面平坦，下面稍隆起。总状花序多花，顶生。花白色，旗瓣先端蓝色。荚果线形，扁平，密被长柔毛，后渐秃净，先端具尖喙。有种子 2～4 粒。种子凸镜形，白色至淡棕色，平滑。花期 2～4 月，果期 3～6 月（崔鸿宾，1998）。

地理分布及生长适应：原产地中海地区，欧洲、中东和非洲北部本地种，巴尔干半岛南部、西西里岛、科西嘉岛和撒丁岛、爱琴海，以及以色列、巴勒斯坦和土耳其西部都有野生种分布。未发现早期驯化的证据，可能为地中海地区周围的早期文明故意或偶然地传播。世界各地多栽培，我国暖温带多栽培（崔鸿宾，1998）。

耐旱，最适宜砂性土壤，利用磷酸盐中难溶性磷的能力也较强。多雨、易涝地区和其他植物难以生长的酸性土壤上仍能生长。土壤 pH 4.5～7.5 适应最好，一些品种对土壤盐有耐受性。较耐寒（>–5℃），喜气候凉爽、阳光充足的地方，忌炎热。主根发达，须根少，不耐移植。适应于高海拔，特别是地中海气候环境（Maxted and Bennett，2001）。生长适宜于月均温 15～25℃，最佳温度 18～24℃，可忍受 0℃气温，但温度低于–4℃时会冻死。夏季酷热也抑制生长，高温和水分胁迫阻碍开花和结实。耐冷，最佳产量需要生长季降水 400～1000 mm。所有羽扇豆物种都耐旱，繁殖期对缺水敏感。

生长过程及营养成分：白花羽扇豆干物质产量可以实现 8 t/hm^2（表 3-75），种子产量可以实现 3 t/hm^2（表 3-76）。

表 3-75　白花羽扇豆（cv. Arthur，cv. Nelly）的生长特征

生长特征	种植后周数（周）			
	12.5	14.5	16.5	18.5
株高（cm）	72～90	91～103	103～105	100～106
鲜草产量（t/hm^2）	30.7～31.7	37.0～46.7	42.0～61.0	35.7～52.0
干草产量（t/hm^2）	4.6～5.1	5.4～6.5	6.1～8.0	5.3～6.7

资料来源：Fraser et al.，2005

表 3-76　白花羽扇豆（cv. Feodora，cv. Energy）和狭叶羽扇豆（cv. Arabella）生长特征

生长特征	2012 年			2013 年		
	Feodora	Energy	Arabella	Feodora	Energy	Arabella
株高（cm）	63.0	84.3	47.0	76.2	88.8	46.7
花序开始高度（cm）	33.8	47.5	28.9	52.4	64.4	12.2
第一个果荚高度（cm）	41.3	51.9	33.8	58.0	69.6	31.4
种子产量（t/hm^2）	2.68	3.03	1.97	2.13	1.93	0.40
千粒重（g）	223.8	290.7	135.2	309.8	378.9	133.6
单株果荚数（荚/株）	6.3	3.9	8.9	5.4	5.4	5.4

资料来源：Pospišil and Pospišil，2015

饲草消化率高（表 3-77），氨基酸含量丰富，各生长期差异不明显（表 3-78），种子蛋白质和氨基酸含量丰富（表 3-79 和表 3-80），常用作人类的食物，有时用作牛羊育肥的补饲精料。收获籽粒后的秸秆具有做饲料的价值，但秸秆营养价值较差（表 3-81）。

表 3-77　白花羽扇豆（cv. Arthur，cv. Nelly）不同收获时间的营养成分（单位：g/kg DM）

营养成分		Arthur				Nelly			
		种植后周数（周）				种植后周数（周）			
		12.5	14.5	16.5	18.5	12.5	14.5	16.5	18.5
茎	粗蛋白 CP	110	124	100	142	92	101	101	97
	中性洗涤纤维 NDF	488	473	541	559	563	617	696	768
	水溶性碳水化合物 WSC	333	313	219	181	274	234	140	78
叶	粗蛋白 CP	238	251	240	255	286	272	273	260
	中性洗涤纤维 NDF	279	274	325	334	221	271	291	355
	水溶性碳水化合物 WSC	235	162	144	108	208	137	88	75
荚	粗蛋白 CP		313	227	250	231	233	211	271
	中性洗涤纤维 NDF		299	239	236	249	228	274	276
	水溶性碳水化合物 WSC		166	301	338	399	385	315	269

资料来源：Fraser et al.，2005

表 3-78　白花羽扇豆不同生长阶段的总氨基酸和氨基酸组成（单位：mmol/g N）

氨基酸	现蕾晚期 6 月 23 日	开花期 6 月 30 日	开花末期 7 月 8 日	嫩绿荚 7 月 15 日
总氨基酸 TAA	38.47	37.90	37.04	36.93
赖氨酸 Lys	2.46	2.19	2.36	2.25
组氨酸 His	0.75	0.73	0.70	0.71

续表

氨基酸	现蕾晚期 6 月 23 日	开花期 6 月 30 日	开花末期 7 月 8 日	嫩绿荚 7 月 15 日
精氨酸 Arg	1.48	1.44	1.35	1.41
缬氨酸 Val	2.65	2.58	2.50	2.55
甲硫氨酸 Met	0.39	0.51	0.40	0.39
异亮氨酸 Ile	1.91	2.29	1.83	1.89
亮氨酸 Leu	3.50	3.41	3.37	3.36
苯丙氨酸 Phe	1.63	1.60	1.55	1.58
苏氨酸 Thr	1.88	1.82	1.84	1.72
天冬氨酸 Asp	5.93	5.62	5.51	5.97
丝氨酸 Ser	1.66	1.66	1.60	1.54
谷氨酸 Glu	4.22	4.20	4.21	4.07
脯氨酸 Pro	1.85	1.87	1.71	1.67
甘氨酸 Gly	3.90	3.79	3.76	3.70
丙氨酸 Ala	3.37	3.32	3.33	3.26
酪氨酸 Tyr	0.91	0.89	1.02	0.85

资料来源：Peiretti et al.，2010

表 3-79　3 个品种白花羽扇豆（cv. Lublanc，cv. Lutteur，cv. Multitalia）种子营养成分

营养成分	2007 年	2008 年	2009 年
体外有机质消化率 IVOMD(g/kg DM）	872～923	883～924	843～898
干物质 DM（g/kg）	933～943	903～922	902～908
代谢能 ME（MJ/kg）	13.6～14.8	13.6～14.8	14.6～15.4
粗蛋白 CP（g/kg DM）	353～369	389～456	346～447
粗脂肪 EE（g/kg DM）	57.3～95.4	89.2～106.0	87.2～105.0
粗纤维 CF（g/kg DM）	110～143	100～129	129～140
半纤维素 hemicellulose（g/kg DM）	63.7～85.0	50.6～120.0	36.2～85.4
中性洗涤纤维 NDF（g/kg DM）	278～321	210～216	209～244
酸性洗涤纤维 ADF（g/kg DM）	193～257	95.4～159	155～173
酸性洗涤木质素 ADL（g/kg DM）	3.1～36.4	3.0～7.5	3.2～63.9
淀粉 starch（g/kg DM）	81.1～111.0	50.5～125.0	66.9～111.0
粗灰分 CA（g/kg DM）	39.2～43.3	34.9～46.0	36.7～42.3

资料来源：Calabrò et al.，2015

表 3-80　狭叶羽扇豆（cv. Haags baue）和白花羽扇豆（cv. Dieta）种子蛋白质和氨基酸组成

（单位：g/kg DM）

营养成分	2010 年		2011 年
	Haags blaue	Dieta	Haags blaue
粗蛋白 CP	229	382	317
粗脂肪 EE	49	101	30
粗纤维 CF	178	141	239
粗灰分 CA	47	31	48
无氮浸出物 NFE	498	345	366

续表

营养成分	2010 年		2011 年
	Haags blaue	Dieta	Haags blaue
苯丙氨酸 Phe	7.9	12.9	10.9
酪氨酸 Tyr	7.5	16.5	9.9
组氨酸 His	5.7	7.7	7.4
异亮氨酸 Ile	9.1	15.5	12.3
亮氨酸 Leu	15.1	25.1	19.3
赖氨酸 Lys	11.4	16.4	13.7
半胱氨酸 Cys	4.0	5.6	4.4
甲硫氨酸 Met	1.7	2.2	1.8
苏氨酸 Thr	7.7	12.4	9.9
缬氨酸 Val	8.9	14.0	11.2

资料来源：Saastamoinen et al.，2013

表 3-81 白花羽扇豆及其他豆类秸秆（干物质含量>85%）营养成分

营养成分	兵豆多叶型	兵豆多茎型	白花羽扇豆	菜豆多叶型	菜豆多茎型	普通野豌豆
体外干物质消化率 IVDMD（g/kg DM）	770	573	693	744	680	670
有机质 OM（g/kg DM）	888	940	943	908	919	877
代谢能 ME（MJ/kg）	8.3	6.7	7.7	8.0	7.3	7.3
粗蛋白 CP（g/kg DM）	111	58	56	67	69	60
粗脂肪 EE（g/kg DM）	22	10	8	7	8	15
中性洗涤纤维 NDF（g/kg DM）	454	663	588	511	611	600
酸性洗涤纤维 ADF（g/kg DM）	280	500	420	373	465	390
木质素 lignin（g/kg DM）	80	115	61	54	86	104
非纤维性碳水化合物 NFC（g/kg DM）	301	210	290	323	231	201

资料来源：López et al.，2005

五、扁豆、草麦豆、箭筈豌豆

扁豆为茎缠绕生长的一类豆草，需要有支撑体以供其缠绕生长，具有与玉米、高粱等高大作物混播利用的潜力。利用玉米或高粱做支撑体，供缠绕豆缠绕生长，因为缠绕豆的产量高（生长后期 400～500 g/株，与玉米相同或高于玉米）、质量好，一方面可以提高总产量，另一方面可以提高所生产饲料的质量，同时，可培肥地力。缠绕豆包括扁豆属（*Lablab*）、豇豆属（*Vigna*）及菜豆属（*Phaseolus*）的种类。因其基本与玉米生长同步，特别是豇豆属种类耐阴性好，生长同步性好，保证了其应用可能，与青贮玉米混作，具有特别的发展效果和潜力。

草麦豆、箭筈豌豆为有叶卷须或茎卷须的一类豆草，依附其他直立植物才能站立生长，植株间也往往相互缠绕相互依附半站立生长，包括兵豆属（*Lens*）、豌豆属（*Pisum*）、野豌豆属（*Vicia*）及山黧豆属（*Lathyrus*）种类。单作单株生物量 40～50 g/株，高于单株燕麦生物量，具有与燕麦混作生产优质饲草料的潜力，并培肥地力。

此类豆草除作蔬菜、粮食及饲草料作物外，特别是兵豆（*Lens culinaris* Medic.），还有作为覆盖作物维持保护土壤稳定性的作用、作为间作伴生作物助力于杂草控制的作用。

扁豆

中文别名：拉巴豆、紫扁豆、猪耳豆、藤豆、沿篱豆、鹊豆。

英 文 名：lablab-bean，lablab bean，Egyptian kidney bean，Indian bean，Australian pea。

拉丁学名：*Lablab purpureus*（L.）Sweet Hort.。

分类地位：豆科（Leguminosae）扁豆属（*Lablab*）。

全世界扁豆属有 2 种，扁豆（*Lablab purpureus*）和匍匐扁豆（*Lablab prostrata*）。扁豆在我国多作为果实类蔬菜，并有很多品种，荚果从紫色、紫绿色至绿色。在澳大利亚，扁豆发展为豆类饲草作物。在东北，中国所产的一些蔬菜类型，具有与青贮玉米混作的潜力，并且在东北也可以生产获得成熟种子。

植物形态特征：多年生，缠绕藤本，全株几乎无毛，茎长可达 6 m，常呈淡紫色。三出复叶，小叶宽三角状卵形，长 6～10 cm，宽与长约相等，侧生小叶两边不等大，偏斜。总状花序直立，长 15～25 cm，花序轴粗壮，总花梗长 8～14 cm，花两至多朵簇生，花冠白色或紫色。荚果长圆状镰形，长 5～7 cm，近顶端最阔，宽 1.4～1.8 cm，扁平，直或稍向背弯曲，顶端有弯曲的尖喙。每荚果有种子 3～5 粒，扁平，长椭圆形，白花类型种皮为白色，紫花类型种皮为紫黑色，种脐线形。花期 4～12 月。生育期长可达 300 天。

地理分布及生长适应：野生型分布于印度，公元前 1500 年印度、公元 4 世纪埃及努比亚（Clapham and Rowley-Conwy，2007）古文献都记载有扁豆，作为单独作物或在混播系统中种植。我国南北朝时陶弘景所撰《名医别录》中记载有扁豆栽培（李树刚，1995）。公元 8 世纪引入非洲，现在非洲普遍栽培（Skerman et al.，1991；Murphy and Colucci，1999）。我国东北、西北及西藏均有分布。

早在 1819 年，引自埃及的扁豆种子在澳大利亚悉尼植物园种植，直到 1962 年饲草品种‘Rongai’发布，扁豆在澳大利亚广泛作为饲草。我国各地广泛栽培，多作为蔬菜。我国有引自澳大利亚的专用饲草品种，称为拉巴豆，在一些地区试验性栽培，引进的拉巴豆饲草品种在北方种植种子不能成熟。

根系发达、耐旱力强，对土壤适应性较广，在排水良好而肥沃的沙质土壤或壤土种植能显著增产。抗旱能力较强，适于年降水量 450～600 mm，年降水量低于 450 mm 生长稍差，但不抗涝。喜温暖湿润、阳光充足的环境（刘岩等，2003）。种子发芽起始温度为 5～6℃，最适 24℃，幼苗遇–8～4℃不受霜害，成株可耐–5℃左右低温。不耐热，夏季 32℃时停止生长。

生长过程及营养成分：扁豆生长速度快，分枝多，产量可达 6 t/hm^2（表 3-82），单株产量达 3 kg/株（表 3-83）。近年来，世界上许多国家都将扁豆（拉巴豆）作为青饲料、精饲料利用。澳大利亚主要作为夏季饲料作物放牧利用，或与高粱、玉米等高大禾草作物混播制作成青贮饲料。茎叶等植株的绿色部分直接饲喂牛、羊、鹅等食草畜禽；秸秆粉碎，拌以适量能量饲料、矿物质元素，再配合饲料喂猪、鸡、兔等畜禽。

表 3-82 扁豆叶、茎及全株干物质产量 （单位：t/hm^2 DM）

国家	情况	品种	叶	茎	全株	全株平均
巴西	10～11 月种植，收获于 1～2 月	—	0.94～1.39	0.84～1.05	1.78～2.43	2.11
洪都拉斯	生长于旱季，种植 17 周收获	Rongai				4.70
澳大利亚	秋季和冬季	Rongai	0.94～1.56	2.20～3.48	3.14～5.04	4.29
	多地点	Rongai	0.40～2.21	0.24～2.41	0.64～4.62	3.24
	生长 14 周后收获	Rongai		2.23	2.97	5.20
	种植 17 周后收获	Rongai		1.95	3.32	5.27
	1 月种植，收获于 5 月 1 日	Rongai			1.82～1.90	1.86
	开花期收获	Highworth	1.94	4.33		6.27

资料来源：Murphy et al.，1999

表 3-83 扁豆在施肥和不施肥条件下的生长特征

生长特征	对照生长天数				施 NPK 复合肥生长天数			
	60	120	180	平均	60	120	180	平均
叶面积指数	0.72	1.11	1.38		0.93	1.77	2.16	
叶片总叶绿素（mg/gFW）	0.96	1.21	1.39		1.43	1.76	2.07	
单株初级分枝数（枝/株）	8.76	20.44	34.07		16.69	39.27	57.92	
单株干物质（g/株）	262	1555	2544		330	2458	3317	
第一朵花出现的天数				84				73
果实长度（cm）				7.1				8.9
单个果实干重（g）				3.7				5.7
百粒重（g）				61.9				74.5
果实产量（鲜重，t/m^2）				61.9				93.8

资料来源：Karmegam and Daniel，2008

扁豆营养成分高，粗蛋白高达 25%，体外干物质消化率达 72%（表 3-84），具有优良的饲用价值。特别是与青贮玉米、苏丹草及高丹草伴生混作，具有提高土壤肥力、提高饲用价值的重要作用。

表 3-84 扁豆（cv. Rongai）不同时期叶和茎营养成分

营养成分	叶				茎			
	种植后天数				种植后天数			
	37	65	93	121	37	65	93	121
体外干物质消化率 IVDMD（%）	72.8	67.5	66.4	65.9	58.0	48.0	42.8	44.8
氮 N（%）	4.46	3.81	3.45	3.95	3.21	2.80	2.23	2.93
磷 P（%）	0.36	0.33	0.25	0.37	0.37	0.46	0.28	0.43
钾 K（%）	2.40	2.62	2.75	2.42	3.30	2.54	2.71	2.34
硫 S（%）	0.25	0.20	0.18	0.22	0.24	0.23	0.26	0.29
钙 Ca（%）	1.64	1.70	1.23	1.45	1.30	1.06	1.05	1.00
钠 Na（%）	0.03	0.02	0.03	0.04	0.03	0.02	0.02	0.02
镁 Mg（%）	0.43	0.29	0.24	0.27	0.35	0.27	0.27	0.27
硼 B（ppm）	50.7	49.5	45.9	56.4	27.6	22.5	24.0	30.7

续表

营养成分	叶				茎			
	种植后天数				种植后天数			
	37	65	93	121	37	65	93	121
铜 Cu（ppm）	10.7	11.1	3.8	10.2	13.0	7.0	4.5	10.1
钼 Mo（ppm）	1.3	1.0	0.5	0.9	0.9	0.5	0.4	0.6
锰 Mn（ppm）	63.2	66.0	55.4	58.4	28.6	25.7	25.1	26.3
锌 Zn（ppm）	35.4	32.4	34.3	33.1	27.6	25.6	27.2	26.2

资料来源：Hendricksen and Minson，1985

草麦豆

中文别名：豌豆、麦豆、回鹘豆、雪豆。

英 文 名：field pea，forage pea，Austrian winter pea。

拉丁学名：*Pisum sativum*（L.）。

分类地位：豆科（Leguminosae）豌豆属（*Pisum*）。

全世界豌豆属（*Pisum*）有 3 种，被培育为蔬菜作物或粮食作物，一些种类培育为饲草作物。因其生长快，熟期短，长势与燕麦匹配，可与燕麦等饲草作物混播，提高饲草价值，并培肥地力。其中，寒豆（*Pisum sativum* var. *saccharatum*），又称荷兰豆，相对高大，作为混播饲草作物有很好的潜在价值。

植物形态特征：一年生，攀缘草本，高 0.5～2 m。全株绿色，光滑无毛，被粉霜。叶具小叶 4～6 片，托叶比小叶大，叶状，心形，下缘具细牙齿。小叶卵圆形，长 2～5 cm，宽 1.0～2.5 cm。花于叶腋单生或数朵排列为总状花序，花冠颜色多样，多为白色和紫色。子房无毛，花柱扁，内面有髯毛。荚果肿胀，长椭圆形，长 2.5～10.0 cm，宽 0.7～14.0 cm，内侧有坚硬纸质内皮。种子 2～10 粒，圆形，青绿色，有皱纹或无，干后变为黄色。花期 6～7 月，果期 7～9 月（崔鸿宾，1998）。千粒重 278 g（Frame，2005）。

地理分布及生长适应：分布于亚洲西部、地中海地区和埃塞俄比亚、小亚细亚西部。我国主要分布于中部、东北部等地区。豌豆的栽培起源说法不一，一说为埃塞俄比亚、地中海和中亚，演化次中心为近东；一说为亚洲西部、地中海地区和埃塞俄比亚、小亚细亚西部，外高加索全部，伊朗和土库曼斯坦为次生起源中心。在中亚、近东和非洲北部还有豌豆属的野生种地中海豌豆（*Pisum elatius*）分布，这个种与现在栽培的豌豆杂交可育，可能是现代豌豆的原始类型。

古希腊和罗马人公元前就栽培褐色小粒豌豆，后来将豌豆传到欧洲和南亚，16 世纪欧洲开始分化出粒用、蔓生和矮生等品种并较早普及菜用豌豆。豌豆由原产地向东首先传入印度北部、经中亚细亚到中国，16 世纪传入日本，新大陆发现后引入美国。豌豆是古老作物之一，在近东新石器时代（公元前 7000 年）和瑞士湖居人遗址中发现碳化小粒豌豆种子，表面光滑，近似现今的栽培类型。

疏松、有机质含量较高的中壤为宜。不耐水涝。砂质或中度肥沃土壤特别合适。土壤 pH 6.0～7.2 为适宜。不耐旱，发生在花期的干旱对产量有特别恶劣的影响（Frame，

2005）。在温带地区，旺盛生长发生于春季和夏季早期，后期可能发生倒伏，潮湿条件下加重。

喜冷凉湿润气候，耐寒不耐热。发芽最适温度 18～20℃，幼苗能耐 5℃低温，生长期适宜温度 12～16℃，开花结荚期适宜温度 15～20℃。短时间遇零下低温开花数减少，超过 25℃受精率降低、结荚减少、产量变低。一般在 10～20℃生长最好，可作为冷季作物种植于温暖的温带地区。长日照植物，强光和长日照有利于花芽分化，提高产量。欧洲、美国中北部被用作短期“填空”轮作作物。饲用豌豆还可以在高海拔的热带地区种植，在有炎热干燥夏季的一些地区作为冷季（冬季）作物。饲草豌豆和其他豆草如红三叶正在越来越多用于有机农场（Frame，2005）。

生长过程及营养成分：随着欧洲饲草育种工作的推进，培育出了饲用豌豆品种，单作 100 天后产量达 6～8 t/hm^2（表 3-85），显示了其潜在的开发价值。籽粒型种子产量高（表 3-86），常用作补饲精料。

表 3-85 饲用豌豆（cv. Magnus）和蚕豆（*Vicia faba*，cv. Maya）生长特征

生长特征	饲用豌豆种植后周数（周）			蚕豆种植后周数（周）		
	10	12	14	10	12	14
株高（cm）	101	123	88	115	137	146
鲜草产量（t/hm^2）	37.20	40.09	27.32	30.64	38.33	50.68
干草产量（t/hm^2）	5.59	6.17	5.60	3.70	5.17	7.76

资料来源：Fraser et al.，2001

表 3-86 籽粒豌豆（cv. Baccara，Sidney）的生长特征

2002 年生长特征	2001 年收获日期（月.日）					
	5.17	5.31	6.7	6.14	6.21	7.5
生长天数	57	71	78	85	92	106
成熟阶段	现蕾晚期	开花末期	结荚初期	结荚末期	成熟初期	硬实期
>4.4℃有效积温（℃）	485	707	802	900	1001	1259
干物质产量（t/hm^2）	0.58	3.65	5.06	7.13	7.56	8.80
种子比例（%）	0	0	9	26.5	49	48
2002 年生长特征	2001 年收获日期（月.日）					
	5.15	6.3	6.13	6.20	7.1	
生长天数	76	95	105	112	123	
成熟阶段	20%开花	结荚初期	结荚末期	成熟中期	硬实期	
>4.4℃有效积温（℃）	539	809	953	1101	1309	
干物质产量（t/hm^2）	1.40	4.46	5.65	6.27	7.02	
种子比例（%）	0	35	47.5	64.5	62.5	

资料来源：Mustafa and Seguin，2003

随植物不断成熟，粗蛋白含量下降，酸性洗涤纤维含量增加（表 3-87）。推迟收获超过扁荚期会造成消化率和总饲用价值降低（表 3-88），籽粒氨基酸含量丰富（表 3-89）。相反，更早收获饲草质量高，但以产量为代价。适合与高秸秆作物伴生。

豌豆为高度可接受的饲草，放牧时有浮肿的危险，但其危险可被饲草中的缩合单宁降低，缩合单宁的水平可以变化很大（Frame，2005）。

表 3-87 蚕豆（cv. CDC Fatima）、豌豆（cv. Carneval）及大豆（cv. Golden）鼓粒期收获青贮和青贮 45 天后营养成分比较

营养成分	青贮前			青贮后		
	蚕豆	大豆	豌豆	蚕豆	大豆	豌豆
干物质 DM（g/kg）	258	264	276	261	257	250
粗蛋白 CP（g/kg DM）	200	181	177	222	197	178
中性洗涤纤维 NDF（g/kg DM）	457	423	410	428	420	416
酸性洗涤纤维 ADF（g/kg DM）	305	273	276	313	292	312
淀粉 starch（g/kg DM）	29	35	73	44	38	79
粗灰分 CA（g/kg DM）	106	94	80	106	102	81
非蛋白氮 NPN（g/kg CP）	240	374	446	437	562	656
可溶性蛋白（g/kg CP）	288	438	507	460	619	706

资料来源：Mustafa and Seguin，2003

表 3-88 蚕豆（*Vicia faba*）不同收获时期的营养成分

营养成分	春种 cv. Victor			秋种 cv. Punch		
	收获日期（年.月.日）			收获日期（年.月.日）		
	1997.6.15	1997.7.15	1997.7.30	1998.6.5	1998.6.30	1998.7.16
干物质产量 DMY（t/hm^2）	2.85	7.65	10.27	9.40	12.10	9.29
干物质 DM（g/kg）	183	208	357	182	223	290
粗蛋白 CP（g/kg DM）	172.3	166.6	185.4	147.1	141.0	127.7
中性洗涤纤维 NDF（g/kg DM）	338.9	361.2	296.2	439.1	442.3	484.0
酸性洗涤纤维 ADF（g/kg DM）	273.2	287.6	252.4	391.1	393.6	435.7
粗灰分 CA（g/kg DM）	101.3	65.8	54.3	59.1	64.5	50.0
水溶性碳水化合物 WSC（g/kg DM）	124.0	107.6	60.0	150.2	124.5	47.9

资料来源：Ghanbari-Bonjar and Lee，2003

表 3-89 3 类豌豆种子氨基酸组成 （单位：g/kg DM）

氨基酸	饲料豌豆	带色豌豆	皱皮豌豆
粗蛋白 CP	239.0	243.0	270.0
天冬氨酸 Asp	27.8	28.3	30.5
苏氨酸 Thr	9.7	9.8	11.0
丝氨酸 Ser	11.5	11.9	12.8
谷氨酸 Glu	42.9	44.0	48.3
脯氨酸 Pro	10.0	10.3	10.8
半胱氨酸 Cys	10.9	10.1	12.3
甘氨酸 Gly	10.9	10.1	13.2
丙氨酸 Ala	3.6	3.4	3.6
缬氨酸 Val	12.8	12.4	13.9
甲硫氨酸 Met	2.6	2.5	3.0
异亮氨酸 Ile	10.3	10.6	11.7
亮氨酸 Leu	17.4	17.8	19.8
酪氨酸 Tyr	6.8	6.3	8.3

续表

氨基酸	饲料豌豆	带色豌豆	皱皮豌豆
苯丙氨酸 Phe	11.4	11.4	13.0
赖氨酸 Lys	17.8	17.8	20.7
组氨酸 His	6.0	6.2	6.6
精氨酸 Arg	20.1	20.9	22.3
色氨酸 Trp	2.2	2.3	2.5

资料来源：Bastianelli et al.，1998

箭筈豌豆

中文别名：普通野豌豆、大巢菜、救荒野豌豆、野毛豆、苕子。

英 文 名：common vetch，smooth vetch，garden vetch。

拉丁学名：*Vicia sativa* L.。

分类地位：豆科（Leguminosae）野豌豆属（*Vicia*）。

世界野豌豆属有 140 种，一年生或多年生，以地中海分布为中心，广泛分布于北半球温带及南美洲温带。我国有 40 种，主要分布于西北、华北、西南。野豌豆属植物为人类最早培育栽培的作物之一，主要为一年生类型，包括箭筈豌豆、长柔毛野豌豆（*Vicia villosa*）及欧洲苕子（*vicia varia*）。一年生类型生长期短，种子产量丰富，除具有蔬菜作物价值外，还具有优异的绿肥作物、覆盖作物价值，混作燕麦种植具有生产优质饲草的潜力。

植物形态特征：一年生，具柔毛，攀爬，茎中空，横截面近似方形，高近 2 m，三出复叶，小叶 3～8 对，对生，具末端卷须。小叶狭窄长方形，顶端方形，带一点伸出的中脉。主根系细长，有大量侧根。花序单生或成对着生，花蓝色到紫色，有时白色。种荚包含 4～12 粒圆形但扁平的种子，黑色到近灰色。种子千粒重 278 g（Frame，2005）。

地理分布及生长适应：原产欧洲南部、亚洲西部和北非（Maxted and Bennett，2001），生长于海拔 50～3000 m 荒山、田边草丛及林中（崔鸿宾，1998），我国一些地区有栽培。

叙利亚、土耳其、保加利亚、匈牙利和斯洛伐克新石器时代早期遗址发现的碳化残留物证明，野豌豆当时已经成为当地饮食的一部分；也有来自古埃及前王朝时期遗址和土库曼斯坦与斯洛伐克青铜时代遗址的报道；罗马时代有野豌豆栽培的确定性证据。虽然被利用了上千年，一直未被驯化，大量的早期驯化后来被弃，随着农业的扩大，适应于新生境的种内多样性在增加（Maxted and Bennett，2001）。

箭筈豌豆适于较广范围的土壤，但不耐酸，优选排水良好、肥力适中土壤，适宜土壤 pH 6.0～8.0。对排水差的土壤耐受性比长柔毛野豌豆差（Hoveland and Donnelly，1966），不耐水涝。幼苗活力较强，但建植早期不耐旱。在 10 月至翌年 4 月降水量 200～400 mm 的半干旱地中海地区作为冷季一年生植物被广为利用（Papastylianou，1995），其他温带地区，如北美，用于春季或秋季播种或双季播种，取决于气候的严酷程度（Frame，2005）。主要生长期在春季到夏季。无论春季还是秋季种植，一些春季品种容易受霜影响，没有长柔毛野豌豆（*Vicia villosa*）抗寒（Frame，2005）。

长柔毛野豌豆总体比箭筈豌豆种植少，而美国长柔毛野豌豆比箭筈豌豆种植多（Miller and Hoveland，1995）。长柔毛野豌豆比箭筈豌豆更耐受排水差的土壤，更抗寒，不耐阴。欧洲野豌豆多分类为长柔毛野豌豆的一个变种。

生长过程及营养成分：箭筈豌豆生长期短，播种后 80～90 天可以达到籽粒成熟，籽粒产量高，饲草产量 3～4 t/hm^2（表 3-90），干旱、半干旱区具有发展收获籽粒的利用价值。

表 3-90 箭筈豌豆（Abd EI）和长柔毛野豌豆（ssp. *dasycarpa*）生长特征

生长特征	长柔毛野豌豆	箭筈豌豆
幼苗活力打分	2.72	3.79
冬季生长打分	1.57	4.01
春季生长打分	3.42	4.46
多叶性评级	3.13	4.25
开始开花所用天数	114	110
50%开花所用天数	120	127
100%开花所用天数	140	147
完全成熟所用天数	162	160
牧草产量（t/hm^2）	8.41	3.27
籽粒产量（t/hm^2）	0.64	1.97
茎秆产量（t/hm^2）	6.70	4.95
收获指数	0.16	0.24

注：视觉评级：0=差，5=好

资料来源：Moneim，1993

箭筈豌豆茎枝细软，适口性较好，营养价值高，消化率高（表 3-91），为优异的饲草（表 3-92）。花果期及种子有微毒，国外曾有用其提取物作抗肿瘤药物的报道（崔鸿宾，1998）。

表 3-91 箭筈豌豆营养成分

营养成分	叶片	茎	果荚	50%花期	鼓粒早期	鼓粒晚期	营养期	繁殖期	果荚期
生物量（g/m^2）							107	358	285
干物质消化率 IVDMD（g/kg DM）	783	575	754				75.8	76.8	66.4
粗蛋白 CP（g/kg DM）	168	77	189	265	196	198			
中性洗涤纤维 NDF（g/kg DM）				446	519	550	30.3	32.4	39.5
酸性洗涤纤维 ADF（g/kg DM）	243	369	243	309	319	340	20.1	18.4	20.1
酸性洗涤木质素 ADL（g/kg DM）				93	97	93			

资料来源：Caballero et al.，2001

表 3-92 箭筈豌豆（var. *vereda*）3 个生长期鲜草和干草营养成分（单位：g/kg DM）

营养成分	鲜草			干草		
	开花期	鼓粒期 1	鼓粒期 2	开花期	鼓粒期 1	鼓粒期 2
粗蛋白 CP	198.2～221.0	173.5～200.8	169.1～189.2	219.4～221.1	184.8～209.3	184.2～190.6
粗脂肪 EE	23.4～25.6	11.9～25.7	13.2～16.2	17.1～18.9	16.5～19.4	13.1～13.4
中性洗涤纤维 NDF	344.3～345.7	338.4～358.4	324.3～427.6	351.7～373.9	391.6～405.9	352.1～390.3

续表

营养成分	鲜草			干草		
	开花期	鼓粒期 1	鼓粒期 2	开花期	鼓粒期 1	鼓粒期 2
酸性洗涤纤维 ADF	250.6～264.1	236.3～260.8	221.5～301.5	248.6～249.8	285.3～287.8	237.5～268.6
酸性洗涤木质素 ADL	46.9～54.3	55.0～55.9	50.0～69.7	48.8～53.5	63.2～71.6	57.1～59.8
淀粉 starch	14.5～39.9	40.3～128.6	61.1～167.0	11.416.2	14.0～35.4	51.6～13.0
糖 sugar	88.1～139.6	104.4～117.0	67.9～94.6	117.3～137.2	117.4～133.1	52.2～85.0
总碳水化合物 TC	622.4～691.7	672.0～740.2	695.0～742.4	630.5～658.1	651.7～711.2	700.0～719.0
结构性碳水化合物 SC	476.3～532.8	434.2～505.5	412.7～573.5	503.6～532.3	530.7～569.6	456.0～521.4
非纤维性碳水化合物 NFC	467.2～523.7	494.5～565.8	426.5～587.3	467.7～496.4	430.4～469.3	478.6～544.0
粗灰分 CA	86.7～131.1	74.4～101.5	72.3～102.6	103.6～130.3	87.5～119.6	10.26～77.3

资料来源：Caballero et al.，2001

六、籽粒苋、饲用芸苔、菊苣

籽粒苋、饲用芸苔、菊苣为一类中生到湿生的阔叶饲草作物，要求降水量 500 mm 以上地区，适应各种土壤。此类作物还有串叶松香草（*Silphium perfoliatum*）、莴苣（*Lactuca sativa*）及甜菜（*Beta vulgaris*）等，也在各地作为饲草或饲料作物种植。作为饲草或饲料，此类作物的产量、经营难度及其效益需要进一步评估，但是由于其矿物质等营养成分丰富，作为“添加剂”补充料具有重要意义。

籽粒苋

中文别名：千穗谷、繁穗苋、红苋、尾穗苋、绿穗苋。

英 文 名：grain amaranth，amaranth，prince’s-feather。

拉丁学名：*Amaranthus hypochondriacus* L.。

分类地位：苋科（Amaranthaceae）苋属（*Amaranthus*）。

全世界苋属有 70 多种，全球分布。我国产十几种，全国分布。有 3 种历史上曾广为栽培作为粮食作物或蔬菜作物。现在，一些地区用作饲料作物。

植物形态特征：一年生草本，高 20～200 cm。茎绿色或紫红色，分枝，无毛或上部微有柔毛。叶片菱状卵形或矩圆状披针形，长 3～10 cm，宽 1.5～3.5 cm，顶端急尖或短渐尖，基部楔形，全缘或波状缘，无毛，上面常带紫色。圆锥花序顶生，直立，圆柱形，长达 25 cm。种子近球形，直径约 1 mm，白色，边缘锐。花期 7～8 月，果期 8～9 月。种子千粒重约 0.54 g。

地理分布及生长适应：原产于热带中美洲和南美洲，生长于海拔 700～3000 m 的地区。后引入亚洲，在印度、巴基斯坦、尼泊尔及中国的山地地区越来越受欢迎（Das，2016）。现已广泛栽培于其他热带、温带和亚热带地区。

籽粒苋栽培起源于美洲大陆，考古证实，种植的籽粒苋种子可以追溯到近 6000 年前。阿兹特克、玛雅和印加文明的人们都曾种植过不同种的苋，作为多叶蔬菜和主食

（Das，2016）。土著人种植籽粒苋、玉米和豆类，三者为耕种计划不可缺少的部分。西班牙人到达以后，籽粒苋种植减少。到 20 世纪中期，籽粒苋种植减少，原因或是由于高产现代作物种植取代了籽粒苋。

A. hypochondriacus L. 史前时期在墨西哥中部被驯化，后引入美国。尽管起源于中美洲，大部分种植于印度，特别是印度北方地区（Das，2016）。

A. caudatus L. 起源于阿根廷、秘鲁和玻利维亚安第斯山脉高地，考古发现的白色种子可追溯到 2000 多年以前。

A. cruentus L. 早于 *A. hypochondriacus* 在中美洲（墨西哥和危地马拉）被驯化，作为似谷物和多叶蔬菜利用，有两种类型，白色种子的似谷物，棕色种子的似蔬菜。白色种子类型可以追溯到 5500 年前。

对土壤要求不高，消耗肥力多，喜肥沃湿润土壤，不耐旱。喜温暖湿润气候。短日照植物，不耐阴。在温带、寒温带气候条件下也能良好生长。

生长过程及营养成分：分枝再生能力强，适于多次刈割，刈割后由腋芽发出新生枝条，迅速生长并再次开花结果。一次性收获干物质产量 11～12 t/hm^2（表 3-93），多次刈割累积产量增加。

表 3-93　籽粒苋（*A. hypochondriacus*）生长特征

生长特征	6 月 22 日种植			7 月 6 日种植			7 月 21 日种植		
	种植密度（株/m^2）			种植密度（株/m^2）			种植密度（株/m^2）		
	6.6	8.3	11	6.6	8.3	11	6.6	8.3	11
干物质产量（t/hm^2）	6.1	5.0	4.4	11.5	7.5	6.5	4.5	4.1	3.8
叶干重（t/hm^2）	1.6	4.5	1.5	2.1	1.8	1.3	1.3	1.2	1.1
茎干重（t/hm^2）	3.9	2.8	2.1	7.7	4.6	4.3	3.0	2.7	2.4
茎直径（cm）	5.27	4.00	3.53	7.17	5.05	4.03	4.54	3.36	2.56
单株叶片数（片/株）	344	277	190	394	286	222	231	238	105

资料来源：Moshaver et al.，2016

籽粒苋柔嫩多汁，适口性好，消化率高（表 3-94 和表 3-95），为畜禽的优质饲料。鲜喂、青贮或调制优质草粒均宜。喂畜禽可代替部分精饲料，籽实也是家禽的优质精饲料。苗期叶片柔软，气味纯正，各种畜禽均喜食。青贮时，可单贮或与豆草、青刈玉米混合青贮。收种后的秆和残叶可用于放牧，也可制成干草粉。种子营养成分丰富（表 3-96），具有食用价值。

表 3-94　籽粒苋（*A. hypochondriacus*）不同生长天数的营养成分

营养成分	生长天数	
	40	60
鲜草产量（t/hm^2）	46～54	82～85
干物质产量 DMY（t/hm^2）	6.9～8.4	14.9～16.7
干物质 DM（g/kg FW）	150～157	181～196
体外有机质消化率 IVOMD（g/kg DM）	710～734	618～640
代谢能 ME（MJ/kg）	10.4～11.1	8.4～8.9

续表

营养成分	生长天数	
	40	60
粗蛋白 CP（g/kg DM）	243～265	148～170
粗脂肪 EE（g/kg DM）	140～149	93～104
中性洗涤纤维 NDF（g/kg DM）	348～351	461～466
酸性洗涤纤维 ADF（g/kg DM）	207～215	288～289
木质素 lignin（g/kg DM）	25.3～25.8	44.6～45.6
水溶性碳水化合物 WSC（g/kg DM）	87～93	95～105
粗灰分 CA（g/kg DM）	173～178	135～139
钙 Ca（g/kg DM）	25.5～26.1	17.6～18.3
钠 Na（g/kg DM）	7.4～8.1	7.4～8.0
磷 P（g/kg DM）	6.2～6.8	5.8～6.0
钾 K（g/kg DM）	45.6～46.7	38.4～39.7
氮 N（g/kg DM）	26.4～37.2	10.4～14.0

资料来源：Abbasi et al.，2012

表 3-95　两种籽粒苋（*A.cruentus*，*A. hypochondriancus*）不同生长阶段的营养成分

营养成分	生长天数					
	42	56	70	84	98	112
A. cruentus						
体外干物质消化率 IVDMD(g/kg DM)	760～780	760～790	710～770	640～720	630～680	590～670
粗蛋白 CP（g/kg DM）	207～280	210～225	160	120～140	90～110	100～120
中性洗涤纤维 NDF（g/kg DM）	310～320	300～310	340～370	350～450	380～440	380～470
酸性洗涤纤维 ADF（g/kg DM）	170～176	183～200	212～257	234～624	264～326	260～354
酸性洗涤木质素 ADL（g/kg DM）	24～29	23～27	21～33	31～64	41～67	45～73
氮 N（%）	6.2～9.6	7.7～9.6	3.3～5.7	2.1～3.1	1.7～1.8	0.56～1.3
A. hypochondriancus						
体外干物质消化率 IVDMD(g/kg DM)	790	740	720	700	670	670
粗蛋白 CP（g/kg DM）	285	220	180	150	130	120
中性洗涤纤维 NDF（g/kg DM）	330	330	350	390	400	400
酸性洗涤纤维 ADF（g/kg DM）	191	208	229	256	270	281
酸性洗涤木质素 ADL（g/kg DM）	22	26	26	25	49	52
氮 N（%）	9.2	9.6	6.6	4.2	2.9	1.8

资料来源：Sleugh，1999

表 3-96　3 种籽粒苋的种子营养成分

营养成分	*A. hypochondriacus*	*A. cruentus*	*A. caudatus*
粗蛋白 CP（g/kg DM）	15.0～16.6	13.8～21.5	13.1～21.0
赖氨酸 Lys（g/100g DM）	4.9～6.0	4.9～6.1	5.9
粗脂肪 EE（g/kg DM）	6.1～7.3	5.6～8.1	5.8～10.9
粗纤维 CF（g/kg DM）	4.9～5.0	3.1～4.2	2.7～4.9
碳水化合物 C（g/kg DM）	67.9	63.1～70.0	63.7～76.5
粗灰分 CA（g/kg DM）	3.3～3.4	3.0～3.8	2.5～4.4

续表

营养成分	*A. hypochondriacus*	*A. cruentus*	*A. caudatus*
氨基酸 AA（g/100g P）			
色氨酸 Trp	1.82	0.9～1.4	1.1
甲硫/半胱氨酸 Met/Cys	0.6	4.1～4.6	4.9
苏氨酸 Thr	3.3	3.4～3.9	4.0
异亮氨酸 Ile	2.7	3.6～4.0	4.1
缬氨酸 Val	3.9	4.2～4.5	4.7
赖氨酸 Lys	5.95	5.1～6.1	5.9
苯丙/酪氨酸 Phe/Tyr	8.42	6.0～8.5	8.1
亮氨酸 Leu	4.2	5.1～6.2	6.3

资料来源：Mlakar et al.，2009

饲用芸苔

中文别名：饲用油菜、饲用甘蓝、饲用芜菁。

英 文 名：cruciferous vegetable，cabbage，mustard plant。

拉丁学名：*Brassica*。

分类地位：十字花科（Cruciferae）芸苔属（*Brassica*）。

十字花科芸苔属细分有 37 个种，我国分布的都为栽培种，没有野生种。常见的有西兰花（broccoli）、菜花（cauliflower）、甘蓝（cabbage）、菜心（choy sum）、芜菁甘蓝（rutabaga）、芜菁（turnip）及菜籽（oil canola）和芥末（mustard）。

1935 年韩裔日本学者提出了 U 三角（triangle of U）理论认为，芸苔属有 3 个基本种，黑芥（*Brassica nigra*）、甘蓝（*B. oleracea*）和芜菁（*B. rapa*），并认为其中两两杂交产生了 3 个杂交种，芥菜（*B. juncea*）、甘蓝型油菜（*B. napus*）和埃塞俄比亚芥菜（*B. carinata*）（图 3-35）。现代分子生物学研究结果认为这个理论是正确的，每个基本种及杂交种下面有一系列变种。但是，由于这 6 个种间还可以杂交，并且后代可育，因此，芸苔属种类划分很人为化。

8 对染色体的黑芥（*B.nigra*）和 9 对染色体的甘蓝（*B.oleracea*）杂交产生了 17 对染色体的埃塞俄比亚芥菜(*B.carinata*)；8 对染色体的黑芥和 10 对染色体的芜菁(*B. rapa*)杂交产生了 18 对染色体的芥菜（*B.juncea*）；9 对染色体的甘蓝和 10 对染色体的芜菁杂交产生了 19 对染色体甘蓝型油菜（*B.napus*），即所谓的欧洲油菜。

甘蓝（*B. Oleracea*），包括羽衣甘蓝（var. *Acephala*，kale）、绿色甘蓝（green kale）、葫芒茎甘蓝（marrow stem kale）、不结球甘蓝（collard）、卷心菜（var. *capitata*，var. *sabauda*，var. *bullata*，cabbage）、结球甘蓝（headed cabbage）、抱子甘蓝（Brussel sprout）、皱叶甘蓝（savoy cabbage）、球茎甘蓝（var. *gongylodes*，kohlrabi）、花序甘蓝（var. *botrytis*，var. *italica*，inflorescence kale）、菜花（cauliflower）、西兰花（broccoli）、花茎甘蓝（sprouting broccoli）、分枝丛甘蓝（var. *fruticosa*，branching bush kale）及芥蓝（或中国甘蓝 Chinese kale，*B. alboglabra*），多作为叶片蔬菜。

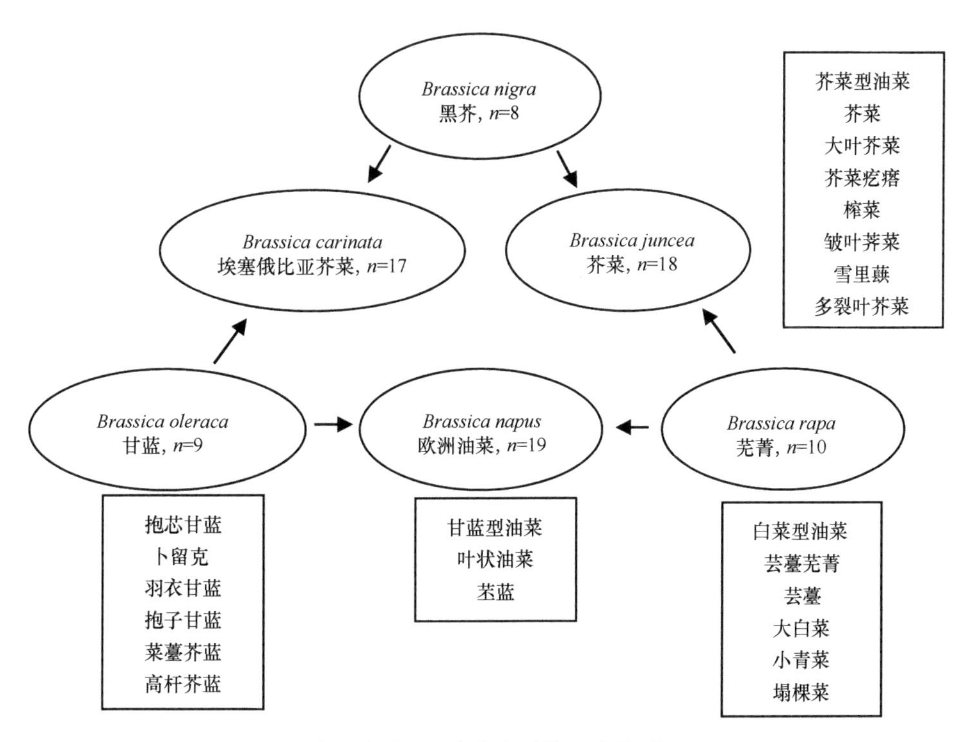

图 3-35　芸苔属 3 个基本种对 3 个杂交种的形成关系（Nagaharu，1935）

芜菁 *B. rapa* L.，包括 7 个亚群，原变种（var. *campestris*）、大白菜（var. *pekinensis*）、白菜（var. *chinensis*）、菜心（var. *parachinensis*）、塌棵菜（var. *narinosa*）、山茶（var. *japonica*）和萝卜（var. *rapa*），但这些类群最近被认为是独立的物种。

芥菜（*B. juncea* L.Czern & Coss），在印度作为油料作物（棕色或印度芥末，brown or Indian mustard），在我国作为叶状蔬菜（黄色种子，叶状芥末）。根茎型（var. *napiformis*）在我国也有栽培。黄色种子的芥菜类型在乌克兰作为油料作物。西方国家种植芥末以生产调料芥末，主产地在加拿大西部（棕色芥末和东方芥末）。

埃塞俄比亚芥菜 *B. carinata*（A.）Braun 在埃塞俄比亚作为叶状蔬菜种植，也用于榨油。

欧洲油菜 *B. napus* L.冬季和夏季一年生型在很多国家作为油籽种植，根茎型（芜菁甘蓝，rutabaga）作为蔬菜和动物饲料种植（Rakow，2004）。

除上述染色体的区别外，甘蓝型油菜植株多灰蓝色，白菜型油菜和芥菜型油菜青绿色，但芥菜型油菜有辛辣味。白菜型油菜比甘蓝型油菜生长期短，抗逆，但产量往往低于甘蓝型油菜。芥菜型油菜具有抗逆、高产的综合优势。一般，白菜型油菜和芥菜型油菜种子为紫褐色，甘蓝型油菜种子为黄棕色。

植物形态特征：一年或二年生草本，无毛或有单毛。根细或呈块状。基生叶常呈莲座状，茎生叶有柄或抱茎。总状花序伞房状，结果时延长。花黄色，少数白色。子房有 5～45 胚珠，长角果线形或长圆形，圆筒状，少有近压扁，常稍扭曲，喙多为锥状，喙部有 1～3 粒种子或无种子。果瓣无毛，有一明显中脉，柱头头状，近 2 裂。隔膜完全，透明。种子每室 1 行，球形或少数卵形，棕色，网孔状。子叶对折（周太炎，1987）。

芸苔属植物为蔬菜的重要类群，并且利用部位全面，有用根的突变体、用茎的突变体、用叶的突变体、用花的突变体，甚至用种子的突变体。

芸苔属植物除用作蔬菜及调料作物外，在欧洲、美洲及大洋洲的一些国家，油菜被用于饲草作物，开花早期用于放牧育肥，或在苗期用于放牧一段时期，后期生长的植株用于生产油菜籽。

芜菁、甘蓝、油菜都有专用于饲草的品种，分别为饲用芜菁（*B. rapa* spp. *rapa*，turnip）、饲用块根油菜（*B. napus* spp. *napobrassica*，swede or rutabaga）、饲用叶状油菜（*B. napus* spp. *biennis*，forage rape）、饲用甘蓝（*B. oleracea* spp. *acephala*，kale）（图 3-36；McCartney et al.，2009；Barry，2013）。

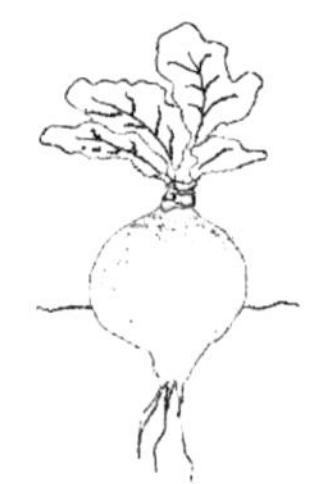

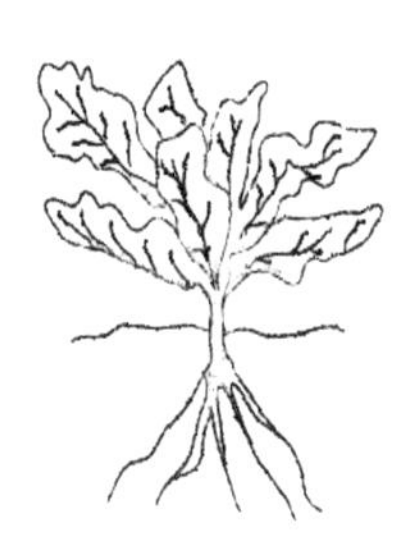

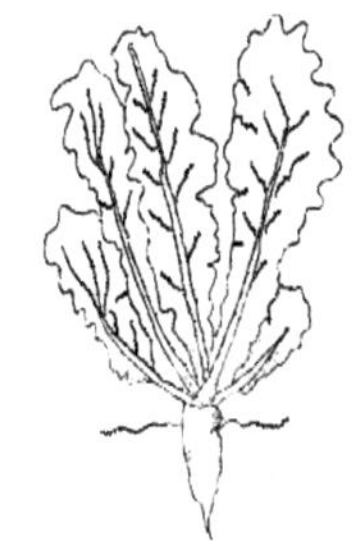

块根芜菁 (*B. rapa*, bulb turnip)　叶状芜菁 (*B. rapa*, leafy turnip)　叶状欧洲油菜 (*B. napus*, forage rape)

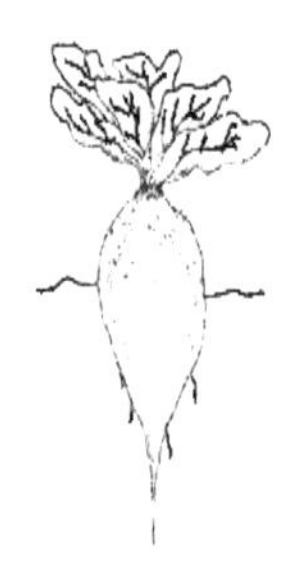

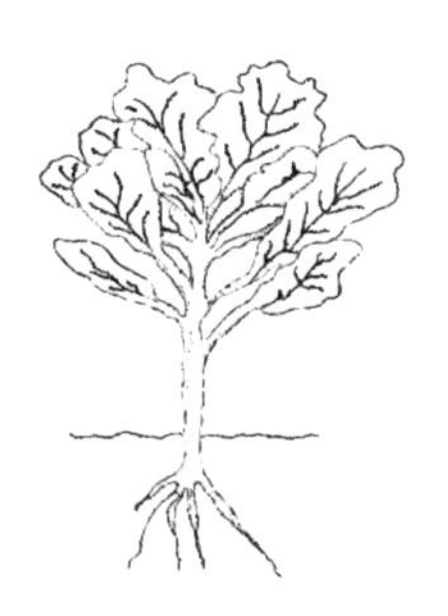

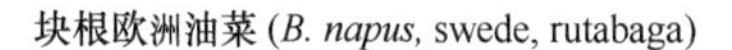

块根欧洲油菜 (*B. napus*, swede, rutabaga)　饲用甘蓝 (*B. oleracea*, kale, chou moellier)

图 3-36　芸苔属饲用植物

地理分布及生长适应：芸苔属植物多分布在地中海，地中海欧洲是其近代分布和分化中心（吴征镒等，2002）。在中国，芸苔属植物多为栽培种，属于泛北极植物区，多分布于干燥化的温带，少部分发展到亚热带边缘（吴征镒，1979）。甘蓝类植物据中国文献记载似经西域诸国引入甘肃、新疆等地（吴征镒等，2002）。白菜类及芥菜类在中国的南北方均有栽培，多栽培于西藏、新疆、青海、云南及四川等以青藏高原为主体的西部高山、丘陵地区。青藏高原为主体的西部高山、丘陵地区可能是中国芸苔属植物的分布中心（王建林等，2006）。

B. nigra 分布于摩洛哥北部路边和田地、希腊东南、意大利西西里岛、土耳其和埃塞俄比亚。

B. oleracea 分布于西班牙北部海岸、法国西部及英国南部和西南部。

B. rapa 从地中海地区向北扩散到斯堪的纳维亚半岛，向西到欧洲东部和德国。

B. carinata 没有野生型，栽培种限于埃塞俄比亚高原。

B. juncea 野生型见于近东和伊朗南部。在印度作为油料作物；在中国作为叶状蔬菜或根状蔬菜；乌克兰产黄色种子类型的芥菜型油菜，并做芥末；加拿大西部多产棕色种子类型的芥末。

B. napus 野生型见于瑞典、荷兰和英国。野生型与栽培型非常不同。冬季和夏季一年生型在很多国家作为油籽种植（Rakow，2004）。

世界上栽培油菜最古老的国家是中国和印度，其次是欧洲各国。一般认为，亚洲是芸苔和白菜型油菜的起源中心，欧洲地中海地区是甘蓝型油菜的起源中心。芥菜油菜是多源发生的，我国是白菜型油菜和芥菜型油菜的起源地之一，从中国陕西省西安半坡社会文化遗址中就发现有菜籽或白菜籽，距今有6000～7000年。印度公元前2000～公元前1500年的梵文著作中有关于“沙逊”油菜的记载（Misra et al.，2006）。甘蓝型油菜原产于欧洲地中海沿岸和西部地区。

芸苔属植物为冷季饲草，适应于较宽的温度范围，尤其是冰冻以下的温度，使它们在秋季和冬季早期更冷的时期也能生长。白菜型品种耐寒性较甘蓝型品种强（钱秀珍，1984）。白菜型和甘蓝型的冬性、半冬性、春性品种生态特性各不相同，夏播与秋播生育性状表现有明显差异（王国槐和官春云，1987）。饲用甘蓝喜冷凉气候，极耐寒，幼苗能短时间耐–12℃的低温，也耐高温。冬性及半冬性品种通过春化才能抽薹开花，一般要求在2～10℃温度下持续15～30天（吴仁明等，2013）。

生长过程及营养成分：饲用油菜一年四季都可种植，北方多秋季种植，秋季种植明显减少了病虫害的发生率。随着育种工作的创新，适应各季种植的品种陆续出现。一般生长期为60～70天，饲用类型生长期长一些，产量可达14 t/hm^2，块根类地上生物量减少（图3-37）。

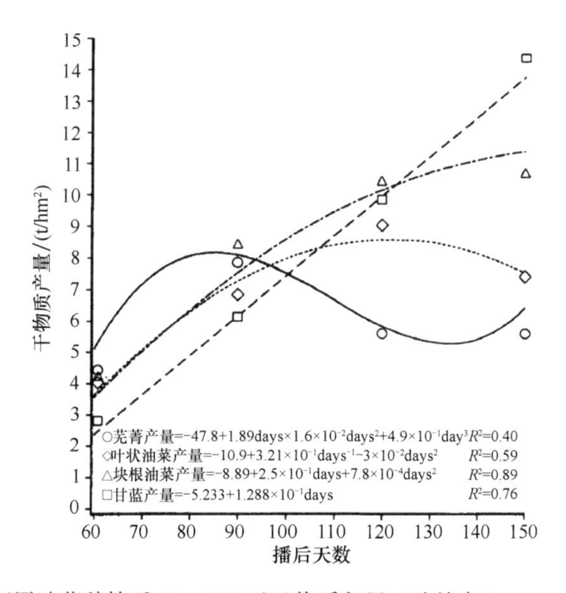

图3-37　饲用油菜种植后60～150天干物质积累（改绘自Jung et al.，1986）

○. 芜菁；◇. 叶状油菜；△. 块根油菜；□. 甘蓝

不同于禾草和豆草，芸苔属植物的营养价值在成熟时不会显著下降，使之适合囤积留越冬草（stockpiling）于秋季到早春时期利用。耐霜冻，产量和营养价值高，消化率高（表 3-97 和表 3-98），并且矿物质含量高（表 3-99）。种植和收获管理灵活，使饲用油菜成为美国西部和相似环境中的理想饲草（Lauriault et al.，2009）。

表 3-97　饲用油菜种植 90～120 天后体外干物质消化率　（单位：g/kg）

饲用油菜	上部			叶片		
	60 天	90 天	120 天	60 天	90 天	120 天
芜菁 turnip	901	893	892	882	867	859
块根油菜 swede	895	898	899	877	874	867
油菜 rape	903	892	883	880	880	867
大白菜 Chinese cabbage	913	914	907	893	895	875
甘蓝 kale	874	836	821	874	879	871

资料来源：Jung et al.，1986

表 3-98　饲用甘蓝（*B. oleracea* cv. Kestrel，kale）、油菜（*B. napus* L. cv. Titan，rape）、块根油菜（*B. napus* L. cv. Dominion，swedes）、芜菁（*B. campestris* cv. Appin，turnip）的营养成分及其饲喂绵羊的能值，对比多年生黑麦草（cv. Delish and cv. Banquet 混播草）

营养成分	甘蓝	油菜	瑞典菁芜	芜菁	多年生黑麦草
干物质 DM（g/kg FW）	141	126	94	101	176
体外干物质消化率 IVDMD(g/kg DM)	812	851	891	893	
可消化干物质 DDM（g/kg DM）	819	809	890	808	665
可消化有机物 DOM（g/kg DM）	883	893	918	867	703
消化能 DE（MJ/kg）	14.5	14.9	15.8	13.6	11.6
代谢能 ME（MJ/kg）	12.7	13.2	14.1	12.1	9.4
总能 GE（MJ/kg）	17.1	17.2	17.5	16.1	17.4
粗蛋白 CP（g/kg DM）	167	193	162	130	150
粗脂肪 EE（g/kg DM）	34	34	11	17	36
中性洗涤纤维 NDF（g/kg DM）	201	234	176	240	536
酸性洗涤纤维 ADF（g/kg DM）	129	163	121	180	277
木质素 lignin（g/kg DM）	57	63	51	63	30
水溶性碳水化合物 WSC（g/kg DM）	173	196	301	238	106
粗灰分 CA（g/kg DM）	139	140	92	149	154
硝态氮 NO_3^--N（g/kg DM）	0.10	0.48	0.48	<0.10	<0.10
硫 S（g/kg DM）	8.5	6.1	5.6	6.9	3.3

资料来源：Sun et al.，2012

表 3-99　芜菁、大白菜、块根油菜和油菜矿质元素组成　（单位：g/kg DM）

年份			芜菁		大白菜		块根油菜		油菜
			叶	根	叶	根	叶	根	叶
1983 年	夏	氮 N	25.3	15.5	20.4	10.1	20.6	12.0	22.1
		磷 P	3.0	3.5	3.2	2.9	2.5	2.5	3.5
		钾 K	29.4	33.9	31.1	18.9	24.5	21.4	25.2
		钙 Ca	22.4	8.1	14.2	7.1	23.1	5.6	18.5
		镁 Mg	5.5	1.6	3.6	2.0	5.5	1.7	4.4

续表

年份			芜菁		大白菜		块根油菜		油菜
			叶	根	叶	根	叶	根	叶
1983年	秋	氮N	34.8	26.6	36.1	22.1	38.2	29.0	36.1
		磷P	4.7	5.9	5.7	5.0	4.5	5.7	4.9
		钾K	45.2	40.8	52.6	27.6	39.3	24.9	42.3
		钙Ca	22.4	5.0	24.1	4.2	22.3	4.4	19.5
		镁Mg	5.2	1.6	4.8	1.8	4.8	1.5	4.2
1984年	夏	氮N	25.6	17.6	26.8	11.2	20.5	14.0	20.2
		磷P	4.1	4.7	5.5	3.5	3.1	3.7	3.3
		钾K	37.2	38.7	46.2	21.2	26.9	23.3	35.2
		钙Ca	26.5	5.8	27.0	4.7	23.5	3.6	13.9
		镁Mg	7.3	2.2	7.3	2.3	6.3	2.1	4.5
	秋	氮N	35.4	24.1	36.2	15.4	35.1	26.5	35.4
		磷P	6.1	5.5	7.2	4.4	5.2	6.3	5.5
		钾K	31.6	30.5	37.7	15.0	29.2	21.6	31.2
		钙Ca	20.9	4.6	18.0	4.6	23.5	3.3	13.4
		镁Mg	5.7	2.1	5.5	2.5	6.3	2.9	4.1

资料来源：Guillard and Allinson，1989

菊苣

中文别名：普纳菊苣。

英 文 名：chichory，puna chichory，common chicory。

拉丁学名：*Cichorium intybus* L.。

分类地位：菊科（Compositae）菊苣属（*Cichorium*）。

全世界菊苣属有10种，我国自然分布1种，引进1种。一些地区似有作饲草发展的潜力。菊科的串叶松香草（*Silphium perfoliatum* L.）也被认为有饲草价值，但这种主要分布于北美的植物多被用于绿化。

植物形态特征：多年生草本，高40～100 cm。茎直立，多分枝，绿色或黄绿色。基生叶莲座状，倒披针状长椭圆形，长15～34 cm，宽2～4 cm，基部渐狭有翼柄，羽状深裂或不分裂。茎生叶少，较小，卵状倒披针形至披针形，无柄，基部圆形或戟形扩大半抱茎。全部叶质地薄，两面被稀疏长毛。头状花序多数，单生或数个集生于枝端，或2～8个为一组沿花枝排列成穗状花序。总苞圆柱状，上半部绿色，下半部淡黄白色，质地坚硬。舌状小花蓝色，长14 mm，有色斑。瘦果倒卵状、椭圆状或倒楔形。花果期5～10月（林镕和石铸，1979；Rose，1981）。

地理分布及生长适应：欧洲本地种，广布于欧洲、北非，北美、澳大利亚广泛驯化种植。菊苣是一种最早有文献记录的植物之一，2000多年前，古罗马诗人贺拉斯在一篇记述自己饮食的日记中记载有“菊苣 cichorea”。法国将“菊苣”作为叶菜食用由来已久，在法国大革命拿破仑时期，菊苣根经过处理后掺入咖啡中饮用，这也是今天菊苣根在英国、美国等地作为廉价咖啡代用品的根源。

菊苣在国外种植已有 1000 多年的历史，并广泛用作畜禽的饲草料、人类的蔬菜及香料。20 世纪 80 年代初引进我国。

菊苣生长期对水分和肥料条件要求较高，需要有充足的水分和肥料供应，但生长期忌田间积水。耐寒、耐旱、喜生长于阳光充足的田边、山坡等地。喜温暖湿润气候，日均气温 15～30℃生长尤其迅速，耐寒性能良好，地下肉质根系可耐–15～–20℃低温，在–8℃时叶片仍呈深绿色。夏秋高温季节，只要水肥供应充足，仍具有较强的再生能力。

生长过程及营养成分：不同品种产量差异较大，国内引进栽培较多的普纳菊苣产量相对低，高产品种产量高达 17 t/hm^2（图 3-38）。叶所占比例较高，适口性好，牲畜喜食。

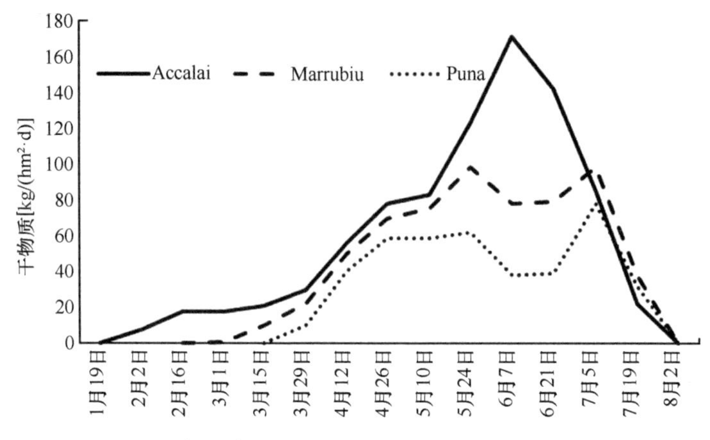

图 3-38　3 个品种菊苣干物质产量（改绘自 Sulas，2004）

菊苣消化率高，并且消化率随生长阶段变化差异不大（表 3-100），矿物质含量丰富，氨基酸种类齐全（表 3-101），饲喂价值优异。

表 3-100　菊苣不同时期营养成分

营养成分	1998 年			2000 年	
	5 月	6 月	9 月	5 月	9 月
体外干物质消化率 IVDMD（g/kg DM）	863～886	807～821	845～875	891～905	808～820
粗蛋白 CP（g/kg DM）	175～200	181～195	152～161	123～151	104～131
中性洗涤纤维 NDF（g/kg DM）	429～507	435～455	381～410	311～323	419～445
钙 Ca（g/kg DM）	15～19	18	18～19	15～19	18～25
磷 P（g/kg DM）	4.7～5.0	4.7～4.8	5.0～5.5	4.3～3.5	4.2～5.2
钾 K（g/kg DM）	40～59	34～36	31～35	31～36	25～32
镁 Mg（g/kg DM）	4.8～5.6	4.8～5.1	4.7～5.0	4.2～4.8	4.0～5.0
硼 B（mg/kg DM）	32～46	34	36～37	35～39	31～45
锰 Mn（mg/kg DM）	149～194	158～188	136～143	116～136	228～288
锌 Zn（mg/kg DM）	38～44	44～46	44～52	32～38	57～64
铜 Cu（mg/kg DM）	29～75	44	19～23	16～20	26～31

资料来源：Sanderson et al.，2003

表 3-101　菊苣氨基酸组成　　（单位：μmol/g DM）

氨基酸	建植时间（年.月.日）1997.6.25			建植时间（年.月.日）1998.5.19			
	1997.9.17	1998.3.19	1998.7.16	1998.7.30	1999.5.10	1999.6.23	1999.6.23
	丛生叶	丛生叶	丛生叶	丛生叶	丛生叶	茎叶	蕾花
半胱氨酸 Cys	8.8～9.5	17.4～20.3	9.0～9.8	8.6～9.1	10.4～12.0	7.7～9.2	13.3～14.2
天冬氨酸+天冬酰胺 Asx	70.4～76.5	133.3～167.3	82.3～83.5	60.9～69.2	64.0～771	48.3～52.7	68.8～74.3
谷氨酸+谷氨酰胺 Glx	79.8～86.1	164.2～211.7	95.8～96.2	69.5～80.5	76.5～91.6	55.4～62.3	75.6～81.4
羟基脯氨酸 Hyp	1.9～2.1	4.2～4.6	1.6	1.5	1.7～2.2	1.7～1.9	7.5～10.4
丝氨酸 Ser	38.4～42.5	60.6～75.2	45.1～47.1	33.4～37.1	38.8～45.3	29.4～33.8	43.5～45.3
甘氨酸 Gly	69.3～77.6	118.8～14.1.5	87.1～91.7	66.3～77.3	69.7～80.3	55.3～63.9	63.7～67.5
组氨酸 His	12.3～13.6	24.2～29.7	16.3～169	12.4～14.2	11.9～14.4	9.0～11.6	14.0～16.3
精氨酸 Arg	36.9～41.2	53.6～67.2	49.7～52.1	35.3～43.4	30.7～35.5	23.3～27.2	28.3～30.6
苏氨酸 Thr	37.9～42.8	55.2～68.3	47.1～47.7	37.4～42.5	37.0～42.6	29.4～34.1	35.6～38.0
丙氨酸 Ala	67.9～76.4	111.7～131.7	80.3～84.7	61.6～70.0	67.2～77.5	54.2～62.8	63.3～65.5
脯氨酸 Pro	42.3～48.0	72.6～87.1	50.1～53.5	39.1～47.5	43.2～48.9	36.7～41.0	60.8～77.5
甲硫氨酸 Met	11.8～13.3	21.2～25.0	13.4～14.2	11.4～12.0	11.9～13.9	10.1～11.1	13.2～13.5
酪氨酸 Tyr	16.6～18.9	28.4～34.4	22.8～24.0	18.2～20.7	19.0～23.7	15.3～19.8	17.8～20.5
缬氨酸 Val	52.5～59.4	87.9～103.5	62.7～67.7	51.6～60.7	52.3～60.4	42.3～48.6	49.3～51.1
异亮氨酸 Ile	39.3～44.1	67.5～78.5	45.3～50.1	36.1～39.7	38.5～44.8	31.6～36.4	38.3～40.0
亮氨酸 Leu	67.6～77.0	112.5～132.7	79.9～93.2	64.0～72.9	69.4～80.8	56.6～65.3	62.2～64.5
苯丙氨酸 Phe	33.9～38.8	52.7～61.6	41.2～45.6	32.7～38.0	40.9～47.3	30.3～37.7	32.5～35.6
赖氨酸 Lys	37.3～40.7	77.9～90.6	48.8～55.6	40.2～44.0	41.0～48.0	31.3～36.5	44.3～46.2

资料来源：Foster et al.，2002

第五节　饲 枝 作 物

饲枝作物（browse crop），可被反刍动物或草食动物采食叶、嫩枝的灌木、藤本或树木的饲用作物。现阶段，培育的品种少，栽培也不多，自然存在的饲枝植物很多，多由牲畜自主采食。地中海盆地及北欧洲石质山地发展有木本苜蓿（*Medicago arborea*），暖温带发展有树金雀儿（*Cytisus proliferus*，也称树苜蓿），并包括另一个木本属的植物（*Chamaecytisus palmensis*，*Ch. purpureus*，*Ch. supinus*），热带干旱区发展有光腺合欢（*Albizia calcarea*）、木本金合欢（*A. aneura*）、木本银合欢（*Leucaena leucocephala*）、木本象耳豆（*Enterolobium cyclocarpum*）、西卡柱花草（*Stylosanthes scabra*）及半灌木绿叶山蚂蝗（*Desmodium intortum*）。我国干旱、半干旱草原区存在若干种灌木类饲枝植物，一些有潜力培育为饲枝作物，用于栽培，包括杨柳科柳属（*Salix*）和榆科榆属（*Ulmus*）的一些种类。有培育发展潜力的为豆科岩黄芪属（*Hedysarum*）、胡枝子属（*Lespedeza*）及锦鸡儿属（*Caragana*）种类。

一、兴安胡枝子

全世界胡枝子属约 40 种，分布于东亚、北美。我国产 20 种，全国分布。本属植物耐干旱，为半干旱区有潜力饲枝作物。鸡眼草属（*Kummerowia*）原为胡枝子的一个亚属，有两种分布于暖温带及热带，分别被称为长萼鸡眼草（朝鲜胡枝子，*Kummerowia stipulacea*，

Korean bushclover/lespedeza）和鸡眼草（日本胡枝子，*K. striata*，Japanese bushclover/lespedeza），在美国暖季饲草区栽培较多。20 世纪初美国自日本引进鸡眼草种植，到 40 年代遍及整个美国东南部。现在，鸡眼草、长萼鸡眼草已经成为美国一些牧场的主要牧草之一。我国北方地区亦有野生鸡眼草属植物分布，但没有开发利用。

截叶胡枝子、兴安胡枝子耐干旱，在半干旱区有补播改良草地价值，并可以补充牲畜所需要的粗蛋白、培肥地力。

兴安胡枝子

中文别名：达乌里胡枝子、毛果胡枝子。

英 文 名：Davurica lespedeza，bush clover。

拉丁学名：*Lespedeza daurica*（Laxm.）Schindl.。

分类地位：豆科（Leguminosae）胡枝子属（*Lespedeza*）。

植物形态特征：小灌木，高达 1 m。茎通常稍斜升，单一或数个簇生。老枝黄褐色或赤褐色，被短柔毛或无毛，幼枝绿褐色，有细棱，被白色短柔毛。三出羽状复叶，叶柄长 1～2 cm，小叶长圆形或狭长圆形，长 2～5 cm，宽 5～16 mm。总状花序腋生，总花梗密生短柔毛，花冠白色或黄白色。荚果小，倒卵形或长倒卵形，长 3～4 mm，宽 2～3 mm，先端有刺尖，两面凸起，包于宿存花萼内（李树刚，1995）。

地理分布及生长适应：产于我国东北、华北，秦岭淮河以北至西南各省，朝鲜、日本、俄罗斯西伯利亚也有分布（李树刚，1995）。

喜光，稍耐庇荫，常生于丘陵、荒山坡、灌丛、杂木林间及林缘地带。最适宜土壤相对含水量 60%～80%，对土壤类型要求不严格，在干旱贫瘠酸性土壤上也有较高的产量。在夏旱和秋旱严重条件下，土壤有效水含量小于 10%的土层内，长势良好（杨艳生等，1994）。胡枝子在土壤 pH 4～6 的酸性土、中高海拔（900～1500 m）地区生物量高达 9390～12 210 kg/hm^2。在土层肥厚的土壤上生长最好、产量最高（Mkhatshwa and Hovelan，1991；Wehtje et al.，1999）。耐干旱、耐贫瘠、耐寒冷（可耐–45℃的绝对低温）、耐热（顾振文等，1996）。胡枝子根系发达、生长迅速、分蘖力强，直根、侧根沿水平方向发展，呈网状密集分布于 10～15 cm 的表土层内（Cassida，1999；顾振文等，1996）。春季返青晚，生长慢，夏季易感病，叶片多具病斑。

生长过程及营养成分：达乌里胡枝子产量一般为 10 t/hm^2（表 3-102），类似于直立黄芪，在半干旱、干旱区，具有较好的利用发展潜力（表 3-103）。

表 3-102 不同生态型野生达乌里胡枝子物候期和生长特征

生长特征	分枝期	孕蕾期	开花期	结实期	种子成熟期
物候期（月.日）	4.9～4.12	4.24～4.29	7.20～8.6	9.6～9.30	10.4～10.27
株丛高度（cm）	19.0～31.0	45.1～62.3	50.3～86.6	70.2～119.2	53.7～110.0
主枝长度（cm）	38.5～48.3	53.7～79.7	80.5～109.1	90.2～133.0	103.8～144.3
干草产量（t/hm^2）	2.2～4.4	3.0～7.8	8.1～15.2	10.5～20.3	
干鲜重比	0.304～0.318	0.328～0.385	0.366～0.428	0.397～0.443	

资料来源：夏传红等，2010

表 3-103　种植 6 年的达乌里胡枝子、沙打旺及紫花苜蓿饲草产量和水分利用

年份	饲草产量（t/hm²）			水分利用（mm）（2～5 m 深范围）		
	达乌里胡枝子	沙打旺	紫花苜蓿	达乌里胡枝子	沙打旺	紫花苜蓿
2004 年	0.2	2.2	2.3	367	370	570
2005 年	5.3	14.1	20.2	633	667	746
2006 年	7.8	14.3	22.2	552	634	588
2007 年	6.4	6.8	9.3	506	439	441
2008 年	7.3	5.6	13.4	408	508	532
2009 年	7.8	7.2	12.4	479	462	500
2010 年	7.4	5.8	10.8	446	423	461
平均	6.0	8.0	13.0	484	500	548

资料来源：Guan et al.，2013

达乌里胡枝子营养含量丰富，为很好的饲用灌木。有机物质消化率为 55%，不同生长期的叶片氨基酸含量均比沙打旺（*Astragalus adsurgens*）高（苗期高 47%、蕾期高 21.7%、花期高 29.75%、果实期高 10.7%）。叶片富含单宁（表 3-104），将使可溶性蛋白质凝缩沉淀，使瘤胃中不产生泡沫，动物食后不易患膨胀病。

表 3-104　达乌里胡枝子不同施肥条件下营养成分　　（单位：%）

营养成分	孕蕾期	开花期	结实期
粗蛋白 CP	18.51～24.17	17.23～20.84	15.22～18.42
粗脂肪 EE	0.87～1.10	1.14～1.26	1.59～1.77
中性洗涤纤维 NDF	41.85～48.05	47.67～57.00	46.12～52.98
酸性洗涤纤维 ADF	31.03～36.69	32.97～38.49	33.99～39.26
单宁 tannin	0.062～0.079	0.084～0.106	0.070～0.093

资料来源：李晨，2013

二、塔落岩黄芪

全世界岩黄芪属植物 200 种，分布于欧亚、北非及北美，冠状岩黄芪（*Hedysarum coronarium*）在欧洲发展为重要的饲草作物。我国有 40 多种，分布于西部干旱、半干旱地区。岩黄芪属植物分灌木、多年生草本及一年生草本 3 种类型，灌木型岩黄芪在我国西部干旱沙地地区有发展潜力。

塔落岩黄芪

中文别名：羊柴、山竹子。

英 文 名：smooth sweetvetch。

拉丁学名：*Hedysarum laeve*（L.）Maxim。

分类地位：豆科（Leguminosae）岩黄芪属（*Hedysarum*）。

植物形态特征：半灌木，丛状，高 1.5～2.0 m，根粗壮，根分蘖力强。茎分地上营养茎和地下繁殖茎，地上茎直立，地下茎水平分布。奇数羽状复叶，多互生，少对生，总状花序腋生，花冠紫红色。荚果 2～3 节，荚节易脱落。种子椭圆形（张文军和金常元，1994）。人工栽培的植株根系多由 2～3 条次生直根组成，侧根多而发达，分布于稳定湿沙中。

地理分布及生长适应：分布于我国内蒙古、陕北榆林和宁夏地区（黄祖杰等，1996）。塔落岩黄芪低矮早熟型已有近百年的栽培历史，高大晚熟型已有 20～30 年的栽培历史（吴高升等，1988）。塔落岩黄芪在内蒙古有两种生态型，低矮早熟型分布于大青山以南暖温型干草原黄土丘陵浅覆沙草场，产于乌兰察布市南部的兴和、凉城，呼和浩特市的和林、清水河、托克托县及鄂尔多斯市的准格尔旗等地。高大晚熟型分布于暖温型草原及荒漠草原沙地草场，产于库不齐沙带、毛乌素沙地，以及鄂尔多斯市的准格尔旗、达拉特旗、杭锦旗、伊金霍洛旗、乌审旗、鄂托克旗和鄂托克前旗等地（吴高升等，1988）。

塔落岩黄芪耐贫瘠、耐沙埋、抗风蚀、产量高、草质优良，是目前少见的优良沙生饲草植物（张文军和金常元，1994）。适生于砂质土壤，在长期干旱情况下，大部分牧草枯黄时，仍保持绿色。由于地下茎强大，地下茎上不定芽多，一遇水即能生成新株体，因而具有抗沙埋的特点（武保国，1991）。在沙丘温度高达 50℃的地区也能生活，耐寒能力强，在–30℃严寒下能良好越冬，同时夏季又能耐酷热（武保国，1991）。5 月上旬平均气温达 15℃以上时，冬眠芽开始萌发，6～7 月生长迅速，7 月形成花序并开花，8 月进入盛花期，花期可持续 2 个月以上，9 月上、中旬种子开始成熟。野生种子成熟程度很不一致，且具较厚果皮，发芽率较低。

生长过程及营养成分：塔落岩黄芪干草产量 4～5 t/hm^2（图 3-39），但是其部分不能被牲畜采食，有效产量减少，但不影响塔落岩黄芪为干旱区一种优质饲草的价值。

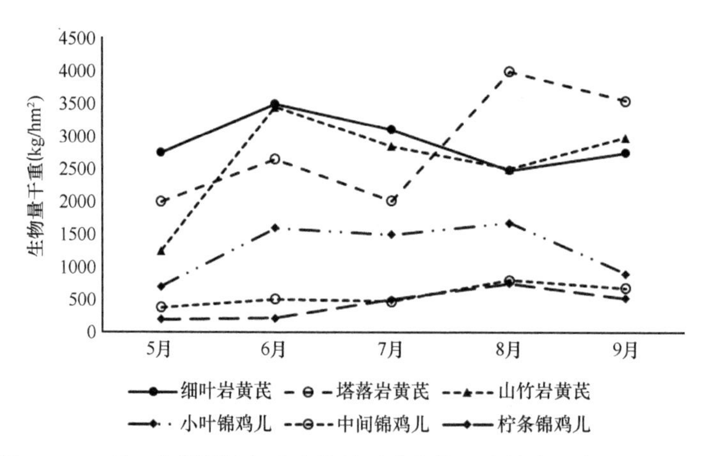

图 3-39　6 种 3 年龄固沙饲草生物量季节变化（改绘自闫志坚，2006）

塔落岩黄芪枝叶繁茂，营养价值高，适口性好，是一种优良的饲用植物（武保国，1991），大致与紫花苜蓿干草相当。塔落岩黄芪虽为半灌木植物，花期前或花期，其嫩枝、叶片和花序营养含量丰富（表 3-105），绵羊和山羊及骆驼均极喜食。牧民们常采集它的花补喂羔羊。在花期刈割调制的干草亦为各种家畜所喜食，花后则茎枝木质化，对小畜的适口性有所降低，但骆驼则最喜食。在内蒙古鄂尔多斯市一些地区还作为冬春饲料喂牲畜（武保国，1991）。

表 3-105　黄芪属植物生长第 2 年不同时期的营养成分　（单位：%）

	营养成分	全株				新枝				叶	茎	全株
		6 月	7 月	8 月	9 月	6 月	7 月	8 月	9 月			
塔落岩黄芪	粗蛋白 CP	10.70	9.95	9.87	8.41	12.30	11.76	10.86	10.52	17.37	10.60	9.95
	中性洗涤纤维 NDF	54.25	55.30	58.37	63.36	49.79	54.00	60.78	61.87	37.49	57.00	58.37
	酸性洗涤纤维 ADF	50.45	53.52	54.55	56.72	40.50	47.83	53.23	54.51	29.50	47.83	52.52
	粗灰分 CA	2.35	3.36	3.44	4.00	2.29	2.93	3.88	3.91	3.88	5.91	4.00
	钙 Ca	0.49	0.70	0.74	0.99	0.74	0.85	0.99	1.20	1.12	0.99	0.73
	磷 P	0.14	0.09	0.08	0.07	0.20	0.15	0.14	0.13	0.21	0.20	0.07
细枝岩黄芪	粗蛋白 CP	10.81	9.74	9.57	8.37	12.41	11.58	10.11	9.48	13.41	10.11	9.57
	中性洗涤纤维 NDF	57.22	57.69	62.89	65.91	49.41	54.28	61.91	61.92	38.41	52.28	62.89
	酸性洗涤纤维 ADF	51.15	54.79	56.76	57.36	41.22	52.57	54.04	55.37	21.27	52.57	56.56
	粗灰分 CA	2.76	3.76	3.49	3.61	3.01	3.44	4.01	4.21	4.08	4.41	5.48
	钙 Ca	0.73	0.78	1.23	1.52	0.99	1.37	1.50	1.73	0.95	0.99	1.52
	磷 P	0.12	0.11	0.10	0.09	0.17	0.16	0.15	0.13	0.14	0.16	0.11
山竹岩黄芪	粗蛋白 CP	11.95	10.52	9.66	9.06	13.63	13.58	13.15	11.01	15.01	13.15	9.66
	中性洗涤纤维 NDF	50.20	54.81	58.29	62.57	49.39	53.63	59.07	60.44	30.24	65.49	62.57
	酸性洗涤纤维 ADF	48.51	51.38	51.98	55.78	41.22	46.05	53.12	54.72	29.20	51.22	55.78
	粗灰分 CA	3.36	3.73	3.88	4.58	2.58	2.88	3.12	4.05	3.12	3.88	3.68
	钙 Ca	0.99	1.06	1.26	1.38	1.07	1.90	1.12	1.32	1.28	1.07	1.38
	磷 P	0.13	0.12	0.11	0.10	0.19	0.19	0.18	0.18	0.13	0.19	0.11

资料来源：闫志坚，2006

（本章作者：王　姝，田　雨，周道玮）

参考文献

常耀中，宋英淑. 1983. 大豆需水规律与灌溉增产效果研究[J]. 大豆科学, (4): 277-285.

陈守良. 1990. 中国植物志. 第十卷第一分册[M]. 北京：科学出版社.

崔鸿宾. 1998. 中国植物志. 第四十二卷第二分册[M]. 北京：科学出版社.

多保永，刘砚梅，张木兰，等. 1998. 梯饲草品种引进栽培试验报告[J]. 畜牧与饲料科学, 1: 29-30.

傅坤俊. 1993. 中国植物志. 第四十二卷第一分册[M]. 北京：科学出版社: 271.

耿立格，李灵芝，王丽娜，等. 2004. 梯饲草品种引进栽培可行性评价[J]. 河北农业科学, 8(1): 42-45.

顾振文，程润柏，黄金明，等. 1996. 胡枝子林的营造管理技术及水土保持效益分析[J]. 中国水土保持, (5): 29-31.

郭本兆. 1987. 中国植物志. 第九卷第三分册[M]. 北京：科学出版社.

郭建平，支庆祥，石剑华，等. 2009. 不同刈割期对沙打旺营养品质的影响[J]. 当代畜禽养殖业, (11): 44-46.

郭文场，丁向清，刘佳贺，等. 2012. 中国燕麦种质资源及其栽培和利用[J]. 特种经济动植物, (3): 36-37.

郭孝. 2005. 高羊茅在中原地区生长特点的研究[J]. 草业与畜牧, (2): 28-30.

韩天富，王金陵. 1995. 大豆开花后光周期反应的研究[J]. 植物学报, (11): 863-869.

黄祖杰，闫贵兴，武保国，等. 1996. 塔落岩黄芪、细枝岩黄芪及其变异型的生理特性研究[J]. 草地学报, (1): 12-18.

贾慎修. 1987. 中国饲用植物志[M]. 北京: 中国农业出版社.
凯泽, 佩尔兹, 博恩斯, 等. 2008. 顶级刍秣: 成功的青贮[M]. 周道玮, 陈玉香, 王明玖, 等译. 北京: 中国农业出版社.
李晨. 2013. 施肥对达乌里胡枝子生长、生产及品质的影响[D]. 山西农业大学硕士学位论文.
李殿祥, 永傲强, 刘志军. 2006. 温度对大豆生育的影响[J]. 中国科技信息, (22): 71.
李福山. 1994. 大豆起源及其演化研究[J]. 大豆科学, (1): 61-66.
李建伟, 陈本建, 张利平, 等. 2011. 高寒山区 6 种多年生牧草生长发育特性研究[J]. 草原与草坪, 31(6): 69-73.
李杰勤, 王丽华, 詹秋文, 等. 2010. 高粱棕色中脉基因 *bmr-6* 的遗传分析和 SSR 标记定位[J]. 草业学报, 19(5): 273-277.
李鹏, 朱宏, 储昭庆. 2013. 多年生黑麦草抗逆性研究进展[J]. 广东农业科学, (17): 120-123.
李树刚. 1995. 中国植物志. 第四十卷[M]. 北京: 科学出版社.
李源. 2015. BMR 饲草高粱农艺性状、品质特性及木质素合成中 *COMT* 基因的表达[D]. 中国农业大学博士学位论文.
林镕, 石铸. 1979. 中国植物志. 第七十五卷[M]. 北京: 中国农业出版社.
刘公社, 李晓峰. 2011. 羊草种质资源研究[M]. 北京: 中国农业出版社.
刘景辉, 赵宝平, 焦立新, 等. 2005. 刈割次数与留茬高度对内农 1 号苏丹草产草量和品质的影响[J]. 草地学报, 13(2): 93-96, 110.
刘亮. 2002. 中国植物志. 第九卷第二分册[M]. 北京: 中国农业出版社.
刘太宇, 郑立, 李梦云, 等. 2013. 紫羊茅不同生长阶段营养成分及其瘤胃降解动态研究[J]. 西北农林科技大学学报(自然科学版), (9): 33-37.
刘岩, 赵佰善, 赵丽敏. 2003. 扁豆引种试验[J]. 北方园艺, (2): 50-51.
路海东. 2006. 密度对不同类型饲用玉米产量和品质的影响[D]. 西北农林科技大学博士学位论文.
马国胜, 薛吉全, 路海东, 等. 2006. 密度对不同类型饲用玉米光合产物积累与转运的影响[J]. 华北农学报, (3): 50-54.
欧阳主才, 何善安, 方青, 等. 2008. 南方丘陵果园间种春大豆高效栽培技术[J]. 农业研究与应用, (2): 24-25.
彭玉梅, 程渡, 崔鲜一. 2000. 天然羊草草地生物产量及营养动态的研究[J]. 中国草食动物科学, (1): 33-34.
钱秀珍. 1984. 我国油菜资源的研究与展望[J]. 中国种业, (3): 9-11.
秦学平. 2015. 饲用型甜高粱种植中存在的问题及对策[J]. 畜牧兽医杂志, 34(2): 66-67.
秦运宏, 王弘舫. 2011. 紫羊茅栽培技术[J]. 现代化农业, (1): 35-36.
曲宪军, 朝鲁. 2003. 北方地区优良草坪植物——紫羊茅[J]. 草原与草业, (1): 31-32.
孙海霞, 常思颖, 陈孝龙, 等. 2016. 不同季节刈割羊草对绵羊采食量和养分消化率的影响[J]. 草地学报, 24(6): 1369-1373.
王国槐, 官春云. 1987. 油菜生态特性的研究 Ⅱ. 不同类型甘蓝型油菜(*B. napus* L.)异地异季种植的生态特性研究[J]. 作物学报, (1): 77-84.
王建林, 何燕, 栾运芳, 等. 2006. 中国芸薹属植物的起源、演化与散布[J]. 中国农学通报, (8): 489-494.
王金陵, 武镛祥, 吴和礼, 等. 1956. 中国南北地区大豆光照生态类型的分析[J]. 农业学报, (2): 169-180.
王兆卿, 李聪, 苏加楷. 2001. 野生与栽培型沙打旺品质性状比较[J]. 草地学报, 9(2): 133-136.
吴高升, 赵书元, 刘忠. 1988. 内蒙古沙地岩黄芪的研究[J]. 畜牧与饲料科学, (2): 1-7.
吴仁明, 邓正春, 杜登科, 等. 2013. 甘蓝富硒生产关键技术[J]. 湖南农业科学, (24): 70-72.
吴亚楠, 李志强. 2015. 饲用燕麦不同生育期养分含量动态变化分析[J]. 中国奶牛, (C1): 60-63.
吴永敷, 薇玲. 1985. 再论沙打旺栽培种的起源问题[J]. 草业与畜牧, (2): 41, 53.

吴永敷, 杨明. 1980. 提高沙打旺结实率的研究[J]. 中国草地学报, (4): 32-35.
吴征镒. 1979. 论中国植物区系的分区问题[J]. 植物分类与资源学报, (1): 3-22.
吴征镒, 路安民, 汤彦承. 2002. 中国被子植物科属综论[M]. 北京: 科学出版社.
武保国. 1991. 优良牧草——塔落岩黄耆[J]. 牧草与饲料, (3): 47-49.
武祎, 杨季云, 周道玮, 等. 2016. 东北豆科饲草[M]. 长春: 东北师范大学出版社.
夏传红, 赵祥, 邢毅, 等. 2010. 野生达乌里胡枝子栽培条件下的生长特性研究[J]. 草原与草坪, (2): 74-78.
徐安凯, 孙神龙. 2010. 无芒雀麦适应区域与生产性能的研究[J]. 饲草与饲料, (3): 28-30.
徐胜, 李建龙, 赵德华. 2004. 高羊茅的生理生态及其生化特性研究进展[J]. 草业学报, (1): 58-64.
徐卫红, 王宏信, 李文一, 等. 2006. 重金属富集植物黑麦草对 Zn 的响应[J]. 水土保持学报, (3): 43-46.
徐玉鹏, 武之新, 赵忠祥. 2003. 苏丹草的适应性及在我国农牧业生产中的发展前景[J]. 草业科学, 20(7): 23-25.
闫志坚. 2006. 岩黄芪属(*Hedysarum* L.)植物主要栽培种生物生态学特性及其营养价值的研究[D]. 内蒙古大学博士学位业论文.
颜宏, 石德成, 尹尚军, 等. 2000. 碱胁迫对羊草体内 N 及几种有机代谢产物积累的影响[J]. 东北师范大学学报(自然科学版), (32): 47-52.
杨艳生, 刘柏根, 沙寄石. 1994. 水土资源恢复中的先锋豆科灌木——胡枝子的栽植研究[J]. 长江流域资源与环境, (4): 330-336.
余高镜, 林奇田, 柯庆明, 等. 2005. 草坪型高羊茅的研究进展与展望[J]. 草业科学, (7): 77-82.
张福耀, 赵威军, 平俊爱. 2006. 高能作物——甜高粱[J]. 中国农业科技导报, 8(1): 14-17.
张文军, 金常元. 1994. 塔落岩黄芪生物学生态学特性初步研究[J]. 内蒙古林业科技, (4): 45-48.
张永根, 王志博, 宋平等. 2006. 黑龙江省主要栽培的豆草对奶牛的营养价值评价[J]. 东北农业大学学报, (3): 59.
赵变荣. 2016. 猫尾草丰产栽培技术[J]. 现代园艺, (22): 31-32.
周太炎. 1987. 中国植物志. 十字花科[M]. 北京: 科学出版社.
祝廷成. 2004. 羊草生物生态学[M]. 长春: 吉林科学技术出版社.
Abbasi D, Rouzbehan Y, Rezaei J. 2012. Effect of harvest date and nitrogen fertilization rate on the nutritive value of amaranth forage(*Amaranthus hypochondriacus*)[J]. Animal Feed Science and Technology, 171(1): 6-13.
Abraham E, Kyriazopoulos A, Parissi Z M, et al. 2010. Defoliation frequency effects on winter forage production and nutritive value of different entries of *Agropyron cristatum*(L.) Gaertn[J]. Spanish Journal of Agricultural Research, 8(3): 703-712.
Akin D. 1989. Histological and physical factors affecting digestibility of forages[J]. Agronomy, (81): 17-25.
Alizadeh M A, Jafari A A. 2011. effect of cold temperature and growth degree days(GDD) on morphological and phenological development and quality characteristics of some ecotypes of cocksfoot (*Dactylis glomerata*)[J]. Middle-East Journal of Scientific Research, 7(4): 561-566.
Allinson D W, Speer G S, Taylor R W, et al. 1985. Nutritional characteristics of kura clover (*Trifolium ambiguum* Bieb.) compared with other forage legumes[J]. The Journal of Agricultural Science, 104(1): 3.
Armah-Agyeman G, Loiland J, Karow R, et al. 2002. Sudangrass[J]. Dryland Cropping Systems, 7: 1-6.
Asay K H, Jensen K B, Waldron B L, et al. 2002. Forage quality of tall fescue across an irrigation gradient[J]. Agronomy Journal, 94(6): 1337-1343.
Baležentienė L, Spruogis V. 2011. Experience of fodder galega(*Galega orientalis* Lam.) and traditional fodder grasses use for forage production in organic farm[J]. Veterinarija ir zootechnika, 56(78): 19-26.
Barry T N. 2013. The feeding value of forage brassica plants for grazing ruminant livestock[J]. Animal Feed Science and Technology, 181(s1–4): 15-25.
Bastianelli T D, Grosjean F, Peyronnet C, et al. 1998. Feeding value of pea(*Pisum sativum,* L.) 1. Chemical composition of different categories of pea[J]. Animal Science, 67(3): 609-619.

Beuselinck P R. 1999. Trefoil: The Science and Technology of Lotus[M]. Madison: CSSA Special Publication, Madison, Wisconsin: ASSA/CSSA.

Bidar G, GargOn G, Pruvot C, et al. 2007. Behavior of *Trifolium repens* and *Lolium perenne* growing in a heavy metal contaminated field: Plant metal concentration and phytotoxicity[J]. Environmental Pollution, 147(3): 546-553.

Bolger T P, Matches A. 1990.Water-use efficiency and yield of sainfoin and alfalfa[J]. Crop Science, 30(1): 143-148.

Bolsen K K, Moore K J, Coblentz W K. 2003. Sorghum Silage[M]. American Society of Agronomy, Crop Science Society of America, Soil Science Society of America, Madison, USA. Silage Science and Technology, Agronomy Monograph no. 42.

Bowley S R, Taylor N L, Dougherty C T. 1987. Photoperiodic response and heritability of the pre-flowering interval of two red clover(*Trifolium pratense*) populations[J]. Annals of Applied Biology, 111(2): 455- 461.

Brink G E, Fairbrother T E. 1992. Forage quality and morphological components of diverse clovers during primary growth[J]. Crop Science, 32(4): 1043-1048.

Brueland B A, Harmoney K R, Moore K J, et al. 2003. Developmental morphology of smooth bromegrass growth following spring grazing[J]. Crop Science, 43(5): 435-447.

Burns J C, Cope W A. 1974. Nutritive value of crownvetch forage as influenced by structural constituents and phenolic and tannin compounds[J]. Agronomy Journal, 66(2): 195-200.

Bushuyeva V I. 2014. Biochemical evaluation of the variety samples of the red clover and *Galega orientalis*[A]. *In*: Opalko A I, Weisfeld L I, Bekuzarova S A, et al. Ecological Consequences of Increasing Crop Productivity: Plant Breeding and Biotic Diversity[M]. Oakville: Apple Academic Press: 287-295.

Butovssi B G. 1971. Biological characteristics of *Lotus corniculatus* and *Melilotus alba* grown in the Sakhalin region[J]. Tr. Sakhalinskii Kompleksnoi Nauchno-Issledovatel'skii Inst, 23: 124-130.

Caballero R, Alzueta C, Ortiz L T, et al. 2001. Carbohydrate and protein fractions of fresh and dried common vetch at three maturity stages[J]. Agronomy Journal, 93(5): 1006-1013.

Calabrò S, Cutrignelli M I, Presti V L, et al. 2015. Characterization and effect of year at harvest on the nutritional properties of three varieties of white lupine(*Lupinus albus* L.)[J]. Journal of Science Food Agriculture, 95(15): 3127-3136.

Capone D G, Weston D P, Miller V, et al. 1996. Antibacterial residues in marine sediments and invertebrates following chemotherapy in aquaculture[J]. Aquaculture, (1-4): 55-75.

Carbonero C H, Mueller-Harvey I, Brown T A, et al. 2011. Sainfoin(*Onobrychis viciifolia*): a beneficial forage legume[J]. Plant Genetic Resources, 9(1): 70-85.

Casler M D, Vogel K P, Balasko J A, et al. 2000. Genetic progress from 50 years of smooth bromegrass breeding[J]. Crop Science, 40(1): 13-22.

Cassida K. 1999. Forage *Lespedeza*[J]. University of Arkansas Cooperative Extension–Service, 38(2): 217-221.

Clapham A R, Tutin T G, Warburg E F. 1962. Flora of the British Isles[M]. Cambridge: Cambridge University Press.

Clapham A, Rowley-Conwy P. 2007. New discoveries at Qasr Ibrim, Lower Nubia. *In*: Cappers R. Fields of Change: Progress in African Archaeobotany[C]. Barkhuis & Groningen University Library, Groningen, The Netherlands: 157-164.

Clark A. 2007. Managing Cover Crops Profitably[M]. 3rd ed. Beltsville MD: Sustainable Agriculture Network.

Collins M, Nelson C, Moore K. 2018. Forage, An Introduction to Grassland Agriculture[M]. 7ed, Vol. 1. Hoboken: John Wiley &Sons, Inc.

Contreras-Govea F E, Albrecht K A. 2006. Forage production and nutritive value of oat in autumn and early summer[J]. Crop Science, 46: 2382-2386.

Cunningham P J, Blumenthal M J, Anderson M W, et al. 1994. Perennial ryegrass improvement in Australia[J]. New Zealand Journal of Agricultural Research, 37(3): 295-310.

Dadresan M, Chaichi M R, Hosseini M B, et al. 2015. Effect of bio fertilizers on the growth, productivity and nutrient absorption of fenugreek(*Trigonella foenum graecum* L.)[J]. International Journal of Agriculture

Innovations & Research, 3(5): 1527-1532.

Dale S. 1962. Carbohydrate root reserves in alfalfa, red clover, and birdsfoot trefoil under several management schedules[J]. Research, (1): 75.

Das S. 2016. *Amaranthus*: A Promising Crop of Future[M]. Singapore City: Springer Singapore.

Davis M R. 1981. Growth and nutrition of legumes on a high country yellow-brown earth subsoil[J]. New Zealand Journal of Agricultural Research, 24(3-4): 321-332.

Dayton W. 1948. The family tree of Gramineae[A]. *In*: USDA Yearbook of Agriculture[M]. Washington DC: US Government Printing Office.

Duke J A. 1981. Handbook of LEGUMES of World Economic Importance[M]. New York: Plenum Press.

Elgersma A, Søegaard K, Jensen S K. 2014. Herbage dry matter production and forage quality of three legumes and four non-legume forbs in single-species stands[J]. Grass and Forage Science, 69(4): 705-716.

Elliott C R, Hiltz M E. 1974. Forage Introductions. Northern Research Group[M]. Ottawa: Canada Agriculture Research Branch, Publication.

Erskine D S. 1960. Plants of Prince Edward Island[M]. Ottawa: Canadian Department of Agriculture Publication.

European Commission. 2012. Official Journal of the European Union, C 402 A/1, 8-686.

Ferdinandez Y S N, Coulman B E. 2001. Nutritive values of smooth bromegrass, meadow bromegrass, and meadow × smooth bromegrass hybrids for different plant parts and growth stages[J]. Crop Science, 41(2): 473-478.

Fick G W, Holt D A, Lugg D G. 1988. Environmental physiology and crop growth[C]. Hanson, Barnes and Hill.

Fick G W, Mueller S C. 1989. Alfalfa: quality, maturity, and mean stage of development[C]. Information Bulletin 217. Department of Agronomy, College of Agriculture and Life Sciences, Cornell University, Ithaca, NY.

Filya I. 2004. Nutritive value and aerobic stability of whole crop maize silage harvested at four stages of maturity[J]. Animal Feed Science and Technology, 116(1-2): 141-150.

Fisher D, Mayland H F, BurnsJ C. 1999. Variation in ruminants' preference for tall fescue hays cut either at sundown or at sunup[J]. Animal Science, (77): 762-768.

Foster J G, Fedders J M, Clapham W M, et al. 2002. Nutritive value and animal selection of forage chicory cultivars grown in central appalachia[J]. Agronomy Journal, 94(5): 1034-1042.

Frame. 2005. Forage Legume for Temperate Grassland[M]. Boca Raton: CRC Press.

Fraser M D, Fychan A R, Jones R. 2001. The effect of harvest date and inoculation on the yield, fermentation characteristics and feeding value of forage pea and field bean silages[J]. Grass and Forage Science, 56(3): 218-230.

Fraser M D, Fychan R, Jones R, et al. 2000. Alternative forages in finishing systems[C]. Beef from Grass and Forage Occasional Symposium35 British Grassland Society.

Fraser M D, Fychan R, Jones R. 2005. The effect of harvest date and inoculation on the yield and fermentation characteristics of two varieties of white lupin(*Lupinus albus*) when ensiled as a whole-crop[J]. Animal Feed Science and Technology, 119(3-4): 307-322.

Fulkerson W J, Neal J S, Clark C F, et al. 2007. Nutritive value of forage species grown in the warm temperate climate of Australia for dairy cows: Grasses and legumes[J]. Livestock Science, 107(2): 253-264.

Garner W W, Allard H A. 1920. Effect of relative length of day and night and other factors of the environment on growth and reproduction in plants[M]. Yoshida: Tradition and innovation in education. Japan Comparative Education Society.

Gervais P. 2000. L'astragale pois chiche, la coronille bigarree et le sainfoin[*Cicer milkvetch*, crown vetch and sainfoin[M]. Quebec, Canada: Unicersite Laval.

Ghanbari-Bonjar A, Lee H C. 2003. Intercropped wheat(*Triticum aestivum* L.) and bean(*Vicia faba* L.) as a whole-crop foragc: effect of harvest time on forage yield and quality[J]. Grass and Forage Science, 58(1): 28-36.

Graber L, Nelson N T, Luekel W A, et al. 1927. Organic Food Reserves in Relation to the Growth of Alfalfa and Other Perennial Herbaceous Plants[M]. Wisconsin Agricultural Experiment Station Research

Bulletin, 80.

Guan X K, Zhang X H, Turner N C, et al. 2013. Two perennial legumes(*Astragalus adsurgens* Pall. and *Lespedeza davurica* S.) adapted to semiarid environments are not as productive as lucerne(*Medicago sativa* L.), but use less water[J]. Grass and Forage Science, 68(3): 469-478.

Guillard K, Allinson D W. 1989. Seasonal variation in chemical composition of forage Brassicas. I. Mineral concentrations and uptake[J]. Agronomy Journal, (6): 876-881.

Hafenrichter A L, Schwendiman J L, Harris H L, et al. 1968. Grasses and legumes for soil conservation in the Pacific Northwest and Great Basin States[J]. Journal of Range Management, 21(6): 410.

Hall M H, Sheaffer C C, Heichel G H. 1988. Partitioning and mobilization of photo assimilate in alfalfa subjected to water deficits[J]. Crop Science, 28(6): 964-969.

Hampton J G, Jfl C, Bell D, et al. 1987. Temperature effects on the germination of herbage legumes in New Zealand[J]. Proceedings of the New Zealand Grassland Association, 48: 177-183.

Hedges D A, Wheeler J L, Muldoon D K. 1989. Effect of age of millet and sorghum hays on their composition, digestibility and intake by sheep[J]. Tropical Grassland, 23(4): 203-210.

Hendricksen R E, Minson D J. 1985. Growth, canopy structure and chemical composition of *Lablab purpureus* cv. Rongai at Samford, S. E. Queensland[J]. Tropical Grasslands, 19(2): 81-87.

Hidari H M. 2002. Forage Plants Pastures[M]. 2nd. Fargo: North Dakota State University Extension Service: 181-206.

Hill M J, Mulcahy C, Rapp G G. 1996. Perennial legumes for the high rainfall zone of eastern Australia. 1. Evaluation in single rows and selection of Caucasian clover(*Trifolium ambiguum* M. Bieb.)[J]. Australian Journal of Experimental Agriculture, 36(2): 151-163.

Hopkins A, Bunce R G H, Smart S M. 2000. Recent changes in grassland management and their effects on botanical composition[J]. Journal of the Royal Agricultural Society of England, 161: 210-223.

Hoshikawa K. 1969. Underground organs of the seedlings and the systematics of the Gramineae[J]. Botany Gaz, (130): 192-203.

Hoveland C S, Donnelly E D. 1966. Response of vicia genotypes to flooding[J]. Agronomy Journal, 58(3): 342-345.

Hoveland C S, Evers G W. 1995. Arrowleaf, crimson and other annual clovers[A]. *In*: Barnes R F, Miller D A, Nelson C J. Forages. An Introduction to Grassland Agriculture[M]. 5th ed, Vol.1. Iowa: Iowa State University Press: 249-260.

Höglind M, Hanslin H M, Oijen M V. 2005. Timothy regrowth, tillering and leaf area dynamics following spring harvest at two growth stages[J]. Field Crops Research, 93(1): 51-63.

James A D. 1981. Handbook of Legumes of World Economic Importance[M]. New York: Plenum Press.

Jensen K B, Asay K H, Waldron B L. 2001. Dry Matter production of orchardgrass and perennial ryegrass at five irrigation levels[J]. Crop Science, 41(2): 479.

Jung G A, Byers R A, Panciera M T, et al. 1986. Forage dry matter accumulation and quality of turnip, swede, rape, chinese cabbage hybrids, and kale in the eastern USA[J]. Agronomy Journal, 78(2): 1010-1014.

Kaldy M S, Smoliak S, Hanna M R. 1979. Amino acid composition of *cicer milkvetch* forage and comparison with alfalfa, Canada[J]. Agronomy Journal, 70(1): 131-132.

Kallenbach R L, Mcgraw R L, Beuselinck P R, et al. 2001. Summer and autumn growth of rhizomatous birdsfoot trefoil[J]. Crop Science, 41(1): 149-156.

Kalu B A, Fick G W. 1981. Quantifying morphological development of alfalfa for studies of herbage quality[J]. Crop Science, 21(2): 267-271.

Karn J F, Berdahl J D, Frank A B. 2006. Nutritive quality of four perennial grasses as affected by species, cultivar, maturity, and plant tissue[J]. Agronomy Journal, 98(6): 1400-1408.

Karmegam N, Daniel T. 2008. Effect of vermicompost and chemical fertilizer on growth and yield of hyacinth bean, *Lablab purpureus*(L.) Sweet[J]. Dynamic Soil, Dynamic Plant, 2(2): 77-81.

Kelman W M. 2006. Germplasm sources for improvement of forage quality in *Lotus corniculatus* L. and *L. uliginosus* Schkuhr(Fabaceae)[J]. Genetic Resources and Crop Evolution, 53(8): 1707-1713.

Kemp D R, Matthew C, Lucas R J. 1999. Pasture species and cultivars[A]. *In*: White J, Hodgson J. New

Zealand Pasture and Crop Science[M]. Auckland, New Zealand: Oxford University Press: 83-99.

Kendall W A, Shaffer J A, Jr R R H. 1994. Effect of temperature and water variables on the juvenile growth of lucerne and red clover[J]. Grass and Forage Science, 49(3): 264-269.

Kirch B H. 1989. Yield, composition, and nutritive value of whole-plant grain sorghum silage: Effects of hybrid, maturity, and grain addition[D]. M.S. thesis. Kansas State University, Manhattan, KS.

Laidlaw T F. 1977. The Camrose-Ryley Project Proposal 1975: a Preliminary Assessment of the Surface Reclamation Potential on the Dodds-Roundhill Coal Field[M]. Staff Report, Environment Conservation Authority.

Lauriault L M, Guldan S J, Martin C A, et al. 2009. Using forage brassicas under irrigation in midlatitude, high-elevation steppe/Desert biomes[J]. Forage and Grazing lands, 7(1) doi: 10. 1094/FG-20090508-01- RS.

Lee G A, Crawford G W, Liu L, et al. 2011. Archaeological soybean(*Glycine max*) in East Asia: Does size matter?[J]. PLoS ONE, 6(11): e26720.

Lee E J, Choi H J, Shin D H, et al. 2014. Evaluation of forage yield and quality in wild soybeans(*Glycine soja* Sieb. and Zucc.)[J]. Plant Breeding & Biotechnology, 2(1): 71-79.

Lee J M, Donaghy D J, Roche J R. 2008. Effect of defoliation severity on regrowth and nutritive value of perennial ryegrass dominant swards[J]. Agronomy Journal, 100(2): 308-314.

Leggett J M. 1992. Classification and speciation in Avena[A]. *In*: Sorrells M E, Marshall H G. Oat Science and Technology, Agronomy Monograph 33[M]. Madison: American Society of Agronomy and Crop Science Society of America: 29-52.

Loeppky H A, Hiltz M R, Bittman S, et al. 1996. Seasonal changes in yield and nutritional quality of cicer milkvetch and alfalfa in northeastern Saskatchewan[J]. Canadian Journal of Plant Science, 76(3): 441-446.

Loomis R S, Williams W A. 1969. Productivity and the morphology of crop stands: patterns with leaves[A]. *In*: Eastin J D. Physiological Aspects of Crop Yield[M]. Madison, WI: American Society of Agronomy: 27-47.

Lumpkin T A, Konovsky J C, Larson K J, et al. 1993. Potential new specially crops from Asia: azuku bean, edamame soybean, and astragalus[A]. *In*: Janick J, Simon J E. New Crops[M]. New York, NY: Wiley: 45-51.

Lusk J W, Karau P K, Balogu D O, et al. 1984. Brown midrib sorghum or corn silage for milk production[J]. Journal of Dairy Science, 67(8): 1739-1744.

López S, Davies D R, Giráldez F J, et al. 2005. Assessment of nutritive value of cereal and legume straws based on chemical composition and *in vitro* digestibility[J]. Journal of the Science of Food & Agriculture, 85(9): 1550-1557.

MacAdam J, Volenec J J, Nelson C J. 1989. Effects of nitrogen on mesophyll cell division and epidermal cell elongation in tall fescue leaf blades[J]. Plant Physiology, 89: 549-556.

Mathison M J. 1983. Mediterranean and temperate forage legumes[A]. *In*: Mcivor J G, Bray R A. Genetic Resources of Forage Plants[M]. Melbourne, Australia: CSIRO: 63-81.

Major D J, Hanna M R, Beasley B W. 1991. Photoperiod response characteristics of alfalfa(*Medicago sativa* L.) cultivars[J]. Canadian Journal of Plant Science, 71(1): 87-93.

Marten G C, Ehle F R, Ristau E A. 1987. Performance and photosensitization of cattle related to forage quality of four legumes[J]. Crop Science, 27(1): 138-145.

Marten G C, Jordan R M, Ristau E A. 1990. Performance and adverse response of sheep during grazing of four legumes[J]. Crop Science, 30(4): 860-866.

Marley C L, Fychan R, Jones R. 2006. Yield, persistency and chemical composition of *Lotus* species and varieties(birdsfoot trefoil and greater birdsfoot trefoil) when harvested for silage in the UK[J]. Grass and Forage Science, 61(2): 134-145.

Martin J H, Leonard W H. 1976. Principles of Field Crop Production[M]. New York: MacMillan Publishing Co., Inc.

Maxted N, Bennett S J. 2001. Plant Genetic Resources of Legumes in the Mediterranean[M]. Dordrecht: Kluwer Academic.

McCartney D, Fraser J, Ohama A. 2009. Potential of warm-season annual forages and Brassica, crops for

grazing: a Canadian revicw[J]. Canadian Journal of Animal Science, 89(4): 431-440.
Mcginniss M J, Jr K H, Stetten G, et al. 1992. Mechanisms of ring chromosome formation in 11 cases of human ring chromosome 21[J]. American Journal of Human Genetics, (1): 15.
McGraw R L, Beuselinck P R. 1983. Growth and seed yield characteristics of birdsfoot trefoil[J]. Agronomy Journal, 75(3): 443-446.
McGraw R L, Marten G C. 1986. Analysis of primary spring growth of four pasture legume species[J]. Agronomy Journal, 78(4): 704-710.
Miller D A, Hoveland C S. 1995. Other temperate legumes[A]. *In*: Barned R F，Miller D A, Nelson C J. Forages: An Introduction to Grassland Agriculture[M]. Ames: Iowa State University Press: 273-281.
Miller F R, Stroup J A. 2003. Brown midrib forage sorghum, sudangrass, and corn: what is the potential[C]. Proceedings, 33rd California Alfalfa and Forage Symposium.
Mir P S, Mir Z, Townleysmith L. 1993. Comparison of the nutrient content and in situ degradability of fenugreek(*Trigonella foenum-graecum*) and alfalfa hays[J]. Canadian Veterinary Journal La Revue Veterinaire Canadienne, 73(4): 993-996.
Mir Z, Acharya S N, Mir P S, et al. 1997. Nutrient composition, *in vitro* gas production and digestibility of fenugreek(*Trigonella foenum-graecum*) and alfalfa forages[J]. Canadian Journal of Animal Science, 77(1): 119-124.
Mir ZMir P S, Acharya S N, Zaman M S, et al. 1998. Comparison of alfalfa and fenugreek(*Trigonella foenum-graecum*) silages supplemented with barley grain on performance of growing steers[J]. Canadian Journal of Animal Science, 78(3): 343-349.
Misra A K, Manohar S S, Kumar A. 2006. Characterization of indigenously collected germplasm of *B. rapa* L. var. *yellow* sarson for yield contributing traits[C]. Proceeding of 12th International Rapeseed Congress in China: 280-283.
Mkhatshwa P D, Hovelan C S. 1991. Seri cea Lespedeza product ion on acid soils in Swazi land[J]. Tropical Grasslands, 25(4): 337-341.
Mlakar S G, Turinek M, Jakop M, et al. 2009. Nutrition value and use of grain amaranth: Potential future application in bread making[J]. Agricultural, 6: 43-53.
Mohajer S, Ghods H, Taha R M, et al. 2012. Effect of different harvest time on yield and forage quality of three varieties of common millet(*Panicum miliaceum*)[J]. Scientific Research and Essays, (34): 3020- 3025.
Møller E, Hostrup S B. 1996. Digestibility and feeding value of fodder galega(*Galega orientalis* Lam.)[J]. Acta Agriculturae Scandinavica, Section A -Animal Science, 46(2), 97-104.
Møller E, Hostrup S B, Boelt B. 1997. Yield and quality of fodder galega(*Galega orientalis* Lam.) at different harvest managements compared with Lucerne(*Medicago sativa* L.)[J]. Acta Agriculturae Scandinavica, 47: 89-97.
Molle G, Sitzia M, Decandia M, et al. 1998. Feeding value of Mediterranean forages assessed by the n-alkane method in grazing dairy ewes[J]. Grassland Science in Europe, 3: 365-368.
Moneim A M. 1993. Agronomic potential of three vetches(*Vicia* spp.) under rainfed conditions[J]. Journal of Agronomy and Crop Science, 170: 113-120.
Moore K, Moser L E, Vogel K P, et al. 1991. Describing and quantifying growth stages of perennial forage grasses[J]. Agronomy Journal, 83: 1073-1077.
Moore K, Moser L E. 1995. Quantifying developmental morphology of perennial grasses[J]. Crop Science, 35: 37-43.
Moss E H. 1983. Flora of Alberta[M]. 2nd edition. Toronto, Ont: University of Toronto Press.
Mousset-Declas C, Faurie F, Tisserand J L. 1993. Is there variability for quality in red clover?[A]. *In*: Baker M J. Proceedings of the XVII International Grassland Congress[C]. Palmerston North: New Zealand Grassland Association: 442-443.
Moshaver E, Madani H, Emam Y, et al. 2016. Effect of planting date and density on Amatanth(*Amaranthus hypochondriacus* L.) growth indices and forage yield[J]. Journal of Experimental Biology, 4(5): 541-547.
Munns R, Tester M. 2008. Mechanisms of salinity tolerance[J]. Annual Review of Plant Biology, 59(1): 651-681.

Murphy A M, Colucci P E. 1999. A tropical forage solution to poor quality ruminant diets: A review of *Lablab purpureus*[J]. Livestock Research for Rural Development, 11(2). http://www.cipav.org.co/lrrd/lrrd11/2/colu.htm[1999-3-17].

Murphy A M, Colucci P E, Padilla M R. 1999. Analysis of the growth and nutritional characteristics of *Lablab purpureus*[J]. Livestock Research for Rural Development, 11(3). http://www.cipav.org.co/lrrd/lrrd11/3/colu113.htm[1999-7-14].

Mustafa A F, Seguin P. 2003. Characteristics and *in situ* degradability of whole crop faba bean, pea, and soybean silages[J]. Canadian Journal of Animal Science, 83(4): 793-799.

Mustafa A F, Christensen D A. 1996. *In vitro* and *in situ* evaluation of fenugreek(*Trigonella foenum-graecum*) hay and straw[J]. Canadian Journal of Animal Science, 76(4): 625-628.

Nagaharu U. 1935. Genome-analysis in *Brassica* with special reference to the experimental formation of *B. napus* and peculiar mode of fertilization[J]. Japanese Journal of Botany, 7: 389-452.

Newman P R, Moser L E. 1988. Seedling root development and morphology of cool-season and warm-season forage grasses[J]. Crop Science, 28: 148-151.

Nielsen D C. 2011. Forage soybean yield and quality response to water use[J]. Field Crops Research, 124(3): 400-407.

Nommsalu H, Meripold H. 1996. Forage production quality and seed yield of fodder galega(*Galega orientalis* Lam.)[J]. Grassland Science in Europe, 1: 541-544.

Palladino R A, Donovan M O, Kennedy E, et al. 2009. Fatty acid composition and nutritive value of twelve cultivars of perennial ryegrass[J]. Grass and Forage Science, 64: 219-226.

Papastylianou I. 1995. Effect of rainfall and temperature on yield of *Vicia sativa* under rainfed Mediterranean conditions[J]. Grass and Forage Science, 50: 456-460.

Peel M C, Finlayson B L, Mcmahon T A. 2007. Updated world map of the Köppen-Geiger climate classification[J]. Hydrology & Earth System Sciences, 11(3): 1633-1644.

Pederson G A, Brink G E, Fairbrother T E. 2002. Nutrient uptake in plant parts of sixteen forages fertilized with poultry litter[J]. Agronomy Journal, 94(4): 895-904.

Peiretti P G, Daprà F, Zunino V, et al. 2010. The effect of harvest date on the chemical composition, gross energy, organic matter digestibility, nutritive value and amino acid content of white lupin(*Lupinus albus* L.)[J]. Cuban Journal of Agricultural Science, 44(2): 169-173.

Pelletier S, Tremblay G F, Bélanger G, et al. 2010. Forage nonstructural carbohydrates and nutritive value as affected by time of cutting and species[J]. Agronomy Journal, 102(5): 1388.

Peterson P R, Sheaffer C C, Hall M H. 1992. Drought effects on perennial forage legume yield and quality[J]. Agronomy Journal, 84(5): 774-779.

Pinto P A, Barrados G T, Tenreiro P C. 1993. Growth analysis and chemical composition of sulla(*Hedysarum coronarium* L.)[A]. *In*: Baker M J. Proceedings of the XVII International Grassland Congress[C]. Palmerston North, New Zealand: New Zealand Grassland Association, (1): 587-589.

Piper C V. 1924. Forage Plants and their Culture[M]. New York: The Macmillan Co.

Plummer A P, Hull J, Stewart G, et al. 1955.Seeding rangelands in Utah, Nevada, southern Idaho and western Wyoming[A]. *In*: USDAForest Service, Agriculture Handbook[M]. Washinton DC：US Department of Agriculture.

Pordesimo L O, Hames B R, Sokhansanj S, et al. 2005. Variation in corn stover composition and energy content with crop maturity[J]. Biomass and Bioenergy, 28(4): 366-374.

Porter K S, Actell J D, Lechtenberg V L, et al. 1978. Phenotype, fiber composition, and in vitro dry matter disappearance of chemically induced brown midrib(BMR) mutants of sorghum[J]. Crop Science, 18: 205-209.

Pospišil A, Pospišil M. 2015. Influence of sowing density on agronomic traits of lupins (*Lupinus* spp.)[J]. Plant Soil Environment, 61(9):422-425.

Raig H. 1994. Advances in the research of the new fodder crop *Galega orientalis* Lam. [J]. The Science News-Letter, 5(174): 9.

Raig H, Metlitskaja J, Meripõld H, et al. 2001. The history of adaptation and introduction of fodder galega[A].

In: Nõmmsalu H. Fodder Galega. Saku, Estonian Research Institute of Agriculture, 7-12.

Rakow G. 2004. Species Origin and Economic Importance of *Brassica*[M]. Heidelberg: Springer Berlin Heidelberg, 54: 3-11.

Rauzi F. 1975. Seasonal yield and chemical composition of crested wheatgrass in southeastern Wyoming[J]. Journal of Range Management, 28(3): 219-221.

Rezaeifard M, Jafari A A, Assareh M H. 2010. Effects of phenological stages on forage yield quality traits in cocksfoot(*Dactylis glomerata*)[J]. Journal of Food Agriculture & Environment, 8(2): 365-369.

Rose F. 1981. The Wild Flower Key[M]. New York: Frederick Warne and Company: 390-391.

Pospišil A, Pospišil M. 2015. Influence of sowing density on agronomic traits of lupins(*Lupinus* spp.)[J]. Plant Soil and Environment, 61(9): 422-425.

Rosso B S, Pagano E M. 2005. Evaluation of introduced and naturalised populations of red clover(*Trifolium pratense* L.) at Pergamino EEA-INTA, Argentina[J]. Genetic Resources and Crop Evolution, 52(5): 507-511.

Russelle M P, Lamb J A F S, Montgomery B R, et al. 2001. Alfalfa rapidly remediates excess inorganic nitrogen at a fertilizer spill site[J]. Journal of Environmental Quality, 30(1): 30-36.

Saastamoinen M, Eurola M, Hietaniemi V. 2013. The chemical quality of some legumes, peas, fava beans, blue and white lupins and soybeans cultivated in finland[J]. Journal of Agricultural Science and Technology B, 3(2): 92-100.

Santis G D, Iannucci A, Dantone D, et al. 2004. Changes during growth in the nutritive value of components of berseem clover(*Trifolium alexandrinum* L.) under different cutting treatments in a Mediterranean region[J]. Grass and Forage Science, 59(4): 378-388.

Sanderson M A, Labreveux M, Hall M H, et al. 2003. Nutritive value of chicory and English plantain forage[J]. Crop Science, 43(5): 1797-1804.

Seiter S, Altemose C E, Davis M H. 2004. Forage soybean yield and quality responses to plant density and row distance[J]. Agronomy Journal, 96(4): 966-970.

Sheaffer C C, Albrecht K A, Peterson P R. 2003. Forgae Legumes. Clovers, Birdsfoot Trefoil, Cicer Milkvetch, Crownvetch and Alfalfa[M]. Saint Paul, Minnesota: Minnesota Agricultural Experiment Station, University of Minnesota.

Shenk J S, Risius M L. 1974. Quality of first growth crownvetch forage and its potential for improvement[J]. Agronomy Journal, 66(3): 386-389.

Singh V. 1993. Berseem(*Trifolium alexandrinum* L.): A potential forage crop[J]. Outlook on Agriculture, 22(1): 49-51.

Skerman P J, Cameron D G, Riveros F. 1991. Leguminosas Forrajeras Tropicales[M]. Roma: FAO, 2: 707.

Sleugh B B. 1999. Evaluation of forage yield, quality and canopy development of various species of amaranths harvested at different stages of development[D]. Doctoral dissertation Iowa State University.

Sleugh B, Moore K J, George J R, et al. 2000. Binary legume–grass mixtures improve forage yield, quality, and seasonal distribution[J]. Agronomy Journal, 92(1): 24-29.

Smart A J, Schacht W H, Moser L E. 2001. Predicting leaf/stem ratio and nutritive value in grazed and nongrazed big bluestem[J]. Agronomy Journal, (6): 1243-1249.

Smith D, Bula R J, Walgenbach R P, et al. 1986a. Forage Management[M]. 5th ed. Dubuque, IA: Kendall Hunt Publishing Company.

Smith G R, Morris D R, Weaver R W, et al. 1986b. Competition for nitrogen-15-depleted ammonium nitrate between arrowleaf clover and annual ryegrass sown into bermudagrass sod[J]. Agronomy Journal, 78(6): 1023-1030.

Smith R L, Bolsen K K, Ilg H M, et al. 1984. Effects of sorghum type and harvest date on silage feeding value[J]. Kansas Agricultural Experiment Station Research Progress, 448: 53-57.

Smith W K. 1965. Sweetclover improvement[J]. Advances in Agronomy, 17: 163-231.

Smoliak S, Johnston A, Hanna M R. 1972. Germination and seedling growth of alfalfa, sainfoin, and cicer milkvetch[J]. Canadian Journal of Plant Science, 52(5): 757-762.

Snehlata H S, Payal D R. 2012. Fenugreek(*Trigonella foenum-graecum* L.): an overview[J]. International Journal of Currrent Pharmaceutical Review and Research, 2(4): 169-187.

Stevenson G A. 1969. An agronomic and taxonomic overview of the genus *Melilotus* mill[J]. Canadian Journal of Plant Science, 49(1): 1-20.

Stevovic V, Stanisavljevic R, Djukic D, et al. 2012. Effect of row spacing on seed and forage yield in sainfoin (*Onobrychis viciifolia* Scop.) cultivars[J]. Turkish Journal of Agriculture and Forestry, 36(1): 35-44.

Stubbendieck J, Hatch S L, Butterfield C H. 1997. North American Range Plants[M]. Lincoln: University of Nebraska Press Lincoln.

Stout D G, Brooke B, Hall J W, et al. 1997. Forage yield and quality from intercropped barley, annual ryegrass and different annual legumes[J]. Grass Forage Science, 52: 298-308.

Sulas L. 2004. Forage Chicory: A Valuable Crop for Mediterranean Environments[M]. Zaragoza: CIHEAM, 137-140.

Sun H X, Zhou D W. 2007. Seasonal changes in voluntary intake and digestibility by sheep grazing introduced *Leymus chinensis* pasture[J]. Asian-Australasian Journal of Animal Sciences, 20(6): 842-849.

Sun X Z, Waghorn G C, Hoskin S O, et al. 2012. Methane emissions from sheep fed fresh brassicas(*Brassica* spp.) compared to perennial ryegrass(*Lolium perenne*)[J]. Animal Feed Science and Technology, 176(1-4): 107-116.

Suttie J M. 2000. Egyptian clover, berseem[A]. In: Suttie J M. Hay and Straw Conservation for Small-Scale Farming and Pastoral Conditions[M]. Rome: FAO Plant Production and Protection: 97-100.

TeleutăA, Tîtei V, Cosman S, et al. 2015. Forage value of the species *Galega orientalis* Lam. under the conditions of the republic of moldova[J]. Research Journal of Agricultural Science, 47(2): 226-231.

Tilley D, John L. 2014. Plant Guide for Dahurian wildrye(*Elymus dahuricus*)[D]. USDA-Natural Resources Conservation Service, Aberdeen Plant Materials Center. Aberdeen.

Thornburg A A. 1982. Plant Materials for Use on Surface-Mined Lands in Arid and Semiarid Regions[M]. Washington D C: Soil Conservation Service.

Townsend C E. 1981. Breeding cicer milkvetch for improved forage yield[J]. Crop Science, 21(3): 363-366.

Townsand C E, McGinnies W J. 1972. Establishment of nine forage legumes in the central Great Plains[J]. Agronomy Journal, 64: 699-702.

Townsand C E. 1993. Breeding, physiology, culture and utilisation of cicer milkvetch(*Astragalus cicer* L.)[J]. Advances in Agronomy, 49: 253-308.

Turkington R A, Cavers P B, Rempel E. 1978. The biology of Canadian weeds: *Melilotus alba* Desr. and *M. officinalis*(L.) Lam[J]. Canadian Journal of Plant Science, 58(2): 523-537.

Undersander D, Lane W. 2001. Sorghums, sudangrasses, and sorghum-sudangrass hybrids for Forage Sorghums, sudangrasses, and sorghum-sudangrass hybrids[EB/OL]. https://fyi.extension.wisc.edu/forages.htm.

Vickers J C, Zak J M, Odurukwe S O. 1977. Effects of pH and Al on the growth and chemical composition of cicer milkvetch[J]. Agronomy Journal, 69(3): 511-513.

Volenec J J, Ourry A, Joern B C. 1996. A role for nitrogen reserves in forage regrowth and stress tolerance[J]. Physiologia Plantarum, 97(1): 185-193.

Walton P D. 1983. Production and Management of Cultivated Forages[M]. Upper Saddle River, NJ: Pearson Education.

Wehtje G, Walker R H, Jones J D. 1999. Weed control in low-tannin seedling sericea lespedeza(*Lespedeza cuneata*)[J]. Weed Technology, 13(2): 290-295.

Wiersma D W, Smith R R, Sharpee D, et al. 1998. Harvest management effects on red clover forage yield, quality, and persistence[J]. Journal of Production Agriculture, 11(3): 309.

Wiersma D W, Carter P R, Albrecht K A, et al. 1993. Kernel milkline stage and corn forage yield, quality, and dry matter content[J]. Journal of Production Agriculture, 6(1): 94-99.

Wu H W, Walker S R, Osten V A, et al. 2010. Competition of sorghum cultivars and densities with Japanese millet(*Echinochloa esculenta*)[J]. Weed Biology and Management, 10: 185-193.

Zabalgogeazcoa I, Ciudad A G, Beatriz R, et al. 2006. Effects of the infection by the fungal endophyte *Epichloe festucae* in the growth and nutrient content of *Festuca rubra*[J]. European Journal of Agronomy, 24(4): 374-384.

Zohary M, Heller D. 1984. The genus *Trifolium*[C]. The Israel Academy of Sciences and Humanities, Jerusalem.

第四章　饲草的多样生产体系

世界植被类型多样，各自取决于相应的土壤、气候条件及地形。一些植被类型直接用于放牧，形成放牧场，生产动物性产品；一些植被类型被开垦用于种植高产饲草作物，形成饲草场，用于放牧或收获，生产动物性产品。放牧场和饲草场构成了世界上两种主要饲草生产体系。基于这两种饲草生产体系，产生了各种各样的牲畜饲养体系，如放牧场放牧基础上的收获饲喂体系、饲草场放牧基础上的收获饲喂体系、高产饲料田收获饲喂体系、农田秸秆残茬放牧及收获饲喂体系、放牧场或饲草场放牧基础上的农田秸秆收获饲喂体系及放牧场或饲草场放牧基础上的育肥体系等。饲草生产是基础，各地的土壤及气候条件，结合地下水或地表水资源及社会发展水平，决定饲草生产方式及潜力，决定牲畜饲养方式及效益。

第一节　世界饲草生产资源

地球表面积 5.1 亿 km^2，海洋占 71%，陆地占 29%。年降水量及温度决定了形成陆地多样的生物群落组合，被分组为不同的生物群系。各生物群系中，按面积计算，各种森林占 33.9%，温带草地、热带草地、高山草甸及苔原占 22.2%，荒漠灌丛占 13.1%，裸岩、冰川、沙地及荒漠占 17.4%，耕地占 11.9%，沼泽和湿地占 1.5%（表 4-1）。

表 4-1　陆地生物群系面积及其碳储量

生物群系	面积（百万 km^2）	植被碳（百亿 t）	土壤碳（百亿 t）	合计碳储量（百亿 t）	植被碳密度（t/hm^2）
热带常绿林	6.02	10.7	6.2	16.9	177
热带季雨林	14.59	16.9	12.5	29.4	118
温带常绿林	5.08	8.1	6.8	14.9	161
温带落叶林	3.68	4.8	4.9	9.7	131
北方森林	11.66	10.5	24.1	34.6	90
热带疏林	3.07	1.5	2.0	3.5	50
温带疏林	2.64	0.7	1.8	2.5	27
热带草地	10.21	1.7	4.9	6.6	16
温带草地	12.35	0.9	23.3	24.2	7
荒漠灌丛	18.00	0.5	10.4	10.9	3
沼泽地、湿沼地	2.00	1.4	14.5	15.9	68
苔原、高山草甸	8.00	0.2	16.3	16.5	3
裸岩、冰川、沙地	24.00	<0.1	0.4	0.4	0.1
热带休耕地	2.27	0.8	1.9	2.7	36
热带耕地	6.55	0.4	3.5	3.9	7
温带耕地	7.51	0.3	9.6	9.9	4
合计	137.63	59.4	143.1	202.5	42.8

注：碳储量可以指示生产力

资料来源：Houghton，1995

草地为陆地重要的生物群系及植被类型，一般定义为，草本植物群落占优势的土地。世界粮食及农业组织（FAO，2005）将其定义为，用于放牧的土地（grazing land），类似于美国起源的术语牧场（rangeland），包括草本植物占优势的草地、灌木或乔木少于10%的稀疏林地（温带）、灌木或乔木少于40%的林地（热带）。诸多研究采用此分组方案，并进行相关统计。

世界上，用于放牧的草地面积及森林面积占陆地植被覆盖面积的50%以上，包括我们所熟知的欧亚草原（steppe）、北美草原（prairie）、南美草原（pampas）及非洲草原（veld）。Dixon等（2014）在定义各类草地基础上，鉴定分类出世界49种草地类型，并计算了其面积（表4-2），其中，草地面积为3586万km^2。

表4-2　世界主要地区草地面积及其比例

草地类型区域	面积（万km^2）	比例（%）
北撒哈尔半荒漠灌丛、草地（North Sahel Semi-Desert Scruband Grassland）	304.2	8.48
北美大平原草地、疏林（Great Plains Grassland & Shrubland）	298.3	8.32
东欧亚冷性半荒漠灌丛、草地（Eastern Eurasian Cool Semi-Desert Scrub & Grassland）	285.3	7.96
中亚高山灌丛、阔叶草甸、草地（Central Asian Alpine Scrub，Forb Meadow & Grassland）	280.3	7.82
澳大利亚热带稀树草原（Australian Tropical Savanna）	215.1	6.00
东欧亚草地、疏林（Eastern Eurasian Grassland & Shrubland）	211.6	5.90
巴西-巴拉那低地疏林、草地、稀树草原（Brazilian-Parana Lowland Shrubland，Grassland & Savanna）	203.6	5.68
西中非中生疏林、稀树草原（West-Central African Mesic Woodland & Savanna）	183.7	5.12
东非旱生灌丛、草地（Eastern Africa Xeric Scrub & Grassland）	170.1	4.74
苏丹-撒哈尔干性稀树草原（Sudano Sahelian Dry Savanna）	163.2	4.55
西欧亚冷性半荒漠灌丛、草地（Western Eurasian Cool Semi-Desert Scrub & Grassland）	135.1	3.77
南非莫潘稀树草原（Mopane Savanna）	82.7	2.31
澳大利亚暖性半荒漠灌丛、草地（Australia Warm Semi-Desert Scrub & Grassland）	82.1	2.29
东非、南非干性稀树草原、疏林（Eastern and Southern African Dry Savanna & Woodland）	75.2	2.10
帕潘草地、疏林（Pampean Grassland & Shrubland）	75.1	2.09
西欧亚草地、疏林（Western Eurasian Grassland & Shrubland）	75.1	2.09
西北美冷性半荒漠灌丛、草地（Western North American Cool Semi-Desert Scrub & Grassland）	72.3	2.02
澳大利亚地中海性灌丛（Grassland Australian Mediterranean Scrub）	71.9	2.00
巴塔哥尼亚草地、疏林（Patagonian Grassland & Shrubland）	55.5	1.55
北美暖性荒漠灌丛、草地（North American Warm Desert Scrub & Grassland）	51.9	1.45
地中海盆地干性草地（Mediterranean Basin Dry Grassland）	42.4	1.18
南非山地草地（Southern African Montane Grassland）	40.0	1.12
哥伦比亚-委内瑞拉低地疏林、草地、稀树草原（Colombian-Venezuelan Lowland Shrubland，Grassland & Savanna）	37.6	1.05
非洲山地草地、疏林（African Montane Grassland & Shrubland）	35.5	0.99
巴塔哥尼亚冷性半荒漠灌丛、草地（Patagonian Cool Semi-Desert Scrub & Grassland）	35.4	0.99
澳大利亚温带草地、疏林（Australian Temperate Grassland & Shrubland）	32.2	0.90

续表

草地类型区域	面积（万 km²）	比例（%）
帕潘草地、疏林（半干旱南美大草原）（Pampean Grassland & Shrubland Semi-arid Pampa）	29.9	0.83
坦桑尼亚疏林、阔叶稀树草原（Miombo & Associated Broadleaf Savanna）	29.7	0.83
美国查科淡水沼泽、疏林（Chaco Freshwater Marsh & Shrubland）	29.2	0.81
热带安第斯冷性半荒漠灌丛、草地（Tropical Andean Cool Semi-Desert Scrub & Grassland）	25.5	0.71
欧亚北方草地、草甸、疏林（Eurasian Boreal Grassland，Meadow & Shrubland）	24.5	0.68
东北亚草地、疏林（Northeast Asia Grassland & Shrubland）	17.4	0.49
巴西-巴拉那淡水沼泽、湿草甸、疏林（Brazilian-Parana Freshwater Marsh，Wet Meadow & Shrubland）	17.1	0.48
热带安第斯疏林、草地（Tropical Andean Shrubland & Grassland）	16.2	0.45
欧洲高山灌丛、阔叶草甸、草地（European Alpine Scrub，Forb Meadow & Grassland）	15.0	0.42
地中海性及南安第斯冷性半荒漠灌丛、草地（Mediterranean and Southern Andean Cool Semi-Desert Scrub & Grassland）	12.5	0.35
加利福尼亚草地、草甸（California Grassland & Meadow）	12.0	0.33
圭亚那低地树林、草地、稀树草原（Guianan Lowland Shrubland，Grassland & Savanna）	10.4	0.29
亚马孙疏林、稀树草原（Amazonian Shrubland & Savanna）	9.6	0.27
新西兰草地、疏林（New Zealand Grassland & Shrubland）	5.4	0.15
新西兰高山灌丛、阔叶草甸及草地（New Zealand Alpine Scrub，Forb Meadow & Grassland）	4.0	0.11
南非好望角地中海性灌丛（South African Cape Mediterranean Scrub）	3.3	0.09
圭亚那山地疏林、草地（Guianan Montane Shrubland & Grassland）	2.8	0.08
巴西-巴拉那山地疏林、草地（Brazilian-Parana Montane Shrubland & Grassland）	2.6	0.07
新圭亚那山地草甸（New Guinea Montane Meadow）	1.6	0.04
澳大利亚高山灌丛、阔叶草甸、草地（Australian Alpine Scrub，Forb Meadow & Grassland）	1.2	0.03
印度马来西亚山地草甸（Indomalayan Montane Meadow）	0.4	0.01
哥伦比亚-委内瑞拉淡水沼泽、湿草甸、疏林（Colombian-Venezuelan Freshwater Marsh，Wet Meadow & Shrubland）	0.3	0.01
马达加斯加山地草地、疏林［African（Madagascan）Montane Grassland & Shrubland Grassland］	0.1	0.01
合计	3586	100

Ramankutty 等（2008）和 Monfreda 等（2008）估算了陆地农作物面积和放牧草地面积及其产量，认为全球陆地草地面积为 2800 万 km²，农作物面积为 1500 万 km²（其中，收获饲草饲料的饲草场面积为 136 万 km²，占农作物面积的 9%）（表 4-3）。

表 4-3 不同植被类型中的作物地面积和草地面积

生物群系	面积（百万 km²）	作物地（百万 km²）	作物地占群系（%）	作物地占总作物地（%）	草地（百万 km²）	草地占群系（%）	草地占总草地（%）
热带常绿森林	16.77	1.81	10.8	12.07	1.48	8.8	5.3
热带落叶森林	5.86	1.58	27.0	10.53	1.43	24.4	5.1
温带阔叶常绿林	1.13	0.27	23.9	1.80	0.23	20.4	0.8
温带针叶常绿林	3.61	0.72	19.9	4.80	0.37	10.2	1.3

续表

生物群系	面积（百万 km^2）	作物地（百万 km^2）	作物地占群系（%）	作物地占总作物地（%）	草地（百万 km^2）	草地占群系（%）	草地占总草地（%）
温带落叶林	4.84	1.46	30.2	9.73	0.82	16.9	2.9
北方常绿林	5.98	0.09	1.5	0.60	0.10	1.7	0.4
北方落叶林	2.22	0.04	1.8	0.27	0.05	2.3	0.2
常绿落叶混交林	14.96	1.16	7.8	7.73	0.71	4.7	2.5
稀树草原	19.18	3.02	15.7	20.13	6.49	33.8	23.1
草地	14.29	2.74	19.2	18.27	7.25	50.7	25.8
密疏林	5.99	1.07	17.9	7.13	1.87	31.2	6.7
稀疏林	11.94	0.87	7.3	5.80	5.15	43.1	18.3
苔原	7.01	0.04	0.6	0.27	0.92	13.1	3.3
荒漠	15.34	0.13	0.8	0.87	1.22	8.0	4.3
极地、裸岩、冰川	1.21	0.00	0.0	0.00	0.02	1.7	0.1
合计	130.33	15.00	11.5	100.00	28.11	21.6	100.0

资料来源：Ramankutty et al.，2008

表 4-4 和表 4-5 结果表明，世界草地及稀树草地面积为 2800 万 km^2，灌丛化草地面积为 700 万 km^2（3500 万 km^2–2800 万 km^2）。作物地面积为 1300 万～1500 万 km^2，占陆地面积的 9%～11%，其中，饲草作物地面积 136 万 km^2，占作物地面积的 9%～10%。根据其产量（17.6 t/hm^2）推断，饲草作物地主要用于生产高大青贮饲料作物或籽粒作物，即未包含饲草场面积。有数据表明，饲草场及饲料地面积占作物地面积的 35%，食用粮食作物仅占陆地面积的 7%。

表 4-4　不同地区及生物群系中的作物地和草地面积　（单位：百万 km^2）

地区	森林		稀树草原/草地		疏林		其他生物群系	
	作物地	草地	作物地	草地	作物地	草地	作物地	草地
北美	1.03	0.71	1.55	1.42	0.16	0.20	0.00	0.00
南美	0.37	1.51	0.45	2.26	0.25	0.43	0.01	0.12
非洲	0.54	1.11	1.64	4.99	0.44	2.12	0.05	0.98
欧洲	0.99	0.55	0.12	0.04	0.17	0.06	0.00	0.00
苏联	0.75	0.39	1.24	2.02	0.09	0.83	0.02	0.19
亚洲	3.33	0.87	0.63	1.84	0.66	0.79	0.09	0.84
大洋洲（发达的）	0.11	0.07	0.13	1.16	0.17	1.62	0.00	0.00
合计	7.12	5.21	5.76	13.73	1.94	6.05	0.20	2.13

资料来源：Ramankutty et al.，2008

表 4-5　世界主要作物面积及其产量

作物	非洲	亚洲	欧洲及苏联	拉丁美洲	中东	北美	大洋洲	全球
	面积（万 km^2）							
饲草	3.7	12.2	70.5	8.6	2.0	37.2	1.4	135.7
谷物	79.4	272.2	133.7	36.9	28.3	88.3	17.6	656.5
油料	19.6	69.5	22.1	29.8	2.2	39.5	1.7	184.5

续表

作物	非洲	亚洲	欧洲及苏联	拉丁美洲	中东	北美	大洋洲	全球
	面积（万 km^2）							
豆类	16.3	31.5	4.0	5.4	3.0	4.8	2.1	67.0
根茎类	17.8	17.2	9.2	3.9	0.7	0.8	0.1	49.8
水果	8.4	18.2	9.6	5.9	2.9	2.5	0.3	47.8
蔬菜	4.4	27.9	5.5	1.7	2.0	2.1	0.1	43.8
纤维	4.2	18.0	3.5	1.9	1.2	5.4	0.4	34.6
糖料	1.4	9.7	4.3	8.0	0.6	1.6	0.5	26.2
坚果	1.3	1.8	1.2	0.7	1.0	0.4	0.0	6.5
其他	9.2	19.1	0.5	7.3	0.6	1.2	0.0	37.9
合计	165.7	497.3	264.1	110.1	44.5	183.7	24.4	1290.3
	产量（t/hm^2）（收获 1 次）							
饲草	22.0	15.7	14.5	20.9	22.7	19.9	17.2	17.6
谷物	1.3	3.4	3.0	3.0	2.0	4.7	2.0	3.1
油料	1.4	3.1	1.7	2.6	1.5	2.3	1.7	2.4
豆类	0.5	0.7	2.1	0.8	0.8	1.3	1.1	1.1
根茎类	8.2	16.2	15.1	12.1	21.0	35.1	26.5	17.7
水果	6.9	9.2	7.8	14.2	10.2	18.3	15.2	10.5
蔬菜	9.8	16.5	18.1	14.2	23.0	23.4	21.7	17.1
纤维	0.9	1.6	2.0	1.6	3.2	1.9	3.8	1.7
糖料	60.7	60.6	38.1	65.4	40.0	65.9	81.8	56.8
坚果	0.6	1.2	0.9	0.3	1.4	2.7	2.1	1.2
其他	0.6	1.1	2.5	0.8	1.1	1.0	1.1	1.3

资料来源：Ramankutty et al.，2008

第二节　饲草生产体系

饲草生产体系是指由饲草类型、气候及土壤状况所决定的饲草生产格局、状态与过程。依据饲草类型，可分为天然饲草生产体系、饲草作物生产体系、饲料作物生产体系；依据气候状况可分为冷季饲草生产体系、暖季饲草生产体系，也可分为干旱区生产体系、湿润区生产体系。由于各生产体系的饲草种类及气候和土壤条件不同，各生产体系具有特定的生产实践措施。

一、寒冷、温凉地区，冷季饲草生产体系

寒冷、温凉地区在北美为 36°N 以北地区，在我国为秦岭–淮河一线以北地区，即一般说的寒温带、冷温带及暖温带地区。世界上绝大部分牛、羊饲草料来自冷季禾草及冷季豆草。暖季多年生禾草及夏季一年生禾草也有一部分用于寒冷、温冷湿润饲草场夏季放牧。作物残茬，特别是玉米茎秆、叶、苞叶常用于延长放牧季节。玉米、高粱、燕麦、大麦、黑麦、小麦及小黑麦等饲草作物多被用于生产青贮及干草。

除了用于提高饲草场、放牧场、干草及青贮质量外，饲草作物被用于水土保持及绿

化以提供美景，很多也被用于草坪。饲草作物种子收获后的茎秆多用作枯落物、垫圈草和燃料，一些枯草被用作生物过滤网，过滤工业废水保护河流，柳枝稷正在被研究用作生物燃料。

能形成草皮的根茎禾草，被用作水土保持植物，优于丛生禾草，被用作河岸、开矿裸地、路肩、池塘岸边及流水道，固化保护土壤防止水土流失。

1. 冷季禾草

温带冷季禾草作物（表 4-6）多源自欧洲、亚洲、地中海及北非，用以取代当地生长慢、产量低的草地草。苇状羊茅种子产量高、扩散系统完善，一度在北美种植面积呈指数增长。扁穗冰草为温带半干旱区放牧场主要种植的饲草作物。

表 4-6　适应北方地区的多年生冷季禾草植物学特征

名称	生长习性	种子数（万粒/kg）	抽穗时期	再生潜力
猫尾草	丛生	271	晚	低
无芒雀麦	根茎	30	适中	一般
鸭茅	丛生	144	早	良好
虉草	根茎	117	适中	良好
苇状羊茅	丛生、匍匐	50	早	良好
肯塔基早熟禾	根茎	598	早	低
多年生黑麦草	丛生	50	早	极低
多花黑麦草	丛生	50	早	极低
西部冰草	根茎	24	适中	一般
粗穗冰草	根茎	34	适中	一般
细茎冰草	丛生	31	早	一般
中间型冰草	根茎	18	适中	一般
高冰草	丛生	17	晚	低
加拿大披碱草	丛生	25	晚	一般
新麦草	丛生	39	早	良好

禾草分丛生型、根茎型。一年生禾草当年开花结实，多年生禾草往往种植第 2 年开始开花结实。除猫尾草外，其他北方禾草都需要春化才能形成花序，开花结实。

由于动物需要稳定的饲草供应，放牧系统干物质产量的季节分布非常重要。冷季禾草生长的季节动态分布为双峰曲线（图 4-1）。春季茎、叶生长快，产量高，因为春季后有繁殖生长。夏季产量低，晚夏后又有一个生长高峰，越冬而未春化形成花芽的蘖及春季产生的蘖在夏季及秋季生长，为生长高峰的一个来源。晚春和夏季，每一个新蘖都形成自己的根系统，以吸收水分和养分。双峰曲线形成的部分原因是春季营养冠丛比繁殖冠丛低矮，高繁殖冠丛的光截获及光合作用效率低。另外，夏季，温度高于 C_3 植物的最优光合温度，并常伴随干旱胁迫，生长率下降；秋季，干旱及高温胁迫解除，生长率又增高。

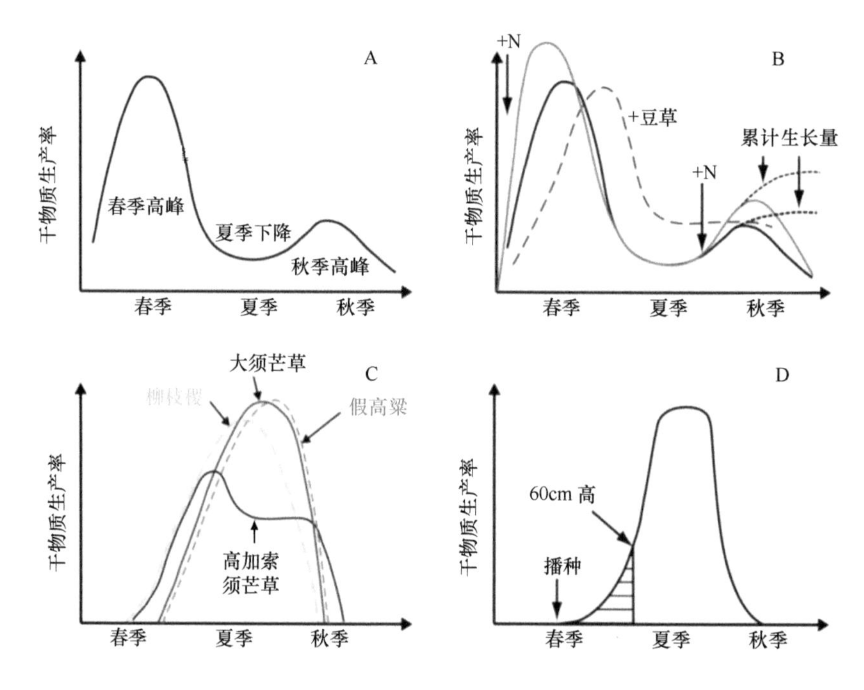

图 4-1　冷季禾草生产率的双峰生长动态及暖季饲草生长率的单峰生长动态（Collins et al.，2018）

A. 冷季禾草；B. 冷季禾草在春季和夏末施氮或混播豆草；C. 暖季多年生禾草；D. 暖季一年生禾草。加氮或添加豆类影响冷季牧草生长动态，苏丹草或高丹草因含高浓度氢氰酸而不宜放牧，直至植株高达 60 cm

晚春，从营养生长到繁殖生长的转换期，割草或放牧对一些禾草产生负影响。春季分蘖不活跃的饲草，如猫尾草及光稃冰草，对割草及放牧产生的负效应特别敏感。它们没有足够的有机物储存，若割草早，幼年蘖正准备生长，此时将产生伤害。“关键期”为茎开始延长、花序开始出现时，这是草丛持久存活期的一个脆弱时期，此时也是割草及放牧的最佳时期。对于放牧而言，由于放牧采食的不均匀性，晚春放牧对禾草生产的负影响并不严重。

根茎禾草种子产量低，常在春季种植。在适宜的时间种植于坚实苗床为建植的关键。春季种植后，夏、秋保持为营养阶段直至翌年，竞争力弱，产量低（表 4-7）。

表 4-7　多年生冷季禾草的应用和管理特征

俗名	抗寒性	耐旱性	主要用途	饲用品质	耐牧性	混播竞争力
猫尾草（M）	极好	差	干草或青贮	非常好	低	一般
无芒雀麦（M）	极好	极好	干草或青贮	非常好	低	一般
鸭茅（M）	好	好	干草或青贮	好	一般	非常好
虉草（M）	非常好	非常好	干草或青贮	好	好	好
苇状羊茅（M）	好	非常好	干草或饲草场	好	好	非常好
肯塔基早熟禾（M）	极好	差	饲草场	极好	非常好	非常好
多年生黑麦草（M）	一般	差	饲草场	极好	非常好	差
多花黑麦草（M）	一般	差	饲草场	极好	好	差
西部冰草（A）	极好	极好	放牧	好	好	好
粗穗冰草（A）	极好	极好	放牧	好	好	好

续表

俗名	抗寒性	耐旱性	主要用途	饲用品质	耐牧性	混播竞争力
细茎冰草（A）	极好	非常好	放牧或干草	好	一般	一般
中间型冰草（A）	好	一般	放牧或干草	好	一般	好
高冰草（A）	极好	一般	放牧或干草	一般	好	好
加拿大披碱草（A）	极好	好	放牧或干草	一般	一般	一般
新麦草（A）	极好	好	放牧	极好	好	好

注：M 为湿润区；A 为干旱区

资料来源：Brown et al.，1968

饲草质量为饲草的物理和化学特征，作为动物营养或福利，有直接密切价值。尽管冷季禾草的营养成分基本相同，但其适口性及物理结构不同，影响采食量。柔软结构的叶片和细茎秆饲草一般被采食得更多。

消化慢或最终消化率低的饲草，驻留在瘤胃和肠道内的时间较长，降低采食欲望，减少采食量。采食量常常取决于饲草的消化率。

发育阶段是决定消化率的重要因素（表 4-8，Decker et al.，1967；Washko et al.，1967），生长阶段相同，消化率往往相似（表 4-8）。随生长发育，叶片比例减少，茎增多，而茎中富含木质素，消化率低（表 4-9）。在营养阶段至开花阶段，冷季禾草消化率每天降低 0.3%～0.5%。

表 4-8 第一次收获时不同饲草生长阶段的干物质和粗蛋白体外消化率

种类	拔节前期	孕穗期	初花期	花后期
干物质体外消化率（%）				
猫尾草	80.6	68.3	63.9	55.8
无芒雀麦	79.9	70.1	61.9	52.6
鸭茅	82.0	71.3	62.3	54.8
虉草	82.4	72.1	70.0	59.8
粗蛋白体外消化率（%）				
猫尾草	24.6	12.0	7.8	4.6
无芒雀麦	23.8	14.7	9.0	5.4
鸭茅	24.7	17.2	10.6	8.3
虉草	23.0	11.5	9.6	6.7

资料来源：Brown et al.，1968

表 4-9 猫尾草不同生长阶段的饲草质量和植被盖度

收获阶段	收获阶段间的天数	相对产量（%）	体外消化率（%）	植被盖度[a]（%）
拔节前期[b]	—	19	80.6	56
孕穗期[c]	23	72	68.3	42
初花期[d]	16	100	63.9	58
花后期[e]	14	110	55.8	66

注：a. 指示饲草场可持久存活能力；b. 拔节前期为茎尖在地面以上的不到 6.5 cm 处；c. 孕穗期为少于 10%的繁殖分蘖出穗；d. 初花期为少于 10%的繁殖分蘖开花；e. 花后期为初花期后 2 周

资料来源：Brown et al.，1968

木质素对消化率有强烈的影响，孕穗期至开花期，其含量快速增加，占干物质量的2%～8%。木质素分子与纤维素、半纤维素相结合，降低了细胞壁消化率。开花期后，成熟禾草茎组织消化率不足33%，而叶组织消化率达70%以上。

一些饲草有少量抗质量因子（antiquality factor），饲草采食量、牲畜生长速度与抗质量因子含量成反比例。

温带冷季禾草平均产量为3～5 t/hm^2，一般比紫花苜蓿或禾豆混播草地少1～2 t/hm^2。调整割草或施肥产量可以增加2～3倍。高生长禾草与豆草混播的产量高，营养丰富，并且载畜率高。

由于春季后期茎产生，多数冷季禾草花后期的第一次收获，可以获得最大产量（表4-10；Decker et al.，1967；Washko et al.，1967）。但是，饲草质量在叶片最多的营养生长阶段最高，叶片的营养含量高于茎，并且叶片的营养含量不随生育进程而快速下降。

表4-10 不同生长阶段第一次刈割饲草干物质产量及其再生量

生长阶段	第一次刈割累积总产量（t/hm^2）	再生量（t/hm^2）	再生量占总产量的百分比（%）
		猫尾草	
拔节前期	5.49	1.67	30.00
孕穗期	5.66	1.67	30.00
初花期	7.76	1.82	24.00
花后期	8.18	1.71	21.00
		无芒雀麦	
拔节前期	5.31	2.72	51.00
孕穗期	6.02	2.76	49.00
初花期	7.98	2.45	31.00
花后期	8.87	2.18	25.00
		鸭茅	
拔节前期	7.15	4.37	61.00
孕穗期	7.58	4.95	65.00
初花期	8.87	4.19	47.00
花后期	9.03	3.65	40.00
		虉草	
拔节前期	6.17	2.89	47.00
孕穗期	7.36	3.95	54.00
初花期	7.63	3.46	45.00
花后期	7.71	2.61	34.00

资料来源：Brown et al.，1968

相反，抽穗中期至后期收割，即过了关键期后，可以获得最好的群丛持久能力。孕穗期至初花期第一次收获可以获得持久力和产量最佳折中，并提供高质量饲草，但收获及储存生产会造成叶片损失，降低收获的产量和质量。晚收割，饲草质量降低，再生草产量降低。在关键期之前收割，可以获得好的质量，但产量低，持久力低。

种植不同生长速率和不同成熟期的饲草有助于合理安排和优化收获期、放牧期。

在温带，50%～60%的饲草产量形成于繁殖期的 4 月、5 月、6 月，但是，一些种类的再生草产量也很高，如苇状羊茅割草后再生非常快。

N 是草地主要营养限制因子，P、K 也起限制作用。一些矿物质往往也短缺，但其限制作用都不如 N。放牧及割草移除了这些营养元素，定期施 P、K 是维持产量的必要因素。放牧场，P、K 通过粪尿可以再循环，但不均匀，常形成尿斑。

N 是产量形成的主要因子，可以通过施肥、粪尿及生物固氮实现。在活跃生育期，N 的吸收和利用最有效。此时，由于分蘖的生长及叶面积的增加，每千克氮肥可以产出 20～30 kg 干物质（Wedin，1974）。夏季的肥效低，秋季肥效恢复。

不同饲草种类及不同饲草种类组合的生长开始时间、持久时间及产量峰值回落时间不同。施肥时间影响产量的季节分布。在叶片春季开始生长时施肥，可调节叶片及茎的早期生长，增加理想割草期的产量，也可以提早放牧。依据春季饲草开始生长时间，调节施氮肥时间和数量，有助于安排后续放牧及割草。

晚夏或早秋施肥可刺激营养体生长，主要是叶片，可以延迟放牧至晚秋或早冬，继而可以延长放牧季节。寒冷地区，晚秋多施氮肥增加越冬死亡率，会影响群丛持久性。

猫尾草、鸭茅可以充分利用土壤中的有效氮，因此，在低氮地区，其生产力也很高。一些根茎禾草形成草皮，有机物积累在地面，并且沉积留存 N，使之不可利用。施氮肥可以促进微生物分解，降低 C∶N，促进 N 的利用。

豆草蛋白质含量高，饲草质量高。白三叶、紫花苜蓿、红三叶、百脉根及鸡眼草比冷季禾草消化率高。混播草地的采食量和消化率增加，载畜量较高，特别是在夏季，相比于禾草草地，牲畜生长量常增加 35%。

混播豆草可延长春季生育期，提高夏季产量。豆草春季生长晚，但夏季高产。豆草对禾草的秋季生长影响很小，但秋季需要仔细管理豆草以安全越冬。混播豆草可以减少抗质量因子。

2. 冷季豆草

豆草对于草地农业具有积极的作用，其蛋白质含量高，饲草质量好，产量季节分布均衡。但豆草需要高管理水平，因其节约氮肥成本并为优良饲草，为多数饲草生产体系极有价值的组分。北方地区常见的豆草有十几种，包括紫花苜蓿、红三叶、白三叶、百脉根、杂种三叶草、库拉三叶草、小冠花、红豆草、巫师黄芪、黄花草木樨、白花草木樨及鸡眼草，最常见的为紫花苜蓿、红三叶、白三叶（表 4-11）。

豆草有 3 种群丛形成方式：根冠型，有发育良好的根冠，上面有很多可以再生的腋芽，主要决定个体植物的存活年限，进而影响后续存活年限，即持久性（persistence）；克隆型：通过根茎或匍匐茎生长新植株，替代短命植株保持后续存活年限；一年生：自然落种保持后续存活（图 4-2）。多数根冠型及克隆型饲草也能自然落种保持后续存活（表 4-12）。

表 4-11　豆草寿命、生长习性及持久性策略

豆草	植物寿命	持久性策略	茎起源	生长习性
紫花苜蓿	多年生，寿命长	根冠维持	根冠芽	直立
红三叶	多年生，寿命短	根冠维持，再播种	根冠芽	直立
白三叶	多年生，寿命长	根冠维持，再播种	匍匐茎芽	匍匐
百脉根	多年生，寿命短	根冠维持，再播种	根冠芽	贴地
杂种三叶草	多年生，寿命短	根冠维持，再播种	根冠芽	直立
库拉三叶草	多年生，寿命长	根冠维持	根茎芽	直立或匍匐
小冠花	多年生，寿命长	根冠维持	根生芽	贴地
红豆草	多年生，寿命长	根冠维持	根冠芽	直立
巫师黄芪	多年生，寿命长	根冠维持，克隆维持	根茎芽	贴地
草木樨	二年生	根冠维持，再播种	根冠芽	直立

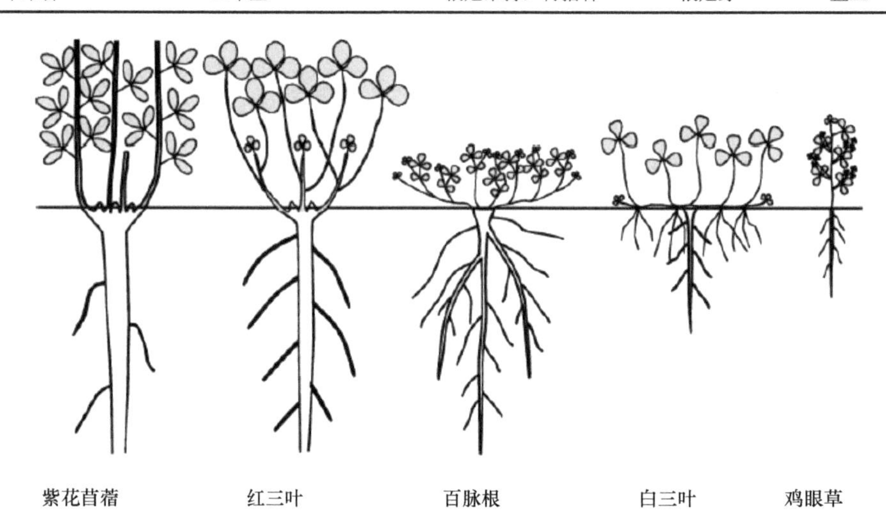

图 4-2　豆科牧草群丛形成方式

注意根冠相对土壤表面的位置及幼叶发育的茎尖位置

表 4-12　豆草的适应性特征、产量和膨胀病风险

豆草	耐瘠性	耐酸性	耐旱性	耐湿性	耐寒性	产量潜力	膨胀病风险
紫花苜蓿	低	敏感	极好	差	极好	很高	有
红三叶	中等	中等	良好	差	很好	高	有
白三叶	中等	中等	低	良好	很好	中等	有
百脉根	良好	良好	良好	良好	良好	中等	无
杂三叶	一般	中等	一般	极好	很好	中等	有
库拉三叶草	一般	中等	良好	良好	极好	低	有
小冠花	良好	中等	良好	中等	良好	中等	无
红豆草	良好	低	极好	差	很好	中等	无
巫师黄芪	良好	中等	很好	良好	极好	高	无
草木樨	良好	敏感	极好	差	极好	高	有
鸡眼草	极好	具有抗性	良好	良好	无	低	无

紫花苜蓿，高产、寿命长，主根粗壮、侧根多，深入地下 1～2 m。具有收缩生长（contractile growth），下胚轴向下可生长 1.5～2.0 cm。目前，培育了很多紫花苜蓿的特定品种，如抗虫的、抗病的、耐寒冷的、耐热的及耐干旱的等，我国各地区需要加强定向育种工作。

紫花苜蓿的冬季适应性依据秋眠性分为 1～10 级。数级小的品种秋季生长慢，冬季耐寒力强。秋眠型春季生长慢以免晚霜伤害。秋眠级为 2～3 的品种分布于寒冷区；秋眠级为 4～5 的品种分布于温暖区；秋眠级为 8～9 的品种分布于灌溉良好的少霜冻、无霜冻地区。

紫花苜蓿喜排水良好地段，CO_2 可以直达根部减少病害。超深的主根可以吸收深层土壤水，耐干旱，适宜 pH 为 6.5～7.0。

因收获干草而移走营养，紫花苜蓿每年需要再施肥。移走 1 t 饲草需要再施 K 25～30 kg，施 P 5～6 kg，还需要施一些硼（B）和 S。P 有助于幼苗生长及根系发育；K 可改善冬季时存活，有利于频繁收获及竞争杂草。由于能固氮，对施氮肥反应不敏感。

紫花苜蓿具有高效固氮能力，同步于植株高产及高蛋白质含量。红三叶、白三叶及百脉根的固氮能力相对弱一些（表 4-13）。豆草的固氮取决于光合作用，在高温、低温及干旱情况下固氮弱，禾草或杂草遮掩豆草叶片时固氮变弱（Miller and Heichel，1995）。

表 4-13　豆草单播或混播固氮能力

种类	氮固定（kg N/hm^2）
苜蓿单播	113～222
苜蓿与鸭茅混播	15～130
苜蓿与藨草混播	80～255
红三叶单播	68～111
红三叶与藨草混播	5～151
百脉根单独种植	49～110
百脉根与藨草混播	30～130
白三叶单播	127

资料来源：Heichel，1987；Heichel and Henjum，1991

当土壤中存在有效氮时，豆草利用土壤中的有效氮，而不固氮。土壤有效氮含量高的地区，豆草固氮减少。禾草也同时利用土壤中的有效氮，在豆草占 30%的混播草地，豆草固氮提供禾草所利用 N 的 50%，提供豆草所利用 N 的 95%。一般，混播草地不需要额外施氮肥；在轮作草地，高产紫花苜蓿或红三叶后种植玉米，N 施用量可以减少 250 kg/hm^2，翌年还可以减少 120 kg/hm^2。

通过补播三叶草更新饲草场，可以增加混播饲草场中苇状羊茅的净收益，而不依赖于增施氮肥（200 kg/hm^2）。更新补播的回报取决于 N 的年度成本，精心管理三叶草，延迟三叶草补播，可使其长期存在经济效益。补播成本需要长期分摊，并计算饲草收益和固氮收益。

病虫害对豆草有负作用，杀虫剂、杀菌剂需要慎重选择。农艺措施有很好的抗病虫效果，如选择抗病品种、保持土壤肥力充足、适时收获或放牧（Marten et al.，1989）。

象鼻虫（*Hypera postica*）幼虫早春孵化，取食幼嫩叶片。严重感染时，降低豆草产量和质量，降低植株活力及后续产量。建议第一次提早收割或喷洒杀虫剂，收割后，幼虫取食幼嫩的再生草，然后羽化飞走。叶蝉（*Empoasca fabae*）吮吸第二次或第三次收获后的再生幼嫩叶片，致使叶片泛黄、产量减少、质量和植株活力降低。

豆草的几种病害降低产量和质量及豆草的持久存活力。几乎没有经济有效的防治办法，而培育抗病品种是主要途径，选择抗病品种也是育种的主要目标。

豆草种子小，需要特殊管理才能成功建植，特别是补播到已建植的禾草群丛中时需要仔细管理，以辅助竞争光和其他资源。若建植的禾草地长期未施 N，放牧导致禾草丛弱化，需轻度耕耙，维持最佳的禾草丛高度 1.5～2.5 cm（表 4-14）。

表 4-14　北方饲用豆草的建植及其种子特性

豆草	种植难度	推荐播种量（kg/hm^2）	籽粒数（万粒/kg）	播种深度（cm）
紫花苜蓿	容易	13～17	44	0.6
红三叶	非常容易	9～13	61	0.6～1.3
白三叶	容易	1～3	177	0.6
百脉根	一般	7～9	83	0.3～0.6
杂种三叶草	容易	5～7	155	0.6
库拉三叶草	慢	4～9	67	0.6
小冠花	一般	17～22	24	0.6
红豆草	一般	33～39	7	0.6
鹰嘴紫云英	一般	17～22	29	0.6
草木樨	容易	11～16	60	0.6
鸡眼草	非常容易	11～16	45	0.6

小种子储藏用于发芽和幼苗生长的有机物少，若播种后干旱、幼苗弱，其竞争禾草、杂草，抵御病虫害的能力下降。

草丛中，建植 1 株豆草需播种 2～10 粒种子。如要保持种子 700 粒/m^2，需播种鸡脚草种子 8～9 kg/hm^2（鸡脚草种子为 83 万粒/kg），在第一个生长季末，如鸡脚草密度能维持 110 株/m^2 就相当成功。成苗密度约相当于播种种子密度的 1/7。紫花苜蓿播种当年秋季密度若达到 150 株/m^2，就认为相当成功。紫花苜蓿种子为 44 万粒/kg，保持种子 600 粒/m^2，建议播种 14～15 kg/hm^2，成苗密度相当于播种种子密度的 1/4。

种子不能成苗的原因是有的深、有的浅、有的没接触土壤。压实苗床有助于播种于适宜的深度，播种后镇压有助于种子与土壤良好接触，有利于水分吸收和发芽。

紫花苜蓿、红三叶、百脉根、鸡眼草常直接播种于已建植的禾草饲草场，以改良饲草场质量、产量及其季节分布（图 4-3，Beuselinck et al.，1994）。播种前，冠丛需要管理，轻耙、开沟划破草皮及分开草丛有助于种子与土壤良好接触。如有可能，豆草种子需要用根瘤菌处理。

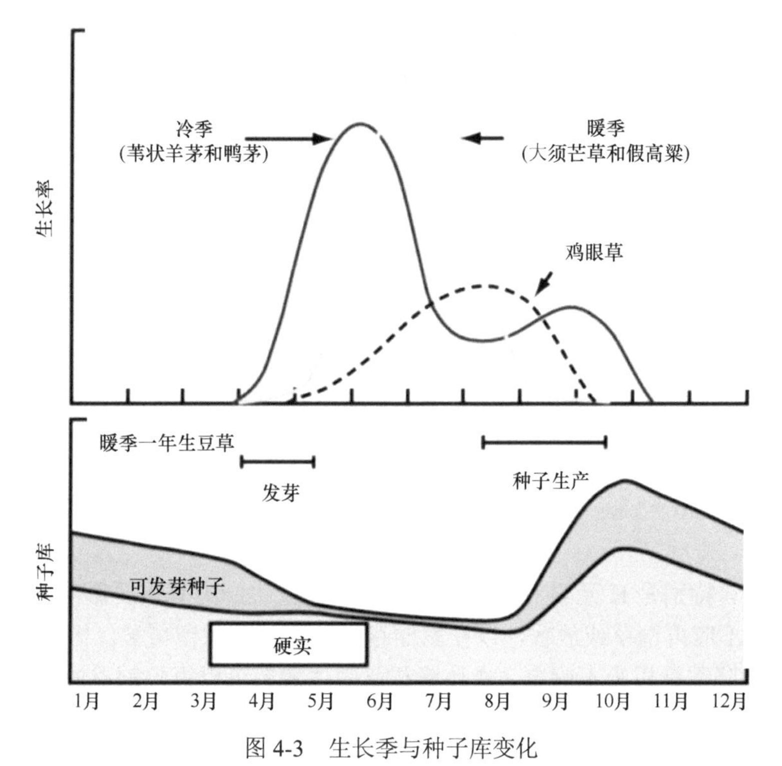

图 4-3　生长季与种子库变化

草丛需要在春季进行管理，以促进种子发芽存活。秋季产生的鸡眼草种子会增加硬实，补充其种子库。种子在冬季为野生动物提供食物来源，翌年春天可萌发使种子减少

收获紫花苜蓿或红三叶做干草或青贮应该权衡 3 项目标，获得高产、获得高质量饲草、维持饲草场持久健康。三者有时冲突，需要根据所处地区及植株的生理状况采取相应措施。

紫花苜蓿或红三叶建植后，随着年龄的增加，密度下降，但枝条增多，产量维持稳定，直到密度降到一定程度时，杂草侵入（图 4-4）。产量达到 11.1～13.3 t/hm^2，需要有枝条 550 个/m^2；产量达到 6.6～8.9 t/hm^2，需要有枝条 380 个/m^2。

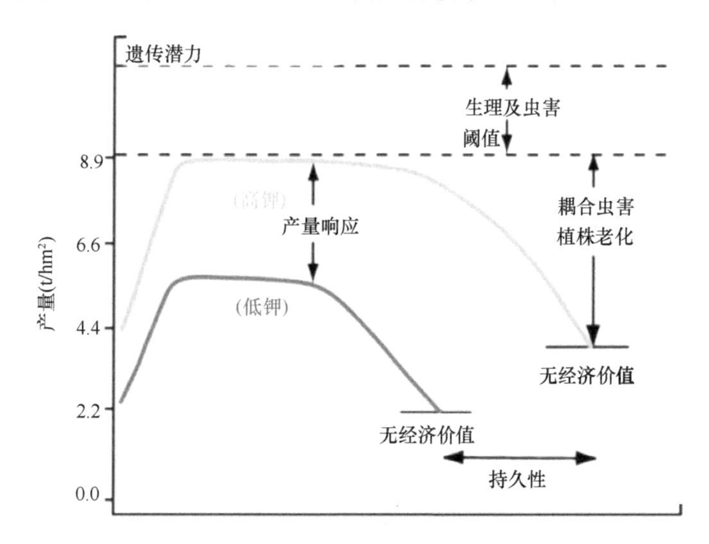

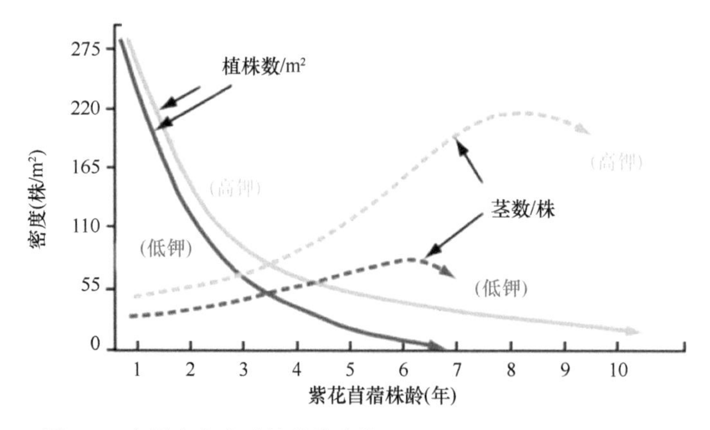

图 4-4　产量和密度随株龄的变化（Moore and Nelson，1995）

春季播种的苜蓿第二年达到其潜在产量，这取决于环境和土壤条件。钾肥可增加产量，延长植物的持久性及其经济寿命。在植物生长早期，下部植株密度迅速下降，这主要是由植物竞争激烈引起。1 年 2 次施用钾肥有助于保持植物活力。根颈部增加新芽可以抵消损失

土壤肥力，特别是 K 元素对割草后群丛持久性及生产力有重要影响。寒冷地区，霜冻前 4～6 周不应再割草或放牧，以积累储存根颈物质并保留覆被。雪被有利于越冬，但降雪时间及降雪量极为不确定。晚秋紫花苜蓿休眠后可以再收割或放牧。这些草在低温下形成，质量非常好，此时气候不利于晒干，所以放牧较好，但需防止臌胀病。寒冷地区的冬季，保留 12～15 cm 残茬高度以阻挡落雪能防止结冰伤害，在排水不良的地区，残茬有助于防止冻融及防止冻融引起的冻拔。禾豆混播草地由于有枯草覆盖，并阻挡落雪，冻拔发生可能性降低。多侧根豆草不易发生冻拔。

通过适当割草，可以限制当年生红三叶开花，以利越冬。当年开花不利于越冬，生产中应根据需要加以适当管理。

豆科牧草的产量和质量都受其成熟度的影响，一定程度上取决于豆草的生长习性，如直立型的紫花苜蓿和红三叶，产量变化与茎叶比的增加和茎的木质化相关。开花后，豆草冠层下部的叶片死亡或脱落。

紫花苜蓿第一次收割应在开花初期，以优化产量、质量及持久存在（图 4-5）。此时，根颈处的腋芽活跃，根及根颈积累了足够利于再生的碳水化合物。早割可以获得高质量饲草，并防止象鼻虫侵害；晚割增加产量，但质量下降。

第一次收获的产量和质量最好。但第一次收获时，气候往往不适合现场调制干草，多用作青贮。夏季由于干旱、高温，开花成熟快，产量低，此时茎细，叶片小，与第一次收割相比，质量也低。夏季温度相对春季稳定，生长速率变化慢，夏季收获时间不严格，有时有 30～40 天的间隔，这取决于温度、生长速率及对饲草的需要程度。

温带寒冷区耐冻性品种 1 年可能只收割 1 次，温暖、炎热地区的灌溉区不休眠品种 1 年可能收获 10 次。适宜时期收割的紫花苜蓿质量好，可以作为比较其他饲草质量的标准。紫花苜蓿与其他禾草混播有利于防止紫花苜蓿越冬伤害，防止冻拔，但质量比单播下降。

红三叶茎和叶的消化率比同期的紫花苜蓿高，随生长成熟，质量下降慢。第一次收获，需在开花 20%时，收获后生长慢，每年的可收获次数少。相同环境下，红三叶的产量为紫花苜蓿的 70%～80%，相同阶段，其营养比紫花苜蓿低。

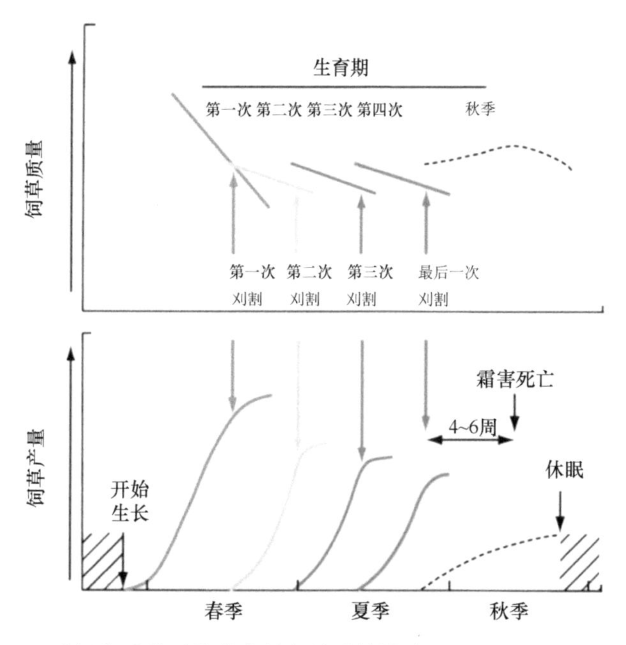

图 4-5　时间和季节对苜蓿生长和品质的影响（Collins et al.，2018）

第一次收获时间很关键，因为在这个时期草料的质量最高，但质量下降也很快。苜蓿再生质量较差，因为温度高、日照时间长，随着气温的下降和日长的缩短，秋季的质量提高。冬季寒冷驯化开始之前的秋季刈割时间对其持久性有重要影响

就氮成本而言，将豆草混播于禾草饲草场能减少施氮肥成本，改善季节生产力，改善动物生长。与施氮肥草地相比，禾豆混播饲草场增加阉公牛 155 g/d 的生长量，增加肉牛 175 g/d 的生长量。

牲畜臌胀病及草丛可持久存在问题是管理豆草的关键。

紫花苜蓿饲草场可以用于划区轮牧，40～50 cm 高时开始放牧，持续 7 天，休息 20～30 天以再生和储存足够多的有机物。紫花苜蓿具有自毒现象（autotoxicity），成株紫花苜蓿的化学产物对种子发芽和幼苗生长起抑制作用，因此，紫花苜蓿的饲草场密度数量不能通过扬撒种子实现。

早期培育的紫花苜蓿品种耐冬季寒冷，并有匍匐茎可以营养繁殖，耐干旱。新培育的耐牧型品种非常耐寒冷，但没有匍匐茎，其根颈及根粗大，新枝条产生能力强，放牧后表现良好。相比于收获干草型品种，其再生对储藏物的依赖程度低（Brummer and Bouton，1992）。

红三叶多与冷季多年生禾草混播建植饲草场，草场可以持续生长几年，可以通过自然生长形成的种子库更新或每隔 2～3 年在冬季或早春撒播一次进行更新，种子播种量为 5～7 kg/hm^2。红三叶种子大，幼苗活力强，建植容易，且幼苗耐阴性好。种子硬实率 15%。红三叶易引起放牧牛、羊臌胀病，并有异黄酮雌激素和垂涎问题。

白三叶匍匐生长，耐牧，为饲草场的常见豆草。但易引起臌胀病，有 50%或更多禾草情况下，臌胀病发生程度降低。白三叶宜与各种禾草混播。

鸡脚草单播对杂草的竞争力弱，所以多混播，并且混播比单播高产。质量等于或高于紫花苜蓿，但需要留茬高一些，以利于再生及种子繁殖。

鸡脚草不引起臌胀病，可能因为含有单宁可阻止瘤胃中的蛋白质起泡，也可能是其细胞壁破裂慢，释放臌胀因素慢。其单宁限制瘤胃消化蛋白，使之移到小肠后部，减少氨损失，提高饲草质量。

鸡脚草含氰化葡萄糖，经酶水解后形成氰化氢。没有报道证明氰化氢对反刍动物有毒，但氰化葡萄糖可以防止昆虫采食。

一些暖季多年生禾草可以种植在温带地区，产量相对冷季多年生禾草高。一些因为生长快，可以连续放牧。随着生长，暖季多年生禾草的质量逐渐下降。与冷季多年生禾草相比，暖季多年生禾草叶片蛋白质含量低，茎的比例高，并且结构组织多，因此，相同时期的营养较低。

冷季多年生禾草及豆草比暖季多年生禾草春季早生长 20～30 天，并且竞争力强。单播的暖季禾草饲草场可以在夏季冷季禾草饲草场生产力低时用于放牧。暖季多年生禾草的开始生长时间、抽穗时间不同于冷季多年生禾草，匹配可以形成不同的放牧系统。

高粱、苏丹草、高丹草及御谷等暖季一年生禾草，产量高，营养中高等。地温 15℃以上时种植。用于放牧、调制干草或青贮，因为茎秆粗不易干燥，用于放牧或青贮最为理想，但不耐霜冻。质量优于暖季多年生禾草，但因高粱茎叶含氢氰酸，可能引起中毒。尤其是幼嫩叶片霜打后氢氰酸含量最高。

高丹草低于 60 cm 前不能用于割草或放牧，更不能利用放牧割草后的残茬及新蘖。霜打后几天内不能用以放牧，以分解氢氰酸。青贮及干草调制都能减少氢氰酸含量。

苏丹草产量比高粱及高丹草低，但氢氰酸含量也低，饲喂或放牧的中毒风险小。御谷不含氢氰酸，再生弱，成熟晚，有籽粒，饲喂效果好。这些高大夏季种植的一年生禾草特别适合奶牛场，但建植成本高并需要氮投入，常作为应急禾草。

除上述饲草建植的饲草场外，收获籽粒后的玉米地及高粱地残茬常用作饲草的替代补充，并扩展放牧至晚秋或早冬。玉米茎、秆、叶是丰富的剩余物，其在籽粒发育饱满时质量很高，随籽粒干燥，质量下降。在籽粒含水量高时收获，茎、秆、叶质量很高，籽粒干燥后，茎、秆质量下降，但苞叶消化率接近 60%。1 hm^2 玉米地的残茬可以满足 1 头肉牛放牧 80 天（Wedin and Klopfenstein，1995）。

由于干旱，不能生产玉米的地方，籽粒高粱收获后残茬可用于放牧，以扩展放牧期。籽粒成熟而叶片未干燥时，饲草质量保持良好，但叶片可能积累氢氰酸，特别是霜冻后。

玉米和高粱残茬在晚秋和冬季利用非常有效且有益，放牧时的排泄物还有利于后续生产。这种利用方式在东北非常普遍，并发展成了草地-秸秆畜牧业。

燕麦、大麦残茬的质量比小麦残茬好，但都比玉米残茬低，玉米和高粱残茬质量相当。小粒作物的残茬也可以做成大捆，并加氨水氨化，以增加蛋白质并保持质量，用于非生长季节。

二、温暖、炎热地区，暖季饲草生产体系

温暖、炎热地区在北美为 36°N 以南的地区，相当于我国秦岭—淮河一线以南地区，即一般说的亚热带、热带地区。无霜期长，夏季温暖，年降水量从稀少到 900 mm，甚

至达 1500 mm。土壤从排水良好到排水不畅，多数土壤由于渗漏，营养低。适合的家畜产业为饲养肉牛（*Bos taurus*）、奶牛犊及育肥的小公牛。这些牲畜系统非常适合当地气候，几乎没有冬季饲养问题。一些地区围绕市场需要，发展了奶牛农场，饲草场管理高度集约。几乎没有绵羊、山羊。

在温暖、炎热地区，红鹿、长角鹿、兔等草食动物及啮齿动物为草地系统的一部分。一些饲草场可发展为收费狩猎及户外活动场所。

由于气候良好，温暖、炎热地区有潜力发展为全年饲草系统，利用土壤及草地资源发展经济有效、环境友好型的生产生活方式。

1. 暖季禾草

温暖、炎热地区暖季多年生饲草多为 C_4 植物，适应温热，甚至干旱的气候条件（表 4-15）。常见冷季一年生禾草，如黑麦草或小粒禾草，撒播建植，供冬季或早春放牧，并混播冬季一年生豆草固氮，改善土壤肥力并提高饲草质量。结合利用冷季禾草与暖季禾草组合优势及良好的管理，潜在具有 10 个月或全年的放牧期。

表 4-15　常见暖季多年生饲草特征

物种	生长习性	主要利用方式	牧草品质	繁殖策略
狗牙根	匍匐	饲草场、干草	好	根茎和匍匐茎
百喜草	匍匐	饲草场	一般	根茎
野牛草	匍匐	放牧场	优秀	根茎
马唐	匍匐	饲草场	一般	匍匐茎
象草	竖直	饲草场	一般	分蘖
牛鞭草	直立	饲草场	好	根茎
毛花雀稗	匍匐	饲草场	好	匍匐型
大须芒草	直立	放牧场	非常好	分蘖
假高粱	直立	放牧场	非常好	分蘖
柳枝稷	直立	放牧场、干草	好	根茎
高加索须芒草	匍匐向下	放牧场	一般	分蘖
白羊草	半直立	放牧场	好	分蘖
鸭茅状摩擦禾	直立	放牧场	非常好	分蘖

温暖、炎热地区暖季多年生饲草多源于非洲、中美洲、南美洲。暖季多年生饲草产量高，蛋白质含量低，纤维含量高，较冷季禾草质量低。

低矮匍匐生长或高大直立生长类型都可以找到适宜的管理方式。除白三叶以外，几乎没有多年生草本豆草适于温暖、炎热地区。一年生豆草较多，一些木本乔木、灌木适于提供嫩枝叶。

温暖、炎热地区暖季多年生禾草有 8～10 种较为适宜（表 4-16）。暖季一年生饲草包括饲用高粱、高丹草及御谷，多用于放牧，也做干草和青贮。在冬季一年生饲草收获后，早夏种植暖季一年生饲草，短期可以获得高产。多需要良好土壤，对氮反应良好。缺点是需要年年种植，成本高，一些种类含氰化物。

表 4-16 适于暖季地区的冷季饲草

种类	生长习性	主要用途	牧草品质	繁殖策略
苇状羊茅	直立	饲草场	好	分蘖
无芒雀麦	直立	饲草场、干草	非常好	根状茎
鸭茅	直立	饲草场、干草	非常好	分蘖
多花黑麦草	直立	饲草场	优异	无
谷物	直立	饲草场	优异	无
螃蟹草	匍匐	饲草场	适中	再种
御谷	高大、直立	饲草场、青贮	简易	无
高丹草	高大、直立	饲草场、青贮	非常简易	无

御谷与高丹草管理相似，4～8 月可以随时种植。御谷直播播种量为 26 kg/hm^2，撒播播种量为 31 kg/hm^2。高丹草直播播种量为 33 kg/hm^2，撒播播种量为 38 kg/hm^2。高丹草幼叶含氢氰酸，需要加强放牧管理。

一些冷季多年生饲草可以种植在温暖、炎热地区，常用于暖温带春季收获干草。在温暖、炎热地区，其竞争杂草问题很严重。苇状羊茅是最重要的温暖、炎热地区饲用冷季多年生禾草，秋、冬、春三季可用。降水、土壤、地形、内生菌决定其利用地区。适应土壤 pH 为 4.7～9.5，喜肥沃土壤，但贫瘠土壤也能生长，并形成良好的草皮保护土壤。在温暖、炎热地区，其夏季高温季节生长慢，秋季后快速生长。内生菌感染严重时，饲草质量下降，多混播白三叶改良。

2. 暖季豆草

全球温暖、炎热气候区，豆草对牲畜生产的贡献非常小。没有一种豆草如温带地区的紫花苜蓿那样，在暖气候区也起重要作用。

豆草在温暖炎热气候区各地种植不成功的原因不同，包括酸性土壤、排水不畅或排水过畅、害虫压力、气候状况及竞争不过 C_4 多年生禾草，另外，许多暖季多年生豆草不耐放牧及割草去叶。例如，在温带地区，暖季气候区豆草的作用包括提供高质量饲草、增加放牧季节长度、减少建饲草场氮肥需要、作为轮作作物为下茬提供氮肥。

在温暖、炎热气候区，常与暖季禾草混播。温暖气候区北部，一些耐寒冷种类可以存活，如根茎花生、银合欢。冬季，多年生山蚂蝗、柱花草可以在南部稳定存活。合萌、链荚豆为夏季一年生豆草，在土壤条件适合的地区可以适应。

银合欢为木本，种植一年后即可利用，维持 1.8～3 m，供粗放放牧。牛直接采食其叶或嫩枝，或撞断枝条，采食其叶和嫩枝。排水不良地区生长不佳。适口性好，质量高。所采食的叶和嫩枝蛋白质含量为 16%～20%，体外消化率为 65%～70%。

银合欢可用于连续中度放牧，牲畜采食叶片和嫩枝，若停牧时间长，枝条长高，牲畜够不着采食。山蚂蝗-禾草混合饲草场春季宜采用重度连续放牧，以控制禾草，减少禾草对豆草的竞争。但后续宜采用轻牧或轮流放牧。

链荚豆直接种植于整理好的苗地，山蚂蝗、柱花草及合萌 3～7 月撒播于暖季禾草草地。种植或撒播前浅耙，撒播后镇压，出苗期通过放牧控制禾草丛高度，减少竞争。后续可以进行适宜管理，靠种子自然更新。

合萌、柱花草及链荚豆最好用轮牧管理。合萌长到 45 cm 时放牧，留茬 20～25 cm；链荚豆长到 30 cm 时放牧，留茬 15～20 cm，若用于割草，长到 45～60 cm 时进行；柱花草长到 45～60 cm 时放牧，留一半吃一半，秋季停牧 2 个月后可以留草为秋季用，留茬 15～20 cm 以安全越冬。

根茎花生是最重要的种类，主要用作调制干草，生育期为 4～9 月，产量为 7.5～15.0 t/hm^2，其质量与紫花苜蓿相当，用于饲喂奶牛和娱乐用马。粗蛋白含量为 13%～18%，消化率为 60%～70%，市场很广阔。

根茎花生可建植为饲草场，由于有根茎所形成的地上 10 cm 根茎网络，非常耐牧，常与暖季多年生禾草混播。有饲草场有超过 20 年放牧或调制干草史的记录，群丛密度没有下降。限制根茎花生利用的因素是营养建植成本高，非灌溉条件下，一般至少需要 2 年。根茎花生的根茎可挖自老根茎花生饲草场，1～2 月种植，埋深 2.5 cm，种植后镇压。当根茎扩繁殖至 100～200 丛/hm^2 时，轻耙种植狗牙根。一般需要 2 个生长季才能建植成功。

根茎花生、山蚂蝗及链荚豆相对耐牧，可以适度管理（表 4-17）。根茎花生若轮牧放牧，留茬 10 cm，休息 6 周后再放牧；若连续放牧，留茬 15 cm 以上，整个生长季放牧；若生产干草，6～8 周收获 1 次。

表 4-17　暖季豆草的粗蛋白含量、体外干物质消化率和动物生产性能

豆草	粗蛋白（%）	体外干物质消化率（%）	平均日增重（kg）
合萌	日粮：20～27 叶：22～25 茎：7～8	日粮：62～76 叶：72～78 茎：39～45	0.69
链荚豆	15～18	61～63	0.36～0.77
金钱豆	叶：16～19 茎：5～7	叶：44～51 茎：31～37	0.50～0.68
银合欢	叶：24～32	叶：61～66	0.69
根茎花生	17～22	70～73	0.92
柱花草	干草：16～17 总饲草：11～12 饲草：14～16	干草：69 总饲草：48～50 饲草：56～66	0.40

资料来源：Rualand et al.，1988；Aiken et al.，1991a，1991b；Williams et al.，1993；Bagley et al.，1985；Dalzell et al.，1998；Jones et al.，1988；Sollenberger et al.，1989；Kalmbacher，2001

温暖、炎热气候区豆草要求土壤 pH 为 5.5 以上，一般需要施加磷、钾肥，有利于产量和可持久存活。根茎花生、银合欢为多年生，耐霜冻，其中，根茎花生可以忍耐气温低于 10℃条件，其他种类都不具有耐霜冻能力，霜冻后导致落叶。

除山蚂蝗的消化率相对低以外，其他温暖炎热区豆草营养价值比较丰富，没有臌胀病问题。在根茎花生草地，当年肉牛可以获得 1 kg/d 的生长量，其他豆草地或与禾草混播草地可以获得 0.7 kg/d 生长量。断奶牛犊放牧于百喜草草地，可以采食银合欢，比放牧于纯百喜草草地，生长量增加 0.4 kg/d（Kalmbacher et al.，2001）。放牧于混播合萌草地生长量为 0.75 kg/d，而纯禾草草地为 0.43 kg/d（Rusland et al.，1988）。研究表明，添加 10%的豆草就可以对生长量产生正影响（Aiken et al.，1991a）。暖季豆草的抗营养因子问题不明显。

暖季–冷季过渡区土壤酸性、排水不畅，低肥。冬季可利用暖季豆草和冷季豆草。

暖季豆草有两种，鸡眼草（*Kummerowia stipulacea*，*K. striata*）和多年生截叶胡枝子（*Lespedeza cuneata*），另外，大豆也可在暖季–冷季过渡气候区种植。

两种鸡眼草茎细叶多，具短直根，高 40～50 cm，主要用作饲草场。雨养条件下产量为 2.5～5.0 t/hm^2。夏季及晚夏质量优良。在低投入管理系统，其最佳利用方式是与苇状羊茅混播，夏季苇状羊茅低产低质时，放牧采食鸡眼草。

鸡眼草建植容易，中冬至早春播种，播种量为 28～38 kg/hm^2。晚冬撒播于禾草地，通过土壤冻胀掩埋种子，可以获得较好的发芽率和建植率。

鸡眼草主要用作栽培饲草场，有时应急收获干草。晚夏，其他冷季禾草生长慢、质量低时，鸡眼草生长旺盛、高产。鸡眼草不依靠储存的碳水化合物再生，放牧后保留一些叶片非常必要（McGraw and Hoveland，1995）。开花时减小放牧压，以产生种子用于自然更新。开花前收获干草可以获得优化的产量和质量，一年可以收获 2 次。

胡枝子直立生长，高达 1 m，深根，长寿命多年生。低单宁、茎细、叶多，耐牧品种广泛推广，用于与作物轮作，连续放牧使用，水土保持效果好。胡枝子需要建植于整理好的苗地，3～4 月种植，生长慢，需要管理杂草，播种量为 22～33 kg/hm^2，建植后可以再种苇状羊茅等其他暖季多年生禾草。胡枝子饲草场可用作收获干草或放牧。一年可收获干草 2～3 次，高度 40～45 cm 时刈割，总产量可达 5.0～7.5 t/hm^2。需要留茬 10～12 cm，以利于地面处腋芽再生（McGraw and Hoveland，1995）。最后一次割草不能晚于 9 月上旬，以利于霜冻前储存足够多的碳水化合物。不利于连续放牧，草从高 20～25 cm 时开始放牧，留茬 10 cm。

根茎大豆适宜于排水良好、一定程度干旱的地区，多用于收获干草、青贮，也用于晚秋放牧。消化率为 54%～60%，蛋白质含量为 15%～20%，干草产量为 5.0～7.5 t/hm^2。大豆营养生育期长，成熟晚，生长高、茎细、高产，表现有藤本性状，适宜于整合到饲草生产系统。根茎大豆可以种植于整理好的苗地或免耕种植，播种量为 66～110 kg/hm^2。高种群密度的植株茎细，适口性好，易干燥。大豆可以短时期放牧，或收获干草，割草或放牧后没有再生。豆荚充满 75%～90%之前，产量随成熟进程而增加，之后，由于叶片损失，产量和营养价值降低。大豆调制干草不易干燥。

根茎大豆开花 50%至果荚充满 90%时，粗蛋白含量增加，消化率近于维持稳定（粗蛋白含量 17%～21%，消化率为 59%～61%），这是因为所形成的种子营养高，产量达 4 t/hm^2。

鸡眼草和截叶胡枝子都没有臌胀病问题，粗蛋白含量为 14%，中性洗涤纤维为 55%（McGraw and Hoveland，1995）。截叶胡枝子茎秆粗壮，富含单宁，采食量减少。高单宁含量常与纤维含量减少及 N 消化率降低相关（Collins et al.，2018）。

大田晾晒显著降低单宁含量，增加适口性。饲喂低单宁含量品种的饲草能提高牲畜生长量。

截叶胡枝子耐干旱，耐酸性土，耐贫瘠土，不耐湿，适宜土壤 pH 低于 7.2。大豆喜排水良好地段，不喜低 pH、贫瘠土壤。柔毛胡枝子遭霜打后春季根颈芽可以再生。

暖季–冷季过渡区冬季及春季温度足以满足温带冷季豆草生长，特别是三叶草。秋季种植于整理的苗地或撒播于建植的多年生暖季禾草饲草场。晚冬至春季，三叶草产量占整个饲草产量的 75%～90%，常与冷季一年生饲草混作，特别是多花黑麦草。冷季豆草可延长春季放牧期，并且蛋白质含量高、消化率高。

箭三叶与绛三叶是两个主要在此区利用的一年生豆草，其他一年生豆草利用较少。紫花苜蓿、红三叶、白三叶可利用，常当作短命豆草或一年生豆草。

箭三叶与绛三叶常与暖季多年生禾草混作。箭三叶成熟晚，产量高，因为单宁含量高，几乎没有臌胀病问题。绛三叶适应土壤范围宽，种子活力好，早熟，多撒播于暖季多年生草地，收获干草或作为免耕的冬季覆盖作物（Evers，2000）。

红三叶、白三叶在温暖、炎热地区，夏季不能存活，多作为一年生三叶草用。红三叶喜湿，但不如白三叶耐湿。常在秋季撒播于暖季多年生禾草草地，多与多花黑麦草混作。根据成熟期长短不同，可以整合混作方式，以延长春季放牧期。白三叶根系浅，不耐旱，用法相似于红三叶。

箭三叶可以自然更新，种子硬实率达 90%，多形成地下种子库供后续更新。播种量为 5～6 kg/hm^2，需要刻划打破硬实。绛三叶硬实率低，仅 10%，很难自然更新。新品种硬实率高达 60%～80%，具有更新能力（Evers，2000）。

箭三叶最大产量可以通过频繁放牧获得，4 月中旬开始放牧，后续可以在 5 月下旬早花期收获一次干草（Collins et al.，2018），总产量达 2.5～7.5 t/hm^2。放牧留茬 7～10 cm。4～5 月收获干草，保留的芽很少，后续再生困难。

2～3 月，绛三叶高 15～20 cm 时，可以开始放牧，产量达 2.5～5.0 t/hm^2。频繁放牧并不影响产量及后续存活，但花期的高放牧压会减少后续种子产量。

三叶草粗蛋白含量为 15%～20%，消化率为 60%～70%，随成熟进程而降低。箭三叶消化率一直高于绛三叶。有箭三叶或绛三叶的一年生冷季禾草草地，可以满足牲畜 1～1.5 kg/d 的生长量。

箭三叶及绛三叶存在臌胀病问题，但程度低于紫花苜蓿。绛三叶成熟果穗有倒钩刺，可能伤害食道，早花期收获可以避免这个问题（Ball and Lacefield，2000）。

豆草可作绿肥、轮作培肥、覆盖作物控制杂草及用作野生动物食料。

在温暖、炎热的暖季饲草生产系统，多年生禾草一般在 3 月生长，直到来霜。粗蛋白含量一般为 10%，生长快，营养价值降低得也快。高产又高质收获干草不现实，产量高时，质量低；质量高时，产量低。间断、轮流放牧可以获得高产及高营养效果。

狗牙根可以放牧并收获干草，但需要高水高肥，且由于根茎形成草皮，难以混播豆草。非常耐牧，可以频繁高强度去叶，一般高 15 cm 后放牧，高 5 cm 时停止放牧，3～

4 周放牧 1 次，停牧 4～5 周后可以收获干草。

百喜草相似于狗牙根，产量低一些，营养和适口性稍比狗牙根好一些。但因其形成草皮不密集，可以补播白三叶及冬季一年生豆草，获得高质量饲草场，并延长放牧期。因其种子穗含麦角碱，需频繁放牧，控制抽穗。

基于暖季多年生饲草的特征及生产目的，可发展整合经济效益及环境友好型的各式饲草系统。但不变的是，暖季多年生饲草可以通过施肥、混播冬季一年生禾草及豆草，改善产量，延长放牧期（图 4-6）。

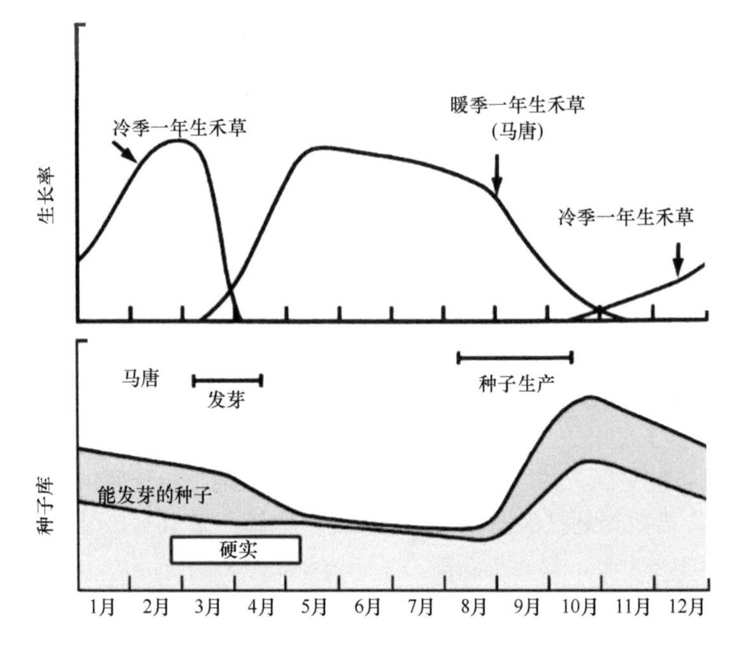

图 4-6 冷季一年生禾草可用于暖季多年生禾草地以延长放牧季节（Beuselinck et al.，1994）

暖季禾草喜水、肥。狗牙根每 5 周收割 1 次的情况下，随氮肥施加，产量变化呈曲线式增加。氮肥利用效率（每 100kg 氮肥生产的干物质量）在干旱年和湿润年不同。第一次施 100 kg 氮肥的氮肥利用效率，干旱年为 110 kg/kg N，湿润年为 160 kg/kg N；第二次施 200 kg 氮肥的氮肥利用效率，干旱年为 60 kg/kg N，湿润年为 110 kg/kg N，施肥效益递减。相同生长发育期情况下，冷季禾草的蛋白质含量比暖季禾草高 50%（暖季禾草为 10%，冷季禾草为 15%）。冷季禾草的标准 N 利用效率为 65 kg/kg N。

由于降水为不确定因素，狗牙根草地氮肥建议用量为每吨产量施 55～60 kg N/hm^2，产量增加，蛋白质含量略微增加（Burton and Hanna，1995）。氮肥用量增多，其利用效率下降，N 入渗并脱离根系的潜力增大，通过地表径流流失且污染河流的可能增加。因此，多次少量施氮肥可以减少地面及地下水污染。非山区草地，建议每次施氮肥量为 150 kg N/hm^2，在山区或需要多施肥时，建议多次少量施肥。

施氮肥的基本目标是在增加产量的基础上提高质量，从而增加载畜量及牲畜的每日生长量。施氮肥不延长放牧期。撒播冷季禾草及豆草可以扩展生长季并延长放牧期。撒播冬季一年生禾草，如冬小麦、多花黑麦草及籽粒黑麦也可以扩展生长季并延长放牧期，但需要额外施氮肥。

冬季一年生豆草，如箭三叶、红三叶及长柔毛野豌豆可被用于撒播。选择哪种禾草或豆草取决于土壤、管理目标、饲草的适应特征。错季、错峰补播有利于产量高峰期互补，同时需要增加投入和管理，但经济回报很好。轻耙后撒播有利于幼苗建植，但重耙往往对建植的多年生饲草场产生伤害。

秋季，暖季饲草生长慢，质量下降，此时，种植冬季一年生禾草以供应晚秋和冬季，但需要水分充足。根据降水及暖季饲草生长情况，调整种植日期。

冷季一年生豆草生长慢，需要更多的管理，调整土壤 pH，施磷肥是关键。豆草不耐阴，补播前，放牧或刈割控制暖季多年生饲草高度在 5～7 cm 有利于减少遮阴，有利于减少水分竞争，有利于种子发芽及幼苗建植。补播的最好办法是机播，或对多年生饲草场浅耙后撒播，撒播后镇压有利于种子与土壤紧密接触。

撒播冷季一年生饲草后，根系建立起来，每个植株分蘖 5～6 个，蘖高 25～30 cm 时，可以开始放牧。若条件适合，管理得当，籽粒黑麦及小麦具有为晚秋及早冬提供饲草的潜力。补播多花黑麦草、多年生冷季禾草或豆草后，直到春季用于放牧为宜。

夏季高丹草、御谷等暖季一年生饲草与冬季一年生冷季禾草的组合构筑了一个非常成功的系统。但管理复杂，成本较高，并且不能充分利用豆草固氮。

在籽粒黑麦、冬小麦及多花黑麦草冬季生长良好的地区，夏季可以种植螃蟹草，维持多年生产。秋季停止放牧 3～4 周，螃蟹草产生种子，形成种子库，供翌年春季再生长，不用年年种植。春季一年生饲草停止生长后，轻耙以促进螃蟹草发芽生长。此系统中，最好年年秋季撒播一年生饲草。

狗牙根饲草场每年施 50 kgN/hm^2（低水平），肉牛犊可以获得 0.8 kg/d 的生长量，季节内获得 300 kg/hm^2 的生长量。延长放牧期 2 个月，可增加日生长量 11%，1 hm^2 生长量增加 44%（表 4-18），但消耗更多土壤 N。混播冬季一年生豆草，扩展放牧季节长度少于禾草饲草，但日生长量增加 22%，1 hm^2 生长量增加 40%，表明豆草极大地提高了质量，豆草固氮也满足了 N 需要。

表 4-18　狗牙根饲草场播种一年生饲草及施肥后成年肉牛和小牛的生长性能

物种	施氮水平［kg N/（hm^2·a)］	放牧时间（月.日）	家畜生长量		
			肉牛（kg/d）	小牛（kg/d）	小牛（kg/hm^2）
狗牙根	110	4.6～10.5	0.22	0.72	325
狗牙根+黑麦草	177	2.14～10.5	0.36	0.34	468
狗牙根+三叶草	0	3.11～10.5	0.62	0.42	455
狗牙根+黑麦草+三叶草	110	1.8～ 10.5	0.41	0.86	567

资料来源：Ball et al.，1991

三、阔叶饲草生产体系

无论是在温冷的冷季饲草生产体系区，还是在湿热的暖季饲草生产体系区，除禾草、豆草外，还有一类阔叶草，其特征类似豆草，叶片宽展、短，长宽比为 1～5，远远小于禾草的长宽比，包括十字花科的油菜属、菊科的菊苣属和莴苣属、藜科的甜菜属和地肤属的相关种类。我国荒漠化草原区许多阔叶草种类具有开发价值，但需要灌溉条件。阔叶饲草主要在耕作条件下种植，适口性好、营养价值高。多数情况下，作为放牧利用，因其含水量高，不易收获储存。

1. 饲用油菜

油菜属包括蔬菜和油料作物，如包心菜、菜花、大白菜及油菜籽。世界各地利用油菜用作饲草有600年历史，包括芜菁（turnip）、芥菜（swede，rutabaga）、饲用油菜（forage rape）及羽衣甘蓝（kale）（表4-19）。

表4-19 油菜类群特征

类型	播种到收获（天）	收获部位	地面生长部分	是否有再生潜力
芜菁及其杂种	60～90	顶部和根	叶	是
饲用油菜	60～90	顶部	叶和茎	是
羽衣甘蓝（软茎）	90～150	顶部	叶和茎	否
羽衣甘蓝（无茎）	60～90	顶部	叶	是
芥菜	90～150	顶部和根	叶	否

油菜起源于地中海及中国，在新西兰、澳大利亚、欧洲及北美等世界各地广泛用作饲料作物及放牧用饲草作物。作为饲料种植的收获成本高，限制了其发展；近十几年，北美逐渐恢复其利用。

油菜的优点：油菜耐霜冻，禾草或豆草秋季遭霜打停止生长后，油菜依然鲜绿并保持生长。不像禾草或豆草那样随成熟进程而质量下降，甚至产生很大的地下器官储存非结构性碳水化合物，整个生育期都能提供高质量饲料。

种子发芽快，容易建植，具有与杂草及其他饲草高竞争能力。可用于一次性放牧。

芜菁，生育期80～90天，叶多汁，地上几乎无茎，成熟后地面处产生块根或粗壮主根。不同品种枝条与根的比例不同，美国‘紫顶’品种地下占50%以上，新品种要求地上占更多一些，地上为地下的2～5倍。

羽衣甘蓝，茎叶粗糙，成熟后营养基本不变，能忍耐–12℃低温。茎秆羽衣甘蓝的茎占60%，多叶羽衣甘蓝几乎全部为叶。

饲用油菜，生育期80～90天完全成熟。不产生块根，收获地上部分。有直立分枝类型（giant type）和上部分枝类型（dwarf type）两种。

芥菜，生长慢，需要150～180天成熟，地下储存大量非结构性碳水化合物。产生大的肉质根，容易与芜菁混淆，但其灰绿、深裂、光滑的叶片及明显的短茎与芜菁不同，其根细长，下部浅黄色，而芜菁根的下部白色。

油菜适应温度范围广，在许多温带湿润区可以全年生长。忍耐霜冻，并能在霜冻后生长，这是欧洲和新西兰广泛种植油菜的原因。在低纬度温带和亚热带地区，秋冬季也能种植，夏季超过32℃高温条件下生长良好。

适应土壤广泛，适宜土壤pH为5.5～7.0，比大麦耐盐（芜菁不耐盐碱），喜排水良好，不耐湿涝，耐干旱但生长降低。

油菜具有发达的根系系统，主根深入地下 1 m 以下，侧根延展 30～35 cm。芜菁和芥菜根细，限于地表。尽管油菜多汁，其生长水分利用量与紫花苜蓿相似，秋冬季水分利用量下降。

油菜多汁，植株水分含量高达 90%。油菜粗蛋白含量为 15%～25%，其中，茎为 10%～15%，叶片为 20%～25%（干物质）。芜菁和芥菜根的粗蛋白含量为 6%～15%。茎增多，质量下降，但随生长成熟，总体质量下降微弱。

油菜营养丰富，似精饲料。干物质消化率为 75%～95%，高于紫花苜蓿营养阶段的 70%～75%及未成熟禾草饲草的 60%～65%。茎组织消化率低于叶及所收获的根。随生长成熟，消化率变化微弱，全生长季可以提供高质量饲草，甚至生长季末质量也不变化。

油菜对矿物质吸收充分，除微量元素 Cu、Mn、Zn 外，其他元素足以满足放牧牲畜生长需要。当土壤中缺少某些微量元素时，其上的油菜地放牧牲畜需要补饲这些微量元素。收获根的饲料油菜，根及地上部分矿物质组成相似，Ca、Mg、N 及 Mn 含量低。相比于多年生禾草，饲草油菜含高浓度 Ca、Mg 及 K。

矿物质失衡是饲草油菜的一个问题。饲草油菜地上部分 Ca 含量高，其 Ca∶P 远高于推荐范围的（1∶1）～（2∶1），芜菁及芥菜根的 Ca∶P 较为适宜，但总体还是超出推荐范围。高含量 K 限制 Mg 的有效性，可引起易感牲畜低镁抽搐（hypomagnesemic tetany）。

油菜有各种含硫抗质量因子，降低牲畜生长（Collins et al.，2018）。各种饲草油菜都含介子油苷（glucosinolate），对成年牲畜影响较小，但刺激怀孕胎儿及幼畜甲状腺活跃，补碘是降低此风险的办法。

油菜富含 *S*-甲基半胱氨酸硫氧化物（*S*-methyl cysteine sulfoxide）。羽衣甘蓝中含量最高，且随生长成熟含量增加，限制采食量可以降低急性贫血症的风险。

与许多其他饲草一样，油菜积累亚硝酸，地上含量比根中多，NO_3^--N 浓度超过 0.48%有中毒风险。

油菜发芽温度为 10～35℃，出土需要 4～5 天，苗地无杂草，土壤紧实、湿润。饲料油菜及羽衣甘蓝的机播量为 3.8～4.4 kg/hm^2，芜菁和芥菜的机播量为 1.6～3.3 kg/hm^2，后者若播量多，根变小，可能引起牲畜采食卡喉窒息问题。

细土播种深度 0.6～1.2 cm，粗土播种深度 1.2～1.8 cm，行距 15～20 cm，可以隔行种植小粒谷物。若隔行种植，种子用量减半，谷物种子用量也减少一些。可以撒播，种子用量多一些，特别是用机器撒播时，可以获得很好的产量效果（图 4-7）。

油菜竞争杂草的能力弱，播种前用除草剂处理，出苗后幼苗竞争杂草能力很强。用浅耙草皮的办法，油菜可以补播于已建植的多年生草地。重度放牧或割草后，施除草剂可杀死多年生草地的地上部分，机械播种建植油菜地，多年生草地在一个生长季后可以恢复生长。

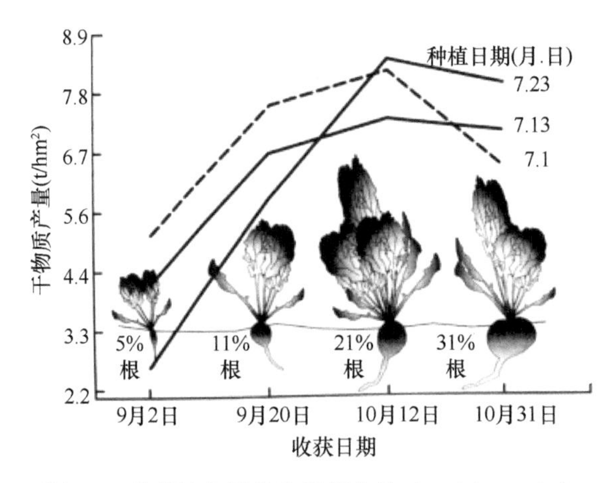

图 4-7　芜菁地上部分和根部产量（Nesbit，1985）

7 月上旬种植的芜菁在 9 月提供了更多的干物质，7 月下旬种植的芜菁在 10 月底的产量最高，但根部占干物质总量的 1/3

每单位干物质油菜需 N 量比禾草高 20%（芜菁和芥菜）或 40%（饲料油菜），建议施 N 量为 55～110 kg/hm^2，放牧后利用再生之前，再施 55～80 kg/hm^2。P、K 需要保持足够，油菜喜 K。幼苗期施 N、P 有利于幼苗竞争杂草。多年生草地补播油菜时，根据观察判断，决定补 N 量，一般需要多量补 N。

放牧停止 30 天后，多叶芜菁、饲草油菜及无茎羽衣甘蓝再生可以继续放牧。仅需要秋季一次性放牧情况时，可以种植根状芜菁、芥菜。可以作为第 1 茬或第 2 茬的轮作作物，也可以浅耙穿插播种于多年生禾草地或苜蓿地。在几乎无霜期地区，可以根据其他饲草生产高峰低谷特点，实施播种油菜，以形成稳定的饲草供应状态。饲草油菜难以机械加工调制干草或青贮，因此，最适合于放牧。

多叶芜菁及饲草油菜开始放牧时间不能晚于生长后 60 天，以免形成根冠。饲草油菜再生能力强，放牧留茬 15～25 cm，30 天后可以再放牧利用。根状芜菁和芥菜需要生长 150～180 天后放牧，后续几乎无再生，所以多在生长季末作为晚秋或早冬的地上储备草利用。无茎羽衣甘蓝生长 80～90 天后放牧利用，后续可以利用再生草。

采用带状放牧（strip grazing），后面的充分利用以后，向前移动隔栏，一条一条利用。分散放牧利用不充分、践踏污染，后续再生不好。

持续几天气温低于–12℃，油菜可能会发生霜冻。牲畜可以利用霜冻的油菜，但若太阳照射化冻，营养物质快速发生分解变化。霜冻后一段时间，根状芜菁、芥菜的根仍能很好地保存一段时间，扩展了放牧期（Koch and Karakaya，1998）。牛可以拔出这些根吃掉，羊一般只能取食地上部分。

放牧于油菜地，牲畜饮水减少。目前并无证据表明油菜含水量大，导致其干物质采食量减少。高蛋白、高水分、低纤维增加臌胀病风险，或可能引起瘤胃不正常发酵。这可以通过开始的几天少放牧进行调整，并补饲干草。若可能，以后需维持补充总采食量 25%的干草。维持补充干草可以最小化抗质量因子作用，补充谷物籽粒也是限制过多利用油菜的一个途径。

施氮肥增加亚硝酸盐风险，冷天、有云天风险加重。补饲干草减少亚硝酸盐作用。芥子油苷能引起甲状腺问题，补碘有效。由于油菜的 Ca 含量高，需补充 P 调整 Ca∶P，当根状芜菁或芥菜的根主要为放牧饲料时，可以减少 P 的补充量。油菜 Mg 含量很高，但由于其 K、N 含量也很高，限制 Mg 吸收，易引起低镁抽搐，需要补 Mg。若在油菜地放牧产奶牲畜，产后前 2 个月需开始补 Mg。

油菜易遭受严重虫害，如白菜跳甲（*Phyllotreta cruciferae*）、条纹跳甲虫（*Phyllotreta striolata*）、菜蛾（*Mamestra brassica*）、菜粉蝶（*Pieris rapae*）及甘蓝地种蝇（*Delia radicum*）。另外，菌根腐病、叶斑病时常发生。发病严重时损失严重，或可能导致绝收。

生产中使用杀虫剂不可避免，需注意用药安全。采用抗病品种是农艺选项，轮作可以降低发病风险。秋季及早收根茎类油菜作为储备饲草料可以减少根腐病发生。

2. 饲草菊苣

饲草菊苣为短命多年生阔叶草。自然分布于欧洲、西亚、中亚、北非和南美。作为食物已被利用了几个世纪之久，干燥的根磨细后可用作咖啡的代用品。作为饲草已被利用了 300 多年。菊苣广泛适应温带环境，在北温带地区，春、夏、秋季都生长活跃；在南温带地区，夏季休眠，晚夏及秋季生长旺盛。

菊苣耐受广泛的土壤条件，喜排水良好、肥沃土壤；不耐酸，需土壤 pH>5.5；不耐旱，有深主根，可以躲避干旱。存活持久期类似于紫花苜蓿，5 年或更久一些。积水及黏重土壤限制其存活持久期。可以单播或与冷季禾草混播种植。

菊苣呈莲座丛状生长，自茎基部抽条，播种当年不开花，翌年晚春不产生繁殖枝，快速生长至 1.5 m，繁殖枝发育过程被称为抽薹（bolting）。其营养质量类似紫花苜蓿（图 4-8）。

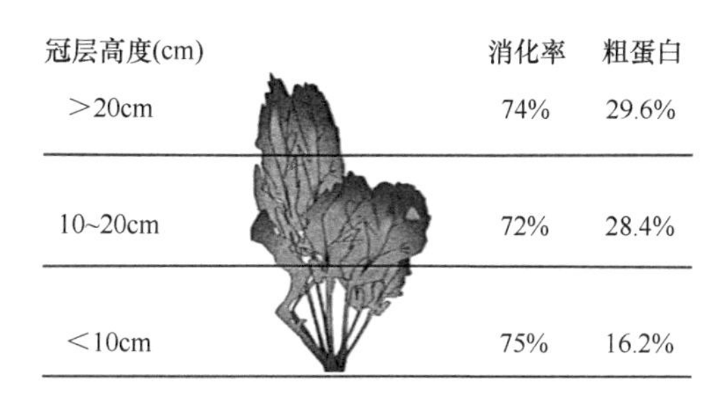

图 4-8　菊苣饲料的品质（Miller and Nelson，1995）

北方春季播种，南方可春季或秋季播种，采用条播，埋深 0.5～1.0 cm。若混播到已存在草地，多采用除草剂杀死地上部分，然后播种，以减少竞争。单播播种量为 4.48～5.60 kg/hm^2；混播播种量为 2.24～3.36 kg/hm^2，其他饲草播种量减少 1/3。需要施肥，一般施氮肥 200 kg N/hm^2，并补充相应的磷、钾肥，产量对肥力有良好的响应（图 4-9）。

最普通的利用方式是放牧，一般用条带放牧或划区轮牧，连续放牧或超载放牧对根冠伤害严重。春季生长 80～100 天后可以开始放牧利用，休牧间隔期为 25～30 天，留茬 5 cm，这最有利于产量、质量及其持久性。通过调整放牧或刈割可以控制抽薹。

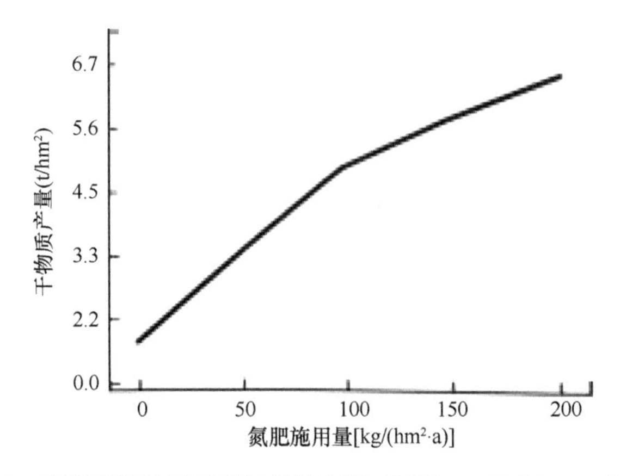

图 4-9 菊苣产量对氮肥施用量的响应（Miller and Nelson，1995）

第三节 中国饲草生产体系

饲草生产系统，基于气候，包括地下水及灌溉等水分条件和温度条件，确定的饲草种类及其组合的生产过程、生产模式。不同的饲草生产系统决定了饲草利用方式及有效的牲畜生产模式。世界范围内，包括中国，饲草生产系统基本可以归纳为三类。

（1）天然草地的饲草生产系统，天然草原，苔原、荒漠、灌丛或森林所形成的饲草生产系统。主要用于放牧，形成放牧场，并管理为自然生态系统。可补播或施加其他改良措施，维持稳定的地力和产量，一般产量为 1～3 t/hm^2。干旱、半干旱区草原为此类生产系统的代表。

（2）饲草作物的饲草生产系统，是通过种植饲草作物，并进行系列的农艺管理，所建植的饲草生产系统。周期性耕作，管理为人工生态系统，多采用划区轮牧的牲畜生产模式，作为放牧场，也用于收获干草或青贮给喂牲畜，一般产量为 4～9 t/hm^2。世界上最为成功的饲草作物的饲草生产系统为黑麦草+白三叶混播草地。这类似于农作物生产的小麦生产模式或水稻生产模式或玉米生产模式，为世界范围内栽培草地的典型模式。

（3）饲料作物的饲草生产系统，通过种植高大饲料作物，并进行系列的农艺管理，所建植的饲草生产系统。周期性耕作，并管理为人工生态系统，多用于收获干草或青贮给喂牲畜，也用于放牧，一般产量 10～40 t/hm^2。美国东部地区的青贮玉米及其大规模高效饲养模式为典型代表。

上述三类饲草生产系统，在不同气候及土壤条件下，组合产生不同的变化模式。同时，各饲草生产系统结合籽粒或经济作物生产，发展出了多样的饲草作物、经济作物、粮食作物生产模式。

在地表水及地下水丰富可用的地区，无论是干旱区或半干旱区，都可以通过发展饲草作物或饲料作物的饲草生产系统，获得响应于温度或肥力的高产饲草作物生产系统。

一、饲草生产体系

中国植被有 8 个类型区（图 4-10），每个类型区都具有特定的气候条件和植被类型，决定了特定的饲草生产系统。结合第二章饲草生产气候系统，可以对总体的饲草生产系统有个框架性理解。

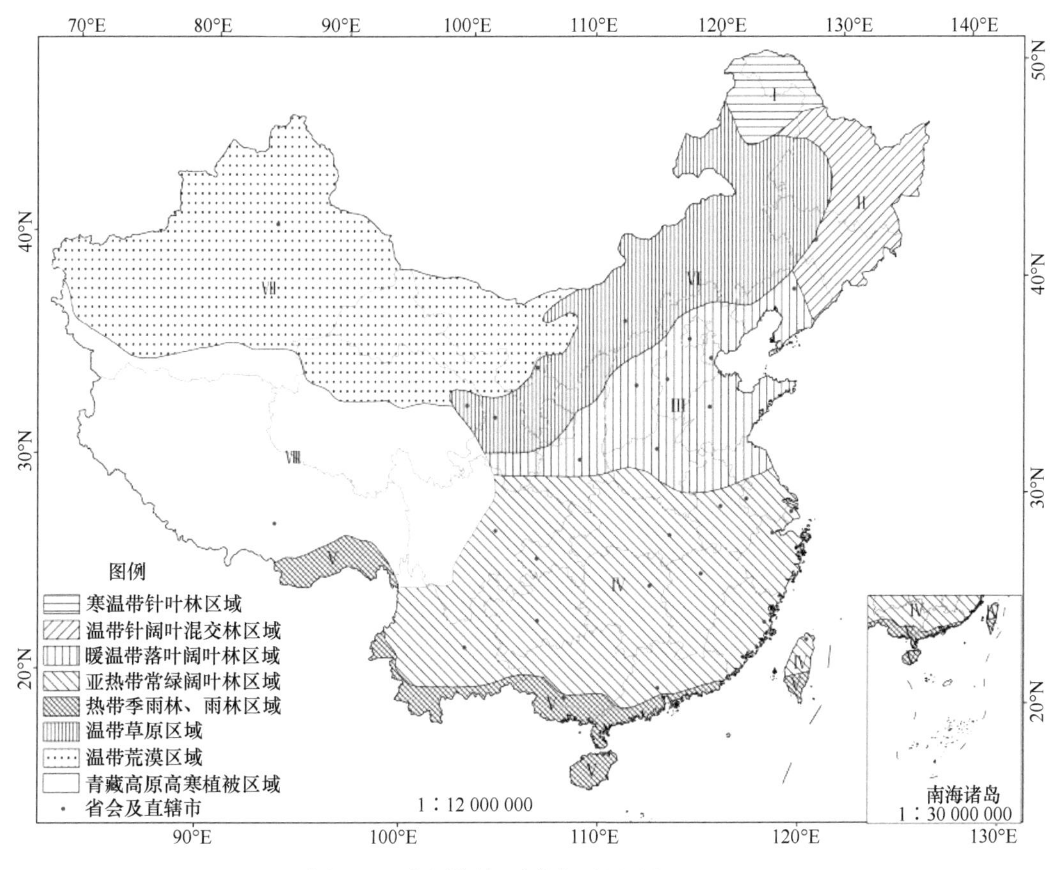

图 4-10　中国植被区划图（吴征镒，1980）

（1）温带荒漠区域、青藏高原高寒植被区域，即荒漠饲草气候系统。降水量少于 220 mm，生物量<1 t/hm^2，为天然草地饲草生产系统，适宜于低强度自由放牧及高效育肥。

（2）温带草原区域，即草原饲草气候系统。降水量 220～420 mm，生物量 1～3 t/hm^2，为天然草地饲草生产系统，适宜于低密度放牧及高效育肥。

（3）寒温带针叶林区域、温带针阔叶混交林区域，即冷湿饲草气候系统、温湿饲草气候系统。降水充沛，热量不足，为天然草地饲草生产系统。部分地区适宜发展饲草作物饲草生产系统，适宜于自由放牧、划区轮牧及高效育肥。

（4）暖温带落叶阔叶林区域、亚热带常绿阔叶林区域和热带季雨林、雨林区域，即暖湿饲草气候系统。降水及热量充沛，适宜利用林下草地自由放牧，部分地区适宜发展高产饲料地饲草生产系统，进而发展自由放牧、划区轮牧及高效育肥。

各植被区内，除天然生产的饲草，土地的农田化利用程度不一，产生了种类和数量不一的农作物秸秆，影响且改变了牲畜生产模式。总体是在上述饲草生产体系及牲畜生产方式下，大量加入了农作物秸秆作饲草利用，形成了草地-秸秆畜牧业生产模式。

中国饲草资源丰富，类型多样，根据水热组合分为 18 类（表 4-20），并依据草丛高度分 11 组，依据优势种分 813 型。可利用面积 331.0 万 km^2，产饲草 3.36 亿 t（中华人民共和国农业部畜牧兽医司，1996）。

表 4-20 中国草地类型、面积及产量

草地类型	可利用面积（万 km^2）	单产（t/hm^2）	总产（亿 t）
温性草甸草原	12.8	1.47	0.19
温性草原	36.4	0.89	0.32
温性荒漠草原	17.1	0.46	0.08
高寒草甸草原	6.0	0.31	0.02
高寒草原	35.4	0.28	0.10
高寒荒漠草原	7.8	0.20	0.02
温性草原化荒漠	9.1	0.47	0.04
温性荒漠	30.6	0.33	0.10
高寒荒漠	5.6	0.12	0.01
暖性草丛	5.9	1.64	0.10
暖性灌草丛	9.8	1.77	0.17
热性草丛	11.4	2.64	0.30
热性灌草丛	13.5	2.53	0.34
干热稀树灌草丛	0.6	1.77	0.01
低地草甸	21.0	1.73	0.36
山地草甸	14.9	1.65	0.25
高寒草甸	58.8	0.88	0.52
沼泽	2.3	2.18	0.05
其他	32.0	1.22	0.39
合计	331.0	1.02	3.36

数据来源：中华人民共和国农业部畜牧兽医司，1996

作为土地利用类型，在综合考虑气候、土壤及植被条件下，对潜在饲草生产体系重点考虑温度、水分决定的产量（沈海花等，2018），有助于突出气候条件，权衡灌溉潜力及效益，发展适宜的饲草生产模式。

中国干旱、半干旱区，包括青藏高原，天然植被为草原、荒漠，形成了天然饲草生产系统，正在利用为放牧场或潜在放牧场，其面积及产量受制于气候。虽然其产量有 1～3 倍的变化，但面积广大，并有农田秸秆补充，具有一定的缓冲性。除草原区外的其他地区，即原始植被为森林的地区，草地面积数量及产草量取决于森林受干扰及恢复程度，面积数量及产草量极不稳定，林下放牧有基础。同时，林区农田面积及其秸秆产量稳定，适宜地形及林下草地面积稳定（表 4-21），对发展草食牲畜畜牧业有重要意义，特别是对于养牛有巨大潜力。

表 4-21　各省耕地、林地、草地及其估算参数和相应的饲料地单位

省份	人口（万人）	耕地（万 hm^2）	转换参数	林地（万 hm^2）	转换参数	草地（万 hm^2）	转换参数	农地饲料地单位（万个）	林地饲料地单位（万个）	草地饲料地单位（万个）	饲料地单位合计（万个）	估算饲料产量（百万t/年）	估算饲养量羊单位（百万个）
北京	2 154	34.0	6.0	74.0	10.0	0.0	20.0	7.8	7.4	0.0	15.2	304.7	609.3
天津	1 560	47.0	6.0	5.0	10.0	0.0	20.0	8.3	0.5	0.0	8.8	176.7	353.3
河北	7 556	735.0	6.0	460.0	10.0	40.0	20.0	136.3	46.0	2.0	184.3	3 686.7	7373.3
山西	3 718	447.0	3.0	486.0	5.0	3.0	10.0	162.7	97.2	0.3	260.2	5 203.3	10 406.7
内蒙古	2 534	934.0	10.0	2323.0	10.0	4953.0	30.0	94.0	232.3	165.1	491.4	9 828.0	19 656.0
辽宁	4 359	544.0	6.0	562.0	10.0	0.0	20.0	98.5	56.2	0.0	154.7	3 094.0	6 188.0
吉林	2 704	706.0	6.0	886.0	10.0	24.0	20.0	118.8	88.6	1.2	208.6	4 172.7	8 345.3
黑龙江	3 773	1589.0	6.0	2183.0	10.0	110.0	20.0	265.5	218.3	5.5	489.3	9 786.0	19 572.0
上海	2 424	21.0	3.0	5.0	5.0	0.0	5.0	7.7	1.0	0.0	8.7	173.3	346.7
江苏	8 051	488.0	3.0	26.0	5.0	0.0	10.0	172.7	5.2	0.0	177.9	3 557.3	7 114.7
浙江	5 737	255.0	3.0	564.0	5.0	0.0	5.0	104.0	112.8	0.0	216.8	4 336.0	8 672.0
安徽	6 324	622.0	3.0	374.0	5.0	0.0	5.0	219.0	74.8	0.0	293.8	5 876.0	11 752.0
福建	3 941	211.0	3.0	833.0	5.0	0.0	5.0	96.0	166.6	0.0	262.6	5 252.0	10 504.0
江西	4 648	341.0	3.0	1032.0	5.0	0.0	5.0	124.3	206.4	0.0	330.7	6 614.7	13 229.3
山东	10 047	830.0	3.0	148.0	5.0	1.0	5.0	300.3	29.6	0.2	330.1	6 602.7	13 205.3
河南	9 605	833.0	3.0	345.0	5.0	0.0	5.0	284.7	69.0	0.0	353.7	7 073.3	14 146.7
湖北	5 917	572.0	3.0	859.0	5.0	0.0	5.0	206.7	171.8	0.0	378.5	7 569.3	15 138.7
湖南	6 899	480.0	3.0	1221.0	5.0	1.0	5.0	181.7	244.2	0.2	426.1	8 521.3	17 042.7
广东	11 346	386.0	3.0	1002.0	5.0	0.0	5.0	170.7	200.4	0.0	371.1	7 421.3	14 842.7
广西	4 926	547.0	3.0	1331.0	5.0	1.0	5.0	218.3	266.2	0.2	484.7	9 694.7	19 389.3
海南	934	164.0	3.0	120.0	5.0	2.0	5.0	85.3	24.0	0.4	109.7	2 194.7	4 389.3
重庆	3 102	264.0	3.0	387.0	5.0	5.0	5.0	97.0	77.4	1.0	175.4	3 508.0	7 016.0
四川	8 341	746.0	3.0	2216.0	5.0	1096.0	5.0	273.0	443.2	219.2	935.4	18 708.0	37 416.0
贵州	3 600	468.0	3.0	893.0	5.0	7.0	5.0	161.3	178.6	1.4	341.3	6 826.7	13 653.3
云南	4 830	785.0	3.0	2302.0	5.0	15.0	5.0	316.0	460.4	3.0	779.4	15 588.0	31 176.0
西藏	344	44.0	10.0	1603.0	10.0	7072.0	30.0	4.4	160.3	235.7	400.4	8 008.7	16 017.3
陕西	3 864	480.0	3.0	1117.0	10.0	217.0	30.0	187.3	111.7	7.2	306.3	6 125.3	12 250.7
甘肃	2 637	564.0	10.0	610.0	10.0	592.0	30.0	59.0	61.0	19.7	139.7	2 794.7	5 589.3
青海	603	60.0	10.0	354.0	10.0	4082.0	30.0	6.1	35.4	136.1	177.6	3 551.3	7 102.7
宁夏	688	134.0	10.0	77.0	10.0	149.0	30.0	13.9	7.7	5.0	26.6	531.3	1 062.7
新疆	2 487	586.0	10.0	896.0	10.0	3573.0	30.0	64.8	89.6	119.1	273.5	5470.0	10 940.0
合计	14.0 亿	14917.0		25 293.0		2 1943.0		4 246.2	3943.8	922.5	9 112.5	182 250.7	364 501.3

数据来源：国家统计局，2019；中华人民共和国国土资源部，2018

除天然草地放牧饲养、草地-秸秆放牧饲养及可能的边际土地建设饲草场饲养外，森林牧场在我国具有广阔的发展空间。新颁布的《中华人民共和国森林法》规定幼龄林禁止放牧。那么成熟林及过熟树林是否应该放开允许放牧饲养？现在尚无研究证明，牛在林下适度放牧采食对森林生态系统有实质性损伤。森林牧场是我国牛产业的希望之地。

因为各地区草地、农田秸秆及其林下草地产量截然不同，简单的面积数缺少可横向比较的意义。为了各省各地区之间可以横向进行比较，探究各省的饲养潜力，定义“饲料地单位”，将各类土地进行转换，估计各省的饲草产量及其草食牲畜生产潜力。转换后，可以实现草地饲草饲养、农田秸秆作饲料、林下草放牧饲养之间的混合计算及生产潜力估计。

饲料地单位：相当于生产青贮饲料玉米干物质 20 t/hm^2 或 15 t/hm^2 可消化干物质的土地面积。对农田、草地或林地赋值相应参数，分别除以相应转换参数后，计算草地、农田生产籽粒后剩余秸秆及林下草相当的饲料地单位数（表 4-21）。

转化参数赋值可以根据降水及其积温等影响因子综合计算，本节简化处理（表 4-21）。

耕田（包括园地）分 3 档，分别赋值 10、6 和 3。北方耕地赋值 10，相当于籽粒收获后平均可收获秸秆 3 t/hm^2，10 hm^2 农田可收获 30 t 秸秆，消化率按 50%计算，可消化干物质为 15 t/hm^2，余类推。

林地分 2 档，分别赋值 10 和 5。北方林地草地及林下落叶产青草干物质 2 t/hm^2，10 hm^2 产 20 t 青草干物质，南方草地 1 hm^2 产 4 t 青草干物质，5 hm^2 产 20 t 青草干物质。

草地分 4 档，分别赋值 30、20、10 和 5。北方草地 30 hm^2 产可用青草干物质 20 t，余类推。

经转换计算后发现，我国四川、云南具有最多的饲料地单位，生产潜力最大（图 4-11）。当然，本节忽略了不可及的山地、沟谷等限制。总体，我国有 9000 万个饲料地单位，年可生产饲草饲料 18 亿 t（不包括粮改饲及人工草地的产量），饲养 36 亿个羊单位。即充分利用现有草地、农田秸秆及林下草资源可以饲养 36 亿个羊单位，潜在生产胴体肉 3000 万 t，相当于现在的 3 倍。

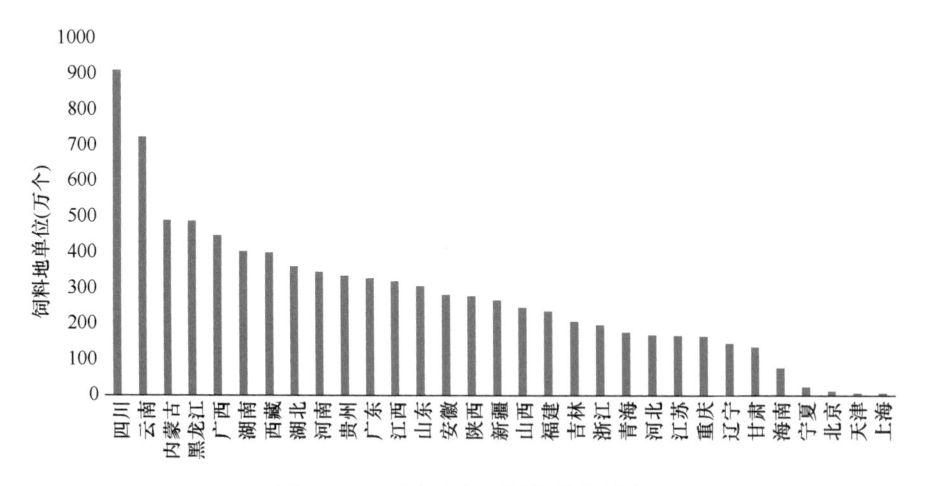

图 4-11　各省份合计饲料地单位排序

总体上，我国广大的天然草地一般多用于发展放牧场，在生产牲畜的同时，管理为自然生态系统，维护脆弱的草原健康存在。优势植被为森林的地区，除利用林下草资源放牧发展放牧场外，开垦为农田种植粮食作物及经济作物，部分发展为饲草场，用于划区轮牧或收获给喂饲养，发展高效牲畜生产有巨大潜力。同时，结合农田秸秆资源利用，发展秸秆畜牧业、草地–秸秆畜牧业具有无限潜力。

中国的人口基数决定需要有足够的口粮生产用地，决定其饲草生产系统在坚持上述饲草生产体系的同时，饲草作物的饲草生产系统及饲料作物的饲草生产系统发展面积比例需要符合中国的特定情况。中国的干旱、半干旱区草原适宜发展天然草地饲草生产系统，维持低强度放牧，这是无奈的必然选择。但是，我国的半湿润区及湿润区，没有美国、新西兰及澳大利亚能发展饲草作物饲草生产系统实行放牧的基础。在我国的这些地区，需要发展饲料作物的饲草生产系统，实现高投入高产出，发展集约高效草地畜牧业。

二、牲畜生产体系

气候及土壤决定植被，决定饲草生产体系或潜在的生产体系，进一步决定草食牲畜生产过程及生产模式。全国范围内，基于饲草生产体系及潜在的饲料来源，确定有 5 种草食牲畜生产模式：草地畜牧业生产模式、草地–秸秆畜牧业生产模式、农田秸秆畜牧业生产模式、林地–秸秆畜牧业生产模式、秸秆–林地畜牧业生产模式及隐域生境畜牧业生产模式。这 6 种生产模式分别体现在不同的地区（图 4-12）。

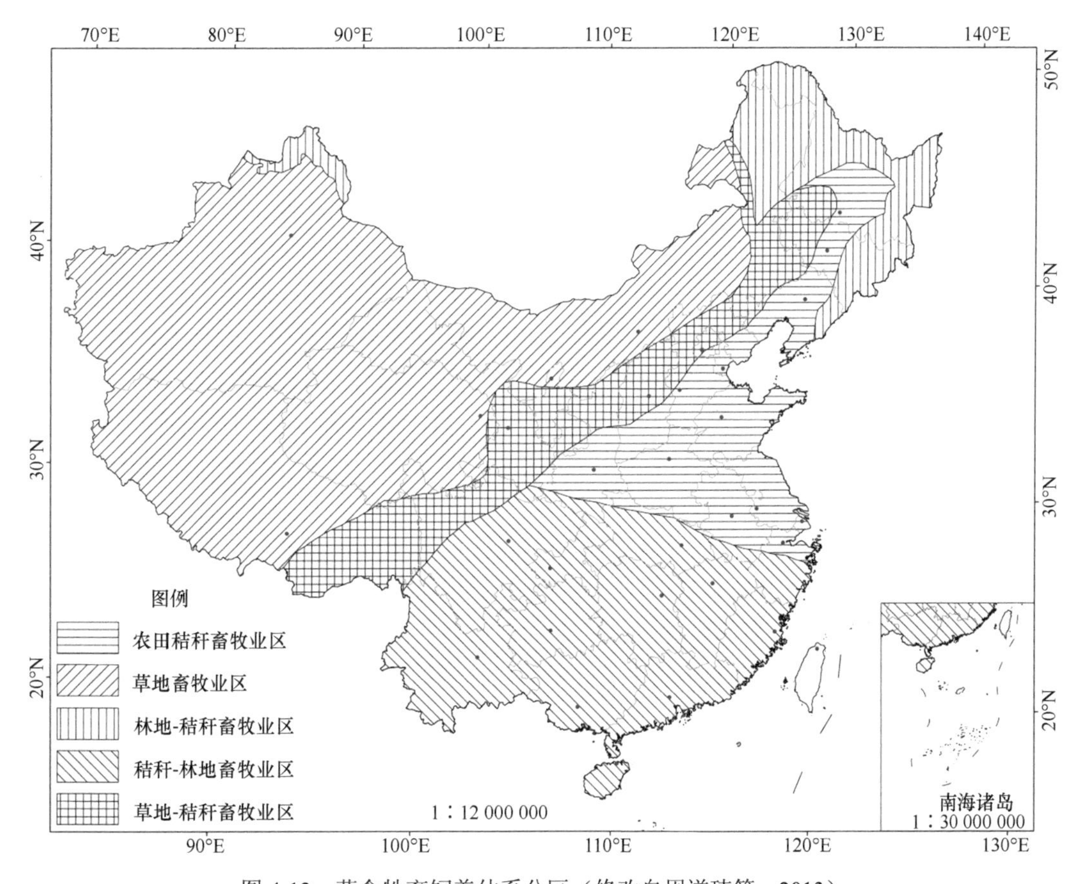

图 4-12　草食牲畜饲养体系分区（修改自周道玮等，2013）

草地畜牧业区：降水<330 mm 的草原区，即草原饲草气候系统，草原面积广大，饲草料主要来源于天然草地，饲草产量低，少部分来源于农田秸秆。适宜夏季大面积放牧饲养，3 月产羔，羔羊当年出栏，冬季保留基础母羊储料饲喂的草地畜牧业体系。

该区气候总体是冬季寒冷，冬季平均气温<–10℃，低温胁迫严重，生长季不足 6 个月。羔羊可以当年出栏进入市场，犊牛越冬消耗大量体能，并且饲草密度不足以支持牛的高生长率，此区适宜顺其自然养羊，不适宜养牛。

草地–秸秆畜牧业区：降水 330～420（600）mm 的森林–草原过渡区域，属于草地饲草气候系统、湿润饲草气候系统和温湿饲草气候系统的过渡区。草地面积与农田面积比例相当，农田秸秆产量高，饲料来源主体是农田秸秆，有一定面积的放牧场。适宜夏季利用有限放牧场放牧，冬季秸秆大量补饲。3 月产羔，羔羊当年生长季末出栏，冬季保留基础母羊储料饲喂的草地–秸秆畜牧业体系。

此区降水总体适宜于发展多年生饲草作物，不适宜生产粮食作物。同时，此区北部冷湿饲草气候系统冬季平均气温<–10℃，低温胁迫严重，适合如草地畜牧业区一样养羊，不适合自然养牛，其他区域适合自然养牛。此区空间面积相对广大，适宜牛、羊混合饲养，即是传统的农牧交错带，也是牛、羊饲养混合带，并是半放牧–半圈养舍饲带。未来，此区适宜广泛发展饲草饲料地，发展规模化、工业化、集约化的现代化饲养。

农田秸秆畜牧业区：降水>420 mm 的传统农业种植区，农田面积广大，饲草饲料主要来源于农田秸秆及农业副产品，数量丰富，有少部分山坡沟谷路旁草地。适宜秸秆处理基础上的储料圈养，发展农田–秸秆畜牧业体系。

该区气候总体温暖，冬季平均气温>–10℃，但此区空间局限，适宜饲养牛等大牲畜，并可全年任何季节产犊，不受寒冷等因素制约。此区存在一定程度的高温胁迫，需要有降温措施。未来，此区生产玉米的土地适宜大量用于生产饲料作物，发展规模化高效集约现代化饲养。

林地–秸秆畜牧业区：降水>420 mm 的北方森林区，多山地，森林面积广大，具有丰富的草山草坡及树木落叶等饲草料资源，并有相对多的农田秸秆，但农田比重少，多水田的稻草秸秆。适宜发展山地放牧、秸秆大量补饲的秸秆–林地畜牧业体系。

林地–秸秆畜牧业区不具有空旷的羊放牧场地，选择养牛是现实的畜牧业发展途径。但因冬季气候寒冷，冬季平均气温<–10℃，低温胁迫严重，并且生长季短，养牛需要有完善的防寒条件。

秸秆–林地畜牧业区：温暖、炎热的南方地区，农田比例相对多，秸秆相对多，适宜发展以秸秆饲喂为主的林下放牧饲养的秸秆–林地畜牧业体系。此区夏季炎热，夏季长时期平均气温>25℃，有高温胁迫，并且同样不具有开阔的放牧场，适于养牛。尽管饲养热带牲畜类型，但炎热地区或存在高温胁迫，保证放牧林地有相对多的高大树木遮阴非常必要。

未来，我国需要开放 40%的林地养牛才能自给满足不断增长的肉品需要（周道玮等，2013），发展秸秆–林地畜牧业体系是我国粮食安全及北方生态安全的保证。

隐域生境畜牧业区：在草地畜牧业区，有 2 亿～3 亿亩隐域生境，其土壤含水量高于降水>420 mm 气候区的土壤含水量，并且土壤肥沃，具有生产高产饲料作物的潜力。

并且外围空间广大，具备发展高产饲料作物种植、放牧基础上大量补饲和发展高效集约草地畜牧业的优越条件。

这些区域总体气候寒冷，适宜适当规模集约化养羊，在有棚圈防寒措施条件下，也适宜于养牛。此区的农业区域，除了生产相当数量的籽粒粮食外，生产了相当数量的作物秸秆，现行的畜牧业发展模式类似于草地–秸秆畜牧业区的草地–秸秆畜牧业。未来，这些地区需要权衡粮食生产亦或高产饲料作物生产并进行养殖。

草地畜牧业区各省份所生产的粮食基本满足区域内的口粮、工业粮及基础饲料粮需求（周道玮等，2017）。因此，此区域内似应限制粮食生产，鼓励发展草食牲畜生产。

农田–秸秆畜牧业区的粮食生产有余，并产生了大量的农田秸秆。充分发展高产饲料作物生产并养殖，完全充分利用农田产物，对于我国食物生产结构调整及环境保护具有积极意义。

林地–秸秆畜牧业区、秸秆–林地畜牧业区秸秆资源丰富，林下饲草料资源丰富，气候适宜，具有养牛的得天独厚优势。政策性开放林下资源利用是保护我国农田生态环境、草地生态环境及保障我国食物供给安全的重要途径。

我国猪肉生产消费了50%多的原粮，即50%多的农田地所生产的粮食用于生产猪肉（周道玮等，2013），降低了农田效益，加大了农田生态环境压力。

未来，我国18亿亩基本农田的一半左右，即8亿～9亿亩，用于生产籽粒粮养猪还是生产饲草料养牛、羊需要科学地权衡决策。哪些农田地可用于种植饲草作物？多少农田地可用于种植饲草作物？种植什么饲草作物及怎样饲养等。这是我们种植业、养殖业结构调整，保障国家粮食安全及生态安全面临的巨大挑战。

第四节　东北饲草作物的生长

发展高产饲草生产系统需要适宜的饲草作物品种或饲料作物品种。对各饲草品种、饲料品种进行生态适应性、产量效益性评估是饲草培育及利用的基础。2015～2018年，在长岭县、长春市对比研究了北方主要饲草、饲料作物的生长过程及产量潜力。

总体认为，玉米为饲草饲料作物种植首选，为“饲料之王”。适宜种植玉米的地区，在发展饲草作物时需要首选玉米，这样既有产量保证，又有质量保证，并有经济效益。单位面积可收获的能量、粗蛋白都最高。在长春地区，全株青贮玉米的单位面积干物质产量为35～40 t/hm^2，消化率为70%～75%，粗蛋白含量为9%～11%。1 hm^2 可收获消化能50万MJ，可收获粗蛋白3.5～4.0 t。但玉米需要种植在降水量>450 mm、活动积温>3000℃的地区才可以获得稳定经济效益。同样地区，紫花苜蓿即使产量达到15 t/hm^2，粗蛋白含量即使达到20%，也仅能收获粗蛋白3 t/hm^2，收获总能值仅为26万MJ。种植玉米无论是收获能值还是营养都高于紫花苜蓿。

东北干旱地区，紫花苜蓿几乎没有选择种植的可能。尽管其质量优异，但在适宜种植玉米的地区，种植紫花苜蓿效益不足。同时，由于收获利用环节存在问题，没有大面积发展的基础。

紫花苜蓿蒸腾耗水系数为800 kg/kg干物质，即每生产1 kg干物质需要800 kg水，这个参数高于水稻，是玉米的 2 倍。蒸腾耗水系数 800 kg/kg 干物质意味着 1 hm^2 生产 10 t 干物质，即 1 m^2 生产 1 kg 干物质，需要 800 mm 降水或相应的灌溉量，只有这样的水分条件才能保证紫花苜蓿发挥潜在产量。

在适宜种植玉米的相邻外围气候区域，苏丹草、高丹草及甜高粱为可以选择的饲草作物，干物质产量一般为 25～30 t/hm^2。

在适宜种植苏丹草、高丹草及甜高粱的气候区外围，燕麦、饲用油菜为主要可选择的饲草作物。燕麦、饲用油菜生长季短，可以充分利用北方夏季雨热同期的特点，在 6 月、7 月种植，9 月收获。

其他饲草作物可以小面积择机种植。为了充分利用不同面积的地块，或满足时令需求进行特定生产，或与玉米、苏丹草、燕麦进行轮作、混作，特别是发展 1 年 2 茬种植体系，以提高产量或质量。

一、饲料玉米、苏丹草、高丹草、甜高粱

（1）饲料玉米（*Zea mays*），暖季饲草，早春生长慢，夏季生长快，茎叶生物量大于籽粒生物量，生育期相对长。落霜前生长至乳线中期的品种都可种植利用，生物量 35～40 t/hm^2。青贮玉米（‘曲辰 9 号’），高 2.5～2.8 m，茎秆脆弱，消化率高。

生长特性	日期（月.日）								备注
	5.25	6.13	6.21	7.6	7.21	8.3	8.20	9.28	
生育时期	3 叶期	5 叶期	拔节期	拔节期	拔节期	抽穗期	灌浆期	1/2 乳线期	喜水肥 有倒伏
株高（cm）	45～50	70～75	85～90	130	170	220	240	260	

（2）苏丹草（*Sorghum sudanense*），暖季饲草，早春生长慢，后续生长快，籽粒成熟期 110 天，饲草生物量 18～22 t/hm^2。可 1 年收获 2 次，再生快，收获 2 次生物量 23～25 t/hm^2。

生长特性	日期（月.日）								备注
	5.25	6.13	6.21	7.6	7.21	8.3	8.20	9.28	
生育时期	2 叶期	2 分枝	营养期	营养期	营养期	抽穗期	扬花期	果熟期	耐干旱 耐盐碱
株高（cm）	5～7	30～40	50～55	90～110	140	180	230	270	

（3）BMR Rocket 高丹草，消化率高，成熟期 120 天，籽粒完全成熟，生物量 20～25 t/hm^2。可 1 年收获 2 次，再生中等，收获 2 次生物量 26～28 t/hm^2。

生长特性	日期（月.日）								备注
	5.25	6.13	6.21	7.6	7.21	8.3	8.20	9.28	
生育时期	2 叶期	2 分枝	营养期	营养期	营养期	抽穗期	扬花期	果熟期	喜水肥 喜高温
株高（cm）	5～7	35～40	45～50	80～85	140	190	230	260	

（4）Hi Grain BMR Sorghum 甜高粱，褐色中脉，叶片茂密，茎秆脆软，生物量 20～25 t/hm^2。

生长特性	日期（月.日）								备注
	5.25	6.13	6.21	7.6	7.21	8.3	8.20	9.28	
生育时期	2 叶期	2 分枝	营养期	营养期	营养期	抽穗期	扬花期	果熟期	喜水肥 喜高温
株高（cm）	5～7	25～30	40～45	75～80	130	180	210	240	

二、裸燕麦草、燕麦草、野燕麦草、粟草、稷草、稗草、大麦草

（5）裸燕麦草（*Avena nuda*），裸燕麦，颖果皮浅棕色，叶片丰富，生育期 110 天，75～80 天收获饲草，生物量 7～8 t/hm^2。

生长特性	日期（月.日）							备注
	5.10	6.5	6.11	6.26	7.6	7.10	7.20	
生育时期	2 叶期	分蘖期	拔节期	孕穗期	抽穗期	抽穗期	扬花期	喜低温冷凉气候
株高（cm）	3～5	25～30	50～55	75～80	90～100	110～120	130～140	

（6）燕麦草（*Avena sativa*），燕麦，果皮浅灰色，叶片丰富，生育期 100 天，65～70 天收获饲草，生物量 6～7 t/hm^2。

生长特性	日期（月.日）						备注
	5.10	6.5	6.11	6.26	7.6	7.10	
生育时期	2 叶期	分蘖期	拔节期	孕穗期	抽穗期	扬花期	喜低温冷凉气候
株高（cm）	3～5	20～25	45～50	70～75	80～90	100～110	

（7）野燕麦草（*Avena fatua*），果皮黑色，叶片稀疏，生育期 90 天，60～65 天收获饲草，生物量 5～6 t/hm^2。

生长特性	日期（月.日）						备注
	5.10	6.5	6.11	6.26	7.6	7.10	
生育时期	2 叶期	分蘖期	拔节期	孕穗期	抽穗期	扬花期	产量低，分蘖高，抗性强，但产量低
株高（cm）	3～5	20～25	35～40	55～65	75～80	90～100	

（8）粟草（*Setaria italica*），耐旱，生育期 110 天，70～75 天收获饲草，生物量 6～7 t/hm^2。

生长特性	日期（月.日）									备注
	5.20	6.10	6.20	6.30	7.20	7.30	8.10	8.30	9.25	
生育时期	播种	分蘖期	分蘖期	拔节期	拔节期	抽穗期	扬花期	乳熟期	蜡熟期	耐干旱 喜高温
株高（cm）	0	10	15	40	70	80	95	95	95	

（9）稷草（*Pannicum miliaceum*），生育期 90 天，65～70 天收获饲草，生物量 6～7 t/hm^2。

生长特性	日期（月.日）									备注
	5.20	6.10	6.20	6.30	7.20	7.25	8.5	8.20	9.15	
生育时期	播种	分蘖期	分蘖期	拔节期	拔节期	抽穗期	扬花期	乳熟期	蜡熟期	耐干旱 喜高温
株高（cm）	0	7	15	30	55	65	75	80	80	

（10）稗草（*Echinochloa utilis*），生育期110天，75天收获饲草，生物量7～8 t/hm^2。

生长特性	日期（月.日）									备注
	5.25	6.13	6.25	7.6	7.14	7.21	8.3	8.16	9.22	
生育时期	3叶期	3分蘖	分蘖期	营养期	抽穗期	灌浆期	果初期	果中期	果熟期	喜低温冷凉气候
株高（cm）	3	13	58	108	134	139	170	180	190	

（11）大麦草（*Hordeum vulgare*），叶片稀疏，生育期90天，65～70天收获饲草，生物量3～4 t/hm^2。

生长特性	日期（月.日）							备注
	5.25	6.13	6.21	6.25	7.6	7.21	8.3	
生育时期	3叶期	6～8分蘖，4节	扬花期	灌浆期	果中期	蜡熟期	完熟期	叶片稀疏
株高（cm）	18	54	81	112	132	140	140	

三、多花黑麦草、多年生黑麦草、猫尾草、鸭茅、无芒雀麦、苇状羊茅、紫羊茅、大针茅

（12）多花黑麦草（*Lolium perenne*），生长旺盛，生育期长，耐寒，种子部分成熟，生物量4～5 t/hm^2。

生长特性	日期（月.日）								备注
	5.25	6.13	6.21	7.6	7.14	7.21	8.3	8.16	
生育时期	4叶期	2～3分蘖，2节	抽穗期	扬花期	灌浆期	果初期	果中期	果熟期	喜湿润气候、肥沃土壤
草丛高（cm）	9	18	20	37	40	45	70	735	
穗高（cm）			45	90	95	95	110	110	

（13）多年生黑麦草（*Lolium multiflorum*），生育期长，种子少部分成熟，生物量2～3 t/hm^2。翌年返青早，叶片生长茂密，生物量4～5 t/hm^2。

生长特性	日期（月.日）							备注
	5.25	6.13	6.21	6.25	7.6	8.3	8.16	
生育时期	3叶期	拔节期	抽穗期	扬花期	灌浆期	果中期	果熟期	喜湿润气候、肥沃土壤
草丛高（cm）	9	17	25	28	30	36	36	
穗高（cm）			39	92	112	120	125	

（14）猫尾草（*Phleum pratene*），生长柔弱，当年少开花结实，生物量1～2 t/hm^2。翌年返青弱，后期生长旺盛，生物量3～4 t/hm^2。

生长特性	日期（月.日）								备注
	5.25	6.13	6.21	6.25	7.6	7.14	7.21	9.22	
生育时期	出苗期	分蘖期	分蘖期	分蘖期	营养期	营养期	抽穗期	果熟期	喜湿润气候、肥沃土壤
草丛高（cm）	3	5	12	13	35	45	55	71	
穗高（cm）							30	50	

（15）鸭茅（*Dactylis glomerata*），生长旺盛，开花结实，生物量 4～5 t/hm²。未越冬。

生长特性	日期（月.日）									备注
	5.25	6.13	6.25	7.6	7.14	7.21	8.3	8.16	9.22	
生育时期	2 叶期	分蘖期	分蘖期	营养期	营养期	抽穗期	扬花期	灌浆期	果熟期	喜湿润气候、肥沃土壤
草丛高（cm）	3	7	16	20	25	30	54	69	107	
穗高（cm）						40	70	80	90	

（16）无芒雀麦（*Bromus inermis*），生长旺盛，生育期长，开花结实，生物量 4～5 t/hm²。翌年返青晚，生长旺盛，生物量 4～5 t/hm²。

生长特性	日期（月.日）								备注
	5.25	6.13	6.21	7.6	7.14	8.3	8.16	9.22	
生育时期	分蘖期	分蘖期	抽穗期	扬花期	果初期	果中期	果中期	果熟期	喜湿润气候、肥沃土壤
草丛高（cm）	9	18	33～35	35	45	65	78	95	
穗高（cm）				80	88	105	110	120	

（17）苇状羊茅（*Festuca arundinacea*），生长旺盛，开花少结实，生物量 2～3 t/hm²。翌年返青早，生长旺盛，生物量 3～4 t/hm²。

生长特性	日期（月.日）								备注
	5.25	6.13	6.25	7.6	7.14	8.3	8.16	9.22	
生育时期	2 叶期	3 真叶期	分蘖期	分蘖期	抽穗期	灌浆期	果中期	果熟期	喜湿润气候、肥沃土壤
草丛高（cm）	3	7	10	15	37	47	54	71	

（18）紫羊茅（*Festuca rubra*），生长旺盛，当年未开花结实，生物量 1～2 t/hm²。翌年返青早，生长旺盛，生物量 2～3 t/hm²。

生长特性	日期（月.日）								备注
	5.25	6.13	6.25	7.14	8.3	8.16	9.7	9.22	
生育时期	2 叶期	分蘖期	分蘖期	营养期	营养期	营养期	营养期	营养期	冠丛茂密
草丛高（cm）	3	4	40	46	55	60	65	70	

（19）大针茅（*Stipa grandis*），生长柔弱，生物量 0.5～1.0 t/hm²。翌年返青早，生长缓慢，生物量 2～3 t/hm²。

生长特性	日期（月.日）								备注
	5.25	6.13	6.21	6.25	7.6	7.21	8.3	8.16	
生育时期	2 叶期	分蘖初期	3～4 叶期	分蘖期	营养期	营养期	营养期	营养期	耐干旱、冠丛稀疏
草丛高（cm）	7	11	19	21	25	40	44	45	

四、紫花苜蓿、蒺藜苜蓿、海滨苜蓿、螺状苜蓿

（20）紫花苜蓿（*Medicago sativa*），越冬指数 2～3 的品种适宜，生长旺盛，当年产量 3～4 t/hm²。翌年返青最早，可 1 年收割 2～3 次，产量 9～11 t/hm²。第 1 茬返青

后 60～65 天收获饲草；第 2 茬在第 1 茬收获后 40～45 天收获饲草；第 3 茬在落霜前 30 天左右收获饲草。

生长特性	日期（月.日）								备注
	5.25	6.13	6.21	7.6	7.21	8.3	8.16	9.22	
生育时期	2 叶期	5 分枝	营养期	花初期	花中期	果初期	果中期	果熟期	降水量>600 mm 的地区生长良好
株高（cm）	2	11	21	55	65	75	80	85	

（21）蒺藜苜蓿（*Medicago truncatula*），一年生，生长弱，生育期 90 天，种子产量弱，生物量 1～2 t/hm^2。长势弱，多分枝匍匐生长。

生长特性	日期（月.日）						备注
	5.25	6.13	6.21	6.25	7.6	8.3	
生育时期	1 叶期	初花期	果初期	果中期	果熟期	枯黄	可作为覆盖作物
株高（cm）	2	9	25	28	38	53	

（22）海滨苜蓿（*Medicago littoralis*），一年生，生长旺盛，生育期 70 天，种子产量丰富，饲草生物量 3～4 t/hm^2。

生长特性	日期（月.日）							备注
	5.25	6.13	6.21	6.25	7.6	7.14	8.3	
生育时期	4 叶期	花初期	花期	果初期	果中期	果熟期	枯黄	可作为覆盖作物
株高（cm）	2	14	24	29	31	33	35	

（23）螺状苜蓿（*Medicago murex*）、南苜蓿（*Medicago polymorpha*），一年生，生长旺盛，生育期 90 天，种子产量丰富，饲草生物量 3～4 t/hm^2。

生长特性	日期（月.日）						备注
	5.25	6.13	6.21	6.25	7.6	7.14	
生育时期	4 叶期	7～8 分枝	营养期	花初期	果初期	果熟期	可作为覆盖作物
株高（cm）	4	16	22	23	32	38	

五、小冠花、百脉根、沙打旺、巫师黄芪、山竹岩黄芪

（24）小冠花（*Coronilla varia*），生长旺盛，生育期长，秋季耐寒绿期长，当年生物量 3～4 t/hm^2。翌年返青稀疏，早夏生长快，后期冠丛茂密，生物量 5～6 t/hm^2。

生长特性	日期（月.日）									备注
	5.25	6.13	7.6	7.14	7.21	8.3	8.16	9.7	9.22	
生育时期	2 叶期	基分枝	营养期	初花期	花期	果初期	果中期	果熟期	果熟期	可利用
株高（cm）	2	5	21	23	25	72	75	80	85	

（25）百脉根（*Lotus corniculatus*），生长旺盛，耐寒，匍匐，当年结实，当年生物量 4～5 t/hm^2。翌年返青早，生长快，冠丛茂密，生物量 5～6 t/hm^2。

生长特性	日期（月.日）								备注
	5.25	6.13	7.6	7.21	8.3	8.16	9.7	9.22	
生育时期	3叶期	营养期	花初期	果初期	果熟期	花果期	花果期	花果期	匍匐生长、长势优良
株高（cm）	2	10	40	60	75	85	90	100	

（26）沙打旺（*Astragalus adsugens*），生长旺盛，高80～90 cm，有病害，生育期长，当年多开花，生物量3～4 t/hm^2。翌年返青良好，生物量4～5 t/hm^2。1年可收割2次，产量6～7 t/hm^2。

生长特性	日期（月.日）								备注
	5.25	6.13	6.21	7.6	7.21	8.16	9.1	9.29	
生育时期	2叶期	2分枝	营养期	营养期	营养期	营养期	花初期	果中期	开花晚，部分成熟
株高（cm）	3	9	25	35	55	75	80	85	

（27）巫师黄芪（*Astragalus cicer*），生长旺盛，高70～80 cm，无病害，生育期长，当年部分开花，生物量3～4 t/hm^2。翌年返青早，生长茂盛，生物量4～5 t/hm^2。1年可收割2次，产量5～6 t/hm^2。

生长特性	日期（月.日）								备注
	5.25	6.13	6.21	7.6	7.21	8.3	8.16	9.22	
生育时期	2叶期	5分枝	营养期	花初期	花中期	果初期	果中期	果熟期	初期生长慢，绿期长
株高（cm）	2	11	21	55	65	75	80	85	

（28）山竹岩黄芪（*Hedysarum fruticosum*），生长旺盛，少部分开花结实，当年生物量1～2 t/hm^2。翌年返青晚，后期生长旺盛，生物量5～6 t/hm^2。

生长特性	日期（月.日）							备注
	5.25	6.13	6.21	6.25	7.6	7.14	7.21	
生育时期	2叶期	苗期	2～4分枝	苗期，有分枝	营养期	营养期	营养期	优良
株高（cm）	4	13	14	18	29	45	50	

六、红三叶、白三叶、地三叶、埃及三叶草、箭三叶、双齿豆、截叶胡枝子

（29）红三叶（*Trifolium repens*）、绛三叶（*Trifolium hybiad*），生长茂密，当年生物量3～4 t/hm^2，翌年生物量4～5 t/hm^2。

生长特性	日期（月.日）								备注
	5.25	6.13	6.21	7.6	7.21	8.3	8.16	9.22	
生育时期	2叶期	3分枝	营养期	营养期	花初期	花中期	果初期	果熟期	返青晚，后期生长快
株高（cm）	2	8	13	45	65	70	80	85	

（30）白三叶（*Trifolium album*），有病害，当年开花，生物量1～2 t/hm^2。翌年返青弱，生物量2～3 t/hm^2。

生长特性	日期（月.日）								备注
	5.25	6.13	6.21	7.6	7.21	8.3	8.16	9.22	
生育时期	2 叶期	3 分枝	营养期	营养期	花初期	花中期	果初期	果熟期	不耐旱，长势弱
株高（cm）	2	5	8	30	45	55	60	60	

（31）地三叶（*Trifolium subterraneum*），一年生，生长旺盛，生育期 90 天，耐寒，种子产量弱，饲草生物量 3～4 t/hm^2。

生长特性	日期（月.日）									备注
	5.25	6.13	6.21	7.6	7.14	7.21	8.3	8.16	9.22	
生育时期	1 叶期	6 分枝	营养期	花初期	花中期	果初期	果中期	果熟期	枯死	长势优良
株高（cm）	4	25	17	38	45	60	70	75	75	

（32）埃及三叶草（*Trifolium alexandrinum*），一年生，生长旺盛，生育期 120 天，耐寒，种子部分成熟，饲草生物量 3～4 t/hm^2。颜色淡黄，花白色。

生长特性	日期（月.日）							备注
	5.25	6.13	6.21	6.25	7.14	7.21	8.16	
生育时期	2 叶期	营养期	营养期	初花期	果初期	果中期	果熟期	长势优良
株高（cm）	3	27	36	56	75	80	85	

（33）箭三叶（*Trifolium vesiculosum*）、紫三叶（*Trifolium purpureum*），一年生，生长旺盛，生育期 120 天，耐寒，种子部分成熟，饲草生物量 4～5 t/hm^2。

生长特性	日期（月.日）								备注
	5.25	6.13	6.25	7.6	7.21	8.3	8.16	9.22	
生育时期	3 叶期	6 分枝	营养期	花初期	花中期	果初期	果中期	果熟期	长势优良
株高（cm）	6	26	33	51	80	92	105	125	

（34）双齿豆（*Biserrula pelecinus*），一年生，生长旺盛，生育期 90 天，种子产量低，生物量 3～4 t/hm^2。

生长特性	日期（月.日）								备注
	5.25	6.13	6.21	6.25	7.6	7.14	7.21	8.3	
生育时期	1 叶期	4 分枝	营养期	营养期	初花期	果初期	果中期	果熟期	喜低温、冷凉气候
株高（cm）	2	10	20	21	28	33	40	43	

（35）截叶胡枝子（*Lespedeza cuneata*），生长旺盛，早枯黄，当年结实，病害严重，当年生物量 1～2 t/hm^2。翌年返青晚，夏季生长旺盛，生物量 2～3 t/hm^2。

生长特性	日期（月.日）									备注
	5.25	6.13	6.21	7.6	7.14	7.21	8.3	9.7	9.22	
生育时期	1 叶期	营养期	营养期	营养期	花初期	果初期	果中期	果熟期	果熟期	优良的补播饲草作物
株高（cm）	1	6	8	21	39	45	69	76	112	

七、饲用大豆、菜豆、豇豆、饭豆、红小豆

（36）饲用大豆（*Glycine max*），优良的饲料作物，茎缠绕品种具备与玉米混作的潜力，茎直立品种具备单作价值。

黑龙江秣食豆，茎缠绕，长 3～4 m，生育期 120 天，种子部分成熟，生物量 5～6 t/hm^2。

生长特性	日期（月.日）								备注
	5.25	6.13	6.21	7.6	7.14	7.21	8.3	9.7	
生育时期	2 叶期	4 分枝	营养期	花初期	花期	果初期	果中期	果熟期	花紫色，倒伏。相对评级 9
株高（cm）	11	38	58	102	120	145	190	230	

松嫩秣食豆，茎缠绕，长 3～4 m，生育期 120 天，种子部分成熟，生物量 6～7 t/hm^2。

生长特性	日期（月.日）							备注
	5.25	6.13	6.21	7.21	8.3	8.16	9.7	
生育时期	2 叶期	5 分枝	营养期	营养期	花初期	花中期	果初期	叶片偏黄，倒伏。相对评级 10
株高（cm）	7	20	44	115	143	175	220	

秣食黄豆，茎直立，粗壮，高 80～90 cm，长势好，多新分枝，生育期 110 天，生物量 4～5 t/hm^2。

生长特性	日期（月.日）								备注
	5.25	6.13	6.21	6.25	7.21	8.3	8.16	9.7	
生育时期	2 叶期	4 分枝	营养期	花初期	果初期	果初期	果中期	果熟期	花紫色。相对评级 9
株高（cm）	10	35	55	75	130	140	147	150	

（37）菜豆（*Phaseolus vulgaris*），各品种种子大小不一，长势不一，产量差异大。与玉米生长发育相匹配的品种可用于混作，形成玉米+菜豆混作模式、地菜豆–燕麦轮作模式。

绿菜豆、黄菜豆、泰菜豆，与玉米同时播种，菜豆生长快，不能及时缠绕到玉米上。

生长特性	日期（月.日）						备注
	6.13	6.21	7.6	7.14	8.3	8.16	
生育时期	营养期	初花期	果初期	果中期	果熟期	果熟期	个别品种与玉米生长同步，能及时缠绕到玉米茎秆上
株高（cm）	24	73-75	125	130	190	210	

地菜豆，直立，不缠绕，生育期 60～70 天，种子产量高。适应性好，可 1 年 2 茬种植，形成地菜豆–燕麦轮作模式。

生长特性	日期（月.日）						备注
	5.25	6.13	6.21	6.25	7.6	7.14	
生育时期	2 叶期	初花期	果初期	果中期	果熟期	果后期	近于有限花序
株高（cm）	6	11	26	33	36	40	

（38）豇豆（*Vigna unguiculata*），生长慢，叶片绿期长，各品种荚果长度差异大。

茎缠绕品种都可与玉米混作，形成玉米+豇豆混作模式。一些茎直立类型生育期短，可与燕麦轮作，形成豇豆–燕麦轮作模式。

绿豇豆、红豇豆，种皮褐色，与玉米生长同步，上架性好，绿叶期长。

生长特性	日期（月.日）							备注
	5.25	6.13	6.21	7.6	7.21	8.3	8.16	
生育时期	2叶期	3叶期	营养期	花初期	果初期	果中期	果熟期	缠绕性好，匹配玉米生长
株高（cm）	4	8	12～14	60	100	170	210	

紫豇地豆（花粉紫色）、白豇地豆（花白色），短蔓生，生育期70～75天。

生长特性	日期（月.日）						备注
	5.25	6.13	6.21	7.6	7.14	7.21	
生育期	2叶期	3分枝	果初期	果熟期	果熟期	枯黄	子叶叶腋有分枝，花苞位于叶腋上
株高（cm）	8	21	40	50	55	60	

（39）饭豆（*Vigna cylindrica*），茎直立，部分蔓生，生育期70～75天，生物量2～3 t/hm^2。可与燕麦轮作，形成饭豆–燕麦轮作模式。

东北花饭豆、英红饭豆、甘肃白饭豆，长势相对好。

生长特性	日期（月.日）						备注
	5.25	6.13	6.21	7.6	7.14	7.21	
生育时期	2叶期	初花期	果初期	果中期	果熟期	果熟期，枯黄	个别有缠绕茎
株高（cm）	7	21	30	40	45	45	

东北红饭豆、东北圆饭豆，长势弱。

生长特性	日期（月.日）						备注
	5.25	6.13	6.21	6.25	7.6	7.21	
生育时期	2叶期	花初期	果初期	果中期	果熟期	枯黄	每分枝对应单一花苞，个别有匍匐茎、有缠绕茎
株高（cm）	7	20	62	70	70	70	

（40）红小豆（*Vigna angularis*），植株低矮，高50～60 cm，收获后可充分利用剩余的生长季种植越冬性小黑麦。

小红小豆，籽粒小，种皮红色，生育期中等（90～95天），结荚性好。

生长特性	日期（月.日）									备注
	5.25	6.13	6.21	7.6	7.14	7.21	8.3	8.16	9.7	
生育时期	2叶期	3分枝	花初期	果初期	果中期	果中期	果熟期	果熟期	枯黄	秋季收获后空余时间长
株高（cm）	4	13	24	35	42	45	46	55	70	

大红小豆，籽粒大，种皮红色，生育期长（115～125天），结荚性好。

生长特性	日期（月.日）									备注
	5.25	6.13	6.21	7.6	7.14	7.21	8.3	8.16	9.7	
生育时期	2叶期	3分枝	营养期	花初期	花中期	果初期	果中期	果中期	果熟期	
株高（cm）	4	13	30	35	40	46	61	70	86	

八、胡卢巴、扁豆、蚕豆、白花羽扇豆、狭叶羽扇豆、小扁豆、钝叶决明

（41）胡卢巴（*Trigonella foenum-graecum*），植株生长旺盛，叶片浓密，种子有香味，生育期70～75 天，种子产量丰富，生物量4～5 t/hm^2。可与燕麦形成轮作种植模式。

河北胡卢巴、印度胡卢巴。

生长特性	日期（月.日）						备注
	5.25	6.13	6.21	6.25	7.6	7.21	
生育时期	第1片单叶	5节	花初期	果中期	果熟期	果熟期	花白色，种子具香气
株高（cm）	6	23	33	49	66	70	

（42）扁豆（*Lablab purpureus*），又名猪耳豆，茎粗壮缠绕，叶片大。可与玉米混作，形成玉米+扁豆混作模式。

黑扁豆，种子褐色、黑褐色，茎秆相对细弱，长2.8～3.5 m，多分枝，上架性好，开花结实，种子产量高。可与玉米或苏丹草混作。

生长特性	日期（月.日）								备注
	5.25	6.13	6.21	6.25	7.14	8.3	8.16	9.22	
生育时期	2叶期	3叶期	营养期	初花期	果初期	果中期	果熟期	果后期	长势好，早熟。相对评级10
株高（cm）	5	20	40	90	160	210	260	315	

白扁豆、花扁豆，种子白色，或种脐具黑斑，茎秆粗壮，长3～4 m，偶开花结荚。

生长特性	日期（月.日）							备注
	5.25	6.13	6.21	7.14	8.3	8.16	9.22	
生育时期	2叶期	2分蘖	营养期	营养期	营养期	营养期	果初期	相对评级8
株高（cm）	6	17	30	150	210	260	380	

紫扁豆（拉巴豆），种子褐色，茎秆粗壮，长3～4 m，不开花不结荚。

生长特性	日期（月.日）							备注
	5.25	6.13	6.21	7.14	8.3	8.16	9.22	
生育时期	2叶期	3叶期	营养期	营养期	营养期	营养期	营养期	相对评级7
株高（cm）	4	17	35	100	190	235	335	

（43）蚕豆（*Vicia faba*），长势弱，生育期80天，产量低。可与燕麦轮作、混作，形成蚕豆+燕麦混作模式、蚕豆–燕麦轮作模式。

甘肃蚕豆、内蒙古蚕豆，生长旺盛，生育期短，70～75 天，生物量2～3 t/hm^2。

生长特性	日期（月.日）						备注
	5.25	6.13	6.21	7.6	7.14	8.3	
生育时期	6节	7节，花期	果初期	果中期	果熟期	枯死	长势旺盛，结荚率低
株高（cm）	14	34	51	80	80	85	

（44）白花羽扇豆（*Lupinus albus*），生长旺盛，生育期75～80天，生物量4～5 t/hm^2。可单作作为饲草饲料作物，也可与燕麦轮作，形成燕麦–白花羽扇豆轮作模式。

生长特性	日期（月.日）						备注
	5.25	6.13	6.21	6.25	7.6	7.14	
生育时期	5节	初花期	果初期	果中期	果熟期	果熟期	花白色，多分枝。耐旱性强
株高（cm）	7	22	40	46	50	75	

（45）狭叶羽扇豆（*Lupinus angustifolius*），生长旺盛，生育期70～75天，生物量5～6 t/hm^2。可单作作为饲草饲料作物，或与燕麦轮作，形成燕麦–狭叶羽扇豆轮作模式。

生长特性	日期（月.日）						备注
	5.25	6.13	6.25	7.6	7.14	7.21	
生育时期	5叶期	初花期	果初期	果中期	果熟期	果熟期	花藕荷色，簇生，叶片多。耐旱性弱
株高（cm）	11	26	63	88	100	105	

（46）小扁豆（*Lens culinaris*），生育期70天，生长良好，生物量1～2 t/hm^2，籽粒产量丰富。具有用作覆盖作物的价值，并可与燕麦轮作，形成小扁豆–燕麦轮作模式。

甘肃小扁豆、内蒙古小扁豆、山东小扁豆、云南小扁豆，长势弱，有分枝。

生长特性	日期（月.日）							备注
	5.25	6.13	6.21	6.25	7.6	7.14	7.21	
生育时期	6节	3分枝	花初期	花中期	果初期	果中期	果熟期	相对评级7
株高（cm）	6	14	20	33	35	40	45	

印度小扁豆、美国小扁豆，长势好，多分枝，直立，青绿色。

生长特性	日期（月.日）							备注
	5.25	6.13	6.21	6.25	7.6	7.14	7.21	
生育时期	6节	3分枝	花初期	花中期	果初期	果中期	果熟期	相对评级10
株高（cm）	6	16	26	31	37	47	50	

（47）钝叶决明（*Cassia obtusifolia*），生育期140天，少部分种子成熟，生物量6～7 t/hm^2。具有进一步培育作饲草、饲料的利用价值。

生长特性	日期（月.日）									备注
	6.21	6.25	7.6	8.3	8.16	8.20	8.30	9.15	9.22	
生育时期	苗期	营养期	营养期	营养期	营养期	花初期	花期	果初期	果中期	有培育潜力
株高（cm）	12	21	27	102	135	135	160	180	185	

九、豌豆、荷兰豆、长柔毛野豌豆、箭筈豌豆、家山黧豆

（48）豌豆（*Pisum sativum*），植株低矮，高55～65 cm，生育期70～75天，生物量2～3 t/hm^2。可1年2茬种植，并与燕麦轮作或混作，形成燕麦–豌豆轮作模式、燕麦+

豌豆混作模式。

青豌豆，种皮青绿色。

生长特性	日期（月.日）							备注
	5.25	6.13	6.21	6.25	7.6	7.14	8.3	
生育时期	6节	12节	花期	果初期	果中期	果熟期	枯死	花白色，小叶具白斑。相对评级9
株高（cm）	10	29	47	53	55	60	60	

麻豌豆，种皮褐绿色；白豌豆，种皮白色。

生长特性	日期（月.日）							备注
	5.25	6.13	6.21	6.25	7.6	7.14	8.3	
生育时期	7节	10～11节	营养期	初花期	果中期	果熟期	枯死	花紫色，小叶具白斑。相对评级6分
株高（cm）	8	22	35～37	39～40	63～65	65	65	

（49）荷兰豆（*Pisum sativum* var. *saccharatum*），生长迅速，高80～140 cm，生育期70～75天，生物量3～4 t/hm^2。可1年2季，并与燕麦轮作或混作，形成燕麦–豌豆轮作模式、燕麦+豌豆混作模式。

紫荚荷兰豆，花红色，果荚紫色。

生长特性	日期（月.日）							备注
	5.25	6.13	6.21	6.25	7.6	7.14	8.3	
生育时期	6节	12节	花期，有荚	果中期	果熟期	果晚期	枯死	花红色，果荚紫色，高大，叶具白斑。相对评级10
株高（cm）	15	49	108～110	99～100	138～140	140	140	

紫花荷兰豆，花紫色，果荚绿色，成熟后变褐色；白花荷兰豆，花白色，果荚绿色，成熟后变褐色。

生长特性	日期（月.日）							备注
	5.25	6.13	6.21	6.25	7.6	7.14	8.3	
生育时期	6节	8节	花期，有荚	果初期	果中期	果熟期	枯死	植株柔弱，小叶具白斑。相对评级9
株高（cm）	12	38	80	88	110	115	120	

（50）长柔毛野豌豆（*Vicia villosa*），种皮褐色，生长旺盛，生育期短（70天），种子产量丰富，生物量2～3 t/hm^2。可与燕麦混作或轮作，形成野豌豆+燕麦混作模式、野豌豆–燕麦轮作模式。

澳洲长柔毛野豌豆、箭筈豌豆（红苕子、毛苕子、苕子），种皮黑色，生长显著旺盛，生育期70～80天，种子产量丰富，生物量2～3 t/hm^2。

生长特性	日期（月.日）								备注
	5.25	6.13	6.21	6.25	7.6	7.14	7.21	8.3	
生育时期	6节	10节	花荚期	果中期	果中期	果熟期	果熟期	枯死	有分枝，叶宽大
株高（cm）	7	23	46	52	55	70	82	85	

（51）箭筈豌豆（*Vicia sativa*），种皮浅黄色，生长旺盛，生育期短，种子产量丰富，

生物量 1.5～2.5 t/hm²。可与燕麦混作或轮作，形成野豌豆+燕麦混作模式、野豌豆–燕麦轮作模式。

生长特性	日期（月.日）								备注
	5.25	6.13	6.21	6.25	7.6	7.14	7.21	8.3	
生育时期	7 节	7 节	花初期	花期	花期	果初期	果中期	枯死	基部分蘖，长势弱。相对评级 8
株高（cm）	7	22	29	40	52	60	70	70	

（52）家山黧豆（*Lathyrus sativus*），茎纤细柔弱，高 40～50 cm，生育期 70 天，生物量 0.5～1.0 t/hm²。

生长特性	日期（月.日）							备注
	5.25	6.13	6.21	7.6	7.21	8.3	9.1	
生育时期	2 叶期	3 分枝	营养期	营养期	花初期	果初期	果熟期	生长柔弱
株高（cm）	2	7	11	25	40	40	55	

十、饲用油菜、普纳菊苣、串叶松香草

（53）饲用油菜（*Brassica rapa*），甘蓝型冬性油菜，生长旺盛，生育期长，叶量大，基茎粗 5～6 cm，生物量 4～5 t/hm²。

生长特性	日期（月.日）						备注
	5.21	6.21	7.21	8.21	9.21	10.2	
生育时期	苗期	营养期	营养期	营养期	初花期	初花期	冬性地方品种，生物量高，可作放牧育肥用
株高（cm）	30～40	70～80	110	130	135	140	

（54）普纳菊苣（*Cichorium intybus*），生长旺盛，多分化，有当年开花结实植株，有单纯长叶的植株，生物量 3～4 t/hm²。未越冬。

生长特性	日期（月.日）								备注
	5.25	6.13	6.21	6.25	7.14	7.21	8.16	9.22	
生育时期	2 叶期	4 叶期	6～7 片叶	营养期	花初期	果初期	果中期	果熟期	有性状分离，至少 2 类
株高（cm）	1	10	25	27	70	80	140	145	

（55）串叶松香草（*Silphium perfoliatum*），生长旺盛，当年不开花，生物量 2～3 t/hm²。翌年返青好，生长旺盛，生物量 7～9 t/hm²。

生长特性	日期（月.日）								备注
	6.13	6.21	6.25	7.6	7.14	8.3	8.16	9.22	
生育时期	2 叶期	1 真叶展开	2 叶 1 心	营养期	营养期	营养期	营养期	营养期	长势茂密，再生慢
株高（cm）	7	14	15	20	22	53	60	83	

上述饲草作物可以分别独立种植为饲草场，发展为饲草作物的饲草生产系统，如紫

花苜蓿饲草场、沙打旺饲草场、小冠花饲草场、黑麦草饲草场、猫尾草饲草场、菊苣饲草场、串叶松香草饲草场及饲料油菜饲草场，用于收获干草或作为放牧场放牧（除豆草外，阔叶草多不用于收获干草）。但是，类似的饲草场往往经济效益不足，多没有发展前景。

饲料玉米、苏丹草、高丹草、燕麦、稷草及粟草可以种植发展高产饲料作物的饲草生产系统，1 年 1 季种植模式，如青贮玉米、粟草、稷草。吉林西部地区发展了 1 年 2 季种植模式，如燕麦–燕麦模式、小麦–燕麦模式，还有苏丹草或高丹草饲料生产系统的 1 年 2 次收获模式。

在高产饲料地进行饲草生产基础上，下述混作或间作种植模式有助于饲草生产系统的产量提高与质量提升。

（1）玉米+菜豆、豇豆、扁豆混作种植模式：种植玉米的同时，种植生长同步的菜豆或豇豆或扁豆。玉米种植密度减少 1/3，维持豆类种植密度与玉米种植密度各占 1/2，即玉米基本苗 4 万株/hm^2，豆类基本苗 4 万株/hm^2。在玉米籽粒适合收获青贮时，统一收获作青贮饲料。

（2）苏丹草、高丹草+秣食豆混作种植模式：种植苏丹草或高丹草时，同步种植秣食豆，种植密度各占 1/2，总密度保持 20 万～25 万株/hm^2。在苏丹草 90～110 cm 高时，统一收获苏丹草或高丹草及秣食豆，作干草或青贮，秋季时，再收获一次。

（3）燕麦草+荷兰豆、野豌豆混作种植模式：种植燕麦时，同步种植荷兰豆或长柔毛野豌豆或箭筈豌豆。燕麦主要起“支撑作用”，播种量 40 kg/hm^2，荷兰豆和野豌豆播种量分别为 50～70 kg/hm^2 和 20～30 kg/hm^2。适宜收获燕麦时，统一收获作干草。混播可以获得高产量和高质量（表 4-23）。

表 4-23　燕麦、豌豆、野豌豆及燕麦/豌豆和燕麦/野豌豆混播草地产量和质量

	燕麦*	燕麦/豌豆	燕麦/野豌豆	豌豆	野豌豆**
豆草含量（%DM）	—	48.0	42.0	100	100
产量（t DM/hm^2）	11.9	14.8	13.6	11.7	8.6
有机物消化率（%）	63.1	67.9	62.9	72.7	68.7
代谢能（MJ/kg DM）	9.2	10.0	9.2	10.7	9.8
粗蛋白（% DM）	4.4	12.2	10.4	18.3	23.2

注：*所有作物在燕麦开花期收获；**土壤收到额外的 40 kg N/hm^2

资料来源：凯泽等，2008

（4）小扁豆、地豆、蚕豆、饭豆、饲料油菜–燕麦轮作，1 年 2 茬种植模式：春季种植生育期为 70 天左右的菜地豆或豇地豆，收获豆荚作为蔬菜或收获籽粒作为经济豆类。7 月中旬结束地豆种植，清理土地，种植燕麦，后续收获用作干草。此轮作体系在生产实践中有高经济效益的种植类型：小麦–白菜 1 年 2 茬轮作模式、芥末–燕麦 1 年 2 茬轮作模式、小麦–燕麦 1 年 2 茬轮作模式。

上述混作、间作、轮作种植模式在干旱区、半干旱区有地下水灌溉情况下，可以扩展规模发展。饲草作物育种及栽培领域，需要围绕上述高产饲草饲料生产系统的完善，继续开展系列研究与实践。

高产混作，高效益轮作为我国饲草生产体系发展的方向。

（本章作者：周道玮，胡　娟，田　雨）

参 考 文 献

国家统计局. 2019. 2019 中国统计年鉴[J]. 北京：中国统计出版社.

凯泽，佩尔兹，博恩斯，等. 2008. 顶极刍秣：成功的青贮[M]. 周道玮，陈玉香，王明玖，等译. 北京：中国农业出版社.

沈海花，朱言坤，赵霞，等. 2018. 中国草地资源现状分析[J]. 科学通报, 61: 139-154.

吴征镒. 1980. 中国植被[M]. 北京：科学出版社.

中华人民共和国国土资源部. 2018. 中国国土资源统计年鉴[M]. 北京：地质出版社.

中华人民共和国农业部畜牧兽医司. 1996. 中国草地资源[M]. 北京：中国科学技术出版社.

周道玮，张平宇，孙海霞，等. 2017. 中国粮食生产与消费的区域平衡研究——基于饲料粮生产及动物性食物生产的分析[J]. 土壤与作物, 3: 161-173.

周道玮，钟荣珍，孙海霞，等. 2013. 草地畜牧业系统：要素、结构和功能[J]. 草地学报, 2: 207-213.

Aiken G E, Pitman W D, Chambliss C G, et al. 1991a. Plant responses to stocking rate in a subtropical grass-legume pasture[J]. Agronomy Journal, 83: 124-129.

Aiken G E, Pitman W D, Chambliss C G, et al. 1991b. Responses of yearling steers to different stocking rates in a subtropical grass-legume pasture[J]. Journal of Animal Science, 69: 3340-3356.

Bagley C P, Valencia I M, Sanders D E. 1985. Alyceclover: a summer legume for grazing[J]. Louisiana Agriculture, 28: 16-17.

Ball D M, Hoveland C S, Lacefield G L. 1991. Southern Forages[M]. Atlanta, GA: Potash and Phosphate Institute.

Ball D, Lacefield G D. 2000. Crimson Clover[M]. Salem, OR: Oregon Clover Commission.

Beuselinck P, Bouton J H, Lamp W O, et al. 1994. Improving legume persistence in forage crop systems[J]. Journal of Production Agriculture, 7: 311-322.

Brown C, Jung G A, Varney K E, et al. 1968. Management and Productivity of Perennial Grasses in the Northeast. IV. Timothy[M]. Morgantown: West Virginia University Agriculture Experiment Station Bulletin. No. 570T.

Brummer E, Bouton J H. 1992. Physiological traits associated with grazing-tolerant alfalfa[J]. Agronomy Journal, 84: 138-143.

Burton G, Hanna W W. 1995. Bermudagrass[A]. *In*: Barnes R F, Miller D A, Nelson C J. Forages: An Introduction to Grassland Agriculture[M]. 5th ed. Ames, Iowa: Iowa State University Press: 421-429.

Collins M, Nelson C J, Moor K, et al. 2018. Forages: An Introduction to Grassland Agriculture[M]. 7th ed. Vol.1. Hoboken: John Wiley &Sons, Inc.

Dalzell S A, Stewart J L, Tolera A, et al. 1998. Chemical composition of Leucaena and implications for forage quality[A]. *In*: Shelton H M, Gutteridge R C, Mullen B F. et al. Leucaena-Adaptation, Quality, and Farming Systems[C]. ACIAR Proceedings No.86. Australian Centre for International Agricultural Research, Canberra, ACT: 227-246.

Decker A, Jung G A, Washko J B, et al. 1967. Management and productivity of perennial grasses in the Northeast. I. Reed canarygrass[Z]. West Virginia Univ. Ag. Exp. Sta. Bull. 550T. Morgantown, WV: Agricultural Experiment Station, West Virginia University.

Dixon A P, Faber-Langendoen D, Josse C, et al. 2014. Distribution mapping of world grassland types[J]. Journal of Biogeography, 41: 2003-2019.

Evers G W. 2000. Principles of Forage Legume Management[M]. Overton, TX: Texas A&M University Agricultural Research and Extension Center.

Heichel G H, Henjum KI. 1991. Dinitrogen fixation, nitrogen transfer, and productivity of forage legume-grass communities[J]. Crop Science, 31: 202-208.

Heichel G H. 1987. Legume nitrogen: symbiotic fixation and recovery by subsequent crops[A]. *In*: Helsel Z. Energy and World Agriculture Handbook, Vol.2[M]. Energy in Plant Nutrition and Pest Control. Amsterdam: Elsevier Science Publishing: 63-80.

Houghton R A. 1995. Changes in the storage of terrestrial carbon since 1850[A]. *In*: Lal R, Kimble J, Levine E, et al. Soils and Global Change[M] [. Boca Raton, FL: CRC Lewis Publishers: 45-65.

Jones R J, Galgal K K, Castillo A C, et al. 1988. Animal production from five species of leucaena[A]. *In*: Shelton H M, Gutteridge R C, Mullen B F, et al. Leucaena—Adaptation, Quality, and Farming Systems[C]. ACIAR Proceedings No. 86. Australian Centre for International Agricultural Research, Canberra, ACT: 247-252.

Kalmbacher R S, Hammond A C, Martin F G, et al. 2001. Leucaena for weaned cattle in south Florida[J]. Tropical Grassland, 35: 1-10.

Koch D, Karakaya A. 1998. Extending the Grazing Season with Turnips and Other Legumes for bahiagrass pasture in Florida[C]. *In*: O'Mara F P, Wilkins R J, Mannetje L't, et al. Proceedings of the 20th International Grassland Congress. Wageningen: Wageningen Academic Publishers: 334.

Marten G, Matches A G, Barnes R F, et al. 1989. Persistence of Forage Legumes[M]. Madison, WI: American Society of Agronomy.

McGraw R, Hoveland C S. 1995. Lespedezas. *In*: Barnes R F, Miller D A, Nelson C J, et al. Forages: An Introduction to Grassland Agriculture[M]. 5th ed, Ames: Iowa State University Press: 261-271.

Miller D, Heichel G H.1995. Other temperate legumes. *In*: Barnes R F, Miller D A, Nelson C J. Forages: An Introduction to Grassland Agriculture I[M]. Ames: Iowa State University Press: 45-53.

Miller W Y, Nelson C J. 1995. Forages: The Science of Grassland Agriculture[M]. 5th ed. Ames: Iowa State University Press: 193-206.

Monfreda, C, Ramankutty N, Foley JA. 2008. Farming the planet: 2. Geographic distribution of crop areas, yields, physiological types, and net primary production in the year 2000[J]. Global Biogeochem. Cycles, 22, GB1022.

Moore K C, Nelson C J. 1995. Economics of forage production and utilization[A]. *In*: Barnes R F, Miller D A, Nelson C J. Forages: An Introduction to Grassland Agriculture[M]. 5th ed. Ames: Iowa State University Press: 189-202.

Nesbitt, H. 1985. Forage yield and quality of turnip and rape at autumn harvest[D]. Master thesis, University Wisconsin.

Olson D, Dinertein E, Wikramanayake E D, et al. 2001. Terrestrial ecoregions of the world: a new map of life on earth[J]. BioScience, 51(11): 933-938.

Ramankutty N, Evan AT, Monfreda C, et al. 2008. Farming the planet: 1. Geographic distribution of global agricultural lands in the year 2000[J]. Global Biogeochem Cycles, 22: 1-19.

Rusland G, Sollenberger L E, Albrecht K A, et al. 1988. Animal performance on limpograss- aeschynomene and nitrogen-fertilized limpograss pastures[J]. Agronomy Jounal, 80: 957-962.

Sollenberger L E, Jones Jr C S, Prine G M. 1989. Animal performance on dwarf elephantgrass and rhizoma peanut pastures[A]. *In*: Desroches R. Proceedings of the 16th International Grassland Congress[C]. Versailles Cedex: The French Grassland Society: 1189-1190.

Suttie J M. Reynolds S G, Batello C. 2005. Grassland of the World[R]. FAO, Rome: 514.

Washko J, Jung G A, Decker A M, et al. 1967. Management and Productivity of Perennial Grasses in the Northeast. III. Orchardgrass[M]. West Virginia University Agriculture Experiment Station Bulletin. 557T. Morgantown, WV: Agricultural Experiment Station, West Virginia University.

Wedin, W E. 1974. Fertilization of cool-season grasses[A]. *In*: Mays D A. Forage Fertilization[M]. Madison: American Society of Agronomy: 95-118.

Wedin W, Klopfenstein T J. 1995. Cropland pastures and crop residues[A]. *In*: Barnes R F, Miller D A, Nelson C J. Forages: The Science of Grassland Agriculture[M]. 5th ed. Ames: Iowa State University Press: 193-206.

Williams M J, Chambliss C G, Brolmann J B. 1993. Potential of 'Savanna' stylo as a stockpiled forage for the subtropical USA[J]. Journal Production Agriculture, 6: 553-556.

第五章　饲草场生产农艺

饲草和饲草场建植、生产，相似于谷物农田，在气候、土壤决定的基础上，依据生物过程和生态原理，进行技巧地操作实施，形成原理指导的技艺、农艺。与谷物农田一样，饲草场整地、播种、收获及利用等各环节的实践需要经验，结合各地条件形成系列具体的实践活动，具有很强的技术性，有“农匠”意味，同时也具有艺术性。熟练精致的技术成为艺术，即技艺、农艺。

谷物作物种植后，幼苗出土光合最后形成产量，中间有施肥、除草，秋季一次性收获。饲草及饲草场建植后，或许是秋季一次性收获，或许是中间放牧采食利用或收获利用，不一定是最终一次性收获。因此，中间许多环节不同于谷物农田，这是放牧场及饲草场管理的复杂之处。另外，饲草场的产量也不是越高越好，而是产量与质量的耦合或乘积，这也是一个不同之处。总之，饲草场的生产结果是饲养牲畜，而反刍消化系统不同于单胃的消化系统，即使是马等单胃消化系统也发生了适于消化饲草的特化样式。因此，饲草场的产物不能直接类比于谷物产物的生产标准，也不能消极简单地改造饲草饲料“应付”牲畜吃进去，而是需要根据生物、生态原理积极地生产高产量、高质量饲草饲料。

第一节　饲草及饲草场建植

任何地区或地段，饲草建植都是饲草生产最重要的阶段。影响建植的因素有整地、物种及品种选择、土壤 pH、养分状况、播种时间和深度、播种量、种子质量及发芽出土与幼苗存活。

一、地块选择、整地

一般要求地势相对平坦，土壤质地和水热条件较好，适合饲草生长。如果降水不能保证饲草出苗和正常生长，则要有灌溉条件。

与传统农田谷类作物相比，大多数饲草作物种子较小，整地对于饲草作物种植非常重要。如有草丘、土丘、坑沟等时应进行平整；有大量石块时需要清理；有灌木时需要割除。

理想苗床应该平顺、坚固且没有土块。为了疏松耕层、破碎土块、改善土壤理化性质，通常需要犁地。犁地根据当地气候、土壤、饲草品种、机具和劳力等一系列因素确定。一般深 20～25 cm，使土层翻转、松碎并混合。犁地过浅不利于作物生长，过深会使腐熟土壤埋深，土壤肥力下降，而且增加犁地成本。

饲草播种前，通常翻耙地 2 次。在侵蚀影响不重的地区，初次耕作可以秋季完成。

北方地区有冻融循环，有助于土块破碎，产生好苗床，若秋季翻耙，可减少春季再翻耙。对于坡地，初次耕作应该在春季完成，以避免过多土壤侵蚀。过度的二次耕作会导致苗床过细，如果播种后不久降雨，可能产生土壤结皮，使幼苗出土困难。

二、物种和品种选择

不同的气候（温度、降水）、土壤条件（如渗透特征、坡度、养分）及生产目标（如生产饲草料、养地肥田、环境保护）应选择不同的饲草作物。

众多气候因子中，温度是第一位。尤其在温带和寒带，多年生饲草能否安全越冬是物种和品种选择的首要考虑因素。多年生饲草能否安全越冬取决于两方面：一是冬季极端低温出现的强度及持续时间，主要是对根部休眠芽的危害；二是早春返青前异常低温出现的强度及持续时间，主要是对返青芽的危害。

降水量是第二位，决定饲草的栽培方式和生产能力。年降水量 500 mm 以上的地区，可采用旱作方式建植饲草场；年降水量 400～500 mm 的地区，也可旱作，但产量不高且不稳；年降水量 400 mm 以下的地区，必须有灌溉条件才能建饲草场。

土壤条件也是饲草物种选择的影响因素，尤其有特殊理化性质的土壤。如在盐碱地、酸性土壤及沙质地、黏性土壤上建植饲草地，需要选择抵抗这些逆境条件的饲草物种或品种。虉草比大多数草本植物更耐渗透差的土壤条件；百脉根和红三叶比紫花苜蓿更耐湿润和低 pH 土壤条件；深根系的紫花苜蓿对较低保水能力的沙质土壤条件较适宜。

建植目的不同，饲草选择也有所不同。以生产饲草料为目的，需要选择高产优质饲草作物。在此前提下，由于需要年限不同而可以选用短寿命类或长寿命类，由于利用方式不同而选用刈割型或放牧型。若以土壤培肥为目的，应选用固氮、叶多枝茂绿肥植物。

单一种类建植有利于管理措施一致。几种混播，至少一种禾草和一种豆草构成的混播群落比单一群落有益处，如控制牲畜臌胀病、提高有效产量的季节配给。

三、播种时间、深度、播种量

饲草播种时间通常选择在适宜的温度期和足够的降雨期，以保证成功的群落建植。饲草播种期可分为春播、夏播、秋播。播期主要取决于水热条件、杂草危害、土壤墒情、利用目的等。北方通常选择早春或晚夏播种。春季播种的优势：足够降雨的可能性更高；有发芽和早期幼苗生长的最适温度；播种当年收获。劣势：与晚夏播种相比有更严重的杂草压力；可能延长的降雨期导致播种推迟到适宜期以后；晚期霜冻损伤幼苗的风险增加；北方地区较低的土壤温度可能延迟幼苗出土。

春播需要尽早进行，北方地区开始于 5 月。延迟春播可以避免霜冻，但降低了获得足够降雨的可能，并减少了作物生长天数。霜冻风险常被早期播种优势抵消，在选择最适播期时一定要考虑霜冻的可能性。

由于出土模式的差异，播种禾草可忽略考虑霜冻。禾草生长点为地下出土型，如果禾草幼苗暴露于地上的叶片被霜冻损伤，可以从地下分生组织再生，生长点出土时，霜冻危险已经过去。豆草生长点为地上出土型，晚期霜冻会杀死生长点及幼苗。损伤程度取决于最低温及其持续期。紫花苜蓿幼苗能够耐受–2℃低温持续 4 h，红三叶幼苗耐霜冻性比紫花苜蓿强。

北方，晚夏播种一般始于 8 月末。优势：晚夏播种杂草问题比春季播种轻；晚夏播种前，可以播种收获一次生育期短的植物。劣势：增加水分胁迫限制，增加建植的风险；由于到入冬前生长期短，播种当年很少或没有饲草收获；如果霜冻前植物没有很好地定居，冬季可能受伤害。

我国多数地区采用秋播、春播，少数地区进行夏播。南方和北方温暖地区多采用秋播。南部秋播在 9 月，如在福建省适宜在 9 月至 10 月中旬前种植多花黑麦草，能获得较高的饲草产量和质量（高承芳等，2014）。南方也可冬播，以更好地利用冬闲田，与秋播比产量影响不大，但前期生长慢，第一次刈割时间比秋播晚（张俊等，2010）。东北、西北较寒冷地区，一般选择春播，解冻后早播有春旱风险，晚播影响出苗和生长。这些地区也可以晚夏播种，但不宜太晚，要使饲草在入冬前生长一段时间，以积累足够的碳水化合物用于越冬。夏播前要特别注意消灭杂草。北方有时也采用寄籽越冬的播种方法，如新疆北疆地区紫花苜蓿冬季播种为最佳播种时间，冬播比春播可增产 26.9%（李正春等，2010）。

播种深度影响种子出土及幼苗建植定居。饲草种子通常很小，储藏养分有限，不能像谷类作物种子播种那么深。如果播种过深，种子营养不足以支持子叶伸出土壤表面进行光合延续生长。然而，必须有一定的土壤覆盖以保持种子–土壤间接触，提供发芽需要的水分，以保证胚根能穿入土壤获得水分和营养延续生长。

饲草种子的最适播深一般为 1～2 cm，播种深度及种子大小影响出土率和出土时间。相对大的种子出土率受影响较小，且大种子出土率相对高，但出土时间延长（图 5-1）。

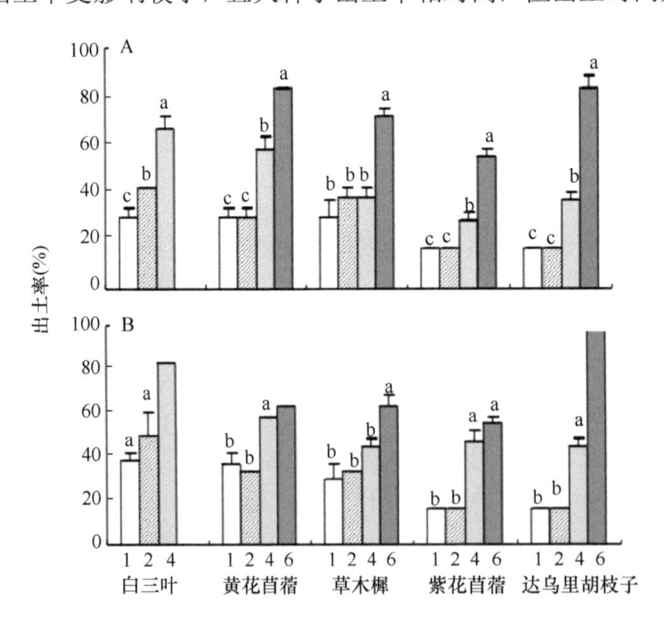

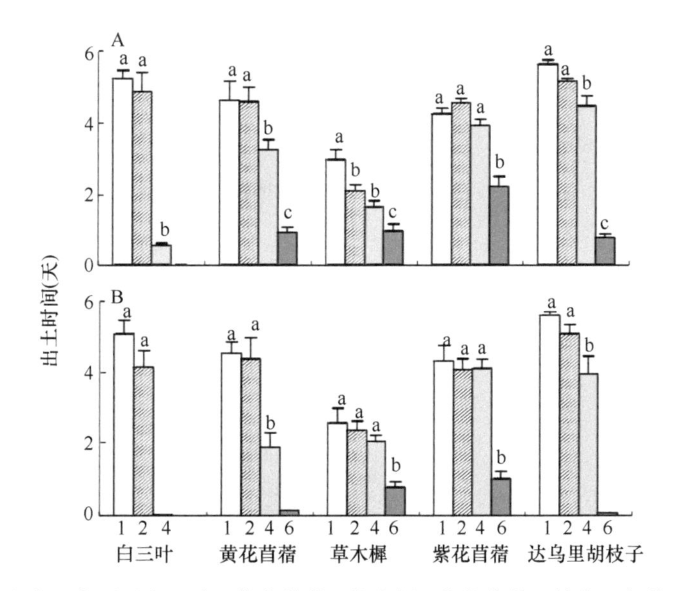

图 5-1　不同播深和光照水平对白三叶、黄花苜蓿、草木樨、紫花苜蓿及达乌里胡枝子出土率和出土时间的影响（Wu et al.，2011）

1、2、4、6 代表播深分别为 1cm、2cm、4cm、6cm；A. 遮阴；B. 全光照

播种深度也受土壤类型影响（表 5-1）。黏质土和壤土的最适播深在 1 cm 左右，沙质土的最适播深为 2～3 cm。土壤干燥或晚春需要播种深一点，有助于种子获得足够的水分。早春土壤水分通常很充足，深层土壤温度较低，推荐浅播。

表 5-1　3 种土壤类型、4 种播深的紫花苜蓿建植株数　（单位：株/m²）

土壤类型	播种深度（cm）			
	1.2	2.5	3.8	5.0
沙土	71	73	55	40
壤土	59	55	32	16
黏土	52	48	28	13

资料来源：Sund et al.，1966

紧实的苗床有助于种子位置固定。种子播入疏松或土块多的苗床通常会降低出土率，因为种子–土壤间接触不严实。

播种量通常表示为单位面积的播种率（表 5-2）。饲草种子大小和重量在种间或品种间有差异，因此播种量变化很大。播种量还受当地气候环境和土壤条件影响。当土壤条件、苗床准备和播深适宜时，播种少量种子即可完成建植。但播种量超过推荐播种量不能解决由苗床准备、竞争、土壤养分及其他因素引起的问题，因此，需要权衡整地、气候及土壤墒情等诸因素确定播种量。

表 5-2　常见饲草的播种深度和播种量

饲草名称	播种量（kg/hm²）	播种深度（cm）	饲草名称	播种量（kg/hm²）	播种深度（cm）
黑麦草	15～23	2～3	短芒大麦草	8～15	2～3
多花黑麦草	15～23	2～3	草地早熟禾	8～15	2～3

续表

饲草名称	播种量（kg/hm^2）	播种深度（cm）	饲草名称	播种量（kg/hm^2）	播种深度（cm）
鸭茅	7.5～15	2～3	碱茅	8～15	1～2
紫羊茅	7.5～15	1～2	苏丹草	23～30	2～3
无芒雀麦	23～30	3～4	非洲狗尾草	8～15	2～3
草芦	23～30	3～5	大翼豆	8～12	2～3
毛花雀稗	15～23	2～3	鸡眼草	8～15	2～3
狗牙根	6～12	2～3	白三叶	4～8	2～3
羊草	30～40	3～4	红三叶	9～15	2～3
披碱草	15～30	3～4	地三叶	20～24	2～3
冰草	15～22	3～4	花棒	9～18	3～5
偃麦草	22～30	3～4	埃及三叶草	12～15	2～3
猫尾草	7.5～12	2～3	百脉根	6～12	2～3
大看麦娘	15～30	2～3	绿叶山蚂蝗	3～4	2～3
毛苕子	45～75	3～5	银合欢	15～23	3～4
山野豌豆	45～75	4～5	葛藤	4～5	3～5
鹰嘴紫云英	11～18	4～5	紫花苜蓿	15～23	2～4
沙打旺	4～8	3～4	黄花苜蓿	15～23	2～4
红豆草	45～90	2～3	金花菜	15～22.5	2～4
黄花羽扇豆	150～200	2～4	箭筈豌豆	60～75	4～5
柱花草	1.5～3	1～2	小叶锦鸡儿	6～9	2～3
黄花草木樨	15～22	3～5	达乌里胡枝子	6～7.5	2～3
羊柴	30～45	2～3	小冠花	4.5～7.5	1～2
串叶松香草	4-8	3	菊苣	2.25～3	2～3

资料来源：龙秀明和呼天明，2019.

播种量取决于很多因素，具体包括以下几种。

（1）土壤类型：轻质沙土可以使用低播种量，因为幼苗比在黏重的土壤中更容易出土；

（2）苗床条件和播种方法：条件好的苗床可以使用低播种量，播种技术不适宜时需要使用高播种量；

（3）种子大小：相同植株数，需播种量因饲草品种的种子大小不同而异；

（4）种子质量：发芽率低的种子需要增加播种量。

为了考虑这些因素，播种量应该基于纯净有活力种子（pure live seed，PLS）。PLS=种子净度×有活力种子百分数。

四、种子处理及播种

豆草固氮，供自己利用或其他植物利用，以满足对氮的需要。固氮根瘤菌主要为根瘤菌属和短根瘤菌属种类。固氮根瘤细菌与豆草之间的共生关系是高度专一的，因此，选择对建植豆草有效的根瘤菌种类非常重要。

接种，播种前将适合的根瘤菌导入种子表面。一旦导入，固氮根瘤菌会在土壤中持续存在几年。为了避免结瘤差的风险，需要提前试验。

豆草种子可以在播种时接种或种子加工过程中预接种。播种时接种就是混拌有菌的粉末状物到种子堆里，并保证粉末状物沾到种子表面。这种方式接种一定要在几小时内完成播种，以保证细菌存活。

豆草种子通常有硬实，硬实种子的种皮有不透水的蜡质层，之所以不发芽是因为它们不能吸水，胚根伸出也受抑制。硬实种子可以通过划破种皮，或其他破开种皮的物理及化学方法处理。一些物种的种子需要处理以打破休眠提高发芽率。对于休眠种子，限制发芽的原因是内部化学因素，而不是如硬实那样的外部物理因素。

一些饲草的种子在发芽前需要暴露在低温环境进行层积。将种子浸湿并暴露到低温条件促进发芽称为层积（stratification），层积是为了春化（vernalization）。鸭茅的一些品种播种前需要层积处理，即播种前将种子浸入水中泡湿，放到低温条件下保持几周。如果播种前又将种子晾干，则休眠恢复。

播种前，大多数豆草种子需要用杀菌剂处理。一些种子用石灰或黏土包衣可以改善微环境的 pH、增加种子吸水率、提高发芽率和出苗率，并改善种子表面光滑度。

播种方式有撒播、条播、带状播、少耕或免耕播种。特别说明，在早春、晚秋或冬季直接撒播，可以利用土壤自然胀缩产生的地裂或地缝掩埋种子，达到播种目的。

五、杂草控制、饲草场更新

无论是农田作物地还是饲草场，杂草控制是田间管理的一个重要环节。饲草种子小、幼苗弱，与杂草的竞争力差，饲草建植阶段需要对田间杂草进行控制、灭除。特别是在播种后的前一段时期内，一般为 6～7 周内。良好的土壤、良好的整地、高质量种子、适宜的播种期及准确的播种方式都有利于增加饲草幼苗活力，提高其竞争力。建植多年生饲草场，第一年种植某种一年生或生育期短的保护作物（nurse crop）压盖杂草为明智选择。保护作物生长快，早于杂草出土能实现对杂草的压制，并且，保护作物提早覆盖地面，有利于防止水土流失及风蚀，起到覆盖作物（cover crop）的作用等。同时，第一年早期或晚期，可以收获一次保护作物。理想保护作物要求种子小、生长快、早熟、植株低矮、营养体或籽粒有较好经济效益。保护作物的播种量为常规或适当调整，以免制约饲草作物正常生长。

在禾草地种植豆草或豆草地种植禾草，然后在幼苗期选择豆草灭草剂或禾草灭草剂，杀死伴生作物，利用其残茬覆盖压制杂草为一项有效的杂草控制方式。轮作，种植一次豆草后种植禾草或种植禾草后种植豆草，为选择有效的除草剂提供了机会，即可以轮流选择用灭除禾草的农药或用灭除阔叶草的农药。

除草剂、选择性除草剂广泛应用于生产实践，包括播种前封闭性除草剂和幼苗期除草剂。施用除草剂需要严格遵守除草剂使用说明，特别是苗期什么时候用药、用药后多长时间才能收获饲草或放牧等。

清除性割草为有效的杂草控制方式。在杂草生长点高于割草高度时，清除性割除可以减少杂草。清除性割除可以在饲草生长的幼苗期，也可以在后期结合干草或青贮料收获。

为了饲草场能持久使用，提高多年生饲草场生产力，划破草皮、施肥、施石灰、杂草控制、补播等措施被用于进行饲草场更新（Hall and Vough，2007）。在多年生饲草场，补播引入豆草为常用手段，可以提高产量并改善质量。春季进行饲草场更新，需要在前一年的秋季重度放牧或进行清除性割除，以整理拟更新的场地，也可以条带状撒施除草剂。暖季地区，多条带状补播冷季饲草，温冷地区的稀疏饲草场，多在冬季撒播或免耕补播。

在多年生饲草场，一些多年生饲草在停止利用一段时间后，能自然产生种子脱落进入土壤，达到播种更新目的。一些饲草无性繁殖能力强，不产生种子或种子产量弱，如牛鞭草，可以收集枝条等营养繁殖体进行饲草场建植或更新。

由于苜蓿有自毒作用，更新苜蓿草地需要充分考虑这一因素。自毒作用是指一种植物产生的化学物质抑制同一物种发芽及生长的现象。当苜蓿补种在已经有苜蓿生长的地点时通常发生自毒作用，限制发芽及幼苗生长，那些已经定居的幼苗也出现生长受阻现象。自毒毒素在苜蓿地的地上部比根部多，因为毒素是水溶性的，会逐渐被降水淋溶掉。另外，当植株被犁倒或除草剂杀死时，自毒成分释放到土壤，后续会起作用。

自毒毒素的持久性和对新幼苗的影响随土壤类型不同而不同。在沙质土壤中，自毒期缩短，因为毒素成分会通过淋溶很快从根部排出。在重质土壤中，影响期较长，其强度因土壤胶体的吸附作用而减弱。影响自毒作用的其他因素包括先前群落密度及老群落被割走后的间隔时间。毒素可能随时间延长而消散，但毒素消散后很久，受影响的植株仍然生长受阻，产量降低。

苜蓿饲草场避免自毒的措施包括轮作和避免重茬。同一块地若后茬继续种苜蓿，前一年秋季清除地上苜蓿及其落叶有一定效果；同一块地若继续种苜蓿，春季处理地面，3～4 周后的夏季或晚夏种植较好。一般，自毒发生在距离植株 20 cm 范围内，40 cm 外作用消失，若可能，可以在距离植株 40 cm 处补播以更新苜蓿饲草场。

第二节　土壤营养与施肥

土壤为植物提供很多作用，包括机械支持、水分及有益微生物生境。土壤还为饲草提供养分，土壤肥力是决定饲草生产的最重要因素之一。

土壤肥力不容易测量或量化，是一个定性而非定量的概念。土壤肥力可以通过养分管理决策提高或降低。施肥是最实用的管理措施，必须保证土壤养分以提高产量。

肥料的投入花费可能占饲草生产总花费的 10%～30%，增加的饲草产量或家畜产量或提高的饲草质量会带来经济回报。如过多使用肥料，除了花费多，还会产生生态和社会负效应。

一般，采用养分平衡，而不是养分循环的方法进行土壤养分评估。一个系统的净养分平衡，简单说就是养分输入与输出的差，这可以从不同空间尺度计算，如一块土地、一个农场或整个流域。平衡是正的地方，土壤营养状况会上升；平衡是负的地方，土壤营养状况会下降。养分输入不仅来自肥料，还包括降水及家畜粪尿输入。养分输出包括淋溶、侵蚀、产出的饲草或动物产品。

有研究表明，对于种植青贮玉米，种植前检测土壤 20 cm 范围内硝酸盐浓度，若硝酸盐浓度>25 ppm，表明土壤氮肥充足，可以不施氮肥；若硝酸盐浓度为 21～25 ppm，施氮肥可以获得 10%的有效经济产量；若硝酸盐浓度低于 21 ppm，需要充足施氮肥。

一、土壤肥力

土壤肥力是土壤提供植物生长所需养分的能力。土壤肥力由土壤化学组成（营养成分）决定，但也受土壤物理结构（土壤质地、气体运动、根生长和水分供应）和土壤生物活动（养分循环、根瘤菌和菌根）影响。肥力之差决定 5 倍产量之差，肥力是所有管理措施最重要的选项。

通过与气候有关的物理和化学风化过程，养分源于成土母质颗粒，土壤营养供应能力取决于 3 个因素。

（1）母质的化学组成：黏土矿物质如玄武岩、蛭石和磷灰石营养丰富，而母质如流纹岩和硅石营养贫瘠；

（2）土壤质地：黏土、淤泥和沙土有相似的化学组成，但黏土颗粒表面积与体积比高，风化率和化学反应潜力高；

（3）气候：温和的温度和非淋溶性降雨有利于养分积累。

母质释放的养分被土壤颗粒通过弱电荷吸附，弱电荷的定量测值为阳离子交换量（CEC），为土壤颗粒表面对应 H^+的负电荷。CEC 中吸附的阳离子可以释放到土壤溶液（覆盖所有土壤颗粒的一层水），植物从这里吸收养分。溶液中多余的 H^+代替释放出的阳离子，降低了阳离子占 CEC 的百分数。贫瘠土壤 CEC<12 meq/100 g 土，肥沃土壤 CEC>12 meq/100 g 土。

任何一种阳离子过多都可以替代 CEC 中的其他阳离子。在盐土中，Na^+可以代替其他阳离子，如果石灰过多，Ca^{2+}可以替代 Mg^{2+}。营养存在于土壤颗粒或溶液中，其在土壤颗粒的阳离子交换位点未被置换释放出来的情况下，植物不能吸收，表现为营养缺乏。

土壤有机质通常占土壤质量的 2%～6%，是指示土壤肥力的另外一个指标。有机质分解过程形成的腐殖酸或腐殖质黏附于土壤颗粒表面，所发挥的作用远大于有机质占土壤质量的比例。有机质对土壤肥力的影响包括增加 CEC、分解成有机和无机化合物提供营养、黏附于土壤颗粒形成团聚体改善土壤结构、增加土壤持水能力。

不同饲草对土壤肥力的响应有很大不同。草地早熟禾对低养分水平的土壤有耐受性；鸭茅需要中等肥力；多年生黑麦草、猫尾草及大多数豆草需要较高的土壤肥力。

土壤肥力对饲草和杂草作用不同，进而影响饲草场的物种组成。改变饲草物种而不提高土壤肥力的饲草场改良，饲草场能很快恢复到最初的物种组成。

土壤质量（soil quality），是指特定土壤类型维持特定生态系统功能、维持植物及动物生产力、维持或提高水及大气质量，支撑人类健康及生存生境的能力（Karlen et al.，1997）。此概念全方位定义土壤为农业生态系统的有生命组分，视土壤的生物、物理和化学特征为土壤生产力。技术概念不同于此，实践中，土壤健康（soil health）与土壤质量为同义词，评定土壤利用的指标，包括物理特征（土壤团聚体、质地、容重、密度等）、生物特征（土壤微生物活动、植物枯落物分解、蚯蚓活动等）、化学特征（pH、盐分、有机质、营养浓度等）。

二、土壤碳、土壤酸碱度

大部分土壤碳都在有机质中，直接或间接产生于植物组织的腐烂和降解。土壤有机质影响土壤肥力，结合大气 CO_2，间接影响植物生长。土壤有机质对土壤肥力有直接贡献，如提供阳离子交换位点、释放养分、较高表面积和体积比增加持水力、为土壤颗粒之间的黏合剂改善土壤结构。

土壤有机质和饲草产量之间的关系很难量化。高大森林的土壤有机质水平在 4%～6%，低矮天然草地和饲草场的有机质水平在 2%～4%。

典型土壤的 C∶N 为（10∶1）～（12∶1）。添加富含 C 的有机物质会增加这个比例，将导致 N 被固定，添加 N 会抵消 N 的固定。

大气 CO_2 在过去的 1 个世纪从 280 ppm 增加到 360 ppm。改变土地用途的排放贡献了 25%（1.6×10^{15} g），另外 75%（5.5×10^{15} g）来自化石燃料排放。改变土地用途包括烧毁森林为饲草和作物生产转换土地，土地利用强度增加造成土壤有机质消耗。CO_2 增加导致全球增温，但也有增加饲草生产的潜力。

在播种建植饲草场时，一旦饲草物种已选择，就必须关注土壤。只有土壤的酸碱度和养分条件足够好，饲草建植才可以像其他作物一样获得令人满意的群落和产量。

土壤 pH 是限制群落定居的常见因素。土壤 pH 接近 7 会增加土壤养分有效性，促进有益微生物生长。一些地区施用石灰的主要目的就是提高土壤 pH，石灰还能提供植物生长需要的钙或镁（镁质石灰）。

足够的 P 对健康幼苗发育很重要。在低 P 或中 P 土壤上，如果设备允许，将磷肥带状施入到种子以下 2.5～5.0 cm 能很好地促进早期根系发育和幼苗定居。施肥时，需要采取适宜的施肥方式，肥料与种子直接接触会抑制发芽或杀死部分幼苗。与漫撒磷肥相比，带状施磷肥可提高肥料利用效率。

多数情况下，在饲草播种前施 45 kg N/hm^2 的氮肥能加强早期幼苗生长发育。土壤低 N 或有机质低于 15 g/kg 的条件下，施用相同量的氮肥能促进豆草定居（Shuler and Hannaway，1993）。一年生禾草，特别是暖季饲草，需要更高的氮肥施用量，如青贮玉米通常需要 168 kg N/hm^2 或更多的氮肥。

如果土壤硝酸盐水平足够，而且条件有利于早期结瘤，豆草建植时不建议施 N。较高的 N 对根瘤菌侵染和固氮不利。与 N、P 相比，K 极少成为饲草建植和定居的限制因素。

土壤酸化也是限制饲草生产的重要因素，土壤 pH 在许多方面影响植物生长。

（1）较低 pH 水平下，一些元素（如 Al 和 Mn）的溶解可能增加到有毒水平；

（2）随酸度增加，微生物种群和活性对 N、S 及 P 的转化响应降低；

（3）随 pH 降低，Ca 容易亏缺，特别是在土壤阳离子交换能力极低的情况下；

（4）酸性土壤共生固氮降低，共生固氮需要很窄的土壤酸度范围；

（5）很多酸化土壤聚合度差，耕作能力差，特别是有机质含量低的土壤；

（6）酸化土壤 CEC 较低，养分有效性降低。

（7）植物所需的许多矿物质的有效性受 pH 影响（图 5-2）。pH 为 6.5～7.5 时，P 有效性最大；pH<6.0 时，K 有效性很快降低；pH 降低时，Mo 有效性极大地降低，适当施加石灰能改善 Mo 亏缺，Mo 在豆草固氮根瘤的形成和功能上有重要作用；当 pH>7.0 时，Fe、Mn、B、Cu 及 Zn 有效性降低；当 pH>8.5 时，石膏或 S 的淋溶有助于降低 pH。

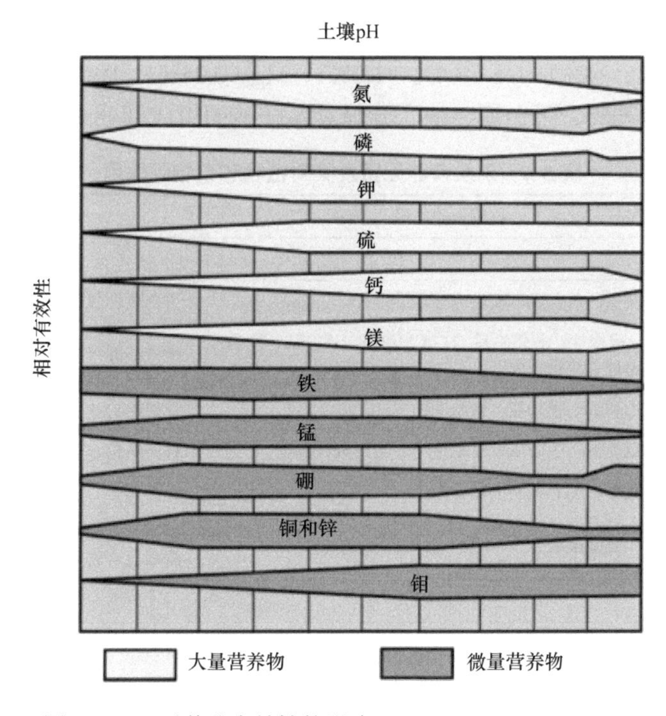

图 5-2　pH 对养分有效性的影响（Miller and Reetz，1995）

（8）pH 为 6 左右时，最适于蚯蚓活动。

土壤低 pH（酸化）可能源于氮肥使用、过量有机质输入、土壤风化（取决于土壤类型）及固氮等因素。施用 1 kg/hm^2 氨态氮或尿素产生的酸度需要约 4 kg/hm^2 石灰中和，施用 1 kg/hm^2 硫酸铵产生的酸度需要约 9 kg/hm^2 石灰中和。不同饲草作物对 pH 的敏感性不同（表 5-3），石灰对调整土壤 pH 非常有效，对饲草产量作用明显。

表 5-3　根据耐酸性的饲草作物分类

耐酸（最适 pH 5.5～6.0）	中度耐酸（最适 pH 6.0～6.5）	酸敏感（最适 pH 6.5～7.0）
杂交苜蓿	绛三叶、白三叶、红三叶	紫花苜蓿
百脉根、胡枝子、野豌豆	鸭茅	草木樨
库拉三叶草	多花/多年生黑麦草	无芒雀麦
苇状羊茅和草甸羊茅	猫尾草、毛花雀稗	虉草
早熟禾、翦股颖	菊苣	大麦
苏丹草、巴哈雀稗、狗牙根	玉米、小麦	
燕麦、黑麦、狼尾草、大豆		

资料来源：Miller，1984

三、植物和动物养分需求

植物中含量最多的元素是 C、O、H，称为大量元素，其干物质占比分别为 45%、43%和 6%。这些元素构成了有机分子的支柱，形成了植物的结构和功能，但不被视为营养元素。

大量营养元素是植物中的重要矿物质，每种含量分别超过干物质的 0.1%，包括 N（1%～5%）、K（2%～4%）、Ca（0.4%～1.0%）、Mg（0.25%）、P（0.25%）和 S（0.2%）。这些大量元素是氨基酸、蛋白质、酶、叶绿素及核酸的组成部分（表 5-4 和表 5-5）。

表 5-4　矿质营养元素及其对植物和动物的作用

元素	符号	对植物的作用	对动物的作用
大量元素			
氮	N	氨基酸及蛋白质合成、核酸成分	蛋白质合成
钾	K（K_2O）	酶活化、耐寒性、水分关系、N 摄入和蛋白质合成、抗病性、染色体易位、淀粉合成	维持酸碱平衡、酶反应、碳水化合物代谢
钙	Ca	果胶酸钙和细胞膜功能、细胞调控	骨架结构、磷酸酶激活
磷	P（P_2O_5）	利用储藏能量、生命周期早期使用、根形成、核酸	骨架结构、能量代谢、核酸
镁	Mg	叶绿素成分、ATP 代谢的辅助因子	骨骼发育、磷酸化作用、酶激活
硫	S	氢硫基、氨基酸成分	存在于氨基酸中、酸碱平衡、细胞内成分、碳水化合物代谢
动、植物必需微量元素			
铁	Fe	叶绿素、细胞色素、酶的组成成分	血红蛋白组分、细胞色素传导的组分
锰	Mn	氨基酸、叶绿体膜、酶系统的构造	骨基质形成的需要
氯	Cl	光合磷酸化、电荷平衡、渗透压调节	调节细胞外渗透压、维持酸碱平衡
硼[a]	B	氨基酸及蛋白质合成、根瘤形成	可能不需要
铜	Cu	硝酸盐还原、光合电子传递	酶和铁代谢、免疫系统的组分
锌	Zn	酶激活	酶激活、金属酶的组分
钼	Mo	硝酸盐还原组分、固氮	金属酶的组分
镍	Ni	脲酶组分、豆草固氮	在大鼠中必需，推测在家畜中必需
植物不必需而动物必需微量元素			
硅	Si	在抗旱性中稍起作用、机械强度、在叶缘存在，妨碍放牧	骨骼矿化
钠	Na	与 K 共同调节渗透压和电荷平衡	与 K 和 Cl 共同维持细胞外液体平衡、维持渗透压、心脏和神经功能
碘	I	可能在组织培养中稍起作用	甲状腺功能
铬	Cr	不需要	葡萄糖耐受因子——胰岛素调节
钴	Co	苜蓿固氮	维生素 B_{12} 的组分
硒	Se	不需要	谷胱甘肽过氧化物酶、细胞膜、免疫系统功能的组分

注：a. 动物的需要量很小，不需要补充

资料来源：Miller and Heichel，1995；Tisdale et al.，1993

表 5-5　饲草叶片化学元素的平均浓度及亏缺浓度

元素	吸收形式	正常的	植物亏缺	家畜亏缺[a]	对植物的毒性
大量元素		（%）	（%）	（%）	（%）
碳	CO_2	45	—	—	—
氧	O_2	42	—	—	—
氢	H_2O	6	—	—	—
大量营养元素		（%）	（%）	（%）	（%）
氮[b]	NO_3^-，NH_4^+	1～4	<1，>2[j]	<1（<2.5）	非常低或无[e]
钾	K^+	2～4	<1	<0.9	非常低或无[e]
钙	Ca^{2+}	0.5～2.0	<0.0002	<0.4（<0.6）[i]	非常低或无[e]
镁	Mg^{2+}	0.2～0.8	<0.05	<0.1（<0.3）[l]	非常低或无[e]
磷[c]	$H_2PO_4^-$，HPO_4^-	0.25～0.5	<0.2	<0.1[i]	非常低或无[e]
硫	SO_4^{2-}	0.2～0.3	<0.15[d]	<0.2[d]	非常低或无[e]
动、植物必需的微量营养元素		（ppm）	（ppm）	（ppm）	（ppm）
铁	Fe^{2+}，Fe^{3+}	50～1000	<35	<0.1（<1.0）	非常低或无
锰	Mn^{2+}	30～300	<20	<15	>500
硼	H_3BO_3	10～50	<10	非常低或无	>75
铜	Cu^+，Cu^{2+}	5～15	<5	<0.6[f]	>20
锌	Zn^{2+}	10～100	<10	<4（<6）	>200
钼	MoO_4^-	1～100	<0.2	<1[g]	>2000
镍	Ni^{2+}	0.2～2.0	<0.1	非常低或无	>30
植物不必需但是动物必需的微量元素		（ppm）	（ppm）	（ppm）	（ppm）
硅	$Si(OH)_4$	400～10 000	不需要	不详[h]	
氯	Cl^-	500～10 000	不需要	<2000	>20 000
钠	Na^+	100～200	不需要	<1000（<2000）	
碘	I^-	3	不需要	<0.3（<0.5）	
铬	Cr^{3+}，Cr^{6+}	0.2	不需要	非常低或无	
钴	Co^{2+}	0.05～2.0	<0.02[c]	<0.11	非常低或无
硒	SeO_3	0.15	不需要	<0.3[k]	

注：a. 假设没有补充矿物质，也没有受到其他营养物质的干扰，括号内表示哺乳期牲畜的数值；b. N 的百分数×6.25=蛋白质的百分数；c. 豆草必须有根瘤菌；d. N∶S 不应超过 10∶1；e. 没有实际的毒性阈值，但在高营养水平下，定会对其他营养素产生竞争排斥；f. 铜的吸收受锌、钼、硫和铁的干扰；g. 钼的值高于 5 ppm 会影响家畜对铜的吸收；h. 日粮中硅含量超过 0.2%会降低摄取量；i. 理想的钙磷比在 2∶1 到 1∶1 之间；j. 禾本科植物不到 1%，豆草不到 2%；k. Se 值高于 8.5 ppm 可能对家畜有毒；l. 过量的钾和钙会抑制镁的吸收

资料来源：Follett and Wilkinson，1995；Tisdale et al.，1993；Spears，1994

微量元素（或痕量元素）也是植物中的重要矿物质，每种含量分别低于干物质的 0.05%（500 ppm），含量由高到低依次为 Si、B、Fe、Mn、Cu、Zn、Cl、Mo 及 Ni。

有几种元素植物不需要，但是对于消费饲草的动物很重要，分别是 Se、Cr、Co、Na 及 I。这些营养元素通常在植物中存在（通过被动吸收从土壤中获得），亏缺会引起家畜表现不好。Co 亏缺是“灌丛病”（bush sickness）的原因（1930～1940 年，新西兰中部牛和羊的一种慢性消耗变瘦疾病），直接补饲 Co 引起动物生长及生产发生巨大变化（Grace，1994）。

任何重要营养元素亏缺时，植物和动物都会表现出一定的症状（表 5-6）。许多情况

下，植物养分亏缺症状包括颜色黯淡和生长受阻，植物营养亏缺可以通过植物表现症状进行诊断。土壤营养无法估测，为了更好地管理饲草及饲草场，需要对土壤营养进行测定（表 5-7）。

表 5-6　饲草植物和食草动物矿物元素缺乏的症状

元素	饲草元素亏缺症状	草食动物元素亏缺症状
大量营养元素		
氮	萎黄病/叶变黄，生长受阻	低增长率，低产量
钾	苜蓿叶尖有斑点，抗寒抗病能力下降	罕见，但可发生在生产和哺乳期的牛，减少摄食，减重，脱毛，虚弱，生产损失
钙	花蕾、茎和根的顶芽发育缓慢，最终死亡	骨生长受损，导致生长缓慢和骨质疏松
磷	叶片或茎略带紫色或红色，发育不良	无效或低生长，产奶量低
镁	沙质土壤中最常见，叶片萎黄病特别是脉间区域，而叶脉保持绿色	低镁症，（尤指牛的）血镁过少
硫	叶萎黄病，半胱氨酸、胱氨酸和甲硫氨酸水平低，维生素和叶绿素合成低，可能是硝酸盐积累	蛋白质合成减少，导致生长缓慢
动、植物必需的微量营养元素		
铁	幼叶脉间萎黄病	罕见，但可发生在小牛由于免疫反应受损导致的贫血和高死亡率
锰	—	生长受损，骨骼异常，生育率下降，异常分娩
氯	叶卷曲，萎黄，根生长异常	厌食症，嗜睡，眼部缺陷，呼吸减弱，粪便带血
硼	生长受阻，发黄（特别是幼嫩组织）	不需要
铜	—	脱发、色素沉着、出现皮疹、贫血、免疫功能受损
锌	叶片白色或脱落	采食量下降、生长率下降，头、腿和脖子处的皮肤角化不全
钼	氮吸收和代谢受损，导致缺氮症状	缺乏是罕见的，没有一致发现的症状
镍	—	生长缓慢，瘤胃尿素酶活性低
植物不必需而动物必需的微量营养元素		
硅	无	生长缓慢、羔羊体内的瘤胃脲酶活性低，Si 含量丰富，未见缺乏症状
钠	无	舔食嚼食、嗜盐、饮尿、无效生长、毛发粗糙
碘	无	甲状腺肿大（甲状腺肿），特别是小牛
铬	无	无
钴	根瘤菌受损	维生素 B_{12}<3 μg/L、慢性消耗性疾病、生长发育不良、体重下降
硒	无	白肌病

资料来源：National Research Council，2001

表 5-7　土壤营养元素的平均、最低和最高浓度

元素	吸收形式	平均值	植物缺乏水平[a]	植物充足水平[b]
大量元素		（ppm）	（ppm）	（ppm）
氮	NO_3^-，NH_4^+	1～50[e]	NA[d]	NA[d]
钾	K^+	50～200	<50	100
钙	Ca^{2+}	500～800	<200	500
磷[c]	$H_2PO_4^-$，HPO_4^-	2～100	<10	>50
镁	Mg^{2+}	0～1000	<50	200
硫	SO_4^{2-}	10	<7	>12

续表

元素	吸收形式	平均值	植物缺乏水平[a]	植物充足水平[b]
动、植物所需微量元素				
铁	Fe^{2+}，Fe^{3+}			
锰	Mn^{2+}	20～50	<10	
硼	H_3BO_3	0.5～1.0	<0.1	>0.25
铜	Cu^{+}，Cu^{2+}	10～30		
锌	Zn^{2+}	50～150	<1	>1.5
钼	MoO_4^-	50～150		
镍	Ni^{2+}	10～30		
植物不必需但是动物必需的微量元素				
硅	$Si(OH)_4$			
氯	Cl^-		不需要	150
钠	Na^+		不需要	
碘	I^-		不需要	
铬	Cr^{3+}，Cr^{6+}	15～25	不需要	
钴	Co^{2+}		不需要	
硒	SeO_3	0.1～0.5	不需要	

注：a. 建议施肥；b. 不施肥；c. 布雷测试；d. NA=无标准化测试，可溶性 NO_3^-和 NH_4^+只是土壤总氮的一小部分；e. 仅为硝酸盐

资料来源：Follett and Wilkinson，1995；Allaway，1968；Watson，1995

N 是饲草场最为限制的营养元素。因为植物生长需要大量 N。植物可吸收的土壤 N 形态（NH_4^+、NO_3^-）的溶解度高，N 易淋溶。与其他营养元素相比，N 损失的途径很多。N 供应源于大气，土壤只是间接供应，土壤 N 输入极大地依赖于豆草预先的固定，部分依赖过去生产的有机质的分解归还。

N 平衡是复杂的，土壤 N 形态的动态变化剧烈，目前没有测定土壤各种有效氮的简单方法。植物可吸收的土壤 N 形态（NH_4^+、NO_3^-）的含量常与产量不相关。土壤中存在少量矿质 N（45～112 kg N/hm^2），而更多的是有机氮库释放的 N（900～4500 kg N/hm^2）。尽管计算 N 平衡有些困难，但是 N 平衡公式仍能表述重要原理：

土壤 N 状况=（N 固定+N 输入+土壤及其有机质释放+大气沉降）–（挥发损失+淋溶损失+植物和动物产品移除）。

N 固定的主要影响因素是土壤无机氮（NH_4^+、NO_3^-）浓度。豆草吸收和利用无机氮优先于固定 N。施加氮肥超过 56 kg N/hm^2 就能抑制 N 固定。豆草固定的 N 至少通过如下途径供周围禾草受益。

（1）牲畜采食豆草后排泄尿，尿 N 占所采食 N 的 70%～75%，其中，50%～80%以氨态氮形式挥发。

（2）牲畜采食豆草后排泄粪，粪 N 含 2%～3%不同类型的有机态 N，它们对禾草的有效性取决于向土壤有机氮库的分解和合成。

（3）根瘤和豆草根组织的腐烂，估算每年为 0～112 kg/hm^2。叶片和匍匐茎的死亡

及腐烂，匍匐茎常在采食高度以下，取决于放牧管理，最多有30%的叶片未被采食。

（4）豆草根或根瘤含N成分直接渗入土壤，在豆草–禾草间转移。

（5）雨水和灌溉从活体植物淋溶N。

输入N的主要来源是肥料。常见肥料的N含量，无水氨82%、尿素46%、硝酸铵33.5%、硫酸铵21%、硝酸盐溶液28%～32%。氨态氮增加土壤酸度，一般需要石灰中和。

饲草干物质对氮肥的响应为11～55 kg干物质/kg N。氮肥应该分期施用，其原因如下：避免淋溶和挥发损失、减少肥料分布不均匀的影响、减少烧苗风险及保证N供应与饲草需要一致。

禾草积累过多的N，造成植物非蛋白N存在。施N增加其他营养元素如P和K的吸收以增加产量，因此，需要额外施用P、K肥等。

饲草品种、利用时期及产量目标决定氮肥的施用量和时间。干旱限制产量时，建议少施N。放牧或干草收获后猫尾草恢复生长很慢，根系相对浅，因此，推荐早春施N，与足够的土壤水分和快速生长相配合。鸭茅、无芒雀麦和苇状羊茅比猫尾草和草地早熟禾更耐干旱，较高的施N量更有效。

豆草超过30%的禾豆混播群落不需要额外施氮肥。这个水平的豆草比例，能够固定足够的N以维持混播群落的最适生产力（Wedin，1974；Nuttall et al.，1980）。N能改变禾草的竞争优势，限制N供应则会限制禾草生长。如果目的是维持豆草生产力，就应该主要施加适当的磷肥和钾肥，而不是氮肥。豆草低于30%时，可能需要施N维持适宜的禾草生产力。豆草占群落20%～30%时，推荐施氮肥56 kg N/hm^2；豆草在群落中低于20%时，推荐施氮肥125 kg N/hm^{2}或再高些（Wedin，1974）。

输入N的另一个来源是粪。牛粪通常含N 0.5%～0.6%（5～6 kg N/t），家禽粪含N高达10 kg N/t（表5-8）。无论什么来源，第一年施用，粪N只有50%能被植物利用。家畜粪满足植物N需要，则相应的P和K可能超出植物需要。

表5-8　不同动物粪固态、液态形式的氮、磷、钾含量

动物	固态					
	氮（N）		磷（P_2O_5）		钾（K_2O）	
	含量（kg N/t）	含量（%）	含量（kg N/t）	含量（%）	含量（kg N/t）	含量（%）
乳牛	5.5	0.5	2.5	0.2	5.5	0.5
肉牛	7.0	0.6	4.5	0.4	5.5	0.5
猪	5.0	0.4	3.5	0.3	4.0	0.3
鸡	10.0	0.8	8.0	0.7	4.0	0.3

动物	液态					
	氮（N）		磷（P_2O_5）		钾（K_2O）	
	含量（kg N/L）	含量（%）	含量（kg N/L）	含量（%）	含量（kg N/L）	含量（%）
乳牛	3.1	0.3	1.2	0.1	2.7	0.2
肉牛	2.5	0.2	0.8	0.1	2.1	0.2
猪	6.6	0.6	3.6	0.3	2.6	0.2
鸡	8.8	0.7	8.1	0.7	3.2	0.3

资料来源：Miller，1984

除了无机形态 N（NH_4^+、NO_3^-），土壤中还存有大量的有机态 N。这种有机态 N 一般不直接被植物利用。在土壤微生物驱动下有机态 N 矿化为植物可利用的形态，数量能达到 670 kg N/hm^2，这部分也仅为土壤总 N 的 5%～10%。

大气 N 沉降产生于工业地区有关的含 N 空气污染物，当闪电将 N_2 转化为水溶性 N 形态，降雨致使 N 沉降。沉降率在美国中西部较低，在工业区为 22 kg N/hm^2，欧洲可达 56 kg N/hm^2。

一些氮肥被转化为氨气挥发损失到大气中。这对环境不友好，也增加了满足植物 N 需要的 N 成本，降低了肥料作用。极端情况下，所有使用的氮肥都挥发损失。硝态氮肥比尿素和氨态氮肥的挥发损失小，在较温暖的气候或季节条件下应首选。

硝化和反硝化是微生物过程，能引起 30%的土壤 N 损失。硝化是 NH_4^+ 氧化为 NO_3^-，反硝化是 NO_3^-还原为 N_2O 和 N_2，释放到大气中。这两个过程转化率都非常低，但在草地的粪斑和尿斑中能高达总氮的 3%（Flessa et al.，1996）。反硝化作用在湿润土壤中较高，排水会使其降低。

硝酸盐易溶于水发生淋溶，因为它是负电荷，不能被土壤阳离子交换位点吸附。因此，过多使用氮肥，造成硝酸盐淋溶到溪流和地下水。多年生饲草从土壤吸收 N 和保持 N 优于一年生饲草，可以利用多年生饲草作为河岸管理组分，过滤截获邻近种植区的 N 径流。然而，如果每年总 N 输入（固氮、肥料或粪便）超过 280 kg N/hm^2，淋溶和流失率会非常高。

饲草场大部分 N 是以收获饲草和家畜的形式被移走。年收获产量 13 t/hm^2 苜蓿干草移走 0.39 t N/hm^2［13 t/hm^2×3%（苜蓿干草 N 含量）］。干草、青贮饲料或动物产品移走的 N 必须从土壤或肥料中补充回来。

P 是饲草场紧随 N 之后的第二大限制性营养元素。一般土壤中通常缺 P，磷酸盐石灰岩母质演变而来的土壤不缺 P。

P 对饲草建植定居很重要，因为幼苗根生长需要 P。P 对动物也很重要，饲草料的最佳 Ca∶P 为（1∶1）～（2∶1）。

P 对豆草生长和固氮特别重要。禾草具有表面积大的纤维性根系，在土壤 P 水平低的条件下，禾草在吸收 P 方面比豆草更有竞争力。

植物吸收 P 的形态是 HPO_4^{2-}和 $H_2PO_4^-$，这些不同的 P 源在植物可用性上有差别。P 在土壤中相对稳定，P 积累会造成严重环境问题。

P 有效性的一个特别方面是对菌根的影响，菌根是土壤真菌与植物根系的结合体。植物提供一个保护性环境，而真菌菌丝伸入土壤中生长，有效地延伸了根系与土壤的接触，有利于 P 转运到植物。

与 N 相比，土壤 P 平衡相对简单。通过 Truog 和 Olsen 检验方法可测定土壤有效磷，预测潜在的饲草响应。过多的 P 通过饲草被移走或通过土壤侵蚀损失，建议以土壤 P 含量分别为 34 kg P/hm^2、39 kg P/hm^2 和 45 kg P/hm^2 的标准，划分低 P、中 P 和高 P 供应区。植物生长特别依赖土壤 P 状况。

土壤 P 状况=（P 输入+土壤及其有机质释放）–（淋溶+植物和动物产品移除）。

商业肥料的 P 含量表述为 P_2O_5 含量。一些商业 P 肥的 P_2O_5 含量，过磷酸钙为 20%、重过磷酸钙为 45%、磷酸盐为 41%。一些磷肥也含 N，如磷酸氢二铵含 53%的 P_2O_5 和 21%的 N；磷酸二氢铵含 48%的 P_2O_5 和 11%的 N；磷酸硫酸铵含 20%的 P_2O_5 和 16%的 N。

在低肥土壤中，达到最适 P 水平的最快、最经济的方法是大量堆积性施磷肥（34～66 kg P_2O_5/hm^2），争取施加到整个犁底层，一旦堆积到最适土壤 P 水平，就可以每年少量维持施加磷肥。

多年生饲草场施磷肥可以在任何方便的时间进行，通常在最后一次收获后或在早秋。秋季施肥保证了植物有足够的 P 带入冬季，可以保持良好状况的根结构和早春活力。

商业磷肥易溶于水，水溶性超过 75%的磷肥并不比水溶性为 50%～80%的磷肥能增加干物质产量。当带状少量施磷肥能促进早期幼苗生长发育时，水溶性更重要。酸性土壤中施用磷肥至少应有 40%可溶于水，钙质土壤中应有 80%可溶于水。高水溶性对钙质土壤非常好，尤其对于有效磷含量低的土壤。

磷肥对冷季饲草产量有显著影响（Duell，1974；Nuttall et al.，1980；图 5-3）。暖季禾草和各种其他禾草对施磷的响应非常明显（表 5-9 和表 5-10；Taliaferro et al.，1975）。

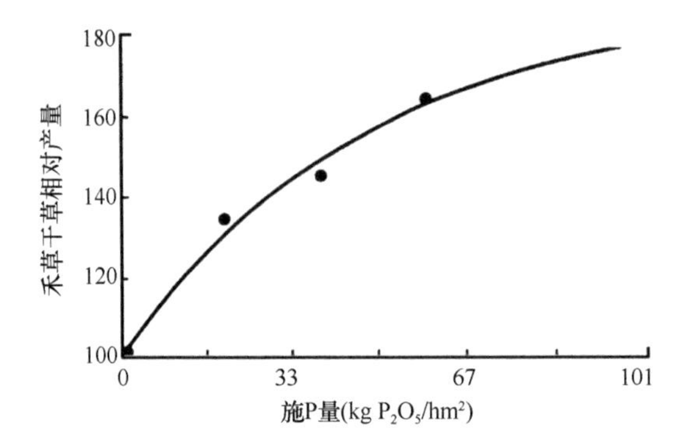

图 5-3　灌溉条件下施用磷肥对禾草干草相对产量的收益递减（Ludwick and Rumberg，1976）

表 5-9　灌溉条件下无芒雀麦、猫尾草、鸭茅、草地早熟禾和偶尔有红三叶混播群落对施 P 的响应

施 P 量（kg P_2O_5/hm^2）	干物质产量（t/hm^2）
0	12.2
20	15.9
40	16.8
60	19.2

资料来源：Rehm et al.，1977

表 5-10　不同禾草对施 P（90 kg P_2O_5/hm^2）的响应

禾草	产量增加（%）
‘Midland’狗牙根	31
‘Morpa’弯叶画眉草	12
‘Plains’须芒草	16
本地禾草	20

土壤有效P增加1.1 kg/hm^2，大约需要10 kg/hm^{2}的P_2O_5。如实现土壤P水平从20 kg/hm^{2}增加到56 kg/hm^{2}的目标，4年内需要施324 kg/hm^{2}的P_2O_5［(56–20)×9］。一些土壤，4年内施肥达不到预定目标值，而一些土壤则会超过目标值。因此，建议每4年应该重新检测一次。

牲畜粪通常含P 0.2%（10 kg P_2O_5/t）。放牧场尽管畜粪不集中，但畜粪量多且分散，易于下渗，年复一年会使P积累到最低限300 ppm。因为P损失很少，无论是饲草输入还是牲畜输入，输入很容易计算。

土壤P有很多不同的形态，土壤和土壤有机质中释放的P很复杂。植物吸收的大部分P由黏土矿物释放出来，高P供应土壤的剖面常有利于根穿透。土壤P供应能力与土壤矿物相关，而非土壤P状况。

土壤P供应不足有以下几个原因：低P母质，成土过程中P损失，或高pH或含钙物质引起的P不可用；内部排水性差，限制植物生长和根系对土壤P的接触和吸收；硬质地层，有紧实层抑制根穿透或分枝；母岩上土壤浅，沙质或砂砾质土壤；干旱、强酸性或其他限制作物生长或降低根深度的条件。

畜粪是土壤有机磷的主要来源。动物采食使草地产量分布均匀，但粪和尿在地上的分布不均匀，降低了P的使用效率。在草地上分散畜粪，对P的有效利用有意义。

干草、青贮饲料、肉或奶中P的移除数量可以通过计算得知。对于苜蓿草地，干草产量每年为10 t/hm^2，干草含P 按0.3%计算，则1年1 hm^{2}将移走30 kg P。一个1 hm^{2}的奶牛放牧场，年产牛奶5000 kg，牛奶含P按0.1%计算，1年将输出5 kg P。

P相对不溶于水，不轻易从土壤淋失。土壤固持的P，减少了淋失及其对植物的有效性。土壤的固持性因土壤黏土矿物组成不同而不同，即依赖于土壤类型。土壤P的损失与土壤颗粒的物理损失关系最大，水路的 P 污染通常与侵蚀有关。多年生饲草能保证土壤表面覆盖好，保护土壤免受侵蚀，多年生饲草有利于防止河两岸土壤的P流失。

S对维持根生长很重要，蛋白质形成需要S，豆草固氮需要S。植物可用的S形态通常是SO_4^{2-}，植物利用的大部分S来自大气或有机质。SO_4^{2-}是可溶的，可能发生淋溶，但S浓度通常很低，对环境影响不大。

土壤S平衡=（输入S+大气沉降+土壤及其有机质释放）–（淋溶+饲草和动物产品移除）。

高淋溶性土壤、沙质土壤或有机质含量低的土壤，S常缺乏。在连续生产苜蓿的地区，S也可能缺乏。对于苜蓿生产而言，如果土壤S水平低于7 ppm时，必须施硫肥；土壤S水平为7～12 ppm时，应该施少量硫肥；当土壤S水平超过10ppm时，施硫肥效益变弱。土壤S检测及其评估没有P和K可靠，植物分析是评估作物S状况的最好方法。

S缺乏降低苜蓿群落的抗寒性。苜蓿干物质产量超过12 t/hm^2，干物质含S按0.33%计算，1年移走40 kg S。

N∶S为10∶1被认为是动物利用饲草的最适值，如果超过15∶1，饲草产量和蛋白质产量可能下降。

大部分矿质营养元素是阳离子，饲草需要的其他阳离子有 K^+、Na^+、Mg^{2+}和 Ca^{2+}。Na^+尽管对植物不重要，但对家畜很重要。

阳离子平衡相对简单。主要的输入是肥料（尤其是 K^+）、石灰（尤其是 Mg^{2+}和 Ca^{2+}）及土壤释放（尤其是 K^+），主要的损失是植物和动物产品（尤其是 K^+）输出。这些营养物质是水溶性的，易发生淋溶，但负效应很小。

营养状况=（输入＋土壤及其有机质释放）–（淋溶＋饲草和动物产品移除）。

K^+为植物中浓度最高的阳离子，在植物和动物产品中被移除的可能性也最大。1 年生产苜蓿干草 10 t/hm²，干草含 K 按 3%计算，1 年输出 300 kg K。

土壤中 K 有 3 种形态。

（1）可溶性 K，在土壤总 K 中的比例最低，能供应植物需要，每年需要施入以弥补损失；

（2）可交换 K，被固持在土壤胶体中，在土壤总 K 中的比例也很低，可以被植物利用。

（3）非交换性 K，被固持在土壤黏粒组分中，既不可溶，也不可交换利用。非交换性 K 占土壤总 K 的比例最高，高度酸化、沙质化或有机质含量高的土壤，非交换性 K 水平相对低。随土壤风化、矿化，非交换性 K 逐渐变得可用。

钾肥常以 K_2O 的形式表述。通常可施 300 kg K_2O/hm²，一般分次施用，一半在秋季最后一次收获后施用，一半在翌年春季第一次收获后施用（Brown，1957）。若一次性施入，多在秋季施用，有助于饲草耐寒性发育。土壤中每增加 1 kg K/hm²，需要施入 K_2O 约 4.5 kg/hm²。K 对苜蓿越冬性有直接的影响。苜蓿的枝条数随钾肥施用量增加呈线性增加（表 5-11）。

表 5-11　K 对苜蓿越冬存活率和每株植物成活茎数的影响

K_2O（kg/hm²）	越冬率（%）		存活茎（株）	
	–4℃	–9℃	–4℃	–9℃
0	73	56	2.8	1.9
112	97	60	3.4	2.6
224	90	80	3.8	3.0
336	97	80	4.3	3.8

资料来源：Blaser and Kimbrough，1968

钙肥的主要来源是石灰，施加石灰对牲畜生产起双重作用，施加石灰降低土壤酸度，同时 Ca 增加植物的生长强度，并对动物骨骼和牙齿非常重要。

Ca 和 P 占据了牲畜 70%的体内矿物质及 90%的骨架组分。成长、怀孕和哺乳期的动物特别需要大量的钙。牲畜需要的钙大部分可通过饲草满足，酸性土壤中必须加石灰，为植物生长供应足够的 Ca。

Mg 可以通过含白云石的石灰或含镁的肥料提供，如硫酸钾镁。豆草有足够动物需要的 Mg，含 K 高而含 Mg 低的土壤有发生牲畜低镁或缺镁症的可能，可以通过饲喂额外的 Mg 加以控制。

四、饲草生产系统的养分

放牧或饲草收获输出生产地块的土壤养分。尿和粪的养分不能立即归还，收获干草或青贮料比放牧移走土壤养分多，并且速度快。通过饲草营养浓度乘以移走的饲草产量，可以计算实际的养分输出量及需要的补充量，但需要考虑土壤养分的释放量。

畜粪和尿可以归还养分，牲畜所采食的饲草营养有 80%通过消化道排放回草地。牲畜粪尿排放面积仅占采食面积的 5%～10%，这导致地面各处养分分布不均匀。由于进化适应原因，牲畜采食时很少排粪排尿，而休息或反刍时频繁排出，因此，供水点附近、阴凉处和休息处等粪尿累积较多。放牧系统需要考虑这些因素，包括地形因素，以制定有利于粪尿均匀分散，并且少流失的方案。

化肥易溶于水，对植物有速效。畜粪分解慢，可延续 5 年分解完成。有机农业要求用更多的有机肥替代化肥，但这需要若干年才能实现养分利用–供给平衡。

化肥多为粒状或粉状，可用撒施、沟施等施肥方法，有相应的各种机械，包括无人机喷施。精准施肥受到越来越多的重视和应用。土壤肥力测定应该每 3～4 年进行一次，以准确评估土壤营养及土壤健康，确定适宜的土壤施肥量。

土壤肥力水平高，产量高，但不一定经济效益高，并可能产生环境负效应。最佳产量应是最有经济效益的产量，还不产生环境负效应。对应最佳产量的最佳施肥量低于最高产量的施肥量，这符合报酬递减原理，一般为最大产量的 90%。

一旦营养脱离种植系统，往往以面源污染和气体污染（NH_3、NO_2、CH_4 和 CO_2）的形式进入环境，对环境造成危害，并降低肥力的饲草效应。可以利用前述营养平衡公式进行相应评估。

重金属是另外一类元素，植物和动物生长都不需要。但是，由于现代肥料生产及汽车尾气排放等原因，一些重金属进入种植系统或饲喂系统，对终端产品造成污染，最终可能伤害人类健康。

相比较垄作农业生产系统，广泛种植的饲草及饲草场生产系统有以下独一无二的优点：

（1）饲草生产系统常为多年生，耕作少，对土壤干扰少，风蚀风险小；

（2）饲草生产系统管理粗放，肥料营养投入少、除草剂投入少、杀虫杀菌药投入少；

（3）饲草生产系统生长时间长，对光能利用有效，对营养利用有效；

（4）饲草系统提供大量有机物及有机营养积累，豆草可以生物固氮；

（5）人力、物力、财力投入少，更有经济效益。

第三节　病虫害管理

放牧场或饲草场经常发生病虫害，使用杀菌剂、杀虫剂消除病虫害为传统方法，并有规定的使用说明和要求。综合病虫害管理（IPM，integrated pest management）有效地将农业目标（高产、高质量、长持久性）与可持续农业经济、环境和社会目标相联系，使饲草产量更高，质量更好，同时满足社会对环境和健康的需要。

IPM 目标是控制病虫害，减少杀虫剂使用，不是限制杀虫剂使用。第二次世界大战以后，新型杀虫剂被快速广泛使用，随病虫害耐药性增强，需要更有效及低危害的办法。19 世纪 70 年代，美国发展了一套整合的病虫害控制方法，即综合病虫害管理办法（Huffaker，1980）。该办法强调综合途径控制病虫害，强调减少而不是排除杀虫剂的使用。IPM 最初发展于苜蓿害虫防治，后来广泛用于其他虫害、微生物病害及各种杂草的控制管理。

一、综合病虫害管理

病虫害从 3 方面危害饲草，造成经济损失，即降低饲草产量、降低饲草质量、降低草丛持久性。病虫害作为生物有机体，具有广泛的生物多样性（表 5-12）。

表 5-12　苜蓿主要病虫害的生物类别

害虫种类	案例
病原菌或病害	
病毒和支原体	苜蓿花叶病毒
细菌	苜蓿细菌性萎蔫病菌（*Clavibacter michiganensis* subsp. *insidiosus*）
真菌	苜蓿疫霉根腐病（*Phytophthora medicaginis*）、苜蓿茎点霉（*Phoma medicaginis*）
细菌	细菌性萎蔫病菌（*Clavibacter michiganensis* subsp. *insidiosus*）
线虫	苜蓿腐烂茎线虫（*Ditylenchus dipsaci*）、根结线虫（*Meloidogyne* spp.）、穿刺短体线虫（*Pratylenchus* spp.）
节肢动物	
昆虫	苜蓿象鼻虫（*Hypera postica*）、土豆叶蝉（*Empoasca fabae*）
螨虫类	棉红蜘蛛（*Tetranychus urticae*）
软体动物	
蛞蝓和蜗牛	蛞蝓（*Deroceras reticulatum*）
脊椎动物	
鸟类	红翅黑鹂（*Agelaius phoeniceus*）
哺乳类	啮齿动物、兔子、野生反刍动物
杂草	
单子叶	金色狗尾草（*Setaria glauca*）、油莎草（*Cyperus esculentus*）
双子叶	苋（*Amaranthus retroflexus*）、药用蒲公英（*Taraxacum officinale*）

资料来源：Harlan，1992

自然界中，每个有机体都有存在价值，并有重要的生物功能和生态系统功能，不分类为有害的或有益的（Harlan，1992）。病虫害分类是基于人类利益，病虫害管理的挑战是控制有害的，而不伤害有益的。

综合病虫害管理，强调根据病虫生物生长过程、饲草生长过程及生产管理环节、气象要素，将几个控制方法整合在一起，以求减少环境危害、增加生产者和消费者经济收益。

二、综合病虫害管理原理

综合病虫害管理不仅适应于饲草场、农田，也适应于任何需要进行病虫害防治的地方。果园、林地，甚至谷仓等，各管理对象都涉及具体的防治对象及空间，如下基本原理适宜于各地方。

（1）许多种有机体存活于饲草生态系统中，但只有少数产生病虫害。只有特定组合的寄主作物、环境和潜在的病虫害才引起经济损失（图 5-4）。大部分物种在一些途径上是有益的，病虫害控制方法应该瞄准真正的病虫，而保护饲草环境中的其他有机体。

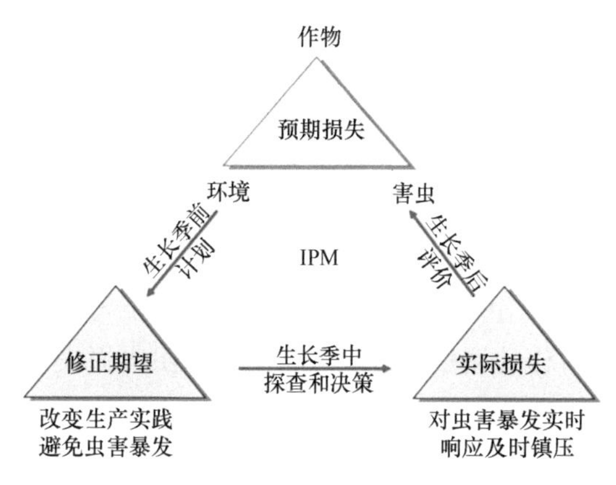

图 5-4 病虫害三角

（2）病虫害生活史，受环境状况影响，环境状况也影响寄主植物的发育和易感性，寄主养分有效性影响病虫害。管理侧重作物易感及环境允许病虫害快速增加的时期，消灭病虫害保护饲草作物。

（3）所有病虫害种群都有天敌，控制方法应该利用天敌。管理实践应刺激天敌和竞争者以帮助压制病虫害种群。

（4）通过管理手段加强病虫害抑制。一种作物的不同生长阶段及其物理环境影响病虫害种群，因此，病虫害生活史周期和生态知识很重要，可以预测管理变化对病虫害的影响。

（5）每个病虫害种群都可以通过不同的方法管理，通常最适宜的方法是综合 2～3 种方法。由于饲草系统的复杂性和不可预测性，单一方法对于将主要病虫害永久镇压于经济水平以下是不够的。相反，应综合病虫害管理对策，整合病虫害的控制方法，包括预防和响应实践（表 5-13）。

表 5-13 病虫害控制的方法和例子

方法	案例
自然的	无人为改变，依赖于自然过程，维持害虫种群低于经济损失
生物防治	改变害虫的生物环境，使其捕食者增加（有时饲养或释放捕食者）
寄主抗性	借助育种改变宿主作物，因此受到害虫影响较少（一般通过改良饲草品种）
栽培防治	改变害虫物理环境，使害虫定居失败（如轮作、混播、施肥、适时收获、排水及耕作）
直接防治	使害虫快速死亡或不能完成生活史，或者使用化学药品（如杀虫剂、激素），或者使用物理手段（如诱捕、灭菌、耕作）

（6）当某种病虫害种群密度需要压制，相应的控制方法就应该使用。当病虫害密度超过经济危害水平，就要采取行动以避免更多的损失。病虫害控制水平和危害水平是两个关键变量。但是，一旦施用杀虫剂，应该考虑健康、长期的经济和环境因素。控制方法会产生意想不到的结果，包括无效、病虫害再泛滥、次要病虫害暴发及对非目标机体的危害。

（7）杀虫剂的使用会导致病虫害进化，杀虫剂会变得无效。各病虫害类群都一定程度对曾经有效的杀虫剂有遗传耐受性（Jutsum et al.，1998）。有效的杀虫剂对于控制病虫害突发事件很重要，但增加了病虫害耐受性，尤其是同一种杀虫剂重复广泛使用的情况下。因此，为了保证杀虫剂能用在将来突发事件，应该限制杀虫剂的使用。

这些 IPM 的原则说明，某一病虫害管理实践也可能不会减轻病虫害对作物产量、质量和持久性的影响。需要针对主要病虫害种类、饲草种类、潜在致损时期、病虫害暴发因素等诸方面，设计适宜的 IPM 方案，以保护饲草作物。饲草生产措施，如品种选择、施肥、收获计划及作物耕作的调整，也会显著降低病虫害损失。

三、综合病虫害管理实践

根据上述基本原理，针对不同的管理对象及区域，实践过程中需要遵循如下基本步骤，并遵循可操作、有投入产出回报、安全原则。

（1）承认饲草场系统中有机体的多样性。所有昆虫、杂草和霉菌都需要清除的观点需要调整改正。在某一饲草场系统中，大部分非作物有机体有助于保持有益的平衡，且对人类的目标有益。

（2）识别病虫害种类。病虫害管理是必要的，因为一些有机体会变成非常严重的病虫害。必须能够识别这些有机体，评估其对作物和当地经济危害的潜在风险。

（3）理解病虫害生物过程。为了实现对非目标机体影响最小，有效地控制病虫害，需要病虫害生物学及其对环境和作物生长影响的知识。一种病虫害的某个生活史阶段可能比其他阶段更容易控制，某种环境或作物生长阶段可能促进或抑制病虫害种群的发展。对病虫害了解越多，越知道如何管理和控制。

（4）预防措施的选择和使用。许多病虫害控制的预防措施是可用的，包括种植耐病虫害的物种或品种、通过耕作破坏病虫害生活史、施用作物需要的养分以提升作物活力及允许天敌发生实现控制。

（5）监测病虫害种群并应用响应控制。病虫害的监测可预先发现问题，IPM 方案涉及实际取样和分析程序，还有一些是基于天气数据和计算机模型。不管怎样，当需要采取行动时，饲草的处理通常包括早收获或使用杀虫剂。

（6）评价和改良。病虫害管理方案的结果需要结合生产者的目标而评估。成功和失败都需要重新检验，调整错误，整合新方法。“对照小区”有助于对比揭示其他管理措施的可能结果。

一些昆虫病虫害可能有非常大的危害，杀死饲草群落或降低持久性。然而，大部分昆虫引起的危害水平只是降低产量和质量。IPM 成功地处理了几种重要病虫害及杂草。

苜蓿象鼻虫是一种具有完全变态现象的象鼻虫，通常一年只有一代。幼虫和成虫主要以苜蓿为食，大部分伤害都发生于春季，在幼虫发育阶段末期引起苜蓿叶片损伤。

在 19 世纪 60 年代，苜蓿象鼻虫在美国东部危害非常严重，生产苜蓿必须使用杀虫剂。然而，一个成功的 IPM 方案逐渐将其压制，没有依赖于杀虫剂（Grau et al.，1985），该方案整合了几种办法。

（1）培育了耐虫性品种。

（2）引入苜蓿象鼻虫天敌［一种小的寄生黄蜂（*Bathyplectes curculionis*）］广泛推广，并且证明有效。

（3）耕作防治对于苜蓿象鼻虫也有效。在美国南部，有时通过减少前一年秋季已经产卵时的残茬量降低早春幼虫危害。

（4）选择秋季地上生长率低的秋眠苜蓿品种或秋季刈割或放牧（Buntin and Bouton，1996）也能减少象鼻虫危害。

（5）在群落中混播禾草是减少昆虫危害的另外一种方式（DeGooyer et al.，1999）。

在美国威斯康星地区，象鼻虫只以成虫形式过冬，最严重的危害发生在芽发育阶段。在严重落叶发生前的现蕾期收获提供了有效的控制方法。5 月中旬野外监测，当 40%的茎尖表现出采食损伤，建议开始干预（Undersander et al.，2011）。如果达到现蕾期，随后几天就可以收获，可以不使用任何杀虫剂并避免经济损失；如果苜蓿还在营养生长而必须推迟收获，可以使用杀虫剂避免经济损失；如果使用杀虫剂，则必须延迟收获，延迟到化学残留物消散到收获饲草的安全饲喂水平，如果可能，收获后应立即检测残茬中幼虫的存活率；如果超过 50%的地上茎表现出损伤或发现了幼虫，且留茬 3～4 天内没有再生长，应立即喷药。

计算机模拟模型助力发展了苜蓿象鼻虫 IPM 方案。模型表明，早期收获和天敌控制大部分时间是有效的。但由于天气对这种病虫害和自然天敌生长发育和种群扩大的不同影响，偶尔也有经济损失。经验已经证实模型的正确性，但需要检查确定需要杀虫剂处理的热点地区（Grau et al.，1985）。

马铃薯叶蝉是北美本地种，属于不完全变态，每年好几代，以很多物种为食（Lamp，1991），是我们进口苜蓿需要严格检疫防范的对象。由于很多原因，昆虫种群每年的行为都不同，预测暴发很难。

一些病虫害伤害由摄食行为引起。叶蚕通过啃咬及唾液组合感染，采食干扰植物维管组织，影响养分传导。受伤害的植株光合和呼吸速率降低，7～10 天后叶片出现泛黄褪色。危害降低饲草作物生长速率及饲草质量，特别是粗蛋白含量（Hutchins and Pedigo，1989；Oloumi-Sadeghi et al.，1989）。另外，降低碳水化合物向根的传输，从而降低了根中的储藏物水平（Lamp et al.，2001），影响饲草作物的后续生长。

由于高的迁移率、快速繁殖率及很小的种群即可引起严重危害，叶蝉的病虫害管理很难。春季新生苗对伤害特别敏感，幼苗地上茎及叶片都可能被杀死。到危害可见时，使用杀虫剂也不能挽回经济损失。因此，使用杀虫剂是为了避免受危害种群继续发展或者是为了降低密度至经济损失阈值。

保持有活力的饲草群落、适宜的施肥及刈割可以避免损失（Kitchen et al.，1990）。

禾豆混播群落比纯苜蓿群落所受危害小（Lamp，1991）。近年来，带腺毛苜蓿品种引入对马铃薯叶蝉具有一定的抵御性（Elden and McCaslin，1997）。

因为暴发不可预测，监测被广泛使用，经济损害阈值需要由苜蓿植株大小和用捕虫网收集到的叶蝉数目确定。当超过了本地能接受的阈值，需要使用杀虫剂或尽快刈割。因此，管理马铃薯叶蝉的通常对策是：①选择适应的品种，耐受品种在早期生长产生高活力；②强化作物管理实践，保持饲草作物活力和健康；③夏季持续监测，确定需要使用杀虫剂的时间；④在现蕾期收获苜蓿，通过去除食物供应降低叶蝉种群发展。

大部分饲草真菌或细菌病都能传染，也就是可以传播，内部寄生。饲草疾病根据植物受影响部位被分为几类。叶疾病，引起所有叶片或部分叶片永久死亡，减少光合叶面积，降低饲草产量和质量，耐受品种和频繁刈割是主要的控制方法。花和种子穗，在种子生产领域很重要，种子生产需要发展 IPM 对策，但大部分饲草作物都在产生种子前而收获饲喂家畜。感染根、根颈或茎传导系统的疾病更严重，因为它们不仅降低产量和质量，还杀死感染的植株，缩短群落持久性。

苜蓿根腐病是渗透性不好或周期性水淹地区的重要病害，感染的幼苗被水浸泡，倒伏，然后死亡。浸泡的成熟植株在主根或侧根发生灰色或褐色的损伤，感染引起湿腐（wet rot），但是病害不会被发现，直至较低部位的根断裂，先前看似健康的植物随着土壤变干而枯萎（Stuteville and Erwin，1990）。

这种疾病可以通过选择土壤渗透性好的地区种植而缓解或控制，但疾病问题可能发生于土壤渗透性好的地区的雨季（Mueller and Fick，1987）。一种用在种子上的生物制剂——蜡样芽孢杆菌，对于控制苜蓿幼苗的根腐病有一定效果（Kazmar et al.，2000）。有一些耐受品种可供选择，广耐受是现代苜蓿品种的育种目标。

杂草是饲草作物地的重要竞争者，它们竞争光、土壤养分和水。在饲草建植时，杂草竞争特别严重，以至于饲草幼苗可能无法存活。在已建植定居群落中，杂草只能占据死亡的饲草植株的空隙，那些具根茎或匍匐茎的杂草侵略性非常强，可以不断蔓延占据新的空地。杂草竞争降低饲草产量、质量和草丛持久性。

蒲公英是一种常见的春季开花菊科植物，广泛分布于全世界的温带地区（Anderson，1999），莲座状叶，高达 25 cm，早春开花，浅黄色。蒲公英种子在苜蓿营养生长晚期、现蕾早期自然传播种子。如果这时第一次收获苜蓿，促进蒲公英种子发芽、幼苗定居。一些蒲公英幼苗在苜蓿遮阴下存活，一旦苜蓿草丛弱化，蒲公英迅速生长，占据开放空间。

耕作实践能降低蒲公英的入侵和发展。通过适当施肥和收获管理保持苜蓿活力是有效措施。混播多年生禾草能填补开放空间，抑制蒲公英入侵（Spandl et al.，1999）。蒲公英不耐践踏，保持高载畜量能有效控制蒲公英入侵。用病原菌对蒲公英进行生物控制也有效（Neumann and Boland，1999）。

IPM 的各种方法可用来处理大量饲草品种的其他病虫害。疾病耐受筛选是饲草育种的常规部分。特定的施肥和灌溉、混合家畜放牧，也是控制方法（Crutchfield et al.，1995；Kronberg and Walker，1999）。IPM 方法可能越来越重要，因为杀虫剂越来越无效，以及病虫害耐受性及其他杀虫剂使用的限制等。

综合病虫害管理是一种围绕一类或各类病虫害使用多种途径控制的管理方法。它是基于生态原则、主要有机体生物学知识而建立的。目标是通过病虫害管理，减少对环境的瞬时和长期危害，而最大化经济回报。采用 IPM 实践，必须与农场使用的全部管理系统和决策者知识兼容。

同时完成几种管理目标的耕作实践是非常适合的，如早收获可以获得最大饲草质量及减小病虫害损失。耐受品种的选择是有效的，且很容易与定期复种饲草一起使用。在许多接近自然的饲草场系统中，使用天然生物控制及天敌是控制一些病虫害的有效方法。在 IPM 体系中，杀虫剂是紧急控制方法。现在很清楚，昆虫、植物病原菌及杂草都产生了耐药性，因此，长期使用杀虫剂不仅会引起环境风险，还会减少病虫害管理的后续应对选择。

第四节　饲草改良和种子生产

饲草品种在提高产量、增加营养价值、配给产量季节分布及产出高质量肉、奶和纤维方面都有重要作用。籽粒作物仅有少数几个物种很重要，饲草种不同于籽粒作物，禾草、豆草和其他科植物都是重要的饲草种类来源。饲草种子生产是专门系统，不同于饲草场管理系统，但是是饲草及饲草场经营的基础和前提。

大部分育种者针对已经适应了当地气候的物种开展选育研究，以提高其产量和质量为目标；也有育种者从事引种研究，以丰富当地饲草种质资源库。总体而言，大部分禾草育种者重视提高质量，大部分豆草育种者强调适应和质量。

饲草改良涉及昆虫和疾病、饲草质量限制及其他诸多因素，饲草育种需要各领域的团队合作，为饲草改良增加新标准和新途径。

一、种质来源

从各地引种是新饲草物种和品种的主要来源，最初品种来源于自然材料的对比选择。一些引入种或品种经检测验证后，可以直接作为品种使用，但大部分用为改良现有种质的材料。再就是评价培育当地物种作为饲草，后续加入各种育种技术进行改造。

二、育种目标

育种是一个涉及大量实验、选择和检测的长期过程（图 5-5）。一个新品种在亲代被选择确定后需要 6～10 年时间才能育成，开始时确定清晰的目标很重要。特别的目标依赖于物种、适应面积及利用方式（干草、放牧地、青贮等）；一些普通目标（产量、质量、耐性、再生性及持久性）适用于大部分物种。

增加干物质产量是饲草育种的一个共同目标，但进展很慢。如果饲草生产目的是饲喂家畜，可消化干物质产量更重要。在几个地点种植几年后的评价很关键，因为饲草产量受很多遗传、耕作及环境因素的影响。

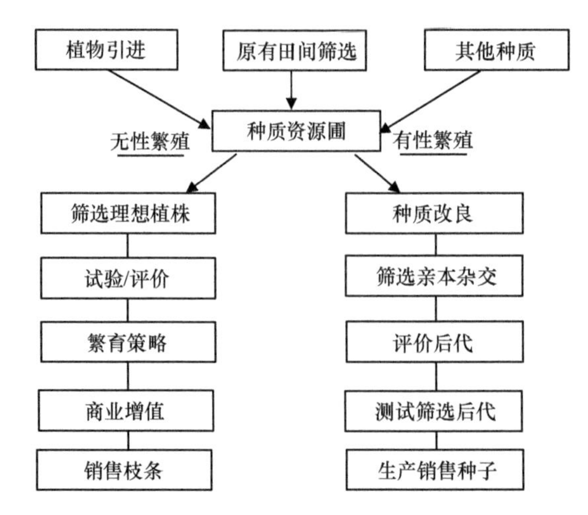

图 5-5　有性、无性繁殖培育新品种的步骤（Poehlman and Sleper，1995）

广泛大量测试有助于选择对疾病、昆虫、环境胁迫有耐受的材料，并可以考察其产量持久性。干物质产量在生长季的分布，即有效产量的时间配给信息也很重要。

饲草质量为饲草育种提供最重要的选择机会。质量包括影响饲喂价值和动物行为的各种化学和物理成分。饲草质量涉及叶茎比、地上部分化学组成等指标。干物质消化率、蛋白质含量、木质素含量和类型、抗质量成分（Allen and Segarra，2001），可以通过育种而改变。

由于环境和管理对饲草质量有较大影响，需要一致的检测程序和化学分析技术，以准确评估所获得的遗传差异。

一个饲草品种或基因型的可靠性是指其产量和其他特征随时间推移的一致性。特别是对于放牧，饲草可用性应该均匀分布于生产季节，因为动物每天、各季节都需要足够的饲草供应。如果用作干草或青贮，应该高产、高质量、耐受刈割，并具备易加工和保鲜的特性。可靠性受昆虫和疾病耐受性、不利环境条件、植物寿命及补种能力等因素影响（Beuselinck et al.，1994）。

胁迫，如严寒或高温及过牧，会导致植物快速死亡并致草丛损失。育种通过改变植物对昆虫、洪涝、温度的耐受能力，增强禾草分蘖，帮助植物增加耐受性，助力草丛恢复。这些防御特征通常与产量呈负相关，一些与质量呈负相关。

一旦确定了材料及目标，后续需要开展一系列巧妙的育种技术处理材料，并进行相应的实验，实现饲草改良。

遗传工程和基因剪接在饲草育种中被应用，包括在物种和属之间移动基因或基因片段而无须使用配子。遗传工程本身并不产生品种，它仅仅将正常育种使用的目标基因转移到另外的植株或植物。分子技术对饲草育种真正的好处是扩展了可用的遗传变异范围，包括来自无关物种甚至动物或微生物的基因。将来，这种方法应该是发现重要基因、发展改良品种的有价值工具。

遗传工程第 1 步是转基因，第 2 步产生愈伤组织，第 3 步再生全株，最后，完成育种实践应用的常规步骤和过程。

三、品种繁育、种子分级

一个品种能否被有效地使用，取决于能否经济地建植群落。一年生饲草和大部分多年生饲草都是种子繁殖，但是一些多年生饲草是营养繁殖，如狗牙根（*Cynodon dactylon*）。多年生饲草往往比一年生饲草种子产量低，建植代价可能高，种子产量是评价新品种的重要指标。

幼苗活力是禾草和豆草的重要特征。种子应该有极低的休眠率，种子萌发后，幼苗必须能在干旱、病虫害、杂草和与其他物种竞争的不利环境条件下快速定居和存活。

可以通过营养繁殖建植群落的物种，使用远缘杂交快速产生变化，然后选择能够营养繁殖的单株优势植物，检验检测后释放为改良品种。营养繁殖不依赖于种子生产，排除了后代测定，因为所有营养繁殖的植株的遗传都是一样的。海岸狗牙根是营养繁殖成功杂交的优秀例子。

新品种一旦育种完成，育种者需要提供种子及种子生产信息，包括适应地区和适宜管理信息。在种子提供给生产者之前，育种者应该获得产量、饲草质量、疾病和昆虫问题及动物行为反应的专门信息。

因为大部分饲草作物为异花授粉，原种是某些选择特征基因的混合材料。通过连续几个世代的繁殖收获，一个品种的遗传特征可能发生改变。

根据品种的遗传变异性，需要建立规则以减小遗传改变，美国各种子认证机构建立了 3 个或 4 个种子等级：原种（breeder seed）、基础种（foundation seed）、注册种（certified seed）。每个级别的种子的生产都有专业要求及国内和国际贸易标准要求。

四、种子生产、收获、处理、储藏

光周期、季节性温度及降雨模式等因素决定种子能在哪儿成功生产。然而，土地价格、灌溉水可用性及社会关注度等也决定了一个地区种子工业的成功与否。

种子生产需要的气候条件，即足够的春季降雨或开花期有灌溉、随后适宜的夏季温度及较低的湿度。这种条件可以保证良好的授粉率、结实率，种子饱满度，减少病虫害。夏季干旱有利于种子收获，而不适宜的降雨容易引起疾病、降低产量、引发种子绝收及其他收获问题。

湿度低、温度高的地区增加了禾草落籽及豆草裂荚风险，损失增加。高光强有利于光合作用和种子生产，晴天适宜的温度有利于昆虫授粉活动。

不同基因型对种子生产区温度和光周期的响应不同，这些环境差异可能引起品种内个体植株产生较高或较低的种子产量，发生遗传变异。一旦发生遗传变异，收获种子的遗传组成就不同于种植的基础种或注册种。这种变异会随繁殖代数增加而增加，这是种子繁殖限制世代数目及确定种子等级的主要原因。

现今，大部分饲草种子田都进行专门管理以生产种子，因为种子生产环境和管理条件不同于饲草生产，包括建植方法、种植模式、土壤肥力、杂草和昆虫控制及水管理等都不同。

饲草种子生产都是以很低的播种量（10～15 kg/hm^2）进行条播，行距 15～18 cm。苜蓿可以密植，增加种子产量，并降低垄内植物竞争。

较低的播种量使得植株密度低，有利于繁殖。低密度条件下，光穿透到植物基部，促进禾草分蘖及豆草枝条和花的生长发育。条播优点：可以机械耕作控制杂草；杀虫剂能更好地通过冠层渗透到各处；更多的直立生长，使光更好地渗透进冠层，降低植物倒伏，且易于昆虫授粉；喷灌或地表灌溉更容易控制和实施；遮阴少，降低叶片疾病。

禾草作物种子生产通常需要补充氮肥。N 施用时间和数量依赖于作物生长习性，一些作物主要在夏季生长及发育花蕾，因此适于在中春季施 N 一次；一些冷季禾草最喜在秋季和早春之间施 N。

随禾草群落生长发育，需要更多的 N 维持种子高产，因为包括根在内的作物总产量增加，需要更多的 N 支持生长，才能保证后续种子生产所需要的 N。同时，老根及枯落物分解需要 N，以免草皮盘结影响生长。高质量种子生产还需要 P 和 K，因为种子田上残茬少，没有 P、K 补充来源。

豆草种子需要接种固氮根瘤菌以促进生物固氮。豆草需要足够的 P、K、Ca、B 和其他养分元素以保证其适宜的生长。种子高产需要的养分量常低于饲草高产需要的养分量。

很多地区，豆草种子生产都需要多灌溉，禾草种子生产需要少灌溉，这完全取决于所在地区的降水量及其季节分布。干旱地区需要多灌溉，增加了成本，但种子收获时气候干燥，有利于种子晾晒保存。湿润地区灌溉少，但种子收获时发热、霉烂等问题很多。

豆草，如苜蓿、红三叶、百脉根及箭筈豌豆需要昆虫进行异花授粉，如果有足够多的昆虫授粉者，种子产量通常很高（McGregor，1976）。禾草，如多年生黑麦草、鸭茅、无芒雀麦及苇状羊茅通过风力异花授粉。一些禾草，如草地早熟禾和毛花雀稗，通过单性生殖方式繁殖，不通过有性繁殖产生有活力的种子（Bashaw and Funk，1987）。单性繁殖物种就像克隆植物一样，种子在遗传上与母本相同。

西方蜜蜂（*Apis mellifera*）、苜蓿切叶蜂（*Megachile rotundata*）、彩带蜂（*Nomia melanderi*）、大黄蜂（*Bombus* spp.）是苜蓿、白三叶、野豌豆和百脉根等豆草种子田的主要授粉者。通常，1 hm^2 苜蓿地需要 5～10 个标准蜜蜂蜂箱完成授粉。雌性切叶蜂是很有效的苜蓿授粉者（Rincker et al.，1988），每 3～4 m^2 苜蓿地大约有一只雌性切叶蜂传粉即可（Bohart，1967）。

种子田中的杂草是很严重的问题，因为稀疏的饲草群落竞争不过杂草。杂草竞争降低产量，影响收获，收获时很难从作物种子中去除杂草种子。出土前除草剂、出土后除草剂及机械耕作除草可作为选择。不同地区，需要结合生产实践及土壤和气候条件，发展适合本地的杂草控制系统。

豆草种子田中，虫害是严重和持续存在的问题。除了那些袭击叶片的虫害，一些虫害专门袭击豆草植物的花，破坏种子质量或极大地降低种子产量。禾草种子生产的虫害问题不定时发生。与昆虫相反，禾草比豆草具有更多降低种子产量的真菌或细菌疾病，袭击花序并袭击叶片。无论哪种，杀虫剂是唯一选择，但使用时需要谨慎，以免伤害花芽及花。

种子干燥可以收获时，几乎所有禾草和豆草种子都容易散落，为了减少种子散落，可以在散落开始前收获。在收割前，可以用干燥剂辅助干燥，减少种子散落损失。成熟期监测种子水分含量有助于确定适宜的种子收获时间，以增强种子成熟减少散落损失。

种子收获后，需要加工处理，基于种子物理特征去除废物、杂草种子、其他作物种子及外来材料。区分作物种子和混杂物的特征包括种子大小、长度、厚度、宽度、重量及表面特征。

一旦种子处理好，就要装包储藏直至使用。储藏在低温低湿条件下以保持种子活力。为了保持最大活力，种子应储藏在恒湿和恒温（0～5℃）环境，这个条件有利于降低种子内酶活动，减少种子呼吸。

饲草种子生产、销售、流通过程中必须符合种子法规、品种登记法规，甚至专利法规及检验检疫法规等。

（本章作者：田　雨，张红香，周道玮）

参 考 文 献

高承芳, 张晓佩, 刘远, 等. 2014. 不同播种时间对多花黑麦草生产性能及产量的影响[J]. 江西农业学报, (10): 42-45.

李正春, 尹君亮, 刘福元, 等. 2010. 北疆地区紫花苜蓿最佳播种时间的研究[J]. 新疆农垦科技, 33(2): 26-28.

龙秀明, 呼天明. 2019. 牧草栽培学双语辑要[M]. 北京: 高等教育出版社.

张俊, 苏建伟, 刘家文, 等. 2010. 不同播种时间对紫花苜蓿生长的影响[J]. 云南畜牧兽医, 4: 37-38.

Allaway W H. 1968. Agronomic controls over the environmental cycling of trace elements[J]. Advances in Agronomy, 20: 235-274.

Allen V G, Segarra E. 2001. Anti-quality components in forage, significance, and economic impact[J]. Journal Range Management, 54: 409-512.

Anderson W P. 1999. Perennial Weeds: Characteristics and Identification of Selected Herbaccous Species[M]. Ames: Iowa State University Press.

Bashaw E C, Funk C R. 1987. Apomictic grasses[A]. *In*: Fehr W R. Principles of Cultivar Development[M]. New York: Macmillan: 40-82.

Beuselinck P R, Bouton J H, Lamp W O, et al. 1994. Improving legume crop persistence in forage crop systems[J]. Journal of Production Agricture, 7: 311-322.

Blaser R E, Kimbrough E L. 1968. Potassium nutrition of forage crops with perennials[A]. *In*: Kilmer V J, Younts S E, Brady N C. The Role of Potassium in Agriculture[M]. Madison: American Society of Agronomy, Inc. 423-445.

Bohart G E. 1967. Management of wild bees[A]. In Agricultural Handbook[M]. Washington DC: US Government Print Office: 109-118.

Brown B A. 1957. Potassium fertilization of ladino clover[J]. Agronomy Journal, 49: 477-480.

Buntin G D, Bouton J H. 1996. Alfalfa weevil(Coleoptera: Curculionidae) management in alfalfa by spring grazing with cattle[J]. Economic Entomology, 89: 1631-1637.

Crutchfield B A, Potter D A, Powell A J. 1995. Irrigation and nitrogen fertilization effects on white grub injury to Kentucky bluegrass and tall fescue turf[J]. Crop Science, 35: 1122-1126.

DeGooyer T, Pedigo L P, Rice M E. 1999. Effect of alfalfa-grass intercrops on insect populations[J]. Environmental Entomology, 28: 703-710.

Duell R W. 1974. Fertilizing forage for establishment[A]. *In*: Mays A D. Forage Fertilization[M]. Madison: American Society of Agronomy: 67-93.

Elden T C, McCaslin M. 1997. Potato leafhopper(Homoptera: Cicadellidae) resistance in perennial glandular-haired alfalfa clones[J]. Journal of Economic Entomology, 90: 842-847.

Flessa H, Pfau W, Dörsch P, et al. 1996. The influence of nitrate and ammonium fertilization on N_2O release and CH_4 uptake of a well-drained topsoil demonstrated by a soil microcosm experiment[J]. Zeitschrift für Pflanzenernahrung und Bodenkunde, 159(5): 499-503.

Follett R F, Wilkinson S R. 1995. Nutrient management of forages[A]. *In*: Barnes R F, Miller D A, Nelson C J. Forages: The Science of Grassland Agriculture[M]. Ames: Iowa State University Press: 55-82.

Grace N. 1994. Managing Trace Element Deficiencies: The Diagnosis and Prevention of Selenium, Cobalt, Copper and Iodine Deficiencies in New Zealand Grazing Livestock[M]. Palmerston North, New Zealand: Agricultural Research.

Grau C R, Brown G C, Pass B C. 1985. Implementing IPM in Alfalfa. In Integrated Pest Management on Major Agricultural Systems[M]. Tex. Agric. Exp. Stn. MP-1616. College Station, Tex.

Hall M H, Vough L R. 2007. Forage establishment and renovation[A]. *In*: Barnes R F, Nelson C J, Moore K J, et al. Forages: The Science of Grassland Agriculture[M]. 6th ed. Ames: Blackwell Publishing: 343-354.

Harlan J R. 1992. What is a weed? [A]. *In*: Harlan J R. Crops and Man[M]. 2nd ed. Madison: American Society of Agronomy: 83-99.

Huffaker C B. 1980. New Technology of Pest Control[M]. New York: John Wiley & Sons: 500.

Hutchins S H, Pedigo L P. 1989. Potato leafhopper-induced injury on growth and development of alfalfa[J]. Crop Science, 29: 1005-1011.

Jutsum A R, Heaney S P, Perrin B M, et al. 1998. Pesticide resistance: Assessment of risk and the development and implementation of effective management strategies[J]. Pesticide Science, 54: 435-446.

Karlen D L, Mausbach M J, Doran J W, et al. 1997. Soil quality: a concept, definition, and framework for evaluation[J]. Soil Science Society of America Journal, 61: 4-10.

Kazmar E R, Goodman R M, Grau C R, et al. 2000. Regression analyses for evaluating the influence of *Bacillus cereus* on alfalfa yield under variable disease intensity[J]. Phytopathology, 90: 657-665.

Kitchen N R, Buchholz D D, Nelson C J. 1990. Potassium fertilizer and potato leafhopper effects on alfalfa growth[J]. Agronomy Journal, 82: 1069-1074.

Kronberg S L, Walker J W. 1999. Sheep preference for leafy spurge from Idaho and North Dakota[J]. Journal of Range Management, 52(1): 39-44.

Lamp W O, Berberet R, Higley L, et al. 2001. Handbook of Forage and Rangeland Insects[M]. Lanham, MD: Entomological Society of America.

Lamp W O. 1991. Reduced *Empoasca fabae* (Homoptera: Cicadellidae) density in oat–alfalfa intercrop systems[J]. Environmental Entomology, 20: 118-126.

Ludwick A E, Rumberg C B. 1976. Grass hay production as influenced by N-P top dressing and by residual P[J]. Agronomy Journal, 68: 933-937.

McGregor S E. 1976. Insect Pollination of Cultivated Crop Plants[M]. USDA-ARS Agricultural Handbook. Washingtom DC: US Government Print Office: 496.

Miller D A. 1984. Forage fertilization[A]. *In*: Miller D A. Forage Crops[M]. New York: McGraw-Hill: 121-160.

Miller D A, Heichel G H. 1995. Nutrient metabolism and nitrogen fixation[A]. *In*: Barnes R F, Miller D A, Nelson C J. Forages: An Introduction to Grassland Agriculture[M]. Ames: Iowa State University Press: 45-53.

Miller D A, Reetz H F. 1995. Forage fertilization[A]. *In*: Barnes R F, Miller D A, Nelson C J. Forages, An Introduction to Grassland Agriculture[M]. Ames: Iowa State University Press: 71-87.

Mueller S C, Fick G W. 1987. Response of susceptible and resistant alfalfa cultivars to phytophthora root rot in the absence of measurable flooding damage[J]. Agronomy Journal, 79: 201-204.

National Research Council. 2001. Nutrient Requirements of Dairy Cattle[M]. 7th ed. Washington DC: National Academies Press.

Neumann S, Boland G J. 1999. Influences of selected adjuvants on disease severity by *Phoma berbarum* on dandelion(*Taraxacum offininale*)[J]. Weed Technology, 13: 675-679.

Nuttall W F, Cooke D A, Waddington J, et al. 1980. Effect of nitrogen and phosphorus fertilizers on a bromegrass and alfalfa mixture grown under two systems of pasture management. I. Yield, percentage legume in sward, and soil test[J]. Agronomy Journal, 72: 289-294.

Oloumi-Sadeghi H, Zavaleta L R, Kapusta G, et al. 1989. Effects of potato leafhopper(Homoptera: Cicadellidae) and weed control on alfalfa yield and quality[J]. Journal of Economic Entomology, 82: 923-931.

Poehlman J M, Sleper D A. 1995. Breeding Field Crops[M]. 4th ed. Ames: Iowa State University Press.

Rehm G W, Sorensen R C, Moline W J. 1977. Time and rate of fertilization on seeded warm-season and bluegrass pastures II. Quality and nutrition content[J]. Agronomy Journal, 69: 955-961.

Rincker C M, Marble V L, Brown D E, et al. 1988. Seed production practices[A]. *In*: Hanson A A, Barnes D K, Hill R R. Alfalfa Improvement[M], Monogr. 29. Madison, Wis.: American Society of Agronomy: 985- 1021.

Shuler P E, Hannaway D B. 1993. The effect of preplant nitrogen and soil temperature on yield and nitrogen accumulation of alfalfa[J]. Journal of Plant Nutrition, 16(2): 373-392.

Spandl E, Kells J J, Hesterman O B. 1999. Weed invasion in new stands of alfalfa seeded with perennial forage grasses and oat companion crop[J]. Crop Science, 39: 1120-1124.

Spears J W. 1994. Minerals in forages[A]. *In*: Fahey G C, Collins M, Mertens D M, et al. Forage Quality, Evaluation, and Utilization, American Society of Agronomy[M]. Madison: American Society of Agronomy: 281-317.

Stuteville D L, Erwin D C. 1990. Compendium of Alfalfa Diseases[M]. 2nd ed. St. Paul, Minn.: American Phytopathology Society Press.

Sund J M, Barrington G P, Scholl J M. 1966. Methods and depths of sowing forage grasses and legumes[C]. Proceedings of the 10th International Grassland Congress. Finnish Grassland Association, Helsinki, Finland: 319-323.

Taliaferro C M, Horn F P, Tucker B B, et al. 1975. Performance of three warm-season perennial grasses and a native range mixture as influenced by N and P fertilization[J]. Agronomy, 67: 289-292.

Tisdale S L, Nelson W L, Beaton J D. 1993. Elements required in plant nutrition[A]. *In*: Tisdale S L, Nelson W L, Beaton J D. Soil Fertility and Fertilizers[M]. 5th ed. New York: MacMillan: 59-94.

Undersander D, Cosgrove D, Cullen E, et al. 2011. Alfalfa Management Guide[M]. Madison, WI: American Society of Agronomy, Crop Science Society of America, and Soil Science Society of America.

Watson M E. 1995. Research Extension Analytical Laboratory Soil Test Summary[R]. Ohio Agricultural Research and Development Center(OARDC), Ohio State University.

Wedin W E. 1974. Fertilization of cool-season grasses[A]. *In*: Mays A D. Forage Fertilization[M]. Madison, Wis.: American Society of Agronomy: 95-118.

Wooster O H, Wang Z Y, Hopkins A, et al. 2001. Forage and turf grass biotechnology[J]. Critical Reviews in Plant Science, 20: 573-619.

Wu Y, Zhang H X, Zhou D W. 2011. Emergence and seedling growth of five forage legume species at various burial depth and two light levels[J]. African Journal of Biotechnology, 10(45): 9051-9060.

第六章　饲草质量及饲草场利用

种植饲草及建设饲草场的目的是立地放牧采食饲养或收获异地给喂饲养。饲草产量为饲草生产的第一要素，其次为饲草质量，饲草产量与质量决定了单位面积的饲养效益。但高饲草产量并不意味着高的牲畜饲养回报，因为饲草质量具有很大的变异性。饲草适口性决定自由采食量、饲草消化率、饲草抗质量因子及饲草潜在的致病影响等，这些饲草质量因子最终决定饲草饲养效率。对于收获异地给喂饲养，其饲养利用的影响因素还包括收获后饲草存储的产量损失及质量变化等。

第一节　饲 草 质 量

反刍动物、草食动物能够消化人类所不能消化的纤维素、半纤维素，为人类提供食品及纤维。饲草是反刍动物及其他草食动物的主要食物。饲草质量决定动物生长及生产。

一、饲草质量与动物生产

饲草质量（forage quality）可定义为生产动物所需饲草的潜力（图 6-1），饲草质量与饲草营养值（forages nutritive value）有时为同义词，但后者多指有效营养（可消化营养）或某一营养的浓度。饲草质量不仅包括营养值，也包括自由采食量（voluntary intake）和抗质量因子（anti-quality factor）效应。评估饲草质量时，营养值仅占 30%，自由采食量占 70%。

与精饲料相比，饲草质量随饲草种类及生长阶段的变化而变化，并且伴随着产量及有效配给，问题相对复杂。

能值（energy value）是决定牲畜生产的首要因子，高消化率饲草可以提供给牲畜更多的消化能。但只有能量也是不够的，一些饲草即使能值高、消化率高，但缺乏牲畜所需要的粗蛋白及微量元素，如暖季多年生饲草常需要补饲 P、Mg、Na、Cu 及 Se 等元素。

采食的干物质量决定获得的消化能总量，自由采食情况下，采食量亦取决于饲草在消化系统中的消化表现，包括消化速率、消化率、消化通过速率。可以增加消化的因素同样可以增加自由采食量，消化道消化能力的微小改善可以显著提高动物生长及生产。

二、饲草化学成分与自由采食量

根据化学组成或解剖特征，饲草组成物质分细胞内含物和细胞壁。细胞内含物包括

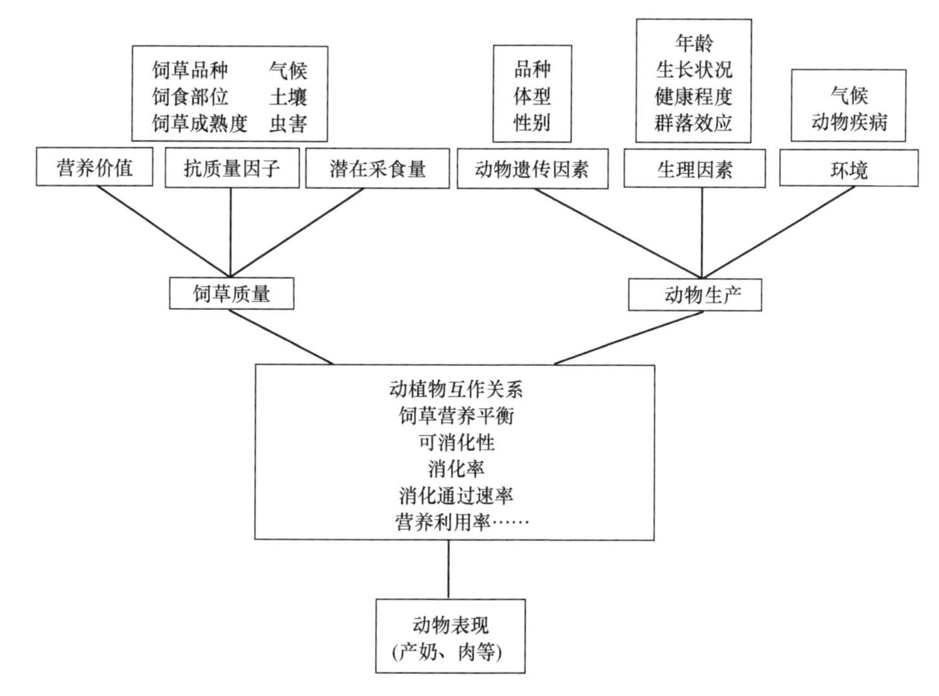

图 6-1　影响牲畜表现的植物和动物因素（Marten et al.，1988）

有机酸、蛋白质、脂类、淀粉及糖类等，这些物质高度易消化，能极大地被消化吸收（90%～100%）。细胞壁主要为结构性碳水化合物（纤维素与半纤维素）、木质素、其他酚类化合物、几丁质及硅质。这些细胞壁成分的消化利用决定动物生长及其生产。饲草的不同生长阶段，细胞壁和内含物含量逐渐发生变化（图 6-2）。

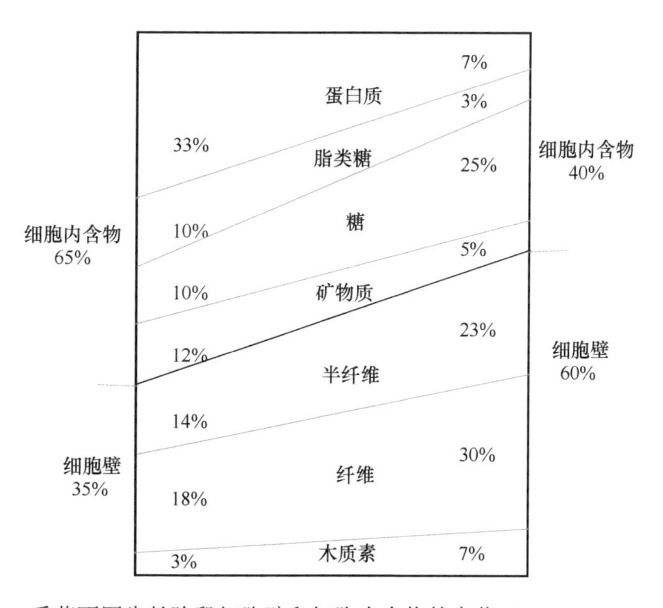

图 6-2　禾草不同生长阶段细胞壁和细胞内含物的变化（Hopkins，2000）

高消化率饲草比低消化率饲草被采食得更多，干物质消化率与细胞壁成分含量呈负相关。高纤维含量饲草的采食量受消化纤维、降解饲草颗粒、排出不能消化物质到消化系统外所需时间的限制。这样，牲畜采食消耗高纤维含量饲草会出现饱腹效应（fill effect），阻止进一步采食，进而限制其采食获得所需能量和营养（图 6-3）。

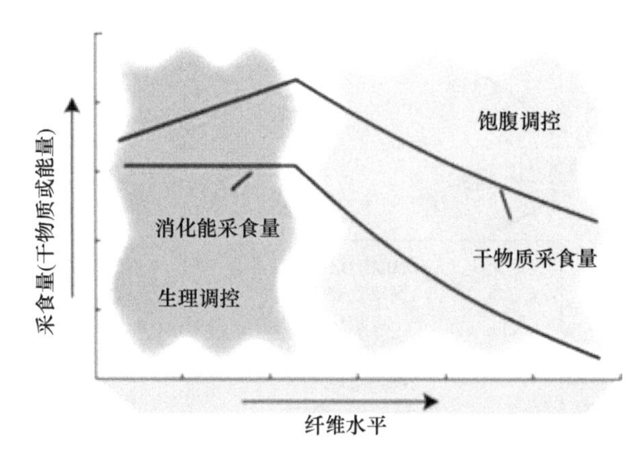

图 6-3　饲草纤维水平和采食量的关系（Mertens，1994）

随细胞壁浓度增加，自由采食量下降。主要原因是瘤胃内饲草料充盈或膨胀，影响牲畜对营养和能量的生理反馈需求

多数情况下，采食量随细胞壁浓度的升高而降低，除细胞壁浓度外，其他的因素也影响采食量，包括瘤胃中纤维消化率、消化速率、消化系统中未消化的残渣排出时间（通过速率）、动物年龄及饲养方式，生理状况及健康状况也是重要的因素。

三、影响饲草质量的因素

饲草种类、成熟阶段及收获条件是影响饲草质量的 3 个首要因子，次级影响因子包括生长过程中的温度、土壤水分及土壤肥力。这些因子协同作用，影响饲草的形态和解剖特性，影响饲草质量。

饲草地上部分有茎、叶，后期还有花、果实或种子，这些器官的化学成分差异很大。叶片往往具有较高的消化率、较少的纤维和较多的粗蛋白。有时，在营养生长初期，幼嫩的茎比叶有更高的消化率。

苜蓿和猫尾草的茎叶含有相似的 NDF 和 ADF，叶片的粗蛋白含量为茎的 2～3 倍。对叶片的管理措施严重影响饲草质量（图 6-4）。

由于饲草茎和叶的营养差异很大，动物更喜欢吃叶片而不是茎秆。选择性放牧采食和干草收获导致的叶片损失影响饲草质量。

细胞壁形成于初级细胞壁，次级细胞壁发育于初级细胞壁。一些组织的细胞壁，如木质部、维管束鞘和上表皮，消化率非常低，甚至不能被消化。韧皮部细胞壁通常可以被消化。厚壁组织细胞为植物提供支撑，随植物成熟而木质化，不能被消化。

苜蓿和其他一些饲草的叶片集中于植株顶部，牲畜从上到下取食，青睐采食叶片而不是茎秆，因此，放牧采食能获得饲草中质量最好的部分。有效放牧和机械收获都获得了饲草 77%以上的粗蛋白，但苜蓿干草收获过程中损失部分里叶片占 90%（Collins et al.，1987）。

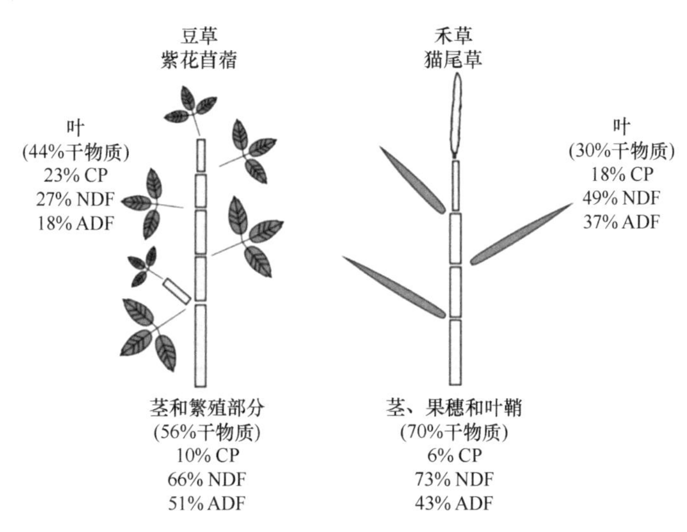

图 6-4　相同条件下，苜蓿和猫尾草茎叶质量比较（Collins，1988）

CP. 粗蛋白；NDF. 中性洗涤纤维；ADF. 酸性洗涤纤维

不同种类饲草质量差异很大，一般说，豆草比禾草质量好，但豆草、禾草内部间质量差异也很大（图 6-5）。冷季饲草比暖季饲草消化率平均高 13%，暖季饲草狗牙根（C_4植物）茎横切面比冷季禾草苇状羊茅（C_3 植物）叶横切面有更多的维管组织，并有更多的表皮细胞和厚壁细胞，苇状羊茅比狗牙根有更多的易消化的叶肉细胞（表 6-1）。

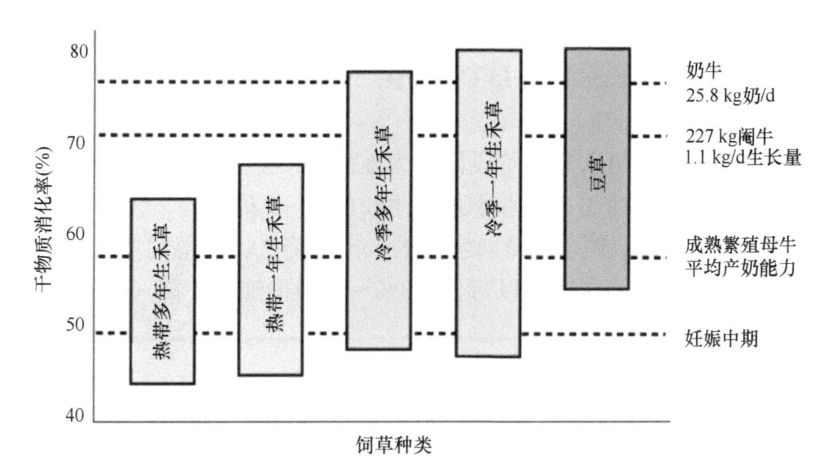

图 6-5　饲草消化率及牲畜需要（Riewe，1981；Reid et al.，1988）

暖季饲草消化率低于冷季饲草。虚线表示满足不同类型或阶段牛所需能量的饲草消化率水平

表 6-1　暖季饲草（狗牙根）和冷季饲草（苇状羊茅）叶片横切面组织类型

细胞类型	占叶片横切面面积比例（%）	
	狗牙根	苇状羊茅
维管束细胞	37	11
表皮细胞	26	19
厚壁组织细胞	10	7
叶肉细胞	37	62

资料来源：Akin and Burdick，1975

在成熟阶段，冷季豆草和禾草具有相似的 ADF 含量和 DM（干物质）消化率。禾草具有更高的 NDF 和更低的自由采食量，这是一个重要的评价动物产量的因素。

营养期猫尾草（C_3植物）CP 含量仅为 9.5%，花期紫花苜蓿（C_3植物）CP 含量为 16%，猫尾草比紫花苜蓿具有更多的 NDF（表 6-2）。

表 6-2 紫花苜蓿和猫尾草的质量差异

种类	CP（%）	NDF（%）	ADF（%）	细胞壁消化率[a]（%/h）	细胞壁消化速率[b]（%/h）
紫花苜蓿	15.8	49	34	46	5.3
猫尾草	9.5	66	38	57	2.3

注：a 为瘤胃缓冲液培育 72 h 后的结果；b 为培育过程中每小时被消化的量

资料来源：Collins，1988

尽管禾草的最终细胞壁消化率高于豆草，但禾草 NDF 的高含量及低消化速率导致低自由采食量。豆草更快的细胞壁消化速率和更小的降解颗粒能够使其被更快地消化排出，从而提高采食量。

禾草粗分为两类，冷季禾草与暖季禾草。冷季禾草多为C_3植物，暖季禾草多为C_4植物。冷季禾草主要代表种有鸭茅、苇状羊茅、多花黑麦草和多年生黑麦草、草地早熟禾及无芒雀麦；暖季禾草主要代表种有狗牙根、百喜草、须芒草、马唐及玉米。暖季禾草粗蛋白水平低于冷季禾草，C_3饲草质量普遍高于C_4饲草。统计表明，只有 6%的冷季饲草粗蛋白含量低于 6%，而 22%的暖季饲草粗蛋白含量低于 6%（Reid et al.，1988）。

生长温度对饲草质量有影响。同一品种，生长在低温条件下比生长在高温条件下质量要好，如多花黑麦草生长在 10～15℃，产生 59%的叶片；而生长在 20～25℃，只产生 36%的叶片。

饲草质量随饲草成熟进入繁殖阶段而极大地降低，收获时饲草所处的生长阶段是影响饲草质量的主要因素。冷季饲草春季最初生长的 2～3 周内的干物质消化率可达 80%（Stone et al.，1960），之后饲草质量随茎秆的长出而降低。苜蓿饲草质量与生育阶段密切相关，延迟利用，饲草消化率会以每天 0.3%～0.5%的速度下降（图 6-6）。

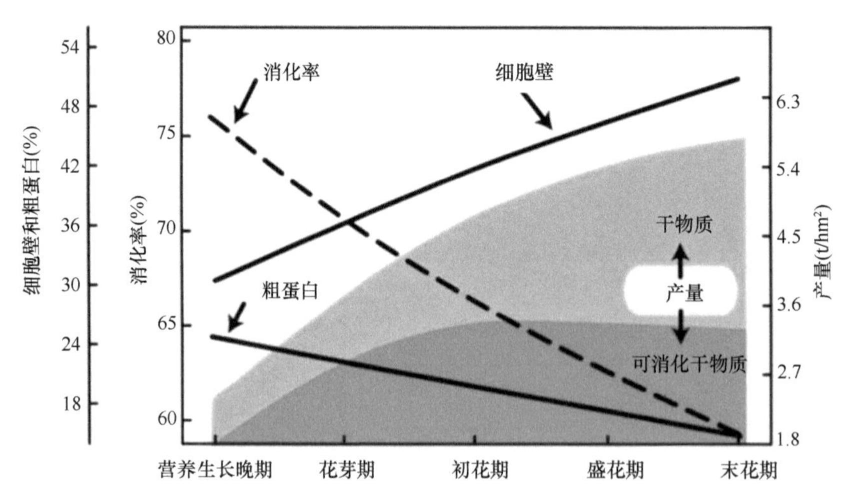

图 6-6 苜蓿不同发育阶段的质量变化（Collins et al.，2018）

青贮玉米、小麦和类似饲草在成熟过程中籽粒含量逐渐增多，籽粒具有较低的纤维和较高的消化率，这可以部分或完全平衡营养体的质量降低。一些芸苔属饲草几乎全由叶片组成，质量维持稳定。

饲草种类不同，在成熟过程中，其质量下降速率不同。虉草成熟过程中质量降低快，苇状羊茅、鸭茅和无芒雀麦降低得相对较慢，其粗蛋白浓度都是从苗高 15 cm 时的 25%降至 2 个月后花期的 10%（Collins and Casler，1990）。饲草不同生育时期，其消化率不同，动物对其的自由采食量不同（表 6-3）。

表 6-3 泌乳奶牛对禾草/豆草混合饲草场不同时期采食量的差异

时间	生育时期	干物质采食量（% BW/d）	干物质消化率（%）	相对可消化干物质采食量（%）
6 月 3～4 日	营养生长	2.64	63.1	166
6 月 11～12 日	分蘖前期	2.36	65.7	154
6 月 14～15 日	分蘖后期	2.45	62.6	153
6 月 16～18 日	孕穗/现蕾初期	2.28	58.5	133
7 月 1 日	花期	2.30	52.7	121
7 月 5 日	花期	2.13	52.2	111
7 月 7～8 日	花期	2.05	52.2	107
7 月 9～10 日	花后期	1.95	51.5	100

资料来源：Stone et al.，1960

随饲草成熟，叶片减少是造成质量下降的重要影响因素，鸭茅的干物质中，叶片比例从早期营养生长阶段的 60%降至花后期的 23%（Buxton et al.，1987）。同一植株上，叶片比茎秆质量高。随植株长大成熟，叶片质量变化不大，成熟茎秆的 NDF 含量增加，总的消化率降低。冷季禾草细胞壁木质素每增加 0.1%，其细胞壁消化率降低 0.55%，而冷季豆草仅降低 0.34%（Buxton and Russell，1988）。

从营养生长到繁殖生长过程中，茎叶比在变化，多年生禾草的质量也在不断变化。许多冷季饲草开花需要春化（秋天或冬天暴露于低温的阶段性刺激），促使其春天开花。因此，多数冷季禾草，一年只在春天开花并产生茎秆一次，这些饲草在后期时质量相对稳定，多数类似于春季的质量。但随植物成熟，叶片逐渐减少，导致茎叶比增加，细胞壁成分发生改变，细胞内含物也不断损失，这是质量下降的原因。一些禾草，如狗牙根，每年开几次花，其质量随生长周期变化而变化。

干草和青贮饲喂时的质量总是低于同时期饲草生长时的质量。如果收获时下雨，粉碎、发酵（呼吸作用）及对可溶物的淋溶会导致质量严重降低（表 6-4）。紫花苜蓿和红三叶被雨淋后，ADF 和 NDF 增加，干物质消化率降低。由于豆草含有较高的细胞内含物，雨水对豆草质量的影响比禾草高。雨水淋溶后，苜蓿粗蛋白略微减少，红三叶粗蛋白略微增加，这是由于粗蛋白分子大不易被淋溶，而糖和钾等小分子物质易被淋溶。

混播可以提高饲草质量。混播的混合饲草比单一饲草总是具有更低的 NDF 和更高的 CP 含量。狗牙根混播豆草后，CP 为 11%～13%，而单播狗牙根的 CP 只有 11%（Burton and DeVane，1992）。

表 6-4　同一饲草场，苜蓿和红三叶成熟后期干草被雨水淋溶前后质量差异

饲草种类及成分	淋溶前	淋溶后
	苜蓿	
粗蛋白（%）	26	25
NDF（%）	32	45
ADF（%）	28	39
干物质消化率（%）	73	57
	红三叶	
粗蛋白（%）	24	27
NDF（%）	30	44
ADF（%）	25	38
干物质消化率（%）	68	47

资料来源：Collins，1983

施肥有利于饲草质量提高。不同种类饲草，其所需要的肥料类别及数量不同。施肥类别研究多集中于大量元素 N、P、K，微量元素 Ca、Mg、S、Fe、Mn、Cu、Zn、B 和 Mo 等。

氮肥可以显著增加禾草产量并提高其粗蛋白含量。施加氮肥 80 kg N/hm^2，柳枝稷的 CP 含量从 5.3%提高到 6.4%，自由采食量提高 11%，但消化率不受影响（Puoli et al.，1991）。

苜蓿中钾含量非常高（有时超过干物质的 4%），影响镁的有效性，对饲草质量有负影响，高钾低镁有发生动物低血镁症风险。直接饲喂所缺少的矿物质是经济有效的途径。

磷元素是组成核酸、磷脂、腺苷的基本元素，同时磷也参与多种物质合成途径和生理生化过程。磷也是动物乳产品的重要元素，磷元素缺乏会对动物生长产生影响，低中度磷元素缺乏会引起动物的磷性佝偻病，严重缺乏会引起哺乳期幼年动物死亡。饲草干物质中磷含量低于 0.17%时，母牛血液中无机磷降低到 2.0～2.5 mg/kg。长期在缺磷的土壤上放牧，犊牛很容易得低磷症，影响牲畜产量（夏兆飞，1993）。

钾也是植物正常生长所必需的大量元素，起改善饲草质量、提高产量和抗逆性的作用（刘正书和舒健虹，1998）。在一些建植后的饲草场，常常对氮肥重视而忽略了钾肥。多次刈割后往往造成土壤钾元素严重缺失，并由于禾草较豆草对钾肥的吸收能力强，造成饲草场豆草生长较差或质量较低（刘斌等，2003）。在施入磷、铜、锌、硼的基础上，白三叶产量随钾肥用量增加而增加，当施入纯钾 40 kg/hm^2 时，不仅产草量高，而且产投比最大，经济效益最好（徐明岗等，1997）。钾肥施入需要遵循适量原则，否则影响动物的生长发育，最典型的例子就是牲畜的高钾低镁症。

除此之外，植物生长还需要一些微量元素，这些微量元素虽不会像氮、磷、钾或碳、氢、氧大量需要或是直接影响植物的生长发育，但会在一定程度上影响植株的发育（表 6-5）。

低温条件下生长的饲草比高温条件下生长的饲草质量高，主要原因是高温条件下饲草木质素含量高，此外，低温条件下，糖分和其他非结构性碳水化合物积累多。在秋季，冷季饲草可消化的非结构性碳水化合物含量高达 20%。

表 6-5　植物生长所需的部分微量元素作用及亏缺症状

元素	主要作用	亏缺症状
钼	高等植物硝酸还原酶和固氮酶成分	植株矮小，抑制生长，叶片失绿
铜	参与光合、呼吸作用，与叶绿素形成有关	叶片失绿，幼叶叶尖黄化干枯
锌	提高植株抗旱、抗寒能力，多数酶的活化剂	叶片失绿，节间萎缩，叶脉黄化
铁	酶与蛋白质的重要组成、调节叶绿体蛋白质和叶绿素合成	幼叶失绿
锰	参与呼吸作用、调节氧化还原过程，促进萌发与苗期生长	幼叶失绿，叶脉黄化
氯	光合作用促进水分子裂解，调节渗透，控制膨压	叶片变小，并有坏死
硼	花与花粉粒形成所需元素	根尖与茎尖分生组织坏死，生长发育受损

苜蓿中，可溶性碳水化合物随昼夜变化而波动。中午收获的苜蓿比早晨收获的质量好，具有更高的可溶性高消化性碳水化合物。

育种可用于提高饲草质量，‘Tifton85’狗牙根品种比‘Coastal’狗牙根品种产量高，消化率高 12%，并使肉牛平均日增重高 30%。早熟品种比晚熟品种无论哪个生长阶段都具更低的纤维含量和更高的消化率，而晚熟品种在温度高时段生长多，因此质量低。

品种差异导致质量差异也受植株形态的影响，如叶片数量影响质量。一些多叶紫花苜蓿品种（每叶 5～7 小叶而不是 3 小叶）质量好，但一些质量不如 3 小叶苜蓿品种。

玉米、高粱和御谷褐色中脉（BMR）突变体是遗传方法提高饲草质量的最好例子。木质素生物合成路径的变异降低了茎秆中 50%的木质素含量和叶片中 25%的木质素含量（Jung and Deetz，1993）。中性洗涤纤维（NDF）的消化率由于木质素的降低而显著提高（Potter et al.，1978），但细胞壁的消化率没变（Fritz et al.，1990）。

四、饲草化学成分及其分析

饲草质量有差异，但所有饲草都由相同化合物组成，主要表现为细胞壁的成分。细胞壁主要由结构性碳水化合物（纤维素、半纤维素及木质素）及少量蛋白质、矿物质组成。结构性碳水化合物不同于淀粉等非结构性碳水化合物。结构性碳水化合物是不能被植物再活化重复利用为能量或参与其他代谢过程的碳源。

纤维素是饲草细胞壁的主要成分，半纤维素含量有时与纤维素相当。纤维素分子由长链葡萄糖分子结合而成，进一步结合成大单位的微纤维。纤维素内部结合紧密，增加了微生物消化的难度。半纤维素的亚结构单位包括木糖、果胶糖（树胶醛醣）、甘露糖、半乳糖及糖醛酸。禾本科细胞壁半纤维素含量通常是豆草的 3～4 倍。

饲草细胞壁可以被看作为一个微纤维开放网络，半纤维素和木质素穿插其中。木质素与纤维素、半纤维素相结合，抑制牲畜对其的消化。化学连接也存在于木质素和半纤维素之间，进一步抑制了纤维素与半纤维素的可消化性（Moore and Jung，2001）。

木质素是一种酚类化合物，对植物结构的硬度具有重要作用。典型饲草含有 3%～12%的木质素，豆草中木质素含量较高。木质素含量与饲草品种及其生长阶段相关（Jung and Deetz，1993）。

不同种类饲草木质素含量不同，早熟禾、羊茅及玉米秸秆的木质素含量为 15%（徐世晓等，2003）；苜蓿的木质素含量为 6%～12%；成熟期红豆草木质素含量约为 14%；草木樨约为 16%。从抽穗期到成熟期禾草木质素含量增加 40%（冯骁骋等，2013）。

饲草的氮主要存在于蛋白质中，也有一部分非蛋白氮。典型饲草中，蛋白氮占总氮的 60%～80%。硝酸盐和游离氨基酸为非蛋白氮的主要组分。在青饲料中，蛋白质被不同程度水解，含高达 80%的非蛋白氮。蛋白氮和非蛋白氮都可在瘤胃中被微生物高效利用，满足动物对氮的需求，但过多的亚硝酸盐对动物有害。豆草常含 15%～20%的粗蛋白，热带饲草粗蛋白含量约为豆草的 50%，而冷季饲草的粗蛋白含量介于这二者之间。冷季饲草有时含氮量与豆草含氮量相当，特别是在施加高浓度氮肥情况下。

鸡脚草和其他一些豆草中含单宁，单宁通过降低蛋白质可溶性和降低瘤胃微生物活性促进未降解氮进入小肠，增加小肠的氮吸收。干草制作会降低蛋白质的降解速率。

植物储藏为能量的碳水化合物被定义为非结构性碳水化合物（NSC）（Smith，1973）。饲草中，这部分包括水溶性糖、可水解糖，占非结构性碳水化合物的 1/3；还包括可发酵的碳水化合物、果糖及淀粉，占非结构性碳水化合物的 2/3。非结构性碳水化合物在反刍动物瘤胃中能快速发酵消化，为牲畜提供能量。

饲草为动物的生存和生长提供重要的矿物质。饲草中的 P 和 Mg 含量不能满足大部分草食动物生长需要，这些元素需要补饲。此外，动物所需的 Na、Se、Si、Cl、I、Cr 及 Co，饲草生长不需要，饲草中含量低或没有，在饲喂过程中需要加入这些对牲畜生长发育具有影响或必需的矿物质或元素，否则将会造成动物的缺素症。

饲草质量需要通过饲喂实验并对动物的反应进行评价获得，动物反应包括产奶量或体重增加。自由采食量通过记录饲草消耗获得，通常以代谢体重百分数表示（$BW^{0.75}$）。

饲喂和动物实验需耗费人力和物力，实验室化学分析方法花费相对较低，并可以提供估计饲草质量的信息。常规饲草质量分析包括含水量、粗蛋白、碳水化合物、矿物质、干物质消化率及一些相关的能量值（图 6-7）。

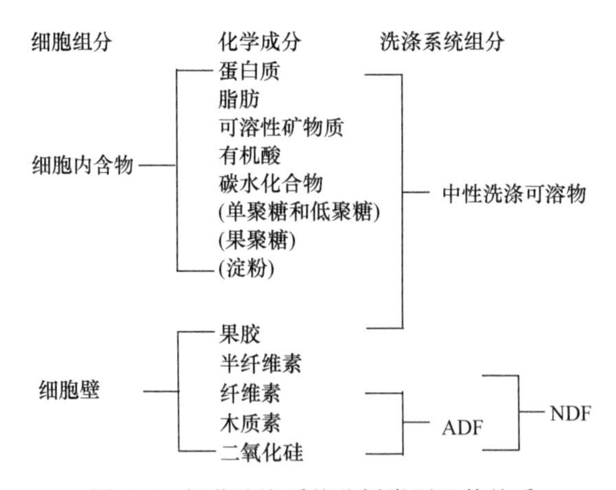

图 6-7　饲草洗涤系统分析类别及其关系

早期的饲草质量分析通过近似分析系统获得，包括粗蛋白（CP）、乙醚提取物（EE）、无氮浸提物（NFE）、纤维素（CF）和灰分。后来，近似分析系统被洗涤分析系统取代。

洗涤分析系统创建于 19 世纪 60 年代，采用添加不同洗涤溶液的方法提取样品成分（Goering and Van Scest，1970）。现在，此方法广泛应用于饲草质量分析，用以区分细胞壁和细胞内含物（图 6-7）。

该系统将饲草干物质分为细胞内含物和细胞壁。首先，用中性洗涤剂蒸煮，分离出中性洗涤可溶物和中性洗涤不溶物，可溶物为细胞内含物（NDS，中性洗涤可溶物），但包括细胞壁的果胶质（其消化率类似于细胞内含物），过滤出的不溶物为中性洗涤纤维（NDF）。中性洗涤纤维包括纤维素、木质素、半纤维素及硅。然后用酸性洗涤剂蒸煮，过滤出不溶物即为酸性洗涤纤维（ADF），酸性洗涤纤维包括纤维素、木质素及硅。NDF 与 ADF 之差为半纤维素含量。

中性洗涤纤维含量从玉米种子的 10%到秸秆及热带饲草的 80%各不相等。消化率高的豆草通常比禾草的中性洗涤纤维含量低。典型的饲草酸性洗涤纤维从玉米籽粒的 3%到成熟饲草的 40%及秸秆的 50%不等，相同消化率的饲草有类似的 ADF 值。

高锰酸盐可以氧化并溶解纤维素，通过向 ADF 中加入 72%硫酸或高锰酸盐，分离出木质素和不溶于酸的灰分（硅等不溶矿物质），进而获得纤维素分析值，煅烧剩余物去除灰分可以获得木质素分析值。

19 世纪 80 年代初期，近红外反射光谱（near infrared reflectance spectroscopy，NIRS）测定技术被发明，降低了相对于实验室分析所耗费的人力和物力。近红外光谱（1100～2500 nm）对不同有机物碳、氮、氧分子结合氢键的能量吸收反射不同，根据反射测值可以估计饲草成分含量。NIRS 的校正公式可以估计测定 90%～99%的 CP、NDF、ADF 及体外消化值，其准确度取决于所建立的经验回归公式。NIRS 技术不能测定矿物质含量。

体内干物质消化率（*in-vivo* dry matter digestibility），通过饲喂动物并将收集排泄产物进行烘干后测定，这个测定值被称为表观消化率（apparent digestibility），其中，包括饲草所没有的肠道脱落细胞等成分。

体外干物质消失率（*in-vitro* dry matter disappearance，IVPMP），亦称体外干物质消化率（*in-vitro* dry matter digestibility，IVDMD），取瘤胃液培养消化饲草样品模拟反刍动物的消化。将样品在缓冲液和瘤胃液中厌氧条件下培育 48 h，然后用胃蛋白酶酸化培养以消化蛋白质，这两步是模拟肠道中的消化。提取瘤胃液的动物应该被预饲与所测样品相同的饲草。

结构性碳水化合物和其他成分的体外消化率和体内消化率测定值密切相关，上述方法广泛用于饲草研究。

饲草营销中，常用一个单一数值表达饲草相对质量，以便饲草间进行横向比较。相对饲喂价值（RFV）是基于饲草 ADF 与干物质消化率、NDF 与自由采食量呈负相关理论建立的（Rohweder and Barnes，1978），并以豆草的平均质量为 100%做标准。RVF 高表示饲草质量好。

相对饲喂价值的计算公式如下：

$$RFV=DDM\times DMI/1.29$$
$$DDM=88.9-0.779\times ADF$$
$$DMI=120/NDF$$

式中，DDM 为干物质消化率，表示为干物质的百分数（%）；DMI 为自由采食量，表示为体重的百分数（%）；ADF 为酸性洗涤纤维，表示为干物质的百分数（%）；NDF 为中性洗涤纤维，表示为干物质的百分数（%）。

相对饲草质量（RFQ）是最近发展起来的一个表达饲草质量的单一数值，修正了 NDF 与消化率的关系，特别是纤维消化率与生长表现的关系更密切（Undersander et al.，2010；Undersander，2016）。RFQ 分别计算禾草和豆草的相对质量，计算式如下：

$$RFQ=DMI\times TDN/1.23$$

式中，DMI 为干物质采食量，表示为体重的百分数（%）；TDN 为总可消化养分，表示为干物质的百分数（%）。

豆草及豆禾混合草：

$$DMI=120/NDF+(NDFD-45)\times 0.374/1350\times 100$$

$$TDN=(NFC\times 0.98)+(CP\times 0.93)+(FA\times 0.97\times 2.25)+[NDFn\times (NDFD/100)]-7$$

冷季或暖季禾草：

$$TDN=(NFC\times 0.98)+(CP\times 0.87)+(FA\times 0.97\times 2.25)+(NDFn\times NDFDp/100)-10$$

$$DMI=-2.318+0.442\times CP-0.01\times CP^2-0.0638\times TDN+0.000\,922\times TDN^2+0.180\times ADF-0.001\,96\times ADF^2-0.005\,29\times CP\times ADF$$

上述各式中，CP 为粗蛋白，表示为干物质的百分数（%）；FA 为脂肪酸，表示为干物质百分数（%），FA=乙醚提取物–1；NDF 为中性洗涤纤维，表示为干物质百分数（%）；NDFn 为无中性洗涤纤维氮，NDFn=NDF–NDFCP，估计公式为 NDFn=NDF×0.93；NDFCP 为中性洗涤纤维粗蛋白；NDFD 为 48 h 体外消化率，表示为 NDF 的百分数(%)；NFC 为无纤维碳水化合物，表示为干物质百分数（%），NFC=100–(NDFn+CP+EE+灰分)；EE 为乙醚提取物，表示为干物质百分数（%）；NDFDp 为 22.7+0.664× NDFD；ADF 为酸性洗涤纤维，表示为干物质的百分比（%）。

饲草质量分析的恰当取样方法可以保障精确的测定结果，一般需要对一批饲草均匀地取 20 个样品进行分析。为了减少分析工作量，将样品混合后分析和将每个样品单独分析后再平均结果相似。

第二节　饲草场利用

草食动物通过消化结构性碳水化合物如纤维素和半纤维素，满足其能量需求。相比单胃动物，它们可以食用纤维含量高的食物。

一、草食动物的消化系统

在瘤胃中，微生物与寄主草食动物共享来自饲草细胞壁的能量。微生物群落制造酶消化细胞壁，从而获得细胞壁中的能量。这些微生物吸收细胞壁中释放的戊糖和己糖，将其用于生长和发育。草食动物也能利用非结构性碳水化合物（如糖、淀粉）作为能量来源。

牲畜消化系统有相似的微生物群落，消化系统的低氧环境保证了消化系统的厌氧呼吸（发酵）。微生物分泌排泄的挥发性（短链）脂肪酸（VFA），包括乙酸（C_2）、丙酸（C_3）和丁酸（C_4）被胃壁吸收进入血液，成为草食动物的主要能量源。

家养哺乳动物有两种不同的纤维消化系统。以牛、羊为代表的反刍动物类，使用扩大变型多隔室胃对纤维进行厌氧发酵，称为前肠纤维发酵体；马科动物具有单胃和变形的后肠，被称为扩大的盲肠和结肠，用于植物细胞壁的厌氧发酵，称为后肠纤维发酵体。

反刍动物的胃通常由 4 部分组成（图 6-8），按照消化过程顺序依次为瘤胃、网胃、瓣胃和皱胃，皱胃相当于单胃动物的胃。瘤胃还有一个前庭，它有时也被看作是一个独立的胃室。

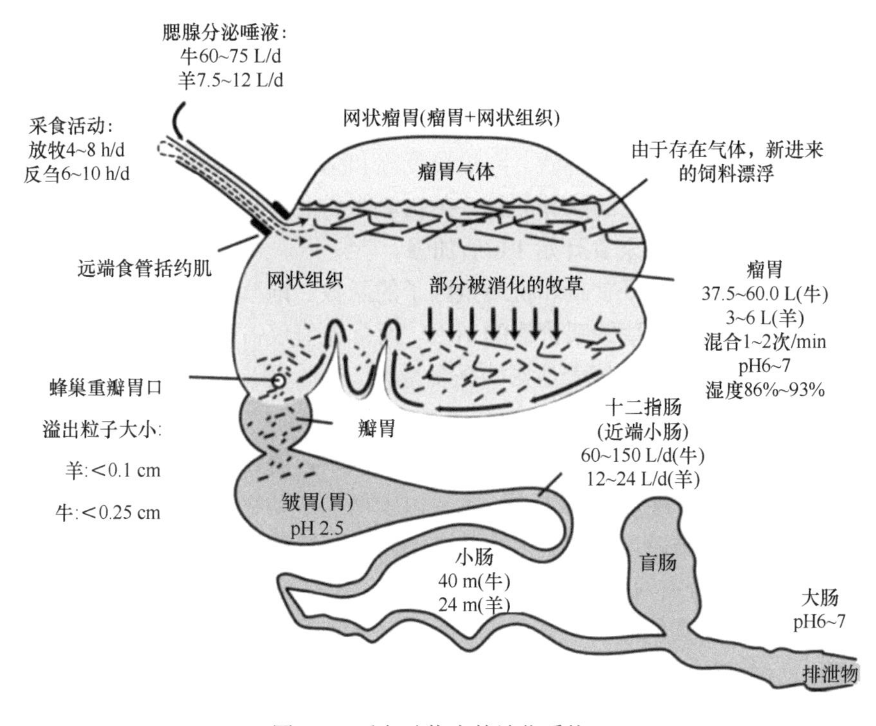

图 6-8　反刍动物牛的消化系统

瘤胃最大，它包含一个复杂的微生物群落，负责消化碳水化合物，产生挥发性脂肪酸（如乙酸和丙酸），并通过瘤胃壁吸收（Ellis et al.，1994）

食物经过食道到达瘤胃，瘤胃微生物分解纤维转化为可吸收的物质，这一过程通常被称为发酵过程。发酵释放的挥发性脂肪酸被瘤胃壁吸收，多余气体（主要是二氧化碳和甲烷）聚集在瘤胃网膜下，通过打嗝释放，以减轻瘤胃壁压力。限制打嗝，将引发臌胀病。打嗝排出的气体有加速全球增温的效应。

食物经瘤胃发酵，部分进入网胃，部分进入瓣胃，部分通过网胃与瘤胃间的反向蠕动将“食浆”反刍到口内继续咀嚼和下咽。食物在口腔–瘤胃–网胃间不断运动，不断被咀嚼、磨碎，最后通过网胃进入瓣胃和皱胃。经瓣胃磨碎、挤压，食物中的水被吸收，食浆变稠，保证皱胃分泌的消化液不会被食浆中的水过度稀释。经皱胃分泌盐酸酸化，食物 pH 降低被进一步消化，蛋白质和脂肪被体内的酶消化，其中的微生物也会释放蛋白质，最终这些消化产物被小肠吸收。

唾液腺每天可以分泌大量唾液，维持瘤胃 pH 为 6～7，加之无氧环境，瘤胃微生物可以快速繁衍。微生物氮及瘤胃中未被消化的饲草氮在后续被降解为氨基酸，进入小肠被吸收。利用暖季饲草饲喂情况下，瘤胃中有大量未被降解消化的氮进入小肠，被小肠有效吸收，这就是暖季饲草粗蛋白含量低，但饲喂效果高于预期的原因。反刍动物消化系统后部（小肠、结肠、盲肠、直肠）的消化作用微弱，其功能主要是吸收养分、水分及排泄。

二、影响牲畜生长的因素

牲畜生长是饲草和牲畜相互作用因素积累的结果。潜在影响因素有牲畜生理状况、遗传组成和环境效应等。例如，泌乳奶牛相对于非泌乳奶牛有较高的能量需求，随之而来是更多的饲草消耗。当环境温度超越热中性区间（15～25℃），牲畜需要更多的能量用于维持体温，动物生产就会降低。环境温度高和强烈的太阳光照限制白天的采食，原因在于一些牛，特别是深色的欧洲品种，在此条件下很难维持基本体温（38.8℃）。温度超越阈值时，温度胁迫在采食开始 1 h 后加强。

饲草质量是营养值、采食量和抗质量因子的函数。饲草种类和成熟阶段影响饲草饲喂价值。饲草采食量占饲草饲喂价值的 70%，而营养值仅占 30%，采食量是决定饲草对动物生产作用的主要因素，营养值影响采食量。

消化率（digestibility），是指干物质或某一成分（如 CP）通过动物消化系统被消化的百分比。饲草能量是草食动物生产的首要限制因素，消化率是饲草能量有效性的一个度量。高消化率饲草可增加动物生产，主要由于增加了动物的能量摄入。无论是哪个品种的饲草处于哪个成熟阶段，细胞内含物中的糖、有机酸和其他成分都几乎被完全消化（>90%）。细胞壁成分有可能具有很高的消化率，也有可能完全不被消化，这取决于饲草品种、收获时期及其他因素。高质量禾草高达 58%的消化能来源于细胞壁（纤维素、半纤维素），豆草仅有 35%来源于细胞壁（图 6-9）。

随植物成熟而木质化逐渐增加的组织具有较低的细胞壁消化率。厚壁组织、维管束和其他木质化细胞组织可能通过消化系统后依然存有大量的未被消化组织。瘤胃纤维素分解细菌在消化开始之前能吸附到纤维上，而木质素通过化学或物理方式避免这种吸附。动物通过咀嚼和反刍增加细菌吸附的表面积以帮助消化。

能量分配影响最终生长。反刍动物饲料中的能量可分为消化组分和不可消化组分。消化能量为饲料能和排泄粪能之差。此组分能值被称为表观消化能（apparent digestible energy），因为排泄物中包括脱落的肠细胞及未消化的微生物和其他内源物质。消化能分为代谢能及甲烷能和尿能。净能为代谢能减去代谢合成过程中损失后的能量。一部分净能用于维持，而其余的净能才能用于生产，如生长、繁殖、产乳及皮毛生产等。采食低消化能饲草可能没有剩余的能量用于动物生产。大多数植物的总能相似，但用于饲养动物的消化能大不相同（表 6-6）。

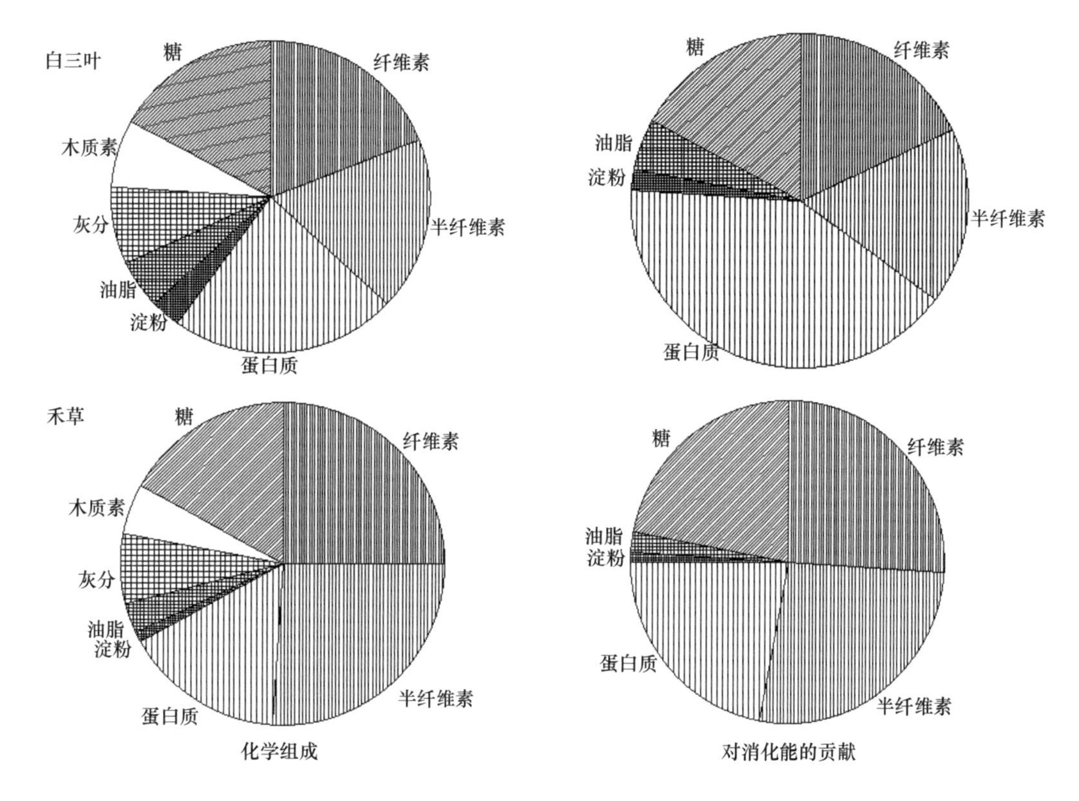

图 6-9　高质量饲草成分组成及其对消化能的贡献（Hopkins，2000）

表 6-6　红三叶和麦秸的能量构成　　（单位：Mcal/kg）

种类	总能	消化能	代谢能	净能
红三叶	4.50	2.40	2.01	0.99
麦秸	4.41	1.70	1.39	0.20

注：1 cal（卡路里）的能量或热量可将 1 g 水在一个大气压下的温度升高 1℃。1cal=4.184J。1 Mcal=10^6 cal
资料来源：Collins et al.，2018

放牧动物有一个放牧能变量（图 6-10）。游走消耗掉很大一部分能量、病虫害耗能、冷热应激耗能等都具有管理意义。每天维持最短距离的游走、定时驱虫（每年 4～6 次）及防寒防热可以节约能量，从而节约饲草，并减少管理投入，提高饲养效益。

自由采食量（adlibitum，亦称 voluntary intake），是指动物在不受供应限制的条件下消耗的饲草量。增加采食量会增加动物采食的能量和营养，并减少能量用于维持的比例，增加产肉或产奶的比例。自由采食量受饲草质量、动物品种、性别、生理状态及健康状况影响。

采食调控机理很复杂，包括物理因素、生理因素及心理因素。物理因素包括：饱腹膨胀对消化系统壁感应器刺激引起采食停止（图 6-11）、中性洗涤纤维浓度和结构对消化率和降解颗粒大小及消化速率的影响。生理因素包括：下丘脑对饥饿与饱腹感的调节、瘤胃/网胃液迅速增加的渗透压导致的采食停止、瘤胃液 pH 降低为 5.0～5.5 引起的胃动力（rumen motility）变化及瘤胃中高浓度乙酸。心理因素包括群体喜好、适口性及环境和其他胁迫。

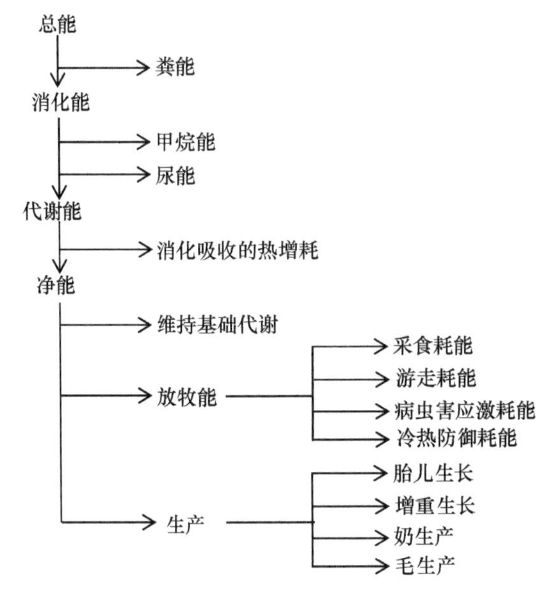

图 6-10　放牧动物的能量分配（放牧能）（周道玮等，2013，2016）

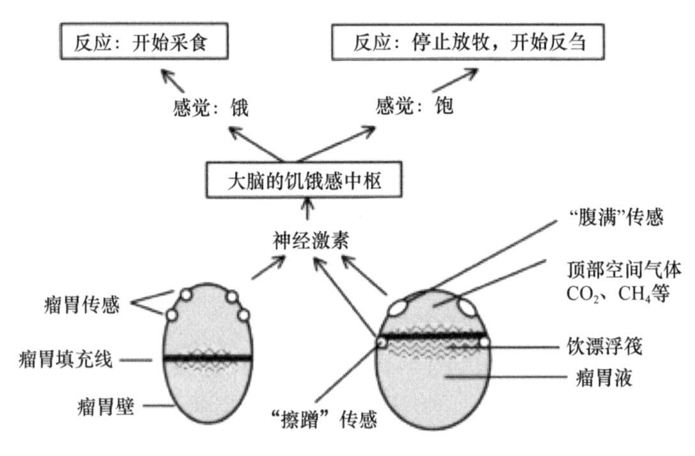

图 6-11　"腹饱"模型——采食、反刍的开始和停止过程（Collins et al.，2018）

消化过程决定采食量。高纤维细胞壁在胃中停留时间长，NDF 影响自由采食量。物理限制（腹饱）会导致采食停止，即使动物没有达到它们生理上对能量和营养的需求，其他贡献因素包括纤维消化率比细胞内含物低，未消化的纤维必须降解到颗粒大小至能排出瘤胃。只有将这些高纤维不可消化物质排出到一定程度，动物才开始采食。

这种纤维–采食关系有助于解释，某一消化率时，自由采食量随饲草品种变化而剧烈变化的现象。相似消化率时，苜蓿和红三叶比禾草采食量高，原因在于豆草具有较低的细胞壁含量（图 6-12）。

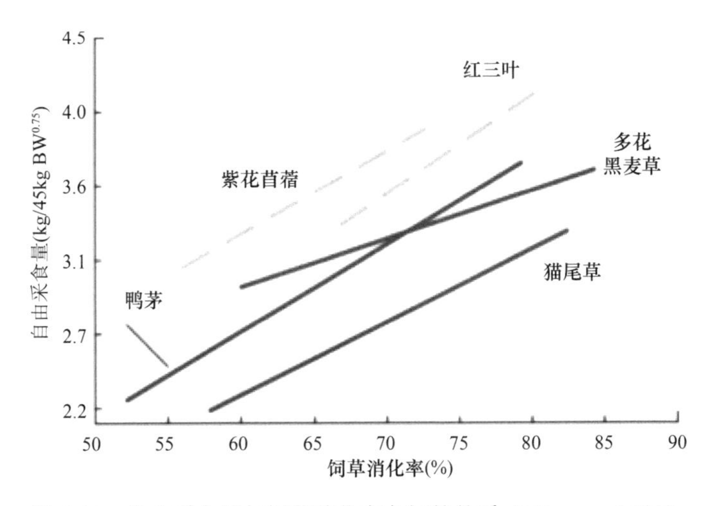

图 6-12　自由采食量与饲草消化率之间的关系（Minson，1982）

自由采食量还受抗质量因子、物理及化学因素影响，使得适口性发生改变。适口性是指动物在有选择的情况下倾向于采食某种饲草的现象。动物对饲草有选择的机会很少，因此，实际适口性的重要性很难定义。

消化速率（digestion rate），是指饲料或饲草通过口腔咀嚼后，颗粒在消化系统的单位时间降解量，对动物行为有影响。自由采食量不受饲草营养成分影响，而是受饲料或饲草在瘤胃中停留的时间影响，即消化速率。瘤胃的排空速率或消化速率影响饲草采食量。

消化速率与消化率是两个不同的概念，消化速率侧重时间（Moore and Buxton，2000），而消化率侧重最终的消化数量。

细胞内含物能被快速消化，细胞壁（NDF）消化速率随饲草品种和组织类型不同而不同。细胞壁消化速率从 0.02%/h 至 0.19%/h 不等，并且豆草高于禾草。细胞壁消化速率的微小差别很大程度上影响总消化时间。完全消化 1/2 物质（这里指可消化的细胞壁）可以用公式 $0.693/K$（K 为消除速率常数）计算。猫尾草消化可消化 NDF 的 1/2 需要 30.1 h（0.693/0.023），苜蓿只需要 13.1 h。

苜蓿和猫尾草消化 72 h 后，被消化的细胞内含物和可消化的细胞壁物质的消化总量相同（图 6-13）。由于禾草 NDF 比例高，禾草的总消化速率低于苜蓿。因此，当使用 13 h 的数据进行分析时，猫尾草还有大量的物质未被完全消化（图 6-14）。豆草较快地完全被消化，导致较高的采食水平。

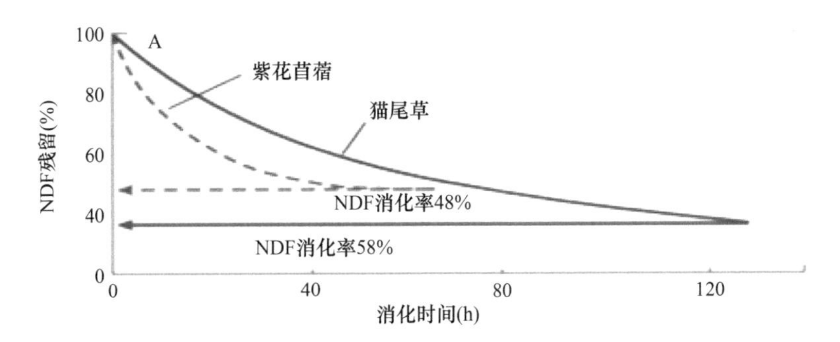

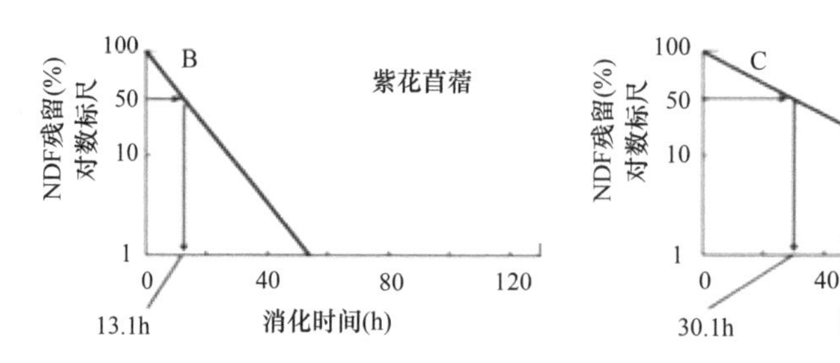

图 6-13　禾草和豆草纤维消化速率的比较（Collins，1988）

禾草 NDF 含量高消化速率较慢（2.3%/h），豆草 NDF 含量低消化速率快（5.3%/h）。在对数尺度上，豆草完成 50%NDF 的消化仅需 13 h，禾草完成 50%NDF 的消化则需要 30 h

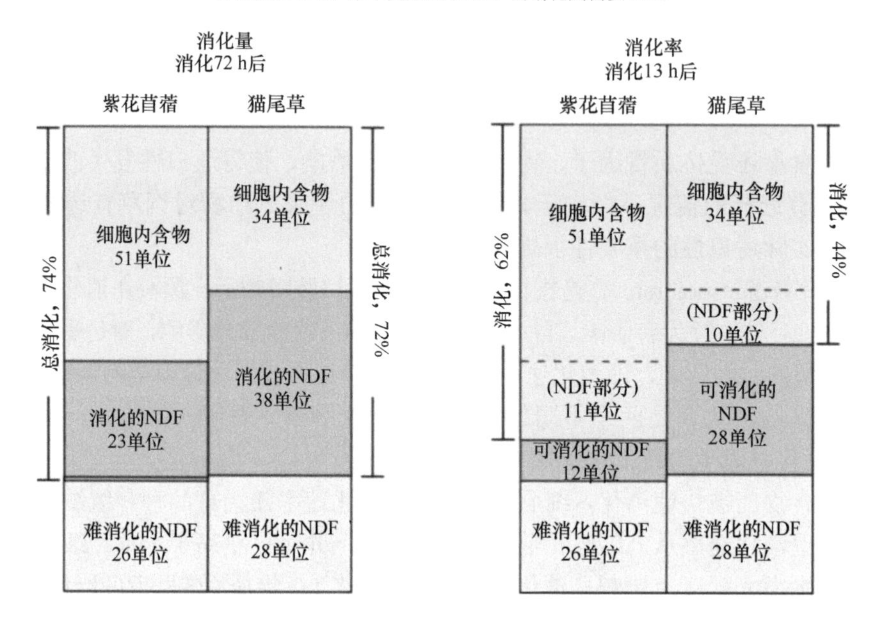

图 6-14　饲草组成成分决定了其消化率与消化速率

紫花苜蓿在 72～96 h 后完全被消化，与猫尾草几乎相同；消化 13 h 后，紫花苜蓿剩余物明显少于猫尾草

通过速率（rate of passage）是消化速率和排出时间的函数。消化的同时，伴随着饲草颗粒大小的降解，只有达到一定大小，未消化的残基才可以被排出瘤胃。植物组织通过网状的瓣胃口之前，必须被咀嚼、反刍，消化到 0.25 cm 的小颗粒。动物采食高纤维饲草后，需要用更多时间用于咀嚼，以完成消化和降解颗粒。

饲草消化所用时间受消化过程中食物或食糜颗粒降解速率影响，只有将食物中的颗粒大小降低后，未消化的残基才可以排出瘤胃或体外，使动物能够再次进食。

颗粒大小降解开始于啃食或采食，在首次咀嚼和反刍后继续反复降解。反刍、回流和咀嚼对降解颗粒大小起重要作用。网状瘤胃壁收缩和末端食道括约肌放松，促使一团松软胃容物进入食道，反向蠕动将小块的食物从食道挤回嘴中，在嘴中咀嚼长达 40 次重新咽回。

饲草颗粒降解始于采食，继续于咀嚼，终于反刍咀嚼，直至排出瘤胃，其所用时间影响自由采食量。多年生黑麦草营养组织中，36%的大颗粒（>1 mm）在反刍咀嚼过程中被降解为小颗粒，苜蓿为 61%（John et al.，1988）。禾草需要更多的咀嚼次数（约 6356 次/kg）降解颗粒大小，苜蓿只需要 3632 次/kg。排空瘤胃还涉及瘤胃壁对最终消化物（如脂肪酸）的吸收及可溶成分快速流过瘤胃。

具有较多细胞壁或较慢消化速率的饲草，消化残基需要在瘤胃中停留更长时间，因此，食物通过消化系统的速率就会降低。无芒虎尾草和马唐的叶片纤维在瘤胃中消化停留 32 h，而同样品种的茎秆则需要 46 h（Poppi et al.，1980）。牛消化其体重 2.8%的叶片所用时间与消化其体重 2.11%的茎秆所需时间相同，即这两种物质的消化率几乎相同。更快的通过时间、更好的消化，可为额外的采食量准备更多的瘤胃空间（表 6-7）。Mertens 和 Ely（1979）计算得出，每增加 1%的通过时间，就会增加 0.9%的可消化干物质采食量。

表 6-7　苜蓿和草地早熟禾干草饲喂马和牛后，自由采食量和消化率的差异

利用特征	干草类型	牛	马
自由采食量（%BW/d）	苜蓿	2.8	2.7
	草地早熟禾	1.8	2.0
NDF 消化率（%）	苜蓿	54	51
	草地早熟禾	71	51

资料来源：Cymbaluk，1990

氮不仅是植物生长所需的必要元素，同时也是动物生长所需的必要元素。如果饲草粗蛋白低于 7%，饲草放牧利用可能会受到氮摄入量影响。这种情况下，家畜采食禾草会比采食豆草增加 15%的饲草量，以保证最低的能量摄入。

大部分（85%～90%）蛋白质被瘤胃微生物分泌的蛋白酶降解为氮，这种蛋白质称为瘤胃可降解蛋白（RDP）。饲草蛋白质中释放的氨被瘤胃动物或微生物吸收用于细胞分裂和生长，并合成新的微生物蛋白质。一些氮以氨的形式通过瘤胃壁，吸收进入血液循环，到肾脏转化为尿液。由于瘤胃微生物可以利用非蛋白氮（NPN），尿素或氨可以被添加到饲草中以满足对部分氮的需求。粗蛋白超过 12%的饲料中，非蛋白氮的利用率降低。

少部分日粮蛋白质［瘤胃不消化蛋白（RUP）或保护蛋白］通过瘤胃及瓣胃进入皱胃，进入皱胃的蛋白质，包括裂解的微生物蛋白质，被胃蛋白酶水解为氨基酸，后续被小肠吸收。皱胃分泌的胃溶菌酶是独一无二的，因为它们可以在酸性环境下起作用而不被胃蛋白酶降解。

如果蛋白质溶解度或瘤胃蛋白质消化率被降低的话，蛋白质通过瘤胃的多，那么蛋白质利用率可能被提高。含单宁豆草比不含单宁豆草（如苜蓿）过瘤胃蛋白多，蛋白质利用效率提高。百脉根与红豆草是含单宁豆草，它们比苜蓿含有更高比例的过瘤胃蛋白质。红三叶自身不含单宁，但其含有的低分子化合物可以通过酚氧化酶浓缩为类似单宁的高分子量化合物。饲草储存过程中，轻微加热可以降低蛋白质可溶性，但重量损失和自燃风险使得该方法实用性不高。

三、饲草的放牧采食利用

在牲畜饲养过程中，放牧采食没有饲草收获、储存、饲喂上的花费，单位产品花费相对少。但是，放牧采食也引入了额外影响动物生产的因素，包括啃食口数及其大小、单位面积的饲草密度、草丛结构及动物每天消耗的采食时间等。

草食动物的胃肠道系统消化植物细胞壁获取能量，这一过程影响放牧策略。反刍动物不断进化过程中，其采食与反刍降解食糜颗粒大小这两个过程是分开的，减少了采食时间，也建立了有效的瘤胃解毒机制。这有利于减少采食时间，降低在开放草原上被食肉动物袭击的可能，并在晚上相对安全的区域进行休息和反刍。

单胃动物（如马），其祖先具有奔跑躲避天敌的能力，进食和食糜颗粒降解这两个过程没有分开，其采食策略为低采食速率、长采食时间、高肠道通过速率及低纤维消化率。

放牧采食增加用于维持的净能，用于生长和繁殖的净能减少。由于天然放牧场或饲草场上采食的各种制约，采食消耗能量各有差异。在相对平整高质量草地上，采食速率快、走动的路程短，采食所需要的能量最低。低采食效率情况下，消耗更多的采食时间，增加采食的能量消耗。理想采食条件下，放牧采食的维持净能比割草增加 25%；非理想条件下，如干旱或较差的放牧场，放牧采食的维持净能增加数倍，导致没有更多的能量用于生产。一旦采食所消耗能量等于或多余所获得的能量，动物可能停止采食，进而选择能量保存，调整代谢以降低或维持能量需要。

采食模式由哺乳动物大脑的饥饿/腹饱控制中心调控，饥饿、腹饱主要由肠道“腹满”机制调控（图 6-11）。采食开始于感到饥饿，然后减慢、停止，最后以腹饱结束。通过对刺激响应，肠壁传感器细胞合成神经激素，经由动物的血液系统传送到大脑的饥饿/腹饱控制中心。

在自然草地，饲草稀疏且能量密度低，采食面积需要大。在有效干物质 560 kg/hm^2 饲草场，一头 450 kg 的牛每天必须采食 136 kg 鲜饲草（90%水分）以达到 3%体重的采食量（13.5 kg/d），每天需要采食 0.02 hm^2。

食草放牧动物每天的采食量（I）由采食速率（RI）和每天的采食时间（GT）决定：

$$I = \mathrm{RI} \times \mathrm{GT}$$

采食速率受动物个体大小、年龄、饥饿/腹饱状态、畜群行为及环境决定。草丛质量，如产量、有效数量、结构及饲草质量影响采食速率。采食速率是每口啃食量（intake per bite，IB，也称 bite mass）和啃食速率（rate of biting，RB）的函数：

$$\mathrm{RI} = \mathrm{IB} \times \mathrm{RB}$$

如果一只牲畜每天消耗 3%体重的干物质，一只 200 kg 的动物需要每天啃食约 6000 次（典型啃食量）。如果每分钟啃咬 20 次，每天需要采食 5 h。啃食量可以通过密植饲草而增加，如果饲草场有效产量为 650～2500 kg/hm^2，则每天需要啃咬 3000～12 000 次，才能获得 6 kg 干物质。

啃食量（IB）是啃咬体积（V）和干物质密度（D）的函数：

$$IB=V\times D$$

因为牛的舌头也参与啃食，一个 200 kg 小牛的有效采食面积可达到 77 cm^2，这比只使用门牙采食 32 cm^2 的采食面积大 2 倍以上。在苜蓿地，圆柱形 13 cm 高的采食范围内，一口的体积约为 0.95 L，在典型密度的苜蓿上，每次啃咬的采食体积为 1 cm^3。一头牛需要啃咬 6000 次才能达到每天 6 kg 干物质的采食量，如果每分钟啃咬 20 次，需要每天采食 5 h。

饲草场有效产量的空间分布极其重要。上述例子中，如果采食面积为 77 cm^2，采食范围高 13 cm，饲草密度分别为 0.54 g/L、1.08 g/L、1.62 g/L 和 2.16 g/L，犊牛每天分别需要采食 12 000 口、6000 口、 4000 口和 3000 口，以达到 6 kg 的采食量。以每分钟啃咬 20 次的速率，每天分别需要采食 10 h、5 h、3.3 h 和 2.5 h。

牛每分钟下颌能运动 80 次，这其中包括啃咬、咀嚼、饲草在口腔内卷团和下咽。在典型饲草场，肉牛能长时间维持每分钟 25～45 次的啃食，羊为 35～50 次，最高可达 130 次。每口采食多，采食速率下降，因为咀嚼、卷团及下咽耗费了时间。

在高质量草地，1 头牛 1 天采食 4 h 就可以满足能量需要；在低质量草地，需要采食 8 h 才能满足能量需要。

有效饲草产量与采食量密切相关（图 6-15），图 6-15 也可用于解释采食速率低的原因。有效饲草产量低于 850 kg/hm^2 时，由于饲草低矮或稀疏，牛基本不可用。一般，冷季饲草有效产量高于 1100 kg /hm^2，则不对采食构成限制。

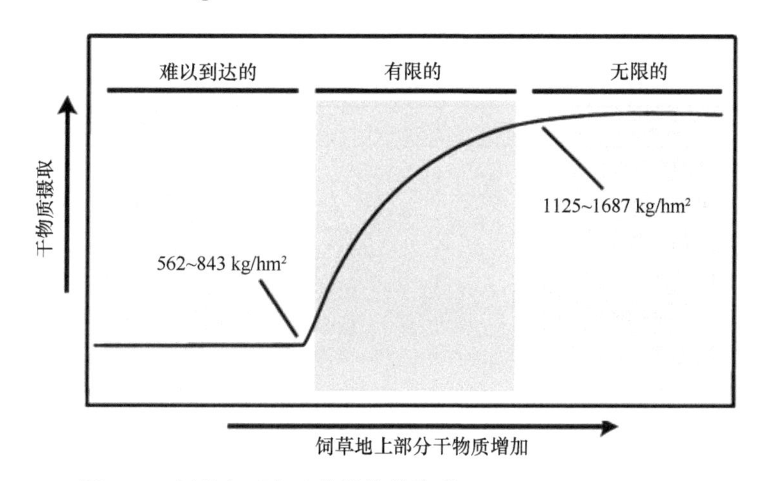

图 6-15　饲草与反刍动物放牧的关系（Collins et al.，2018）

饲草配给（allowance），是指随采食时间进行，单位时间、单位牲畜所获得的供应的饲草量，它与载畜率（stocking rate）和载畜量（carrying capacity）密切相关。

随有效饲草配给每小时增加到 0.45 kg/45 kg 体重，有效饲草采食速率每小时增加到 0.23 kg/45kg 体重，而后，随配给增加，采食速率不增加。当有效饲草供给消耗 50%后，采食速率下降（图 6-16，Collins et al.，2018）。

过多的饲草配给导致草地老化，降低饲草生长率、降低饲草质量和选择性采食、增加饲草污染（粪便和尿液）、增加管理成本、降低采食量及降低产品质量等。

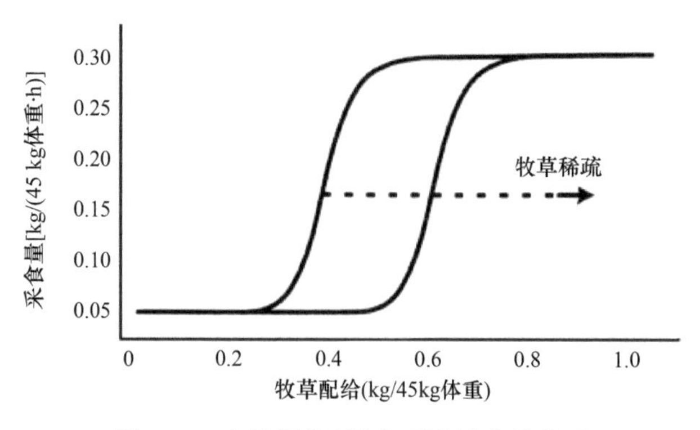

图 6-16　有效饲草配给与采食速率的关系

一些植物对采食有物理阻碍，比如毛（毛状体）、刺或锋利的叶片边缘。化学阻碍经常发生，如刺激提早感知腹满、减少采食时间、减少采食量。感染内生菌的苇状羊茅会通过真菌分泌毒素影响温度调节机制和采食模式，减少日间采食，增加夜间采食及采食量。霉菌毒素还通过影响情绪（如诱导动物嗜睡）减少采食、降低能量需求（如降低生长速度、较少怀孕、减少泌乳）。

家畜通过综合视觉、味觉、嗅觉及触觉对食物做出选择（表 6-8）。幼畜通过模仿母畜学习采食的植物种类及避免采食的植物种类。采食学习对于马很重要，因为它们不能通过呕吐排出有毒物质。这对幼小的反刍动物也很重要，因为它们没有发育到成熟反刍动物可以中和有毒物质的程度。

表 6-8　放牧牲畜的选择

最喜好	不喜好
幼嫩的植物组织	成熟或老化的植物组织
绿色植物组织	其他颜色植物组织
深色植物组织	浅色植物组织
植物叶片部分	植物茎秆部分
高水分含量植物组织	低水分含量植物组织
低纤维植物组织	高纤维植物组织
豆草品种	禾草品种
较少表皮毛的组织	较多表皮毛的组织
无采食障碍的草地	草地中存在荆棘等
高钠物种	低钠物种
糖分较高的组织	其他
无毒性植物组织	有毒性植物组织
植物组织表面干净	表面沾染粪便等杂物

牲畜喜欢采食路边遭践踏的植物，一般认为那些植物相对具有高的蛋白质含量及高能量。

四、饲草关联的动物疾病

自然界普遍存在对动物有害的饲草，不慎采食会引起动物中毒。动物生长过程中完全避免采食有害植物是不可能的，因此，必须了解与饲草相关的动物健康因素。营养不均衡也会对动物产生有害影响。动物健康是植物品种、环境因素和管理水平相互作用的结果。

牲畜机能失调或疾病，一些由饲草自身产生的毒素引起；一些来自昆虫侵害产生的分泌物，如豆芫菁属（*Epicauta* spp.）侵害产生斑蝥素；一些源于微生物活动，如干草或青贮过程产生的肉毒杆菌。

牲畜生长有害的毒素、物理障碍等统称为抗质量因子。抗质量因子是阻止动物采食的机制组分，防止动物过度采食对植物产生负效应。除化学化合物外，抗质量因子还有一些物理因素，如毛、刺，都能阻止动物采食。许多抗质量化合物是代谢的中间产物，或者是一些植物自身生长或繁殖所不需要的产物，统称为次级代谢产物。饲草相关的动物机能紊乱或疾病分为以下 3 个大类。

（1）有毒植物的疾病，动物采食有毒植物所导致的疾病；

（2）季节或环境疾病，环境状况、管理和动物因素互作引起的疾病；

（3）品种相关疾病，某一特定饲草品种导致的疾病。

三者间有重叠，有时也很难区分。有毒植物疾病不同于季节和品种疾病，有毒植物总是含致病毒素。其他疾病只出现在特定环境或动物生理状态下，或者如苇状羊茅或黑麦草的生物碱那样，仅降低牲畜生长（表 6-9）。

表 6-9　含有有毒物质的饲草

科属	品种名称	有害物质
禾本科	饲用高粱	氢氰酸（HCN）
	苇状羊茅	生物碱（麦角灵）
	多年生黑麦草	黑麦草神经毒素 B
	热带饲草	乙二酸盐、皂苷
豆科	苜蓿	皂苷、植物雌激素、膨胀剂
	白三叶	氢氰酸、植物雌激素、膨胀剂
	红三叶	流涎胺、植物雌激素、膨胀剂
	瑞士三叶草	光敏化剂
	草木樨	香豆素（抗凝血剂）
	地三叶	植物雌激素
	小冠花	苷类
十字花科	甘蓝	甘蓝贫血因子
	油菜	芥子油苷

资料来源：Collins et al.，2018

有毒植物关联的疾病很常见，特别是在过度放牧或早春饲草供应不足的季节。有毒植物含有对动物的有害成分，这种有害成分可能导致动物慢性疾病、影响生殖，以及导致畸形或快速死亡。有毒植物分以下两类：常年有毒植物，即无论在何时何地何种环境下，一旦动物采食就会产生中毒表现；季节性有毒植物，在一定的季节或环境下才会产生毒素，导致采食的动物中毒；还有只是部分植物组织有毒的植物（表 6-10）。牲畜采食有毒的饲草后的主要中毒表现或症状：呕吐、腹痛、四肢麻痹、呼吸困难、心跳加快、丧失知觉、流涎、流产等，重度中毒导致死亡等。

表 6-10 对草食动物有毒的植物

中文名	拉丁名	植物特征（识别）	有毒成分	危害动物	症状
欧洲千里光	*Senecio vulgaris*	一年生，黄化，果实顶部黑色	双稠吡咯啶类生物碱（吡咯里西啶类生物碱）	全部动物	抖动、食欲降低、嗜睡、眼睛或鼻子部分出现硬皮
毒芹	*Conium maculatum*	伞形科	毒芹碱（一种吡啶生物碱）	牛、马、羊	丧失肌肉力量、震颤、流涎、昏迷、新生儿腭裂
猪屎豆	*Crotalaria sagittalis*	一年或常年开花，果实串状	双稠吡咯啶类生物碱（吡咯里西啶类生物碱）	马、牛	血性腹泻、呼吸急促、步伐僵硬
麻迪菊花	*Amsinckia intermedia*	直立、多毛、高 60～90 cm，黄色或橘黄色花	双稠吡咯啶类生物碱（吡咯里西啶类生物碱）	马、猪、牛	腹泻、体重降低、尿血
琉璃草	*Cynoglossum officinale*	一年或二年生植物	双稠吡咯啶类生物碱（吡咯里西啶类生物碱）	牛、马	低头、直线行走
樱桃	*Prunus* spp.	几个物种，其中包括黑樱桃和苦樱桃	氰苷	牛、羊、马	快速或缓慢地呼吸困难、心率增加、昏迷、死亡
栎树	*Quercus* spp.	枝、丫及果实	单宁	牛	厌食、流鼻涕、口渴
龙葵，珊瑚樱	*Solanum* spp.	部分物种，花与番茄类似	生物碱	牛、羊、马、猪	肌肉颤抖、虚弱、绞痛、唾液分泌过多

资料来源：Collins et al.，2018

我国有 1300 多种有毒植物，能引起牲畜疾病的或中毒的常见植物约有 300 种（史志诚和杨旭，1994），能引起严重中毒并造成经济损失的有 23 种（Zhao et al.，2013）。

季节和环境疾病是指动物在特定环境、特定植物生长阶段和特定动物生长时期的相互作用引发的疾病。植物的矿物质吸收受环境温度影响（如低镁症）导致动物生病，为典型代表。动物某些生长阶段容易生病，特别是在生殖期、泌乳期，一些疾病常常发生（表 6-11 和表 6-12）。

表 6-11 气候、土壤、植物、动物因素或这几个因素综合导致的季节和环境疾病

疾病	病因	症状	采食饲草类型	动物	预防措施	治疗方法
低镁症	血液中缺乏镁元素	步态僵硬，肌肉抽搐，惊厥	春季采食寒带或冷季饲草	牛、母羊、产奶量较大的泌乳早期奶牛	将 N、K 肥料分开施加，同时提高 Mg 的施加	静脉注射葡萄糖酸钙溶液，皮下注射镁
臌胀病	瘤胃中充满气体，且无法排出	左侧可见瘤胃膨大	苜蓿、红三叶、白三叶及处在营养生长阶段的饲草（包括小麦）	牛、羊	添加消泡剂、使用豆-禾混合饲草、添加莫能菌素、条状放牧	使用干草或成熟期饲草进行喂养
硝酸盐中毒	硝酸盐积累并转化为亚硝酸盐，之后与血红蛋白结合	呼吸困难，腹痛	苏丹草、燕麦、油菜、小麦、玉米等或生长在高氮含量或相对干旱条件下的饲草	全部牲畜	多年生饲草中减少氮肥施用	去除致病植物，选用其他饲料
氢氰酸中毒	幼嫩或较小饲草中携带的氢氰酸或其合成过程中的前体物质	肌肉震颤、呼吸急促、惊厥、窒息	高粱、白三叶、豌豆种子等	牛	避免采食矮小、霜害的植物；减少氮肥施用；饲草样品检测；防止选择性放牧	去除致病植物，选用其他饲料

续表

疾病	病因	症状	采食饲草类型	动物	预防措施	治疗方法
植物雌激素	植物中含有的雌激素对动物生殖上的损害	繁殖性能差，在严重的情况下，出现可见的变化	某些豆草品种	牛、羊，且羊比牛更易受影响	避免采食致病品种或能使动物发病时期的饲草	清除有害牧草；发病严重可导致永久不育
光敏作用	进食后饲草某些成分与组织蛋白反应，形成受紫外线影响动物皮肤的有害物质	出现皮炎	荞麦、茴香种子等	牛、羊、马	采食其他品种饲草	取决于不同的有害物质
面部湿疹	肝脏在代谢有毒物质过程中形成的继发作用	皮炎	潮湿天气后的黑麦草及潮湿的气候	牛、羊	补充锌和铁盐	减少阳光直射

资料来源：Cheeke，1998；Kingsbury，1964；Bush and Burton，1994

表 6-12　饲草种类与品种相关的动物疾病

疾病	描述	症状	饲草种类	易感动物	预防措施	治疗方法	建议
苇状羊茅中毒	体温升高，产奶量降低	体重降低、表皮粗糙、反应迟钝、唾液分泌增加	苇状羊茅	牛	放牧前进行饲草草地检查	将动物从有害饲草草地驱离	种植过程中使用不带菌的种子
黑麦草摇摆症	体温升高，产奶量降低	体重降低、表皮粗糙、反应迟钝、唾液分泌增加	多年生黑麦草	牛、羊、马	更改放牧区域	不采食后会自行改善	种植过程中使用不带菌的种子
虉草生物碱中毒	生物碱与饲草摄入负相关	采食量降低、肌肉震颤	某些虉草品种	牛、羊	避免在含生物碱的虉草草地上放牧	将动物从有害饲草草地驱离	种植低生物碱品种
草木樨中毒	内出血	下皮层肿胀、体弱	变质的草木樨干草	牛、羊、马	避免饲喂变质的干草	停止饲喂；添加维生素 K 或静脉注射	
单宁中毒	高浓度单宁导致采食量减少，干物质消化率降低和动物生产降低		豆草及木本观赏植物	牛、羊	避免采食含高浓度单宁的饲草		使用低浓度单宁饲草品种

资料来源：Cheeke，1998；Kingsbury，1964；Bush and Burton，1994

饲草含有特定化合物而限制动物生产。一方面，这些化合物水平在新品种中有所降低；另一方面，调整饲草和动物管理可以将副作用最小化。

除上述与饲草关联的疾病外，干草萎蔫及青贮发酵过程中，一些毒素可以被降解。但随之而来，也会产生一些新的影响牲畜生长及生产的抗质量因子，主要有发霉、肉毒杆菌污染、李氏杆菌污染、红三叶垂涎病及斑蝥啃食苜蓿产生的斑蝥素等。

第三节　饲草收获存储利用

收获存储饲草是为了牲畜在草地放牧饲养饲草产量不足情况下提供食物。在严格的舍饲饲养系统中，也是一种稳定的、可预测的食物来源，如牛饲养场或产乳场。存储，通常以干草（湿度低于 20%）和厌氧发酵的青贮形式。

一、饲草收获、存储

选择一种收获系统的关键取决于：保存饲草营养的能力；所种饲草品种与当地气候

条件的适应匹配性；每个系统中，建筑、器械和人工花费；牲畜和饲草企业间的关系。一些饲草只适合特定的收获或存储方式，如玉米适合青贮，因为它容易发酵而且很难干燥成为干草。籽粒作物收获后的剩余物通常作为干草收获，因为它不需要额外干燥。

青贮存储饲草通常会最小化收获和存储过程中干物质损失（图 6-17）。青贮的干物质损失产生于存储阶段，干草的干物质损失产生于收获阶段。青贮降低田间收获损失，不同于干草收获时气候导致的损失，特别是在湿润的地区。萎蔫青贮依然保留高比例干物质，避免了收获和存储两个阶段的损失。青贮制备过程中，干物质损失为 15%～20%，豆草收获和存储的干物质总损失为 25%，禾草少一些。

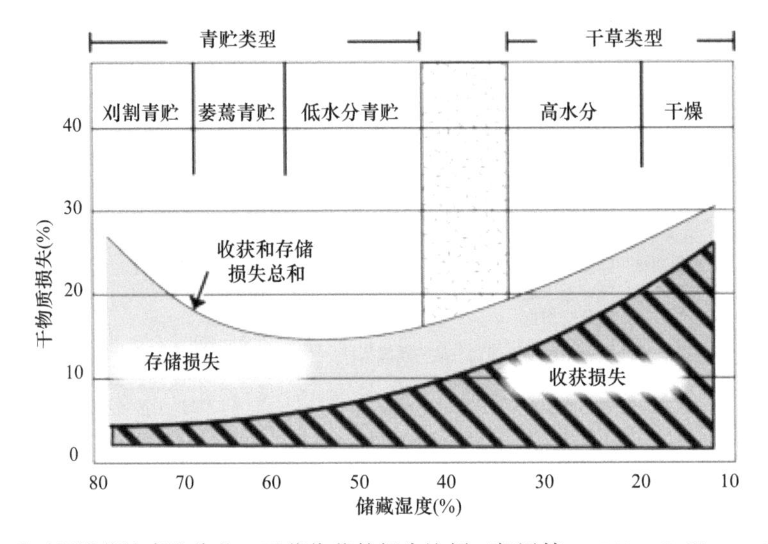

图 6-17　禾豆混播草地青贮收获、干草收获的损失比例（凯泽等，2008；Collins et al.，2018）
青贮损失主要发生在存储过程；干草损失主要发生在收获过程

干草适合运输和买卖，因为它比青贮轻而且不需要厌氧存储。在不经常使用存储饲草的放牧系统，更倾向于使用干草，因为干草更适合长期保存，而青贮更适合机械化的管理和饲喂系统。

二、干草收获及存储

鲜草含 75%～85%的水分，干草萎蔫过程中将失去大量水分，要生产 1 t 含 20%水分的干草，需晒掉 4～5 t 水分。

在干草萎蔫过程中，若饲草蒸腾作用仍然存在，那么干草萎蔫只需要几小时，反之将田间干草湿度降低到 20%通常需要 3～5 天或更久。干草快速萎蔫可以降低由呼吸作用产生的损失，因为当湿度降低到 40%以下时，呼吸速率为零。快速干燥可以保持干草更绿，而且数日露天放置也有淋雨风险。

饲草类型、管理方式和气候因素影响水分散失速率，饲草产量高及含水量高、低光照、低温、高相对湿度都会降低失水速率。雨季、低温时节收获做青贮，干燥、高温或低温季节收获做干草，这是一个基本解决方案。

气候影响干燥过程中饲草水分散失，包括光照强度、大气温度和土壤温度、相对湿度及风速。降雨影响空气温度和湿度，同时会造成干草的很大损失，特别是对于豆草。因为降雨延长了干燥时间，在这期间，植物由于仍处在较高的含水量水平，细胞的呼吸作用延长，造成营养物质的损失；另外，雨水淋溶造成苜蓿中可溶性营养成分流失，特别是在干燥后期由于酶的活动使相对复杂的营养物质被分解为小分子的可溶性成分，进而在降雨后造成营养流失（王林枫等，2009）。高温、低湿有助于饲草干燥，阳光辐射、空气温度和相对湿度密切相关，高光强度通常增加温度，降低相对湿度。

相对湿度高于65%时，水分散失停止。这种湿度水平下，特别是在低温时，饲草湿度与大气湿度平衡。当相对湿度特别高时，比如有露水或降雨时，水分也可能从空气转移到饲草中。风速增加到 20 km/h 时，饲草干燥速率提高。

湿润土壤降低水分散失速率，表面干燥很快的沙土除外。大部分地区，饲草干燥遵循日夜模式，即水分散失主要发生在白天，而夜晚由于露水或湿度升高而使白天降低的湿度有所增加，发生回潮（图 6-18）。

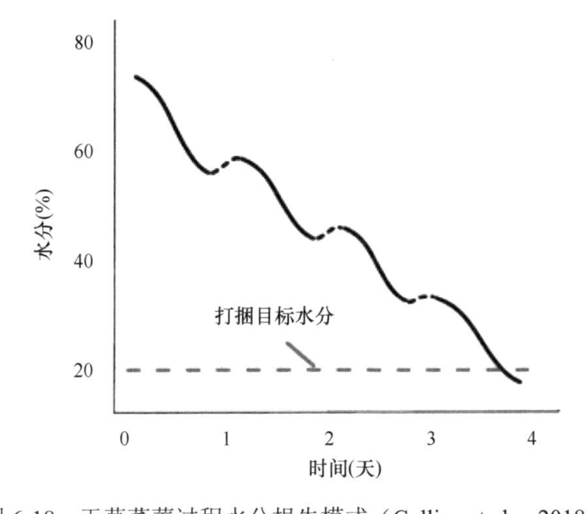

图 6-18　干草萎蔫过程水分损失模式（Collins et al.，2018）

干草萎蔫的水分损失过程，起初水分含量 80%，后续几天快速损失，晚间停止或回潮，直到含水率达到 20%

饲草因素影响干燥速率，包括饲草品种、收获时的成熟阶段、饲草含水量及基础含水量。不同品种基础含水量和失水速率不同，茎秆厚的饲草干燥慢，红三叶有比苜蓿厚的茎秆和致密的软毛，其干燥慢。多数饲草鲜草含 75%～80%的水分，菊苣和芸苔水分超过 90%。苜蓿干草质量取决于收获后水分散失速度，当含水量达到安全含水量以下时，细胞呼吸代谢、生物酶作用、有害物质侵入等过程才会减弱甚至完全停止，从而使苜蓿的营养成分处在相对稳定状态（张秀芬，1992）。

禾草比豆草干燥快。苜蓿收获萎蔫过程中，若其中有 10%～15%的雀麦，可以提高苜蓿的干燥速度，因为它能“棚起”苜蓿，形成一个疏透的草趟（Collins，1985）。一些热带饲草作物茎秆厚干燥慢，高产作物割倒后，由于草趟厚不易干燥。

影响饲草干燥的管理因素包括刈割时间、草趟结构、干草放置、翻晒、机械及化学状况等。

干草生产包括收割或同时压扁、堆成草趟、耙松或翻晒。在干燥条件较好的地区，饲草收获后，短时间内就进行翻晒，以避免翻晒导致的脱色和干物质损失。干草生产过程中，除堆放及打捆之外，仍需注意如下事宜（陈谷等，2012）。

（1）选择适宜的刈割时期；

（2）减少刈割与调制过程中的叶片及细嫩组织损失；

（3）避免由光呼吸引起的营养损失；

（4）防止微生物侵染及不利环境造成的损失。

收割，从地面以上 5～10 cm 处割倒地上部分。如果需要腋芽再生，则需要较高的留茬。苜蓿等品种的腋芽几乎都在土壤表面根颈处，因此，此高度收割不影响再生。

收割时，或可同步折弯、压扁、压碎饲草，从而加速饲草水分散失。大面积生产条件下，开始时可以提前 1～2 天干燥到安全含水率水平，后期效果减弱，因为后期空气湿度大，水分散失慢。饲草茎秆通常比叶片干燥慢，折弯压碎有利于茎秆干燥，但也造成叶片揉碎损失风险。

收割或可伴随化学处理，施用干燥剂或去湿剂，如施用碳酸钾（K_2CO_3）水溶液，通过去除饲草表面蜡质层加速水分散失。由于成本等问题，化学处理很难广泛应用。

饲草收割成草趟后，光照被阻挡，耙松和翻晒可使下层草接触阳光，加速干燥，并使整个收获的饲草含水率均匀，有利于饲草存储。翻晒还可以将收割时形成的密集草团打散。一般，翻晒可以提前半天达到干燥水平。

豆草过度翻晒可致超过 10%的干物质损失，正常只有 1%～3%干物质损失。低产矮小作物没必要翻晒，以减少翻晒损失。晒到含水量为 35%～40%时，适时扒搂成堆有助于减少损失，有助于合理安排打包运输。

晒干后，干草打成包方便运输和存储，有小长方形包、大长方形包及圆包等。

小长方形包适于操作和手工饲喂，可以通过机械或人工堆放存储。通常小长方形包长 1 m、宽 0.45 m、高 0.35 m，重 20～27 kg。不同饲草品种，湿度和草包密度不同。为了在存储过程中维持质量和避免过多的干物质损失，小包干草的湿度应低于 20%，圆包应低于 18%，而大包应低于 16%（表 6-13）。

表 6-13 典型的打包尺寸和重量

打包形状	直径（m）	宽度（m）	长度（m）	体积（m^3）	重量[a]（kg）	干重密度（kg/m^3）	安全打包水分（%）
方形	0.35	0.45	1	0.16	27	128～176	20
方形	0.8	0.9	2.1	1.5	400	224～256	12～16
方形	1.2	1.2	2.4	3.2	800	224～256	12～16
圆形	1.2	—	1.2	1.4	220	160～208	18
圆形	1.2	—	1.5	1.8	380	160～208	18
圆形	1.5	—	1.2	2.2	450	160～208	18
圆形	1.5	—	1.5	2.7	590	160～208	18
圆形	1.8	—	1.5	4.0	860	160～208	18

注：a. 以含水量为 18%作为标准计算

大长方形包通常宽 0.6～1.2 m、长 1.5～2.4 m，重 0.4～1.0 t，这些包的密度比小长方形包和圆包更适合远距离运输。但这种包在特定湿度下，内部会发热（图 6-19）。

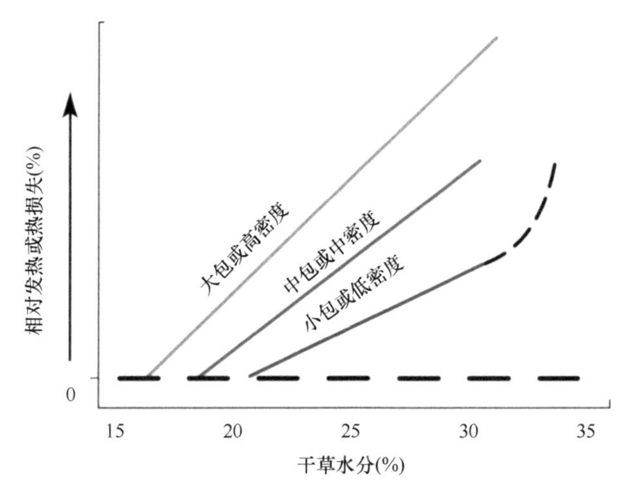

图 6-19　干草存储的热损失与饲草含水量之间的关系（Collins et al.，2018）

圆包易于打包操作和饲喂，直径通常 1.2～1.8 m、宽 1.2～1.65 m，重 200～900 kg。

打包时，方包的干物质损失为 2%～5%；圆包的干物质损失为 8%～10%，当干草含水量低于 15%时，损失更多。

干草含水量为 15%左右时，干燥环境下存储的损失率为 5%。每增加 1%的湿度，干草干物质损失增加约 1%，直到湿度平衡，约为 15%。草包湿度高于 20%时，存储过程中饲草质量降低，除非采取措施避免微生物生长和温度升高。高降雨地区的不良存储会导致更多的干物质损失和质量损失。

长方形草包通常在室内存储，特别是在湿润地区；干燥地区，也可以在室外遮盖存储。圆形草包通常存放在室外，并且不做防水措施。

圆形草包的存储损失可以从 5%到高达 40%，这取决于气候和保护状况（表 6-14）。一般，底部损失占 40%，用碎石、木杆或其他方法将草包隔离开地面可以降低损失。风化是另外一种损失形式，10 cm 厚的风化层占 1.2 m × 1.5 m 草包体积的 27%。风化量随草包直径的增加而减少。

表 6-14　苇状羊茅圆包存储过程中的干物质损失

储存地点	捆绑材料	风化深度（cm）	干物质损失（%）	全部干物质损失（%）（包括风化）	风化比例（%）
室外存储	普通捆绑	11	18	34	27
	塑料网	5	11	23	14
	塑料膜	1.5	4	8	4
草库存储	普通捆绑	0	6	6	0

注：以 1.2 m 长、1.5 m 直径的草包为例

资料来源：Collins et al.，1995

风化增加纤维水平，降低干物质消化率。这是由于糖、矿物质和其他化合物会随风

化而损失。风化作用对粗蛋白水平的影响是混合的。由于蛋白质分子很大，而且在浸出过程中较难去除，因此可能发生由风化引起的粗蛋白水平升高。风化层饲草的消化率与内部饲草的消化率差别很大，如苇状羊茅风化层干物质消化率为 27%，同一草包未风化部分的干物质消化率为 47%。室外存储的饲草风化层以下部分与室内存储的饲草质量相当（表 6-15）。

表 6-15 风化对圆形草包质量的影响

干草类型	是否风化	DM 消化率（%）	粗蛋白（%）
禾草[a]	未风化	59	13.5
	风化	43	16.4
苜蓿	未风化	57	14.3
	风化	34	16.9

注：a. 草地早熟禾、苇状羊茅及鸭茅混合干草
资料来源：Lechtenberg et al.，1979

雨季收获多遭雨水淋溶，雨水容易淋溶出可溶成分、增加呼吸速率、增加破碎损失、减少饲草产量并降低质量（表 6-16）。躲雨或提前打包为解决方案，但提前打包需要后续操作以避免这些未干燥的干草存储发热或霉变。

表 6-16 雨水淋溶和未淋溶苜蓿干草质量对比

饲草种类	产量（%）	粗蛋白（%）	消化率（%）	NDF（%）
调制前	100	23	70	43
良好调制	85	20	64	46
雨淋后调制	75	20	57	54

资料来源：Collins，1990

干草存储过程中，释放的热量与含水量密切相关。湿草中厌氧微生物繁殖多，并且呼吸产热多；干草中微生物少，释放热量少（图 6-20）。低于 55℃，饲草质量不受明显影响，少量产热有助于散失额外的水分。

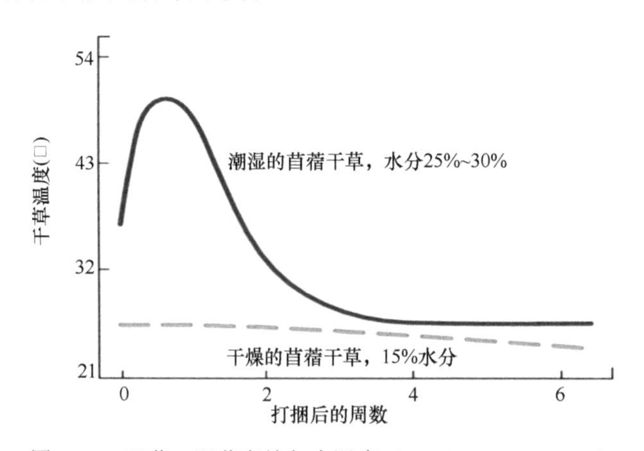

图 6-20 干草、湿草存储包内温度（Collins et al.，2018）
高含水量苜蓿打包后，包内温度短暂快速上升；低含水量苜蓿打包后，包内温度平稳

过多的微生物生长将使温度从 55℃升到 65℃或更高，导致干物质损失，并促进羰氨反应（糖类、氨基酸和蛋白质间的反应，产物呈棕色），降低干物质和粗蛋白消化率。极端情况下，微生物放热可导致自燃。受高温损坏的干草由于霉菌孢子引起的粉尘增加而导致适口性下降。干草长期产热消耗糖，同时降低蛋白质消化率，热损伤的饲草呈棕色。棕色出现的程度指示热损伤的程度。

饲草防腐剂有有机酸、缓冲酸和氨源（如无水氨及尿素）。有机酸主要是丙酸和乙酸，能抑制霉菌生长，降低干草放热，但它们的腐蚀性、易挥发性使其利用受限。氨基丙酸盐可分解为氨丙酸，pH 接近 6，保护干草的效果等同于丙酸。

无水氨可降低湿草中微生物生长，并通过作用于细胞壁木质素–碳水化合物结合键，提高纤维消化率。同时，氨增加非蛋白氮水平，这可以满足反刍动物的蛋白质需求。高糖分干草的氨化可能导致牛健康问题。尿素在存储防腐及增加纤维消化率的作用上与氨相似，但尿素比无水氨操作更安全。

可以通过加热或流通空气去除饲草包中的多余水分。利用圆包和方包，设计摆放堆垛，使空气围绕草垛循环排出的办法，对于后续维持干燥有效果。

市场上，干草质量通过分级进行评估。干草分级常基于饲草分析，有时也包括感官特性，一个普遍被接受的分级系统如表 6-17 所示。这一分级基于干物质的 CP、NDF 和 ADF。目前，并没有一个饲草分级系统能够完全适用于所有品种干草。成熟时期，发霉或发酵及含土量、叶片保留情况、野草夹杂情况等，这都需要进行感官评定。

表 6-17　豆草–禾草混合草质量标准

质量标准	CP（%）	ADF（%）	NDF（%）	DDM（%）	DMI（%）	RFV
顶级	>19	<31	<40	>65	>3.0	>151
1	17～19	31～35	40～46	62～65	3.0～2.6	151～125
2	14～16	36～40	47～53	58～61	2.5～2.3	124～103
3	11～13	41～42	54～60	56～57	2.2～2.0	102～87
4	8～10	43～45	61～65	53～55	1.9～1.8	86～57
5	<8	>45	>65	<53	<1.8	<75

注：CP 为粗蛋白；ADF 为酸性洗涤纤维；NDF 为中性洗涤纤维；DDM（干物质消化率）= 88.9–0.779 ADF（% DM）；DMI（干物质采食量）=120/NDF（% DM）；RFV（相对饲喂价值）=（DDM × DMI）/1.29

资料来源：Rohweder and Barnes，1978

三、青贮收获及存储

青贮是饲草的一种厌氧存储方式。青贮广泛应用于不适合制作干草的气候区和玉米一类不适合制作干草的饲草作物。

青贮收获可以避免干草收获时的损失，后续保存不好的青贮的干物质损失增多、质量降低、口感变差。保存差的青贮的干物质损失可能与干草制作的损失相似或更高。

根据水分含量，青贮分高水分青贮，水分超过 70%；萎蔫青贮，水分为 60%～70%；低水分青贮，常称为半干青贮，水分为 40%～60%。

青贮质量的影响因素有：微生物及厌氧环境形成时间、饲草中的水分、饲草中的糖含量、饲草的 pH 缓冲能力。

乳酸菌（LBA）在青贮发酵过程中影响 pH，同时改善营养价值与发酵质量。乳酸菌包括产生乳酸的同源发酵菌及产生乙酸、乙醇和 CO_2 等的异源发酵菌。同源发酵型发酵更有利，因为乳酸比乙酸对 pH 影响更大，同时降低了异源发酵产生气体而造成的干物质损失。在不额外添加乳酸菌剂情况下，青贮饲草中附着的微生物主导发酵质量，可能引起青贮饲料的干物质损失与营养流失（表 6-18）。

表 6-18　青贮中需要的乳酸菌品种

同型发酵	异型发酵
嗜酸乳杆菌（*Lactobacillus acidophilus*）	短乳杆菌（*L. brevis*）
干酪乳杆菌（*L. casei*）	布赫内氏乳杆菌（*L. buchneri*）
棒状乳杆菌（*L. coryniformis*）	发酵乳杆菌（*L. fermentum*）
弯曲乳（酸）杆菌（*L. curvatus*）	绿色乳杆菌（*L. viridescens*）
胚牙乳杆菌（*L. plantarum*）	肠系膜明串珠菌（*Leuconostoc mesenteroides*）
唾液乳杆菌（*L. salivarius*）	
乳酸片球菌（*Pediococcus acidilactici*）	
啤酒小球菌（*P. cerevisiae*）	
戊糖片球菌（*P. pentosaceus*）	
粪肠球菌（*Enterococcus faecalis*）	
屎肠球菌（*E. faecium*）	
乳酸乳球菌（*Lactococcus lactis*）	
牛链球菌（*Streptococcus bovis*）	

资料来源：McDonald et al.，1991

理想青贮乳酸菌添加剂应满足以下要求：生长及繁殖迅速、迅速降低 pH、较好的竞争能力、低乙醇及氨态氮产生。

肠杆菌（也称为大肠杆菌）、真菌（酵母和霉菌）及梭菌是青贮中的不良菌种。这些菌的过多繁殖对青贮质量有副作用（McDonald et al.，1991），良好的青贮管理将促进有益菌（乳酸菌）生长而抑制这些菌的生长。

肠杆菌也产生乳酸，但为青贮的无益菌种。因为，与乳酸菌竞争糖、以果酸为主要终产物、增加缓冲能力、使 pH 更难降低、产生 CO_2 浪费可以被动物利用的能量。另外，肠杆菌能将碳水化合物转化为乙酸，还具有使氨基酸脱氨或脱羧的能力，降低青贮质量。

梭状芽孢杆菌为青贮过程中代表性有害微生物。在无氧状态下分解糖、有机酸与蛋白质，并与乳酸菌竞争发酵底物；同时，将乳酸和糖转化为丁酸或将氨基酸转化为氨或胺，从而导致营养下降及干物质损失（凯泽等，2008）。

在青贮过程中，如果乳酸菌迅速增加，则会大大降低这类细菌的活性。

理想的青贮发酵包括尽快将 pH 从初始鲜草的 6 左右降低到 4～4.5。缓冲力描述一个溶液或材料对抗 pH 变化的能力，在高缓冲力材料中，需要添加更多的酸或基质以改变 pH。豆草比禾草具更高的缓冲力（表 6-19）。豆草的高缓冲力来自高浓度蛋白质与高含量阳离子，如 Ca^{2+}、Mg^{2+}和 K^{+}。

表 6-19　青贮作物的缓冲能力

饲草种类	品种	缓冲力（等价量）
豆草	苜蓿	6.0
	红三叶	4.3
禾草	猫尾草	2.4
	鸭茅	2.4
	玉米	2.4

注：缓冲力，将 1 g 饲草干物质 pH 从 6 降到 4 所需的酸量
资料来源：Pitt et al.，1985

青贮保存分以下 4 个阶段：有氧呼吸阶段、厌氧发酵阶段、稳定阶段及出料喂养阶段（图 6-21）。

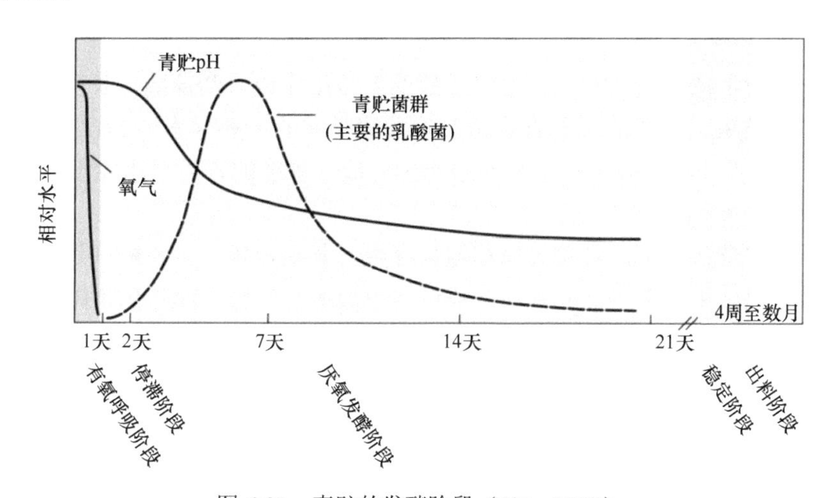

图 6-21　青贮的发酵阶段（Pitt，1990）

发酵的好青贮饲料具有长时间的稳定阶段，过湿或发酵不好的青贮饲料不稳定，可能产生不良的梭状芽孢杆菌

在温度适合、填装迅速和包裹完整条件下，有氧阶段大约需要 1 天。有氧呼吸将植物的糖分氧化为 CO_2、水和热量，消耗浪费可用于发酵的碳水化合物。如果有氧阶段放热很多，就会产生羰氨反应，青贮呈褐色，降低粗蛋白消化率。

有氧阶段结束后，厌氧发酵阶段开始，乳酸菌和其他的厌氧微生物开始繁殖，产生降低青贮 pH 的有机酸。这一发酵阶段的主要功能是青贮料 pH 降低到 3.8～5.0，从而限制不期望的微生物生长，使青贮稳定。主要作用的微生物是乳酸菌。

优质青贮的发酵特性之一是乳酸水平升高很快而且在整个保存过程中维持稳定（图 6-22）。优质青贮中还有少量的乙酸和丙酸，但是丁酸含量应该很低。质量不好的青贮中乙酸和丙酸的水平比优质青贮要高。但质量不好的青贮中，乳酸菌可能仅在初始阶段生长，随梭状芽孢杆菌的繁殖而消失，这种细菌以乳酸为能量源并产生丁酸积累于青贮中。

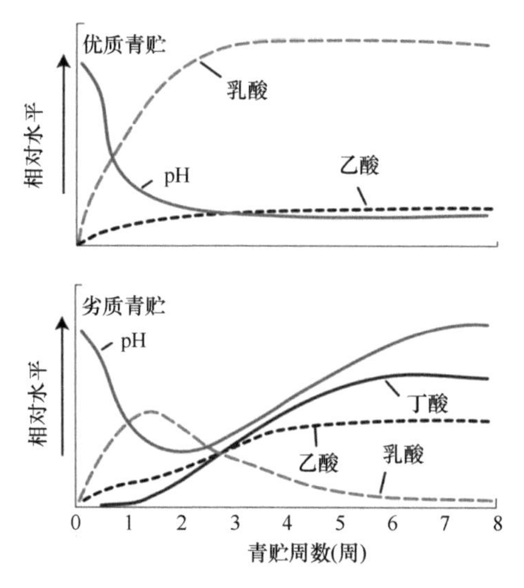

图 6-22 不同质量青贮的有机酸和 pH 特征（Langston et al.，1958）
良好青贮 pH 迅速下降并保持于较低状态，同时含有较低水平的丁酸。理想情况下，乳酸应该是主要的有机酸，同时也会含有少量的乙酸和丙酸

发酵阶段通常持续 7～30 天，当可发酵的糖被用完或乳酸菌的生长受到低 pH 抑制时，发酵阶段结束。青贮的水分含量是影响发酵时间的主要因素，高含水量（>70%）青贮料发酵快；低于 50%水分的青贮料发酵慢；极低湿度的青贮料可能没有明显的发酵阶段。

厌氧环境维持条件下，青贮可以稳定保存数月甚至数年。若青贮中逐渐进入氧气，最终会导致好氧微生物繁殖，并且在饲喂过程中加速。一般，青贮在制作后 1 年内利用完毕。

为了降低损耗，青贮一旦从窖中取出就应该尽早使用。青贮暴露于空气中，内部微生物很快开始生长，特别是在氧气水平高的表面，乳酸、乙酸和剩余的糖被利用，产生 CO_2、水和热量（McDonald et al.，1991）。在玉米一类含有较多未发酵糖分的青贮或者具有较高 pH 和低密度的低湿度青贮中，有氧恶化极快。青贮口感在有氧恶化过程中降低。

有氧呼吸导致干物质损失和牲畜拒绝采食，拒绝采食可以通过频繁饲喂而缓解，这可以使青贮在严重变质之前迅速被利用。饲喂速率是设计青贮饲料系统时的一个重要考虑因素，青贮窖大小应和动物数量匹配。青贮窖中，每天至少应该饲喂 10～30 cm 横截面的青贮饲料，使有氧损失最小；对于垂直青贮窖，每天至少应有 5 cm 深的青贮被移出。

青贮存储窖有垂直青贮窖、垂直“无氧”青贮窖、水平青贮窖、袋装青贮包及圆捆状青贮包。

垂直青贮窖通常从上方取出青贮，青贮料湿度 60%～65%，可以减少营养损失并将拿取问题最小化。垂直“无氧”青贮窖一般从底部取出青贮，从而使后续收获的饲草放在较早收获的饲草青贮上面，青贮料湿度 40%～50%。这种窖建筑花费高，但干物质损失低，并且青贮质量稳定。水平青贮窖多斜口，以保证青贮料与墙接触密切，上面需要覆盖保护。袋装青贮包是直径 2.5～3.6 m 的塑料袋，长度由目的和设备决定。由于塑料袋有破碎的风险，这种袋装青贮不适宜长期存储，并需防止刺状物和撕扯，应置于平滑坚硬地面。圆捆状青贮包使用多层 UV 处理的聚乙烯弹性薄膜，用以包裹圆形或长方形高湿度饲草进行青贮。

青贮需要管理，保证其具有高自由采食量、较低的纤维水平和较高的消化率。pH 低于 4.5，氨态氮低于 10%，并具高水平的乳酸和极微量丁酸为高质量青贮标准。这就要求，在饲草适宜的收获时期收获、切碎成恰当的长度及迅速压实与密封。

青贮料含水量要求不超过 70%，如超过 70%会增加梭状芽孢杆菌和其他无益菌生长，产生丁酸，丁酸发酵增加干物质损失。特别湿的青贮会产生废气或渗液，导致可消化矿物质流失（图 6-23）。

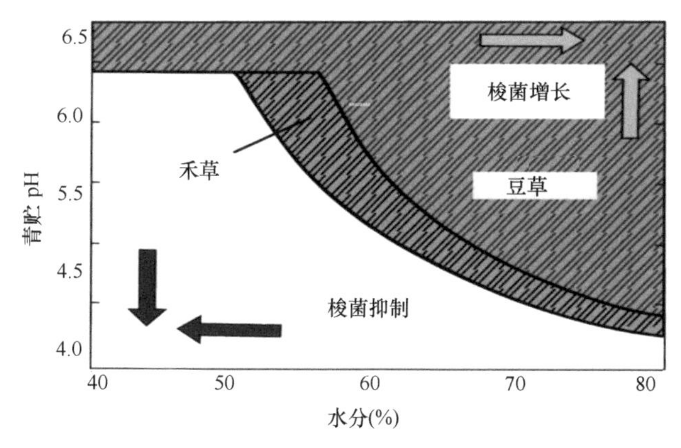

图 6-23　不同含水率水平下，抑制梭状芽孢杆菌生长的 pH（Leibensperger and Pitt，1988）

萎蔫有助于降低发酵 pH，从而抑制梭状芽孢杆菌生长。豆草青贮，特别是苜蓿，特别需要萎蔫（图 6-23）。禾草通常具有高水平的可发酵碳水化合物和较低的缓冲能力，因此，可以在湿度较高的情况发酵良好（图 6-24）。

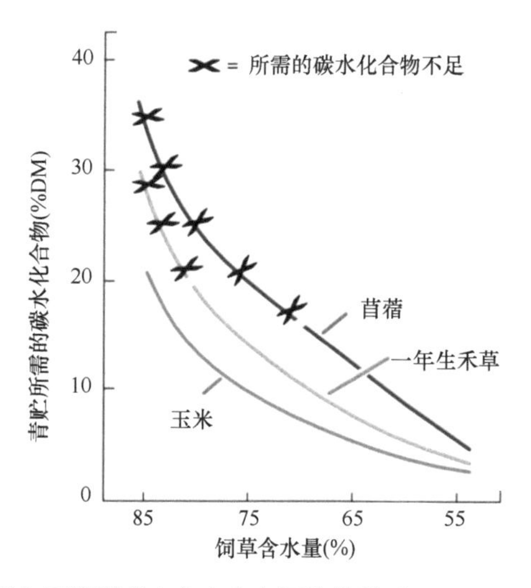

图 6-24　青贮含水量与可发酵碳水化合物之间的关系（Leibensperger and Pitt，1988）

青贮需要萎蔫，苜蓿应萎蔫到含水量低于 30%，高于此值需要更多的可发酵碳水化合物；
玉米的含水量需要维持在 80%以上；禾草介于两者之间

切碎可以增加青贮密度，大部分豆草和禾草青贮的理论长度为 1 cm，但是会有 5 cm 或更长的颗粒。切碎可以通过破坏细胞释放可发酵的碳水化合物，切碎后有益青贮细菌很快就利用这些碳水化合物开始繁殖。

高质量青贮发酵需要封装紧实、严密，尽可能排出空气，并防止空气再进入。

为了提高发酵质量，可以使用青贮发酵剂。青贮添加剂粗略地分为发酵刺激剂、抑制剂及营养源（表 6-20）。

McDonald 等（1991）认为，理想的青贮乳酸菌接菌剂应该具有如下特性。

（1）生长活性高，可以和其他微生物竞争；

（2）可以同型发酵；

（3）至少在 pH 降低到 4.0 时还有活性；

（4）可以发酵葡萄糖、果糖、蔗糖、果聚糖，更喜欢戊糖；

（5）不利用青贮中的有机酸；

（6）可以在温度升高到 80℃时生长；

（7）可以在低温环境生长。

表 6-20　青贮添加剂的品种及其成分

促进因素			抑制因素		
细菌菌剂	酶	基质来源	酸	其他物质	养分来源
乳酸菌	淀粉酶	糖浆	甲酸	氨	氨
	纤维二糖酶	葡萄糖（左旋）	丙酸	尿素	尿素
	半纤维素酶	蔗糖	乙酸	氯化钠	石灰石
	果胶酶	葡萄糖（右旋）	乳酸	二氧化碳	其他矿物
	蛋白酶	乳清	己酸	硫酸钠	
	木聚糖酶	谷粒	山梨酸	亚硫酸钠	
		甜菜渣	苯甲酸（安息香酸）	氢氧化钠	
		柑橘渣	丙烯酸	甲醛	
			盐酸	多聚甲醛	
			硫酸		

资料来源：Muck and Kung，1997；McDonald et al.，1991；Holland and Kezar，1990

酶添加剂含有可以裂解结构性和非结构性碳水化合物，并释放发酵糖的物质，包括半纤维素酶、纤维素酶、淀粉酶及果胶酶。

抑制剂降低不利的有氧和厌氧微生物活性，包括甲酸、氨和尿素。多被应用于含水量超过 75%的青贮料，用以迅速降低 pH 以抑制梭状杆菌损害，亦可以降低蛋白质水解。

营养源同样可作为抑制剂，包括无水氨、液氨和尿素。非蛋白氮增加诸如玉米、高粱和小粒谷物等青贮的粗蛋白含量，也可以增加纤维消化率。氨添加提高了 pH，因而需要发酵消耗更多的糖以达到青贮需要的 pH。

玉米是应用最广泛的青贮饲料。整株玉米具有适宜的可发酵碳水化合物和较低的缓冲能力。调整收获时间，匹配能量最大化与青贮理想湿度（64%～68%）相结合，有助于迅速降低 pH 且接近 4.0。青贮玉米最佳收获期是 2/3 乳线期。

第四节　放牧饲养管理

放牧，是一个宽泛、模糊概念，准确的表述为牧食（grazing），即牲畜对饲草的采食。牲畜采食去叶消耗饲草、消耗土壤营养，生产牲畜产品，构成了土壤-饲草-动物的牧食饲养系统。草原放牧场，饲草场作为生产资料，经营管理的首要目标是产出健康产品，并维护草原稳定可持续发展、维持饲草场持久、维持高产量和高质量的产品输出，实现生态可持续和经济可持续。

一、放牧饲养系统

通过放牧采食饲养牲畜，结合管理，形成了诸多放牧饲养系统。放牧饲养系统就是整合平衡各组分间的相互关系，特别是土壤、植物、动物、环境及管理者间的相互关系。某一管理对策，如划区轮牧，只是某一系统的一部分，而不是独立系统。由于放牧饲养系统有许多组分，因此，系统形成及设计需要基于特定条件。北方冷季饲草占优势的地区不同于南方暖季禾草占优势的地区，东部湿润区不同于西部干旱区。各地区内，由于经济条件及管理不同所发展的系统也或许有差异。

放牧饲养系统特定于立地条件，因此，需要整合考虑下列因素。

土地：土壤类型、肥力状况、排水、坡度、盐分、侵蚀潜力及种植历史；

植物：种类及品种、杂草及有毒植物、盖度、生长及季节产量、营养价值及饲草质量；

动物：种类、数量、基因型、性别、大小、体况及年龄；

管理：饲养方法、围栏场数量和大小、灌溉、施肥、农药及收获；

人为因素：受教育程度及经验、当地习俗、政策及条例、市场及价值观；

位置：纬度、经度及海拔，特别是集水区范围及区域；

气候：温度、降水量及湿度的年动态和季节变化。

动物生长及生产可以根据饲草产量及质量进行预测，但可能有差异（表 6-21）。这是因为混播草地的各种类饲草的生长阶段不同，其营养价值不同。如果正确组合，两种饲草可能比任何一种单一饲草具有更好的营养平衡，从而提高动物生长及生产。此外，同一时间，混生的各种饲草的生长阶段各不相同，能提供更均匀的饲草季节配给，甚至延长饲养期，有利于牲畜生长及生产。同样，某一饲草或某一时段内，动物生长及生产也受前期条件的强烈影响，由于采食量限制或营养价值低而导致动物生长慢、产量低，但限制一旦解除，通常表现出补偿生长，即限制解除，后期生长比预期快。

由于减少了建设费、设备费和存储草料所需的劳动力等相关费用，放牧饲养降低了牲畜饲养成本。但是，发展一种确保全年每日有足够日粮的放牧饲养系统很难，这是因为饲草生长和可利用季节不同，牲畜的营养需求因年龄、体况及产品用途不同而异（图 6-25）。完美匹配饲草生长供给（牲畜数量和质量）与牲畜生长需要（饲草数量和质量）是设计放牧饲养系统的主要难题，成功的设计将会提高利润率。

表 6-21 系统内有两种饲草供连续放牧饲养时，计算的肉牛生长增重与实测生长增重

系统	饲料种类	增重		
		计算结果[a]（kg/hm^2）	实际结果[b]（kg/hm^2）	差别（%）
1	苇状羊茅-柳枝稷	313	304	3
2	苇状羊茅-高加索须芒草	411	382	8
3	苇状羊茅-御谷	388	352	10
4	鸭茅-柳枝稷	275	325	15
5	鸭茅-高加索须芒草	372	343	8
6	鸭茅-御谷	347	367	5
7	无芒雀麦-柳枝稷	253	306	17
8	无芒雀麦-高加索须芒草	351	358	2
9	无芒雀麦-御谷	245	305	20

注：a. 计算结果为采用两种植物成分的平均值（$A+B$）/2；b. 实测结果

资料来源：Matches，1989

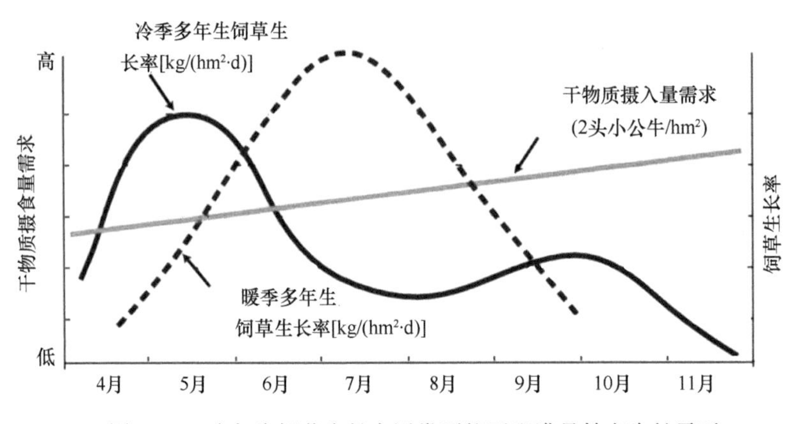

图 6-25 多年生饲草生长率通常不能匹配满足牲畜生长需要

（Blaser et al.，1973；National Research Council，2000）

图示多年生冷季饲草生长率和暖季饲草生长率，二者混种相对较好地满足放牧牛需要

一般，放牧饲养系统应该实现以下目标：

（1）为现有牲畜提供适合数量和质量的饲草；

（2）促进健康、旺盛的植物生长，维持理想的植物营养，确保饲草生产力和可持久性；

（3）获得经济回报，为管理者提供所需的生活质量；

（4）保护自然资源和不可再生资源的同时，保护环境。

同时，还需要考虑其他目标：

（1）开发和保护野生动物栖息地；

（2）从大气中截获碳，改善土壤健康、功能和生产力；

（3）保护水质水量、动物健康和福利、动物产品质量和安全；

（4）保护美学价值和旷野，提供狩猎、生态旅游或娱乐机会。

未来，整合放牧饲养系统可以更好地管理和保护自然资源，同时提供经济回报，并维持粮食和纤维生产水平，满足日益增长的全球人口需求。

二、放牧饲养管理

放牧饲养管理包括对土壤–植物–动物复合体的管理，以达到预期的结果。要充分认识被管理的是系统，而不是孤立的牲畜或饲草。

可以采用集约放牧饲养管理，也可以采用粗放放牧饲养管理。集约放牧饲养管理是施加额外的资源、劳动力或资本改善饲料的生产和利用，以增加单位牲畜产量。粗放放牧饲养管理是使用较低的劳动力、资源和资本投入。这两种管理目标都是试图实现盈利和可持续的动植物生产及环境保护。

放牧饲养管理系统已从粗放管理系统，如游牧，发展到固定地段的集约管理系统。在游牧系统中，牧人驱动畜群，随季节性降雨促进的不同地区植物生长变化而变化。游牧系统向集约系统转变会导致过度放牧，从而导致环境质量恶化。游牧系统经常移动，为动物寻找足够的饲料，固定地段意味着在饲料很少或停止生长的时期可能在继续放牧饲养，这可能导致过度放牧，降低土地盖度和植物活力。

集约程度高或低不是评价管理系统是“好”或“坏”的标准，即放牧饲养管理并不是简单地在粗放型系统和集约型系统之间进行选择。需要从一系列可能的投入中进行选择，包括管理时间、肥料养分、围栏或其他投入。投入成本与预期生产率增长及经济回报之间的关系影响选择。首先选择的是那些最有经济回报的要素，即最有可能提高生产力或生产效率的要素，如气候、土壤、植物、动物及环境因素都必须考虑。在降水少的地区，通常进行粗放管理和更少的外部投入；在湿润温暖地区，饲草及饲草场管理集约，因为肥料、改良的饲草、围栏、杀虫剂等投入更有可能提高饲草和动物生产力，并回馈经济效益。

管理策略和管理强度必须符合管理者的生活目标和个人能力。无论系统在其他方面有多么适合，超出相关能力或意愿的集约管理系统将不会成功（Kallenbach，2015）。

放牧饲养管理有一组完整的概念术语，术语本身呈现了管理系统的要素和重点，熟悉这套术语有助于我们理解放牧饲养及放牧场管理和交流。需要特别强调的是，饲草产量是指单位面积、单位时间的增加量，一般表述为每天每公顷的千克数量[kg/（hm^2·d）]，不同于我们常说的生物量或产量。这是因为放牧牲畜每天在采食，需要知道每天的有效产量及其有效配给。

放牧计划（stocking plan），特定时期分配给一个或多个管理区或管理单元的家畜种类和数量。

载畜量（carrying capacity），最大的可能放牧率，并能保证维持和改良植被或相关资源。由于饲草饲料产量波动，此值可能每年发生变化。类似于放牧量（grazing capacity），是指某一地区，包括收获粗饲料和精饲料在内的所有有效饲草可持续维持的总牲畜数量。

载畜率（stocking rate），指定时期内，指定利用一个土地单元的放牧牲畜种类和数量。可以用单位面积（每公顷）上的牲畜单位月或牲畜单位日表示，或者用其倒数表示。同义于放牧水平（stocking level）、放牧密度（stocking density）。国内多用放牧强度（grazing intensity），此术语有“采食强度”的意思，即叶片被啃食的程度或有效饲草被采食的比例。

放牧压（grazing pressure），根据某时刻单位饲草重量所维持的动物单位表示的牲畜与饲草的关系。放牧压指数（grazing pressure index），根据一段时间内单位饲草重量所维持的动物单位来表示的牲畜与饲草的关系。

放牧压较低时，即当每单位饲草所饲养的动物数量少时，饲料供大于求。由于选择性放牧饲养或最佳的每口啃咬量，单个动物增重可能很高，但由于饲草未被充分利用，单位面积的增重降低。在这种情况下，增加放牧压可以增加单位面积增重。然而，随着放牧压不断升高，单位动物和单位土地面积的增重开始下降（图 6-26）。

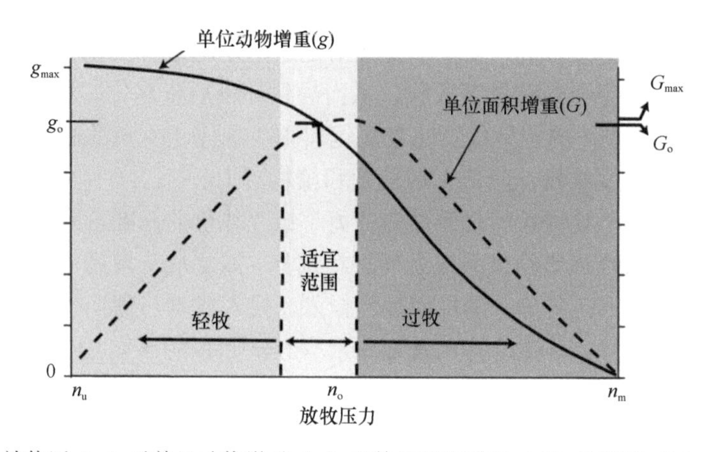

图 6-26　放牧压（n）对单只动物增重（g）和单位面积增重（G）的影响（Mott，1973）

n_u. 低放牧压；n_o. 最佳放牧压；n_m. 高放牧压；G_{max}. 单位面积最大增重；g_o. 单只动物的最佳增重；$G_o \approx G_{max}$. 单位面积的最佳增重

牲畜单位（AU），为了便于比较不同种类的牲畜大小而创建，非泌乳期维持生长的 450 kg 成熟母牛（*Bos taurus*）或其他种类的等同物（Allen et al.，2011）。一般，5 只母羊（*Ovis aries*）或 1 匹马（*Equus caballus*）相当于 1 头成熟母牛的动物单位。

一种更准确的方法是将牲畜与代谢体大小联系起来，代谢体大小通常被认为是动物体重的 0.75 次方（$BW^{0.75}$）（Allen et al.，2011）。因此，$1\ AU = 500^{0.75}\ kg = 233\ kg$。体重 400 kg 动物，其代谢体大小为 197 kg，或 0.85 AU（197/233 = 0.85）。这种数学方法是根据动物的体表面积计算而非实际体重，基本假设是代谢热量损失与体表面积呈正相关，可以更准确地表示动物体的大小及其采食量关系等参数，后来发展出了代谢定律或称为 3/4 定律（周道玮，2009），即代谢率 A 与体重 W 的对数关系为 $\log_{10}A/\log_{10}W=3/4$。

牲畜单位日（animal unit-day，AUD），1 个牲畜 1 天所需要的饲草干物质数量，以 12 kg 为标准。

饲草产量（yield），一段时间内，单位时间、单位土地面积上饲草量的增加量。

饲草配给（forage allowance），任何时间点，单位面积内，饲草数量与动物数量之间的关系。在饲草配给水平高的情况下，每只动物都有大量的饲草可供选择。每只动物的采食量一般随饲草配给量的增加而增加，达到一定程度后趋于稳定。

有效饲草（available forage），饲料产品中容易被特定种类和类群的食草牲畜所利用的部分。

延迟放牧（deferment），在计划的放牧基础上，为了植物繁殖、新植物定居或恢复现存植物活力，推迟一段时间放牧牲畜。同义于推迟放牧（deferred grazing）和休牧（rest）。

放牧场状况（range condition），比较放牧立地顶极植物群落的现存植被状况，它表示一个植物群落的种类、比例和数量与该立地潜在自然群落的相似程度。放牧场状况分级（range condition class），某一放牧场立地的生态状况，有如下划分方案：

放牧场状况分级	放牧立地与顶极的相似程度（%）
优秀	76～100
良好	51～75
中	26～50
较差	0～25

三、放牧饲养方法

放牧饲养方法，为达到特定目标而设计的放牧饲养步骤（图 6-27），用以实现特定的植物去叶策略或为不同种类的牲畜提供营养。有许多放牧饲养方法，连续放牧饲养、划区轮牧饲养、缓冲放牧饲养、带状放牧饲养、穿栏放牧饲养、先后放牧饲养、混合放牧饲养、次序放牧饲养及单向放牧饲养等。没有哪种放牧饲养方法是最好的，每一种方法都是为了完成特定的目标而设计，因此，选择最合适的方法是成功的关键。在一些地区，某种方法普遍，而某种方法受局限这是可能的。不同的放牧方法产生不同的营养物质循环利用格局和过程，或导致牲畜成排单行移动，产生土壤裸露的路径，导致土壤侵蚀或河岸带退化。

放牧饲养方法取决于管理目标：将营养物质分配给不同种类的牲畜；配合饲料需求生产的饲料；允许收割过量的饲草；允许对去叶敏感的饲草长时间休息和恢复；分配预先确定的饲草供放牧饲养；在放牧饲养季节提供更均匀的饲料生产。

连续放牧饲养和划区轮牧饲养：连续放牧饲养可以使牲畜在一段时间内不受限制、不间断地进入特定地区。连续放牧饲养并不意味着长期如此放牧饲养，可能仅是一个短期内。为了应对使用期间饲料供应的变化，可以增加或减少牲畜，增加放牧饲养区面积，或提供补充饲料以维持所需的草畜比。

划区轮牧饲养，两个或多个围栏场之间轮流放牧饲养，以保障饲草有休养期和再生长期。每个围栏场的放牧饲养期可以缩短或延长，以达到最佳的饲草管理。当饲草产量高时，一些围栏场可以停止轮牧用于收获干草或青贮，以免饲草过度成熟降低质量。当饲草生长缓慢，需要更多饲草时，可将部分或全部围栏场重新加入轮牧。通常，划区轮牧饲养的饲草利用程度达 70%～80%时停止，或者直到剩余饲草（560 kg/hm^2）限制了动物的摄食。自由放牧饲养的饲草利用率通常较低，一般在 50%～65%。

划区轮牧饲养的休养期有利于饲草营养调整及再生。紫花苜蓿需要约 4 周的休养期，周期性休养有利于根和根颈补充非结构性碳水化合物，这样再生性更好，产量更高。紫花苜蓿对去叶时间敏感，尤其在碳水化合物补充阶段，通常需要芽长到 15 cm 高时开始放牧去叶。如果持续放牧饲养，紫花苜蓿植株变弱，与禾草的竞争力下降，甚至死亡。

如果秋天温度足够低，紫花苜蓿再生慢，夏末秋初积累的产量可继续用于放牧采食。这时，可以允许动物进入整个围栏场，允许选择性放牧采食，这样能减少后续冻害造成过多的叶片损失。

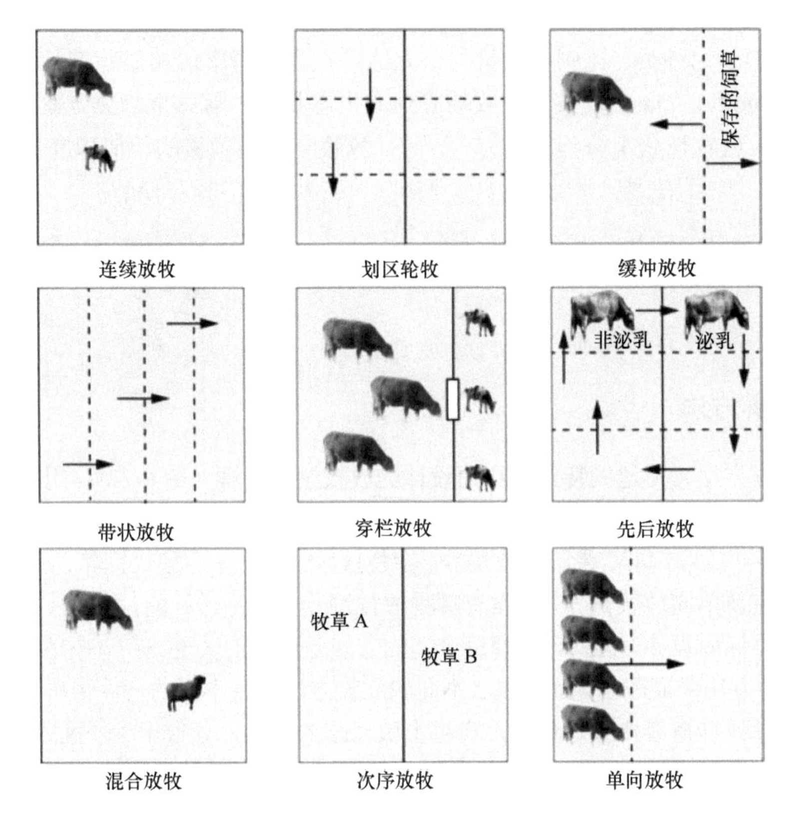

图 6-27　放牧饲养系统可采用一种或多种放牧饲养方法（Collins et al.，2018）

缓冲放牧饲养：由于饲草生长习性和环境影响，饲草供应不是全年不变的。对连续放牧饲养系统，调整饲料供应的一种方法是使用临时围栏将牲畜隔离在连续放牧饲养区的部分区域之外，后续可以收获这些区域的饲草。

在干旱、高产或动物需求变化的情况下，增加或撤掉临时围栏可以灵活地适应饲草产量及牲畜需求变化。随季节推移，向前或向后移动临时围栏，以调整可供放牧饲养的草料量。

带状放牧饲养：某一围栏场内，限制动物在一个相对短的时间内放牧饲养，其放牧压高，足以迅速利用现有的饲草，通常为 0.5～7.0 天。这种放牧饲养方法特别适用于饲草作物放牧饲养期间不希望有再生。通常，要么是希望分配有限饲料以使饲喂时间更长，要么是因为有较多过熟饲草，希望迫使动物吃掉或将它们踩进土壤。带状放牧饲养为无选择性放牧饲养，可以减少选择性放牧饲养，实践中，无选择性也是不可能的。

带状放牧饲养不是划区轮牧饲养，区别是饲草一次性配给，并且无休养空闲时间、无恢复及再利用。

穿栏放牧饲养：家畜生产阶段不同，营养需求及生产目标不同。基础母牛妊娠后期、繁殖期间、哺乳期前 4 个月需要高营养。母羊产羔前 6～8 周营养需求增加，产羔后泌乳期营养需求出现高峰（图 6-28）。繁殖期之前，再次提高母羊营养水平能提高受孕率。

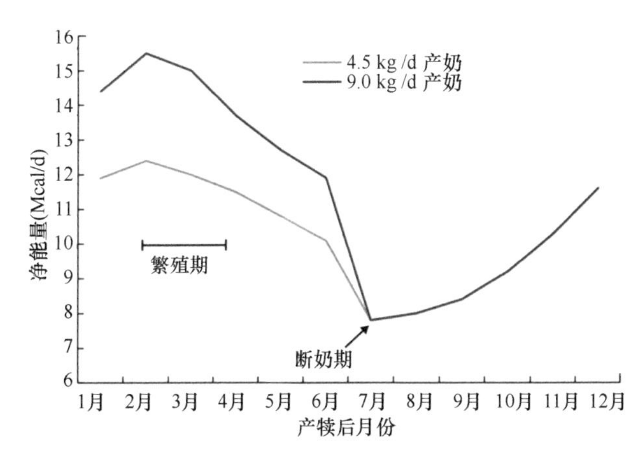

图 6-28　每头 450 kg 成年奶牛两种产奶水平所需的日净能（NEm）（Hersom，2017）

母牛或母羊哺乳早期的营养摄入和产奶量对后代很重要，随产奶量下降，营养需求也会下降，在此期间，后代对营养的需求增加，后期需要补饲后代。但饲喂营养高于母牛或母羊的营养要求，并不能提高后代的生长及生产。牛奶通常提供 2～3 个月大的犊牛所需营养的 50%，犊牛除了喝牛奶外加补饲，日增重可提高 80%（图 6-29）。

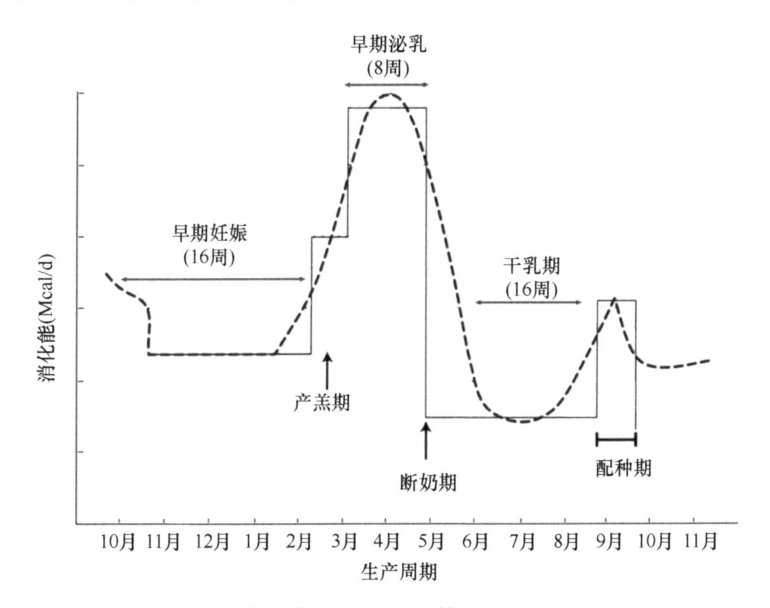

图 6-29　母羊（64～70 kg）各生产阶段消化能（DE）的日需求（National Research Council，1985）

穿栏放牧饲养的围栏场为母牛和后代分别提供饲草，犊牛在没有母牛的地方采食（图 6-30），可以选择性采食易消化的植物部分，实现采食量优化，增加收益。母牛采食的围栏场，饲草营养价值低，但数量足够多，迫使它们多采食，也可以满足其营养需求，并能充分利用饲草。

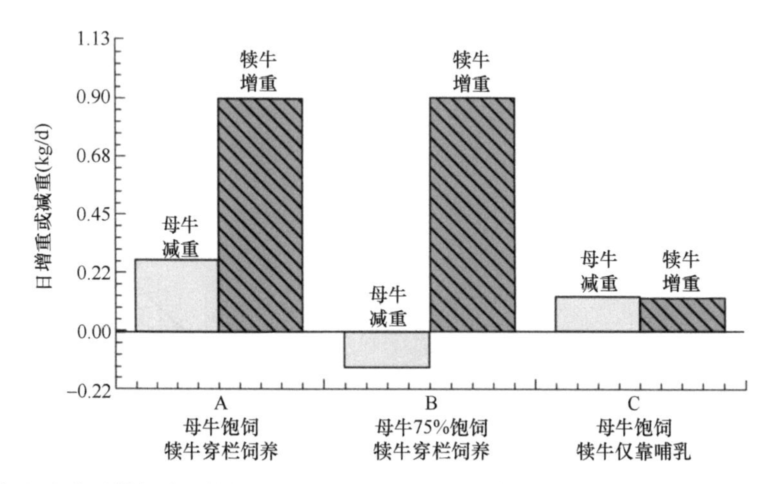

图 6-30　补饲母牛体重增加或不补饲母牛体重减少，穿栏饲养的犊牛日增重相同，以哺乳为唯一食物来源的犊牛日增重很少（Blaser et al.，1986）

穿栏放牧饲养的一个变体是穿栏饲喂，即在一个母牛所不能到达的地方放置谷物或添加剂等饲料，供犊牛自由穿过采食。

基础牧场和邻接围栏场之间可以开一个适当的门，足以让幼畜穿栏进入采食优质饲草，并实现最大采食量。

断奶幼畜与母畜联系的中断及饮食的突然变化，会对幼畜产生应激。穿栏饲养有助于幼畜与母畜的物理分离，并提前或加速摄入大量的补充饲料。一定时期后，通过关闭穿栏门，可以简单地完成断奶，对母畜或后代几乎没有压力。

先后放牧饲养：将围栏场中的饲草分成高质量区和低质量区，将两组或两组以上不同营养需求的动物，也可以是不同的牲畜种类，按先后顺序进行放牧饲养。

草层的饲草品质呈层状分布，草丛顶部为最高品质的饲草，底部接近土壤表面部分为最低品质的饲草。动物选择性地先吃草层上部，因此，先来组，即高营养需求组，如泌乳奶牛、育肥的羊或牛，先利用草层最上层，选择性采食高质量部分并使每口吃草量最大化，确保这些动物获得高质量饲草和足够采食量。在它们的营养摄入受到限制时，将它们转移到下一个围栏场。

后继组顺序采食先来组采食剩下的饲草，最后到达组应该是营养需求较低的动物，如干奶期或哺乳期后期的牛。尽管剩余饲草的数量和质量有所下降，但也能满足最后到达组的低营养需求。

混合放牧饲养：在同一放牧饲养系统内，混合了两种或两种以上动物进行放牧饲养。混合放牧饲养可以改变寄生虫的发育循环，延长特定物种放牧期有助于保证寄生虫卵死亡。在混合放牧饲养系统中，由于粪尿污染饲草而产生的排斥现象少，动物基本不排斥其他物种污染的饲草。混合放牧饲养充分利用了不同动物对饲草种类、草层高度和化学成分的偏好，如山羊更喜欢采食嫩枝叶及杂类草，这有助于控制牛和绵羊所不喜欢的木本植物和其他杂类草。

次序放牧饲养：依次使用两个或多个不同品种饲草的土地单元。每个单元可以细分为划区轮牧饲养和连续放牧饲养，这有助于饲草数量和质量匹配牲畜需要。在单一养殖或单一混合物为基础的放牧饲养系统中，所有围栏场的饲草生长和质量基本季节格局相同，对环境胁迫的反应也相同。

不同围栏场区的不同饲草品种或混播饲草区，各饲草的产量峰值出现在不同时段，某一种比另一种耐热或耐旱，从而改善饲草产量的季节分布。冷季饲草和暖季饲草的最佳生长温度不同，因此，不同的季节可提供不同数量和质量的饲草。

单向放牧饲养：使用一个滑动横杆，当牲畜头顶着横杆向前获取饲草时，横杆向前移动，实现采食。这种方法使饲草利用均匀、不践踏未采食的饲草，饲草利用充分，饲养效率高。当牲畜穿过时，粪尿分布也更均匀。

留越冬草：一种管理技术，允许饲草生长累积，以备以后放牧采食饲养。温带地区，这种技术通常用于为冬季提供饲草料，但可以在一年中的任何时候使用，取决于气候和管理计划。

苇状羊茅非常适合这种管理策略（Curtis et al.，2008）。一般，苇状羊茅在 8 月初收获或放牧饲养，留存约 70 kg/hm^2。夏末和秋季，苇状羊茅生长时，把牲畜拦在外面，随气温下降，饲草生长，低温有利于减缓呼吸作用，有利于非结构性碳水化合物积累。到 11 月初，有 2.2～4.5 t/hm^2 中等质量的苇状羊茅干草可供放牧饲养，可维持 2～4 头肉牛母牛越冬。冬季，苇状羊茅蛋白质含量和消化率下降，感染内生菌的苇状羊茅品种饲料质量相对稳定，饲草中的毒素水平迅速下降，平衡了营养价值的降低（Kallenbach et al.，2003）。

四、开发放牧饲养管理系统

放牧饲养动物摄取所需营养的能力受动物因素、植物化学和物理因素、饲草场特征、环境和管理影响。影响饲草化学营养价值的因素很多，特别是饲草种类及生长阶段差别很大。一般，豆草（如三叶草和苜蓿）和冷季一年生禾草（如多花黑麦草、小麦、燕麦、大麦及黑麦）的品质最高；冷季多年生饲草（如无芒雀麦）的营养价值排名第二；而暖季多年生饲草（如狗牙根）的营养价值较低。但也有许多例外，生长阶段、草层结构及环境条件等因素对饲草品质和动物生产性能有重要影响。

牲畜不同种类和不同生长阶段对营养的需求各不相同。高质量饲草通常最适于泌乳奶牛、育肥牛或羊、断奶犊牛及羊羔等。种畜和生长期的动物对营养的需求比较适中，而成熟的生产的动物，以及干奶期母牛或母羊对营养的需求最低。

任何放牧饲养系统的关键目标就是使饲草的数量和质量匹配动物的营养需要。温带地区，奶牛产犊设计在早春，后续奶牛可获得充足高质量饲草，满足泌乳需要的营养。随饲草质量和生长速度下降，泌乳高峰期已过，奶牛对营养的需求降低。冬季缺乏饲料，奶牛处于干奶期，营养需求也较低，二者相对匹配。

系统设计应尽量减少补饲，但几乎所有系统都需要在饲草产量低、质量差的季节补饲。玉米或高粱秸秆等作物残茬、棉籽饼及酒糟等动、植物行业的副产品也可以为牲畜提供有价值的补饲料。

放牧饲养系统设计必须考虑固有因素，如气候、降水量及其分配、土壤类型及可用资金，一些因素（饲草种类、土壤肥力和土壤 pH）可以改变，固定因素改变较难。冷季多年生饲草是北方大部分地区放牧饲养系统的基础，暖季多年生饲草是南方大部分地区放牧饲养系统的基础。暖季饲草可以补充加入北方冷季饲草系统，冷季饲草可以在暖季饲草区延长秋冬季放牧饲养时间。

放牧饲养系统应易于管理，并有足够的灵活性以适应不同的环境、市场和生产条件。成功的放牧饲养系统要求：①最大化放牧饲养天数，尽量减少对存储料和添加剂的需求；②匹配牲畜生长的营养需求与饲草产量及质量关系；③通过放牧饲养管理，减少对害虫控制的需要；④将多余饲草收获为干草、青贮，或立地留作越冬草；⑤配给分配营养以满足牲畜不同生长阶段的营养需求；⑥选择适合当地条件的植物和动物；⑦促进养分循环利用；⑧保证灵活性、可操作、有利润。

设计发展一个放牧饲养系统时，涉及围栏、营养循环利用、饮水点及饲草种类和牲畜种类等。

围栏可以用相应的材料，取决于经济性、可用性、耐用性、特定安全问题及围栏类型和目标。通常，因为马的侵略性和紧张行为，不用带刺铁线做马的围栏，以免伤害马。电围栏对羊效果不好，因为羊毛绝缘，经常不起作用。围栏单位面积土地呈正方形或圆形所需要的材料比围栏其他形状所需要的材料少。围栏还需要考虑景观要求。

放牧饲养的动物只带走它们所吃的饲草中很少一部分的氮和矿物质（表 6-22）。1 头 295 kg 的牛约含 2.3 kg 的 P，相比之下，收获 11.2 t/hm^2 苜蓿干草将移走 360 kg/hm^2 的 N 和 34 kg/hm^2 的 P（平均含 20%的粗蛋白和 0.3%的 P）。营养移走可能是去除养分过剩的手段，但很少有养分过剩地区。与生产干草或青贮相比，放牧饲草场维持土壤肥力所需施加的肥少很多。

表 6-22　放牧饲养所采食饲草中养分的分配　（单位：%）

所采食的养分营养物质	放牧饲养动物	
	产奶牛	成年羊
动物截留 N	25	4
粪尿返回 N	75	96
动物截留矿物质	10	4
粪尿返回矿物质	90	96

注：矿物质主要指 P、K、Ca、Mn 及 S
资料来源：Matches，1989

草食动物消耗的营养物质大部分通过粪尿排出体外。放牧牛所消耗饲草中 80%以上的氮可以通过粪尿返回饲草场。尿液氮很容易被植物直接吸收，而粪氮主要以有机物形式存在，必须经微生物矿化才能被植物吸收。放牧饲养动物排出的氮有 30%～50%以氨态氮形式挥发到大气。磷主要通过粪排出。放牧饲养排出的营养物质在草地上分布不均匀，降低了它们对饲草生长的价值。景观特征、饮水点位置和距离、放牧饲养方法等因素影响粪尿的分布格局。

氮和磷是环境污染的主要营养元素。大规模圈养饲养产生了大量动物粪尿，其局域积累水平远远超过植物或动物的需要。公众日益担忧土壤磷含量超标。磷在土壤中相对稳定，土壤磷主要通过土壤侵蚀的直接运动造成地表水污染。

氮在土壤-植物-动物系统循环过程中经历多种途径，通过淋溶、挥发、反硝化及侵蚀损失，一旦进入土壤，各形式的氮迅速转化为水溶性硝酸盐。硝酸盐淋溶到水中对健康有害，氮的挥发会造成空气污染和气味问题。反硝化过程中产生的氧化亚氮是一种温室气体，会导致臭氧损耗。当土壤含氮水平高时，硝酸盐也会在植物组织中积累，饲草中硝酸盐超过 0.25%会引起动物健康问题，超过 0.5%被视为有毒性。豆草可以为混播的禾草提供氮，并减少或消除对氮肥的需求。

虽然家畜可以从雪、露水及饲草中获得一些水分，但充足优质饮水供应对维持动物健康、性能及采食量至关重要。采食绿色多汁饲草减少了饮水量，摄入干饲草、高盐或高蛋白饲料增加饮水量。随温度升高，饮水量增加。一头 408 kg 的泌乳母牛在环境温度为 4.4℃时，每天消耗水 43 L（National Research Council，2000），当温度上升到约 37°C时，每天耗水 61 L。在陡峭、崎岖地形上放牧饲养牛，不应该为饮水行走超过 0.8 km，在平地或起伏地上放牧饲养牛，不应该为饮水行走超过 1.6 km。牲畜直接进入溪流、池塘或其他水源会践踏河岸植被，将土壤踩入溪流，造成水污染，长期将造成河岸植被退化、水土流失。

在设计饲草场和牲畜系统时，首先需要考虑土地资源和气候因素，然后，需要评估哪些饲草最适合该饲草场，以及这些饲草的季节生长如何相互补充。饲草产量和质量满足牲畜的营养需求问题非常重要。

综合考虑上述因素，并权衡资金投入和产出，可以建立一个成功的放牧饲养系统。

第五节　草原生态系统管理

草原是世界上放牧饲养家畜的主要植被类型。为了草原可持续发展，除考虑牲畜生产的经济效益外，还需要考虑水流和水质保护、土壤和河岸稳定性、碳截获及其存储、野生动物保护、人类休憩及景观遗产保护等。草原生态系统管理需要实现双赢，即实现经济效益和环境可持续。

草原主要由禾草组成，也包括豆科植物、菊科植物、薹草、灌木及稀疏的高大乔木。草原占据地球表面陆地很大部分，特别是在干旱地区，草原可以有效地与树木竞争。高草草原一般分布在半干旱至半湿润地区，年降水量为 300～1020 mm。热带稀树草原（混有树木和灌木）是森林和草原之间的过渡区域。矮草草原（混有低矮的灌木丛）是草原和荒漠之间的过渡区域。

各地草原有典型的优势代表性植物群落，由于人类对草原的过度利用及开垦开发，现代草原组成与原初天然草原组成有很大不同。人类对草原的干扰包括开垦、种植、灌溉、防灭火、引进新植物和草食动物，发展形成了改良草原（naturalized grassland），常被称为永久饲草场（permanent pasture）。

在较干旱地区，牧场（rangeland）占据广大区域，其植物组成仍由当地物种占优势，改变缓慢，通常不施肥、不灌溉，也不施用农药。因此，需要管理以密切协调放牧时间和强度，以协调降雨格局和群落恢复。长期缺水和高低不平地形有利于植物群落多样性，重度或频繁放牧导致这些植物群落生长缓慢，生存力降低。放牧场可持续性包含生产力和稳定性之间平衡所涉及的各因素之间的相互作用及关系。

许多化学、物理和生物因素相互作用，决定了草原的物种组成、生产力及其动态。物理的非生物因素包括低光照、水（尤其是干旱）、过低或过高的温度、缺乏营养及频发的火烧，限制了其植物生产力。生物因素包括植物或动物的遗传基础、地上和地下的草食动物、共生有机体和分解者。

植物是草原生物量的主要组成部分，地上生物量从非常干旱地区的 336 kg/hm^2 到湿润地区的 5600 kg/hm^2，地下根和根茎的生物量为地上生物量的 3 倍多。其他生物群落，包括多样的动物和微生物，通过相互作用形成能量和营养过程。

一、草原的分布及其气候

陆地表面被划分为各种生物群系，有分别适应特定气候的原生植被生态系统。各主要生物群系被进一步细分为多个气候带和植被类型，这可以为生态系统管理提供更清晰的参考。

水分短缺是控制草原分布和发展的主要气候因素（图 6-31）。实际降雨不如土壤有效水那么重要，尤其是在温度有利于生长的时期。高温及太阳辐射强度增加了土壤水分潜在蒸散。美国明尼苏达州年平均降水 724 mm，年平均气温 6℃，相应地，堪萨斯州分别是 836 mm 和 13℃。尽管堪萨斯州降水多，但土壤有效水少，这是因为高温、夏季

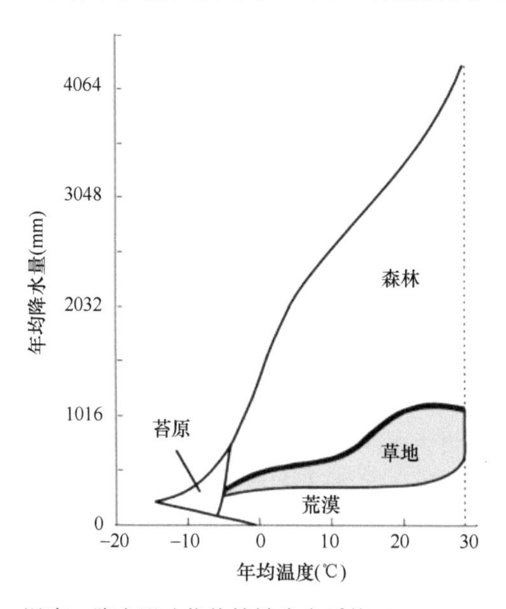

图 6-31　温度、降水影响优势植被生态系统（Whittaker，1972）

高的太阳辐射角及长的生长期使土壤蒸腾作用强，即明尼苏达蒸散为 589 mm，而堪萨斯蒸散为 739 mm，决定堪萨斯为高草草原区，明尼苏达为湿润森林区。

苔原形成于寒冷干燥气候区；草原分布于半湿润半干旱地区；热带稀树草原是草原和森林之间的过渡区域；矮草草原是草原和沙漠之间的过渡植被。热带草原中 C_4 植物多，木本植物多为热带树木；温带草原中 C_3 植物多，木本植物多为灌丛及针叶树。

蒸散（ET）是土壤蒸发及植物蒸腾的总和，代表土壤到大气层的总水分散失，决定了全球植被分布格局及草原的分布差异。土壤水分通过降雨和融雪补充。

蒸散、降水量关系如下：

$$ET=P-(R+\Delta SW)$$

式中，P 为降水量；R 为径流量；ΔSW 为土壤含水量的变化量。

土壤作为一个储库缓冲了 ET 或 P 的日变化或季节变化。每日的 ET 主要依赖于太阳辐射，而温度、相对湿度及风对其的影响较小。潜在 ET 反映了大气层从草地土壤吸收水的能力。低降水量引起土壤水分亏损。

与土壤相比，植物能更好地调节水，减少径流，使土壤免受辐射，从而降低蒸发作用，它们在晚上关闭气孔可以减少 90%以上的蒸腾作用。相反，水在土壤中日夜蒸发。

管理饲草或草原，使之从土壤中获取尽可能多的水，然后通过植物，而不是从土壤表面流失或蒸发。

土壤紧实度、火烧、地下水及地形（迎风面、背风面）也是控制草原分布的重要因子。松嫩平原土壤为盐渍土，并且地下水位高，尽管降水超过 400 mm，但仍发育着羊草占优势的草地植被。

二、草原生态系统的能量流动

生态系统结构决定其功能。结构是指限制有机体活动的化学或物理条件及有机体的等级和数量（表 6-23）。功能是指有机体在生态系统能量和营养迁移过程中所起的作用，它也是指生物和非生物因素之间的相互作用及其对干扰（如放牧、火烧）、资源转换效率（如光合作用途径）、物种相互作用（如共生和竞争）及种群迁移（如杂草入侵）的反应。

表 6-23 生态系统结构

非生物组分		
辐射	土壤	风速
降水	地形	二氧化碳
温度	火	相对湿度
生物组分		
有机体	功能	
植物	生产者	自养生物
食草动物	初级消费者	异养生物
食肉动物	次级消费者	异养生物
分解者	初级、次级、三级消费者	异养生物

有机体分为自养生物和异养生物。自养生物通过光合作用将太阳能转化为化学能，这些能量的一部分被草食动物或次级生产者消耗和转化（图 6-32）。消费者链包括食肉动物、食虫动物和杂食动物（取食植物和其他动物）。沿食物链形成营养级，每一个转化步骤都发生能量损失，形成能量在营养级间传递。

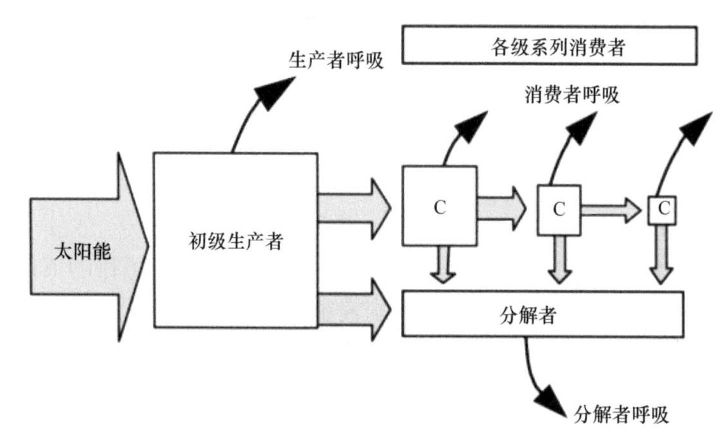

图 6-32　草原生态系统能量流动（Brisk and Heitschmidt，1999；Whittaker，1972）

太阳能经初级生产者转化并传递到次级生产者的效率非常低。在干旱环境中，所需的动物产品获取的辐射能常常不足 0.01%，这是由于无效能量截获（如由于干旱或不完全放牧的叶损失）和能量转换的生物化学障碍导致的（如植物组织合成和周转期间呼吸损失或草食动物体内难消化的木质素损失）。

一些初级产物免于动物的取食，直接进入分解者食物链（图 6-32）。植物生物量为草原生态系统最大组分，第二大有机体组分不是哺乳动物或鸟类，而是数以亿计的分解者，动物分解者的加和重量（主要是昆虫、蠕虫和线虫）是平均载畜量的 3～4 倍。昆虫和其他无脊椎动物、真菌和细菌分解植物和动物的有机质，产生二氧化碳和无机形态的氮、磷、硫和其他矿质元素，形成了能量释放流动和养分循环。

由于响应各种胁迫，禾草可改变地上部分和地下部分的光合产物分配。相对于地上生长、放牧或低光照导致根生长减弱，干旱增加根生长。在干旱地区，地下根和根茎生物量远超地上生物量，大部分地下生物量是在之前几年间积累起来的，除非耕作或扰动土壤，否则它们的周转速度很慢。

土壤有机质大多来源于地下生物量。世界上最富饶农业区的肥沃土壤，如中国东北黑土、美国中西部、乌克兰和南美洲的潘帕斯草原都是草原长期形成的。当土壤有机质被作物生产或土壤侵蚀消耗后，草原也能有效地恢复土壤有机质。在草原区域，3 个因素决定了这一过程，分别为地下产量高、草类根系和凋落物分解慢、较少的降雨限制了养分和矿物质淋溶。

三、草原生态系统的养分循环

放牧场生产力主要受降水及相关的潜在蒸散限制。在高降水区，植物对氮的需求高，而自然可利用性低，草场生产力主要受氮供应限制。因此，饲草场经常施用含氮和其他养分的肥料以提高土地的承载力，并从畜牧生产中获得较大经济回报。在放牧场，植物养分循环是从土壤到植物和动物，然后再回到土壤，这是维持植物生长并以最低成本饲养牲畜的关键。

草原 N 循环有助于调节初级生产力和动物生产力，因为 N 动态与以 C 形式存在的能量流动密切相关。初级生产者通过光合作用以糖类碳键形式截获太阳辐射。植物从土壤中吸收 N，如铵（NH_4^+）和硝酸盐（NO_3^-）或从空气中吸收氮（N_2）（图 6-33），并与光合合成的糖类中的 C 结合，产生植物生长所需的蛋白质和核酸。放牧动物消耗 N 类化合物，合成动物蛋白用于肉、奶和毛，然后将消耗 N 的 70%～90%作为废物排出，主要是尿液中的尿素。

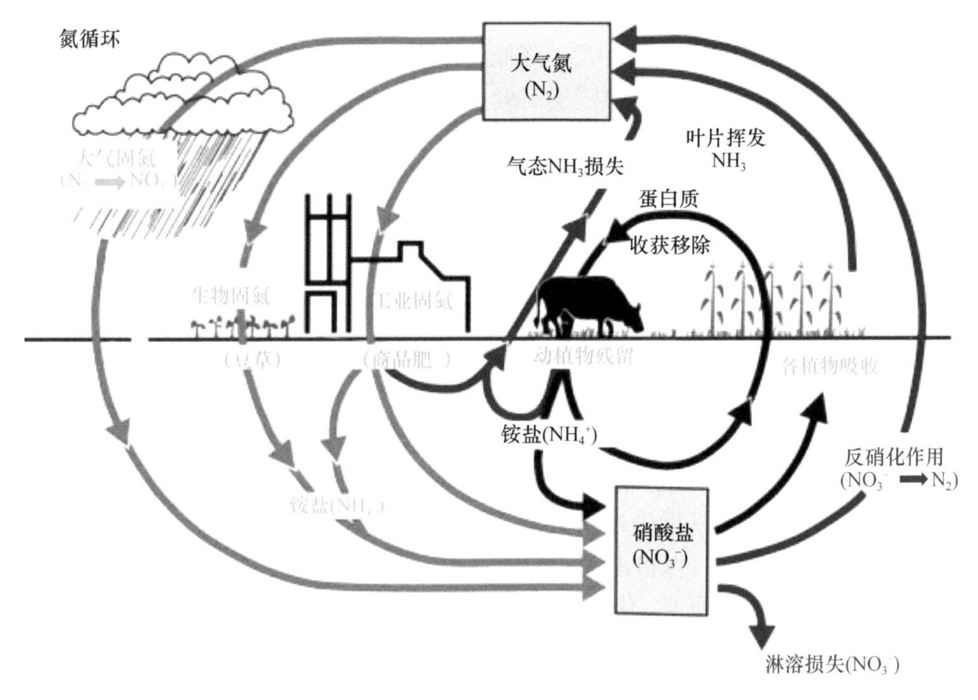

图 6-33　氮循环过程（Ball et al.，1996）

氮气（N_2）占地球大气的 78%，闪电、化石燃料使用、豆草光合固氮将其转化为可利用的铵盐和硝酸盐供植物利用（绿线）。植物残留和动物粪尿 N 化合物（黑线）在土壤中分解为铵盐，一些通过氨气损失，一些成为可水溶硝酸盐。土壤硝酸盐被植物生长利用，较高降水量可以把一些淋溶到根区以下或者通过径流带走，这部分 N 在循环中损失（红线），还有一些转化为氮气回到大气。农业目标是尽可能多地利用氮促进植物生长，并利用豆草减少昂贵的工业生产

植物和动物中形成的 C—N 键经尿液进入土壤才能分解裂解，尿素和废物蛋白被转化为 NH_4^+和 NO_3^-供植物吸收利用。然而，这一过程也会引起 N 通过氨的气体形式损失和硝酸根的淋溶。

草原具有相对封闭的 N 循环、较低的 N 输入和较少的 N 损失，这使得大量的 N 被存储于土壤有机质、植物生物量及分解者中（图 6-33）。草原植物生长通常受 N 限制，少量释放的 N 被根系吸收，因此土壤中 N 流失很少。在湿润饲草场，管理是为了高的动物产量，多为改良放牧场或饲草场，其 N 循环更开放，N 流失也较高。高 N 投入与

高干草产量或高动物产量相匹配，但有潜在N损失（Ball and Ryden，1984）。我们面临的挑战是如何管理草原，使N投入有效地转化为经济产品，同时减少对环境的胁迫。

在低放牧压力下，大多数植物C、N化合物不能被消耗，而是以植物残体形式直接归还土壤，它们在土壤中缓慢分解释放N供植物吸收或合成土壤有机质。在高放牧压力下，更多的植物C、N化合物被消耗并通过动物的消化道，导致一些C—N键断裂，60%～80%的N通过尿液排出，排泄出的N在土壤中很快转化为无机形态。放牧牲畜的排泄物倾向集中在小范围内（如阴凉处、饮水点），导致这些地区无机氮积累水平超过了植物有效吸收能力，大量的硝酸根淋溶或以N的气态形式损失。

相对于每年种植的耕地，低扰动条件下的多年生饲草场可以减缓土壤侵蚀和过滤进入水体的营养及微粒，其作用几乎与天然草地一样有效。超过一年的土壤保护会导致活的和死的植物密集覆盖，以及形成复杂的土壤微生物和无脊椎动物群落。高放牧压力下，连续放牧会压实和损失枯落物保护层，降低土壤颗粒的稳定性和养分含量。保持载畜率及摄入量与植物生长相匹配，保持冠层高度及足够的叶面积，以覆盖90%的土地面积及维持光合作用、根系功能和能量存储，可以最大限度降低养分跨区迁移。除了控制放牧强度，在远离牲畜天然聚集区（如河岸、遮阴树、低洼地区）的地方安置饮水器和喂食器，有助于牲畜改换聚集地，减少径流和挥发造成的养分损失。在牧场远离溪流的最高处喂食干草，并定期改变干草喂食地点，将有助于就地保持放牧场养分。

N进入天然草原的主要输入方式有闪电和豆科植物的生物固氮。闪电使硝酸根形成于大气中，通过降雨沉积到地上，但通常每年不超过5.6 kg/hm^2。因此，与植物凋落物和土壤有机质被微生物分解释放（矿化）的铵根和硝酸根相比，未施肥草原的自然N输入量往往较小。矿化、生物固定及大气沉降产生的有效氮的年总供应量为28 kg/hm^2（干旱区豆草少）到244 kg/hm^2（湿润区豆草多）。

在透气性良好、pH 接近中性的土壤，过量的铵根离子被细菌转化为硝酸根离子，硝酸根离子是水溶性的，可以被淋溶到根区以下。虽然在未施肥草原硝酸根的淋溶很低，但在高载畜密度，或施加厩肥、化学肥的N超过植物的吸收能力时，N淋溶损失很明显。在这些条件下，氨气和其他含N气体（如NO、N_2O）的挥发也会导致生态系统N损失。

土壤有机质非常重要。首先，土壤有机质稳定土壤团聚体，土壤团聚体可以抵抗侵蚀，维持土壤大孔隙保证存在多样的微生物群落进行营养转换，保持水分和养分。其次，土壤有机质中C为大气中CO_2积累提供一些缓冲。长期未扰动的土壤有机质处于一种C损失和截获的平衡稳定状态。北美北部和中部的高草草原和稀树草原土壤0～15 cm层稳定状态下约含6%的有机质，相当于134 t/hm^2，其中，含C约67 t/hm^2、含N约6.7 t/hm^2。

世界土壤碳储量约20%固定在草原土壤中（Rumpel，2011）。当开垦翻耕时，这些土壤释放了大量的植物养分，短期内提高了后茬作物产量，但同时损失了大量的C到大气中。5年内，由于土壤温度和透气性的增加，加上植物生物量归还较少及土壤侵蚀，土壤可能损失25%以上的有机碳。土壤有机碳的损失增加了大气库中的温室气体。

将一年生作物地转变为多年生草原有助于恢复土壤有机碳水平。在适宜的条件下，C初始增长相当快，随后截获速度逐渐减缓，在50～200年达到一个新的稳定状态。C截获速率变化非常大，在转变为草原的前5年从112 kg/hm^{2}到1680 kg/hm^2，取决于气候、土壤肥力和草原类型（Schnabel et al.，2001）。管理良好的放牧场接近或处于潜在的C稳定水平，对于截获大气C有较小的潜力。

气候变化影响饲草场和天然放牧场的植物组成和功能，预计到2060年全球平均气温上升1.5～2.0℃，并可延长生长季10天（Hatfield，2011）。降水事件可能变得更加严峻和不规律，可能洪水频发且干旱期延长。这些变化可以提高暖季C_4植物在高纬度和高海拔地区的生存和竞争力，促进草原C累积。同时，也会增加杂草入侵，降低固氮豆草的持久性，并加剧对放牧牲畜的热胁迫。可能的好处是更长的放牧季节和较高的C_3植物的光合速率。

四、草原生态系统的次级生产者：草食动物

草原上有大量的草食动物，20%～60%的净初级生产被脊椎草食动物（牲畜和野生动物）和无脊椎草食动物（主要是昆虫）消耗。相反，在集约化管理的温带饲草场，50%～75%的地上净初级生产被放牧牲畜消耗。在自然草原，无脊椎草食动物消耗了大约10%的净初级生产，土壤中的草食动物通常消耗了25%的地下植物物质，仅线虫就消耗了10%～15%（Detling，1988）。这些无脊椎动物有益于土壤质量和随后的饲草生产。

放牧抑制植物生长和活力，基本过程为减少植物叶面积、去除有活力的茎尖、消耗矿物质养分和能量储备，并将储备于根及根颈的物质转移到茎替代失去的光合组织。反之，放牧可以增加冠层下部的光有效性，去除老叶而且暴露具有较高光合速率的新叶，并激活根冠叶腋分生组织，刺激分蘖和根茎发育，从而使植物受益。

禾草具有忍受频繁去叶的能力，其茎叶生长的分生组织接近土壤水平面，它们常密集分蘖。豆草、杂草和灌木的顶芽多被放牧去除。许多物种以荆棘和苦味化学物质的形式抵御草食动物。

草食动物影响营养循环的空间格局。牲畜采食放牧场均匀分布饲草的N（主要是植物蛋白），并以粪尿的形式把它们聚集在一起，尤其是在动物聚居的地方。尿斑上，N可以超过336 kg/hm^2，远远超过植物短时间内的吸收潜力。土壤中高浓度不稳定的含N化合物容易以氨气的形式挥发或以硝酸根的形式淋溶。因此，放牧改变了放牧区内N分布，加速了N循环，增加了草原N损失潜力。同样，其他矿物养分，如粪便中富集的P、K和S，也会因为食草牲畜采食而变得分布不均匀。在多个围栏场之间进行短期轮牧的放牧系统，将保证排泄的营养物质分布更均匀，并可使养分更有效地循环进入饲草。

放牧常常改变植物群落的物种组成。适口性低或耐高放牧压力的植物比适口性高或耐牧性差的植物有优势，常导致竞争性强和适口性差的物种入侵。这些物种往往很难清除，而且清除代价高昂，威胁草原长期的可持续性。高放牧压也改变理想物种组合之间的竞争平衡，适宜矮小或匍匐的物种，如白三叶、早熟禾，而不是更高的物种，如鸭茅和苜蓿。低放牧压、划区轮牧或禁牧，通过保存饲草叶面积、能量储备，恢复适宜物种组合，有利于改善草原可持续性。

草原植物是在草食动物的选择压力下进化而来的，并可以忍受或避免过度的采食。许多禾草通过维持大量的基部分生组织耐受放牧，这有效地替代了被采食的叶片组织。

其他植物为避免被采食，进化发展出物理抑制物（如刺）或化学抑制物（如生物碱和单宁酸）。禾草抵抗草食动物的化学措施不如其他植物常见，内生真菌在苇状羊茅和多年生黑麦草中产生生物碱，会引起动物中毒从而导致饲草摄入量减少。然而，这些禾草内生菌的存在也抑制了昆虫和线虫的采食，从而给受感染后植物带来强大的竞争优势。

草原管理就是通过一个特定环境和植物群落而决定可持续的载畜率（将太阳能和降水最大限度地转化为动物产品，同时保持由适宜物种组成的有活力的植物群落）。放牧一般有利于草原生产力，但过度放牧引起植物被采食得太低矮或太频繁，无法维持叶面积，减少分生组织和能量储备，导致生产力下降。持续过度放牧和生产力下降导致降水量少的草原退化和荒漠化。

在半干旱的放牧场区，经验法则是“吃一半，留一半”，实现放牧控制，地上保有1/2 植物量没有被采食，从而维持叶面积和根数量。在降水量较高的地区，草原长期高载畜率有利于引入草种，比如早熟禾和狗牙根。这些草类可以忍受一半以上的饲草量被牛采食，并能保持旺盛的生命力。绵羊一般贴近地面采食，去叶程度更高。

五、可持续的草原放牧饲养管理

放牧饲养管理基本目标为，优化每头牲畜的产量和单位面积的牲畜产量。还有调整牲畜品种、控制杂草、平衡动物营养、调控养分循环、减少践踏及促进受损生态系统恢复等次级目标。放牧饲养管理允许对草原生态系统进行操作调控，以实现牲畜生产和环境管理之间的平衡。好的放牧饲养决策是控制去叶以恢复植物活力，实现生产力及其生态系统稳定。

管理决策涉及放牧方法、饲草场的物理布局、放牧时间和载畜率。放牧方法实质是改变放牧饲养密度和持续时间，以匹配牲畜所需有效饲草与区域土壤生产力协调。在划区轮牧系统，短时间内，围栏场内的高载畜密度可使叶面积更加完整和均匀地被去除。低生产力土壤区，可以隔离出生产力较高的土壤区，减少放牧频率，以防止夏季饲草枯竭。将牲畜及时转移到新围栏场，可以防止长期过度放牧，并可使植物迅速恢复叶面积和光合作用。

划区轮牧饲养的轮换强度变化多样，可以是两个围栏场低载畜密度长时间的放牧饲养，也可以是极高载畜密度的短时间带状放牧。连续放牧饲养，没有围栏场，允许低放养密度的牲畜自由移动，通过仔细监测放牧压力、草层状况及饮水点位置、补饲位置和树荫的放置，可以实现有效控制。划区轮牧饲养可以实现特定地点的放牧控制，并能将恶劣天气造成的胁迫降到最低，还能改正管理不当造成的不良后果。

通过播种新种类或新品种，可以提高草原产量、饲草质量、耐牧性、抗虫性，改善对极端气候的耐受性，产生更长的生长期。新物种或品种也有助于实现非经济目标，如增加土壤有机质和肥力、减少土壤和河岸侵蚀、恢复本地动植物群落、促进授粉昆虫和鸟类生存及美化景观。在湿润环境中，引入种可以快速提高生产力。在干旱草原，本地物种通常是首选，因为它们更适应高度变化的温度和降水条件。

在缺水的放牧场和易侵蚀的饲草场，准备苗床会造成风蚀、水蚀等风险。最好采用少耕或免耕方法，且前 2～3 年其效果不理想。理想的种植是将适当的物种与特定的土壤和微气候条件相匹配，而不是在所有地区种植同一物种，同时结合其他改良措施。

潮湿的饲草场通常播种高产量的引进种。本地种一般具有互补的生长期，比引进种需 N 少，耐旱性好，并由于其直立丛生成束生长，能为鸟类筑巢提供良好生境。

植物多样性问题取决于生态理论，即物种多样性高的群落在面临干旱等干扰的情况下维持群落的稳定性，并有助于提高生产力和减少养分流失（Sanderson et al.，2004）。高物种多样性的优势通常存在于低资源环境中，在管理良好的潮湿高肥力饲草场系统中则不那么重要。

无论是天然草原放牧场，还是改良草原放牧场，亦或是引入植物建立的饲草场，都需要仔细经营管理。一方面获得动物产品，另一方面获得生态系统服务，优化实现双赢，而片面的单赢对策不可持续。除前述的基本放牧饲养方式和理论指导外，经营管理放牧场需要理解基本的放牧饲养要素，调和并遵守基本要素间的平衡关系。

放牧场管理（range management），应用科学和实践知识，保护和改良基础自然资源，优化商品产出和服务产出的行动准则及技艺。

牧食管理（grazing management），为了优化单位面积的经济回报及其他目的，维持或改良自然资源长期的生产力所采取的积极有效操作。

放牧场的放牧饲养管理有两个基本内容：操作放牧采食因子和改良放牧场资源。

放牧场管理分 3 个尺度：景观、群落及植物个体。景观由若干群落组成，群落为多种植物个体的聚合。相对空间内，景观管理尺度要求时间长，群落管理尺度要求时间相对短。

放牧场牧食管理的 4 个基本要素：

牧食强度（grazing intensity），当季饲草产量被消耗的比例；

牧食频次（grazing frequency），某一时间段内，饲草产量被牧食或割除的次数；

牧食季节（grazing season），相对于植物生长阶段，牧食发生的时间；

动物选择性（animal selectivity），有效饲草量中，某些饲草或其部分被消耗的不同比例程度。

关于牧食强度，需要遵守“吃一半、留一半”的经验法则。牧食强度是对个体植物的影响而言。在生长季，对植物叶片产量的中度去除（10%～50%），对根生长及后续植物活力有较小（2%～4%）的影响。去叶超过 50%，植物利用根储藏的碳水化合物替代太阳能生产叶片并执行代谢功能（表 6-24）。

表 6-24　去叶对根生长的影响

去除的叶量（%）	根停止生长量（%）
10	0
20	0
40	0
50	2～4
60	50
70	78
>80	100

资料来源：Dietz，1989

景观范围内，由于生物因素（饥饿、热平衡及种类）和物理因素（地形和气候）影响，各处牧食强度不同，导致景观范围内各处利用不均衡。陡坡、石质台地牧食强度低；平地牧食强度中等；公共区、饮水点及溜达区牧食强度高。

牧食频次影响个体植物生长，饲草或饲草场、放牧场牧食后需要休息。再次牧食时，叶片少意味着食物量少。再次快速返回牧食，植物必须依赖根、根茎储存的能量而不是光能进行代谢功能。总之，高牧食频次导致饲草活力和生产力降低。

相对牧食季节，禾草生长周期分为 4 个阶段。

（1）早期生长阶段，温度、湿度适宜时，第 1 片叶长出。植物完全依赖根或种子中储藏的能量，生长慢。

（2）快速生长阶段，产生 4～5 个叶片后，植物利用太阳能进行生产。形成 75%～80%的当季产量，生长快。

（3）茎伸长和种子发育阶段，茎秆形成，叶片生长转变为花序生长。

（4）枯萎休眠阶段，完成繁殖后，植物枯萎，进入休眠，生命呼吸活动仍在进行，呼吸所需要的能量依赖于根的储存。

牧食季节时间显著影响植物的生长变化。快速生长阶段为去叶的最好阶段。繁殖阶段，植物对牧食最敏感。早春频繁采食，植物储藏的碳水化合物将被消耗殆尽，植物死亡，草地退化。

动物青睐某些种类，更青睐幼嫩多汁组织，而不喜欢成熟的木质化“狼草”。青睐的种类或部位频繁被采食，但牲畜对植物的青睐随季节变化而变化。不同种类、不同时期的牲畜选择不同的植物或植物部位，牛、马喜欢禾草，绵羊喜欢杂类草，山羊喜欢灌木及嫩枝。青睐（preference）程度取决于植物的适口性（palatability），饲草营养值（N 含量）、次生代谢产物、纤维、水分含量及外部特征（蜡质层、刺、毛）影响适口性。

牲畜的青睐程度决定牲畜对饲草的选择性，受动物基础感知、生理反应（视觉、味道、触碰、饥饿）及学习进化行为（母畜最明白、试错）影响（表 6-25），也受环境因素（气候）、地形、土壤、管理（火烧、投入）等环境因素影响。

表 6-25　干旱季节动物的采食比例（%）

动物	茎	叶	花序
牛	77	8	15
绵羊	70	19	11

资料来源：Heady and Child，1994

放牧因素从不孤立存在，时刻并行发生，同时发生作用。草原放牧一定发生在某一季节时间，以某一强度进行选择性采食，并在一段时间后重复发生，构成 4 要素共同作用。

放牧要素及其组合对植物群落的两个重要影响结果：适合的管理可以维持理想植物有活力生长、高产量生长；不适合的管理导致理想植物活力降低、增加不理想植物数量。

牧食动物对放牧场和饲草场有深刻影响，生产畜产品仅为功能之一。系统运转有效性取决于投入、产出的适宜平衡。仅聚焦于产出（动物生产），导致过牧，降低生态可持续性。有产出、没投入，系统管理操作必定失败；有投入、少产出，不足以维持经济可持续，缺少后续可支撑系统运转的资源。

放牧场及牧食动物管理需要制订管理计划、确定管理目标，并在管理过程中依据监测结果不断进行调整。

牧食管理计划目标：对牲畜及牧场操作，维持经济生产和生态生产平衡，包括投入与产出、产品与供应、生产与资源的平衡。

牧食管理目标：改善维持放牧场、饲草场条件，包括控制杂草、维持土壤稳定、维护水资源、维护动物健康、保持生产条件良好、控制寄生虫及增加断奶时重量并促进生长。

为了实现管理目标，达到管理目的，需要视牲畜为工具和产品。作为工具，可以使用以实现操作；作为产品，可以销售以获得收入。

管理就是对放牧 4 要素进行操作，前提是管理者理解各要素及其组合对生态系统的影响。然后，管理首先要找出各要素之间的平衡关系，根据平衡关系确定各要素参数。

管理载畜率（stocking rate），通过管理实现对牧食强度和牧食频次的调控。管理放牧季节，调控对动物牧食选择性等行为的影响、调控饲草对牧食的响应，混合放牧也可以实现调控牧食选择性等行为。载畜量，某管理单元内的牲畜数量，为立地特征、管理目的、利用强度的函数。载畜量需要符合管理单元的可持续管理目标，根据载畜率确定适宜的载畜量，或者是调控载畜量核定适宜的载畜率。

影响载畜量的立地特征包括气候、海拔、地形、土壤类型、种类组成和相对盖度、饲草潜在产量、放牧场状况或演替阶段及水资源。

确定载畜量的管理目标包括最大化牲畜生产、改善野生动物生境、稳定土壤、稳定河岸、控制杂草、减少可燃物防止火灾、改善放牧场状况、维持演替阶段、调控饲草场的营养循环及土地利用强度。

利用强度影响载畜量，如前所述，下列概念为考虑饲草、放牧场利用强度的因素，匹配前述概念，形成完整的草地生态系统管理及草地放牧饲养管理体系。

动物单位（AU），是指 450 kg 干乳牛 1 天的饲草消耗量。

饲草需要（FD），是指 1 个动物单位 1 天的需要量，13 kg/d。

饲草有效性（FA），是指单位面积产量×利用率（%），坡度、距饮水点距离、坡向、为野生动物预留决定利用率。

放牧压，是指某一时间，某地点，饲草需要与饲草有效性的比值（饲草需要/饲草有效性）。

动物生长表现，是营养需要和采食量的函数，取决于饲草数量和饲草质量。

载畜率（stocking rate），是指某一时期，单位面积，某一牲畜牧食的数量。载畜率调控放牧压及后续的饲草数量和质量。载畜率也表述为单位面积单位时间的动物牧食数量，即 AUM/hm^2 或 AUY/hm^2。

可持续放牧采食饲养管理，根据管理原理，始于理解确定载畜量，通过监测放牧场状况及其趋势，操作管理要素，调控如下 5 个基本管理要素。

间隔期（recovery time）：又称恢复期，两次放牧采食之间的时间间隔。优化间隔期有助于饲草去叶后补充能量储存，维持有活力高产的饲草群落。

载畜率及放牧开始季节时间（grazing time）：放牧系统管理最关键的因素。放牧开始的季节时间和休闲期决定饲草生长率、去叶程度。优化载畜率就是维持一个系统持续最大产出。最优载畜率是牲畜与饲草资源、可变成本、市场售价的函数，受有效饲草数量与质量、动物种类及生长水平、管理活动影响。

低载畜率，产出低，经济效益不佳，经济不可持续。过度牧食（overgrazing），是指发生于植物个体，由过于频繁、高强度、休闲期短、牲畜分布不均匀等引起。持续过牧植物将死亡。过度载畜（overstocking），或许导致过度牧食，短期内，牲畜生长不佳，植物生产力降低；长期内，引起生产力、土壤稳定性和经济效益持续降低。

载畜密度（stocking density）：是指某一时间点，单位面积的牲畜数量。载畜密度影响牲畜分布、牲畜选择高质量饲草的能力、利用饲草的效率、去叶频次和强度、植物再生机会。

饲用率（foraging efficiency）：牧食动物所消耗饲草占整个饲草的比例，一般为20%～50%。

放牧压（grazing pressure）：有效饲草量与动物需要量的关系，影响动物可采食的饲草的死亡数量。

在管理过程中，监测跟踪放牧场变化，及时做出调整，维护生态可持续和经济可持续。一般放牧场监测内容：

（1）植被特征（植被类型、种类组成、多样性、丰富度、盖度、密度及频度）；

（2）放牧后剩余生物量（残茬高度），再放牧前有效生物量；

（3）土壤特征（紧实度、流失征兆、基底、有机物损失、肥力变化及 pH）；

（4）动物表现（日平均增重、产仔率、品种改良变化）。

监测需要常规化、经常化，并在典型地段进行。一般样线法、样方法即可满足需要，经验判断也非常重要。

六、可持续的草原管理

草原生态学为草原保护和改善奠定了理论基础，长期来看，这有利于增加牛、羊放牧饲养的经济回报。草原管理学强调市场和气候波动下的长期盈利。可持续发展要求考虑从立地到流域到区域的环境质量，以及乡村社区的生存能力。草原管理的非农业目标要求保持较高的物种多样性、为野生动物及授粉者保存近自然栖息条件、提供休憩价值、加强景观美化。

草原改良的基本生产策略为引进营养价值高、质量好、草层生长持久时间长的物种或品种，引进可以有效转化饲草的动物品种。为了缓解对植物和动物生长的限制，需要使用能增加产量的肥料，喷施农药控制竞争者、捕食者和寄生虫。此外，为了完善草原管理，采用控制放牧强度和时间、减轻土壤侵蚀、调控动物粪尿到饲草的营养循环等措施。

增加管理投入可能会对环境产生负面影响。引进改良物种在中等投入水平时产量显著增加（图 6-34，Collins et al.，2018）。当产量响应下降时，氮和磷等营养物质的大量施用会导致流失，污染地下水和地表水。养分、水分的高投入及耕作降低了草原饲草多样性。由于放牧场面积广大，在没有足够水分的情况下，投入很难获得经济回报。控制载畜率，推迟放牧以使植物恢复活力，是有效的草地改良实践。

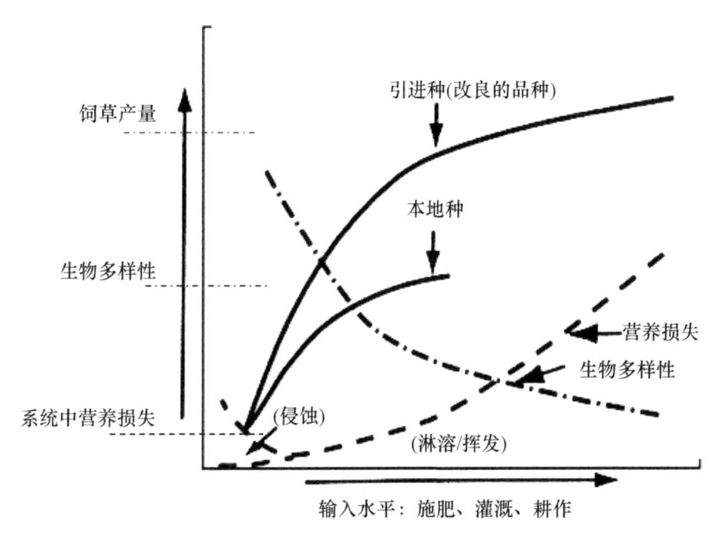

图 6-34　增加管理投入的效应

为实现可持续发展而进行的管理，需要协调经济效益与生态系统保护之间的平衡，实现经济可持续和环境可持续的双赢。实践中，维持土壤稳定、管理放牧以保持植被覆盖、用围栏将牲畜隔离在溪流和池塘外、改变放牧系统维持理想植物、划区轮牧提高土地利用率减少矿物再分配、利用不同植物群落保护敏感的景观特征和野生动物，成为基本措施。

使用化学肥料或有机肥料，可以消除对植物生长的限制，促进经济回报。N 是最常用的养分，因为放牧场缺 N，而饲草生长需要大量的 N。在豆草占主导地位的系统中，K 也可能短缺。优化土壤肥力和 pH 可以促进植物生长，并提高饲草产量增加承载力。施 P 和 K 可以改善动物个体生产性能，添加 Mg 可以降低禾草低镁症风险。

禾草依赖土壤中的 NO_3^-和 NH_4^+进行蛋白质合成，减少随叶片衰老和植物开始开花引起的粗蛋白浓度急剧下降。豆草也可以从土壤中吸收 NO_3^-和 NH_4^+，当土壤缺乏这些 N 营养时，可以通过根瘤菌固定大气中的 N，并保持高蛋白质水平，固定的部分 N 也能被相邻饲草利用。放牧场中，保持至少 30%的豆草可降低肥料成本，并增加太阳能和其他营养向动物产品的转移。

早在欧洲人定居之前，美洲原住民就知道火对维护北美中部草原和稀树草原的重要性，火也维持了非洲高草草原和南美潘帕斯草原的生产力。如果不进行火烧、割草和放牧，一些草原在十几年内就可以演化成稀树草原和森林。适当时间火烧可以限制木本植物和杂草入侵。

在干旱矮草草原群落，饲草可利用性低，但饲草质量很好，甚至成熟枯萎后质量也很好。因此，干旱草原火烧不利于牲畜生产，因为它消耗了有价值的饲草。半湿润和湿润草原，C_4 禾草生物量多，但含有较低浓度的 N 和较高浓度的木质素，降低了植物凋落物分解速度。火烧能清除死亡的、质量差的生物量，并循环利用矿质养分、维持富含营养且未成熟的饲草、改善饲草质量和动物品质。火是一种实用的、低投入的工具，可用于减少不良植被并改善饲草质量。

火烧可以杀死地上或地面木本植物芽，甚至清除木本植物，并提供富含矿物质的灰烬。火烧后，暗黑色地面吸收更多太阳辐射从而使土壤升温快，促进植物早期生长，提高竞争力，进而提高饲草产量和质量。

草原和牲畜生产系统的生态关系复杂，因为涉及不同的土地特征、饲草生长习性和质量及草食动物类型。利用多年生植被恢复和稳定水土的生态效益很难体现为经济回报。要克服这些挑战及其复杂性，就必须整合草原在特定区域之外的生态效益，包括流域保护。通过农作物和牲畜多样化实现农村社区经济活力及为社会提供增值产品，如某些昆虫和鸟类的授粉作用在粮食生产中很重要。苜蓿、三叶草吸引蜜蜂采蜜，并为其提供栖息地，有助于邻近植物的种子生产。恢复草原模拟原初植物多样性可吸引鸟类和哺乳动物，从而使草原的娱乐价值多样化。

现今的草原可持续发展要求建立一套全面的道德规范，促进水土保持、固碳、更多本地物种植物群落以保证水溶性营养渗漏最低、为野生动物和其他草食动物提供栖息地和食物，并在景观中营造田园美。将这一理念与赢利结合的策略就是为消费者生产有机食物，这些食物由自然营养和能量流动过程生产，而且对动物胁迫小，如全饲草放牧生产的“天然牛奶”和“草饲牛肉”。这样的产品具有瘤胃自然发酵并在瘤胃消化过程中产生更健康脂肪酸。本地生产，很少或没有化肥、杀虫剂或生长剂，并且很少或根本没有谷物饲喂，也避免了对人类食品粮食的竞争，并减少粮食生产、运输、存储及处理所产生的温室气体排放。

有机农业是天然食品生产链中最精细、最规范的一种，一般有官方标定标准，包括纯度、生产方法、基因材料及牲畜生活条件等。基于草原生产的畜产品非常适合非官方的“天然”标定或官方的“有机”标定。

天然或有机食品面临的挑战，包括与谷物饲料和蛋白质补充的高营养饲养相比，其生产率较低，以及在不使用合成化学品的情况下控制寄生虫和其他害虫的选择技术有限。总体而言，平衡该系统需要高水平的专业管理知识，但产品的市场价格明显高，这会平衡掉所有的管理投入。

有机和天然畜产品生产的同时，另一个机会是农业旅游，这项活动有助于非农消费者了解草地农业的健康与美丽，以满足他们对食品新鲜度和品质的需求。

（本章作者：孙海霞，李　强，张　亮，王敏玲，
赵成振，丛　山，周道玮）

参考文献

陈谷, 邰建辉, 颜俤. 2012. 苜蓿科学生产技术解决方案[M]. 北京: 中国农业出版社.
冯骁骋, 格根图, 李长春, 等. 2013. 青贮条件对天然饲草青贮饲料饲用质量的影响[J]. 西北农林科技

大学学报(自然科学版), 41(5): 9-13.
凯泽, 佩尔兹, 博恩斯, 等. 2008. 顶级刍秣: 成功的青贮[M]. 周道玮, 陈玉香, 王明玖, 等译. 北京: 中国农业出版社.
刘斌, 欧阳延生, 裘大堂, 等. 2003. 红壤丘陵岗地人工草地的建植及其管理[J]. 江西畜牧兽医杂志, (3): 17-19.
刘正书, 舒健虹. 1998. 独山地区人工草地钾素供应状况及肥效研究[J]. 耕作与栽培, (5): 54-57.
史志诚, 杨旭. 1994. 草地毒草危害及防除研究概况[J]. 草业科学, (3): 52-54.
王林枫, 杨改青, 张世军, 等. 2009. 光照和埋植褪黑激素对绒山羊相关激素分泌的影响[J]. 中国畜牧杂志, 45(21): 36-40, 76.
夏兆飞. 1993. 家畜骨营养不良的病因[J]. 中国兽医杂志, (6): 50-51.
徐明岗, 张久权, 文石林. 1997. 南方红壤丘陵区牧草的肥料效应与施肥[J]. 草业科学, (6): 22-24.
徐世晓, 赵新全, 孙平, 等. 2003. 青藏高原5种饲草木质素含量及其体外消化率研究[J]. 西北植物学报, 23(9): 1605-1608.
张秀芬. 1992. 饲草饲料加工与贮藏[M]. 北京: 中国农业出版社.
周道玮. 2009. 植物功能生态学研究进展[J]. 生态学报, 29(10): 5645-5655.
周道玮, 孙海霞, 钟荣珍, 等. 2016. 草地畜牧理论与实践[J]. 草地学报, 24(4): 718-725.
周道玮, 钟荣珍, 孙海霞, 等. 2013. 草地畜牧业系统: 要素、结构和功能[J]. 草地学报, 2: 207-213.
Akin D E, Burdick D. 1975. Percentage of tissue types in tropical and temperate grass leaf blades and degradation of tissues by rumen microorganisms[J]. Crop Science, 15(5): 661-668.
Allen V G, Batello C, Berretta E J, et al. 2011. An international terminology for grazing lands and grazing animals[J]. Grass Forage Science, 66: 2-28.
Ball D M, Hoveland C S, Lacefield G D. 1996. Southern Forages[M]. 2nd ed. Norcross GA: Potash & Phosphate Institute and Foundation for Agronomic Research.
Ball P R, Ryden J C. 1984. Nitrogen relationships in intensively managed temperate grasslands[J]. Plant Soil, 76: 23-33.
Blaser R E, Hammes J R C, Fontenot J P, et al. 1986. Forage-animal Management Systems[M]. Virg. Agric. Exp. Sta. Bull., Blacksburg: Virginia Polytechnic Institute and State University: 86-87.
Blaser R E, Wolf D D, Bryant H T. 1973. Systems of grazing management[A]. *In*: Heath M E, Metcalfe D S, Barnes R F. Forages: The Science of Grassland Agriculture[M]. 3rd. Ames: Iowa State University Press: 581-595.
Briske D D, Heitschmidt R L. 1999. An ecological perspective[A]. *In*: Heitschmidt R K, Stuth J W. Grazing Management: An Ecological Perspective[M]. Portland: Timber Press: 11-26.
Burton G W, Devane E H. 1992. Growing legumes with Coastal bermudagrass in the lower coastal plain[J]. Journal of Production Agriculture, 5(2): 278-281.
Bush L P, Burton H. 1994. Intrinsic chemical factors in forage quality[A]. *In*: Fahey G C. Forage Quality, Evaluation, and Utilization[M]. Madison, WI: American Society of Agronomy: 367-405.
Buxton D R, Russell J R, Wedin W F. 1987. Structural neutral sugars in legume and grass stems in relation to digestibility[J]. Crop Science, 27(6): 1279-1285.
Buxton D R, Russell J R. 1988. Lignin constituents and cell-wall digestibility of grass and legume stems[J]. Crop Science, 28(3): 553-558.
Cheeke P R. 1998. Natural Toxicants in Feeds, Forages, and Poisonous Plants[M]. 2nd ed. Danville IL: Interstate Publishers.
Collins M, Casler M D. 1990. Forage quality of five cool-season grasses. II. Species effects[J]. Animal Feed Science & Technology, 27: 209-218.
Collins M, Nelson C, Moore K. 2018. Forage, An Introduction to Grassland Agriculture[M]. 7th ed. Hoboken: John Wiley &Sons, Inc.
Collins M, Paulson W H, Finner M F, et al. 1987. Moisture and storage effects on dry matter and quality losses of alfalfa in round bales[J]. Trans. Amer. Soc. Agric. Eng, 30: 913-917.

Collins M, Swetnam L D, Turner G M, et al. 1995. Storage method effects on dry matter and quality losses of tall fescue round bales[J]. Journal of Production Agriculture, 8: 507-514.

Collins M. 1983. Wetting and maturity effects on the yield and quality of legume hay[J]. Agronomy Journal, 75: 523-527.

Collins M. 1985. Wetting effects on the yield and quality of legume and legume-grass hays[J]. Agronomy Journal, 77(6): 936-941.

Collins M. 1988. Composition and fibre digestion in morphological components of an alfalfa-timothy sward[J]. Animal Feed Science & Technology, 19(1): 135-143.

Collins M. 1990. Composition of alfalfa herbage, field-cured hay and pressed forage[J]. Agronomy Journal, 82: 91-95.

Curtis L E, Kallenbach R L, Roberts C A. 2008. Allocating forage to fall-calving cow-calf pairs strip-grazing stockpiled tall fescue[J]. Journal of Animal Science, 86: 780-789.

Cymbaluk N F. 1990. Comparison of forage digestion by cattle and horses[J]. Canadian Journal of Animal Science, 70: 601-610.

Detling J K. 1988. Grasslands and savannas: regulation of energy flow and nutrient cycling by herbivores[A]. *In*: Pomeroy L R, Alberts J J. Concepts of Ecosystem Ecology: A Comparative View[M]. New York: Springer-Verlag: 131-154.

Dietz H. 1989. Grass: The Stockman's Crop-How to Harvest More of It[M]. Lindsborg: Sunshine Unlimited Inc.

Ellis W C, Matis J H, Hill T M. 1994. Methodology for estimating digestion and passage kinetics of forages[A]. *In*: Fahey G C, Collins M, Mertens D M, et al. Forage Quality, Evaluation, and Utilization[M]. Madison, WI: American Society of Agronomy: 682-756.

Fritz J O, Moore K J, Jaster E H. 1990. Digestion kinetics and cell wall composition of brown midrib sorghum×Sudangrass morphological components[J]. Crop Science, 30(1): 213-219.

Goering H K, Van Soest P J. 1970. Forage Fiber Analyses: Apparatus, Reagents, Procedures, and Some Applications[M]. Agriculture Research Service, US Department of Agriculture. Washington, DC: Agriculture Handbook No. 379. US Government Printing Office.

Hatfield J L. 2011. Climate impacts on agriculture in the United States: the value of past observations[A]. *In*: Hillel D, Rosenzweig C. Handbook of Climate Change and Agroecosystems: Impacts, Adaptation, and Mitigation[M]. London, UK: Imperial College Press: 239-254.

Heady H, Child D. 1994. Rangeland Ecology and Management[M]. Boulder: Westview Press.

Hersom M. 2017. Basic Nutrient Requirements of Beef Cows[M]. Tallahassee: University of Florida Pub. AN190.

Holland C, Kezar W. 1990. Pioneer Forage Manual: A Nutritional Guide[M]. Des Moines (IA): Pioneer Hi-Bred International.

Hopkins A. 2000. Grass, it's Production and Utilization[M]. Oxford: Blackwell Science.

John A, Kelly K E, Sinclair B R, et al. 1988. Physical breakdown of forages during rumination[J]. Proceedings of the New Zealand Society of Animal Production, 48: 247-248.

Jung H G, Deetz D A. 1993. Cell wall lignification and degradability[A]. *In*: Jung H G, Buxton D R, Hatfield, et al. Forage Cell Wall Structure and Digestibility[M]. Madison WI: American Society of Agronomy: 315-346.

Kallenbach R L, Bishop-Hurley G J, Massie M D, et al. 2003. Herbage mass, nutritive value, and ergovaline concentration of stockpiled tall fescue[J]. Crop Science, 43: 1001-1005.

Kallenbach R L. 2015. Describing the dynamic: measuring and assessing the value of plants in the pasture[J]. Crop Science, 55: 2531-2539.

Kingsbury J M. 1964. Poisonous Plants of the United States and Canada[M]. Englewood Cliffs, NJ: Prentice-Hall.

Langston C W, Irvin H, Gordon C H, et al. 1958. Microbiology and Chemistry of Grass Silage[M]. Washington DC: USDA Tech. Bull. 1187. US Department of Agriculture.

Lechtenberg V L, Hendrix K S, Petritz D C, et al. 1979. Compositional changes and losses in large hay bales during outside storage[C]. Proceedings of the Purdue Cow-Calf Research Day, 5 April, West Lafayette, IN, 1979. West Lafayette, IN: Purdue University Agricultural Experiment Station: 11-14.

Leibensperger R Y, Pitt R E. 1988. Modeling the effects of formic acid and molasses on ensilage[J]. Journal of Dairy Science, 71: 1220-1231.

Marten G C, Buxton D R, Barnes R F. 1988. Feeding value(forage quality)[A]. *In*: Hanson A A, Barnes D K, Hill J R R. Alfalfa and Alfalfa Improvement[M]. Modison: American Society of Agronomy: 463-491.

Matches A G. 1989. Contributions of the systems approach to improvement of grassland management[C]. Proceedings of the XVI International Grassland Congress. Association Francaise pour la Production Feurragere, Versailles Cedex, France: 1791-1796.

McDonald P, Henderson A R, Heron S J E. 1991. The Biochemistry of Silage[M]. 2nd ed. Kingston UK: Chalcombe Publications.

Mertens D R, Ely L O. 1979. A dynamic model of fiber digestion and passage in the ruminant for evaluating forage quality[J]. Journal of Animal Science, 49: 1085-1095.

Mertens D R. 1994. Regulation of forage intake[A]. *In*: Fahey G C, Collins M, Mertens D M, et al. Forage Quality, Evaluation, and Utilization[M]. Madison, WI: American Society of Agronomy: 450-493.

Minson D J. 1982. Effects of chemical and physical composition of herbage eaten upon intake[A]. *In*: Hacker J B. Nutritional Limits to Animal Production from Pastures[M]. Slough, UK: Commonwealth Agricultural Bureaux: 167-182.

Moore K J, Buxton D R, Moore K J, et al. 1996. Fiber composition and digestion of warm-season grasses[C]. Native warm-season grasses: research trends and issues. Proceedings of the Native Warm-Season Grass Conference and Expo, Des Moines, IA, USA, 12-13 September 2000.

Moore K J, Buxton D R. 2000. Fiber composition and digestion of warm-season grasses[A]. *In*: Moore K J, Anderson B E. Native Warm-season Grasses: Research Trends and Issues. CSSA Spec. Publ. 30[M]. Madison, WI: CSSA and ASA: 23-33.

Moore K J, Jung H G. 2001. Lignin and fiber digestion[J]. Journal of Range Manage, 54: 420-430.

Mott G O. 1973. Evaluating forage production[A]. *In*: Heath M E, Metcalfe D S, Barnes R F. Forages: The Science of Grassland Agriculture[M]. 3rd ed. Ames, IA: Iowa State University Press: 126-135.

Muck R E, Kung J L. 1997. Effects of silage additives on ensiling proceedings from the silage: field to feed-bunk[C]. North American Conference. Hershey, Pennsylvania, EE. UU., February 11-13: 187-199.

National Research Council. 1985. Nutrient Requirements of Sheep[M]. 6th revised ed. Washington, DC: National Academies Press.

National Research Council. 2000. Nutrient Requirements of Beef Cattle[M]. 7th revised ed. Washington, DC: National Academies Press.

Pitt R E, Muck R E, Leibensperger R Y. 1985. A quantitative model of the ensilage process in lactate silages[J]. Grass & Forage Science, 40(3): 279-303.

Pitt R E. 1990. Silage and Hay Preservation[M]. Ithaca, NY: Northeast Regional Agricultural Engineering Service, PALS Publishing.

Poppi D P, Minson D J, Ternouth J H. 1980. Studies of cattle and sheep eating leaf and stem fractions of grasses I. Voluntary intake, digestibility and retention time in the reticulo-rumen[J]. Australian Journal of Agricultural Research, 32: 99-108.

Potter K S, Axtell J D, Lechtenberg V L, et al. 1978. Phenotype, fiber composition, and in vitro dry matter disappearance of chemically induced brown midrib(bmr) mutants of sorghum[J]. Crop Science, 18(2): 205-208.

Puoli J R, Jung G A, Reid R L. 1991. Effects of nitrogen and sulfur on digestion and nutritive quality of warm-season grass hays for cattle and sheep[J]. Journal of Animal Science, 69(2): 843-852.

Reid R L, Jung G A, Allinson D W. 1988. Nutritive Quality of Warm Season Grasses in the Northeast[M]. WV University Agriculture Experiment Station Bulletin. 699. Morgantown, WV: Agricultural and Forestry Experiment Station, West Virginia University.

Ricwe M E. 1981. Expected animal response to certain grazing strategies[A]. *In*: Wheeler J L, Mochrie R D, Forage Evaluation, Concepts and Techniques[M]. Lexington, KY: CSIRO, Melbourne, Australia and

American Forage and Grassland Council: 341-355.

Rohweder D A, Barnes R F. 1978. Neal jorgensen, proposed hay grading standards based on laboratory analyses for evaluating quality[J]. Journal of Animal Science, 47(3): 747-759.

Rumpel C. 2011. Carbon storage and organic matter[A]. *In*: Lemaire G, Hodgson J, Chabbi A. Grassland Productivity and Ecosystem Services. Wallingford, UK: CABI Publishing: 65-72.

Sanderson M A, Skinner R H, Barker D J, et al. 2004. Plant species diversity and management of temperate forage and grazing land ecosystems[J]. Crop Science, 44: 1132-1144.

Schnabel R R, Franzluebbers A J, Stout W L, et al. 2001. The effects of pasture management practices[A]. *In*: Follett R F, Kimble J M, Lal R. The Potential of U.S. Grazing Lands to Sequester Carbon and Mitigate the Greenhouse Effect[M]. Boca Raton, FL: CRC Press: 291-322.

Smith D. 1973. The non-structural carbohydrates[A]. *In*: Butler G W, Bailey R W. Chemistry and Biochemistry of Herbage[M]. London: Academic Press: 105-155.

Stone J B, Trimberger G W, Henderson C R, et al. 1960. The effects of pasture management practices[A]. *In*: Follett R F, Kimble J M, Lal R. The Potential of U.S. Grazing Lands to Sequester Carbon and Mitigate the Greenhouse Effect[M]. Boca Raton, FL: CRC Press: 291-322.

Undersander D J. 2016. Forage testing with greater accuracy than ever before[J]. Prog. Forage Grower, 17: 14-15.

Undersander D, Moore J E, Schneider N. 2010. Relative forage quality. Focus on Forage[M]. Vol.12 No.6. Madison, WI: University of Wisconsin Extension Team.

Whittaker R H. 1972. Evolution and measurement of species diversity[J]. Taxon, 21(2-3): 213-251.

Zhao M, Gao X, Wang J, et al. 2013. A review of the most economically important poisonous plants to the livestock industry on temperate grasslands of China[J]. Journal of Applied Toxicology, 33: 9-17.

后　记

草地农业，用草养畜实践的总和，其理论及原则构成草地农业科学。

草，一部分源于大自然的馈赠，一部分源于积极生产。人类不能直接食用消化草，草可以用于饲养牲畜，放牧饲养或收获给喂饲养。然后，人类消费牲畜产品，满足食物、皮张或毛纤维等需要。广义的草包括牲畜可食用消化的各种纤维物质。

籽粒农业或果蔬农业收获的是植物产品，草地农业收获的是牲畜产品。用草饲养牲畜是草地农业的突出特征，这又被称为草地畜牧业、草地牧业、草业、草牧业。仅生产草的产业是草地农业的前半部分。

牲畜生长需要吃饱，也需要吃好，所以，用草养畜的关键是草的数量和质量的综合，并匹配牲畜生长。数量满足吃饱，质量满足吃好。质量不仅仅是营养值，草质量的核心是消化率。草的总能 18 MJ/kg，消化率在 80%～40%变化，消化能低于 10 MJ/kg 的饲草，牲畜只能用于“度命”。管理饲草质量与管理饲草产量同等重要。

草地农业包括天然草地的放牧饲养，但其主体为培育饲草品种、种植建设饲草场、放牧饲养或收获给喂饲养各种类的草食牲畜。涉及种植，就涉及比较经济效益，比较草生产与籽粒生产的经济效益，衡量饲养牲畜的经济效益。草地农业经济，单位土地面积产肉数量及其经济效益，需要再研究。

利用“低产田”生产饲草的经济效益也需要核算，绿豆、糜子适合在“低产田”种植生长，经济效益也很可观。种绿豆、糜子的“低产田”产不出高产量、高质量的饲草。

粮改饲，种植籽粒作物的农田用于生产全株饲草，用于养牛羊产肉，比种植籽粒作物收获籽粒养猪产肉，单位面积产肉减少 20%，比用籽粒养鸡产肉减少 30%以上。但由于养牛羊产肉性价比高，有更高的经济效益回报。

农田秸秆及林下落叶、林下草，为我国的富有资源，具有巨大的开发潜力。全株玉米青贮消化率为 75%，玉米秸秆消化率为 55%，辅以尿素 N 处理及部分籽粒饲喂，可以用秸秆有效生产牛羊肉，并解决农田秸秆处理问题。

发展草地农业，起步于种草，与种植籽粒作物一样，需要针对具体地块，选择适宜饲草作物，调和土壤平衡施肥，整合草地农艺，进而追求饲草高产量并且高质量的综合。后续放牧饲养或收获给喂饲养都需要设计，并需要高度的专业化和丰富的经验及勤勉的管护。

周道玮
长岭草地农牧生态研究站
2020 年 12 月 30 日